中文版

AutoCAD 2012 建筑设计与施工图绘制经典实例教程

麓山文化 编著

机械工业出版社

本书针对建筑设计领域，系统讲解了 AutoCAD 2012 的基本操作及建筑施工图、结构施工图、设备施工图、室内装饰施工图的理论知识、绘图流程和相关技巧，可帮助读者迅速从 AutoCAD 新手成长为建筑设计高手。

全书由 16 章组成，可分为三大篇。第 1 篇为基础篇，主要讲解了 AutoCAD 2012 的基础知识，包括建筑设计概述、AutoCAD 的绘图环境、基本操作和精确绘图工具的使用；第 2 篇为进阶篇，主要讲解了二维绘图命令、二维图形的修改和编辑命令、图层的应用、常见基本建筑图块的绘制方法等；第 3 篇为实战篇，主要讲解了建筑总平面图的绘制、建筑平面图的绘制、建筑剖面图的绘制、建筑立面图的绘制、建筑详图的绘制、建筑结构图的绘制、给排水/暖通/电气设备施工图的绘制和室内装饰工程图的绘制等内容。

本书配套光盘内容特别丰富，不仅提供了书中实例的源文件，还提供了书中所有实例共 18 个小时的高清语音视频教学，并免费赠送 4 个小时的 AutoCAD 基本功能视频教学，相当于拥有一本 AutoCAD 基础教程。读者可通过观看视频教学轻松解决学习中遇到的困难，提高学习兴趣和效率。值得一提的是，为了照顾低版本 AutoCAD 用户，本书配套光盘提供的 DWG 文件有 AutoCAD 2004 和 2012 两种格式，因此 AutoCAD 2004~2012 的各版本用户均可顺利使用本书。

本书特别适合 AutoCAD 初中级读者和建筑工程专业人员阅读，同时也是高等院校和社会培训班建筑工程及其相关专业的理想教材。

图书在版编目（CIP）数据

中文版 AutoCAD 2012 建筑设计与施工图绘制经典实例教程/麓山文化编著.
—2 版.—北京：机械工业出版社，2011.9
ISBN 978-7-111-35689-9

Ⅰ.①中… Ⅱ.①麓… Ⅲ.①建筑设计：计算机辅助设计—AutoCAD 软件—教材 ②建筑制图—计算机辅助设计—AutoCAD 软件—教材 Ⅳ.①TU201.4 ②TU204

中国版本图书馆 CIP 数据核字（2011）第 172606 号

机械工业出版社（北京市百万庄大街 22 号 邮政编码 100037）
策划编辑：曲彩云 责任印制：杨 曦
北京圣夫亚美印刷有限公司印刷
2011 年 9 月第 2 版第 1 次印刷
184mm×260mm ·24 印张·590 千字
0001—4000 册
标准书号：ISBN 978-7-111-35689-9
ISBN 978-7-89433-128-1（光盘）
定价：48.00 元（含 1DVD）

凡购本书，如有缺页、倒页、脱页，由本社发行部调换

电话服务	网络服务
社服务中心 ：(010)88361066	门户网：http://www.cmpbook.com
销 售 一 部 ：(010)68326294	教材网：http://www.cmpedu.com
销 售 二 部 ：(010)88379649	封面无防伪标均为盗版
读者购书热线：(010)88379203	

前　言

AutoCAD 2012 是美国 Autodesk 公司开发推出的专门用于计算机辅助设计的软件。Autodesk 公司自 1982 年推出第一款 AutoCAD 1.0 版本以来，不断追求其功能的完善和技术领先，成为集平面制图、三维造型、数据库管理、渲染着色和互联网等功能于一体的计算机辅助设计软件。目前，AutoCAD 已广泛应用于建筑、机械、电子、航天和水利等工程领域。

AutoCAD 2012 与以前的版本相比，有了很大的改进与提高，增加了较多新的功能，具有更高的方便性、高效性和精确性，更加人性化。编者结合多年的建筑绘图设计和教学经验，通过大量的建筑图绘制实例，为读者介绍了建筑设计的基本知识和 AutoCAD 2012 的绘制功能和使用技巧。本书内容全面，涉及到利用 AutoCAD 2012 进行建筑设计和绘图的各个方面。从建筑基础知识到建筑制图规范，从 AutoCAD 基本知识与具体的实践应用相结合，文字表述语言平实，简单扼要，具有极强实用性。

◆内容特点

本书最大的特点是结合典型建筑实例，分门别类，由浅入深、循序渐进地引导读者学习 AutoCAD 绘制各类建筑图，从而提高读者的综合应用能力和动手能力。

本书共分 16 章，主要内容介绍如下：

- 第 1 章　介绍建筑设计的基本知识和 AutoCAD 2012 在建筑绘图中的应用。
- 第 2 章　介绍 AutoCAD 2012 的基本操作。
- 第 3 章　介绍 AutoCAD 2012 绘图环境的设置及精确绘图工具的使用。
- 第 4 章　介绍 AutoCAD 2012 直线、矩形、圆、多线等基本图形的绘制方法。
- 第 5 章　介绍 AutoCAD 2012 选择、复制、镜像、修剪、阵列等图形编辑方法。
- 第 6 章　介绍 AutoCAD 2012 图层的创建、特性设置和状态设置。
- 第 7 章　介绍了室内家具、园林配景等常见建筑图块的绘制方法。
- 第 8 章　介绍建筑总平面图的基本知识和绘制方法。
- 第 9 章　介绍建筑平面图的基本知识和绘制方法。
- 第 10 章　介绍建筑立面图的基本知识和绘制方法。
- 第 11 章　介绍建筑剖面图的基本知识和绘制方法。
- 第 12 章　介绍建筑详图的基本知识和常用建筑详图的绘制方法。
- 第 13 章　介绍建筑结构施工图的基本知识和绘制方法。
- 第 14 章　介绍各类给排水/暖通/电气设备施工图的基本知识和绘制方法。
- 第 15 章　介绍建筑室内装饰工程的基本知识和绘制方法。
- 第 16 章　介绍文件布图与图形的打印输出。

◆适用对象

本书可作为高等院校及各类 CAD 软件建筑绘图培训班的辅助教材，也可供广大工程设计人员和读者参考和学习 AutoCAD 2012 时使用。

◆光盘内容及用法

1. “.dwg”格式图形文件

本书所有实例和用到的或完成的“.dwg”图形文件都按章节收录在“实例\第 07 章～第 16 章”文件夹下，图形文件的编号与章节的编号是一一对应的，读者可以调用和参考这些图形文件。

需要注意的是，光盘上的文件都是“只读”的，要修改某个图形文件时，要先将该文件复制到硬盘上，去掉文件的“只读”属性，然后再使用。

为了照顾使用 AutoCAD 低版本的用户，本书的 DWG 图形文件保存有 2012 和 2004 两种版本，读者可以根据使用自己的 AutoCAD 版本，选择相应的图形文件。

2. “avi”格式动画文件

本书所有实例的绘制过程都收录成了“.avi”高清语音视频文件，并按章收录在附盘的“avi\第 07 章～第 16 章”文件夹下，编号规则与“.dwg”图形文件相同。

需要注意的是，播放文件前要安装“tscc.exe”插件，否则可能导致无法播放光盘文件。

◆本书作者

本书由麓山文化编著，具体参加编写的有：陈志民、陈运炳、申玉秀、李红萍、李红艺、李红术、陈云香、陈文香、陈军云、彭斌全、林小群、刘清平、钟睦、刘里锋、朱海涛、廖博、喻文明、易盛、陈晶、张绍华、黄柯、何凯、黄华、陈文轶、杨少波、杨芳、刘有良、刘珊、赵祖欣、齐慧明。

由于作者水平有限，书中错误、疏漏之处在所难免。在感谢您选择本书的同时，也希望您能够把对本书的意见和建议告诉我们。

售后服务 E-mail:lushanbook@gmail.com

麓山文化

目 录

第2篇　进阶篇

第 3 篇 实战篇

第 1 篇　基　础　篇

第 1 章

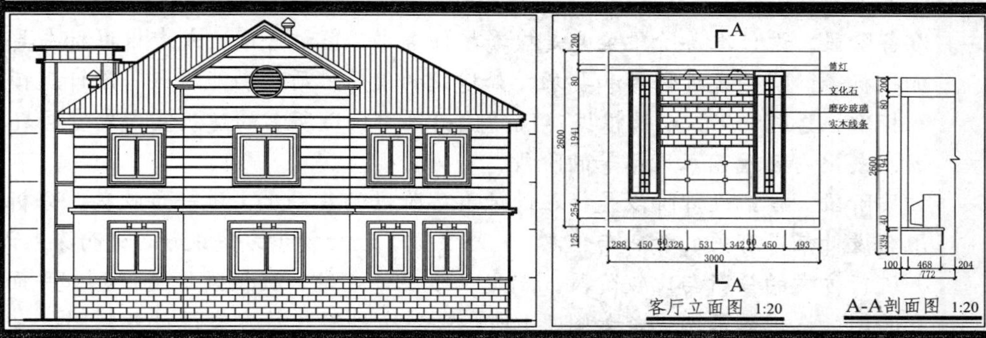

AutoCAD 建筑设计基础

建筑设计是指在建造建筑物之前，设计者按照设计任务，将施工过程和使用过程中所存在的或可能会发生的问题，事先做好通盘的设想，拟定好解决这些问题的方案与办法，并用图样和文件的形式将其表达出来。

本章主要介绍建筑设计的一些基本理论，包括建筑制图特点、建筑设计要求和规范、建筑制图的内容等，最后总结了一些建筑绘图的原则与技巧，为后面学习相关建筑工程图的绘制打下坚实的理论基础。

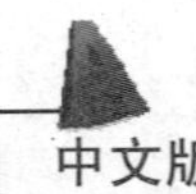

1.1 建筑设计概述

建筑设计是为人们工作、生活与休闲提供环境空间的综合艺术和科学。建筑设计与人们的日常生活息息相关，从住宅到商业大楼，从办公楼到酒店，从教学楼到体育馆，无处不与建筑设计紧密联系。

1.1.1 建筑设计流程

根据建筑设计的进程，通常可以分为 4 个阶段，即准备阶段、方案阶段、施工图阶段和实施阶段。

- 准备阶段。设计准备阶段主要是接委托任务书，签订合同，或者根据标书要求参加投标等；明确设计任务和要求，如建筑的使用性质、功能特点、设计规模、等级标准、总造价等，以及根据建筑的使用性质创造所需的建筑室内外空间环境氛围、文化内涵或艺术风格等的阶段。
- 方案阶段。方案设计阶段是指在设计准备阶段的基础上，进一步收集、分析、运用与设计任务有关的资料与信息，构思立意，进行初步方案设计，进而深入设计，并进行方案的分析与比较阶段。确定初步设计方案，提供设计文件，如平面图、立面图、透视效果图等。如图 1-1 所示是某个别墅建筑方案设计效果图。
- 施工图阶段。施工图设计阶段是指根据设计意图与施工规范利用相关软件绘制出有关平面、立面、构造节点、大样以及设备管线等的施工图样，满足施工需要的阶段，因此其是建筑从设计理念转化至实物的关键步骤，如图 1-2 所示是某别墅建筑平面施工图，

图 1-1　别墅方案设计效果图

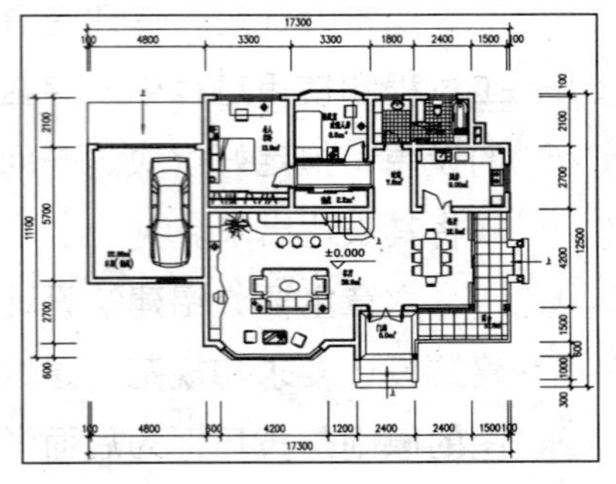

图 1-2　别墅施工图

- 实施阶段。实施阶段也就是工程的施工阶段。建筑工程在施工前，设计人员应向施工单位进行设计意图说明及图样的技术交底；在工程施工期间，需按图样要求核对施工实况，有时还需要根据现场实况提出对图样的局部修改或补充；施工结束时，会同质检部门和建设单位进行工程验收。

为了使设计取得预期效果，建筑设计人员必须抓好设计各阶段的环节，充分重视设计、施工、材料、设备等方面，协调好与建设单位和施工单位之间的关系，在设计意图和构思方面进行沟通并达成共识，以期取得理想的设计成果。

1.1.2 建筑设计规范

在进行建筑设计过程中，需按照国家规范及标准进行设计，确保建筑的安全、经济、适用等，必须遵守如下国家建筑设计规范：

- 《房屋建筑制图统一标准》（GB/T50001-2001）
- 《建筑制图标准》（GB/T50104-2001）
- 《建筑装修设计防火规范》（GB/50222-1995）
- 《建筑工程建筑面积计算规范》（GB/T50353-2005）
- 《民用建筑设计通则》（GB50352-2005）
- 《建筑设计防火规范》（GBJ18-1987）
- 《建筑采光设计标准》（GB/T50033-2001）
- 《高层民用建筑设计防火规范》（GB50045-1995）（2005 年版）
- 《建筑照明设计标准》（GB50038-2004）
- 《汽车库、修车库、停车场设计防火规范》（GB50067-1997）
- 《自动喷火灭火系统设计规范》（GB50088-2001）（2005 年版）
- 《公共建筑节能设计标准》（GB50189-2005）等

建筑设计规范中 GB 是国家标准，此外进行建筑设计还必须遵守行业规范、地方标准等。

1.1.3 建筑设计特点

建筑设计是根据建筑物的使用性质、所处环境和相应标准，运用物质技术手段和建筑美学原理，创造功能合理、舒适优美、满足人们物质和精神生活需要的室内外空间环境。设计构思时，需要运用物质技术手段，如各类装饰材料和设施设备等；还需要遵循建筑美学原理，综合考虑建筑物的使用功能、结构施工、材料设备、造价标准等多种因素。

从设计者的角度来分析建筑设计的方法，主要有如下几点：

1. 总体与细部深入推敲

总体推敲是建筑设计应考虑的几个基本观点之一，是指设计者需要有一个设计的全局观念。细处着手是指具体进行设计时，必须根据建筑的使用性质，深入调查和收集信息，掌握必要的资料和数据，从最基本的人体尺度、人流动线、活动范围和特点、家具与设备的尺寸以及使用所必需的空间等着手。

2. 里外、局部与整体协调统一

建筑室内空间环境需要与建筑整体的性质、标准、风格以及空间环境相协调统一，它们之间有着相互依存的密切关系，设计是需要从里到外，从外到里多次反复协调，从而使设计更趋向完美合理。

3. 构思与表达

设计的构思、立意至关重要。可以说，一项设计，没有立意就等于没有“灵魂”，设计的难度也往往在于要有一个好的构思。一个较为成熟的构思，往往需要足够的信息量，有商讨和思考的时间，在设计前期和出方案的过程中能使立意、构思逐步明确，形成一个好的构思。

1.2 建筑的组成

在学习利用 AutoCAD 2012 绘制建筑图之前，首先应该对建筑的组成有一个了解。本节以民用建筑为例介绍建筑的一般组成。如图 1-3 所示，一幢建筑基本包括以下几个主要部分：

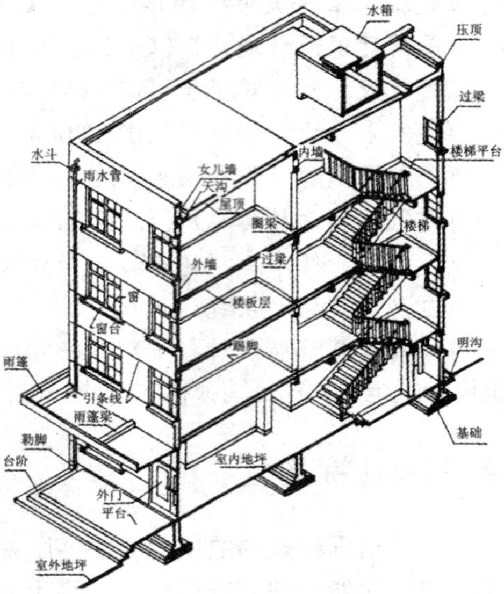

基础：基础是房屋最下部埋在土中的扩大构件，它承受着房屋的全部荷载，并把它传给地基(基础下面的土层)。为了保证建筑物的稳定性，要求基础要坚固、稳定、耐水、耐腐蚀、耐冰冻，并且能够防止不均匀沉降。

墙和柱：墙与柱是房屋的垂直承重构件，它承受楼地面和屋顶传来的荷载，并把这些荷载传给基础。墙体还是分隔、围护构件。其中外墙阻隔雨水、风雪、寒暑对室内的影响，内墙起着分隔房间的作用。

图 1-3　房屋的基本组成

隔墙：隔墙是用来分隔建筑内部空间的非承重墙体。为了尽可能地少占用房屋的使用面积，隔墙厚度要小，而且有较好的防火、防潮、隔音、易拆装等性能。

楼面和地面：楼面与地面是房屋的水平承重和分隔构件。楼面是指二层或二层以上的楼板或楼盖。地面又称为底层地坪，是指第一层使用的水平部分。它们承受着房间的家具、设备和人员的重量。

楼梯：楼梯是楼房建筑中的垂直交通设施，供人们上下楼层和紧急疏散之用。

屋顶：也称屋盖，是房屋顶部的围护和承重构件。它一般由承重层、防水层和保温(隔热)层三大部分组成，主要承受着风、霜、雨、雪的侵蚀、外部荷载以及自身重量。

女儿墙：女儿墙是外墙延续到屋顶以上的部分，也称为压檐墙。

门和窗：是房屋的围护构件。门主要供人们出入通行。窗主要供室内采光、通风、眺望之用。同时，门窗还具有分隔和围护作用。

1.3 建筑施工图分类及组成

建筑工程施工图是工程技术的“语言”，是能够十分准确地表达出建筑物的外形轮廓和尺寸大小、结构造型、装修做法、材料用法以及设备管线的图样。

1.3.1 施工图的分类

建筑工程图根据其内容和各工种不同可分为以下几种类型。

1. 建筑施工图

建筑施工图（简称建施图）主要用来表示建筑物的规划位置、外部造型、内部各房间的布置、内外装修、构造及施工要求等。

建筑施工图包括施工图首页、总平面图、各层平面图、立面图、剖面图及详图。

2. 结构施工图

结构施工图（简称结施）主要表示建筑物承重结构的结构类型、结构布置、构件种类、数量、大小及做法等。结构施工图包括结构设计说明、结构平面布置图及构件详图等。

3. 设备施工图

设备施工图（简称设施）主要表达建筑物的给水排水、暖气通风、供电照明、燃气等设备的布置和施工要求等。设备施工图主要包括各种设备的平面布置图、系统图和详图等内容。

1.3.2 建筑施工图的组成

一套完整的工业与民用建筑的施工图，包括的图样主要有如下几大类：

1. 建施图首页

建施图首页内含工程名称、实际说明、图样目录、经济技术指标、门窗统计表以及本套建施图所选用标准图集名称列表等。

图样目录一般包括整套图样的目录，应有建筑施工图目录、结构施工图目录、给水排水施工图目录、采暖通风施工图目录和建筑电气施工图目录。

2. 建筑总平面图

将新建工程四周一定范围内的新建、拟建、原有和拆除的建筑物、构筑物连同其周围的地形、地物状况用水平投影方法和相应的图例所画出的图样，即为总平面图。

建筑总平面图主要表示新建房屋的位置、朝向、与原有建筑物的关系，以及周围道路、绿化和给水、排水、供电条件等方面的情况，作为新建房屋施工定位、土方施工、设备管网平面布置，安排在施工时进入现场的材料和构件、配件堆放场地、构件预制的场地以及

运输道路的依据。

如图 1-4 所示为某小区建筑总平面图。

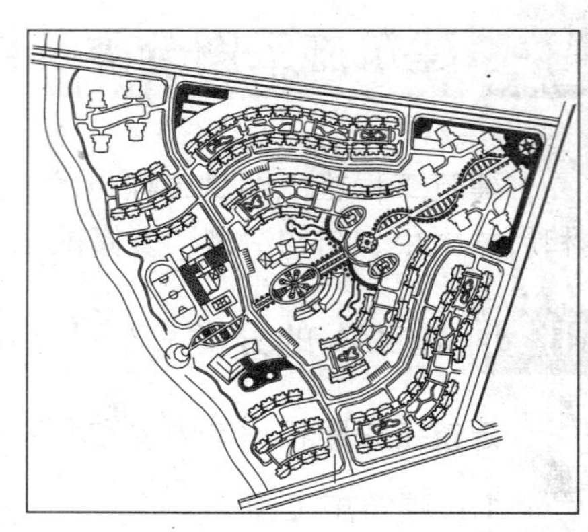

图 1-4　某小区总平面图

3. 建筑平面图

建筑平面图是假想用一水平剖切平面从建筑窗台以上剖切建筑，移去上面的部分，向下所作的正投影图，称为建筑平面图。建筑平面图反映建筑物的平面图形状和大小、内部布置、墙的位置、厚度和材料、门窗的位置和类型以及交通等情况，可作为建筑施工定位、放线、砌墙、安装门窗、室内装修、编制预算的依据。

一般一栋建筑物有首层平面图、标准层平面图、顶层平面图等，在平面图下方应注明相应的图名及比例。因平面图是剖切掉窗台以上部分向下投影生成的，因此被剖切平面剖切到的墙、柱等轮廓线用粗实线表示，未被剖切到的部分如室外台阶、散水、楼梯以及尺寸线等用细实线表示，门的开启线用中粗实线表示。

如图 1-5 所示为某宿舍楼首层平面图。

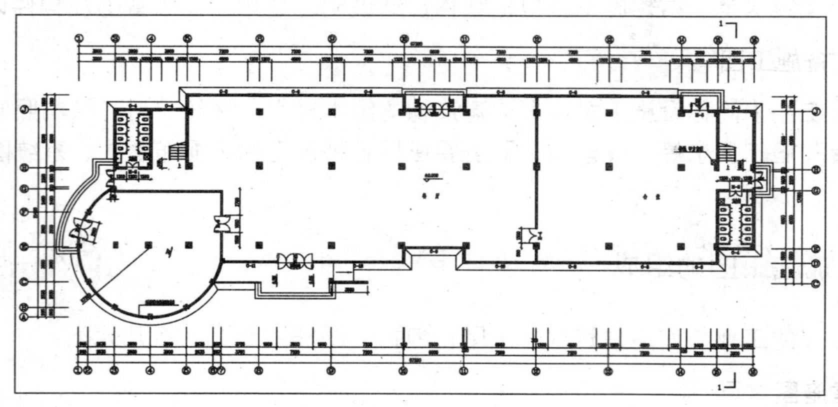

图 1-5　某宿舍楼首层平面图

4. 建筑立面图

在与建筑立面平行的铅垂投影面上所做的正投影图称为建筑立面图，简称立面图。立面图主要用来表达建筑物各个立面的形状和外墙面的装修等，是按照一定比例绘制建筑物正面、背面和侧面的形状图，它表示的是建筑物的外部形式，说明建筑物长、宽、高的尺寸，表现建筑物地面标高、屋顶的形式、阳台的位置和形式、门窗洞口的位置和形式、外墙装饰的设计形式、材料及施工方法等。如图 1-6 所示为某别墅的立面图。

5. 建筑剖面图

建筑剖面图是假想用一个或一个以上垂直于外墙轴线的铅垂剖切平面剖切建筑，按一定比例绘制的建筑竖直方向的剖切前视图。它反映了建筑内部的空间高度、室内立面布置、结构和构造等情况。在绘制剖面图时，应包括各层楼面的标高、窗台、窗上口、室内净尺寸等，剖切楼梯应表明楼梯分段与分级

数量；建筑主要承重构件的相互关系，画出房屋从屋面到地面的内部构造特征，如楼板构造、隔墙构造、内门高度、各层梁和板位置、屋顶的结构形式与用料等；装修方法、楼板、地面等的做法，对所用材料加以说明，标明屋面的做法及构造；各层的层高与标高，标明各部位的高度尺寸等。

如图 1-7 所示是某别墅的剖面图。

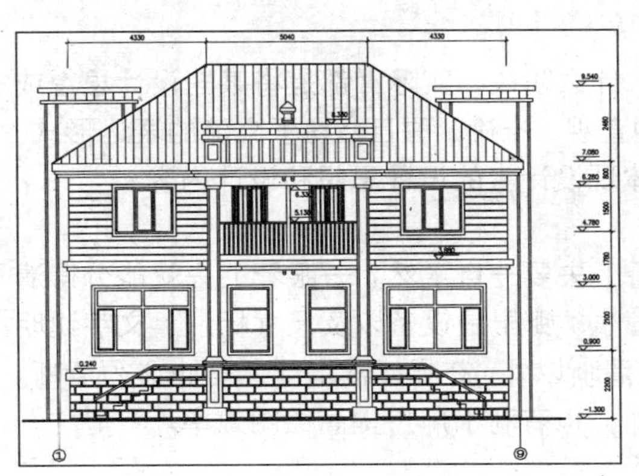

图 1-6　某别墅建筑立面图

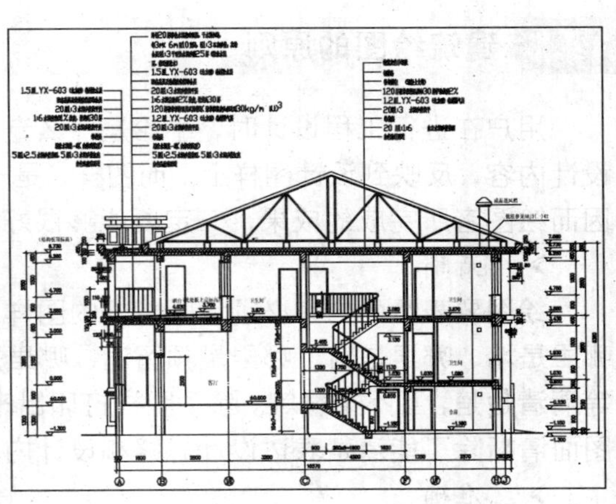

图 1-7　某别墅剖面图

6. 建筑详图

主要用来表达建筑物的细部构造、节点连接形式，以及构件、配件的形状大小、材料、做法等。详图要用较大比例绘制（如 1:20 等），尺寸标注要准确齐全，文字说明要详细。如图 1-8 所示为楼梯栏杆详图。

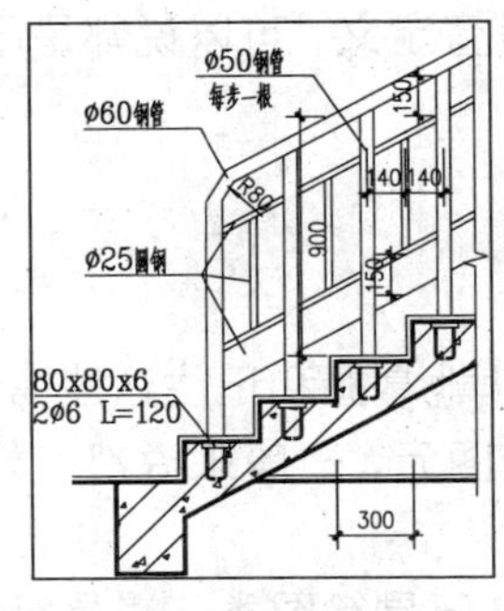

图 1-8　楼梯栏杆详图

图 1-9　别墅三维效果图

此外除上述类型的图形外，在实际工程实践中根据客户需要有时会绘制如图 1-9 所示的建筑透视图。尽管其不是施工图所要求的，但由于建筑透视图表示的是建筑物内部空间

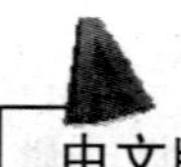

或外部形体与实际所能看到的建筑本身相类似的主体图像，因此它具有强烈的三维空间透视感，非常直观地表现了建筑的造型、空间布置、色彩和外部环境等多方面内容。

1.4 建筑绘图的原则和技巧

利用 AutoCAD 绘制建筑图样，有一定的原则和方法。熟练掌握这些原则和方法，有利于规范图形和提高工作效率。

1.4.1 建筑绘图的原则

用户在进行工程设计时，不论是什么专业、什么阶段，实际上都是将某些设计思想或设计内容，反映到设计图样上。而图样，是一种直观、准确、醒目、易于交流的表达形式。因而绘图者所完成的成果，一定要能够很好地体现设计者的设计思想和设计内容。

➢ 清晰

绘图要表达的内容必须清晰，好的图样，看上去要一目了然。一眼看上去就能分得清哪里是墙、哪里是窗、哪里是预留洞、哪里是管线、哪里是设备以及尺寸标注、文字说明等清清楚楚，互不重叠等。除了图样打印出来很清晰以外，在显示器上显示是也必须清晰。图面清晰除了能清楚表达设计思路和设计内容外，也有利于用户提高绘图效率。

➢ 准确

建筑图的绘制是工程施工的依据。制图准确不仅是为美观，更重要的是可以直观反映一些图面问题，方便工程施工，对于提高绘图速度也有重要的影响，特别是在图样进行修改时。

➢ 高效

图面要“清晰”、“准确”，在绘图过程中，同样重要的一点就是“高效”。能够高效绘图，才是一个优秀的设计绘图人员。

清晰、准确、高效是 AutoCAD 软件使用的三个重要原则。在 AutoCAD 软件中，除了一些最基本的绘图命令外，其他的各种编辑命令、各种设置定义，可以说都是围绕着清晰、准确、高效这三个原则进行编排的。

1.4.2 建筑绘图的技巧

AutoCAD 2012 提供了非常多的命令，如何才能快速地掌握和记住这些命令，并且能够合理运用呢？在 AutoCAD 中，要绘制或者编辑某一个图元，一般来说都有好几种方法，用户应该合理运用最为恰当的方法，以提高工作效率。

对于 AutoCAD 2012 中的命令来说，可以分为 4 类，一是绘图类，二是编辑类，三是设置类，四是其他类，包括标注、视图等。

为了提高绘图的准确率和速度，下面对绘图类和编辑类的命令进行如下说明：

➢ 一般来说，在绘制图形过程中，能用编辑命令完成的，就不要用绘图命令完成。

在 AutoCAD 软件的使用过程中，虽然一直说是画图，但实际上大部分都是在编辑图元。因而编辑图元可以大量减少绘制图元不准确的概率，并且可以在一定程度上提高效率。

- 在使用绘图命令时，一定要设置对象捕捉，使用 F3 键切换，可以精确制图。
- 由于建筑图的特点，在使用绘图和编辑命令时，经常要采用“正交”模型，使用 F8 键切换，可以精确绘制水平和垂直的直线。
- 在 AutoCAD 中，基本上每一个绘图和编辑命令都有快捷键，设置方法一般为该命令所在英文单词的前一至两个字母，有的是三个。这样就简化了命令的输入，熟练掌握快捷键的使用，可以大幅度提高工作效率，因此在本书的附录中为读者整理了 AutoCAD 常用的命令快捷键供参考。

第 2 章

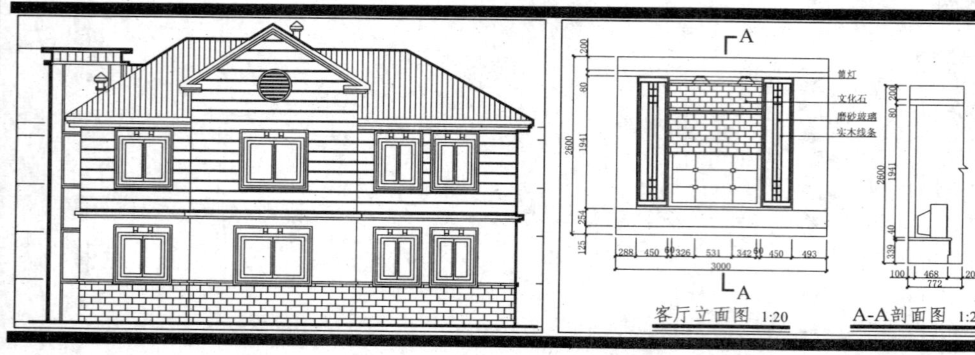

AutoCAD 2012 的基本操作

本章学习 AutoCAD 2012 的基础知识和基本操作，主要有 AutoCAD 2012 的工作界面、图形文件管理、图形文件显示控制、命令的调用方法以及新增功能等，使读者快速熟悉 AutoCAD 2012 软件。

2.1 AutoCAD 2012 的工作界面

启动 AutoCAD 2012 后就进入到该软件的界面中，AutoCAD 2012 操作界面由标题栏、应用程序按钮、菜单栏、快速访问工具栏、绘图区、十字光标、命令行、状态栏、工具栏和滚动条等元素组成，如图 2-1 所示。

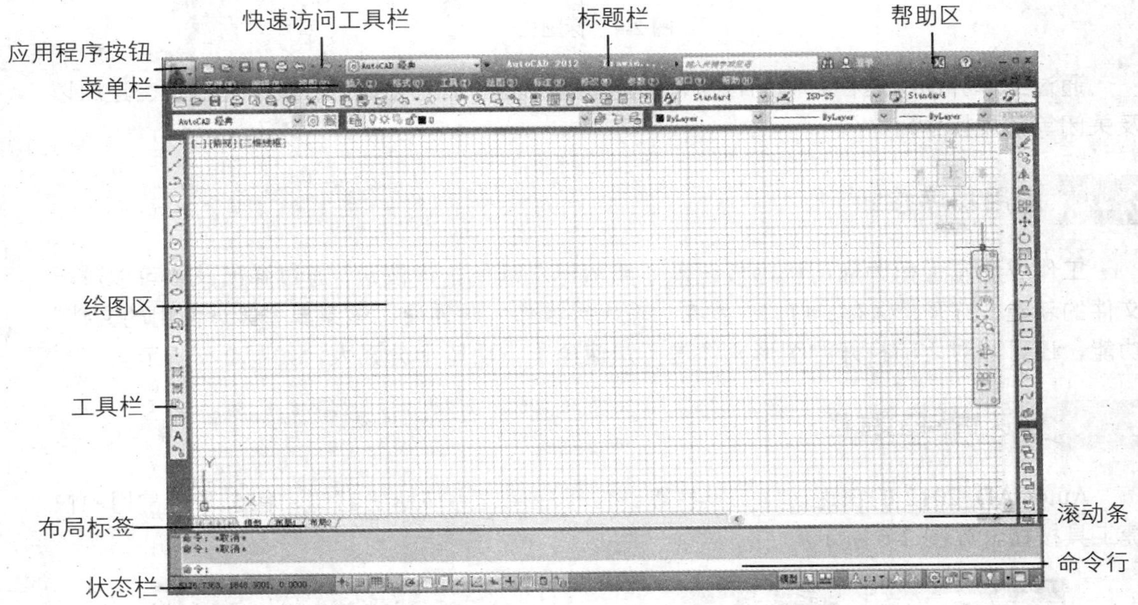

图 2-1　AutoCAD2012 工作界面

提　示：AutoCAD 2012 共有“草图与注释”、“三维基础”、“三维建模”和“AutoCAD 经典”4 个工作空间界面，展开快速访问工具栏工作空间列表、单击状态栏切换工作空间按钮或【工具】|【工作空间】菜单项，在弹出的列表中可以选择所需的工作空间，如图 2-2 与图 2-3 所示。为了方便各版本 AutoCAD 用户学习，本书以最为常用的“AutoCAD 经典”工作空间进行讲解。

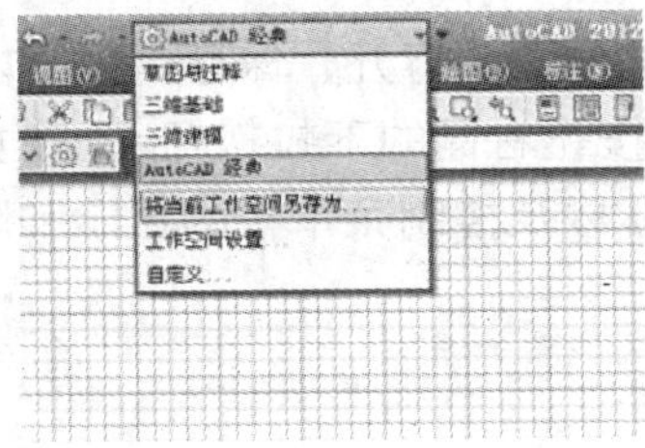

图 2-2　快速访问工具栏工作空间列表

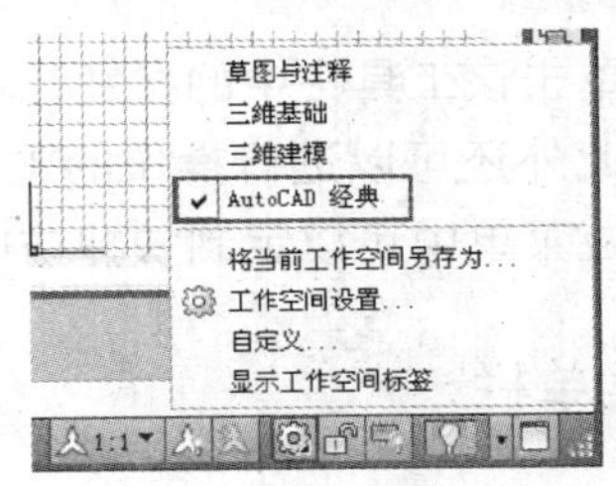

图 2-3　状态栏切换工作空间按钮菜单

2.1.1 标题栏

AutoCAD 工作界面最上端是标题栏，标题栏中显示了当前工作区中图形文件的路径和名称。如果该文件是新建文件，还没有命名保存，AutoCAD 会在标题栏上显示 Drawing1.dwg、Drawing2.dwg、Drawing3.dwg……作为默认的文件名，如图 2-4 所示。

图 2-4　标题栏

通过工作界面标题栏右侧的按钮，还能进行界面的最大化显示、最小化显示、还原以及关闭等常规操作。

2.1.2 应用程序按钮

工作界面左上角为应用程序按钮，用鼠标左键单击该按钮，通过弹出菜单可以进行文件的新建、打开、保存、打印、发布、输出等操作，此外通过该菜单“最近使用的文档”功能，还可以对之前打开的图形文件进行快速预览，功能十分强大，如图 2-5 所示。

2.1.3 快速访问工具栏

AutoCAD 2012 的快速访问工具栏默认位于应用程序按钮的右侧，包含了最常用的快捷工具按钮，如图 2-6 所示。

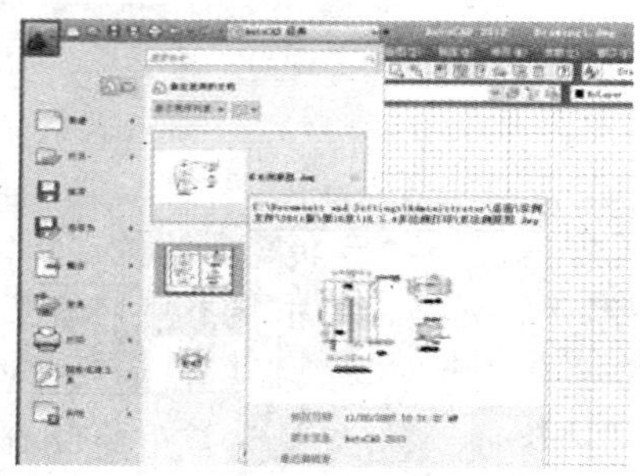

图 2-5　应用程序按钮菜单

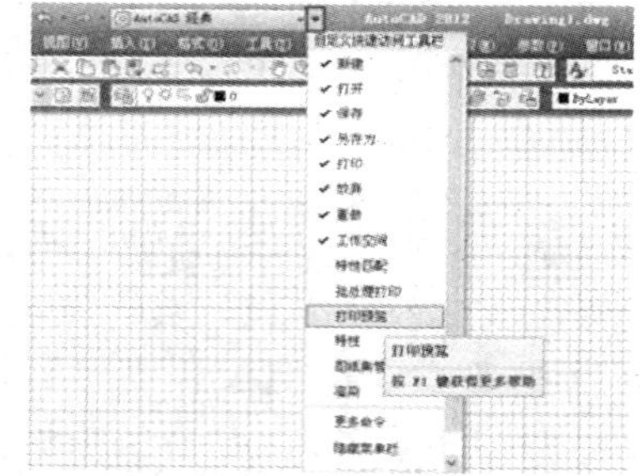

图 2-6　快速访问工具栏及下拉菜单

通过单击该工具栏中的按钮，可以快速进行文件的创建、打开、保存、另存以及打印等操作，此外还可以进行操作的重做与取消。单击该按钮右侧的下拉按钮，在如图 2-6 所示的下拉菜单中可以定制快捷访问工具栏中的按钮，以及控制菜单栏的显示和隐藏。

2.1.4 菜单栏

菜单栏位于标题栏的下方，由【文件】、【编辑】、【视图】、【插入】、【格式】、【工具】、【绘图】、【标注】、【修改】、【参数】、【窗口】和【帮助】共 12 个主菜单组成，如图 2-7

所示。

文件(F)　编辑(E)　视图(V)　插入(I)　格式(O)　工具(T)　绘图(D)　标注(N)　修改(M)　参数(P)　窗口(W)　帮助(H)

图 2-7　菜单栏

在菜单栏中，每个主菜单又包含数目不等的子菜单，有些子菜单下还包含下一级子菜单，如图 2-8 所示，这些菜单中几乎包含了 AutoCAD 全部的功能和命令，如图 2-8 所示。

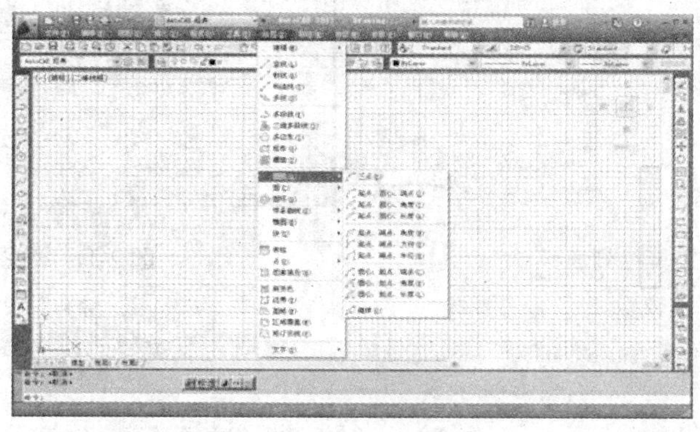

图 2-8　主菜单下的子菜单

2.1.5 工具栏

使用工具栏可以快速地执行 AutoCAD 中的各种命令。工具栏上的每一个图标都代表一个命令按钮，单击相应的按钮，即可执行 AutoCAD 命令。

默认状态下，系统会打开【标准】、【工作空间】、【绘图】、【绘图次序】、【特性】、【图层】、【修改】和【样式】等几个常用的工具栏，如图 2-9 所示。

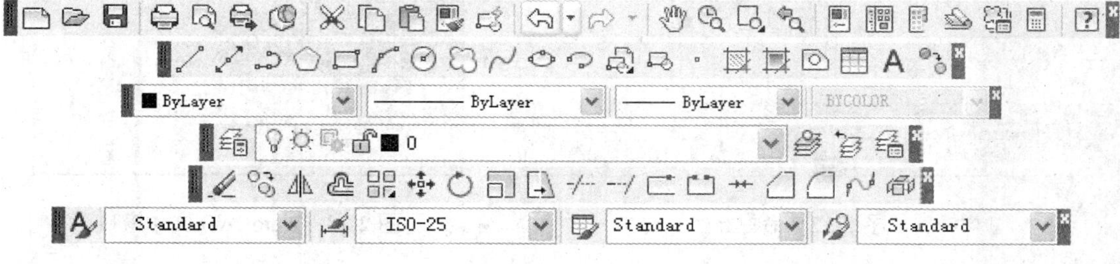

图 2-9　常用的工具栏

在任意工具栏上右击，都会弹出工具栏快捷菜单，在快捷菜单中可以选择打开或关闭工具栏。在该快捷菜单中，已显示的工具栏前面会显示一个✔符号，如图 2-10 所示。

2.1.6 绘图窗口

绘图窗口是绘制与编辑图形及文字的工作区域。一个图形文件对应一个绘图窗口，每个绘图窗口中都有标题栏、滚动条、控制按钮、布局选项卡、坐标系图标和十字光标等元素，如图 2-11 所示。绘图窗口的大小并不是一成不变的，用户可以通过关闭多余的工具栏以增大绘图空间。

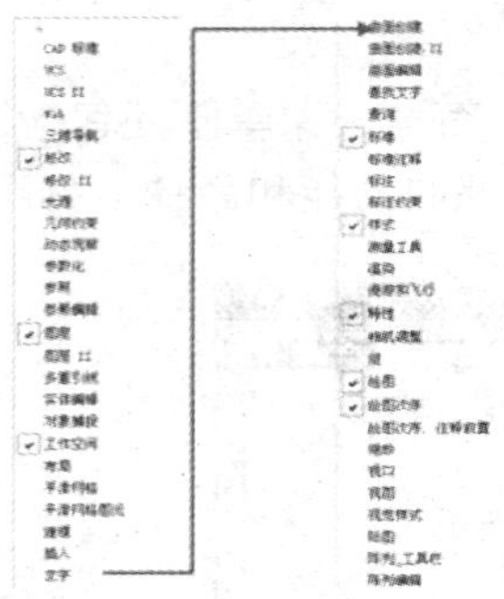

图 2-10　工具栏列表菜单

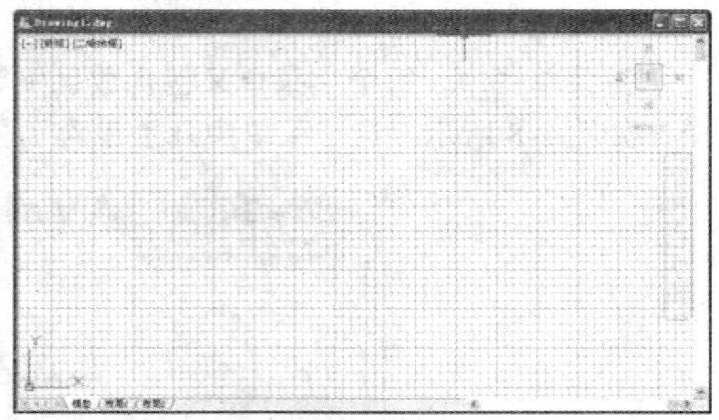

图 2-11　绘图窗口

2.1.7 命令行

命令行位于绘图窗口的下方，用于显示用户输入的命令，并显示 AutoCAD 的提示信息，如图 2-12 所示。

用户可以用鼠标拖动命令行的边框以改变命令行的大小，另外，按 F2 还可以打开 AutoCAD 文本窗口，如图 2-13 所示。该窗口中显示的信息与命令行中显示的信息相同，当用户需要查询大量信息时，该窗口就会显得非常有用。

命令：
命令：_stretch
以交叉窗口或交叉多边形选择要拉伸的对象...
选择对象：*取消*
命令：

图 2-12　命令行

AutoCAD 文本窗口 - Drawing1.dwg
编辑(E)
加载自定义文件成功。自定义组：ACFUSION
AutoCAD 菜单实用工具 已加载。*取消*
命令：COMMANDLINE
命令：
命令：
命令：*取消*
命令：*取消*
命令：*取消*
命令：*取消*
命令：
命令：
命令：_stretch
以交叉窗口或交叉多边形选择要拉伸的对象...
选择对象：*取消*
命令：

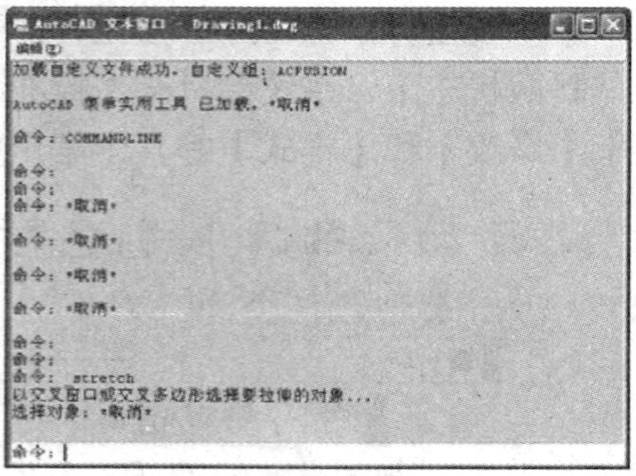

图 2-13　AutoCAD 文本窗口

2.1.8 布局标签

AutoCAD 2012 系统默认设定一个模型空间布局标签和“布局 1”、“布局 2”两个图纸空间布局标签。在这里有两个概念需要解释：

1. 布局

布局是系统为绘图设置的一种环境，包括图纸大小、尺寸单位、角度设定、数值精确度等，在系统预设的三个标签中，这些环境变量都按默认设置。用户根据实际需要改变这些变量的值。比如：默认的尺寸单位是公制的毫米，如果绘制的图形是使用英制的英寸，就可以改变尺寸单位环境变量的设置，用户也可以根据自己的需要设置符合自己要求的新标签。

2. 模型

AutoCAD 的空间分模型空间和图纸空间。模型空间是我们通常绘图的环境，而在图纸空间中，用户可以创建叫做“浮动视口”的区域，以不同视图显示所绘图形。用户可以在图纸空间中调整浮动视口并决定所包含视图的缩放比例。如果选择图纸空间，则可打印多个视图，用户可以打印任意布局的视图。

AutoCAD 2012 系统默认打开空间模型，用户可以通过鼠标左键单击选择需要的布局。

2.1.9 状态栏

状态栏位于绘图窗口的最下边，用于显示当前 AutoCAD 的工作状态，如图 2-14 所示。

图 2-14 状态栏

状态栏主要包含三大功能，具体的分类如下：

- 在状态栏的最左侧，列出了鼠标当前位置的 X、Y、Z 三个轴向的具体坐标值，方便位置的参考与定位。
- 在状态栏显示坐标区域的左侧提供了【推断约束】、【捕捉模式】、【栅格显示】、【正交模式】、【极轴追踪】、【对象捕捉】、等功能按钮，通过这些按钮可以有效地提高绘制的准确度与效率。
- 在状态栏的最右侧则提供了【模型】、【快速查看布局】、【快速查看图形】、【注释比例】等按钮，通过这些按钮可以快速地实现绘图空间切换、预览以及工作空间调整等功能。

2.2 图形文件的管理

在 AutoCAD 中，图形文件的基本操作一般包括新建文件、保存文件、打开已有文件、输出文件、加密文件和关闭文件等。

2.2.1 新建图形文件

在 AutoCAD 2012 中，可以使用多种方式新建图形，常用的几种方法如下：

- 工具栏：快速访问工具栏“新建”按钮
- 命令行：QNEW

➢ 快捷键：Ctrl + N

➢ 程序按钮：单击“应用程序”按钮，在弹出菜单中选择“新建”命令。

通过如上几种方式均可打开“选择样板”对话框，如图 2-15 所示。此时在“选择样板”对话框中，若要创建默认样板的图形文件，单击“打开”按钮即可。

此外也可以在样板列表框中选择其他样板图形文件，在该对话框右侧的“预览”栏中可预览到所选样板的样式，选择合适的样板后单击“打开”按钮，即可创建新图形。

2.2.2 保存图形文件

在 AutoCAD 2012 中，可以使用多种方式将所绘图形以文件形式保存，常用的几种方法如下：

➢ 工具栏：快速访问工具栏“保存”按钮

➢ 命令行：SAVE

➢ 快捷键：Ctrl + S

➢ 程序按钮：单击“应用程序”按钮，在弹出的菜单中选择“保存”命令。

通过如上几种方式进行文件的首次保存时，系统将弹出“图形另存为”对话框，如图 2-16 所示，默认情况下文件以“AutoCAD 2010 图形（*.dwg）”格式保存，也可以在“文件类型”下拉列表框中选择其他格式。

图 2-15 “选择样板”对话框

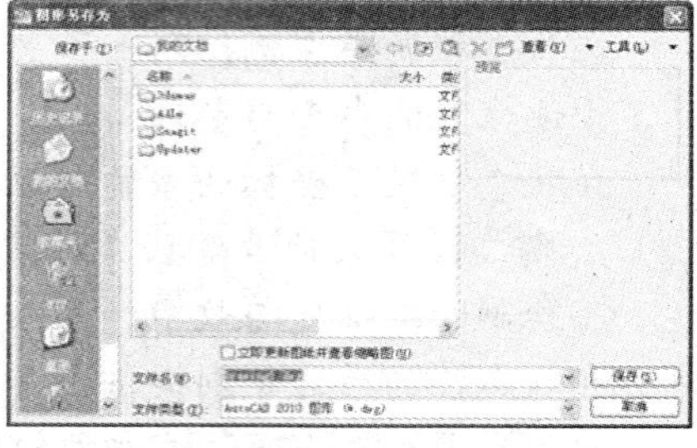

图 2-16 “图形另存为”对话框

2.2.3 打开已有图形文件

在 AutoCAD 2012 中，可以使用多种方式打开已经绘制好的图形文件，常用的几种方法如下：

➢ 工具栏：快速访问工具栏“打开”按钮。

➢ 命令行：OPEN

➢ 快捷键：Ctrl + O

➢ 程序按钮：单击“应用程序”按钮，在弹出的菜单中选择“打开”命令。

通过如上几种方式均可打开“选择文件”对话框，如图 2-17 所示。在“选择文件”对话框的文件列表框中，选择需要打开的图形文件，在右侧的“预览”框中将显示出该图形的预览图像。

2.2.4 输出图形文件

在 AutoCAD 2012 中，可以使用多种方式输出已经绘制好的图形文件，常用的几种方法如下：

➢ 菜单栏：【文件】|【输出】

➢ 程序按钮：单击按钮，在弹出的菜单中选择“输出”命令

通过如上几种方式均可打开“输出数据”对话框，如图 2-18 所示，在“保存于”下拉列表框中选择文件要存放的位置，在“文件名”文本框中输入保存文件名称，在“文件类型”下拉列表框中选择文件类型，单击“保存”按钮，即可输出图形文件。

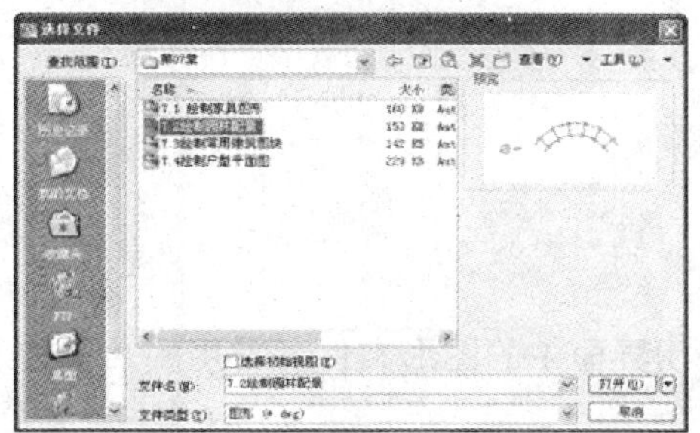

图 2-17 “选择文件”对话框

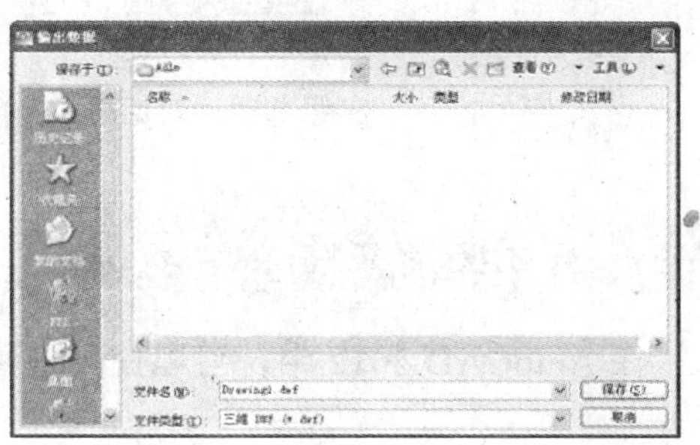

图 2-18 输出图形文件

2.2.5 加密图形文件

在 AutoCAD 2012 中进行文件的保存及另存时，还可以对文件进行加密，以保护好图形文件的隐私，具体的操作方法如下：

01 单击应用程序按钮，在弹出的菜单中选择“保存”或“另存为”命令，打开“图形另存为”对话框。

02 在该对话框中单击“工具”按钮，在弹出的菜单中选择“安全选项”命令，打开“安全选项”对话框，如图 2-19 所示。在“密码”选项卡中，可以在“用于打开此图形的密码或短语”文本框中输入密码。然后单击【确定】按钮，打开“确认密码”对话框，并在“再次输入用于打开此图形的密码”文本框中输入确认密码，如图 2-20 所示。

图 2-19 “安全选项”对话框

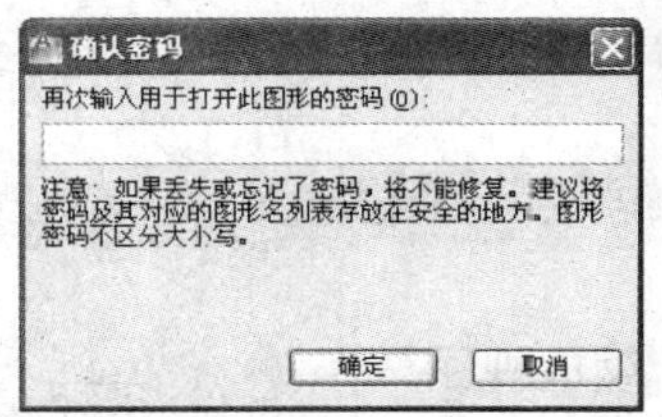

图 2-20 “确认密码”对话框

03 在进行加密设置时，可以在此选择 40 位和 128 位等多种加密长度。可在“密码”

选项卡中单击“高级选项”按钮，在打开的“高级选项”对话框中进行设置，如图 2-21 所示。

04 为文件设置了密码后，在打开文件时系统将打开“密码”对话框，如图 2-22 所示，并要求输入正确的密码，否则将无法打开图形。

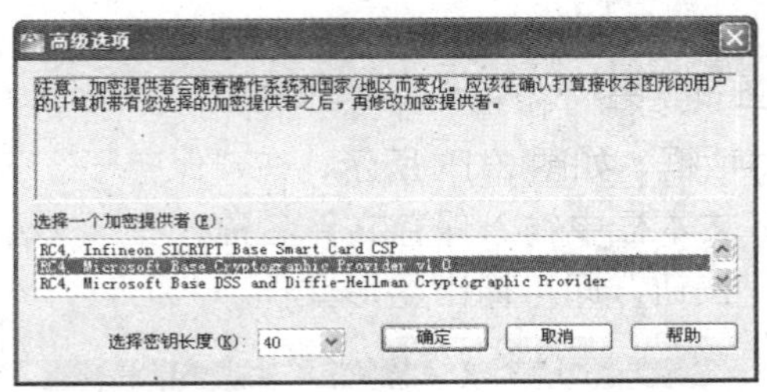

图 2-21 “高级选项”对话框

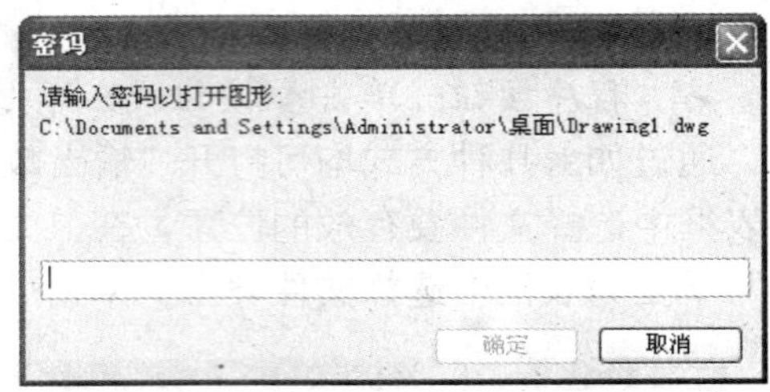

图 2-22 “密码”对话框

2.2.6 关闭图形文件

在 AutoCAD 2012 中，可以使用多种方式关闭界面中的图形文件，常用的几种方法如下：

- 命令行：QUIT
- 快捷键：Ctrl + Q
- 按　钮：单击绘图窗口“关闭”按钮×

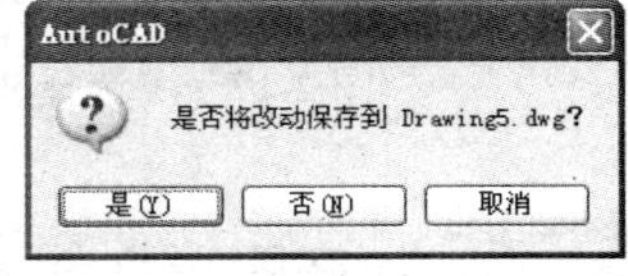

图 2-23 提示框

通过如上三种方式均可执行“关闭”命令，如果当前图形没有保存，系统将弹出 AutoCAD 警告对话框，询问是否保存文件，如图 2-23 所示，单击【是】按钮或直接单击回车键，可以保存当前图形文件并将其关闭；单击【否】按钮，可以关闭当前图形文件但不保存；单击【取消】按钮，取消关闭当前图形文件操作，既不保存也不关闭。

2.3 图形显示的控制

在 AutoCAD 中，可以使用多种方法来观察绘图窗口中绘制的图形，以便灵活观察图形的整体效果或局部细节。

2.3.1 缩放与平移

1. 缩放视图

通过缩放视图，可以放大或缩小图形的屏幕显示尺寸，而图形的真实尺寸保持不变。在 AutoCAD 2012 中，常用的几种缩放视图的方法如下：

- 工具栏：单击【缩放】工具栏各按钮

- 菜单栏：选择【视图】|【缩放】子菜单命令
- 命令行：ZOOM
- 鼠　标：滚动鼠标中键

2. 平移视图

通过平移视图，可以重新定位图形，以便清楚地观察图形的其他部分。在 AutoCAD 2012 中，常用的几种缩放视图的方法如下：

- 菜单栏：选择【视图】|【平移】子菜单命令
- 命令行：PAN / P
- 鼠　标：按住鼠标中键拖动

2.3.2 重画与重生成

在绘图和编辑过程中，屏幕上常常留下对象的拾取标记，这些临时标记并不是图形中的对象，有时会使当前图形画面显得混乱，这时就可以使用 AutoCAD 的重画与重生成图形功能清除这些临时标记。

1. 重画图形

选择【视图】|【重画】命令，或输入 REDRAW 命令，系统将在显示内存中更新屏幕，消除临时标记。使用该命令，可以更新用户使用的当前视区。

2. 重生成图形

重生成与重画在本质上是不同的，利用“重生成”命令可重生成屏幕，此时系统从磁盘中调用当前图形的数据，比执行“重画”命令速度慢，将将花费更多的屏幕更新时间，在 AutoCAD 中，某些操作只有在使用“重生成”命令后才生效，如改变点的格式。如果一直使用某个命令修改编辑图形，但该图形似乎看不出什么变化，此时可使用“重生成”命令更新屏幕显示。

重生成图形有以下几种方式：

- 菜单栏：选择【视图】|【重生成】命令更新当前视口
- 菜单栏：选择【视图】|【全部重生成】命令同时更新所有视口
- 命令行：REGEN

2.4 AutoCAD 命令的调用方法

在 AutoCAD 中，菜单命令、工具栏按钮、命令和系统变量都是相互的。可以选择某一菜单，或单击某个工具按钮，或在命令行中输入命令和系统变量来执行相应命令。

2.4.1 使用鼠标操作

在绘图窗口中，光标通常显示为“十”字线形式。当光标移至菜单选项、工具或对话框内时，光标变成一个箭头。无论光标呈“十”字线形式还是箭头形式，当单击或按住鼠标键时，都会执行相应的命令或动作。在 AutoCAD 中，鼠标键是按照下述规则定义的。

1. 拾取键

通常指鼠标的左键，用户指定屏幕上的点，也可以用来选择 Windows 对象、AutoCAD 对象、工具按钮和菜单命令等。

2. 回车键

指鼠标右键，相当于 Enter 键，用于结束当前使用命令，此时系统将根据当前绘图状态而弹出不同的快捷菜单。

3. 弹出菜单

当使用 Shift 键和鼠标右键的组合时，系统将弹出一个快捷菜单，用于设置捕捉对象。

2.4.2 使用键盘输入

在 AutoCAD 2012 中，大部分的绘图、编辑功能都需要通过键盘输入来完成。通过键盘可以输入命令、系统变量。此外，键盘还是输入文本对象、数值参数、点的坐标或进行参数选择的唯一方法。

2.4.3 使用命令行

在 AutoCAD 2012 中，默认情况下“命令行”是一个可固定的窗口，可以在当前命令行提示下输入命令和对象参数等内容。对于大多数命令，“命令行”中可以显示执行完的两条命令提示，而对于一些输出命令，需要在“命令行”或“AutoCAD 文本窗口”中显示。

在“命令行”窗口中右击，AutoCAD 将显示一个快捷菜单，如图 2-24 所示。通过快捷菜单可以选择最近使用过的 6 个命令、复制选定的文字或全部命令历史、粘贴文字以及打开“选项”对话框。

在命令行中，还可以使用 Backspace 或 Delete 键删除命令行中的文字，也可以选中命令历史，并执行“粘贴到命令行”命令，将其粘贴到命令行中。

2.4.4 使用菜单栏

菜单栏几乎包含了 AutoCAD 中全部的功能和命令，使用菜单栏执行命令，只需单击菜单栏中的主菜单，在弹出的子菜单中选择要执行的命令即可。例如要执行绘制多段线命令，选择【绘图】|【多段线】命令，如图 2-25 所示。

2.4.5 使用工具栏

大多数命令都可以在相应的工具栏中找到与其对应的图标按钮，用鼠标单击该按钮即可快速执行 AutoCAD 命令。例如要执行绘制圆命令，可以单击【绘图】工具栏中的【圆】

按钮⊙，再根据命令提示进行操作即可。

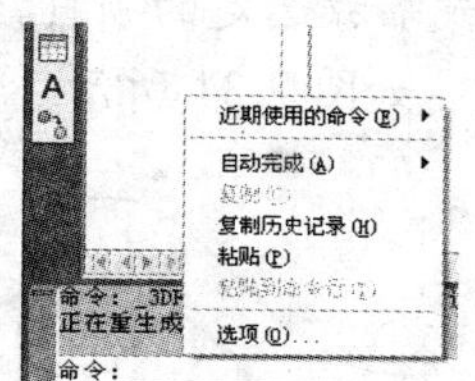

图 2-24　命令行快捷菜单

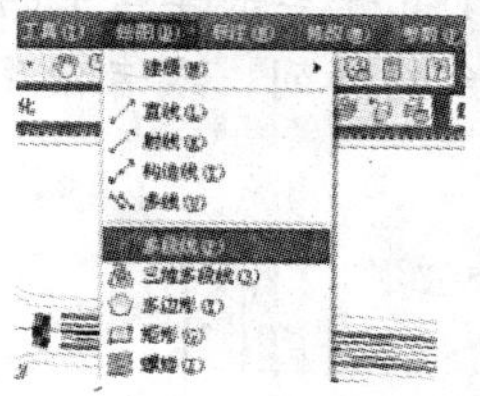

图 2-25　使用菜单栏执行绘制多段线命令

2.5 AutoCAD 2012 新功能概述

本节对 AutoCAD 2012 新功能作一个简单的介绍，以便读者能够快速适应新版本的工作环境和操作方式。

➢ 命令行自动完成指令功能。命令行输入是 AutoCAD 的一大特色，但要记住如此数量庞大的命令，对初学者来说并不是一件容易的事情。在 AutoCAD 2012 中，系统会在用户键入命令行命令时自动完成命令名或系统变量，此外，还会显示一个有效选择列表，用户可以按 Tab 键从中进行选择，从而为用户快速使用命令提供了极大的方便，如图 2-26 所示。

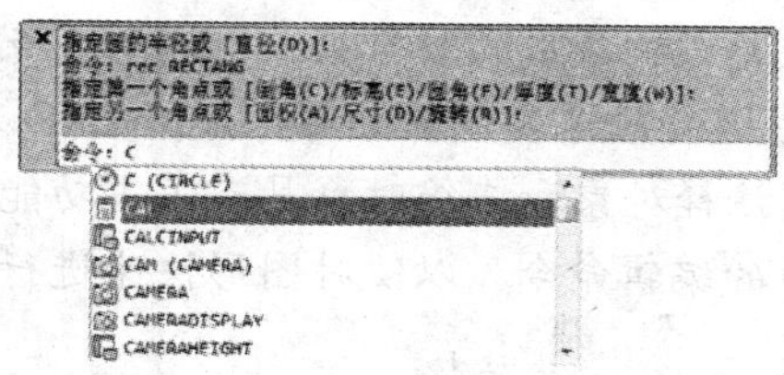

图 2-26　命令行自动完成功能

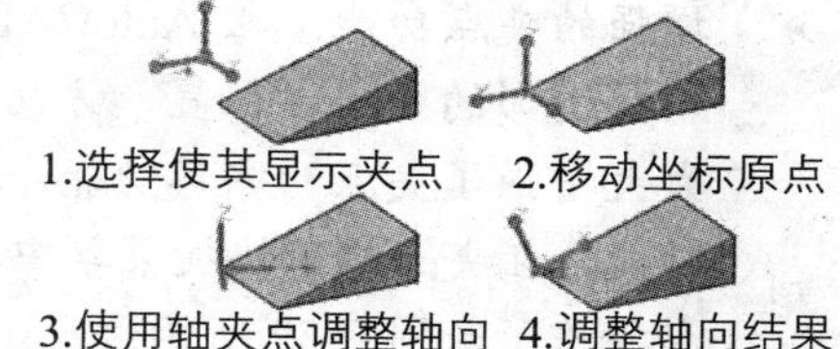

图 2-27　使用 UCS 坐标夹点功能

➢ UCS 坐标图标新增夹点功能，使坐标调整更为直观和快捷。单击视口中的 UCS 图标，可将其选择，此时会出现相应的原点夹点和轴夹点，单击原点夹点并拖动，可以调整坐标原点的位置，选择轴夹点并拖动，可调整轴的方向，如图 2-27 所示。

➢ 圆角及倒角预览功能。AutoCAD 2012 新增了倒角和圆角预览功能，在分别选择了倒角或圆角边后，倒角位置会出现相应的最终倒角或圆角效果预览，以方便用户查看操作结果，如图 2-28 所示。

➢ 大大增强的阵列功能。AutoCAD 2012 对阵列进行了较大的改进，操作方式发生了较大的变化，取消了阵列对话框，同时增加了路径阵列功能，可以沿某一路径进行复制，如图 2-29 所示。路径可以是直线、多段线、三维多段线、样条曲线、螺旋、圆弧、圆或椭圆。

➢ 阵列特性编辑功能。在 AutoCAD 2012 中，阵列后的所有图形将作为一个整体对象，并设置了对象特性、夹点等编辑功能，可使用 ARRAYEDIT、“特性”选项

板或夹点等方式编辑阵列的数量、间距、源对象等，如图 2-30 所示。甚至可以按 Ctrl 键并单击阵列中的项目来删除、移动、旋转或缩放选定的项目，而不会影响其余的阵列，或者使用其他对象替换选定的项目，如图 2-31 所示。

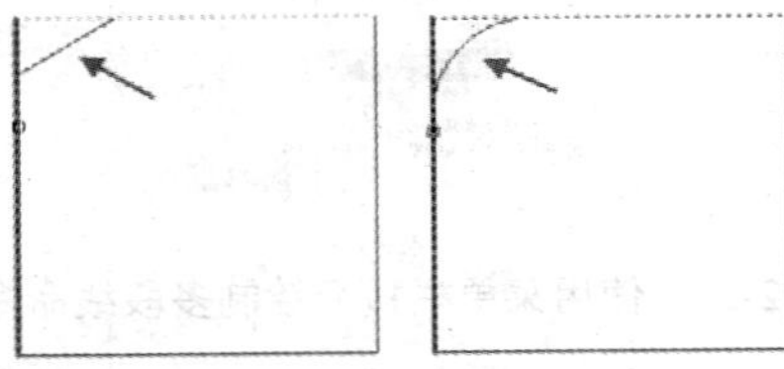

图 2-28 倒直角和圆角预览

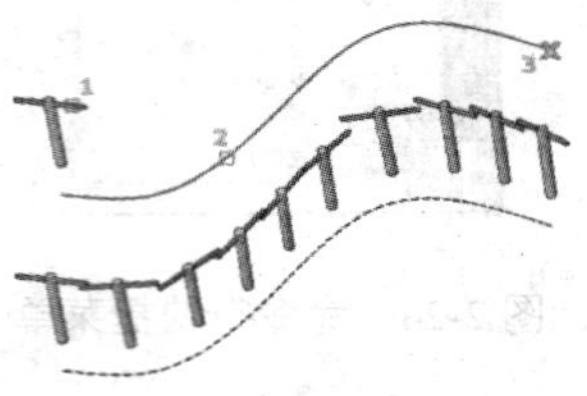

图 2-29 路径阵列功能

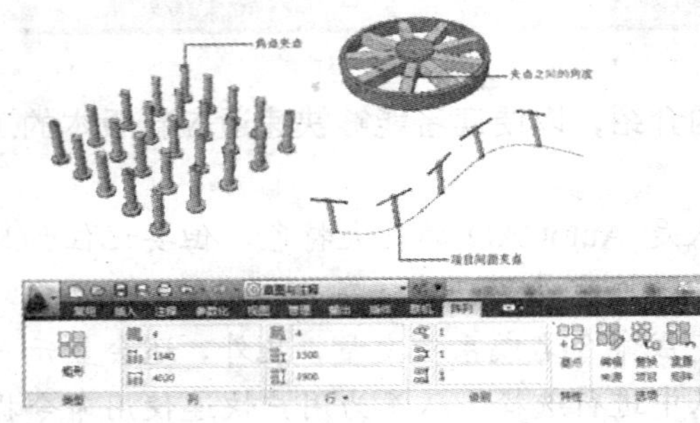

图 2-30 阵列特性编辑

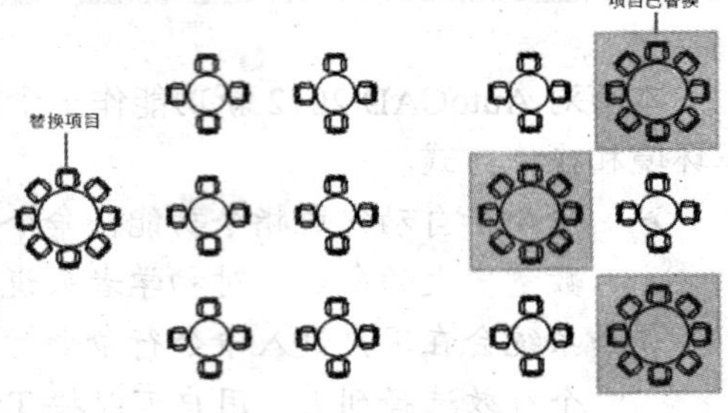

图 2-31 阵列项目替换

- ➢ 增强的夹点功能。在 AutoCAD 中，夹点是一种集成的编辑模式，利用夹点可以编辑图形的大小、位置、方向以及对图形进行镜像复制操作等。AutoCAD 2012 大大增强了夹点的编辑功能，二维对象、注释对象和三维对象具有了多功能夹点功能，在夹点编辑快捷菜单中提供了更多的编辑命令，以便对图形快速进行编辑和操作，如图 2-32 所示。
- ➢ 创建混合曲线功能。该功能在两条选定直线或曲线之间的间隙中创建样条曲线，如图 2-33 所示。随着选定对象位置的不同，将产生不同的混合曲线结果。
- ➢ 组（Group）命令的交互功能大大增强，可以快速对组进行编辑和操作。
- ➢ 添加了内容查找器 Autodesk Content Explorer，可以针对指定的文件夹中 DWG 文件作内容索引。

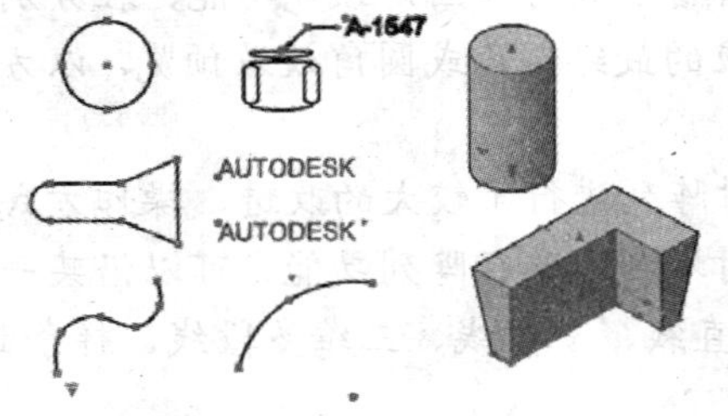

图 2-32 夹点增强功能

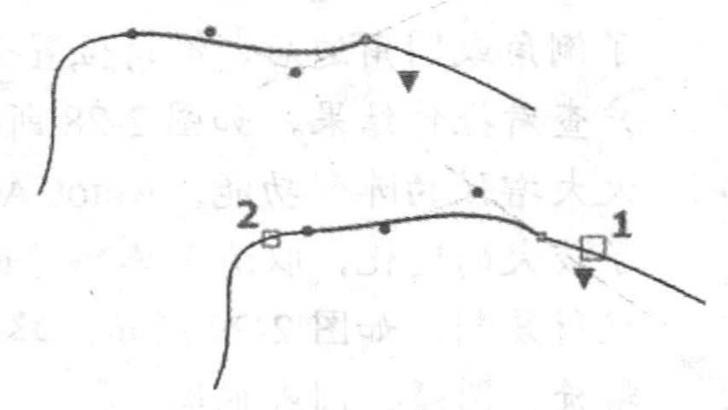

图 2-33 创建混合曲线功能

第 3 章

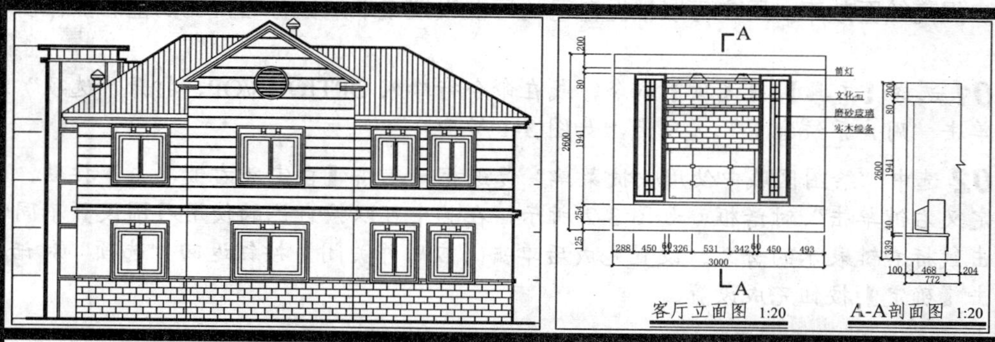

设置绘图环境和精确绘图

使用 AutoCAD 绘制的建筑设计图直接影响工程完成效果与质量，因此对图样内容的准确性有着十分严格的要求，而在使用 AutoCAD 绘图前对绘图环境的某些参数进行设置，灵活运用 AutoCAD 所提供的绘图工具进行准确定位，不但可以使操作符合自己的使用习惯，而且能有效提高绘图的准确性，从而有效提高绘图效率。

3.1 设置绘图环境

在新建图形文件后，通常设置的绘图环境包括鼠标右键功能、拾取点大小、命令提示行显示行数和字体以及设置工作空间等内容，AutoCAD 对上述的绘图环境提供了十分灵活的设置方式，用户可以根据需要进行自定义设置。

3.1.1 设置鼠标右键功能

AutoCAD 中，在绘图的不同阶段单击鼠标右键，可以调出不同的快捷菜单命令，以帮助用户提高绘图效率。用户可以根据自己的习惯设置或取消鼠标右键的功能，操作步骤如下：

01 选择【工具】|【选项】命令，或在命令行输入 OPTIONS/OP，打开“选项”对话框，单击“用户系统配置”选项卡，如图 3-1 所示。

02 选中“绘图区域中使用快捷菜单”复选框，单击【自定义右键单击】按钮，打开“自定义右键单击”对话框，如图 3-2 所示，在其中可以按自己的使用习惯设置不同情况下单击鼠标右键表示的含义。设置完成后单击【应用并关闭】按钮返回“选项”对话框，再单击【确定】按钮完成设置。

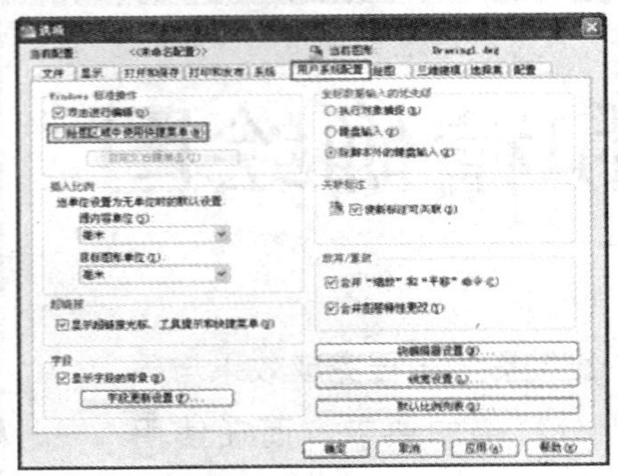

图 3-1 “选项”对话框

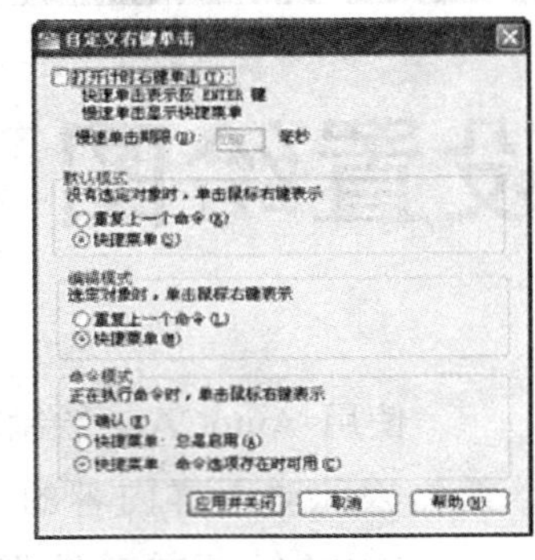

图 3-2 “自定义右键单击”对话框

提 示： 如果用户需要关闭鼠标右键功能，只需在如图 3-1 所示“Windows 标准操作”选项组中取消“绘图区域中使用快捷菜单”复选框即可。此时单击鼠标右键，默认执行快捷菜单中的第一项命令。

3.1.2 设置拾取点大小

拾取点就是指十字光标中间的方框，如图 3-3 所示。如果图纸很大而默认的拾取点太小，就有可能造成拾取不准确，此时就需要将拾取点设置大一些以方便绘图与观看。

设置拾取点大小操作步骤如下：

01 选择【工具】|【选项】命令，打开“选项”对话框，单击“选择集”选项卡，在“拾取框大小”栏中，向右拖动滑块使拾取点变大，向左拖动滑块则使拾取点变小，如图 3-4 所示。设置完成后单击【确定】按钮，使设置生效并关闭该对话框。

02 此时再返回到操作界面中即可看到拾取点明显增大，如图 3-5 所示。

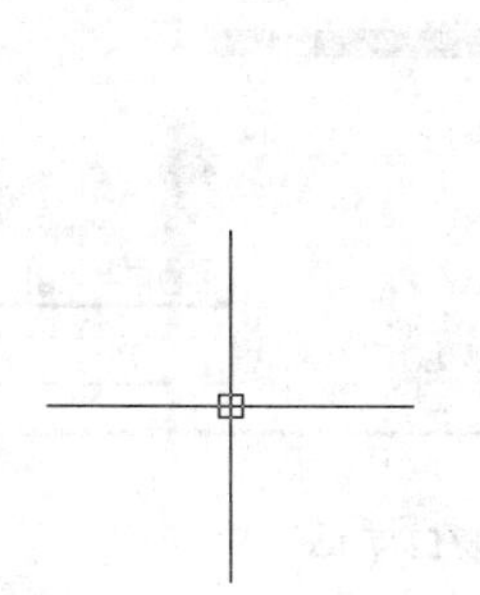

图 3-3 拾取点

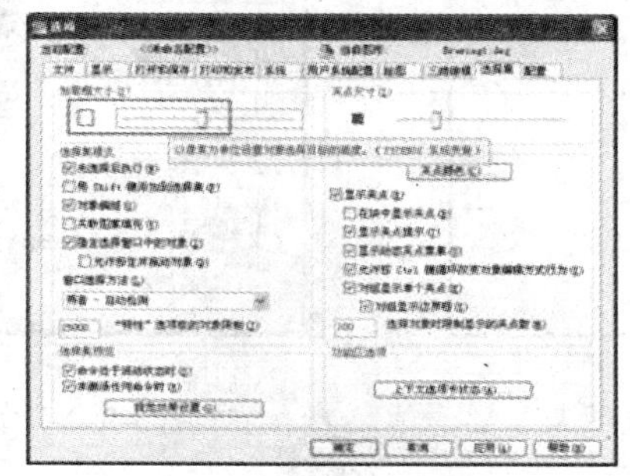

图 3-4 “选择集”选项卡

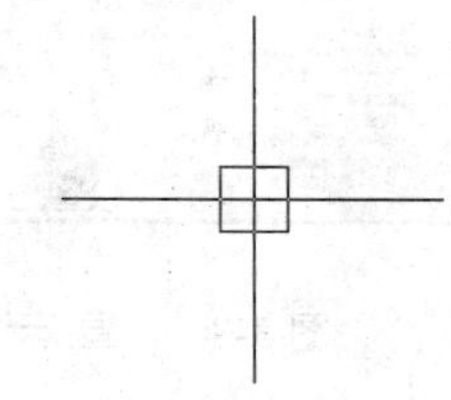

图 3-5 设置后的拾取点效果

3.1.3 更改命令提示行显示行数和字体

AutoCAD 默认的命令提示行显示行数为 3 行，字体为 Courier。用户可以根据自己的喜好更改命令提示行的显示行数和字体，具体操作步骤如下：

01 将鼠标光标移动到命令提示行的上端分隔线处，当光标显示为≑形状时按下鼠标左键，然后上下拖动鼠标即可调整命令提示行高度以改变文字显示行数，如图 3-6 河图 3-7 所示。

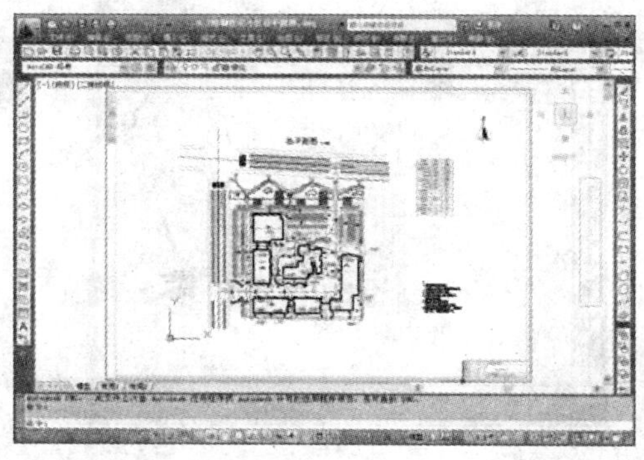

图 3-6 默认提示命令行

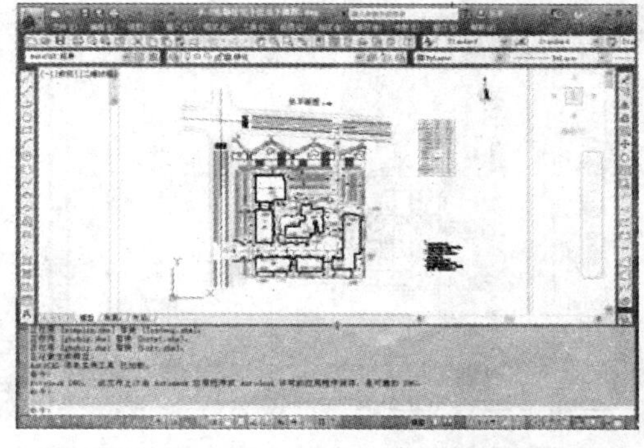

图 3-7 调整后的命令提示行

02 如果要自定义命令提示行中的文字格式与大小等特征上，可以执行【工具】|【选项】命令，在打开的“选项”对话框中，单击“显示”选项卡，单击“窗口元素”栏中的“字体”按钮，如图 3-8 所示。

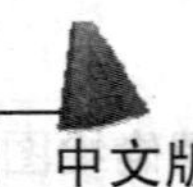

03 打开“命令行窗口字体”对话框，如图 3-9 所示，在“字体”列表框中选择需要设置的字体，然后在“字体”和“字号”列表框中选择需要的字体和字号，设置完成后的单击【应用并关闭】按钮，如图 3-9 所示。返回“选项”对话框，再单击【确定】按钮即可完成命令提示行字体的设置。

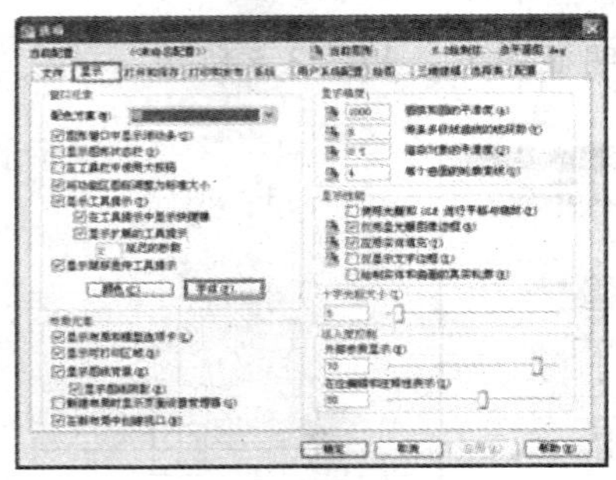

图 3-8 “显示”选项卡

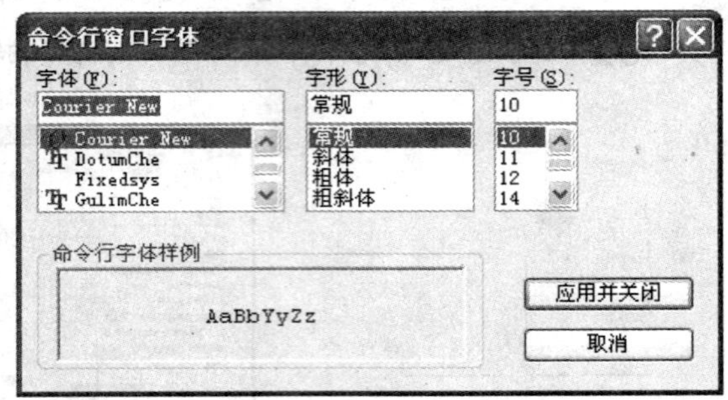

图 3-9 “命令行窗口字体”对话框

3.1.4 设置工作空间

工作空间指的是 AutoCAD 整个操作界面，用户不但可以选择 AutoCAD 已有的工作空间选项，还可以进一步自定义个性化的工作空间，具体操作步骤如下：

01 以如图 3-10 所示默认的“AutoCAD 经典”工作空间为例，按自己的使用习惯，设置好菜单、工具栏和工具选项板等元素在绘图界面中的位置，如将绘图工具栏与修改工具栏均调整至界面左侧。

02 调整完成后，单击状态栏 “锁定”按钮，选择【全部】|【锁定】选项，如图 3-11 所示，锁定这些窗口元素的位置。

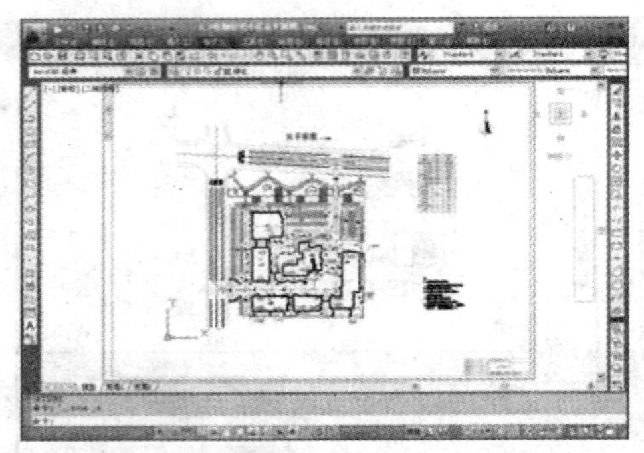

图 3-10 默认“AutoCAD 经典”工作空间

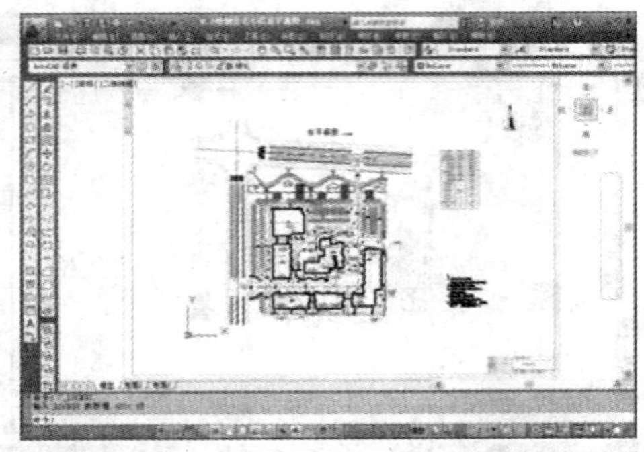

图 3-11 调整后的“AutoCAD 经典”工作空间

03 单击快速访问工具栏工作空间列表 AutoCAD 经典 下拉按钮，在弹出的下拉列表框中选择“将当前工作空间另存为”选项，在打开的如图 3-12 所示的“保存工作空间”对话框的“名称”文本框中输入自定义工作空间名称，单击【保存】按钮完成工作空间创建和保存。

04 单击状态栏切换工作空间按钮，在弹出菜单中选择“设置工作空间”命令，打开“工作空间设置”对话框，在“我的工作空间=”下拉列表框中选择自定义的工作空间，选中“自动保存工作空间修改”单选按钮，则可以随时更新自己创建的工作空间，如图3-13所示。单击【确定】按钮退出该对话框，这样即将自己创建的工作空间设置为“个人创建工作空间”，以实现快速调用的目的。

图3-12 “保存工作空间”对话框

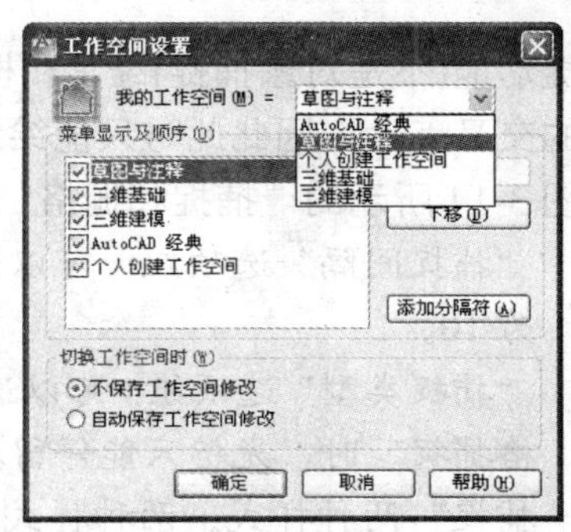

图3-13 “工作空间设置”对话框

3.2 精确绘制图形

准确性是施工图的一个硬性指标，在利用 AutoCAD 进行绘图时通常需要结合捕捉、追踪和动态输入等工具，进行精确绘图并提高绘图效率。

3.2.1 栅格

栅格的作用如同传统纸面制图中使用的坐标纸，按照相等的间距在屏幕上设置了栅格线，使用者可以通过栅格数目来确定距离，从而达到精确绘图的目的。但要注意的是屏幕中显示的栅格不是图形的一部分，打印时不会被输出。

栅格不但可以进行显示或隐藏，栅格的大小与间距也可以进行自定义设置，具体的操作步骤如下：

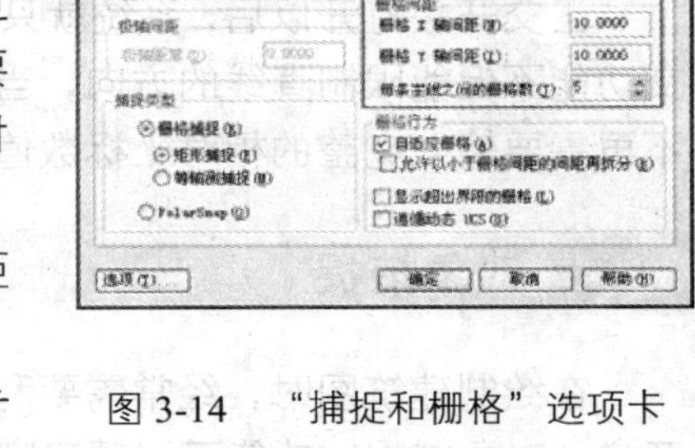

图3-14 “捕捉和栅格”选项卡

01 选择【工具】|【绘图设置】命令，或在命令行输入 DSETTINGS/SE，在打开的“绘图设置”对话框中选中“捕捉和栅格”选项卡，如图3-14所示，选中或取消“启用栅格”复选框，可以控制显示或隐藏栅格。

02 通常还需要参考图纸大小在“栅格间距”选项组中，调整栅格线在X轴(水平)方向和Y轴(垂直)方向上的距离。而在命令行输入 GRID 命令，也可以根据提示设置栅格的间距和控制栅格的显示。

控制栅格是否显示，还有以下两种常用方法：

- 快捷键：连续按功能键 F7，可以在开、关状态间切换。
- 状态栏：单击状态栏中的“栅格”开关按钮▦。

3.2.2 捕捉

捕捉功能(不是对象捕捉)经常和栅格功能联用。当捕捉功能打开时，光标只能停留在栅格线的交叉点上，因此此时只能绘制出与栅格间距为整数倍的距离。

在图 3-14 所示的“捕捉和栅格”选项卡中，设置捕捉属性的选项有：

- “捕捉间隔”选项组：可以设定 X 方向和 Y 方向的捕捉间距，通常该数值设置为 10。
- “捕捉类型”选项组：可以选择“栅格捕捉”和“极轴捕捉”两种类型。选择“栅格捕捉”时，光标只能停留在栅格线上。栅格捕捉又有“矩形捕捉”和“等轴测捕捉”两种样式。两种样式的区别在于栅格的排列方式不同。“等轴测捕捉”常常用于绘制轴测图。

打开和关闭捕捉功能，还有以下两种常用方法：:

- 快捷键：连续按功能键 F9，可以在开、关状态间切换。
- 状态栏：单击状态栏中的“捕捉”开关按钮。

3.2.3 正交

在利用 AutoCAD 进行建筑图像的绘制时，经常需要绘制水平或垂直的线条。针对这种情况 AutoCAD 设置了“正交”的直线绘图模式，以快速绘制出准确的水平或垂直直线。

打开和关闭正交开关的方法有：

- 快捷键：连续按功能键 F8，可以在开、关状态间切换。
- 状态栏：单击状态栏“正交”开关按钮。

正交开关打开以后，系统就只能画出水平或垂直的直线，如图 3-15 所示。此外由于正交功能不但能限制直线的方向，当要绘制一定长度的直线时，直接输入线段长度值即可，不再需要输入完整的相对坐标数值。

3.2.4 对象捕捉

在绘制建筑图时，经常需要利用到已有图形的端点、中点等特征点，在 AutoCAD 中开启“对象捕捉”功能可以精确定位现有图形对象的特征点，例如直线的中点、圆的圆心等，从而为精确绘图提供了有利的条件，有效提高绘制准确度与效率。

1. 对象捕捉的开关设置

根据实际需要，可以打开或关闭对象捕捉，有以下两种常用的方法：

- 快捷键：连续按 F3，可以在开、关状态间切换。
- 状态栏：单击状态栏中的“对象捕捉”开关按钮。

注 意：选择【工具】|【绘图设置】命令，或输入命令 OSNAP/OS，打开“绘图设置”对话框。单击“对象捕捉”选项卡，选中或取消“启用对象捕捉”复选框，也可以打开或关闭对象捕捉，但由于操作麻烦，在实际工作中并不常用。

2. 设置对象捕捉类型

要利用好“对象捕捉”功能，就需要预先设置好“对象捕捉模式”，也就是确定当探测到对象特征点时，哪些点捕捉，而哪些点可以忽略，以准确地捕捉到目标位置。执行【工具】|【绘图设置】命令可以打开如图 3-16 所示的“绘图设置”对话框。

在该对话框共列出了 13 种对象捕捉类型和对应的捕捉标记。需要利用到哪些对象捕捉类型，就选中这些对象捕捉类型前面的复选框。设置完毕后，单击【确定】按钮关闭对话框即可。这些对象捕捉类型的含义见表 3-1。

表 3-1　对象捕捉类型的含义

对象捕捉点	含 义
端点	捕捉直线或曲线的端点
中点	捕捉直线或弧段的中间点
圆心	捕捉圆、椭圆或弧的中心点
节点	捕捉用 POINT 命令绘制的点对象
象限点	捕捉位于圆、椭圆或弧段上 0°、90°、180° 和 270° 处的点
交点	捕捉两条直线或弧段的交点
延伸	捕捉直线延长线路径上的点
插入点	捕捉图块、标注对象或外部参照的插入点
垂足	捕捉从已知点到已知直线的垂线的垂足
切点	捕捉圆、弧段及其他曲线的切点
最近点	捕捉处在直线、弧段、椭圆或样条线上，而且距离光标最近的特征点
外观交点	在三维视图中，从某个角度观察两个对象可能相交，但实际并不一定相交，可以使用“外观交点”捕捉对象在外观上相交的点
平行	选定路径上一点，使通过该点的直线与已知直线平行

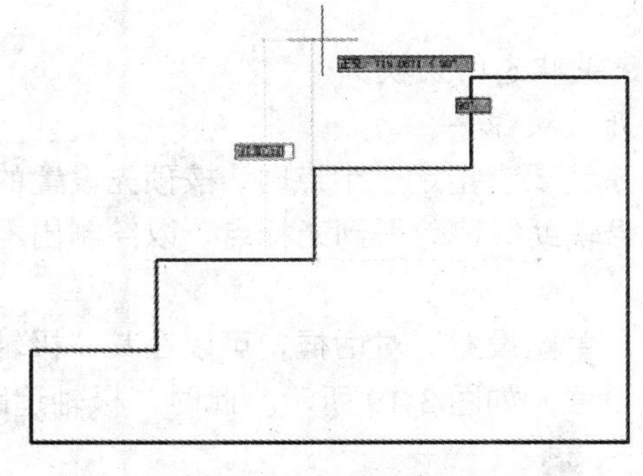
图 3-15　使用正交模式绘制的台阶轮廓

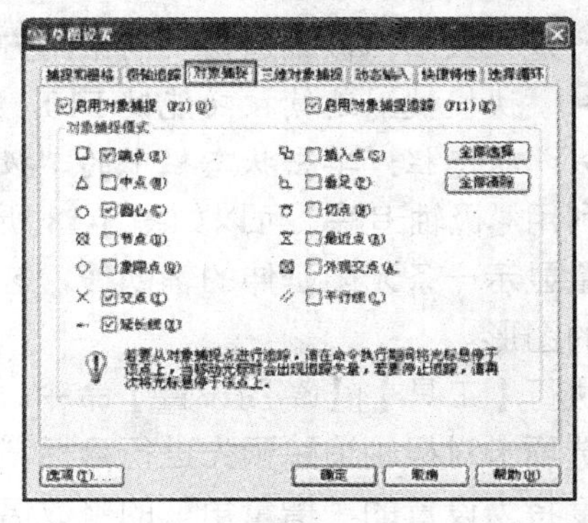

图 3-16　对象捕捉选项卡

此外通过右侧的【全部选择】与【全部清除】按钮可以快速进行所有捕捉类型的选择与取消。

3. 自动捕捉

自动捕捉模式需要使用者先在如图 3-16 所示的“绘图设置”对话框设置好需要的对象捕捉类型，设置完成后当光标移动到这些对象捕捉点附近时，系统就会自动捕捉到这些点。

4. 临时捕捉

由于在实际的绘图进行时并不能一次性确定好所有的对象捕捉点，为了避免进行反复的设置，可以使用临时捕捉，临时捕捉的方法如下：

01 在进行图形的绘制过程中如果要使用临时捕捉模式，可按住键盘上的 Shift 键再单击鼠标右键。

02 系统此时会弹出如图 3-17 所示的快捷菜单。在其中单击选择需要的对象捕捉类型，系统就会临时捕捉到这个特征点。

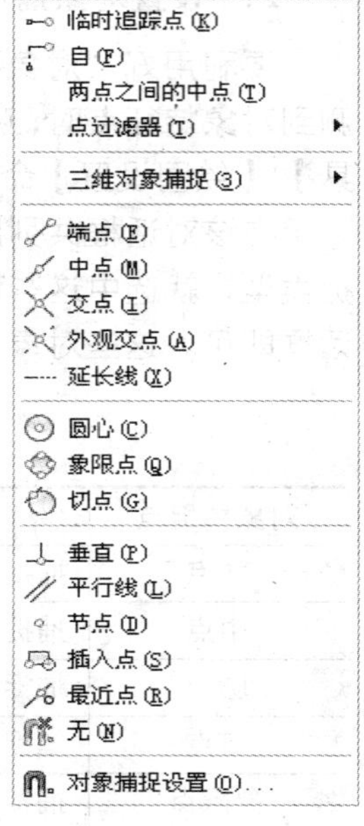

图 3-17 临时捕捉菜单

注 意：临时捕捉是一种灵活的一次性的捕捉模式，这种捕捉模式不是自动的。当用户需要临时捕捉某个并不为常用的图形特征点时，可以在捕捉之前临时手动设置需要捕捉的特征点，然后再进行对象捕捉，在完成当次捕捉后设置的特征点即失效。在下一次遇到相同的对象捕捉点时，需要再次设置。

3.2.5 自动追踪

“自动追踪”指按事先指定的角度绘制对象，或者绘制与其他对象有特定关系的对象。在 AutoCAD 中自动追踪功能分为“极轴追踪”和“对象捕捉追踪”两种，是非常有用的辅助绘图工具。

1. 极轴追踪

打开和关闭“极轴追踪”的常用方法有两种：

- 快捷键：连续按功能键 F10，可以在开、关状态间切换。
- 状态栏：单击状态栏中的“极轴追踪”开关按钮。

利用“极轴追踪”可以如图 3-18 所示可以在系统要求指定一个点时，按预先设置的角度增量显示一条无限延伸的辅助线，这时就可以沿辅助线追踪得到光标点，以绘制出准确角度的图形。

执行【工具】|【草图设置】命令，可以打开“草图设置”对话框，可以在其“极轴追踪”选项卡对极轴追踪预先进行目标“增量角”设置，如图 3-19 所示。此时“极轴追踪”的角度将为设置的“增量角”的整数倍。

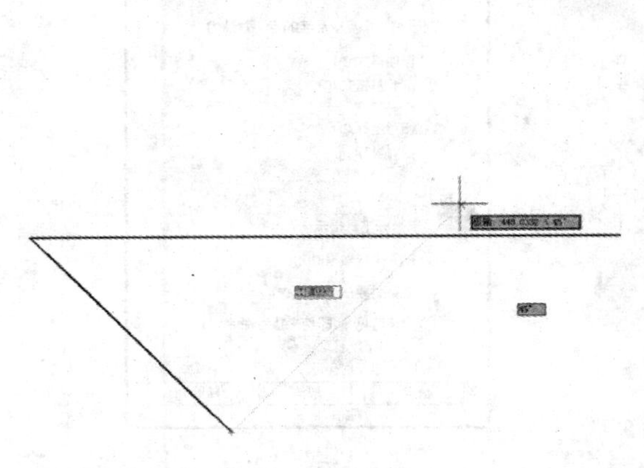

图 3-18　使用极轴捕捉绘制 45 度直线

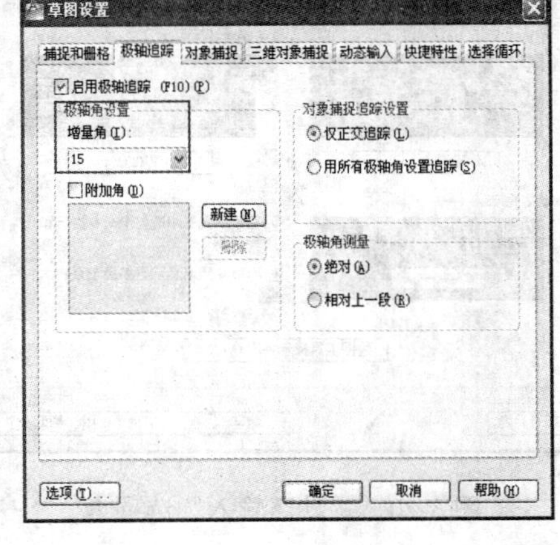

图 3-19　“极轴追踪”选项卡

技 巧：当需要设置多个“极轴追踪”的“增量角”时，可以勾选图 3-19 对话框中的“附加角”复选框，然后单击【新建】按钮手动添加其他追踪角度。

2．对象捕捉追踪

“对象捕捉追踪”是按照与对象的某种特性关系来追踪，不知道具体角度值，但知道特定的关系进行对象捕捉追踪。

要执行该追踪操作，可启用状态栏中的【对象捕捉追踪】功能，同样在“极轴追踪”选项卡中设置对象捕捉追踪的对应参数。

3.2.6 动态输入

使用“动态输入”功能可以在指针位置处显示标注输入和命令提示等信息，从而加快绘图效率。

1．启用指针输入

在 AutoCAD 中绘制图形时，通常在命令行中输入绘图命令和相关参数，使用指针输入则可以在鼠标附近的输入框内直接进行绘图命令的输入，使操作者无需在绘图窗口和命令行之间反复切换，从而提高了绘图效率。

执行【工具】|【绘图设置】命令，打开“绘图设置”对话框，进入“动态输入”选项卡，选择“启用指针输入”复选，框可以启用指针输入功能，如图 3-20 所示。单击其中的“设置”按钮，在打开的“指针输入设置”对话框中，可以设置指针的格式和可见性，如图 3-21 所示。

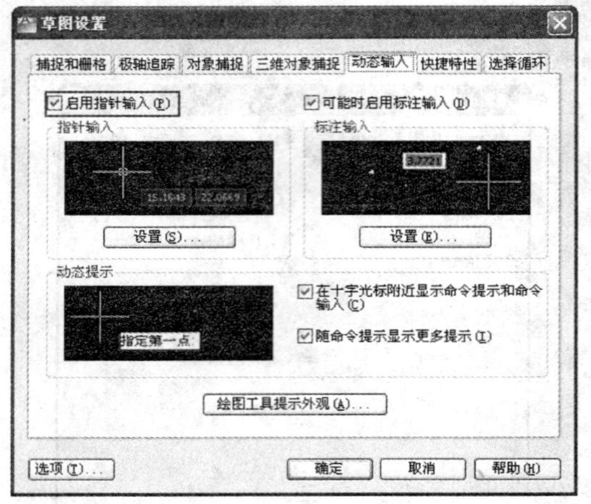

图 3-20 “动态输入”选项卡

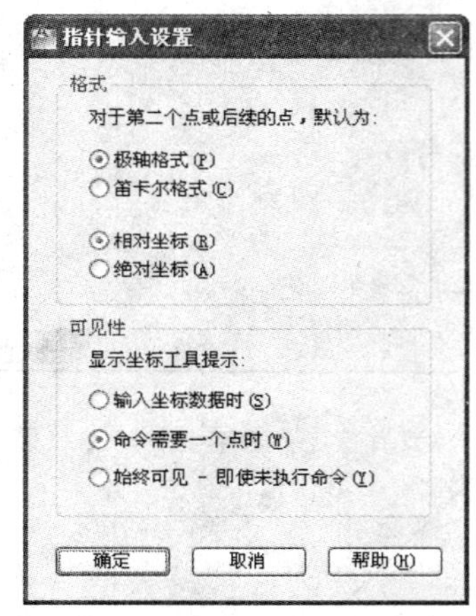

图 3-21 “指针输入设置”对话框

2. 启用标注输入

在“绘图设置”对话框的“动态输入”选项卡中，选择“可能时启用标注输入”复选框，可以启用标注输入功能。在“标注输入”选项区域中单击“设置”按钮，使用打开的“标注输入的设置”对话框，可以设置标注输入的可见性，如图 3-22 所示。

3. 显示动态提示

在“绘图设置”对话框的“动态输入”选项卡中，选中“动态提示”选项区域中的“在十字光标附近显示命令提示和命令输入”复选框，可以在光标附近显示命令提示，如图 3-23 所示，从而使操作者可以更快速地查看系统提示，提高了绘图效率。

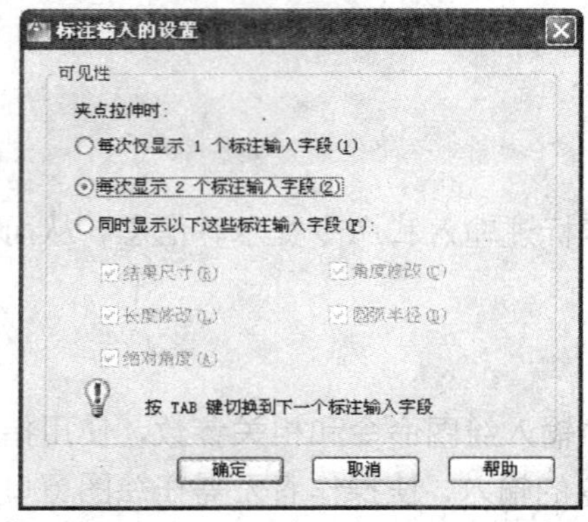

图 3-22 “标注输入的设置”对话框

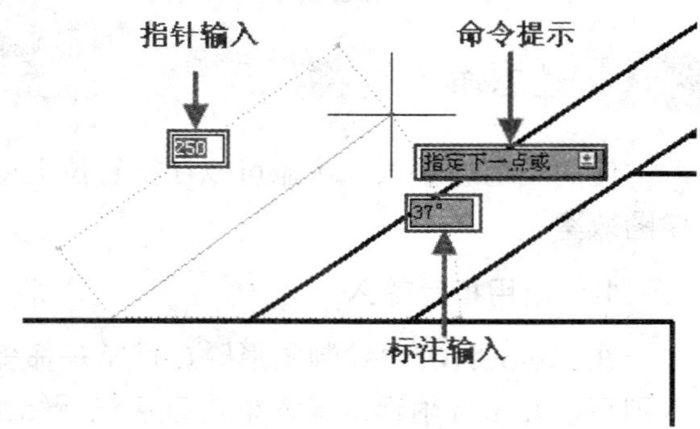

图 3-23 指针和标注输入

第 2 篇　进阶篇

第 4 章

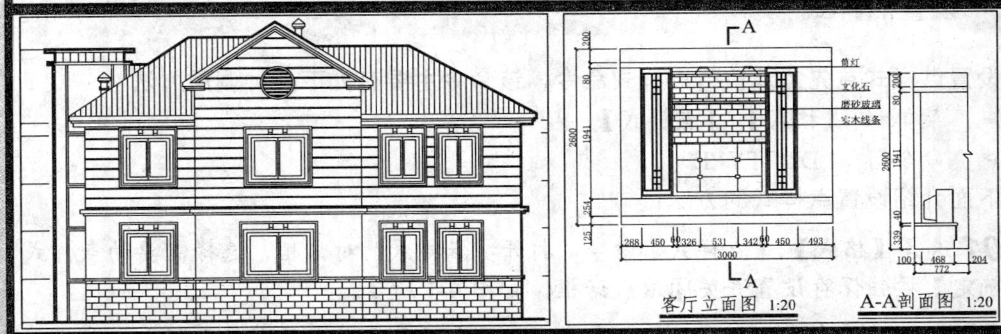

二维基本图形的绘制

AutoCAD 有着强大的绘图功能，其中二维平面图形的绘制最为简单，同时也是 AutoCAD 的绘图基础，通过二维图形的创建、编辑，能够得到更为复杂的图形。本章将详细介绍这些基本图形的绘制方法以及技巧。

4.1 点对象的绘制

在 AutoCAD 中，点不仅是组成图形最基本的元素，还经常用来标识某些特殊的部分，如绘制直线时需要确定端点、绘制圆或圆弧时需要确定圆心等。

默认情况下，点是没有长度和大小的，在绘图区仅显示为一个小圆点，因此很难看清。在 AutoCAD 中，可以为点设置不同的显示样式，这样就可以清楚地知道点的位置，也使单纯的点更加美观和易于辨认。点包括“单点”、“多点”、“定数等分点”和“定距等分点”4 种。

4.1.1 设置点样式

设置点样式首先需要执行点样式命令，该命令主要有如下几种调用方法：

- 菜单栏：【格式】|【点样式】
- 命令行： DDPTYPE

下面介绍设置点样式的方法：

01 选择【格式】|【点样式】命令，打开“点样式”对话框，选择需要的点样式，单击【确定】按钮保存设置并关闭该对话框，如图 4-1 所示。

02 返回到操作界面中，即可查看到绘图区中的点样式由原来的小圆点变成了刚才设置的点样式，如图 4-2 所示。

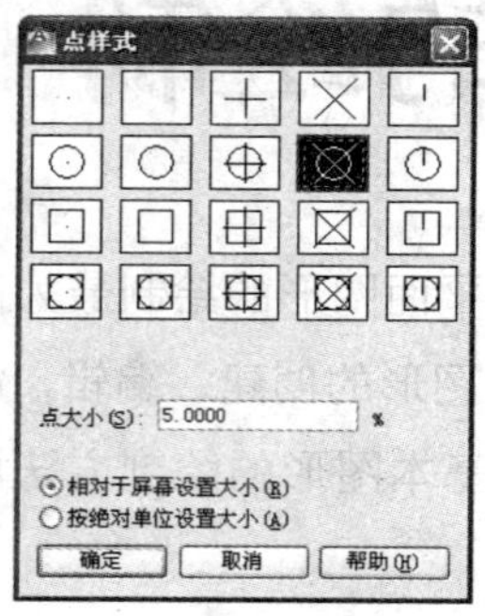

图 4-1 “点样式”对话框

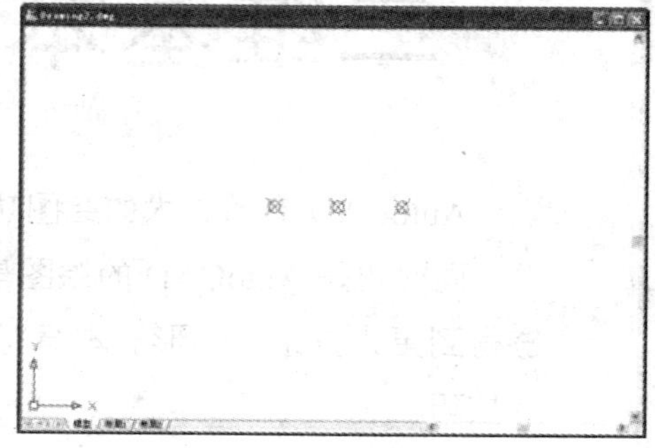

图 4-2 设置点样式效果

4.1.2 绘制单点

绘制单点首先需要执行单点命令，该命令主要有如下几种调用方法：

- 菜单栏：【绘图】|【点】|【单点】
- 命令行： POINT/PO

下面讲解绘制单点的方法，为了方便读者查看效果，这里沿用前面设置的点样式进行讲解。

01 在命令行中输入 POINT/PO 命令，并按回车键。

02 命令提示行将显示“当前点模式:PDMODE=35 PDSIZE=0.0000”。在绘图区任意位置单击鼠标左键，完成单点的绘制，如图 4-3 所示。

4.1.3 绘制多点

绘制多点就是指输入绘制命令后一次能指定多个点，直到按 Esc 键结束多点输入状态为止。

绘制多点首先需要执行多点命令，该命令主要有如下几种调用方法：

- ➢ 菜单栏：【绘图】|【点】|【多点】
- ➢ 工具栏：“绘图”工具栏多点按钮

下面以绘制多点使其形成一个五边形为例，讲解多点的绘制方法。

01 选择【绘图】|【点】|【多点】命令，并按回车键。

02 命令提示行将显示“当前点模式： PDMODE=35 PDSIZE=0.0000”。连续 5 次单击鼠标左键，使其最后效果如图 4-4 所示。

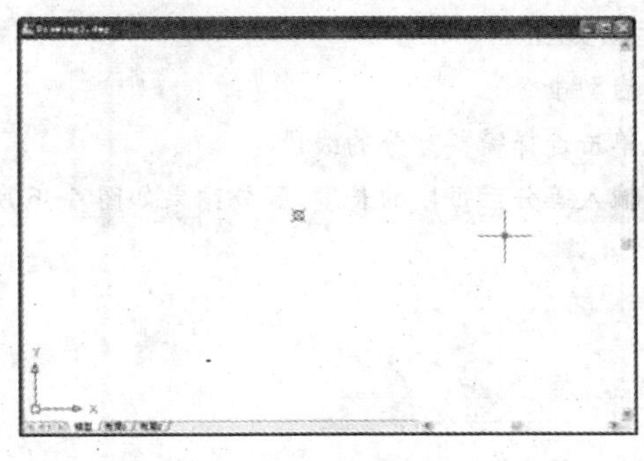

图 4-3 绘制单点

图 4-4 绘制多点

4.1.4 绘制定数等分点

绘制定数等分就是在指定的对象上绘制等分点。绘制定数等分点首先需要执行定数等分点命令，该命令主要有如下几种调用方法：

- ➢ 菜单栏：【绘图】|【点】|【定数等分】
- ➢ 命令行：DIVIDE/DIV

定数等分方式输入需要等分的总段数，而系统自动计算每段的长度。已经存在一条长 1000 的线段，现将其等分成 5 段，则每段长 200。选择【绘图】|【点】|【定数等分】命令，命令选项如下，结果如图 4-5 所示。

```
命令： _divide↙                      //启动定数等分命令
选择要定数等分的对象：                //单击选取需要等分的线段
输入线段数目或 [块(B)]： 5↙          //输入段数 5
```

图 4-5　定数等分线段

4.1.5 绘制定距等分点

定距等分点就是在指定的对象上按确定的长度进行等分，即该操作是先指定所要创建的点与点之间的距离，再根据该间距值分隔所选对象。等分后的子线段的数量是原线段长度除以等分距，如果等分后有多余的线段则为剩余线段。

绘制定距等分点首先需要执行定距等分点的命令，该命令主要有如下几种调用方法：

- 菜单栏：【绘图】|【点】|【定距等分】
- 命令行：MEASURE/ME

已经存在一条长 1000 的线段，要求等分后每段长度为 100，则可以等分为 10 段。选择【绘图】|【点】|【定距等分】命令，命令选项如下：

```
命令: _measure                          //启动命令
选择要定距等分的对象:                    //单击选择需要等分的线段
指定线段长度或[块(B)]: 100↙              //输入等分后每段的长度,等分结果如图 4-6 所示
```

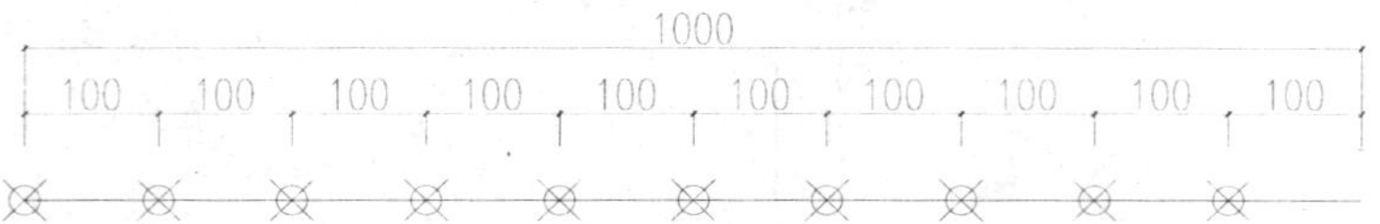

图 4-6　定距等分线段

4.2 直线型对象的绘制

直线型对象是所有图形的基础，在 AutoCAD 中直线型包括直线、射线、构造线、多段线和多线等。各线型具有不同的特征，应根据实际绘图需要选择不同的线型。

4.2.1 绘制直线

直线是所有绘图中最简单、最常用的图形对象，在绘图区指定直线的起点和终点即可绘制一条直线。当绘制一条线段后，可继续以该线段的终点作为起点，然后指定下一个终点，反复操作可绘制首尾相连的图形，按 Esc 键即可退出直线绘制状态。

绘制直线首先需要执行直线命令，该命令主要有如下几种调用方法：

- 菜单栏：【绘图】|【直线】

- 工具栏：绘图工具栏 按钮
- 命令行： LINE/L

执行上述任意一种操作后，命令提示行及操作如下：

```
命令: _line 指定第一点:                    //执行 LINE 命令
指定下一点或 [放弃(U)]:                   //在绘图区拾取一点作为直线的起点
指定下一点或 [放弃(U)]:                   //单击鼠标确定直线的终点
```

4.2.2 绘制射线

射线是只有起点和方向但没有终点的直线，即射线为一端固定而另一端无限延长的直线。射线一般作为辅助线，绘制射线后按 Esc 键退出绘制状态。

绘制射线的命令主要有如下几种调用方法：

- 菜单栏：【绘图】|【射线】
- 命令行： RAY

执行上述任意一种操作后，命令提示行及操作如下：

```
命令: _ray                                //调用绘制射线命令
指定起点:                                 //在绘图区拾取一点作为射线的起点
指定通过点:                               //确定射线的方向
```

4.2.3 绘制构造线

构造线没有起点和终点，两端可以无限延长，常作为辅助线来使用。

绘制构造线首先需要执行构造线命令，该命令主要有如下几种调用方法：

- 菜单栏：【绘图】|【构造线】
- 命令行： XLINE/XL

执行上述任意一种操作后，命令提示行及操作如下：

```
命令: _xline               //执行 XLINE 命令
指定点或 [水平(H)/垂直(V)/角度(A)/二等分(B)/偏移(O)]:
指定通过点:                //指定构造线所经过的一点
指定通过点:                //指定构造线所要经过的另一点，或按 Esc 键结束构造线绘制
```

执行构造线命令过程中各选项的含义如下：

- 水平(H)：选择该选项，可绘制水平构造线。
- 垂直(V)：选择该选项，可绘制垂直的构造线。
- 角度(A)：选择该选项，可按指定的角度创建一条构造线。
- 二等分(B)：选择该选项，可创建已知角的角平分线。使用该选项创建的构造线平分指定的两条线间的夹角，且通过该夹角的顶点。绘制角平分线时，系统要求用户依次指定已知角的顶点、起点及终点。
- 偏移(O)：选择该选项，可创建平行于另一个对象的平行线，这条平行线可以偏移一段距离与对象平行，也可以通过指定的点与对象平行。

4.2.4 绘制多段线

多段线是由等宽或不等宽的直线或圆弧等多条线段构成的特殊线段，这些线段所构成的图形是一个整体，可对其进行编辑。

绘制多段线的命令有如下几种调用方法：

- 菜单栏：【绘图】|【多段线】
- 工具栏：绘图工具栏中的多段线按钮
- 命令行：PLINE/PL

执行上述任意一种操作后，命令提示行及操作如下：

```
命令：PLINE↙                    //执行 PLINE 命令
指定起点：                       //指定一点作为多段线的起点
当前线宽为 0.0000               //显示当前多段线线宽为 0，即没有线宽
指定下一个点或 [圆弧(A)/半宽(H)/长度(L)/放弃(U)/宽度(W)]：
                               //指定多段线的下一点位置或选择一个选项绘制不同的线段
指定下一点或 [圆弧(A)/闭合(C)/半宽(H)/长度(L)/放弃(U)/宽度(W)]：↙
                              //指定多段线的下一点位置或按回车键结束命令
```

执行 PLINE 命令过程中各选项的含义如下：

- 圆弧(A)：选择该选项，将以绘制圆弧的方式绘制多段线，其下的“半宽”、“长度”、“放弃”与“宽度”选项与主提示中的各选项含义相同。
- 半宽(H)：选择该选项，将指定多段线的半宽值，AutoCAD 将提示用户输入多段线的起点半宽值与终点半宽值。
- 长度(L)：选择该选项，将定义下一条多段线的长度。AutoCAD 将按照上一条线段的方向绘制这一条多段线。若上一段是圆弧，将绘制与此圆弧相切的线段。

图 4-7　多段线绘制窗帘

- 放弃(U)：选择该选项，将取消上一次绘制的一段多段线。
- 宽度(W)：选择该选项，可以设置多段线宽度值。

多段线的用途很多，如在建筑装饰工程图中可以绘制窗帘图形，如图 4-7 所示。

4.2.5 绘制多线

多线是一种由多条平行线组成的组合图形对象。多线是 AutoCAD 中设置项目最多、应用最复杂的直线段对象。多线在制图中常用来绘制墙体和窗。

1. 设置线样式

在使用多线命令之前，可对多线的数量和每条单线的偏移距离、颜色、线型和背景填充等特性进行设置。

设置多线样式命令主要有如下几种调用方法：

- 菜单栏：【格式】|【多线样式】

➢ 命令行：MLSTYLE

下面以创建“平开窗”多线样式为例，介绍多线样式的设置方法，其操作步骤如下：

01 选择【格式】|【多线样式】命令，打开如图 4-8 所示“多线样式”对话框。

02 单击【新建】按钮，打开“创建新的多线样式”对话框，在“新样式名”文本框中输入需要创建的多线样式名称，这里输入“平开窗”文本，单击【继续】按钮，如图 4-9 所示。

图 4-8　“多线样式”对话框

图 4-9　输入新样式名称

03 打开“新建多线样式：平开窗”对话框，如图 4-10 所示。在该对话框中可以对新建的多线样式的封口、直线之间的距离、颜色和线型等因素进行设置，在“说明”文本框中可以输入新建多线样式的用途、创建者、创建时间等说明信息，以便以后在选用多线样式时能够快速分辨。

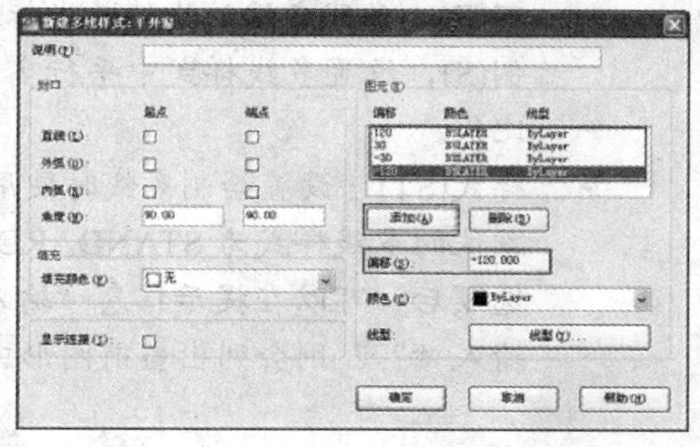

图 4-10　设置多线样式

04 设置完成后单击【确定】按钮，保存设置并关闭该对话框，返回“多线样式”对话框，此时，在“多线样式”对话框的“样式”列表框中将显示刚设置完成的多线样式。

05 在“多线样式”对话框的“样式”列表框中选择需要使用的多线样式。单击【置为当前】按钮，可将选择的多线样式设置为当前系统默认的样式；单击【修改】按钮，将打开“修改多线样式”对话框，该对话框与“新建多线样式”对话框的选项完全一致，在其中可对指定样式的各选项进行修改；单击【重命名】按钮，可将选择的多线样式重新命名；单击【删除】按钮，可将选择的多线样式删除。

2．绘制多线

绘制多线的命令有如下几种调用方法：

➢ 菜单栏：【绘图】|【多线】

➢ 命令行：MLINE/ML

多线的绘制方法与直线的绘制方法相似，不同的是多线由两条线型相同的平行线组成。绘制的每一条多线都是一个完整的整体，不能对其进行偏移、倒角、延伸和剪切等编辑操作，只能使用分解命令将其分解成多条直线后再编辑。

下面讲解如何使用 MLINE 命令绘制墙体，命令提示行及操作如下：

```
命令:ML↙                                          //调用多线命令
当前设置: 对正 = 无, 比例 = 120.00, 样式 = STANDARD
指定起点或 [对正(J)/比例(S)/样式(ST)]:S↙          //选择“比例 (S)”选项
输入多线比例 <120.00>:  240↙                      //设置多线比例为 240, 即墙宽为 240
当前设置: 对正 = 无, 比例 = 240.00, 样式 = STANDARD
指定起点或 [对正(J)/比例(S)/样式(ST)]:J↙          //选择“对正 (J)”选项
输入对正类型 [上(T)/无(Z)/下(B)] <无>:Z↙          //选择“无 (Z)”选项
当前设置: 对正 = 无, 比例 = 240.00, 样式 = STANDARD
指定起点或 [对正(J)/比例(S)/样式(ST)]:            //捕捉并单击右上角轴线交点为多线起点
指定下一点:  //捕捉并单击左上角的轴线交点为多线第二个端点, 如图 4-11 所示, 完成绘制
```

执行多线命令过程中各选项的含义如下：

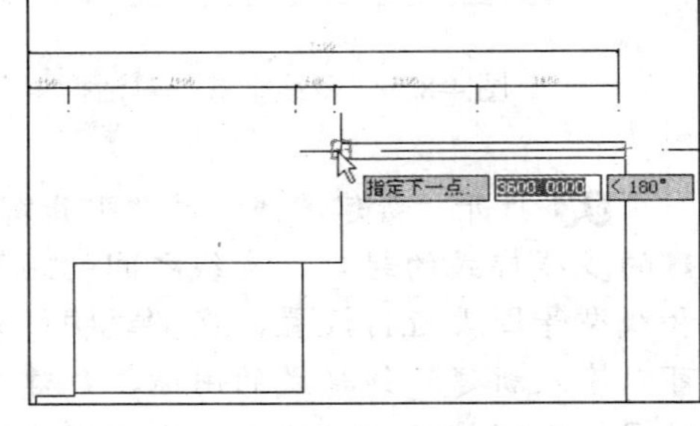

图 4-11 使用多线绘制墙体

- 对正(J)：设置绘制多线时相对于输入点的偏移位置。该选项有上、无和下 3 个选项：上(T)，多线顶端的线随着光标移动；无(Z)，多线的中心线随着光标移动；下(B)，多线底端的线随着光标移动；比例(S)，设置多线样式中平行多线的宽度比例。
- 样式(ST)：设置绘制多线时使用的样式，默认的多线样式为 STANDARD。选择该选项后，可以在提示信息“输入多线样式名或 [?]”后面输入已定义的样式名，输入“？”则会列出当前图形中所有的多线样式。

4.3 多边形对象的绘制

在 AutoCAD 中，矩形及多边形的各边共同组合为一个整体。它们在绘制复杂图形时比较常用。

4.3.1 绘制矩形

在 AutoCAD 中绘制矩形，可以为其设置倒角、圆角，以及宽度和厚度值等参数。

启动绘制矩形命令有以下几种方法：

- 菜单栏：【绘图】|【矩形】
- 工具栏：【绘图】工具栏【矩形】按钮

➢ 命令行：RECTANG / REC

执行该命令后，命令行提示如下：

```
指定第一个角点或 [倒角(C)/标高(E)/圆角(F)/厚度(T)/宽度(W)]:
```

其中各选项的含义如下：

➢ 倒角（C）：绘制一个带倒角的矩形。

➢ 标高（E）：矩形的高度。默认情况下，矩形在 x、y 平面内。该选项一般用于三维绘图。

➢ 圆角（F）：绘制带圆角的矩形。

➢ 厚度（T）：矩形的厚度，该选项一般用于三维绘图。

➢ 宽度（W）：定义矩形的宽度。

如图 4-12 所示为各种样式的矩形效果。

图 4-12 各种样式的矩形效果

4.3.2 绘制正多边形

正多边形是由三条或三条以上长度相等的线段首尾相接形成的闭合图形。其边数范围在 3～1024 之间，如图 4-13 所示为各种正多边形效果。

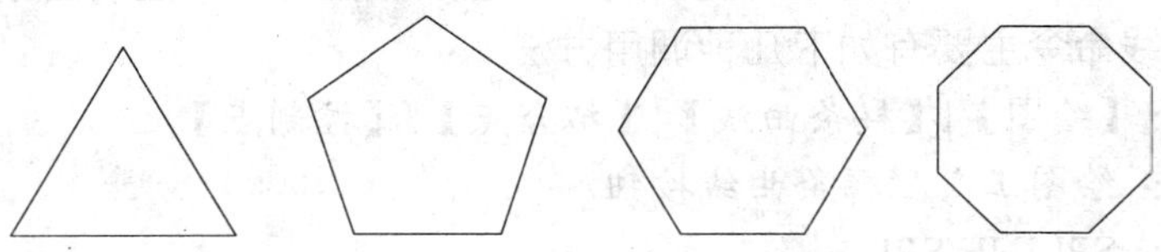

图 4-13 各种正多边形

绘制正多形有以下几种方法：

➢ 菜单栏：【绘图】|【正多边形】

➢ 工具栏：【绘图】工具栏【正多边形】按钮

➢ 命令行：POLYGON / POL

执行该命令并指定正多边形的边数后，命令行将出现如下提示：

```
POLYGON 输入侧面数 <4>: 按回车键
指定正多边形的中心点或 [边(E)]:
```

其各选项含义如下：

➢ 中心点：通过指定正多边形中心点的方式来绘制正多边形。选择该选项后，会提示“输入选项 [内接于圆(I)/外切于圆(C)] <I>:”的信息，内接于圆表示以指定正

多边形内接圆半径的方式来绘制正多边形，如图 4-14 所示；外切于圆表示以指定正多边形外切圆半径的方式来绘制正多边形，如图 4-15 所示。

➢ 边：通过指定多边形边的方式来绘制正多边形。该方式将通过边的数量和长度确定正多边形。

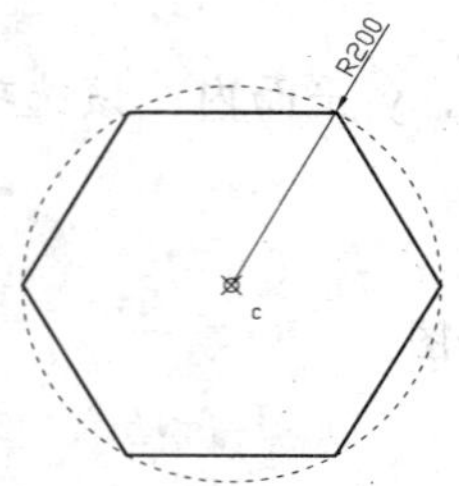

图 4-14 内接于圆画正多边形

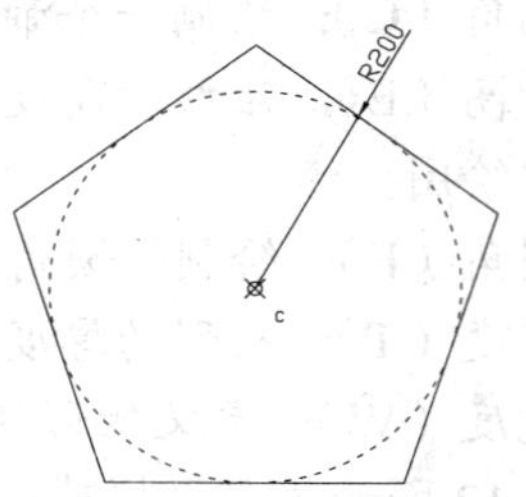

图 4-15 外切于圆画正多边形

4.4 曲线对象的绘制

在 AutoCAD 2012 中，圆、圆弧、椭圆、椭圆弧和圆环都属于曲线对象，其绘制方法相对比较复杂。

4.4.1 绘制样条曲线

样条曲线是一种能够自由编辑的曲线，如图 4-16 所示选择需要编辑的样条曲线后，在曲线周围将显示控制点，可以通过调整曲线上的起点、控制点来控制曲线形状。

绘制样条曲线命令主要有如下几种调用方法：

➢ 菜单栏：【绘图】|【样条曲线】|【拟合点】/【控制点】

➢ 工具栏：绘图工具栏样条曲线按钮

➢ 命令行：SPLINE/SPL

绘制样条曲线命令提示行操作如下：

```
命令: spline                                          //调用样条曲线命令
当前设置: 方式=拟合    节点=弦
指定第一个点或 [方式(M)/节点(K)/对象(O)]:   //在绘图区中指定一点作为样条曲线的起点
输入下一个点或 [起点切向(T)/公差(L)]:        //指定样条曲线的第二个点
输入下一个点或 [端点相切(T)/公差(L)/放弃(U)/闭合(C)]: //指定样条曲线的第三个点
输入下一个点或 [端点相切(T)/公差(L)/放弃(U)/闭合(C)]: //指定终点并单击鼠标右键选择
"确定"结束点的指定。
```

选择【绘图】|【样条曲线】|【控制点】命令，或在命令提示行中先后选择"方式(M)"和"控制点(CV)"选项，可以绘制不通过样条曲线的控制点，此时的样条曲线更为圆滑，如图 4-17 所示。

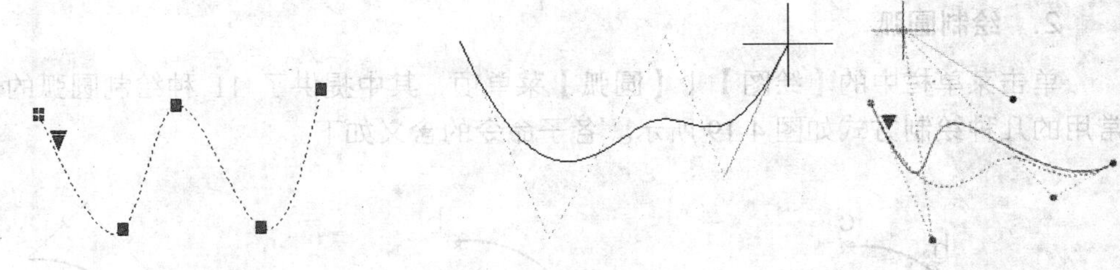

图 4-16　样条曲线　　　　图 4-17　绘制和调节控制点曲线

4.4.2 绘制圆和圆弧

1. 绘制圆

启动绘制圆命令有以下几种方法：

➢ 菜单栏：【绘图】|【圆】
➢ 工具栏：【绘图】工具栏【圆】按钮
➢ 命令行：CIRCLE / C

菜单栏中的【绘图】|【圆】菜单项提供了 6 种绘制圆的子命令，绘制方式如图 4-18 所示。各子命令的含义如下：

➢ 圆心、半径：用圆心和半径方式绘制圆。
➢ 圆心、直径：用圆心和直径方式绘制圆。
➢ 三点：通过 3 点绘制圆，系统会提示指定第一点、第二点和第三点。
➢ 两点：通过两个点绘制圆，系统会提示指定圆直径的第一端点和第二端点。
➢ 相切、相切、半径：通过两个其它对象的切点和输入半径值来绘制圆。系统会提示指定圆的第一切线和第二切线上的点及圆的半径。
➢ 相切、相切、相切：通过 3 条切线绘制圆。

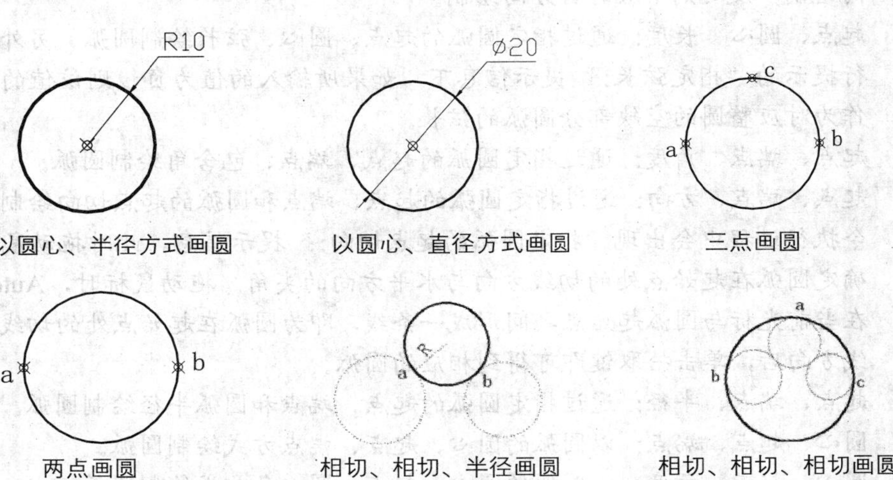

图 4-18　圆的 6 种绘制方式

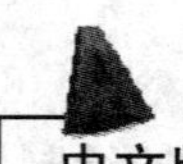

2. 绘制圆弧

单击菜单栏中的【绘图】|【圆弧】菜单项，其中提供了 11 种绘制圆弧的子命令，常用的几种绘制方式如图 4-19 所示。各子命令的含义如下：

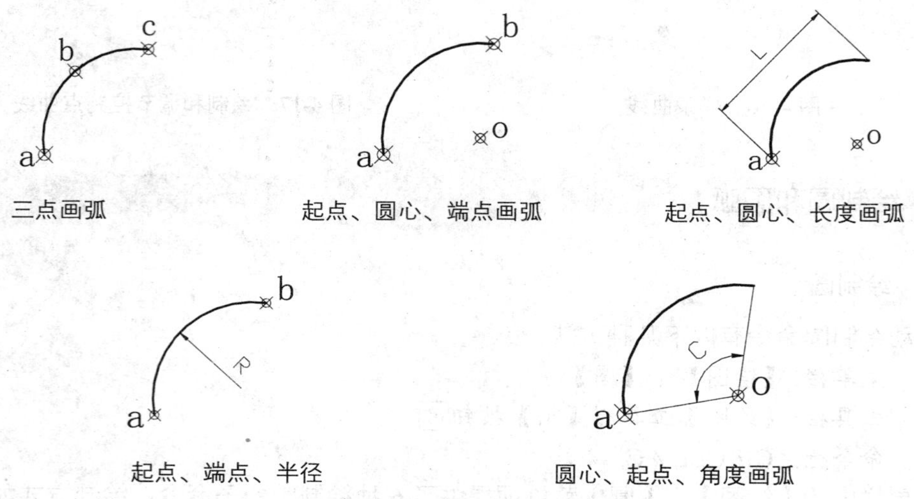

图 4-19 几种最常用的绘制圆弧的方法

- 三点：通过指定圆弧上的三点绘制圆弧，需要指定圆弧的起点、通过的第二个点和端点。
- 起点、圆心、端点：通过指定圆弧的起点、圆心、端点绘制圆弧。
- 起点、圆心、角度：通过指定圆弧的起点、圆心、包含角绘制圆弧。执行此命令时会出现“指定包含角:”的提示，在输入角度时，如果当前环境设置逆时针方向为角度正方向，且输入正的角度值，则绘制的圆弧是从起点绕圆心沿逆时针方向绘制，反之则沿顺时针方向绘制。
- 起点、圆心、长度：通过指定圆弧的起点、圆心、弦长绘制圆弧。另外，在命令行提示的“指定弦长:”提示信息下，如果所输入的值为负，则该值的绝对值将作为对应整圆的空缺部分圆弧的弦长。
- 起点、端点、角度：通过指定圆弧的起点、端点、包含角绘制圆弧。
- 起点、端点、方向：通过指定圆弧的起点、端点和圆弧的起点切向绘制圆弧。命令执行过程中会出现“指定圆弧的起点切向:”提示信息，此时拖动鼠标动态地确定圆弧在起始点处的切线方向与水平方向的夹角。拖动鼠标时，AutoCAD 会在当前光标与圆弧起始点之间形成一条线，即为圆弧在起始点处的切线。确定切线方向后，单击拾取键即可得到相应的圆弧。
- 起点、端点、半径：通过指定圆弧的起点、端点和圆弧半径绘制圆弧。
- 圆心、起点、端点：以圆弧的圆心、起点、端点方式绘制圆弧。
- 圆心、起点、角度：以圆弧的圆心、起点、圆心角方式绘制圆弧。
- 圆心、起点、长度：以圆弧的圆心、起点、弦长方式绘制圆弧。

➢ 继续：绘制其它直线或非封闭曲线后选择【绘图】|【圆弧】|【继续】命令，系统将自动以刚才绘制的对象的终点作为即将绘制的圆弧的起点。

4.4.3 绘制圆环和填充圆

圆环是由同一圆心、不同直径的两个同心圆组成的，控制圆环的主要参数是圆心、内直径和外直径。如果圆环的内直径为 0，则圆环为填充圆。

启动绘制圆环命令有如下方法：

➢ 菜单栏：【绘图】|【圆环】
➢ 命令行：DONUT / DO

AutoCAD 默认情况下，所绘制的圆环为填充的实心图形。如果在绘制圆环之前，在命令行输入 FILL 命令，则可以控制圆环或圆的填充可见性。执行 FILL 命令后，命令行提示如下：

```
命令：FILL↙
输入模式 [开(ON)/关(OFF)] <开>:
```

选择开 ON 模式，表示绘制的圆环和圆要填充，如图 4-20 所示。选择关 OFF 模式，表示绘制的圆环和圆不要填充，如图 4-21 所示。

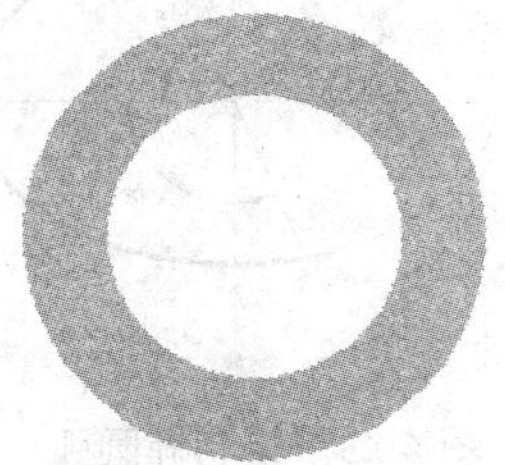

图 4-20 选择开（ON）模式

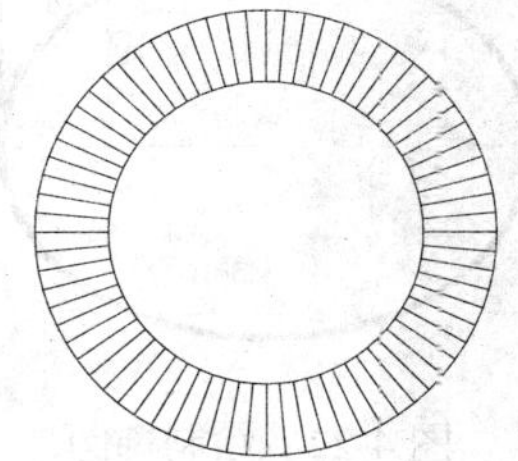

图 4-21 选择关(OFF)模式

4.4.4 绘制椭圆和椭圆弧

1. 绘制椭圆

椭圆是平面上到定点距离与到定直线间距离之比为常数的所有点的集合。在 AutoCAD 中，绘制椭圆有两种方法，即指定端点和指定中心点。

执行椭圆命令的方法有以下 3 种：

➢ 菜单栏：【绘图】|【椭圆】
➢ 工具栏：【绘图】工具栏【椭圆】按钮
➢ 命令行：ELLIPSE/EL

❑ 指定端点

如绘制一个长半轴为 100，短半轴为 75 的椭圆，其命令行提示如下：

```
命令：ELLIPSE↙                        //调用 ellipse 命令
```

```
指定椭圆的轴端点或 [圆弧(A)/中心点(C)]: //单击鼠标指定椭圆长轴的一端点
指定轴的另一个端点:@200,0↙               //用相对坐标指定椭圆长轴另一端点
指定另一条半轴长度或 [旋转(R)]: 75↙       //输入椭圆短半轴的长度
```

如图 4-22 所示为所绘制的椭圆。

❑ 指定圆心

单击菜单栏中的【绘图】|【椭圆】|【圆心】命令，或在命令行中执行 ELLIPSE / EL 命令，根据命令行提示绘制椭圆。

如绘制一个圆心坐标为（0，0），长半轴为 100，短半轴为 75 的椭圆，其命令行提示如下：

```
命令: ELLIPSE↙                              //调用 ellipse 命令
指定椭圆的轴端点或 [圆弧(A)/中心点(C)]: C↙ //选择“中心点（C）”绘制模式
指定椭圆的中心点: 0,0↙                     //输入椭圆中心点的坐标为（0，0）
指定轴的端点: @100,0↙                      //利用相对坐标确定椭圆长半轴的一端点
指定另一条半轴长度或 [旋转(R)]: 0,75↙      //利用绝对坐标确定椭圆短半轴的一端点
```

图 4-22　绘制椭圆

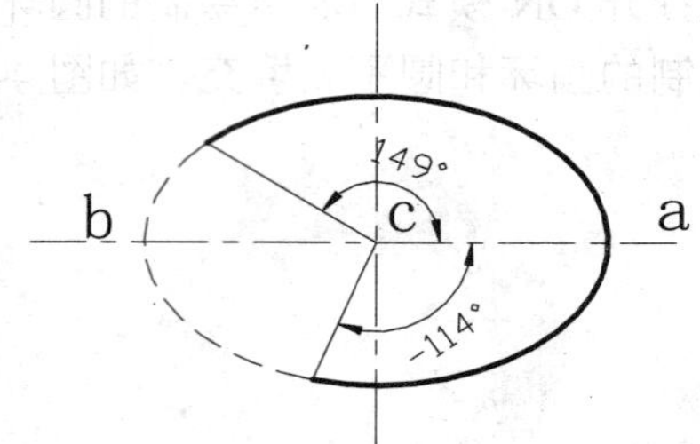

图 4-23　绘制椭圆弧

2. 绘制椭圆弧

椭圆弧是椭圆的一部分，和椭圆不同的是，它的起点和终点没有闭合。绘制椭圆弧需要确定的参数有：椭圆弧所在椭圆的两条轴及椭圆弧的起点和终点的角度。

选择菜单栏上的【绘图】|【椭圆】|【圆弧】命令，或者单击“绘图”工具栏上的“椭圆弧”按钮，根据命令行提示信息，输入字母 A，并指定椭圆弧的中心点以及起始角度和终止角度后，即可完成椭圆弧的绘制，如图 4-23 所示。

4.5 图案填充与渐变色填充

图案填充是指用某种图案充满图形中指定的区域。在建筑制图中，经常要使用“图案填充”命令创建特定的图案，对其剖面或某个区域进行填充标识。AutoCAD 中提供了多种标准的填充图案和渐变样式，还可根据需要自定义图案和渐变样式。此外，也可通过填充工具控制图案的疏密、剖面线条及倾斜角度。

4.5.1 图案填充

启动图案填充命令有如下方法：

➢ 菜单栏：【绘图】|【图案填充】

➢ 工具栏：绘图工具栏图案填充按钮

➢ 命令行： HATCH/H／BH／H

启动“图案填充”命令后，即弹出如图 4-24 所示的“图案填充和渐变色”对话框，在其中可以进行填充图案类型、颜色以及比例等特征的调整。

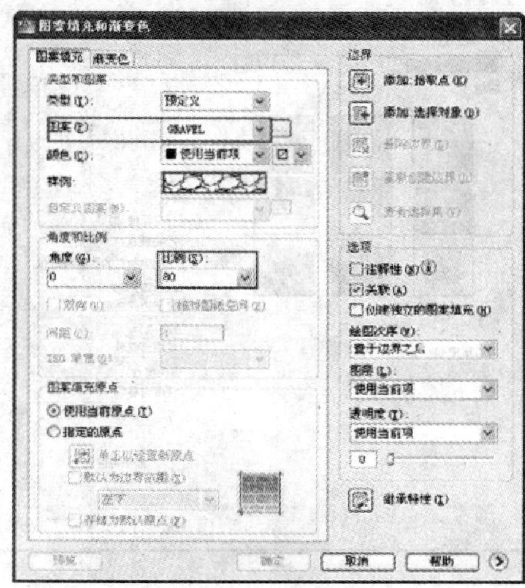

图 4-24　“图案填充和渐变色”对话框

调整好图案填充特征后，单击“图案填充和渐变色”对话框中的“添加：拾取点”按钮，在目标填充区域内单击，或单击“添加：选择对象”按钮，在绘图窗口选择填充对象，最后单击对话框中的【确定】按钮，即可完成图案填充，如图 4-25 所示。

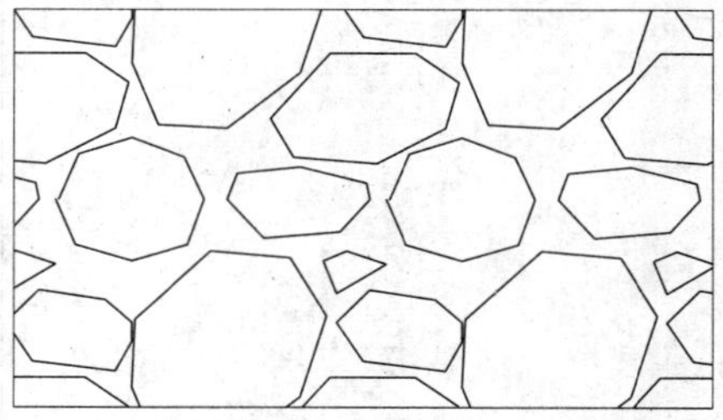

图 4-25　图案填充示例

4.5.2 渐变色填充

区别于图案填充使用图形填充目标内部区域，“渐变色填充”以变化色彩的方式填充目标图案内部，以进行效果的区分。

启动图案填充命令有如下方法：

- 菜单栏：【绘图】|【渐变色】
- 工具栏：绘图工具栏渐变色填充按钮
- 命令行：GRADIENT/GD

启动【渐变色填充】命令后，将打开如图 4-26 所示的对话框，在其中可以进行填充色彩类型、颜色以及方向等特征的调整。

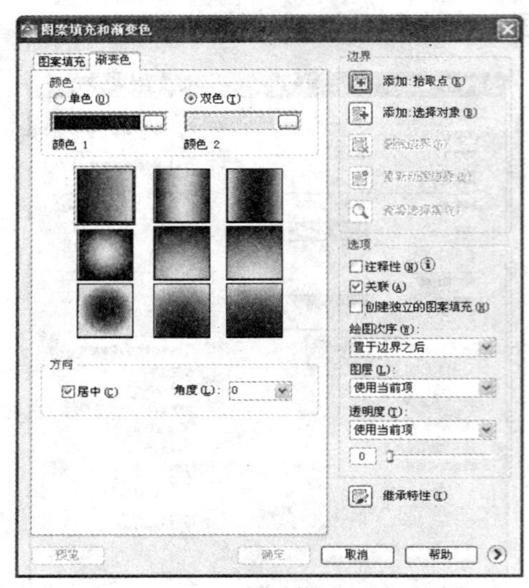

图 4-26 “渐变色”选项卡

调整好渐变色填充特征后，单击“图案填充和渐变色”对话框中的“添加：拾取点”按钮，在目标填充区域内单击，或单击“添加：选择对象”按钮，在绘图窗口选择填充对象，单击“确定”按钮即可完成渐变色填充，如图 4-27 所示。

图 4-27 渐变色填充示例

第 5 章

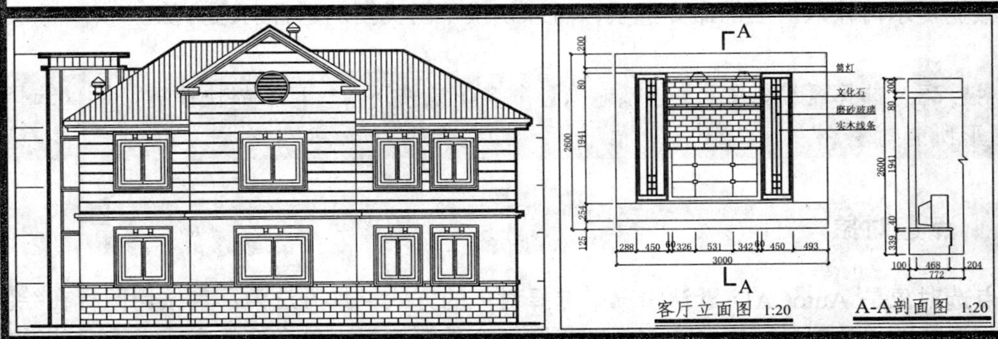

图形的编辑

使用 AutoCAD 绘图是一个由简到繁、由粗到精的过程。使用 AutoCAD 提供的一系列修改命令，对图形进行移动、复制、阵列、修剪、删除等多种操作，可以快速生成复杂的图形。本章将重点讲述这些图形编辑命令的用法与技巧。

5.1 选择对象的方法

在编辑图形之前，首先需要对编辑的图形进行选择。在 AutoCAD 中，选择对象的方法有很多，本节介绍常用的几种选择方法。

在命令行中输入 SELECT 命令并回车，在命令行的“选择对象:”提示下输入“?”，命令行将显示如下提示:

```
需要点或窗口(W)/上一个(L)/窗交(C)/框(BOX)/全部(ALL)/栏选(F)/圈围(WP)/圈交(CP)/编组(G)/添加(A)/删除(R)/多个(M)/前一个(P)/放弃(U)/自动(AU)/单个(SI)/子对象(SU)/对象(O)
```

根据提示再输入对应的命令选项，可以切换不同类型的选择对象方法。

技 巧: 选择【编辑】|【全部选择】命令，或按下 Ctrl + A 快捷键，可以选择当前图形所有对象。

5.1.1 点选对象

点选对象是 AutoCAD 默认情况下选择对象的方式，其方法为: 直接用鼠标在绘图区中单击需要选择的对象。它分为多个选择和单个选择方式。单个选择方式一次只能选中一个对象，如图 5-1 所示即选择了图形最外侧的边线。

如果要选择多个对象，可以连续单击需要选择的对象，如图 5-2 所示。而如果在选择的过程中误选了对象，此时可以按住键盘上的“Shift”键单击误选对象，进行减选。

图 5-1 单个选择对象

图 5-2 多个选择对象

5.1.2 框选对象

使用框选可以一次性选择多个对象。其操作也比较简单，方法为: 按住鼠标左键不放，拖动鼠标成一矩形框，然后通过该矩形选择图形对象。依鼠标拖动方向的不同，框选又分为窗口选择和窗交选择。

1．窗口选择对象

窗口选择对象是指按住鼠标向右上方或右下方拖动，框住需要选择的对象，此时绘图区将出现一个实线的矩形方框，如图 5-3 所示。释放鼠标后，被方框完全包围的对象将被选中，如图 5-4 所示，虚线显示部分为被选择的部分。

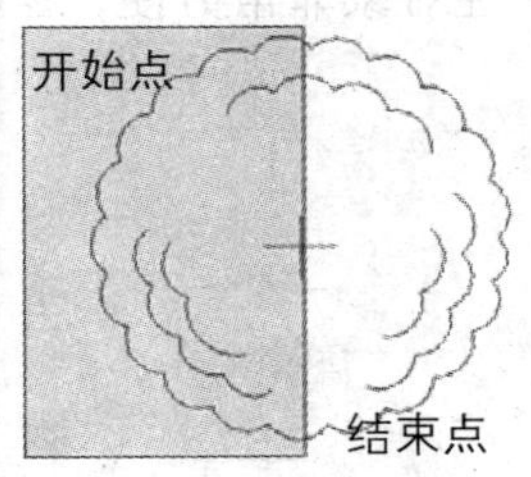

图 5-3 窗口选择对象

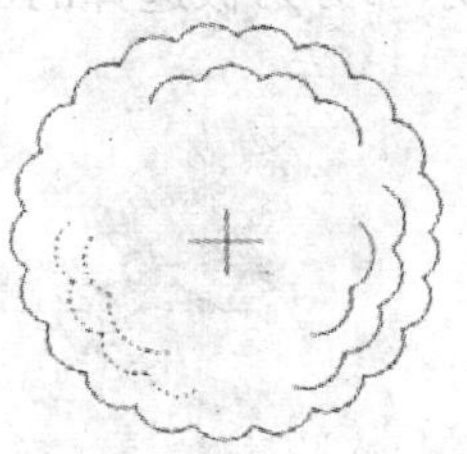

图 5-4 窗口选择结果

2．窗交选择对象

窗交选择对象的选择方向正好与窗口选择相反，它是按住鼠标左键向左上方或左下方拖动，框住需要选择的对象，此时绘图区将出现一个虚线的矩形方框，如图 5-5 所示。释放鼠标后，与方框相交或被方框完全包围的对象都将被选中，如图 5-6 所示，虚线显示部分为被选择的部分。

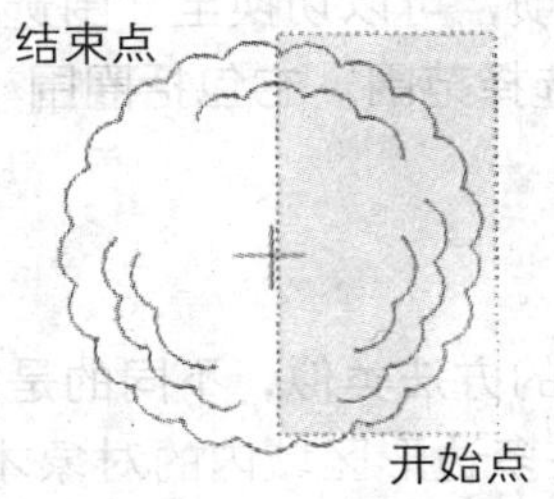

图 5-5 窗交选择对象

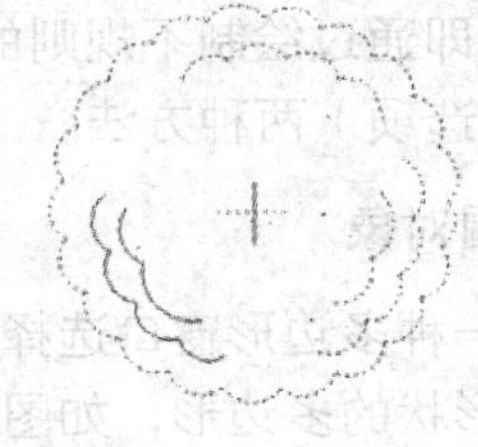

图 5-6 窗交选择结果

提 示：在不执行 SELECT 命令的情况下也可以进行对象的点选和框选，二者选择方法相同，不同的是：不执行选择命令直接选择对象后，被选中的对象不是以虚线显示，而是在其上出现一些小正方形，称之为做夹点，如图 5-7 所示。

图 5-7 夹点显示选择的对象

5.1.3 栏选对象

在命令行中输入 SELECT 命令后继续输入 F，可以切换至“栏选”，此时在选择图形时将拖拽出任意折线，如图 5-8 所示。凡是与折线相交的图形对象均被选中，如图 5-9 所示，虚线显示部分为被选择的部分。使用该方式选择连续性对象非常方便，但栏选线不能封闭或相交。

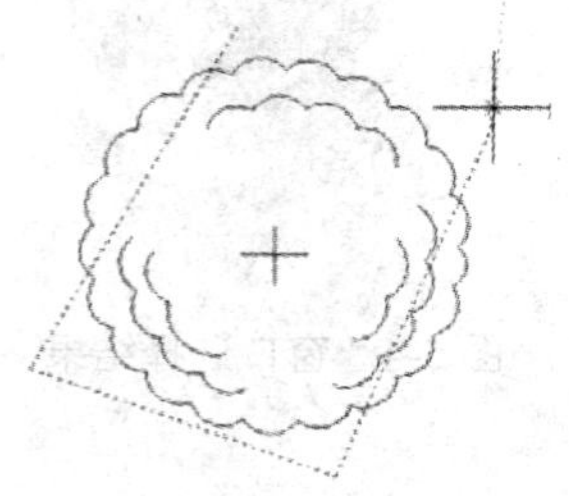

图 5-8　栏选对象

图 5-9　栏选结果

5.1.4 围选对象

在命令行中输入 SELECT 命令后输入 WP 或 CP 选项，可以切换至“围选”方式。所谓“围选”，即通过绘制不规则的多边形选区，来确定选择范围。它包括圈围（WP 选项）和圈交（CP 选项）两种方法。

1. 圈围对象

圈围是一种多边形窗口选择方法，与窗口选择对象的方法类似，不同的是圈围方法可以构造任意形状的多边形，如图 5-10 所示。完全包含在多边形区域内的对象才能被选中，如图 5-11 所示，虚线显示部分为被选择的部分。

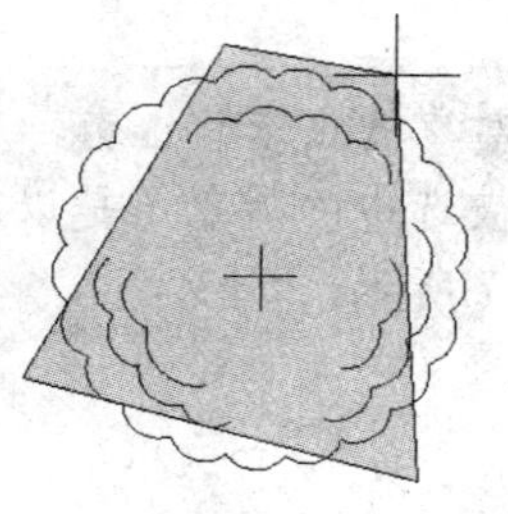

图 5-10　圈围选择对象

图 5-11　圈围选择对象结果

2. 圈交对象

圈交是一种多边形窗交选择方法，与窗交选择对象的方法类似，不同的是圈交方法可以构造任意形状的多边形，它可以绘制任意闭合但不能与选择框自身相交或相切的多边形，如图 5-12 所示。选择完毕后，凡与绘制的多边形相交的图形都将被选择，如图 5-13 所示，虚线的显示部分为被选择的部分。

5.1.5 快速选择

快速选择可以根据对象的图层、线型、颜色、图案填充等特性和类型创建选择集，从而可以准确快速地从复杂的图形中选择满足某种特性的图形对象。

执行菜单栏中的【工具】|【快速选择】命令，系统弹出【快速选择】对话框，如图 5-14 所示。根据要求设置选择范围，单击【确定】按钮，完成选择操作。

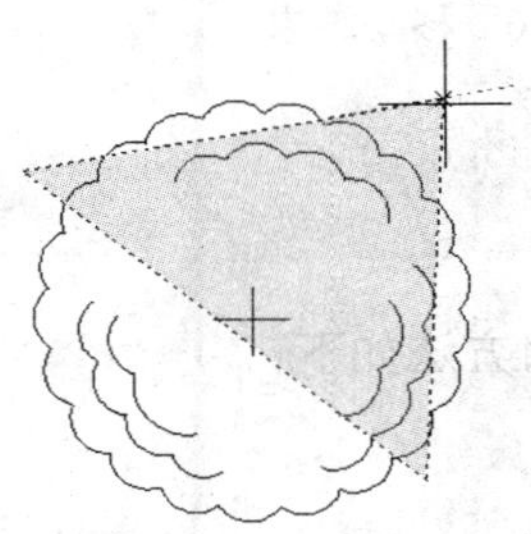

图 5-12　圈交选择对象

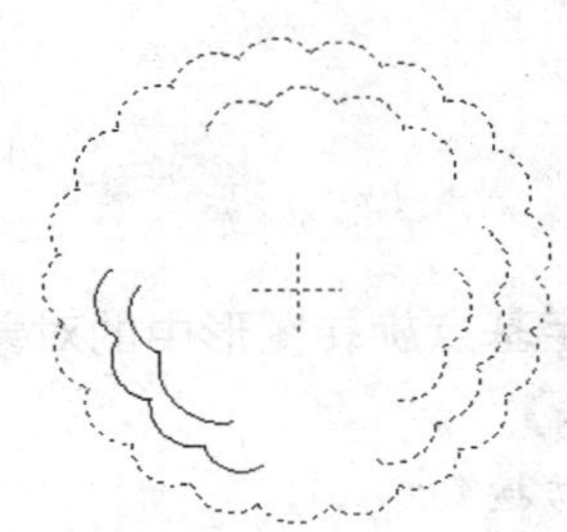

图 5-13　圈交选择对象结果

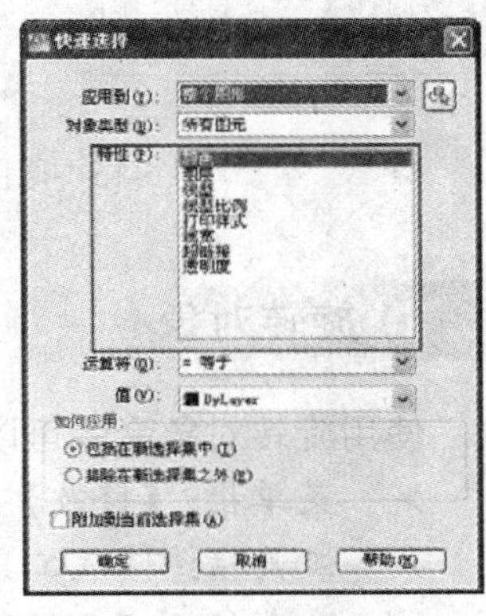

图 5-14　【快速选择】对话框

5.2 移动和旋转对象

本节所介绍的编辑工具是对图形位置、角度进行调整，此类工具在施工图绘制过程中使用非常频繁。

5.2.1 移动对象

移动对象是指对象的重定位，可以在指定方向上按指定距离移动对象，对象的位置发生了改变，但方向和大小不改变，可以通过以下方法移动对象：

- 菜单栏：【修改】|【移动】
- 工具栏：修改工具栏移动按钮
- 命令行：MOVE/M

下面使用移动图形对象的方法，将如图 5-15 所示的厨房用具调整至适当位置，命令选项如下：

```
命令：MOVE↙                          //调用移动命令
选择对象：指定对角点：找到 9 个       //选择需要移动的图形
```

```
选择对象：↙                                        //按回车键结束选择对象
指定基点或 [位移(D)] <位移>:                       //捕捉被移动对象的基点
指定第二个点或 <使用第一个点作为位移>:             //指定目标点，释放鼠标得到结果如图 5-16 所示
```

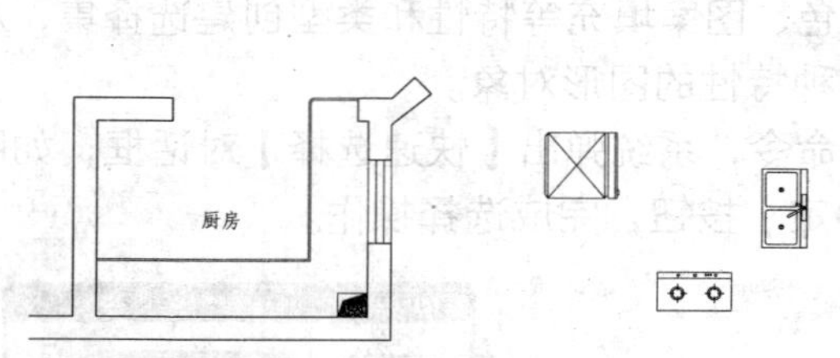

图 5-15 原图形

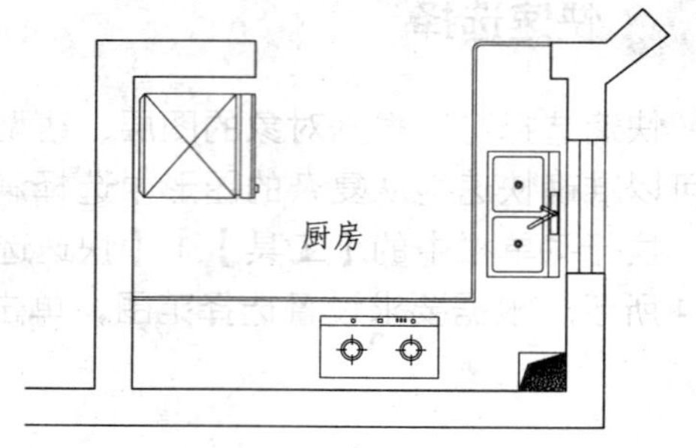

图 5-16 移动结果

5.2.2 旋转对象

使用旋转对象命令可以绕指定基点旋转图形中的对象。调用方法如下：

- 菜单栏：【修改】|【旋转】
- 工具栏：修改工具栏旋转按钮
- 命令行：ROTATE/RO

下面以调整如图 5-17 所示床体位置与朝向为例，介绍旋转命令的用法，具体操作如下：

```
命令：ROTATE↙                                      //执行 ROTATE 命令
UCS 当前的正角方向：ANGDIR=逆时针  ANGBASE=0       //系统显示当前 UCS 坐标
选择对象：指定对角点：找到 109 个                  //选择要旋转的对象
指定基点：                                         //捕捉图形中的一点作为旋转参考点
指定旋转角度，或[复制(C)/参照(R)] <0>:180↙         //输入旋转角度或按住鼠标不放拖动鼠
标，结果如图 5-18 所示
```

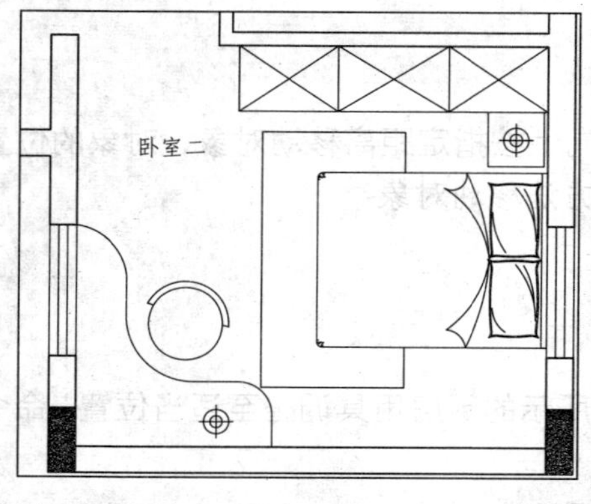

图 5-17 原图形

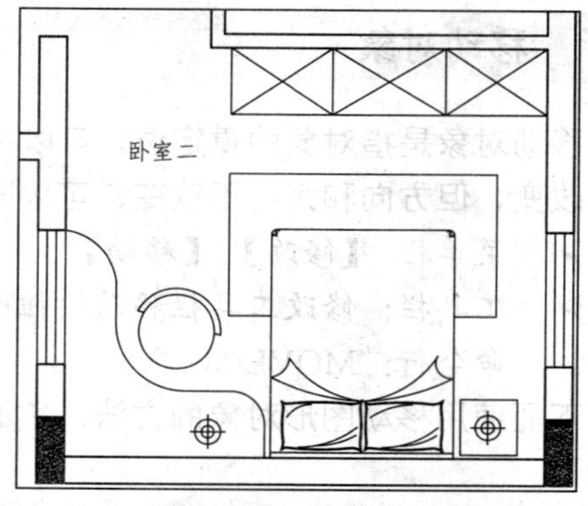

图 5-18 旋转结果

5.3 删除、复制、镜像、偏移和阵列对象

本节将介绍以现有图形对象为源对象，绘制出与源对象相同或相似的图形的编辑工具，从而可以简化绘制，以达到提高绘图效率和绘图精度的目的。

5.3.1 删除对象

在 AutoCAD 2012 中，可以用删除命令，删除选中的对象，该命令调用方法如下：

- 菜单栏：【修改】|【删除】
- 工具栏：修改工具栏删除按钮
- 命令行：ERASE/E

通常，当执行【删除】命令后，需要选择删除的对象，然后按回车键或 SPACE（空格）键结束对象选择，同时删除已选择的对象，如果在“选项”对话框的“选择集”选项卡中，选中“选择集模式”选项组中的“先选择后执行”复选框，就可以先选择对象，然后单击【删除】按钮删除，如图 5-19 所示。

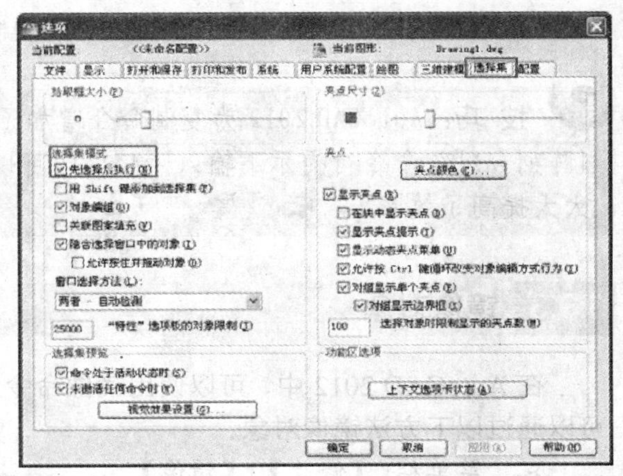

图 5-19 “选项”对话框

5.3.2 复制对象

在 AutoCAD 2012 中，使用复制命令，可以从原对象以指定的角度和方向创建对象的副本。通过以下方法可以复制对象：

- 菜单栏：【修改】|【复制】
- 工具栏：修改工具栏复制按钮
- 命令行：COPY/CO/CP

下面使用复制命令将对如图 5-20 所示床头柜图形进行复制，命令选项如下：

```
命令:COPY↙                                             //调用复制命令
选择对象: 指定对角点: 找到 39 个                         //选择床头柜图形
选择对象: ↙                                             //按回车键结束选择对象
当前设置:  复制模式 = 多个                               //系统当前提示
指定基点或 [位移(D)/模式(O)] <位移>:                      //拾取床头柜右上角点作为移动基点
指定第二个点或 [阵列(A)] <使用第一个点作为位移>:           //指定目标点
指定第二个点或 [阵列(A)/退出(E)/放弃(U)] <退出>::↙  //按回车键结束命令，效果如图5-20 所示
```

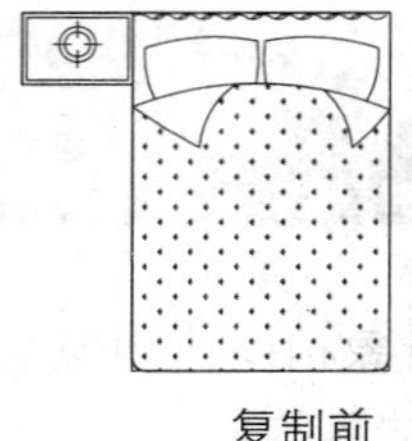
复制前

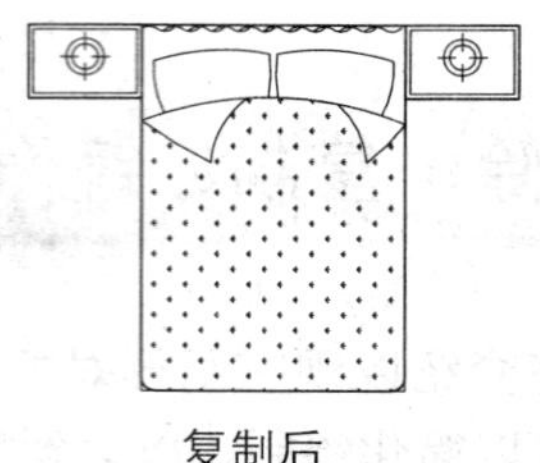
复制后

图 5-20 复制图形示例

技 巧：AutoCAD 2012 为复制命令增加了“[阵列(A)]”选项，在“指定第二个点或[阵列(A)]”命令行提示下输入“A”，即可以线性阵列的方式快速大量复制对象，从而大大提高了效率。

5.3.3 镜像对象

在 AutoCAD 2012 中，可以使用镜像命令，绕指定轴翻转对象，创建对称的镜像图像。可以通过以下方法镜像对象：

- ➢ 菜单栏：【修改】|【镜像】
- ➢ 工具栏：修改工具栏镜像按钮
- ➢ 命令行：MIRROR/MI

执行该命令时，需要选择要镜像的对象，然后依次指定镜像线上的两个点，命令行将显示“要删除源对象吗？[是(Y)/否(N)] <N>:”提示信息。如果直接按回车键，则镜像复制对象，并保留原来的对象；如果输入 Y，则在镜像复制对象的同时删除原对象。

在 AutoCAD 2012 中，使用系统变量 MIRRTEXT 可以控制文字的镜像方向，如果 MIRRTEXT 值为 1，则文字完全镜像，镜像出来的文字变得不可读；如果 MIRRTEXT 值为 0，则文字不镜像。

下面以镜像如图 5-21 所示的门页与门把为例，介绍镜像命令的使用方法。命令选项如下：

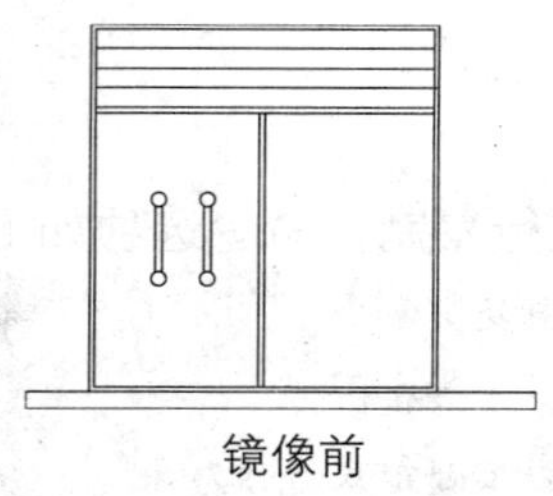
镜像前

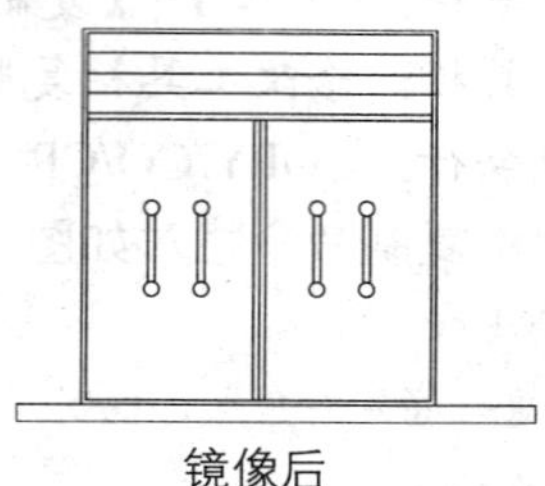
镜像后

图 5-21 镜像命令示例

```
命令:MIRROR↙                          //调用镜像命令
选择对象：指定对角点：找到 1 个         //选择门页与门把图形
选择对象：↙                            //按回车键结束对象选择
指定镜像线的第一点：                    //捕捉门中线上端作为镜像的第一点
```

```
指定镜像线的第二点：                              //垂直向下移动光标一段距离，单击鼠标左键
要删除源对象吗？[是(Y)/否(N)] <N>:↙    //按回车键结束镜像命令，效果如图 5-21 所示
```

5.3.4 偏移对象

在 AutoCAD 2012 中，可以使用偏移命令，对指定的直线、圆弧和圆等对象做偏移复制。在实际应用中，常使用偏移命令的功能创建平行线或等距离分布的图形。

偏移对象主要有以下几种方法：

➢ 菜单栏：【修改】|【偏移】

➢ 工具栏：修改工具栏偏移按钮

➢ 命令行：OFFSET/O

默认情况下首先需要指定偏移距离，然后指定偏移方向，以复制出对象。

下面使用偏移命令，如图 5-22 所示对圆进行偏移以得到同心圆组成的通风窗图形，命令选项如下：

```
命令：OFFSET↙                                                          //调用偏移命令
当前设置：删除源=否  图层=源  OFFSETGAPTYPE=0                            //系统显示相关信息
指定偏移距离或 [通过(T)/删除(E)/图层(L)] <100.0000>:80↙                  //指定偏移距离
选择要偏移的对象，或 [退出(E)/放弃(U)] <退出>:                            //选择要偏移的对象
指定要偏移的那一侧上的点，或 [退出(E)/多个(M)/放弃(U)] <退出>:↙  //在圆内单击鼠标
左键指定偏移方向，然后按回车键结束偏移，结果如图 5-22 所示
```

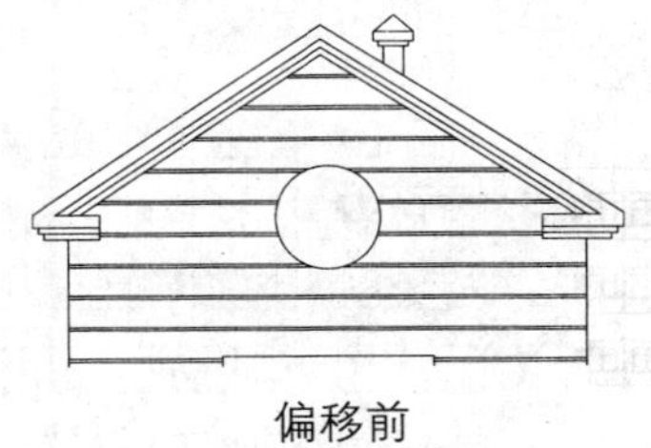

偏移前

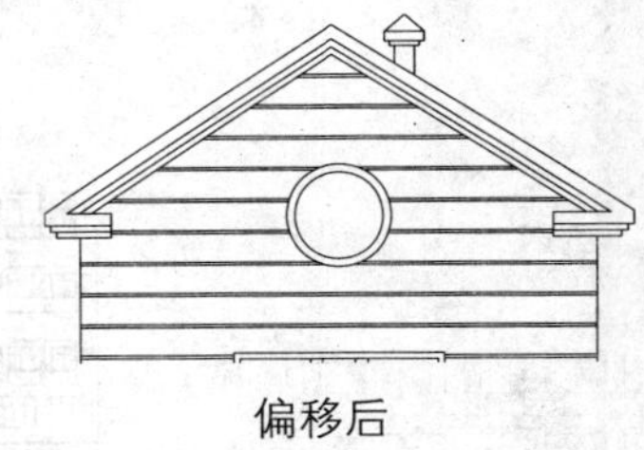

偏移后

图 5-22 偏移命令示例

5.3.5 阵列对象

在 AutoCAD 2012 中，可以通过阵列命令多重复制对象。阵列命令调用方法如下：

➢ 菜单栏：【修改】|【阵列】

➢ 工具栏：修改工具栏阵列按钮

➢ 命令行：ARRAY/AR

通过以上任意方式调用 ARRAY 命令时，命令行会出现如下相关提示，提示用户设置阵列类型和相关参数。

```
命令：ARRAY↙                                                  //调用阵列命令
选择对象：                                                    //选择阵列对象
```

```
选择对象：↙                                              //按回车键结束对象选择
输入阵列类型 [矩形(R)/路径(PA)/极轴(PO)] <矩形>：        //选择阵列类型
```

可以看到在 AutoCAD 2012 中陈列共有矩形阵列、极轴（环形）阵列以及路径阵列三种。接下来进行逐个了解。

1. 矩形阵列

矩形阵列就是将图形呈矩形一样规则地进行排列。如图 5-23~图 5-25 所示的矩形阵列操作以下：

```
命令：ar↙   ARRAY                                        //启动阵列命令
选择对象:找到 1 个                                        //选择窗户并回车
选择对象:输入阵列类型[矩形(R)/路径(PA)/极轴(PO)]<矩形>:R↙ //选择矩形阵列方式
类型 = 矩形  关联 = 是
为项目数指定对角点或[基点(B)/角度(A)/计数(C)]<计数>:B↙  //选择“基点(B)”选项
指定基点或 [关键点(K)] <质心>：                          //捕捉窗户中部右侧顶点为基点
为项目数指定对角点或 [基点(B)/角度(A)/计数(C)]<计数>://拖动鼠标指定阵列行数和列数并按单击确定，或者选择“计数(C)”选项，在命令行输入矩形阵列的行数和列数
指定对角点以间隔项目或 [间距(S)] <间距>：       //拖动鼠标手动指定，或选择“间距(S)”选项，在命令行输入阵列行距和列距
按Enter键接受或[关联(AS)/基点(B)/行(R)/列(C)/层(L)/退出(X)] <退出>:↙
```

从上述操作可以看出，AutoCAD 2012 的阵列方式十分快捷灵活，摆脱了繁琐的对话框设置。

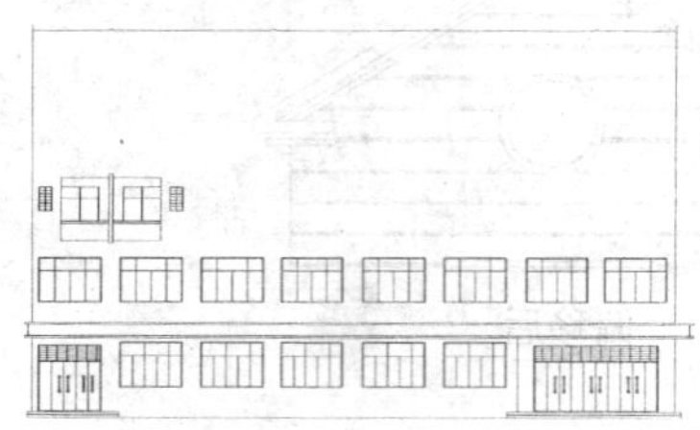

图 5-23 打开图形　　图 5-24 确定阵列行数与列数　　图 5-25 确定行列距离

2. 环形阵列

环形阵列通过围绕指定的圆心复制选定对象来创建阵列。

在 ARRAY 命令提示行中选择“极轴(PO)”选项、单击环形阵列按钮[阵列]或直接输入 ARRAYPOLAR 命令，即可进行环形阵列。

下面以如图 5-26 所示的环形阵列实例进行说明，命令行操作过程如下：

```
命令:AR↙   ARRAY                                         //启动阵列命令
选择对象： 找到 1 个                                      //选择阵列椅子图形
选择对象：↙                                              //结束阵列对象选择
输入阵列类型 [矩形(R)/路径(PA)/极轴(PO)] <矩形>:PO↙      //选择环形阵列类型
```

```
类型 = 极轴  关联 = 是
指定阵列的中心点或 [基点(B)/旋转轴(A)]:                //捕捉圆桌中心作为阵列中心点
输入项目数或[项目间角度(A)/表达式(E)]<4>:   //拖动鼠标手工指定项目数或选择其他方式
指定填充角度(+=逆时针、-=顺时针)或 [表达式(EX)] <360>:↙ //直接回车确认。
```

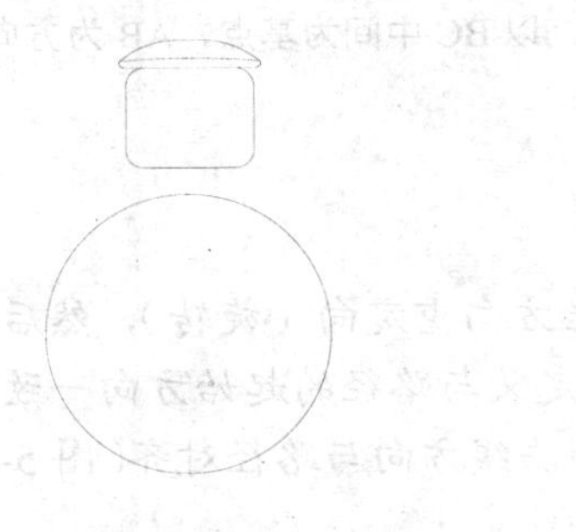

打开图形

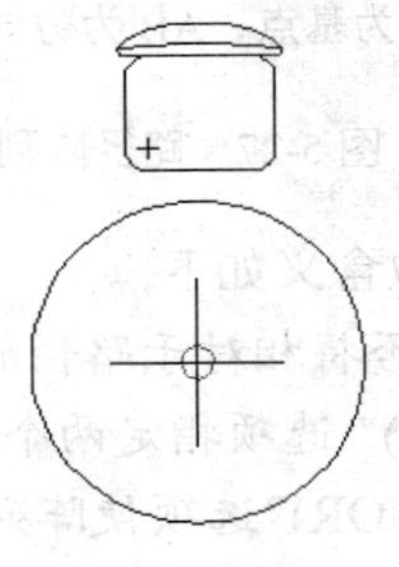

指定阵列中心点

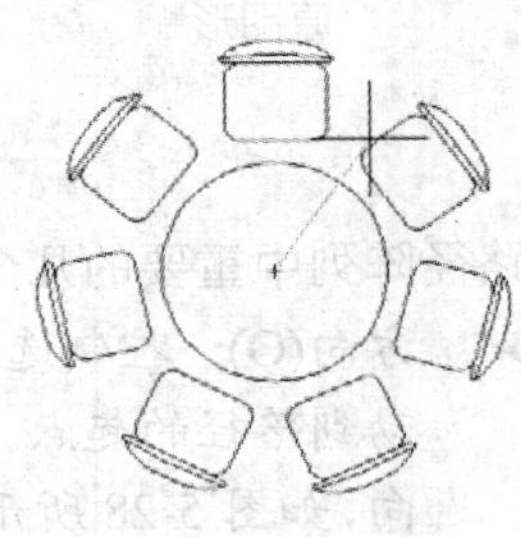

拖动鼠标完成阵列

图 5-26 环形阵列

3. 路径阵列

路径阵列方式沿路径或部分路径均匀分布对象副本。在 ARRAY 命令提示行中选择“路径(PA)” 选项、单击路径阵列按钮[阵列]或直接输入 ARRAYPATH 命令，即可进行路径阵列。

图 5-27 所示的路径阵列操作命令行提示如下：

```
命令:AR↙   ARRAY                                          //启动阵列命令
选择对象: 找到 1 个                                        //选择多边形
选择对象:输入阵列类型[矩形(R)/路径(PA)/极轴(PO)]<极轴>:PA↙  //选择路径阵列方式
类型 = 路径  关联 = 是
选择路径曲线:                                        //选择样条曲线作为阵列路径
输入沿路径的项数或 [方向(O)/表达式(E)] <方向>:O↙     //选择“方向(O)”选项
指定基点或 [关键点(K)] <路径曲线的终点>:      //捕捉 A 点为基点，该点将与路径始点对齐
指定与路径一致的方向或 [两点(2P)/法线(NOR)] <当前>:2p↙ //选择“两点(2P)”选项
指定方向矢量的第一个点:                                   //捕捉 A 点
指定方向矢量的第二个点:                                   //捕捉 B 点
输入沿路径的项目数或 [表达式(E)] <4>:  //拖动鼠标确定阵列数目或直接输入阵列数量
指定沿路径的项目之间的距离或 [定数等分(D)/总距离(T)/表达式(E)]<沿路径平均定数等分
(D)>:                                    //指定阵列项目间距
按 Enter 键接受或[关联(AS)/基点(B)/项目(I)/行(R)/层(L)/对齐项目(A)/Z 方向(Z)/退
出(X)] <退出>:                    //绘图窗口会显示出阵列预览，按回车键接受或修改参数
```

在路径阵列过程中，选择不同的基点和方向矢量，将得到不同的路径阵列结果，如图 5-27 所示。

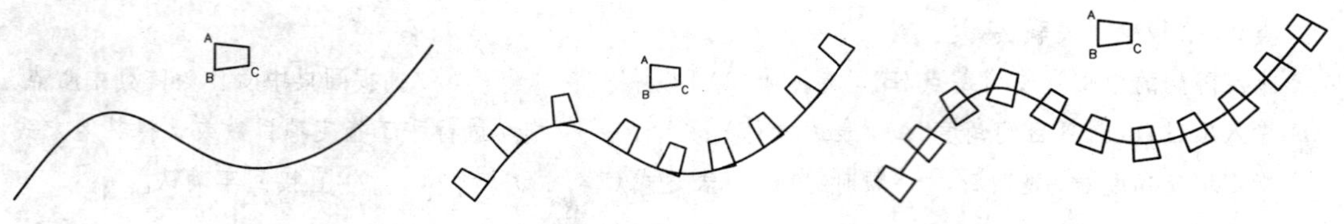

原图形　　以 A 点为基点，AB 为方向矢量　以 BC 中间为基点，AB 为方向矢量

图 5-27　路径阵列

路径阵列中重要的几个选项参数含义如下：

- 方向(O)：控制选定对象是否将相对于路径的起始方向重定向（旋转），然后再移动到路径的起点。“两点(2P)”选项指定两个点来定义与路径的起始方向一致的方向，如图 5-28 所示。“法线(NOR)”选项使阵列图形法线方向与路径对齐（图 5-29）。

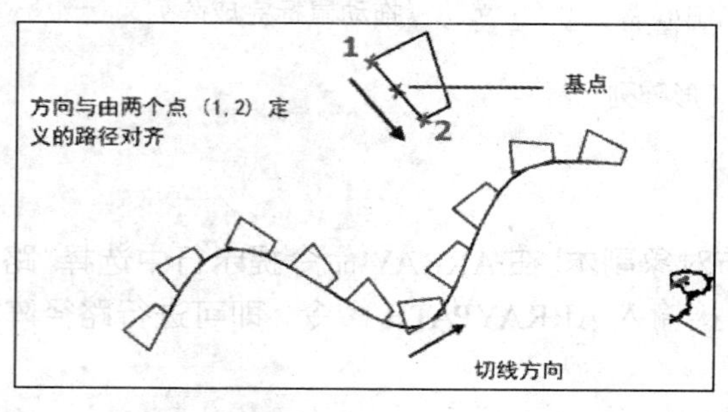

图 5-28　两点对齐

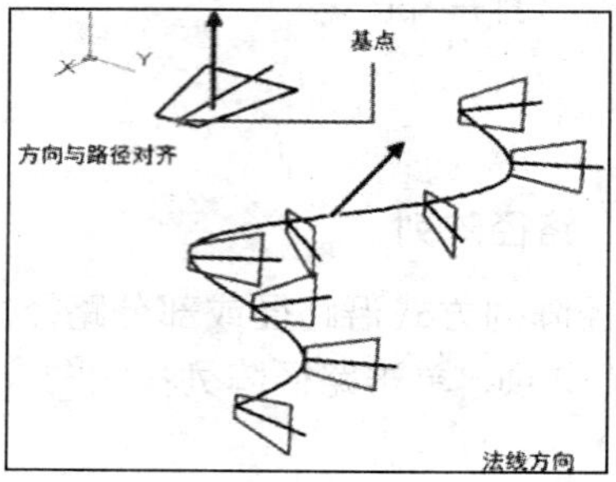

基点
方向与路径对齐
法线方向

图 5-29　法线方向对齐

- 对齐项目(A)：指定是否对齐每个项目以与路径的方向相切，如图 5-30 所示。

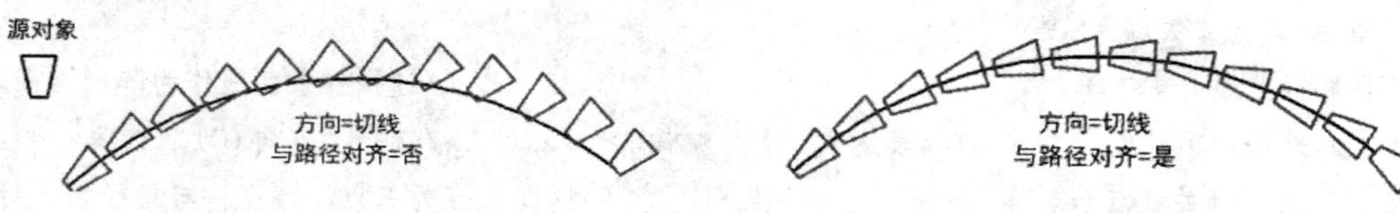

图 5-30　对齐项目

4. 编辑关联阵列

在阵列创建完成后，所有阵列对象可以作为一个整体进行编辑。要编辑阵列特性，可使用 ARRAYEDIT 命令、“特性”选项板或夹点。

单击选择阵列对象后，阵列对象上将显示三角形和方形的蓝色夹点，拖动中间的三角形夹点，可以调整阵列项目之间的距离，拖动一端的三角形夹点，可以调整阵列的数目，如图 5-31 所示。

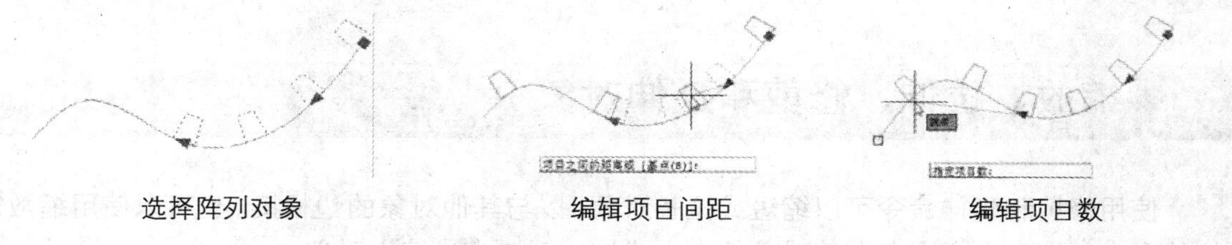

选择阵列对象　　　　编辑项目间距　　　　编辑项目数

图 5-31　通过夹点编辑阵列

如果当前使用的是“草图与注释”等空间，在选择阵列对象时会出现相应的“阵列”选项卡，以快速设置阵列的相关参数，如图 5-32 所示。

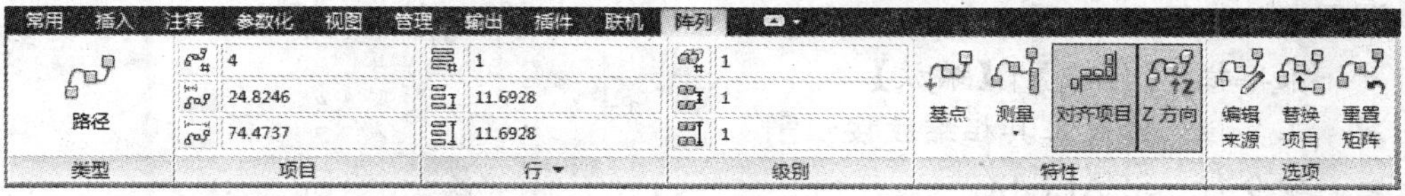

图 5-32　阵列选项卡

按 Ctrl 键并单击阵列中的项目，可以单独删除、移动、旋转或缩放选定的项目，而不会影响其余的阵列，如图 5-33 所示。

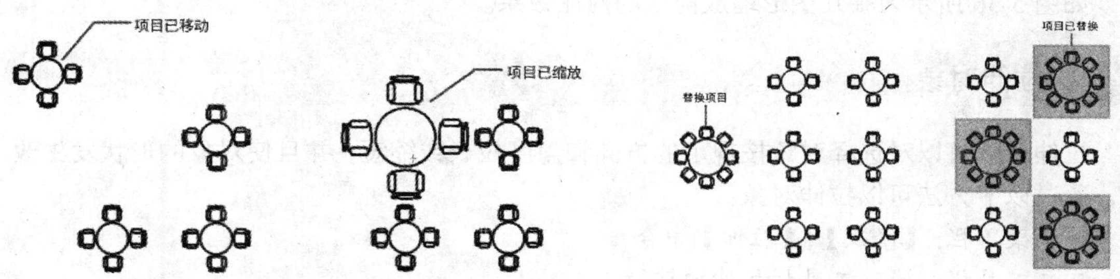

图 5-33　单独编辑阵列项目　　　　图 5-34　替换阵列项目

单击“阵列”选项卡的替换项目按钮，用户可以使用其他对象替换选定的项目，其他阵列项目将保持不变，如图 5-34 所示。

单击“阵列”选项卡的编辑来源按钮，可进入阵列项目源对象编辑状态，保存更改后，所有的更改（包括创建新的对象）将立即应用于参考相同源对象的所有项目，如图 5-35 所示。

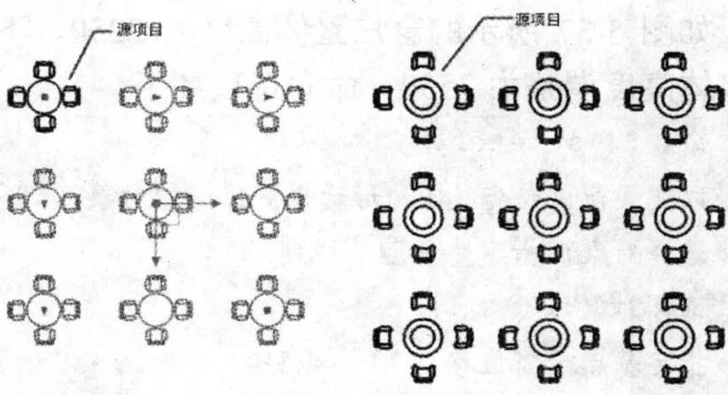

图 5-35　编辑阵列源项目

5.4 缩放、拉伸、修剪和延伸对象

使用修剪和延伸命令可以缩短或拉长对象，以与其他对象的边相接。也可以使用缩放、拉伸命令，在一个方向上调整对象的大小或按比例增大或缩小对象。

5.4.1 缩放对象

在 AutoCAD 2012 中，缩放对象可以调整对象大小，使其按比例增大或缩小。【缩放】命令调用方法如下：

- 菜单栏：【修改】|【缩放】
- 工具栏：修改工具栏缩放按钮
- 命令行：SCALE/SC

使用缩放对象命令可以将对象按指定的比例因子相对于基点进行尺寸缩放。先选择对象，然后指定基点，命令提示行显示“指定比例因子或 [复制(C)/参照(R)] <1.0000>:”提示信息。如果直接指定缩放的比例因子，对象将根据该比例因子相对于基点缩放，当比例因子大于 0 而小于 1 时缩小对象，当比例因子大于 1 时放大对象。

如图 5-36 所示为茶几图形缩放前后的对比效果。

5.4.2 拉伸对象

拉伸命令可以对选择对象按规定的方向和角度拉长或缩短，并且使对象的形状发生改变，通过以下方法可以拉伸对象：

- 菜单栏：【修改】|【拉伸】命令
- 工具栏：修改工具栏拉伸按钮
- 命令行：STRETCH/S

执行该命令时，可以使用“窗交”方式或者“圈交”方式选择对象，然后依次指定位移基点和位移矢量，将会移动全部位于选择窗口之内的对象，并拉伸与选择窗口边界相交的对象。

如图 5-37 所示的窗户整体高度为 2250，下面通过“拉伸”命令调整窗台高度，将窗户整体高度调整为 2550，命令选项如下：

```
命令: _stretch↙                                  //调用拉伸命令
以交叉窗口或交叉多边形选择要拉伸的对象...
选择对象: 指定对角点: 找到 1 个                   //交叉框选下方窗台图形，如图 5-37 所示
选择对象:↙                                       //按回车键结束对象选择
指定基点或 [位移(D)] <位移>:                      //拾取窗台下沿端点
指定第二个点或 <使用第一个点作为位移>:300↙       //垂直向下移动光标，指定拉伸的方向，然后在命令行输入拉伸距离，结果如图 5-37 所示
```

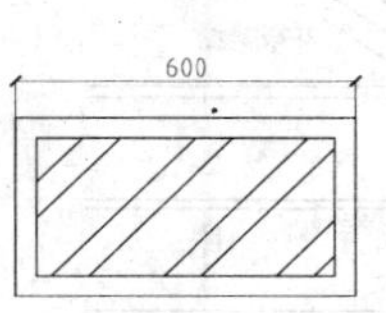

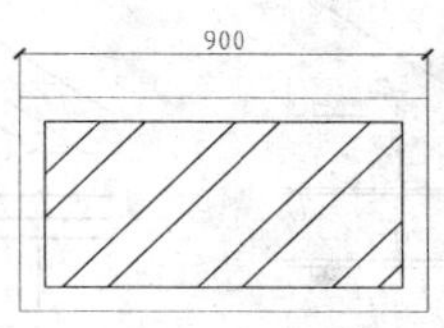

图 5-36　缩放示例

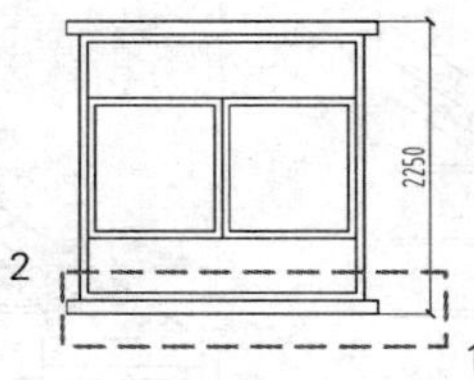

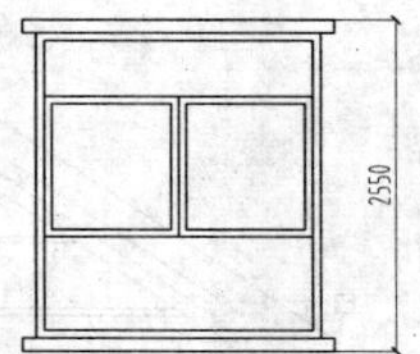

图 5-37　拉伸前后对比

5.4.3 修剪对象

修剪是将超出边界的多余部分修剪删除掉。在命令执行过程中，需要设置的参数有修剪边界和修剪对象两类。在选择修剪对象时，需要注意光标所在的位置，需要删除哪一部分，则在该部分上单击。

修剪命令调用方法如下：

- 菜单栏：【修改】|【修剪】
- 工具栏：修改工具栏修剪按钮
- 命令行：TRIM/TR

通常绘制好图形轮廓后可通过【修剪】命令进行细节修整，如图 5-38 所示。

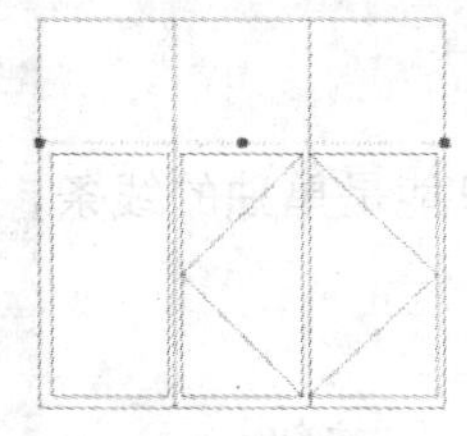

选择剪切边

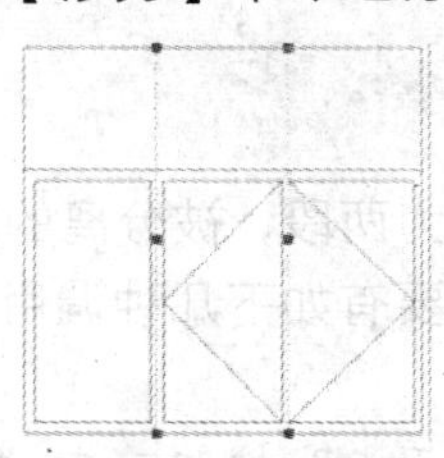

选择要剪切的对象

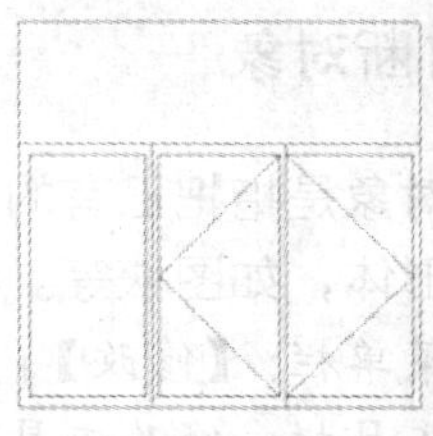

修剪结果

图 5-38　修剪对象示例

5.4.4 延伸对象

延伸命令用于将没有和边界相交的部分延伸补齐，它和修剪命令是一组相对的命令。在命令执行过程中，需要设置的参数有延伸边界和延伸对象两类，如图 5-39 所示。

修剪命令调用方法如下：：

- 菜单栏：【修改】|【延伸】
- 工具栏：修改工具栏延伸按钮
- 命令行：EXTEND/EX

技 巧：在使用【修剪】命令时，如果按下 Shift 键，同时选择与修剪边不相交的对象，修剪将变为延伸，选择的对象延伸至与修剪边界相交。而在使用【延伸】命令时如果按下 Shift 键，此时该命令可以【修剪】的功能。

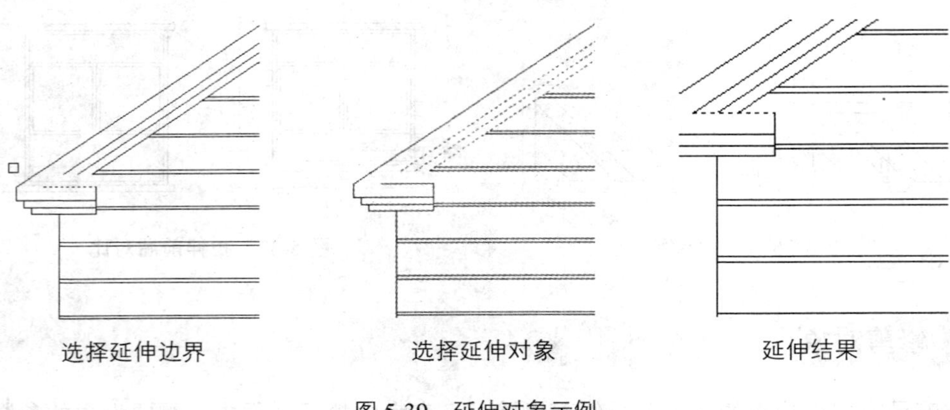

图 5-39　延伸对象示例

5.5 打断、合并和分解对象

在 AutoCAD 2012 中，可以运用打断、分解、合并工具编辑图形，使其在总体形状不变的情况下对局部进行编辑。

5.5.1 打断对象

打断对象是指把已有的线条分离为两段，被分离的线段只能是单独的线条，不能打断任何组合形体，如图块等。该命令主要有如下几种调用方法：

- 菜单栏：【修改】|【打断】
- 工具栏：修改工具栏“打断于点”按钮或“打断”按钮
- 命令行：BREAK/BR

1. 将对象打断于一点

将对象打断于一点是指将线段进行无缝断开，分离成两条独立的线段，但线段之间没有空隙。单击工具栏上的“打断于点”按钮，可对线条进行无缝断开操作，命令选项如下：

```
命令:_BREAK                              //调用打断于点命令
选择对象:                                //选择要打断的对象
指定第二个打断点或[第一点(F)]:_f          //系统自动选择“第一点”选项，表示重新指定打断点
指定第一个打断点:                         //在对象上要打断的位置单击鼠标
指定第二个打断点: @                       //系统自动输入@符号,表示第二个打断点与第一个打断
点为同一点，然后系统将对象无缝断开，并退出打断命令
```

2. 以两点方式打断对象

以两点方式打断对象是指在对象上创建两个打断点，使对象以一定的距离断开。单击工具栏上的“打断”按钮，可以两点方式打断对象。

下面将如图 5-40 所示图形中的线段以两点方法进行打断，命令选项如下：

```
命令:BREAK↙                                  //调用打断命令
选择对象:                                     //选择矩形
指定第二个打断点 或 [第一点(F)]:f↙             //选择“第一点(F)”选项
指定第一个打断点:        //捕捉并单击线条与圆最左侧相交的点，指定第一个打断点
指定第二个打断点:        //捕捉并单击线条与圆最右侧相交的点，打断第一条直线，然后重复操作，得到打断效果如图 5-40 所示
```

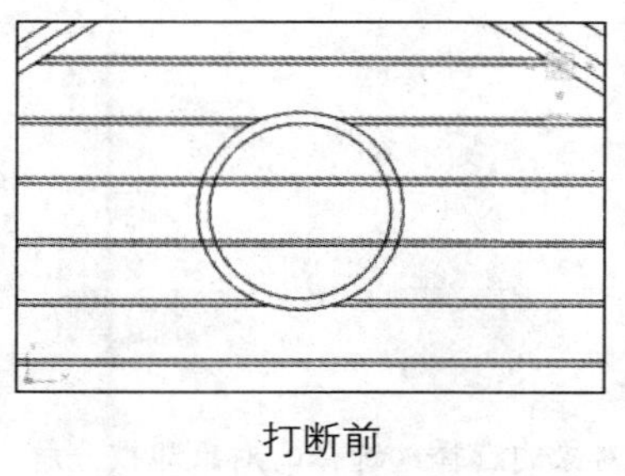
打断前

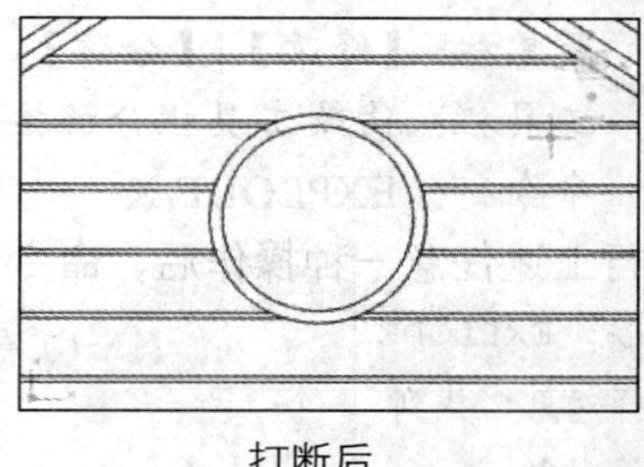
打断后

图 5-40 打断命令示例

5.5.2 合并对象

合并图形是指将相似的图形对象合并为一个对象，可以合并的对象包括圆弧、椭圆弧、直线、多段线和样条曲线，该命令主要有如下几种调用方法：

- 菜单栏：【修改】|【合并】
- 工具栏：修改工具栏“合并”按钮
- 命令行：JOIN/J

下面将如图 5-41 所示圆弧合并为圆，介绍合并命令的用法，命令选项如下：

```
命令: JOIN↙                                          //调用合并命令
选择源对象:                                           //选择圆弧
选择圆弧，以合并到源或进行[闭合(L)]:L↙                 //选择“闭合(L)”选项
已将圆弧转换为圆                                      //合并效果如图 5-41 所示
```

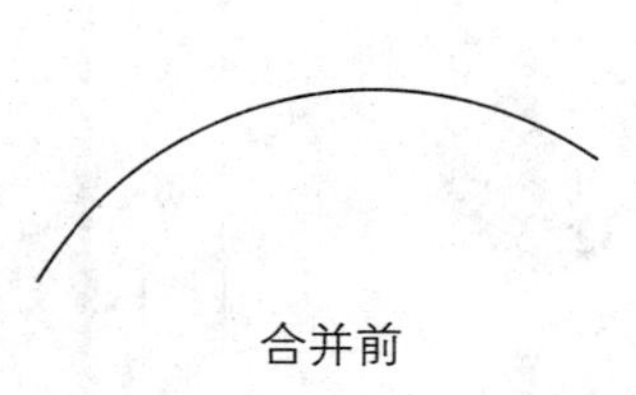
合并前

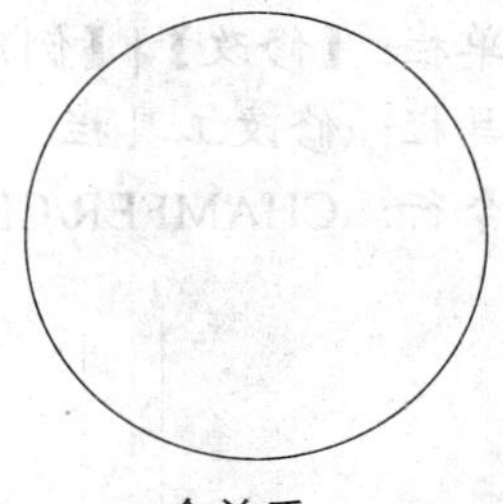
合并后

图 5-41 合并图形示例

5.5.3 分解对象

分解命令主要用于将复合对象，如多段线、图案填充和块等对象，还原为一般对象。任何被分解对象的颜色、线型和线宽都可能会改变，其他结果取决于所分解的合成对象的类型。

调用分解命令方法如下：

- 菜单栏：【修改】|【分解】
- 工具栏：修改工具栏分解按钮
- 命令行：EXPLODE/X

执行上述任意一种操作后，命令选项如下：

```
命令：EXPLODE↙                    //调用分解命令
选择对象：找到 1 个
选择对象：↙                       //按回车键结束对象的选择，选择的对象即被分解
```

如图 5-42 所示为树木图例分解前后的效果对比。

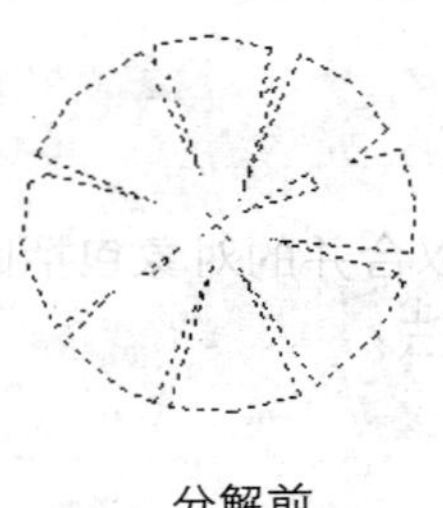

分解前

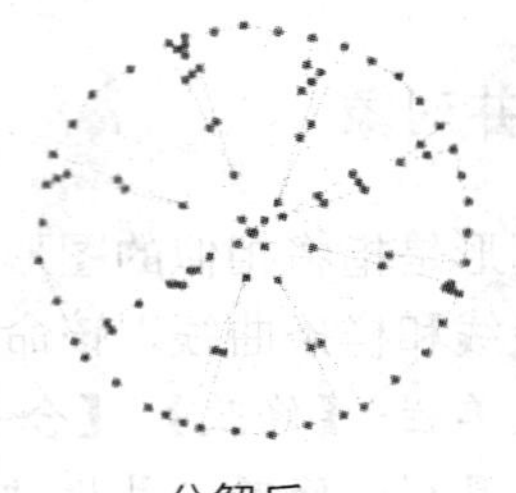

分解后

图 5-42　分解前后对比

5.5.4 倒角对象

【倒角】命令用于两条非平行直线或多段线做出有斜度的倒角，如图 5-43 所示，通常在修改墙体时会用到，其命令主要有如下几种调用方法：

- 菜单栏：【修改】|【倒角】
- 工具栏：修改工具栏“倒角”按钮
- 命令行：CHAMFER/CHA

倒角前　　倒角后

图 5-43　倒角命令示例

执行上述任意一种操作后，命令选项如下：

```
命令: CHAMFER↙                                              //调用倒角命令
("修剪"模式) 当前倒角距离 1 = 0.0000，距离 2 = 0.0000
                                                            //系统提示当前倒角设置
选择第一条直线或 [放弃(U)/多段线(P)/距离(D)/角度(A)/修剪(T)/方式(E)/多个(M)]:
                                                            //选择第一个倒角对象
选择第二条直线，或按住 Shift 键选择要应用角点的直线:  //选择第二个倒角对象，完成倒角
```

命令执行过程中部分选项的含义如下：

- 多段线(P)：选择该选项，则可对由多段线组成的图形的所有角同时进行倒角。
- 角度(A)：以指定一个角度和一段距离的方法来设置倒角的距离。
- 修剪(T)：设定修剪模式，控制倒角处理后是否删除原角的组成对象，默认为删除。
- 多个(M)：选择该选项，可连续对多组对象进行倒角处理，直至结束命令为止。

5.5.5 圆角对象

圆角与倒角类似，它是将两条相交的直线通过一个圆弧连接起来，圆弧半径可以自由指定。该命令主要有如下几种调用方法：

- 菜单栏：【修改】|【圆角】
- 工具栏：修改工具栏"圆角"按钮
- 命令行：FILLET/F

执行上述任意一种操作后，命令选项如下：

```
命令: FILLET↙                                //调用圆角命令
当前设置: 模式 = 修剪，半径 = 0.0000      //系统提示当前圆角设置
选择第一个对象或 [放弃(U)/多段线(P)/半径(R)/修剪(T)/多个(M)]:R↙
                                              //选择"半径(R)"选项
指定圆角半径 <0.0000>: 50↙                  //输入圆角半径
选择第一个对象或[放弃(U)/多段线(P)/半径(R)/修剪(T)/多个(M)]:
                                              //选择第一个圆角对象
选择第二个对象，或按住 Shift 键选择要应用角点的对象:
                                  //选择第二个圆角对象，完成圆角，如图 5-44 所示
```

5.6 使用夹点编辑对象

所谓夹点指的是图形对象上的一些特征点，如端点、顶点、中点、中心点等，如图 5-45 所示，图形的位置和形状通常是由夹点的位置决定的。在 AutoCAD 中，夹点是一种集成的编辑模式，利用夹点可以编辑图形的大小、位置、方向以及对图形进行镜像复制操作等。

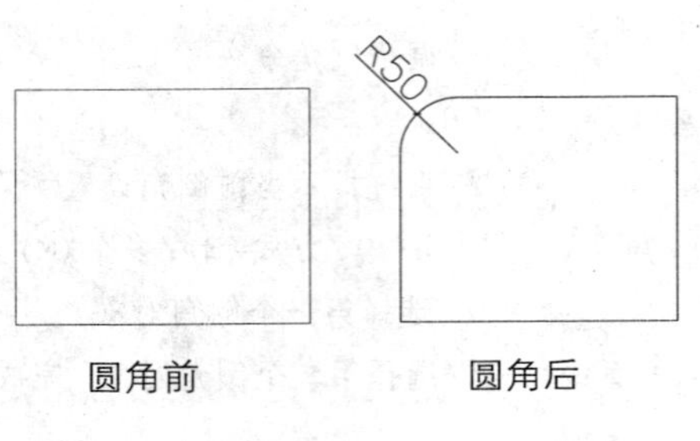

图 5-44　圆角命令示例

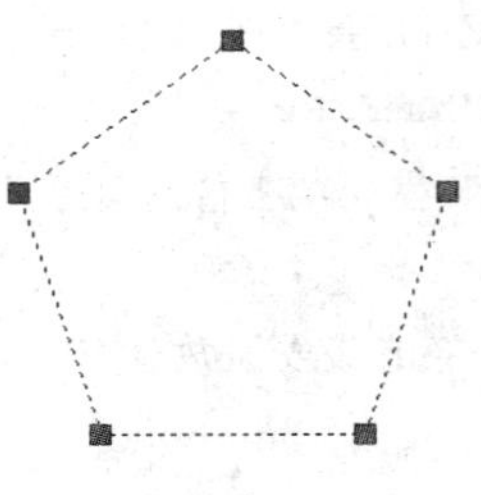

图 5-45　夹点示意图

5.6.1 使用夹点拉伸对象

在不执行任何命令的情况下选择对象，显示其夹点，然后单击其中一个夹点作为拉伸基点，命令行提示拉伸点，指定拉伸点后，AutoCAD 把对象拉伸或移动到新的位置。因为对于某些夹点，移动时只能移动对象而不能拉伸对象，如文字、块、直线中点、圆心、椭圆中心和点对象上的夹点。

5.6.2 使用夹点移动对象

移动对象仅仅是位置上的平移，对象的方向和大小并不会改变，要精确地移动对象，可使用捕捉模式、坐标、夹点和对象捕捉模式。在夹点编辑模式下确定基点后，在命令提示行下输入 MO 进入移动模式。

5.6.3 使用夹点旋转对象

在夹点编辑模式下，确定基点后，在命令行提示下输入 RO 进入旋转模式。

5.6.4 使用夹点缩放对象

在夹点编辑模式下确定基点后，在命令行提示下输入 SC 进入缩放模式。默认情况下，当确定了缩放的比例因子后，AutoCAD 将相对于基点进行缩放对象操作。当比例因子大于 1 时放大对象；当比例因子大于 0 而小于 1 时缩小对象。

5.6.5 使用夹点镜像对象

与镜像命令的功能相似，镜像操作后将删除原对象。在夹点编辑模式下确定基点后，在命令提示行输入 MI 进入镜像模式。

第 6 章

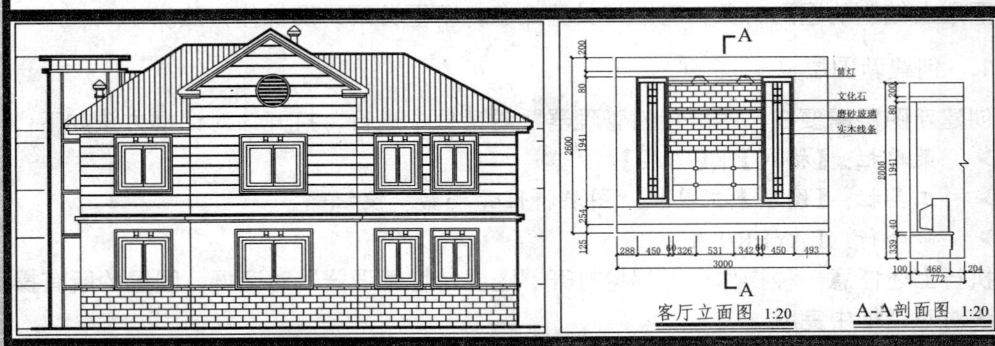

图层的应用

图层是 AutoCAD 提供给用户的组织图形的强有力工具。AutoCAD 的图形对象必须绘制在某个图层上，它可能是默认的图层，也可以是用户自己创建的图层。利用图层的特性，如颜色、线型、线宽等，可以非常方便地区分不同的对象。此外 AutoCAD 还提供了大量的图层管理功能（打开/关闭、冻结/解冻、加锁/解锁等），这些功能使用户在组织复杂的图层结构时非常方便。

本章将详细介绍图层的创建、特性的设置、控制图层状态以及保存和调用图层的使用方法。

6.1 图层的创建和特性的设置

图形对象越多越复杂，所涉及的图层也越多，这就需要学会使用和管理图层的正确方法。默认情况下创建的图层的特性是延续上一个图层，为了更好地区别各个图层，我们还可以对图层的特性进行设置。

6.1.1 创建新图层和重命名图层

默认情况下，创建的图层会依次以“图层 1”、“图层 2”进行命名。为了更直接地表现该图层上绘制的图形对象，可以将其重命名，下面分解讲解操作方法。

1. 创建新图层

创建新图层需要在“图层特性管理器”对话框中进行，打开该对话框方法如下：

- 菜单栏：【格式】|【图层】
- 工具栏：【图层】工具栏“图层特性管理器”按钮。
- 命令行：LAYER/LA

执行上述任意一种操作后，都将打开“图层特性管理器”对话框，图层的所有操作都可在该对对话框中完成。

下面以创建 2 个新图层为例，具体讲解创建新图层的方法。

01 在命令提示行中输入 LAYER 命令，打开“图层特性管理器”对话框，单击【新建图层】按钮，如图 6-1 所示。

02 在中间的列表框中出现一个名为“图层 1”的新图层，按照相同方法再创建 2 个新图层，效果如图 6-2 所示。

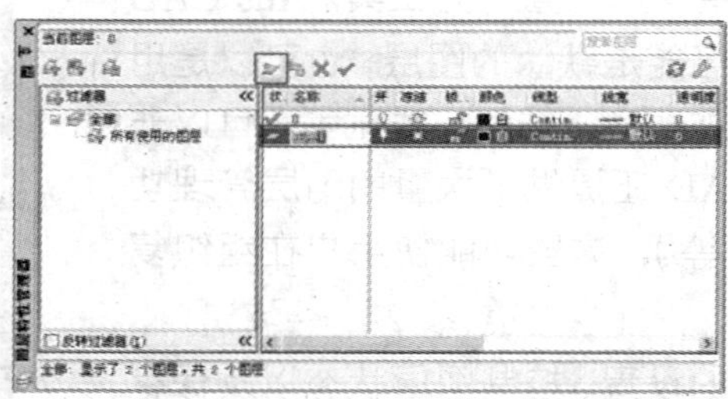

图 6-1　新建图层

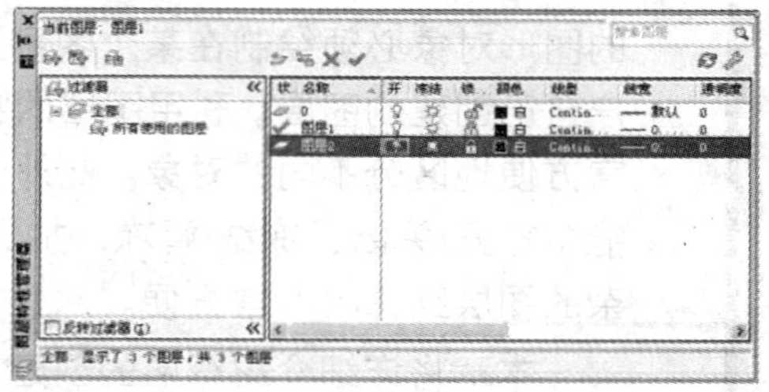

图 6-2　创建其他图层

2. 重命名图层

在 AutoCAD 2012 中，选择需要重命名的图层后，按 F2 键即可对选择图层重命名。

01 选择需要重命名的图层，按 F2 键，图层名称处于可编辑状态。

02 输入需要的名称，如这里输入“标注”文本，然后按回车键，如图 6-3 所示。最后单击鼠标左键，完成重命名图层。

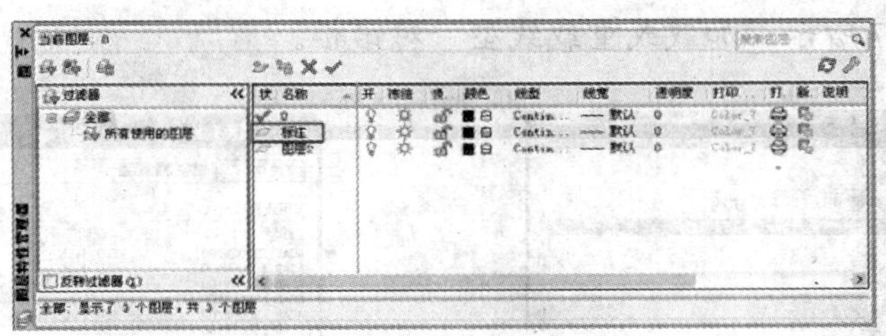

图 6-3　重命名图层

6.1.2 图层特性的设置

图层特性是指图层颜色、线型、线宽、打印样式和可打印性等图层的属性，用户对图层的这些特性进行设置后，该图层上所有图形对象的特性就会随之发生改变。

1．设置图层颜色

在绘图过程中，为了区分不同的对象，通常将图层设置为不同的颜色。AutoCAD 提供的 7 种标准颜色，即红色、黄色、绿色、青色、蓝色、紫色和白色，用户也可以将图层设置为其他的颜色。

下面将新创建的“标注”图层设置为“红色”，具体讲解为图层设置颜色的方法。

01 在“图层特性管理器”对话框中，单击中间列表框中的“颜色”栏中的□白 图标，打开“选择颜色”对话框，单击选择“绿色”如图 6-4 所示，然后单击【确定】按钮。

02 返回到“图层特性管理器”对话框，即可查看到该图层的颜色由原来的白色变成了绿色，如图 6-5 所示。

图 6-4　“选择颜色”对话框

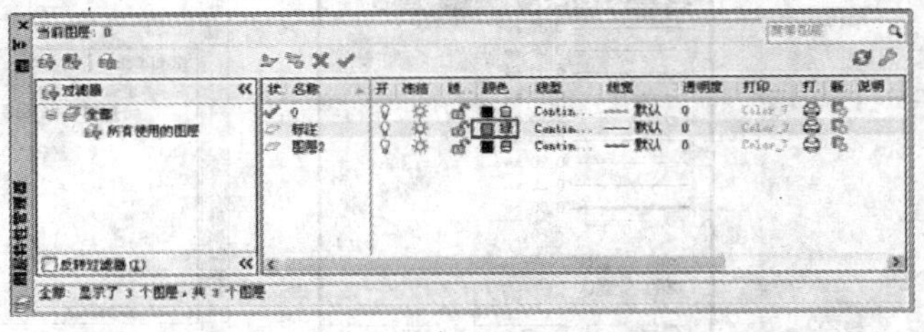

图 6-5　更换图层颜色

2．设置图层线型

不同的线型表示的含义也不同，默认情况下是 Continuous 线型，若需要绘制辅助线等对象，则会用到不同的线型，因此就需要对图层线型进行设置。

01 打开“图层特性管理器”对话框，选择要修改的图层，单击该图层的“线型”栏中的 Contin...图标，打开如图 6-6 所示的“选择线型”对话框。

02 该对话框中列出了当前已加载的线型，若所需线型不在列表框中，单击【加载】

按钮，打开如图 6-7 所示“加载或重载线型”对话框。

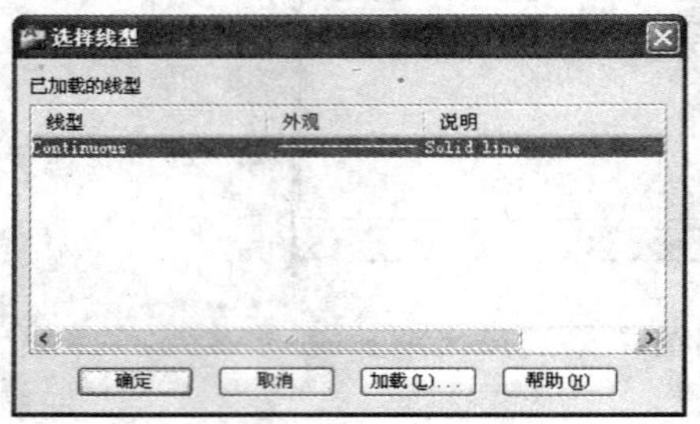

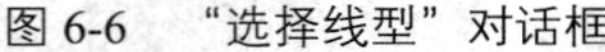

图 6-6 “选择线型”对话框

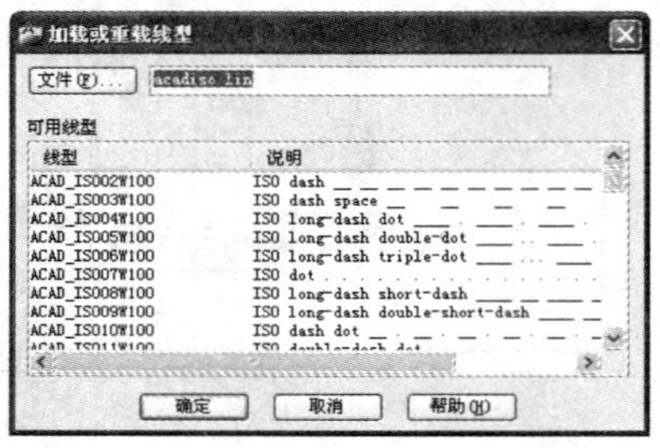

图 6-7 “加载或重载线型”对话框

03 在该对话框中选择需要加载的线型，单击【确定】按钮完成加载，返回“选择线型”对话框中，选择刚才加载的线型，单击【确定】按钮完成设置。

3. 设置图层线宽

通常在对图层进行颜色和线型设置后，还需对图层的线宽进行设置，这样在打印时不必再设置线宽。

下面通过将“图层 2”的线宽设置为“0.15mm”，具体讲解设置图层线宽的方法。

01 打开“图层特性管理器”对话框，单击“线宽”栏中的 —— 默认 图标，打开“线宽”对话框，如图 6-8 所示。

02 在打开的对话框的“线宽”列表框中选择“0.15mm”选项，单击【确定】按钮完成设置，返回“图层特性管理器”对话框中，即可查看到该线宽由原来的默认值变成了 0.15 毫米，如图 6-9 所示。

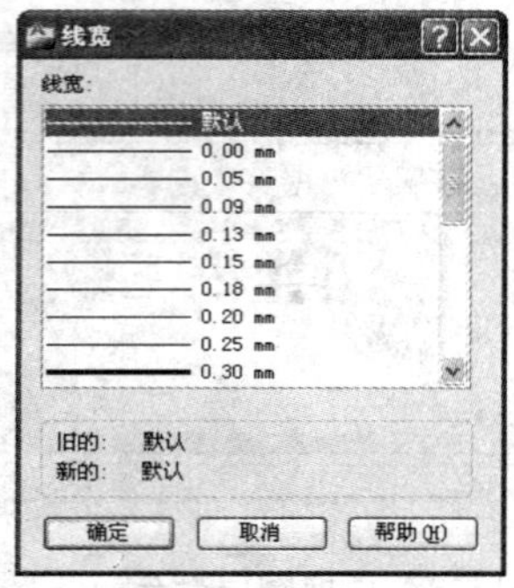

图 6-8 “线宽”对话框

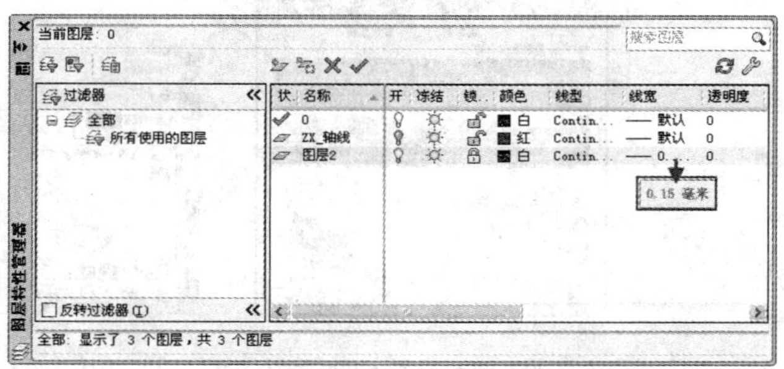

图 6-9 设置线宽

6.2 控制图层状态

控制图层状态是为了更好地管理图层上的图形对象，图层状态包括图层的打开与关闭、冻结与解冻、锁定与解锁等。

6.2.1 打开与关闭图层

默认情况下图层都处于打开状态，在该状态下图层中的所有图形对象将显示在屏幕上，用户可对其进行编辑操作。

若将某个图层关闭，该图层上的实体不再显示在屏幕上，也不能被编辑和打印输出。设置图层的打开与关闭状态的具体操作是：在“图层特性管理器”对话框中选择需要设置打开或关闭状态的图层，单击“开”栏中的 图标。使其变为 状态，该图层被关闭。再一次单击该图标，图标还原，图层又为打开状态。

6.2.2 冻结与解冻图层

冻结图层有利于减少系统重生成图形的时间，冻结的图层不参与重生成计算且不显示在绘图区中，用户不能对其进行编辑。

若用户绘制的图形较大且需要重生成图形时，即可使用图层的冻结功能将不需要重生成的图层进行冻结；完成重生成后，可使用解冻功能将其解冻，回复为原来的状态。

设置图层的冻结与解冻状态的具体操作是：在“图层特性管理器”对话框中选择要冻结与解冻的图层，“冻结”栏中默认的是 图标，它表示图层处于解冻状态 单击该图标，当图标变为 状态时，表示图层被冻结。

6.2.3 锁定与解锁图层

图层被锁定后，该图层上的实体仍显示在屏幕上，但不能对其进行编辑操作。锁定图层有利于对较复杂的图形进行编辑。设置图层的锁定与解锁状态的具体操作是：在“图层特性管理器”对话框中选择要锁定与解锁的图层，“锁定”栏中默认的是 图标，它表示图层处于解锁状态，单击该图层，当图标变为 状态时，表示图层被锁定。

6.2.4 设置当前图层

若要在某个图层上绘制具有该图层特性的对象，应将该图层设置为当前图层。在 AutoCAD 中设置当前图层主要有如下几种方法：

- 在“图层特性管理器”对话框中选中需置为当前的图层，单击 按钮。
- 在“图层特性管理器”对话框中选中需置为当前的图层，单击鼠标右键，在弹出的快捷菜单中选择【置为当前】命令。
- 在“图层特性管理器”对话框中直接双击需置为当前的图层。
- 在“图层”工具栏的图层下拉列表框中选择所需的图层，如图 6-10 所示。

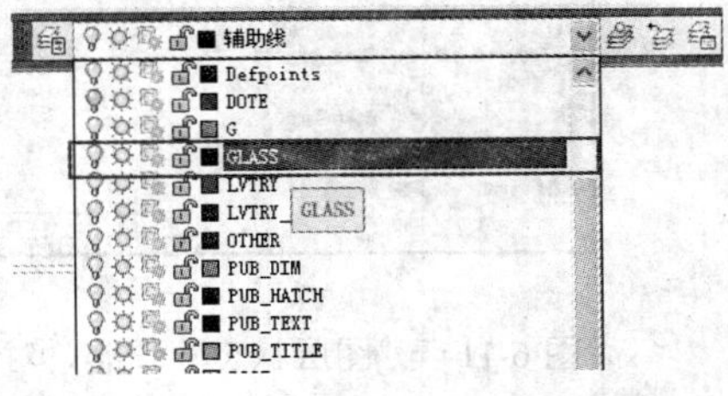

图 6-10 通过图层工具栏设置当前图层

6.2.5 删除多余图层

在绘图时，可以将多余即不需要的图层进行删除。需要删除图层时，在“图层特性管理器”对话框中，选择要删除的图形，单击【删除图层】按钮即可删除图层。

6.3 保存和调用图层状态

在绘制较复杂的图形时，常常需要创建多个图层并为其设置相应的图层特性。若每次绘制新的图形时都要创建这些图层，则会大大降低工作效率。因此，AutoCAD 为用户提供了保存及调用图层特性功能，即用户可将创建好的图层以文件形式保存起来，在绘制其他图形时，直接将其调用到当前图形中即可。

6.3.1 保存图层状态

图层特性的保存及调用都在“图层特性管理器”对话框中完成。

01 在“图层特性管理器”对话框左上角单击“图层状态管理”按钮，打开如图 6-11 所示“图层状态管理器”对话框，单击【新建】按钮，打开“要保存的新图层状态”对话框。

02 在该对话框的“新图层状态名”文本框中输入所要保存的当前图层特性的名称，这里输入“建筑制图”文本；在“说明”文本框中为图层特性文件指定相应的说明信息，这里输入“建筑施工图”文本，单击【确定】按钮，如图 6-12 所示。

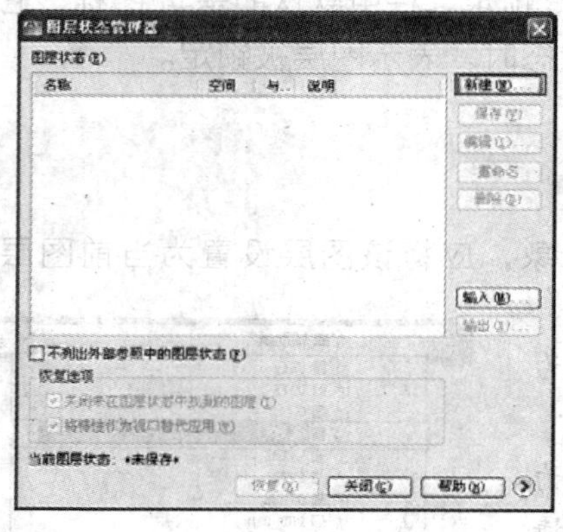

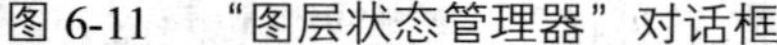

图 6-11 “图层状态管理器”对话框

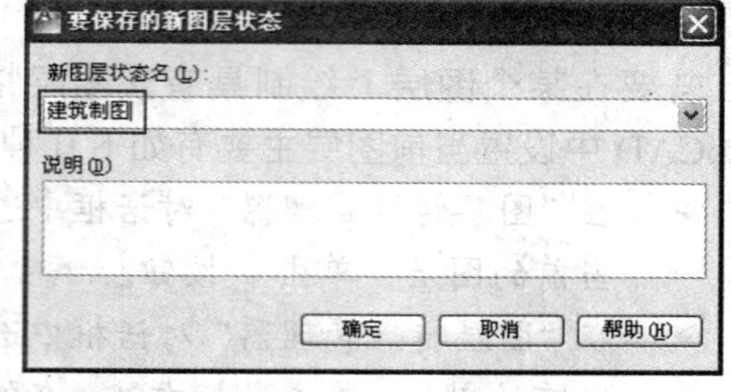

图 6-12 “要保存的新图层状态”对话框

03 返回“图层状态管理器”对话框，单击对话框右下角的【更多恢复选项】按钮，然后单击【全部选择】按钮。

04 单击【输出】按钮，打开“输出图层状态”对话框，选择合适的位置后输入文件名称，单击【保存】按钮，如图 6-13 所示。

05 单击【保存】按钮，返回到“图层状态管理器”对话框，单击【关闭】按钮返回到“图层特性管理器”对话框，完成对图层状态的保存。

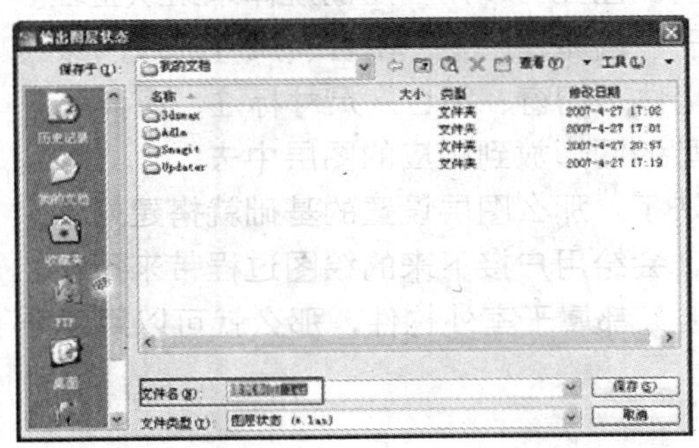

图 6-13 “输出图层状态”对话框

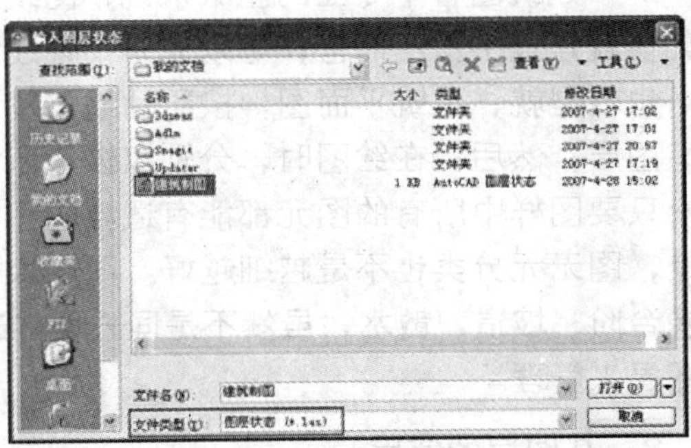

图 6-14 “输入图层状态”对话框

6.3.2 调用图层特性及状态

要调用已保存的图层来绘图，可以在“图层状态管理器”对话框中输入该图层状态的名称。

01 打开“图层状态管理器”对话框，单击【输入】按钮，打开“输入图层状态”对话框，在“文件类型”下拉列表框中选择“图层状态”选项，在列表框中选择需要调用的图层状态文件，这里选择“建筑制图”选项，单击【打开】按钮，如图 6-14 所示。

02 返回“图层状态管理器”对话框，打开如图 6-15 所示对话框，提示用户是否立即将所调用的图层状态应用到当前图形中，若需要立即调用图层状态，单击【是】按钮；若暂时不调用该图层状态，则单击【否】按钮。在以后需要调用的时候，在“图层状态管理器”对话框中的“图层状态”列表框中选择调用的图层特性文件选项，然后单击【回复】按钮即可。

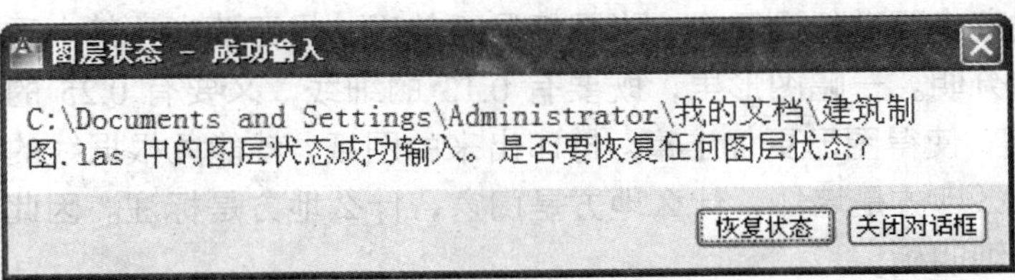

图 6-15 确定是否立即调用图层状态

6.4 建筑制图图层设置原则

在进行建筑施工图的绘制前，都需要先对图层进行设置，合理地组织图层有利于提供了工作效率，便于用户查看，才能使绘图工作达到“清晰”、“准确”、“高效”的要求。

1. 在够用的基础上越少越好

对于建筑图各个专业的图纸来说，图纸上所有的图元可以用一定的规律来组织整理。例如，就建筑平面图而言，可以分为：轴线、柱子、墙体、门窗、阳台、尺寸标注、家具等。也就是就，建筑平面图，按照轴线、柱子、墙体、门窗、阳台、尺寸标注、家具等来定义图层，然后，在绘图时，分别应该将所绘类型的图形放到相应的图层中去。

只要图样中所有的图元都能有适当的归类办法了，那么图层设置的基础就搭建好了。但是，图无元分类也不是越细越好。图层太多时，会给用户接下来的绘图过程带来不便，就像台阶、坡道、散水，虽然不是同一类的东，但又都属于室外构件，那么就可以用同一个图层来管理。

2. 0 图层的使用

0 图层是 AutoCAD 的默认图层，白色是 0 图层的默认颜色，如果大部分的绘图内容都在 0 图层，有时候会看上去显示屏上会白花花一片，显得图纸杂乱，层次不清晰。通常，0 图层上是用来定义块的。定义块时，先将所有图元均设置为 0 图层（特殊情况除外），然后再定义块。此时，在插入块时，当前层是哪个图层，插入的块就是哪个图层。

3. 图层设置属性的定义

图层的设置有很多属性，除了图名外，还有颜色、线型、线宽等。用户在设置图层时，就要定义好相应的颜色、线型、线宽等。

定义图层的颜色时要注意，不同的图层一般来说要用不同的颜色。这样做，用户在绘图时，才能够在颜色上就很明显的进行区分。如果两个层是同一颜色，在显示时，就很难判断正在操作的图元是在哪一个图层上。

4. 对图层的线型进行设置

常用的线型有三种，即 Continous 连续线、ACAD_IS002W100 点划线、ACAD_IS004W100 虚线。

另外，对线宽也要进行设置。一张图纸是否美观、是否清晰，其中重要的一条因素之一就是是否层次分明。一幅图形里，既要有 0.13 的细线，又要有 0.25 的中等宽度线，还要有 0.35 的粗线，使得图形更加丰富。打印出来的图纸，就能免根据线的粗细来区分不同类型的图元，什么地方是墙体，什么地方是门窗，什么地方是标注。因此，用户在线宽设置时，一定要粗细明确。

第 7 章

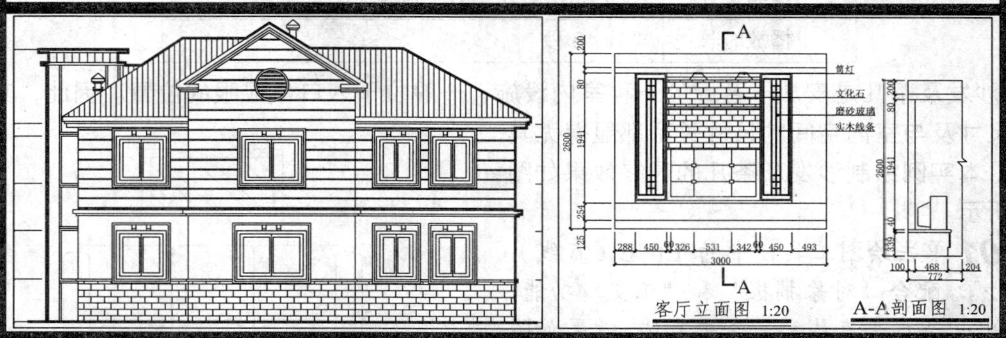

建筑设计 AutoCAD 绘图基础

通过前面的章节熟悉建筑设计的基本概念、AutoCAD 在建筑设计上的应用以及 AutoCAD 基本的绘图功能与图层的应用后，本章将介绍家具、园林以及建筑常见图形的绘制方法、技巧以及相关的理论知识，并学习定义图块的方法。以熟习 AutoCAD 软件的绘制思路和绘图方法，为后面复杂建筑图形的绘制打下坚实的基础。

7.1 绘制家具图形

常用的家具图形包括卧室家具、客厅家具、餐厅家具和卫生洁具等。这些图形有多种规格尺寸，在具体布置时应根据空间的尺度来合理选择与安排。本节以绘制常用的家具为例来说明绘制家具图形的方法，并熟练掌握 AutoCAD 2012 绘图命令和编辑命令的使用方法。

7.1.1 绘制沙发及茶几

视频教学	
视频文件：	AVI\第 07 章\7.1.1\绘制沙发及茶几.avi
播放时长：	4 分 48 秒

沙发及茶几是安放于客厅的一种室内设施，一般位于入口最显眼的位置。因此，其造型、尺寸及与室内空间的尺寸关系都显得尤其重要。本实例绘制沙发及茶几的最终效果如图 7-1 所示。

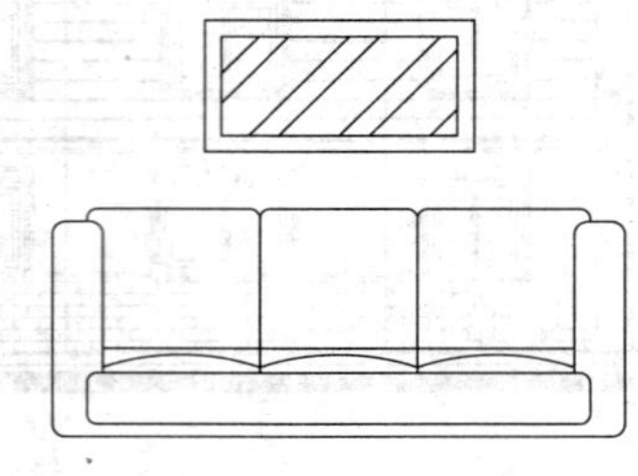

图 7-1 沙发和茶几

01 单击绘图工具栏中的 LINE（直线）按钮，配合“对象捕捉”和“正交”功能，绘制出一条水平直线和一条垂直线，效果如图 7-2 所示。

02 单击修改工具栏中的 OFFSET（偏移）按钮，根据沙发样式和尺寸，生成沙发的辅助线，效果如图 7-3 所示。

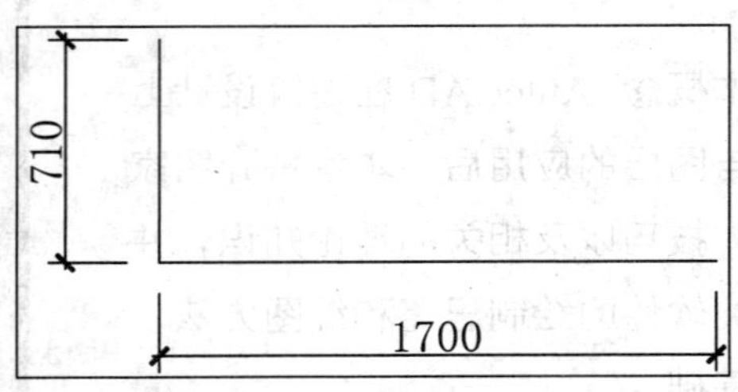

图 7-2 绘制水平直线和垂直线

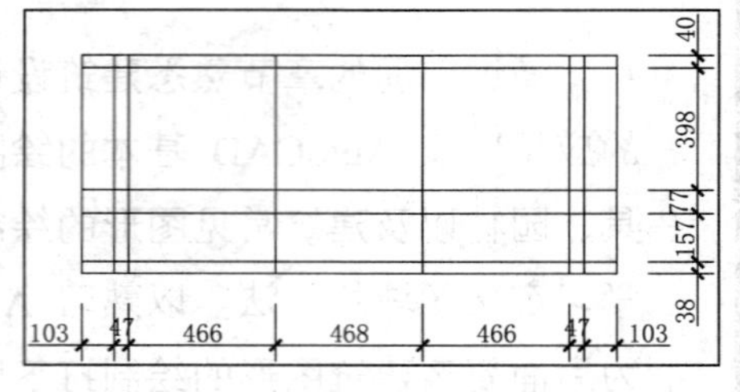

图 7-3 生成沙发的辅助线

03 单击修改工具栏中的 TRIM（修剪）按钮，将多余的辅助线进行修剪；单击修改工具栏中的 FILLET（圆角）按钮，设置不同的“圆角”半径，并配合“复制”功能，对沙发转角处进行圆角处理，完成效果如图 7-4 所示。

04 单击修改工具栏中的 OFFSET（偏移）按钮，生成沙发靠背的辅助线；单击绘图工具栏中的 ARC（圆弧）按钮，绘制出沙发靠背平面图的圆弧；然后再单击修改工具栏中的 ERASE（删除）按钮，将辅助线进行删除，效果如图 7-5 所示。

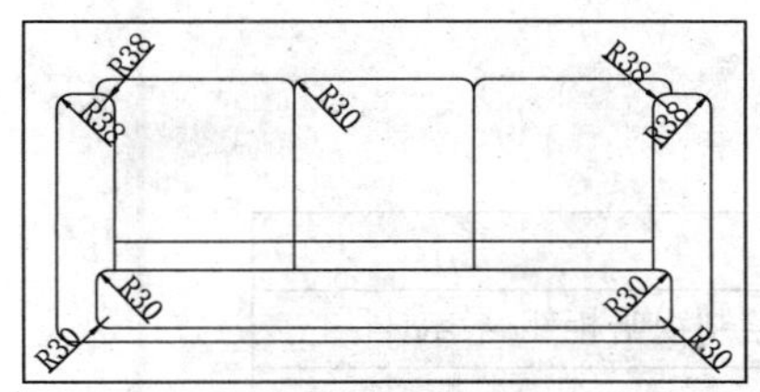

图 7-4 修剪直线和绘制沙发圆角

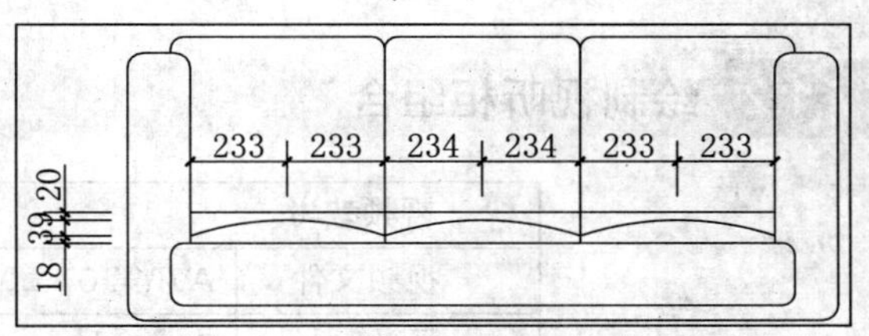

图 7-5 绘制沙发靠背

05 绘制茶几。首先单击绘图工具栏中的 RECTANG（矩形）按钮，绘制一个尺寸为 800×400 的矩形，如图 7-6 所示。

06 单击修改工具栏中的 OFFSET（偏移）按钮，将矩形向内偏移 50；单击绘图工具栏中的 HATCH（图案填充和渐变色）按钮，对茶几面填充镜面材料，效果如图 7-7 所示

图 7-6 绘制矩形

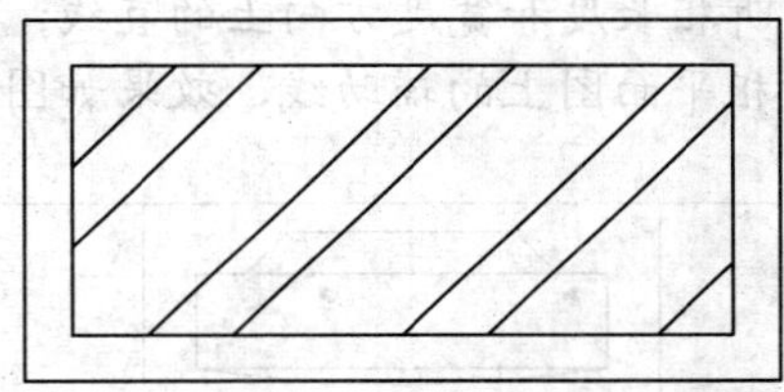
图 7-7 茶几绘制完成

07 组合沙发和茶几。单击修改工具栏中的 MOVE（移动）按钮，将茶几移动到合适位置，即可完成茶几的组合效果如图 7-1 所示。

08 利用二维图形完成沙发及茶几图形的绘制后，为了方便其在图形文件中的使用，接下来将其创建为图块，在命令行中输入“W”并回车，弹出如图 7-8 所示的“块定义”对话框。

09 在“名称”框内输入“沙发与茶几”，然后单击“拾取点”按钮，在图像中用鼠标单击沙发左下角，创建拾取点，再单击“选择对象”按钮，在图像中整体选择到沙发与茶几图形，单击“确定”按钮，将其创建为块，如图 7-9 所示。

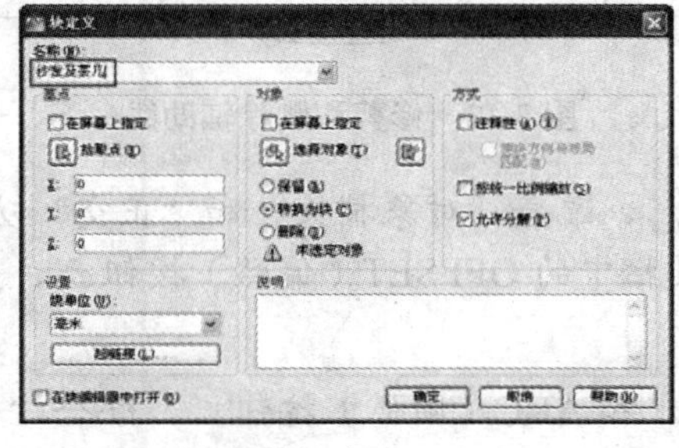

图 7-8 块定义面板

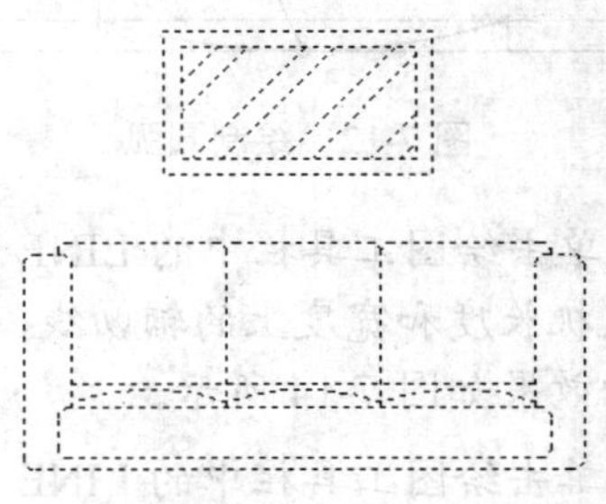
图 7-9 创建完成的块

7.1.2 绘制视听柜组合

视频教学	
视频文件:	AVI\第 07 章\7.1.2\绘制视听柜组合.avi
播放时长:	3 分 6 秒

视听柜组合是一种比较重要的室内设施，它可以放置在客厅，也可以放置在卧室内。放置于客厅的视听柜组合，一般情况下与沙发和茶几组合相对，以保证坐在沙发上观看电视节目时有一个良好的观看角度。因此，视听柜上电器的大小应与沙发的远近位置相协调。视听柜组合背景一般为经过精心装饰的墙体。本实例绘制视听柜平面的最终效果如图 7-10 所示。

01 单击绘图工具栏中的 LINE（直线）按钮，配合“对象捕捉”和“正交”功能，绘制视听柜长度和宽度方向上的直线；单击修改工具栏中的 OFFSET（偏移）按钮，生成视听柜平面图上的辅助线，效果如图 7-11 所示。

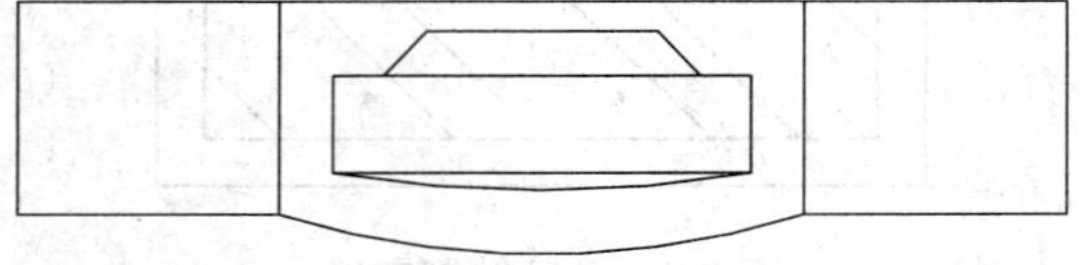

图 7-10　视听柜平面图

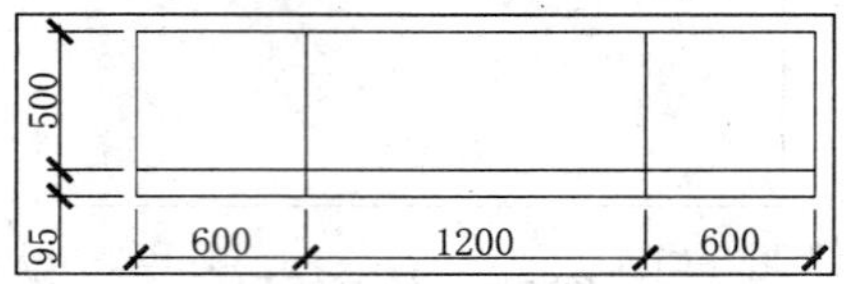

图 7-11　绘制视听柜辅助线

02 单击绘图工具栏中的 ARC（圆弧）按钮，配合“捕捉中点”功能，绘制出一个圆弧，效果如图 7-12 所示。

03 单击修改工具栏中的 TRIM（修剪）按钮，将多余的辅助线进行修剪；单击修改工具栏中的 ERASE（删除）按钮，删除最下面的水平辅助线，得到视听柜平面效果如图 7-13 所示。

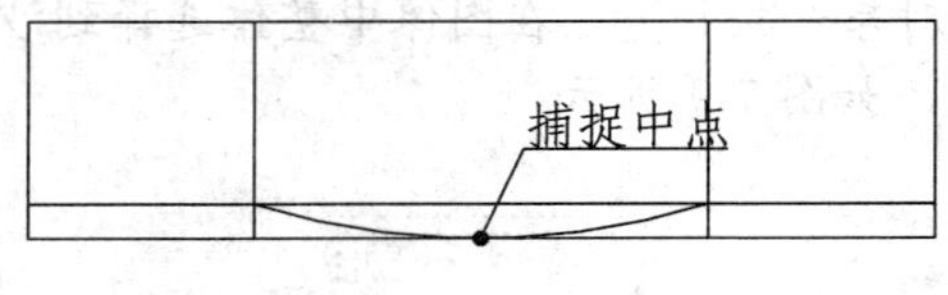

图 7-12　绘制圆弧

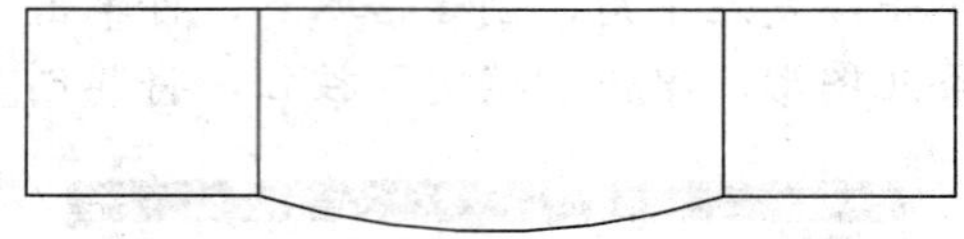

图 7-13　修剪和删除辅助线

04 单击绘图工具栏中的 LINE（直线）按钮，配合“对象捕捉”和“正交”功能，绘制电视机长度和宽度上的辅助线，单击修改工具栏中的 OFFSET（偏移）按钮，生成辅助线，效果如图 7-14 所示。

05 单击绘图工具栏中的 LINE（直线）按钮和 ARC（圆弧）按钮，配合“中点捕捉”和“端点捕捉”功能，绘制两条斜线和一个圆弧；单击修改工具栏中的 TRIM（修剪）按钮，将辅助线进行修剪；单击修改工具栏中的 ERASE（删除）按钮，将辅助线进行删除，效果如图 7-15 所示。

06 单击修改工具栏中的 MOVE（移动）按钮，将电视机移动到视听柜平面图上恰当位置。视听柜组合绘制完成。

07 视听组合框绘制完成后，将其定义为块并进行另存。

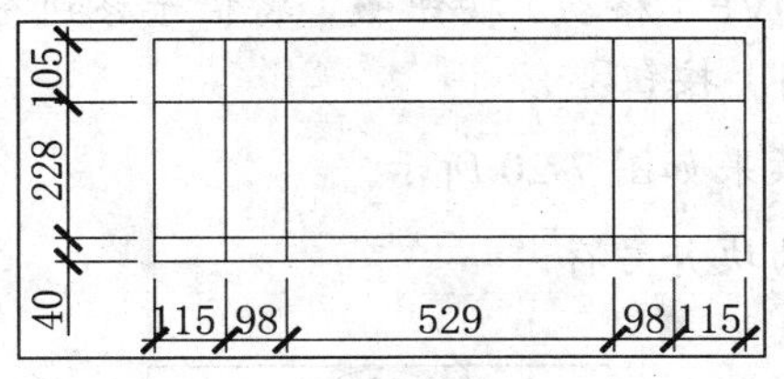

图 7-14　绘制电视机辅助线

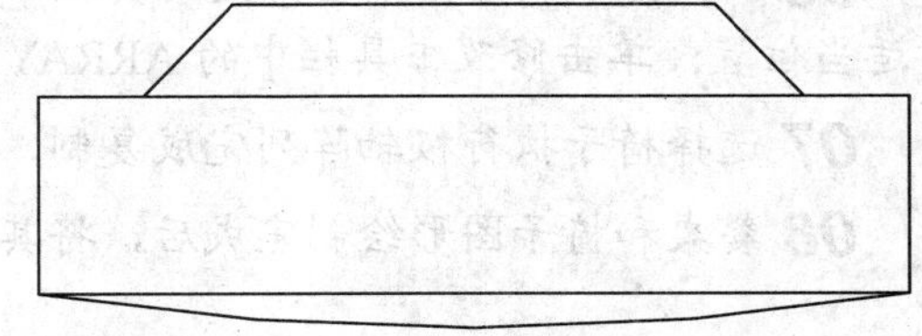

图 7-15　绘制电视机轮廓线

7.1.3 绘制餐桌和椅子

视频教学	
视频文件:	AVI\第 07 章\7.1.3\绘制餐桌和椅子.avi
播放时长:	4 分 12 秒

餐桌和椅子是摆放于餐厅的一种室内设施，其形式多种多样。本实例绘制餐厅和椅子平面的最终效果如图 7-16 所示。

01 绘制餐桌。首先单击绘图工具栏中的 RECTANG（矩形）按钮，绘制一个尺寸为 1000×1000 的矩形，再单击修改工具栏中的 OFFSET（偏移）按钮，将矩形向内偏移 50，效果如图 7-17 所示。

02 绘制椅子板凳。首先单击绘图工具栏中的 RECTANG（矩形）按钮，绘制一个尺寸为 545×456 的矩形；单击修改工具栏中的 OFFSET（偏移）按钮，将矩形向内偏移 30。

03 单击修改工具栏中的 FILLET（圆角）按钮，设置“圆角半径”为 32，将椅子板凳外轮廓圆角，效果如图 7-18 所示。

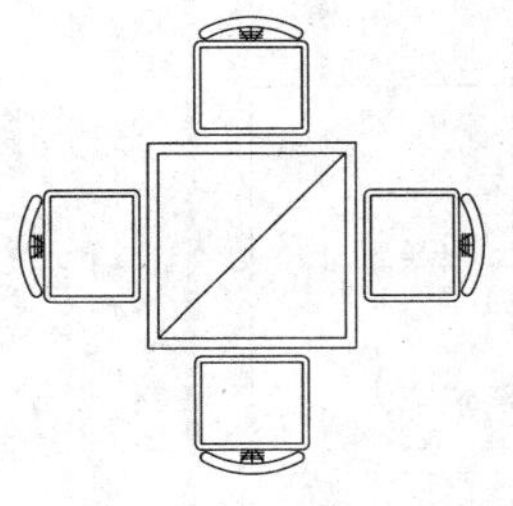

图 7-16　餐桌和椅

图 7-17　绘制餐桌

图 7-18　绘制椅子板凳

04 绘制椅子靠背。单击绘图工具栏中的 LINE（直线）按钮，沿椅子板凳左下方，绘制水平辅助线和垂直辅助线；单击修改工具栏中的 OFFSET（偏移）按钮，通过偏移生成椅子靠背的辅助线。

05 单击绘图工具栏中的 ARC（圆弧）按钮和 CIRCLE（圆）按钮，绘制两个圆弧和两个圆；单击修改工具栏中的 TRIM（修剪）按钮和 ERASE（删除）按钮，将多余的辅助线进行修剪和删除，效果如图 7-19 所示。

06 阵列复制椅子。单击修改工具栏中的 MOVE（移动）按钮，将椅子移到餐桌下方适当位置；单击修改工具栏中的 ARRAY（阵列）按钮。

07 选择椅子执行极轴阵列完成复制，最终效果如图 7-20 所示。

08 餐桌和椅子图形绘制完成后，将其定义为块并另存。

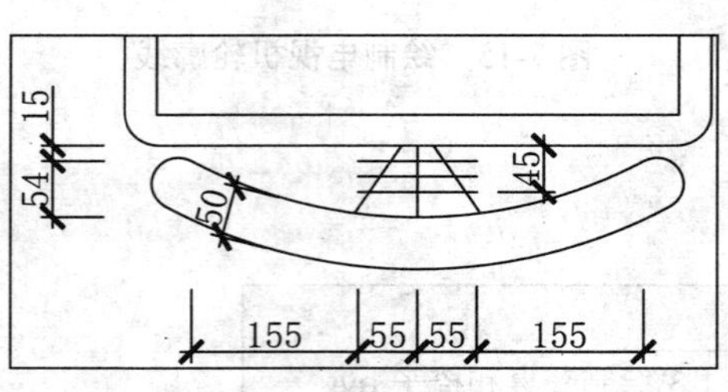

图 7-19　绘制椅子靠背

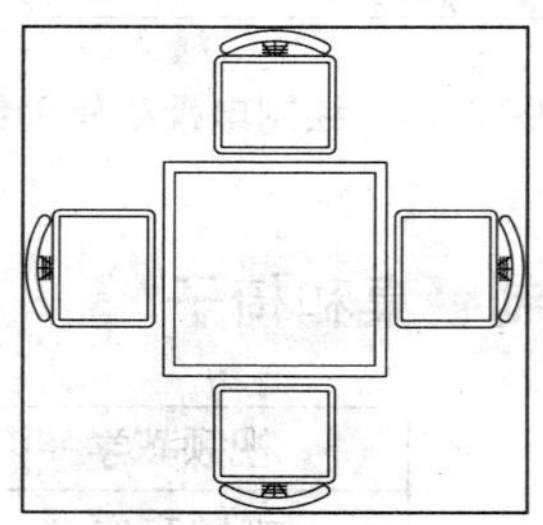

图 7-20　复制椅子

7.1.4 绘制洗衣机

视频教学	
视频文件：	AVI\第 07 章\7.1.4\绘制洗衣机.avi
播放时长：	4 分 45 秒

洗衣机是一种常用的家用电器，通常放置于卫生间或者阳台等处。洗衣机从外形上可分为：箱体、机盖、排水管及开关等几部分组成。本实例绘制洗衣机的最终效果如图 7-21 所示。

01 绘制箱体。单击绘图工具栏中的 RECTANG（矩形）按钮，绘制一个尺寸为 690×706 的矩形，如图 7-22 所示。

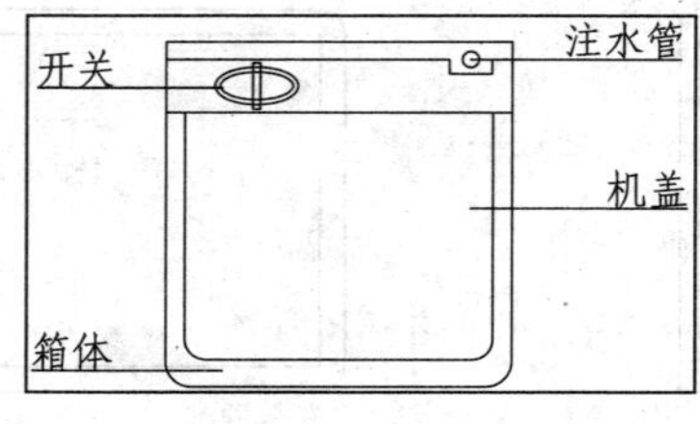

图 7-21　洗衣机

图 7-22　绘制矩形

02 单击修改工具栏中的 EXPLODE（分解）按钮，将矩形进行分解；单击修改工具栏中的 FILLET（圆角）按钮，设置“圆角半径”为 50，对矩形下边角进行圆角处理，如图 7-23 所示。

03 单击修改工具栏中的 OFFSET（偏移）按钮，将箱体上侧的水平直线向下偏移 145，效果如图 7-24 所示。

04 绘制机盖。单击修改工具栏中的 OFFSET（偏移）按钮，生成机盖的辅助线；单击修改工具栏中的 FILLET（圆角）按钮，设置“圆角半径”为 40，将机盖开启处作圆角处理；单击修改工具栏中的 TRIM（修剪）按钮，将辅助线进行修剪，完成效果与具体尺寸如图 7-25 所示。

图 7-23　圆角处理

图 7-24　绘制箱体

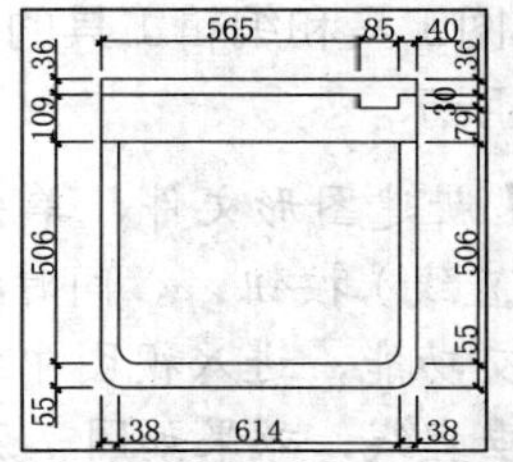

图 7-25　机盖完成效果及尺寸

05 绘制开关。单击绘图工具栏中的 RECTANG（矩形）按钮，绘制一个尺寸为 166×95 的矩形；单击修改工具栏中的 EXPLODE（分解）按钮，将矩形进行分解。

06 单击修改工具栏中的 OFFSET（偏移）按钮，生成开关的辅助线；单击绘图工具栏中的 ELLIPSE（椭圆）按钮，绘制出两个椭圆。

07 单击修改工具栏中的 TRIM（修剪）按钮和 ERASE（删除）按钮，将辅助线进行修剪和删除，完成效果及具体尺寸效果如图 7-26 所示。

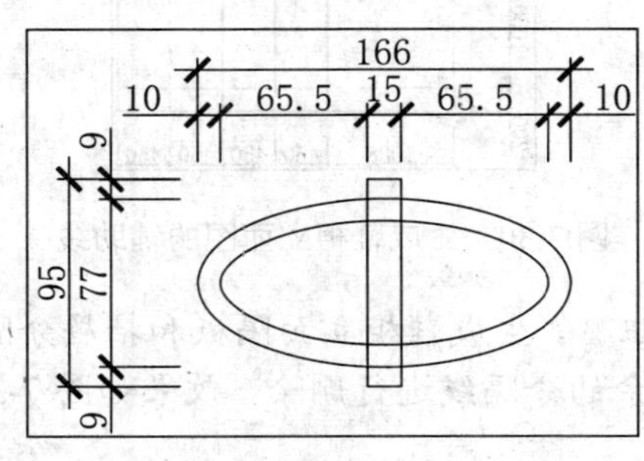

图 7-26　绘制开关

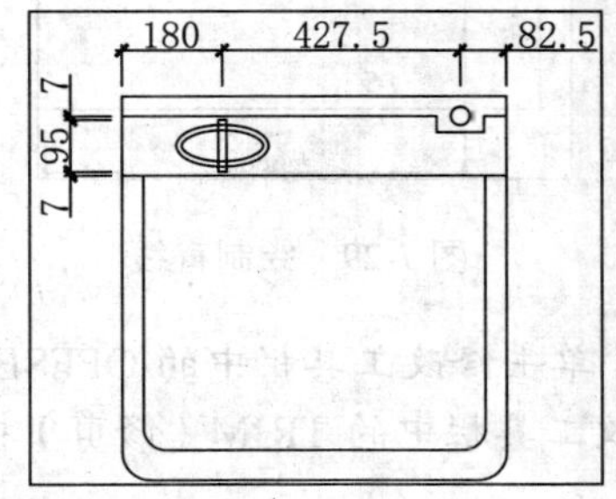

图 7-27　绘制排水管

08 绘制排水管。单击绘图工具栏中的 CIRCLE（圆）按钮，绘制一个半径为 17 的圆，单击修改工具栏中的 MOVE（移动）按钮，将开关和排水管移动到洗衣机平面图上恰当位置，最终效果如图 7-27 所示。

09 洗衣机图形绘制完成后，将其定义为块并另存。

7.1.5 绘制鞋柜立面图

视频教学	
视频文件:	AVI\第 07 章\7.1.5.avi
播放时长:	10 分 55 秒

本节讲述利用 AutoCAD 2012 绘制某鞋柜立面图的方法。通过实例的练习，掌握 AutoCAD 2012 绘图工具和编辑工具的使用，最终效果如图 7-28 所示。

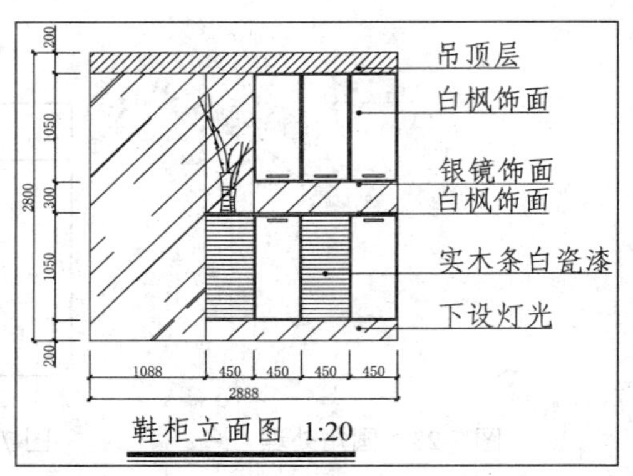

图 7-28 鞋柜立面

01 新建图形文件，单击绘图工具栏中的 LINE（直线）按钮，同时按下状态的 F8 键，开启正交功能，进入视图中绘制一条水平直线和一条垂直线，效果如图 7-29 所示。

02 单击修改工具栏中的 OFFSET（偏移）按钮，生成鞋柜立面图的辅助线，效果如图 7-30 所示。

03 单击修改工具栏中的 TRIM（修剪）按钮，将辅助线进行修剪，得到鞋柜各部分的分隔线，效果如图 7-31 所示。

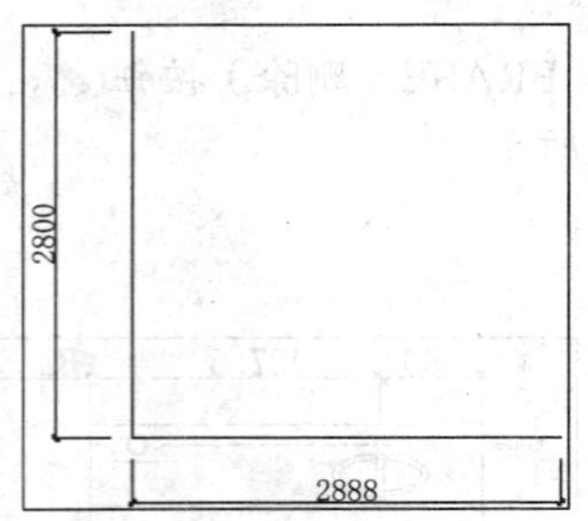

图 7-29 绘制直线

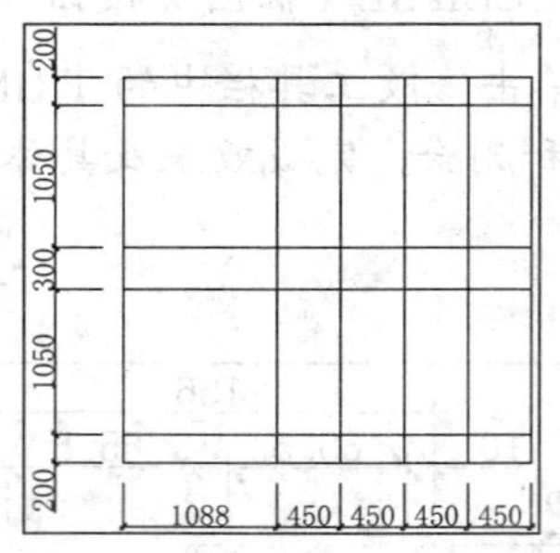

图 7-30 生成鞋柜立面图的辅助线

04 单击修改工具栏中的 OFFSET（偏移）按钮，生成鞋柜立面隔板和抽屉分隔线，单击修改工具栏中的 TRIM（修剪）按钮，将多余的分隔线进行删除，效果如图 7-32 所示。

05 单击绘图工具栏中的 HATCH（图案填充和渐变色）按钮，弹出【图案填充和渐变色】对话框，单击【图案列表框】右侧的按钮...，弹出了【填充图案选项板】对话框，选择如图 7-33 所示的图案。

06 双击图标，返回到【图案填充和渐变色】对话框中，设置“角度”值为 45，“比例”值为 20，如图 7-34 所示。

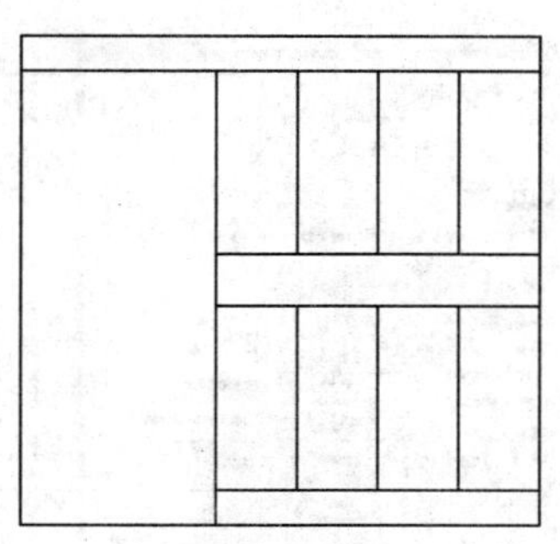

图 7-31　修剪辅助线

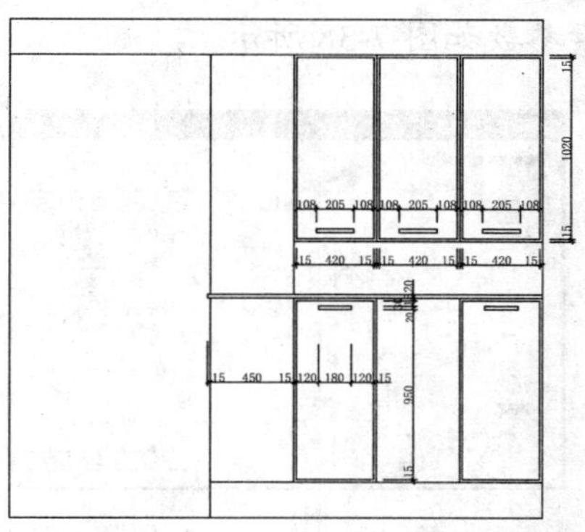

图 7-32　绘制装饰隔板线

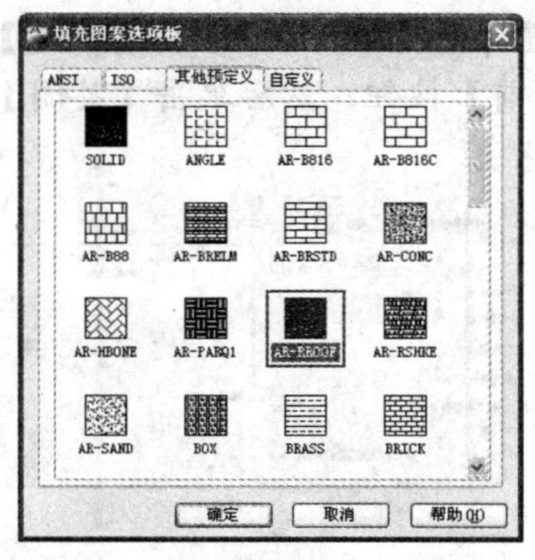

图 7-33　“填充图案选项板”对话框

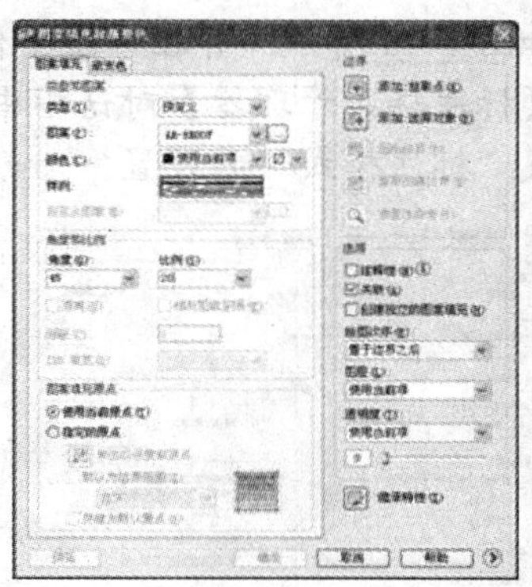

图 7-34　“图案填充和渐变色”对话框

07 在【图案填充和渐变色】对话框中，单击【添加：拾取点】按钮，进入视图中单击要填充的区域后按回车键，并返回到【图案填充和渐变色】对话框中，单击【确定】按钮，即可完成所选区域的图案填充。同样方法，完成其它区域的图案填充，效果如图 7-35 所示。

08 按下快捷键 Ctrl + 2，打开 AutoCAD 设计中心，利用已有的立面材质库，插入立面花瓶，效果如图 7-36 所示。

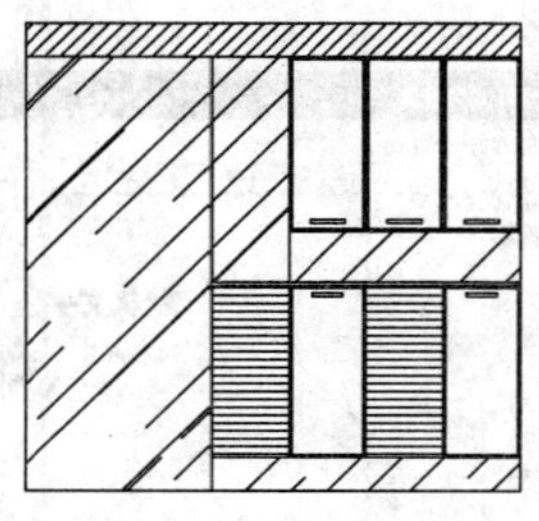

图 7-35　填充材料图例

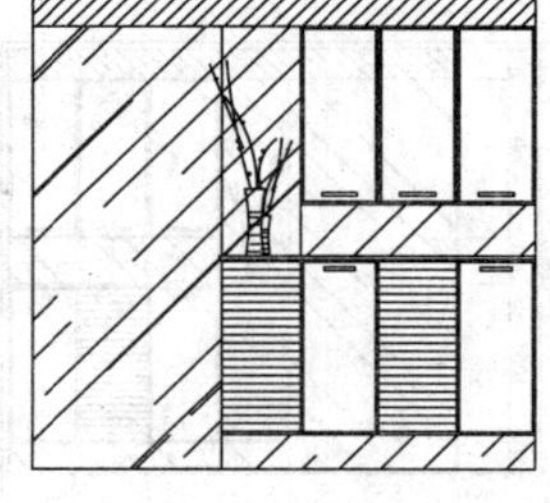

图 7-36　插入立面花瓶

09 单击【格式】|【标注样式】菜单命令，弹出了【标注样式管理器】对话框，如图 7-37 所示。单击【修改】按钮，弹出了【修改标注样式：Standard】对话框，设置“线”

选项卡参数如图 7-38 所示。

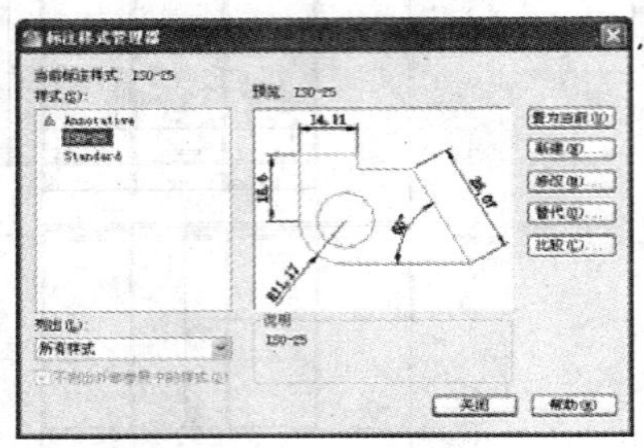

图 7-37　“标注样式管理器”对话框

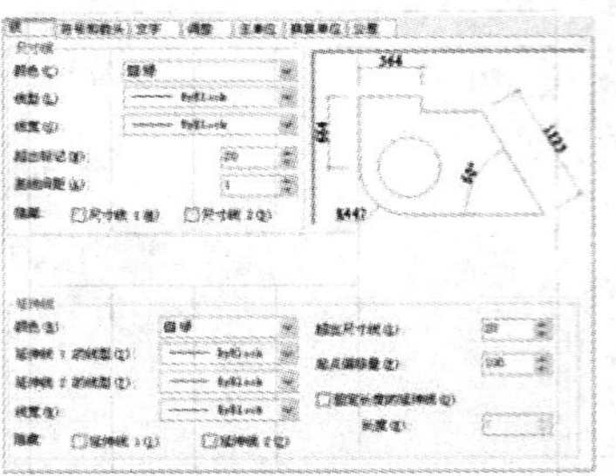

图 7-38　“线”选项卡

10 单击“符号和箭头”选项卡，设置参数如图 7-39 所示；单击“文字”选项卡，设置参数如图 7-40 所示；并在“主单位”选项卡中设置“精度”为 0；单击【确定】按钮，返回到【标注样式管理器】对话框中，单击【置为当前】按钮，然后单击【关闭】按钮，即可完成“标注样式”的设置。

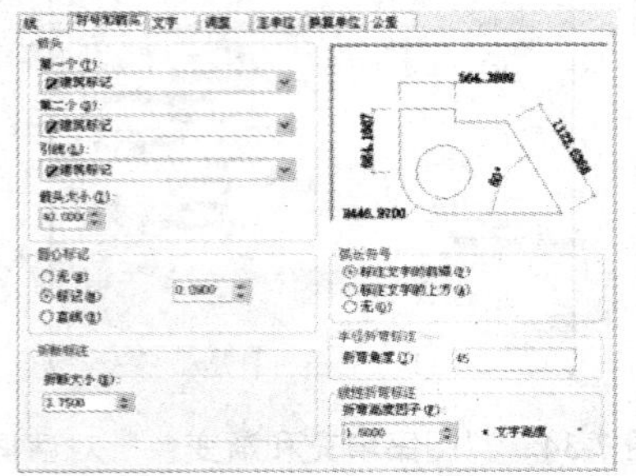

图 7-39　“符号和箭头”选项卡

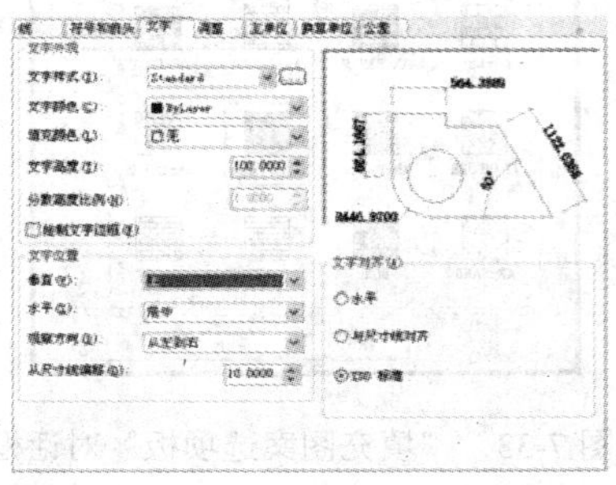

图 7-40　“文字”选项卡

11 单击【标注】|【线性】菜单命令，标注纵向第一个尺寸标注；单击【标注】|【连续】菜单命令，标注纵向第一道尺寸标注线；单击【标注】|【线性】菜单命令，标注纵向第二道尺寸标注。同样方法，标注横向尺寸标注，效果如图 7-41 所示。

12 单击【格式】|【多重引线样式】菜单命令，弹出【多重引线样式管理器】对话框，如图 7-42 所示。

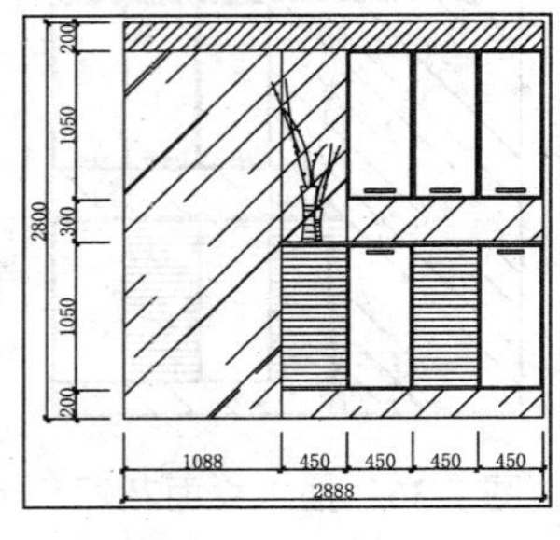

图 7-41　标注尺寸

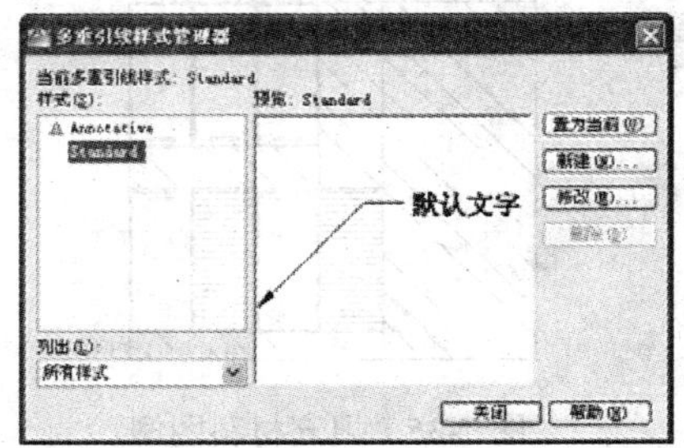

图 7-42　“多重引线样式管理器”对话框

13 单击【修改】按钮，弹出【修改多重引线样式：Standard】对话框，选择“引线格式”选项卡，设置 1 参数如图 7-43 所示。

14 单击“引线结构”选项卡，设置参数如图 7-44 所示。单击“内容”选项卡，设置参数如图 7-45 所示。

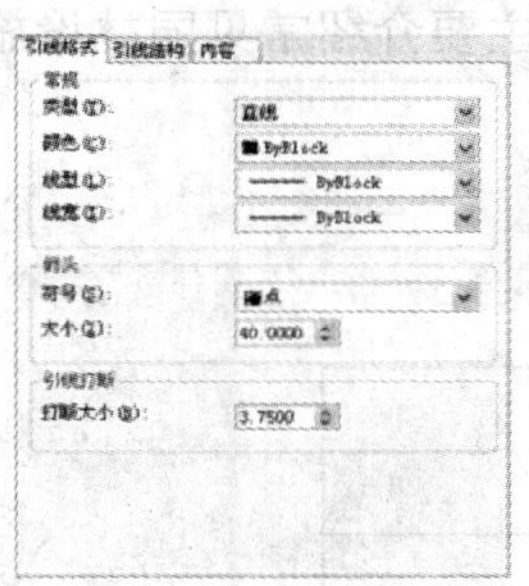

图 7-43 “引线格式”选项卡

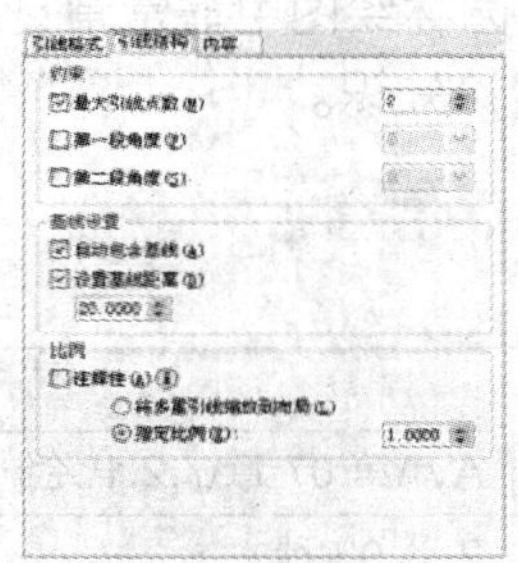

图 7-44 “引线结构”选项卡

图 7-45 “内容”选项卡

15 单击【确定】按钮，返回到【多重引线样式管理器】对话框中，单击【置为当前】按钮，然后单击【关闭】按钮，即可完成“多重引线样式”的设置。

16 单击【标注】｜【多重引线】菜单命令，进入视图中单击作为标注位置的一点，水平向右拖动鼠标，单击作为引线基线的一点，此时就弹出了“文本框”，在该文本框中输入文字后，单击【确定】按钮，即可完成单个多重引线文字的标注。同样方法，完成所有多重引线文字的标注，效果如图 7-46 所示。

17 单击绘图工具栏中的 MTEXT（多行文字）按钮A，弹出文本框，输入图名及比例，并设置字体及大小后，单击【确定】按钮，即可完成“图名及比例”绘制。单击绘图工具栏中的 PLINE（多段线）按钮，设置多段线宽为 40mm，沿“图名及比例下方，绘制一条多段线。

18 单击修改工具栏中的 OFFSET（偏移）按钮，将多段线向下偏移 65mm；单击修改工具栏中的 EXPLODE（分解）按钮，将偏移生成的多段线进行分解，最终得到鞋柜立面效果如图 7-47 所示。

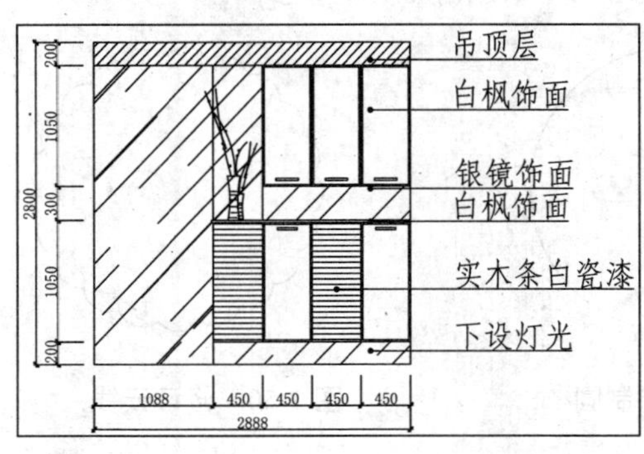

图 7-46　标注多重引线

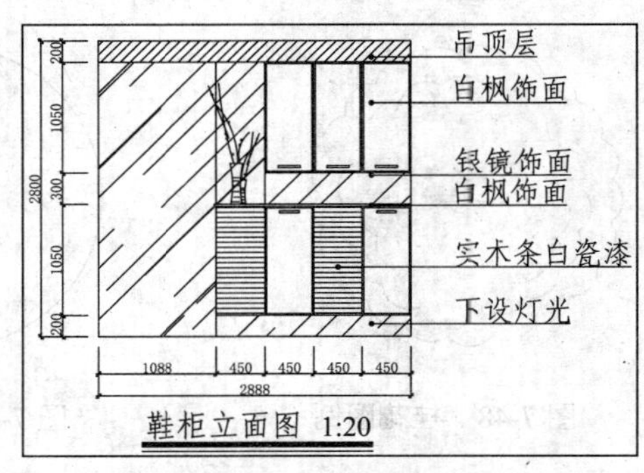

图 7-47　绘制图名及比例

7.2 绘制园林配景

园林配景设施图在 AutoCAD 园林绘图中非常常见。本小节主要介绍常见园林设施图的绘制方法和技巧，以及相关的理论知识。

7.2.1 绘制乔木

视频教学	
视频文件:	AVI\第 07 章\7.2.1\绘制乔木.avi
播放时长:	2 分 03 秒

乔木是园林制图一种常见的植物，常用于园林平面图中，本实例绘制桂花平面图的最终效果如图 7-48 所示。

01 绘制外部轮廓线。单击绘图工具栏中的 CIRCLE（圆）按钮，绘制一个半径为 730 的圆，效果如图 7-49 所示。

02 单击绘图工具栏中的 REVCLOUD（修订云线）按钮，将绘制的圆转换为修订云线，接下来进行如下命令行提示操作：

```
命令: _revcloud
最小弧长: 15   最大弧长: 15   样式: 普通
指定起点或 [弧长(A)/对象(O)/样式(S)] <对象>:A↙ //输入选项 "A" 后按回车键
指定最小弧长 <15>: 221↙                       //输入 "221" 后按回车键
指定最大弧长 <221>:↙                          //直接按回车键接受默认值
指定起点或 [弧长(A)/对象(O)/样式(S)] <对象>:O↙ //输入对象选项字母 "O" 后按回车键
选择对象:/                                    //选择上步创建的圆
反转方向 [是(Y)/否(N)] <否>:                   //直接按回车键接受默认值，命令行提示修订云线完成，效果如图 7-50 所示。
```

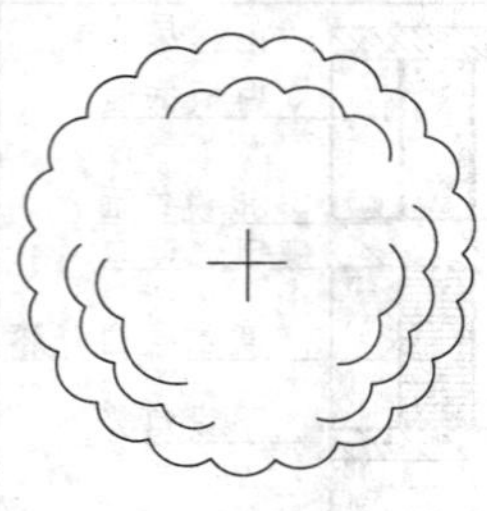
图 7-48　桂花图例

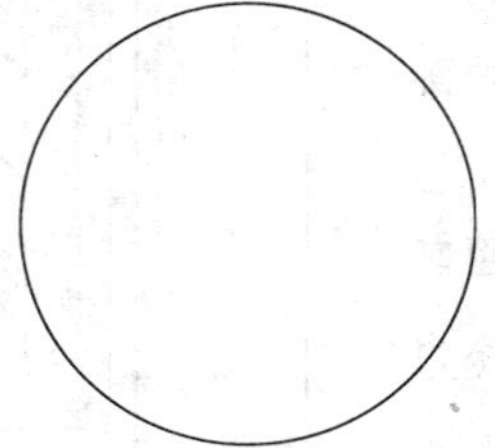
图 7-49　绘制圆

图 7-50　修订云线

03 绘制内部树叶。单击绘图工具栏中的 ARC（圆弧）按钮，在桂花轮廓线内部绘制大致如图 7-51 所示的弧线。

04 单击绘图工具栏中的 REVCLOUD（修订云线）按钮，将上步绘制的圆弧转换为修订云线，效果如图 7-52 所示。

05 绘制树枝。单击绘图工具栏中的 LINE（直线）按钮，在图形中心位置绘制两条相互垂直的直线，最终效果如图 7-53 所示。

06 桂花图例图形绘制完成后，将其定义为块并另存。

图 7-51　绘制弧线

图 7-52　转换弧线

图 7-53　绘制树枝

7.2.2 绘制景石平面图

视频教学	
视频文件：	AVI\第 07 章\7.2.2\绘制景石平面图.avi
播放时长：	1 分 53 秒

景石是园林设计中出现频率较高的一种园林设施，它可以散置于林下、池岸周围等处，也可以孤置于某个显眼的地方，形成主景，还可以与植物搭配在一起，形成一种独特的景观。本实例绘制散置于林下的小景石图例，最终效果如图 7-54 所示。

01 单击绘图工图工具栏中的 PLINE（多段线）按钮，命令行提示如下：

```
命令:PLINE
指定起点:                                  //单击视图中任意一点
当前线宽为 0.0000
指定下一个点或 [圆弧(A)/半宽(H)/长度(L)/放弃(U)/宽度(W)]:W↙//选择宽度选项
指定起点宽度 <0.0000>:10↙                  //输入宽度值“10”后按回车键
指定端点宽度 <10.0000>:↙                   //直接按回车键接受默认值
指定下一个点或 [圆弧(A)/半宽(H)/长度(L)/放弃(U)/宽度(W)]:
//拖动鼠标，依次单击景石大致轮廓线端的各个点
……
指定下一点或 [圆弧(A)/闭合(C)/半宽(H)/长度(L)/放弃(U)/宽度(W)]:
//按 Esc 键退出命令，同样方法，绘制出所有景石的轮廓线，效果如图 7-55 所示。
```

02 单击绘图工具栏中的 PLINE（多段线）按钮，设置多段线宽为 0，绘制景石的内部纹理，效果如图 7-56 所示。

03 景石图形绘制完成后将其定义为块并另存。

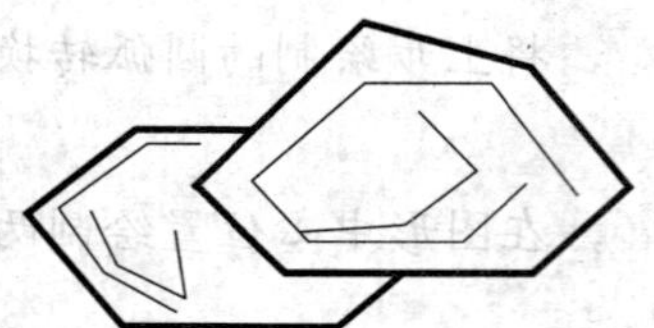

图 7-54　景石图例

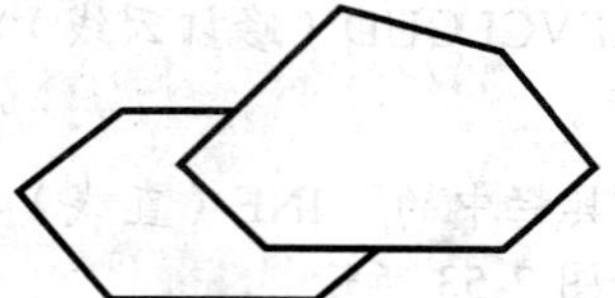

图 7-55　绘制景石外轮廓线

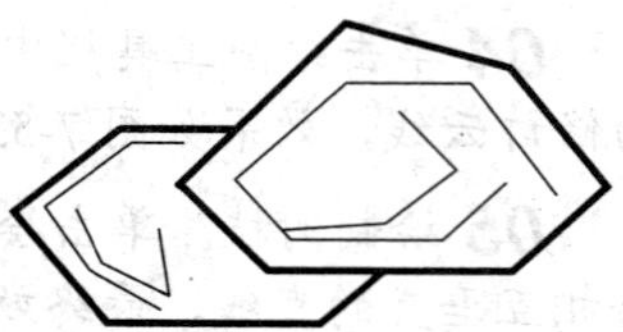

图 7-56　绘制内部纹理

7.2.3 绘制花架平面图

视频教学	
视频文件：	AVI\第 07 章\7.2.3\绘制花架平面图.avi
播放时长：	6 分 29 秒

花架可应用于各种类型的园林绿地中，常设置在风景优美的地方供休息和点景，也可以和亭、廊、水榭等结合，组成外形美观的园林建筑群；在居住区绿地、儿童游戏场中，花架可供休息、遮荫、纳凉。园林中的茶室、冷饮部、餐厅等，也可以用花架作凉棚，设置坐席；也可用花架作园林的大门。

本实例绘制花架平面图的最终效果如图 7-57 所示。

01 单击绘图工具栏中的 CIRCLE（圆）按钮，绘制一个半径为 5950 的圆，如图 7-58 所示；单击绘图工具栏中的 LINE（直线）按钮，结合“圆心、象限点”捕捉功能，绘制经过圆心且经过 90° 象限点的两条半径。

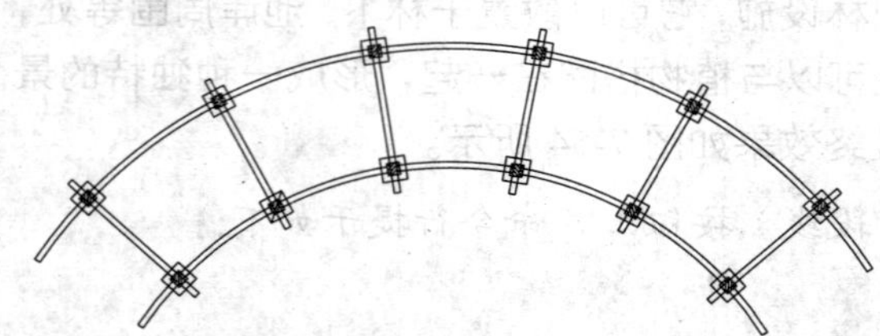

图 7-57　花架平面最终效果

图 7-58　绘制圆形

02 单击修改工具栏中的 ROTATE（旋转）按钮，将两条半径以圆心为基点分别按逆时针和顺时针方向旋转，如图 7-59 所示；单击修改工具栏中的 TRIM（修剪）按钮，将圆的下部分进行修剪；单击修改工具栏中的 ERASE（删除）按钮，将两条半径进行删除，效果如图 7-60 所示。

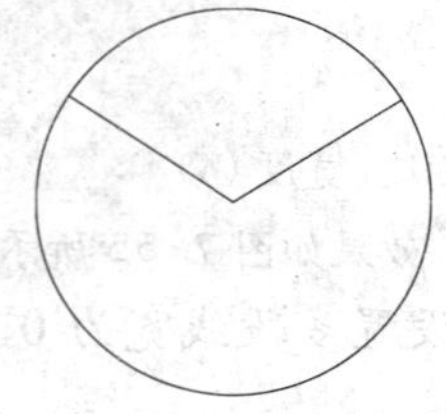

图 7-59　绘制并旋转半径

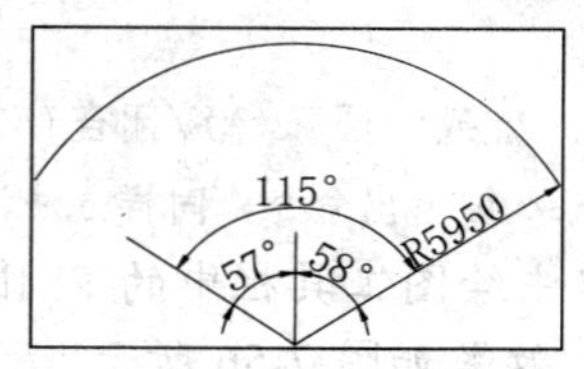

图 7-60　绘制花架圆弧

03 单击修改工具栏中的 OFFSET（偏移）按钮，将最上方的圆弧向上偏移 350，然后再将其向下依次偏移 100、1900、100、350；

04 单击【绘图】|【点】|【定数等分】菜单命令，将上步创建的最下方的圆弧等分为 12 等份，效果如图 7-61 所示。

05 单击绘图工具栏中的 LINE（直线）按钮，以“奇数等分点”为线段的一个端点向最上面的圆弧引垂线，如图 7-62 所示。

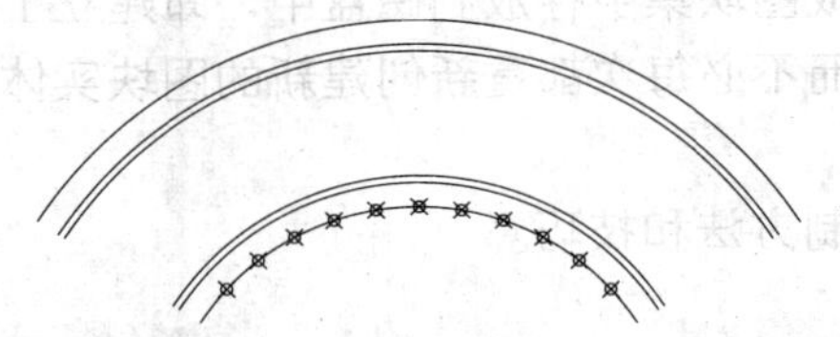

图 7-61　偏移圆弧和等分圆弧

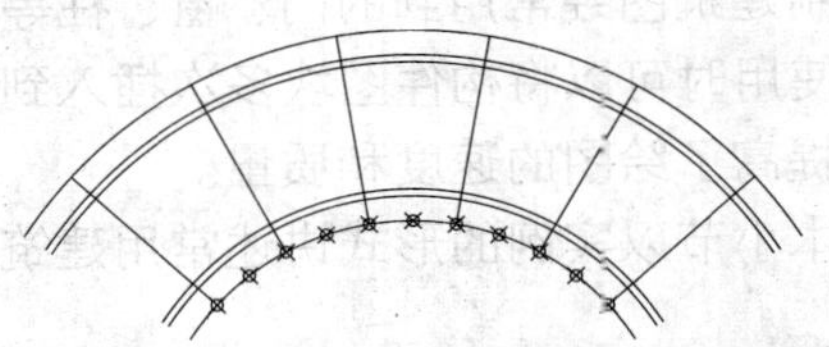

图 7-62　绘制辅助线条

06 单击修改工具栏中的 EXTEND（延伸）按钮，将直线延伸至最下面的圆弧；单击修改工具栏中的 OFFSET（偏移）按钮，将直线向两侧各偏移 50，如图 7-63 所示。

07 单击修改工具栏中的 TRIM（修剪）按钮，单击修改工具栏中的 ERASE（删除）按钮，将弧形辅助线进行删除，效果如图 7-64 所示。

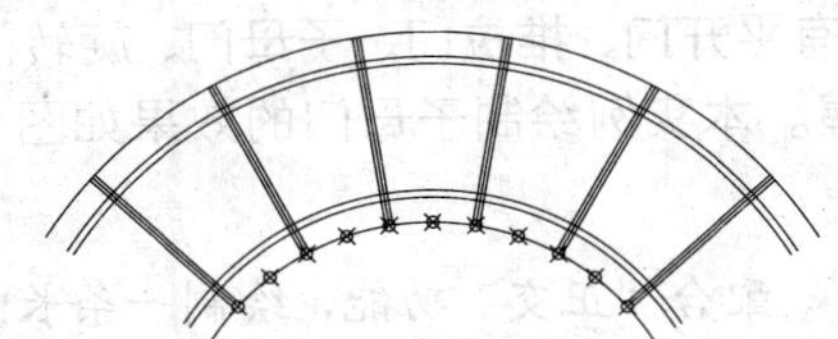

图 7-63　偏移辅助线条

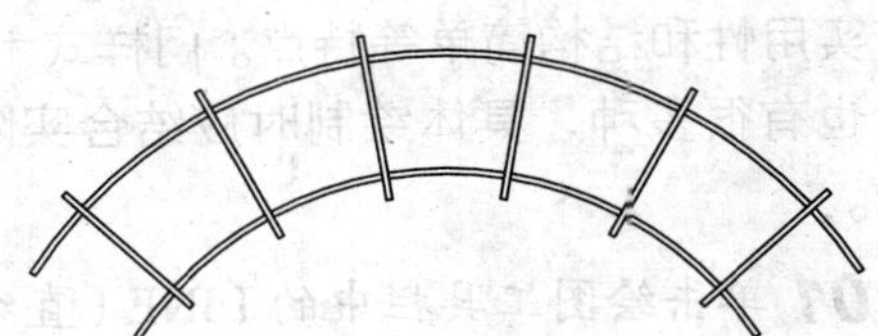

图 7-64　绘制花架横杠

08 绘制花架柱。单击绘图工具栏中的 RECTANG（矩形）按钮，绘制一个尺寸为 400×400 的矩形；单击修改工具栏中的 OFFSET（偏移）按钮，将矩形向内偏移 100；单击绘图工具栏中的 HATCH（图案填充和渐变色）按钮，对花架柱进行图例填充，效果如图 7-65 所示。

09 调用快捷命令“ALIGN（对齐）”，配合“复制”和“端点”捕捉功能，复制多个花架柱放置在花架平面图中，最终效果如图 7-66 所示。

10 花架柱图形绘制完成后，将其定义为块并另存。

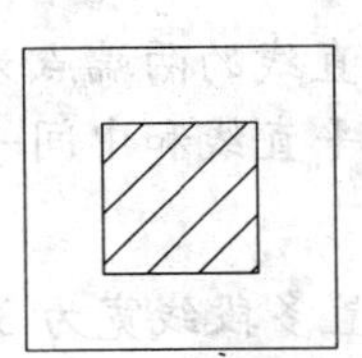

图 7-65　绘制花架柱

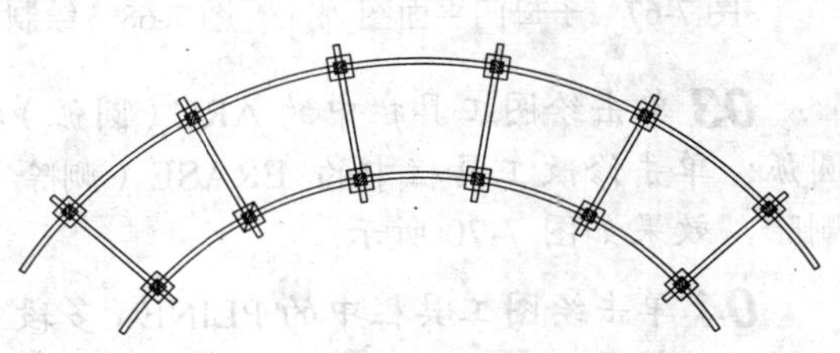

图 7-66　复制花架柱

7.3 绘制常用建筑图块

图块是用一个名字标识的一组图形实体的总称。用户可根据需要，把经常用到的实体定义成块，绘制建筑图时把定好的图块按比例和旋转角度放置在图形中的任意地方。用户将绘制建筑图经常用到的门、窗、柱等构件定义成图块集中存放到磁盘中，即建立了构件库。使用时可以将构件图块多次插入到图形中，而不必每次都重新创建新的图块实体，有效地提高了绘图的速度和质量。

本小节以实例的形式讲述常用建筑图块的绘制方法和技巧。

7.3.1 绘制子母门

视频教学	
视频文件：	AVI\第 07 章\7.3.1\绘制子母门.avi
播放时长：	1 分 38 秒

门是建筑绘图中使用非常频繁的图形，其主要功能是交通出入和分隔联系建筑空间，具有实用性和结构简单等特点。门样式十分非富，有平开门、推拉门、子母门、旋转门等，尺寸也有很多种，具体绘制时应结合实际合理把握。本实例绘制子母门的效果如图 7-67 所示。

01 单击绘图工具栏中的 LINE（直线）按钮，配合“正交”功能，绘制一条长 1000 的水平直线，在直线的左端，绘制一条长 700 的垂直线，在直线的右端，绘制一条长 300 的垂直线，效果如图 7-68 所示。

02 单击修改工具栏中的 OFFSET（偏移）按钮，将右侧的垂直线向左偏移 300，效果如图 7-69 所示。

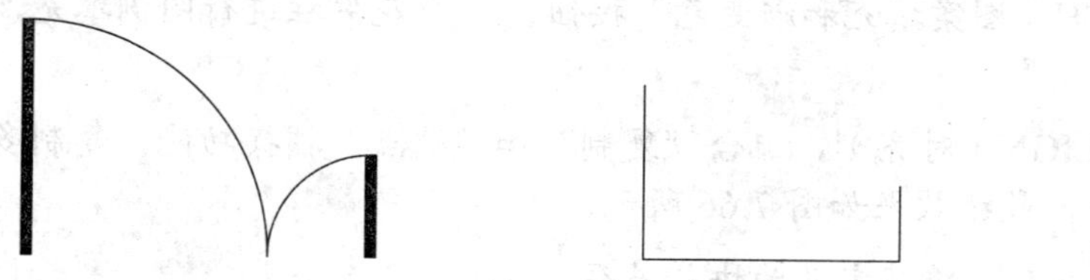

图 7-67　子母门平面图　　图 7-68　绘制水平直线和垂直线

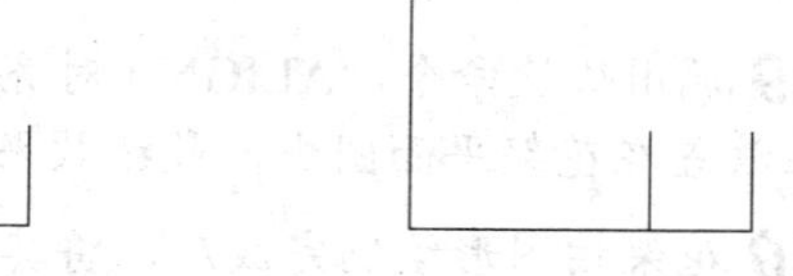

图 7-69　偏移直线

03 单击绘图工具栏中的 ARC（圆弧）按钮，以水平直线的两端点为圆心绘制两个圆弧；单击修改工具栏中的 ERASE（删除）按钮，将水平直线和中间一条垂直线进行删除，效果如图 7-70 所示。

04 单击绘图工具栏中的 PLINE（多段线）按钮，设置多段线宽为 30，对子母门进行描边，效果如图 7-71 所示。

05 子母门图形绘制完成后，将其定义为块并另存。

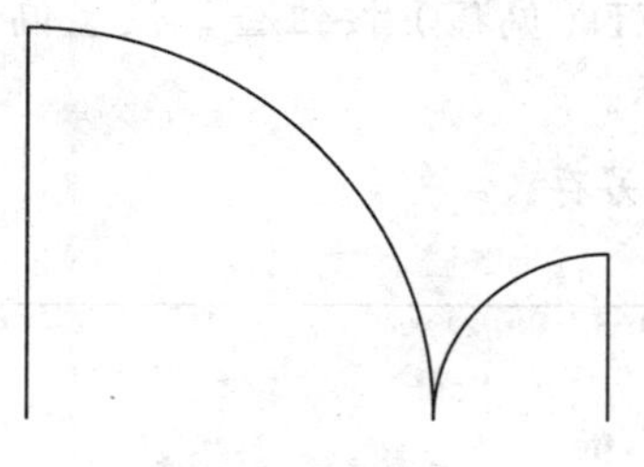

图 7-70 绘制圆弧

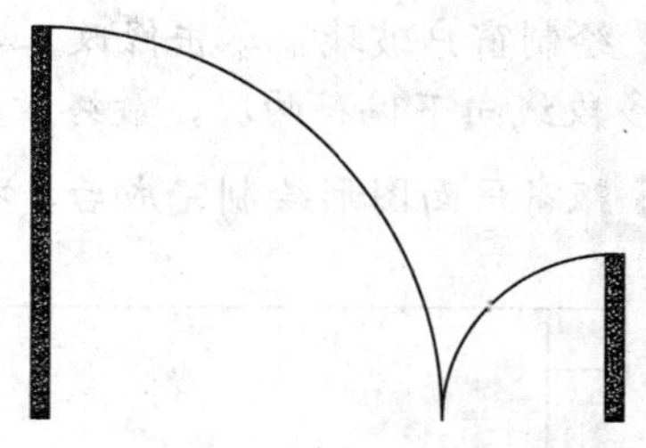

图 7-71 描边子午门

7.3.2 绘制飘窗平面图

视频教学	
视频文件:	AVI\第 07 章\7.3.2\绘制飘窗平面图.avi
播放时长:	3 分 37 秒

窗体是房屋建筑中的围护构件，其主要功能是采光、通风和透气，对建筑物的外观和室内装修造型都有较大的影响。本实例以飘窗平面图为例，了解窗体的构造及绘制方法。本实例绘制飘窗平面图的最终效果如图 7-72 所示。

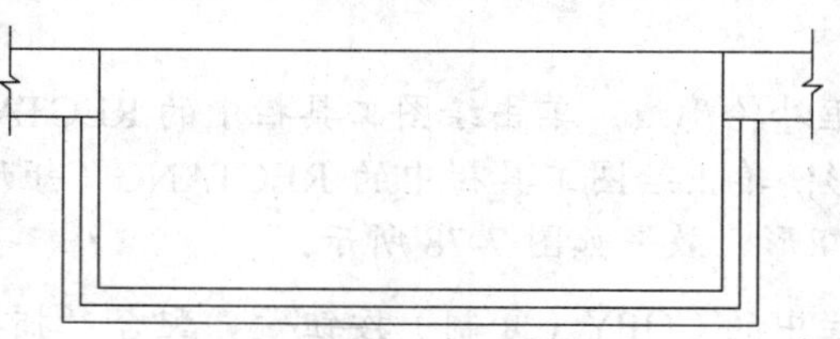

图 7-72 飘窗平面图

01 绘制墙体。单击绘图工具栏中的 LINE（直线）按钮，配合“正交”功能，绘制出窗体的左侧墙体和窗口线；单击修改工具栏中的 MIRROR（镜像）按钮，将左侧墙体对称复制到右边，效果如图 7-73 所示。

02 绘制折断线。单击绘图工具栏中的 LINE（直线）按钮，绘制墙体两封口线和折断符号；单击修改工具栏中的 TRIM（修剪）按钮，将折断符号中间的直线进行修剪，效果如图 7-74 所示。

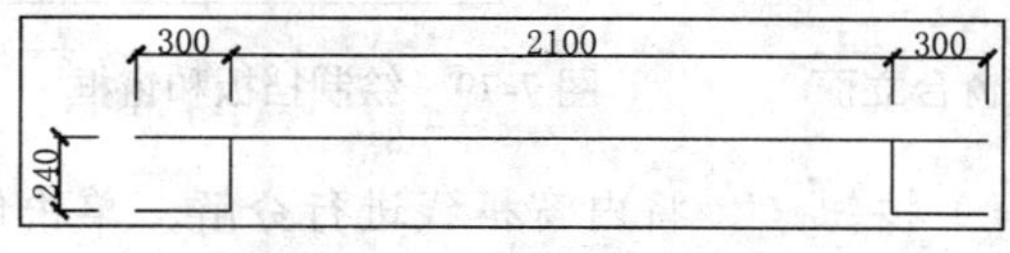

图 7-73 绘制墙体和窗口线

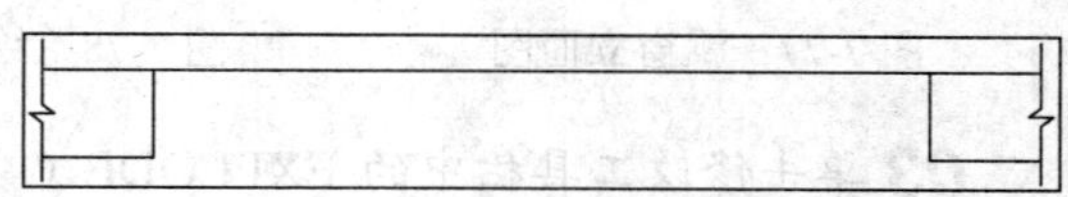

图 7-74 绘制折断线

03 绘制窗体边线。单击绘图工具栏中的 PLINE（多段线）按钮，以窗洞口左下角点为起点，配合“正交”功能，绘制出窗体边线，效果如图 7-75 所示。

04 绘制窗户玻璃。单击修改工具栏中的 OFFSET（偏移）按钮，设置偏移距离为 60，将多段线向下偏移两次，最终效果如图 7-76 所示。

05 飘窗平面图形绘制完成后，将其定义为块并另存。

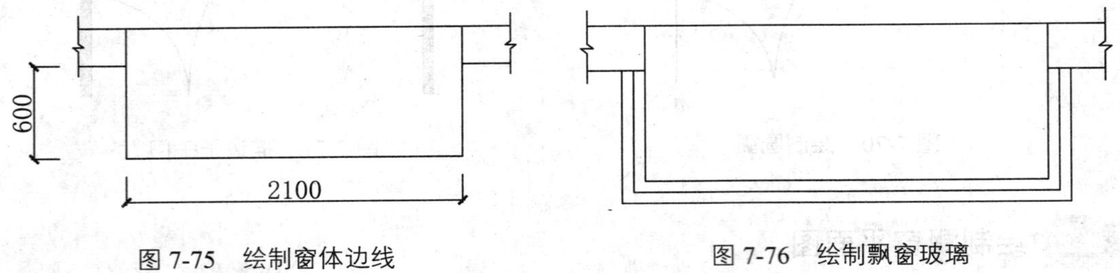

图 7-75　绘制窗体边线　　　图 7-76　绘制飘窗玻璃

7.3.3 绘制飘窗立面图

视频教学	
视频文件：	AVI\第 02 章\7.3.3\绘制飘窗立面图.avi
播放时长：	3 分 37 秒

本实例根据上例绘制的平面图尺寸，绘制飘窗立面图。绘制飘窗立面图的最终效果如图 7-77 所示。

01 绘制窗台和窗框外轮廓线。单击绘图工具栏中的 RECTANG（矩形）按钮，绘制一个 2300×100 的矩形；单击绘图工具栏中的 RECTANG（矩形）按钮，在窗台上方绘制一个 2100×2050 的矩形，效果如图 7-78 所示。

02 单击修改工具栏中的 COPY（复制）按钮，配合"捕捉"功能，复制出窗台挡板；单击修改工具栏中的 OFFSET（偏移）按钮，设置偏移距离为 60，将窗框向内偏移，生成窗框内线，效果如图 7-79 所示。

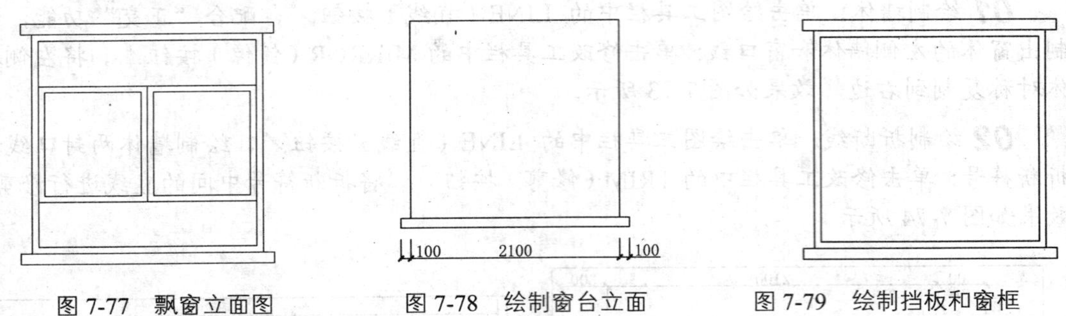

图 7-77　飘窗立面图　　　图 7-78　绘制窗台立面　　　图 7-79　绘制挡板和窗框

03 单击修改工具栏中的 EXPLODE（分解）按钮，将内窗框线进行分解；单击修改工具栏中的 OFFSET（偏移）按钮，生成窗扇和玻璃的辅助线，效果如图 7-80 所示。

04 单击修改工具栏中的 TRIM（修剪）按钮，将窗扇和玻璃中多余的辅助线进行修剪，得到飘窗立面图的最终效果如图 7-81 所示。

05 飘窗立面图形绘制完成后，将其定义为块并另存。

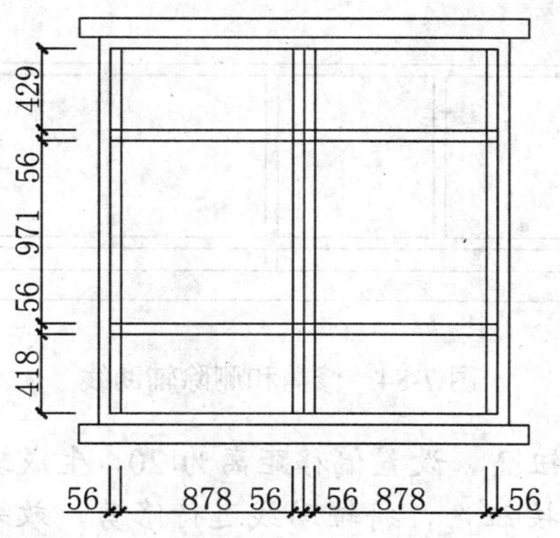

图 7-80　绘制窗扇和玻璃辅助线

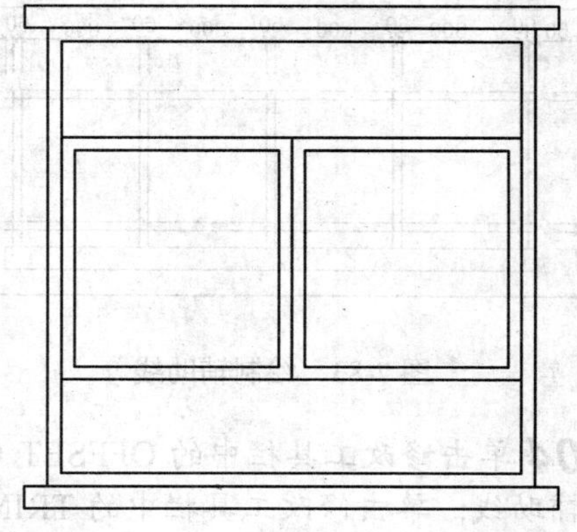
图 7-81　修剪辅助线

7.3.4 绘制阳台立面

视频教学	
视频文件：	AVI\第 02 章\7.3.4\绘制立面阳台.avi
播放时长：	4 分 05 秒

阳台作为居住者的活动平台，便于用户接受光照，吸收新鲜空气，进行户外观赏、纳凉以及晾晒衣物等作用。人们根据需要来确定阳台的面积，面积狭小的阳台不宜摆放过多设施。

本实例讲述立面阳台的构造及绘制方法，绘制立面阳台的最终效果如图 7-82 所示。

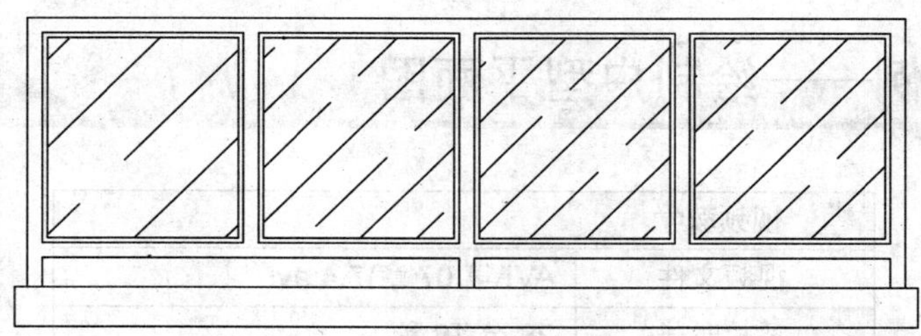
图 7-82　阳台立面图

01 绘制立面阳台底板。单击绘图工具栏中的 RECTANG（矩形）按钮，绘制一个尺寸为 3600×160 的矩形；单击修改工具栏中的 EXPLODE（分解）按钮，将矩形进行分解。

02 单击绘图工具栏中的 LINE（直线）按钮，配合“正交”和“端点捕捉”功能，沿阳台底板左上角端点绘制一条长 1100 的直线；单击修改工具栏中的 OFFSET（偏移）按钮，生成阳台栏杆的辅助线，完成效果与具体尺寸如图 7-83 所示。

03 单击修改工具栏中的 TRIM（修剪）按钮，将辅助线进行修剪；单击修改工具栏中的 ERASE（删除）按钮，将创建的垂直辅助线进行删除，效果如图 7-84 所示。

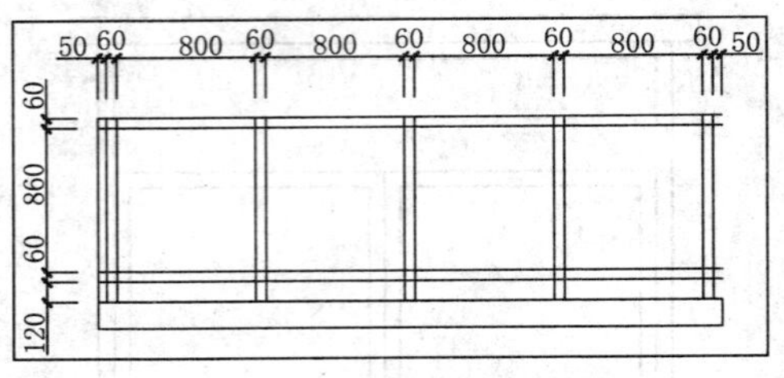

图 7-83　绘制辅助线

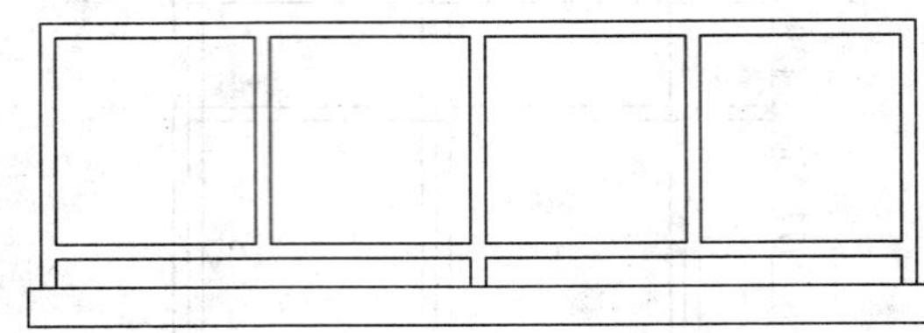

图 7-84　修剪和删除辅助线

04 单击修改工具栏中的 OFFSET（偏移）按钮，设置偏移距离为 20，生成玻璃压边的辅助线；单击修改工具栏中的 TRIM（修剪）按钮，将辅助线进行修剪，效果如图 7-85 所示。

05 单击绘图工具栏中的 HATCH（图案填充和渐变色）按钮，对阳台玻璃材料进行材料填充，得到阳台立面的最终效果如图 7-86 所示。

06 阳台立面图形绘制完成后，将其定义为块并另存。

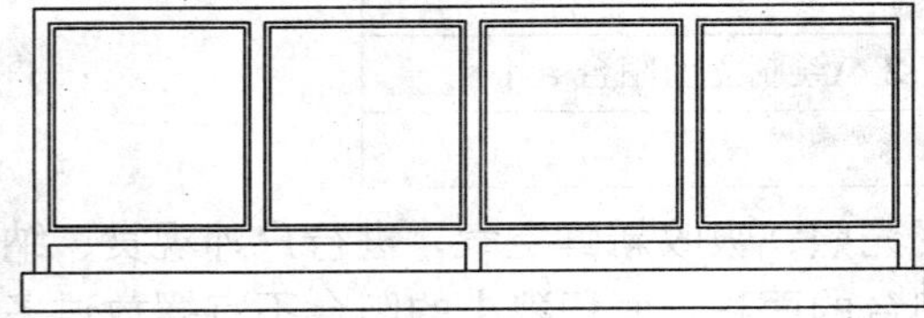

图 7-85　绘制玻璃压边线

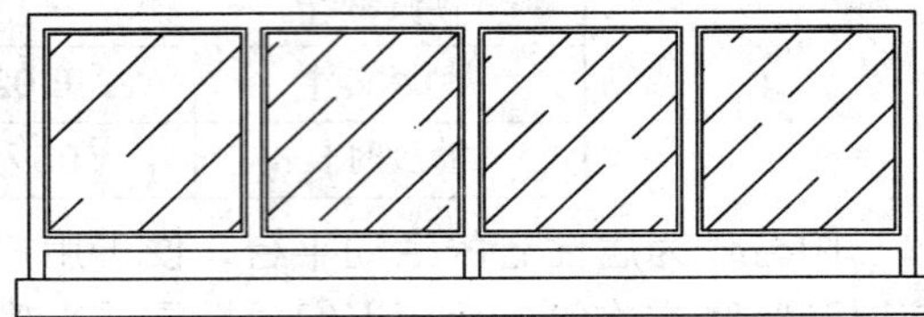

图 7-86　填充玻璃图例

7.4 综合实例——绘制户型平面图

视频教学	
视频文件:	AVI\第 07 章\7.4.avi
播放时长:	28 分 18 秒

本节讲述利用 AutoCAD 2012 绘制户型平面图的方法。通过实例的练习，掌握 AutoCAD 2012 绘图工具和编辑工具的使用。最终效果如图 7-87 所示。

01 启动 AutoCAD 2012，软件生成了一个新文件。单击工具栏中的【图层特性管理器】按钮，打开【图层特性管理器】对话框，新建多个图层，并对图层名称、颜色、线型等进行修改，效果如图 7-88 所示。

02 将“轴线”图层置为当前层，单击绘图工具栏中的 LINE（直线）按钮，配合“正交”功能和“移动”功能，绘制一条水平轴线和一条垂直轴线，效果如图 7-89 所示。

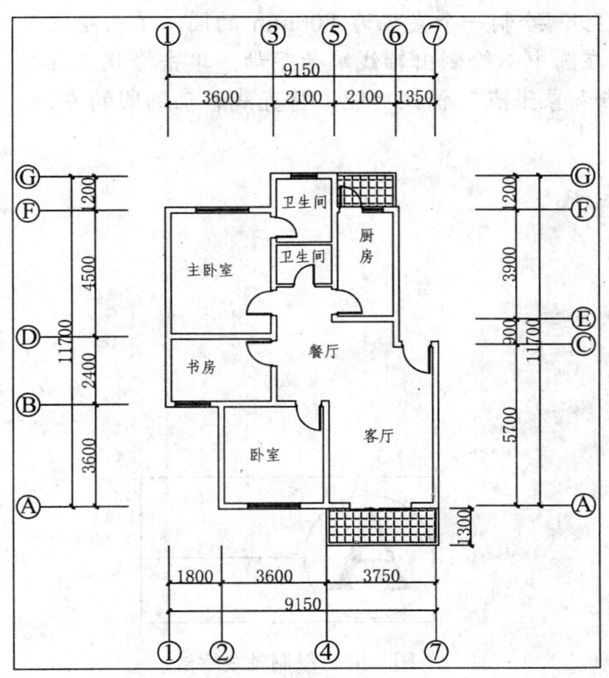

图 7-87　最终效果

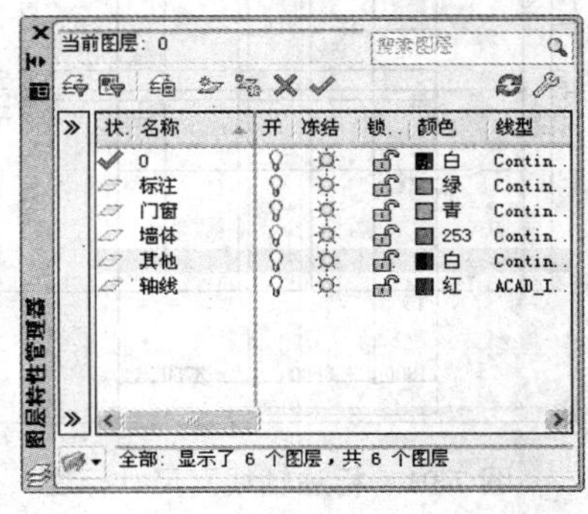

图 7-88　“图层特性管理器”对话框

03 单击修改工具栏中的 OFFSET（偏移）按钮，并配合 AutoCAD 中的“修剪”功能，生成轴线网，效果如图 7-90 所示。

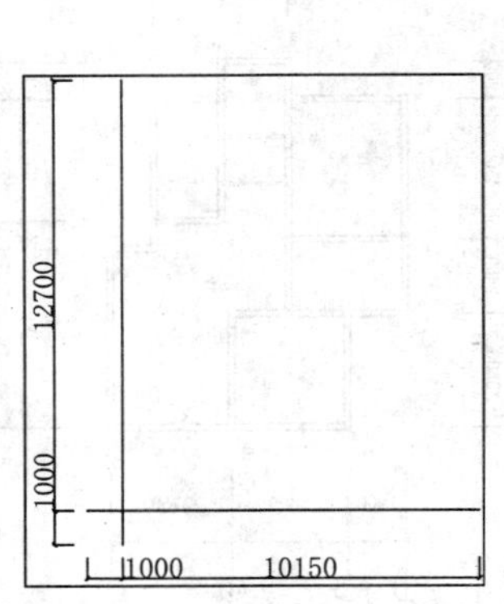

图 7-89　绘制水平轴线和垂直轴线

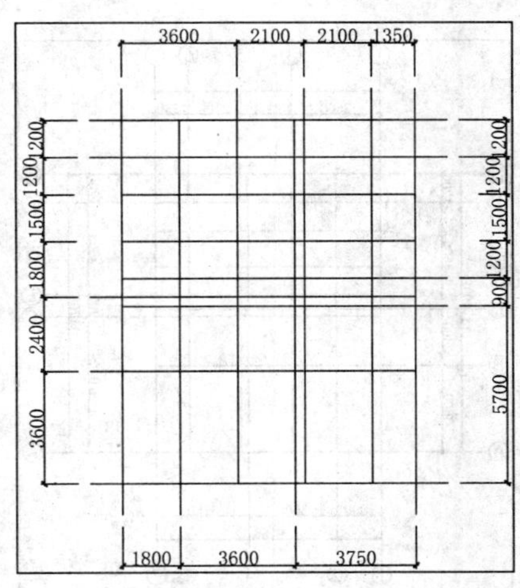

图 7-90　绘制轴线网

04 根据上例所述的方法创建尺寸标注样式，将“标注”图层置为当前层，然后单击【标注】|【线性】菜单命令和【连续】菜单命令，标注轴线网的尺寸标注，效果如图 7-91 所示。

05 单击绘图工具栏中的 LINE（直线）按钮，绘制一条长 1000mm 的水平直线；

单击绘图工具栏中的 CIRCLE（圆）按钮，绘制一个直径为 800mm 的圆；单击绘图工具栏中的 MTEXT（多行文字）按钮A，在圆中心绘制出轴线编号字母；单击修改工具栏中的 MOVE（移动）按钮，配合“端点和象限点”捕捉功能，将直线移动到圆的左侧，效果如图 7-92 所示。

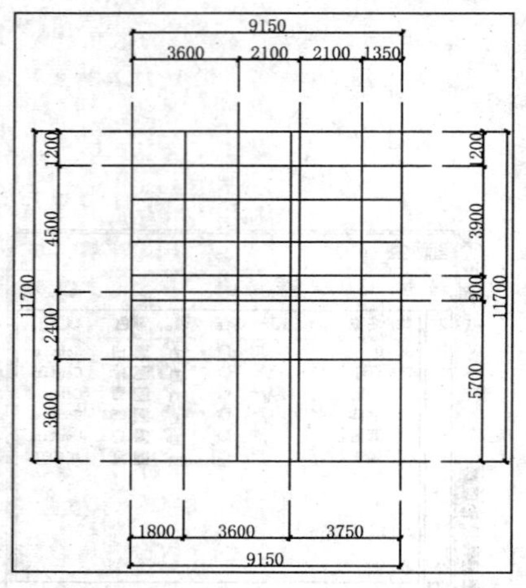

图 7-91　标注轴线网尺寸标注

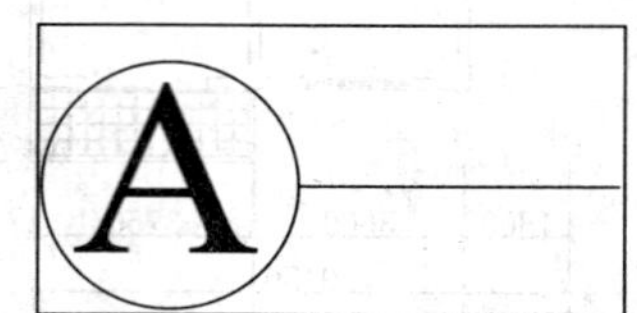

图 7-92　绘制轴线编号

06 单击修改工具栏中的 COPY（复制）按钮，配合“旋转”、“移动”功能，复制出多个轴线编号到轴线网末端；然后双击文字图标，打开文本框，修改文字内容后，单击【确定】按钮，完成文字内容的修改，同样方法，完成所有文字内容的修改，效果如图 7-93 所示。

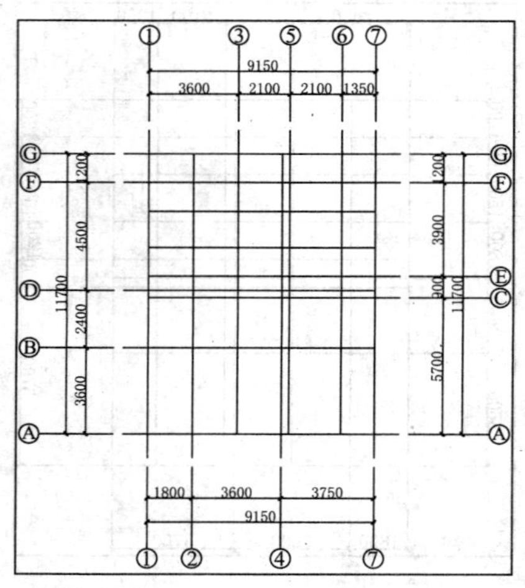

图 7-93　复制所有轴线编号

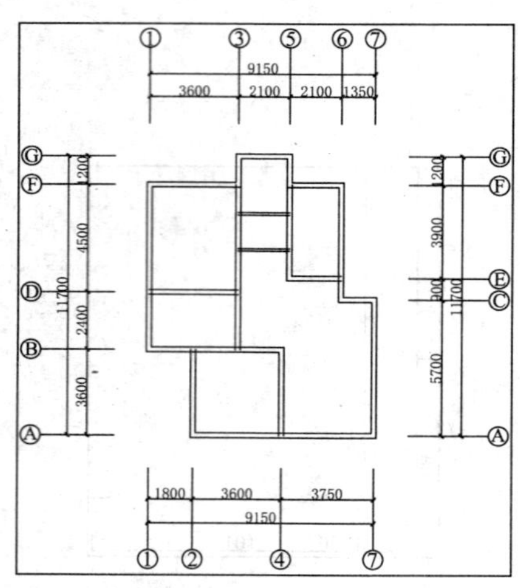

图 7-94　绘制墙体

07 将“墙体”图层置为当前层，单击【绘图】|【多线】菜单命令，命令行提示如下：

```
命令：_mline
当前设置：对正 = 上，比例 = 20.00，样式 = STANDARD
```

```
指定起点或 [对正(J)/比例(S)/样式(ST)]:s↙            //输入“s”后按回车键
输入多线比例 <20.00>:200↙                           //输入 200 后按回车键
当前设置: 对正 = 上, 比例 = 200.00, 样式 = STANDARD
指定起点或 [对正(J)/比例(S)/样式(ST)]:J↙            //输入“j”后按回车键
输入对正类型 [上(T)/无(Z)/下(B)] <上>:z↙            //输入“z”后按回车键
当前设置: 对正 = 无, 比例 = 200.00, 样式 = STANDARD
指定起点或 [对正(J)/比例(S)/样式(ST)]:              //单击轴线 2 与轴线“B”的交点
指定下一点:                 //向下拖动鼠标, 单击轴线 2 与轴线“A”的交点
指定下一点或 [放弃(U)]:     //向右拖动鼠标, 单击轴线 7 与轴线“A”的交点
……
指定下一点或 [闭合(C)/放弃(U)]:                     //单击 4 与轴线“A”的交点
指定下一点或 [闭合(C)/放弃(U)]:
/按 Esc 退出命令, 同样方法, 完成所有墙线的绘制, 只有在绘制卫生间隔墙时, 需改变“多线”宽度为 100, 绘制完成墙线以后, 将“轴线”图层隐藏起来, 效果如图 7-94 所示/
```

08 单击【修改】|【对象】|【多线】菜单命令，弹出了【多线编辑工具】对话框，如图 7-95 所示。

09 单击【T 形合并】按钮，【多线编辑工具】对话框消失，进入视图中依次单击要进入 T 形合并的两段墙体，按 Esc 键退出命令。对于无法使用此工具的墙线，可以先选中墙线，单击修改工具栏中的 EXPLODE（分解）按钮，将墙线进行分解；单击修改工具栏中的 TRIM（修剪）按钮，将多余的墙线进行修剪，编辑墙体的效果如图 7-96 所示。

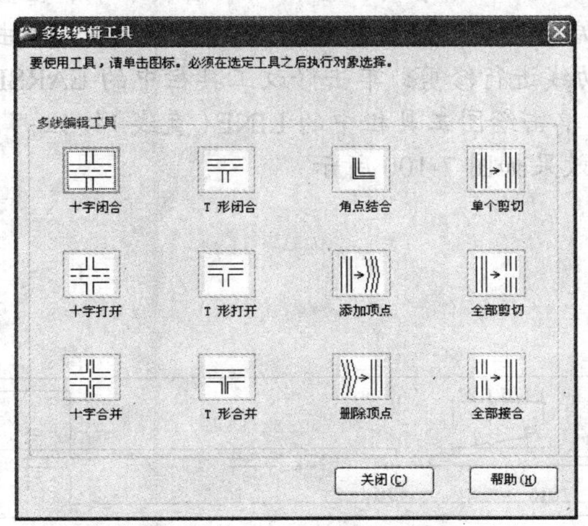

图 7-95 “多线编辑工具”对话框

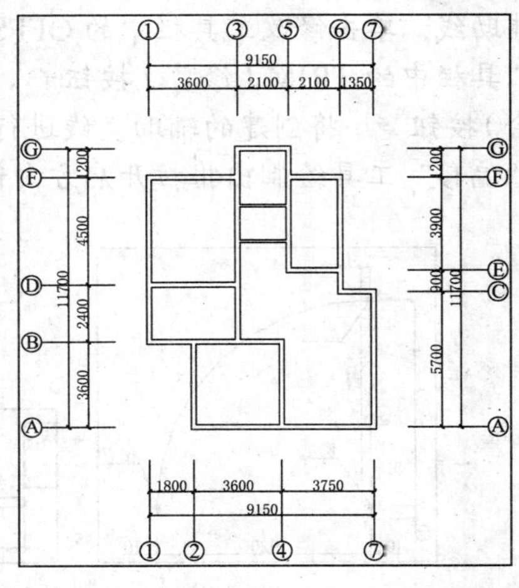

图 7-96 编辑墙体

10 单击绘图工具栏中的 LINE（直线）按钮，沿墙内角绘制水平和垂直辅助线；单击修改工具栏中的 OFFSET（偏移）按钮，生成门窗洞口的辅助线；单击修改工具栏中的 TRIM（修剪）按钮，将辅助线和门窗洞口处的墙线进行修剪，效果如图 7-97 所示。

11 将“门窗”图层置为当前层，单击绘图工具栏中的 LINE（直线）按钮，沿窗洞口绘制窗户的轮廓线，单击修改工具栏中的 OFFSET（偏移）按钮，设置偏移距离为

70mm，将窗户两侧轮廓线向墙内偏移，生成窗户玻璃，效果如图 7-98 所示。

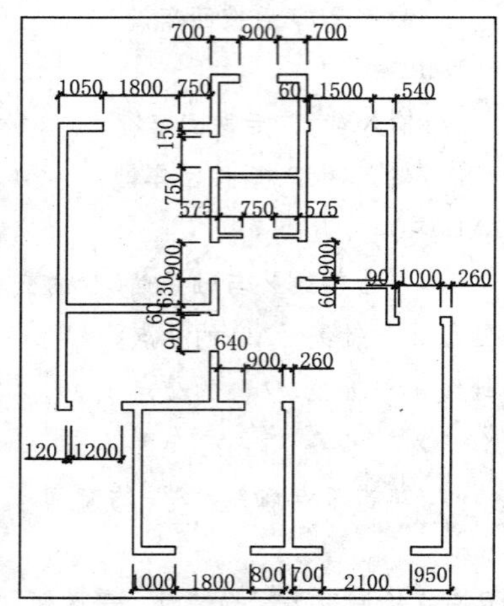

图 7-97　绘制门窗洞口

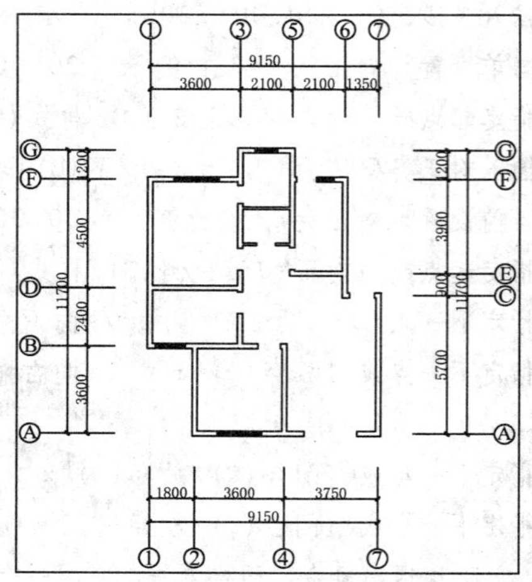

图 7-98　绘制窗户

12 单击绘图工具栏中的 LINE（直线）按钮，结合“正交”功能，绘制门框和辅助线；单击修改工具栏中的 MIRROR（镜像）按钮，将门框进行对称复制一个；单击绘图工具栏中的 ARC（圆弧）按钮，绘制平开门开启方向线；单击修改工具栏中的 TRIM（修剪）按钮，将多余的辅助线进行修剪；单击修改工具栏中的 EARSE（删除）按钮，将辅助线进行删除，得到单扇平开门效果如图 7-99 所示。

13 单击绘图工具栏中的 LINE（直线）按钮，沿客厅阳台门洞口绘制水平和垂直两条辅助线；单击修改工具栏中的 OFFSET（偏移）按钮，生成推拉门的辅助线；单击修改工具栏中的 TRIM（修剪）按钮，将辅助线进行修剪；单击修改工具栏中的 EARSE（删除）按钮，将创建的辅助直线进行删除；单击绘图工具栏中的 LINE（直线）按钮，配合“偏移”工具绘制出推拉开启方向箭头，效果如图 7-100 所示

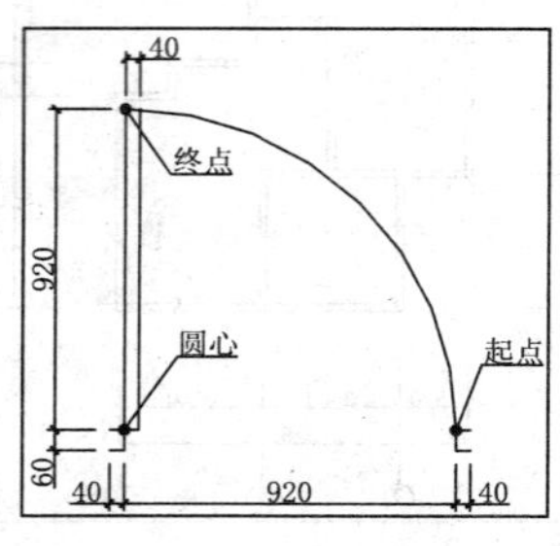

图 7-99　绘制单扇平开门

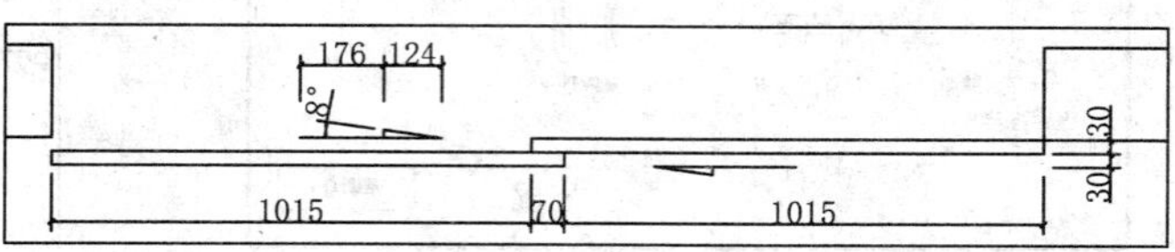

图 7-100　绘制推拉门

14 单击修改工具栏中的 COPY（复制）按钮，配合“旋转”工具、“缩放”工具、“镜像”工具和“移动”工具复制多个单扇平开门到户型平面图中，效果如图 7-101 所示。

15 将“其他”图层置为当前层，单击绘图工具栏中的 LINE（直线）按钮，配合“正交”功能，绘制出阳台的轮廓线；单击修改工具栏中的 OFFSET（偏移）按钮，向内生成阳台的内轮廓线，效果如图 7-102 所示。

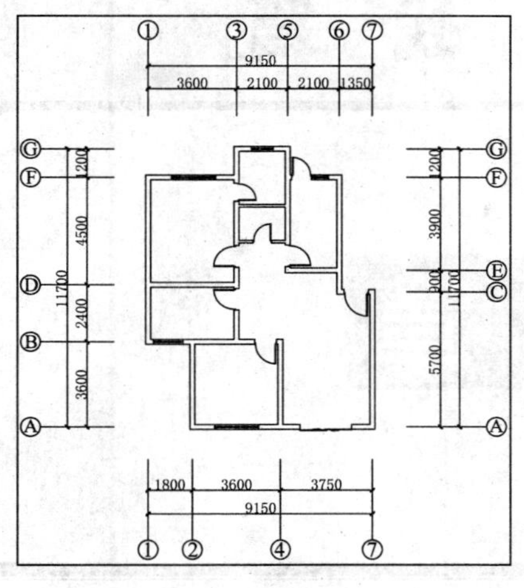

图 7-101 复制平开门

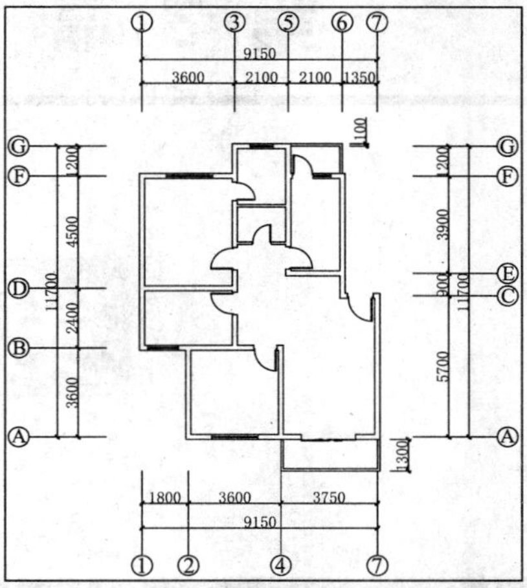

图 7-102 绘制阳台

16 单击绘图工具栏中的 PLINE（多段线）按钮，配合“对象捕捉”功能，描边阳台轮廓线；单击绘图工具栏中的 HATCH（图案填充和渐变色）按钮，对阳台进行填充，效果如图 7-103 所示。

17 单击绘图工具栏中的 MTEXT（多行文字）按钮 A，标注所有房间名称文字，最终效果如图 7-104 所示。

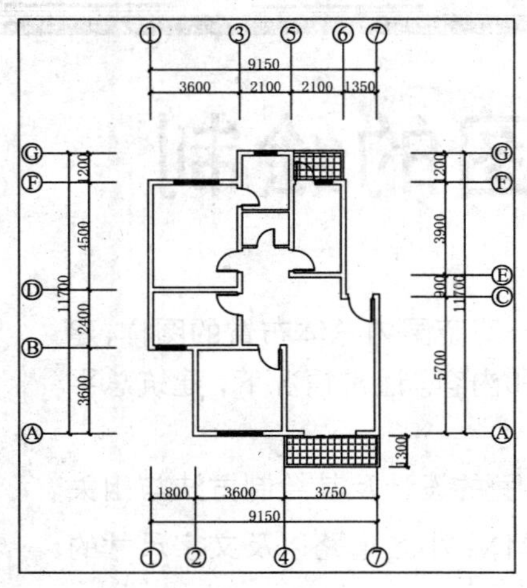

图 7-103 填充阳台图例

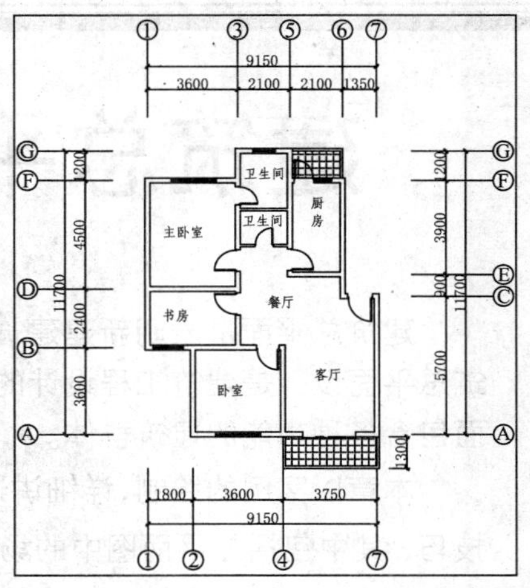

图 7-104 标注房间名称

第 3 篇　实 战 篇

第 8 章

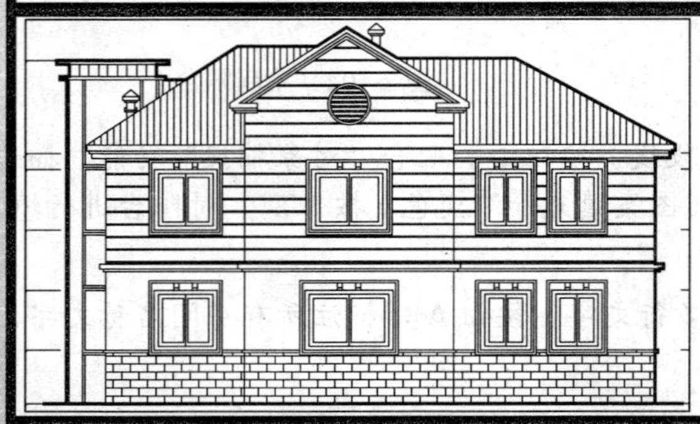

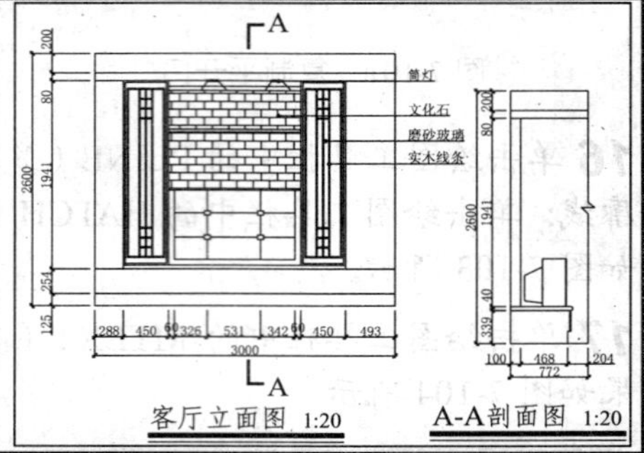

建筑总平面图的绘制

建筑总平面是表明新建建筑物所在地一定范围内总体布置的图样，建筑总平面设计是建筑工程设计的重要步骤和内容。通常情况下，建筑总平面包含多种功能的建筑群体。

本章以实例的绘制，详细讲述建筑总平面的设计及其绘制方法与相关技巧，其中包括总平面图中的场地、建筑单体、小区道路以及文字尺寸的绘制和标注方法。

8.1 建筑总平面图概述

在绘制建筑总平面图之前，用户首先必须熟悉建筑总平面图的基础知识，便于准确绘制建筑总平面图。本节讲述建筑总平面的概念、绘制内容、绘制步骤、绘制图例等。

8.1.1 建筑总平面图的概念

建筑总平面展示的是一个工程项目的总体布局，其主要表明新建房屋的位置、朝向与原有建筑物的关系，建设区域道路布置、绿化、地形、地貌标高，以及与原有环境的关系和临界情况等。这是形象地展示建筑工程的第一个环节，因而要求尽可能完整地表现出上述内容。

建筑总平面图是房屋其他设施施工定位、土方施工以及绘制水暖、电线、管道总平面和施工总平面布置的依据。总平面设计在整个工程设计、施工中具有极其重要的作用，而且在不同的建筑设计阶段有不同的作用。建筑总平面图则是总平面设计当中的图样部分。

1. 方案设计阶段

总平面图着重体现拟建建筑物的大小、形状及周边道路、房屋、绿地和建筑红线之间的关系，表达室外空间环境设计效果。

2. 初步设计阶段

通过进一步推敲总平面设计中涉及到的各种因素和环节，推敲方案的合理、科学性。初步设计阶段的总平面图是方案设计阶段总平面图的细化，为施工图阶段的总平面图打下基础。

3. 施工图设计阶段

总平面图是在深化初步设计阶段内容的基础上完成的。它能准确描述建筑的定位尺寸、相对标高、道路竖向标高、排水方向及坡度等，是单体建筑施工放线、确定开挖范围及深度、场地布置以及水、暖、电管线设计的主要依据，也是道路、围墙、绿化及水池等施工的重要依据。

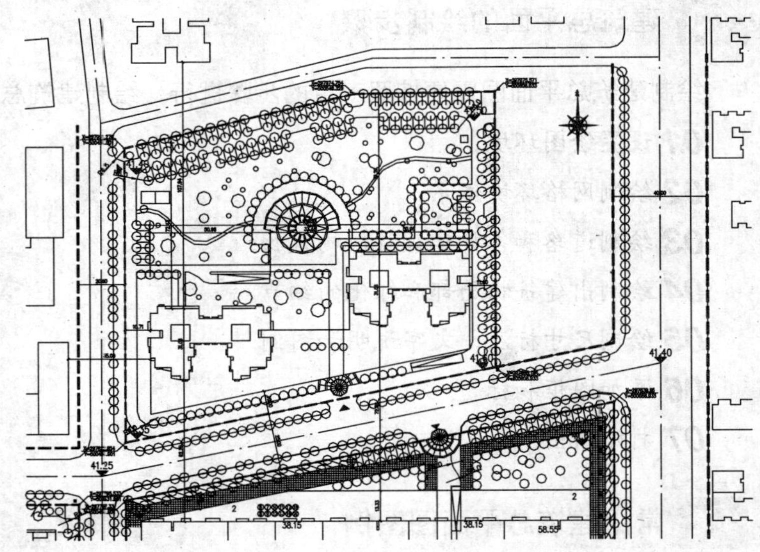

图 8-1 某住宅小区总平面图

如图 8-1 所示为某住宅小区建筑总平面图。

8.1.2 建筑总平面的绘制内容

建筑总平面图的绘制要遵守《总图制图标准》(GB/T 50103-2001) 的基本规定。建筑总平面图的绘制内容主要包括以下几个方面:

- 图名及比例尺。
- 应用图例来表明新建区、扩建区或改建区的总体布置，表明各建筑物和构筑物的位置、道路、广场、室外场地和绿化等布置情况，以及各建筑物的层数等。在总平面图上一般应画上所采用的主要图例及其名称。此外，对于《建筑制图标准》中无规定而自定的图例必须在总平面图中绘制清楚，并注明其名称。
- 确定新建或扩建工程的具体位置，一般根据原有房屋或道路来定位，并以米为单位标注出定位尺寸。
- 当新建成片的建筑物和构筑物或较大的公共建筑物或厂房时，往往用坐标来确定每一建筑物及道路转折点等的位置。在地形地伏较大的地区，还应该画出地形等高线。
- 注明新建房屋底层，室内地面和室外地坪的绝对标高。
- 画出风向频率玫瑰图形，以及指北针图形，用来表示该地区的常年风向频率和建筑物、构筑物等的方向，有时也可以只画出单独的指北针。

8.1.3 建筑总平面的绘制步骤

绘制建筑总平面图需要按照一定的步骤进行，绘制建筑总平面图的常用步骤如下:

01 设置绘图环境。

02 绘制网格环境体系。

03 绘制道路和各种建筑物、构筑物。

04 绘制出建筑物局部和绿化的细节。

05 绘制尺寸标注、文字说明和图例。

06 添加图框和标题。

07 打印输出。

8.1.4 常用建筑总平面图图例

在建筑总平面绘图中，有一些固定的图形代表固定的含义，在《总图制图标准》(GB/T 50103-2001) 中有专门的图例规定。当标准图例不能表达图中内容时，可以自行设置图例，但必须在建筑总平面图中绘制出来，并详细注明其名称，以便于识图。

由于总平面图采用较小比例绘制，各建筑物和构筑物在图中所占面积较小，根据总平面图的作用，无须详细绘制，可以用相应的图例表示。《总图制图标准》中规定的常用的图例如表 8-1 所示。

表 8-1 总平面图例

名 称	图 例	说 明	名 称	图 例	说 明
新建的建筑物		1. 需要时可用▲表示出入口，可在图形内右上角用点或数字表示层数 2. 建筑物外形（一般以±0.00高度处的外墙定位轴线或外墙面线为准）用粗实线表示，需要时，地面以上建筑用中粗实线表示，地面以下建筑用细虚线表示	新建的道路	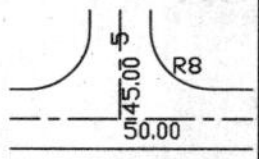 R8 5 45.00 50.00	R8 表示道路转弯半径为8m，50.00为路面中线控制点标高，5 表示 5%，为纵向坡度，45.00 表示变坡点间距离
原有的建筑物	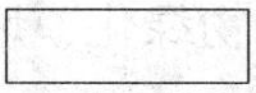	用细实线表示	原有的道路	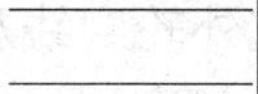	
计划扩建的预留地或建筑物		用中粗实线表示	计划扩建的道路		
拆除的建筑物	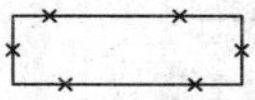	用细实线表示	拆除的道路	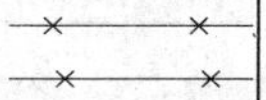	
坐标	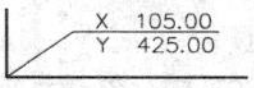 X 105.00 Y 425.00	表示测量坐标	桥梁	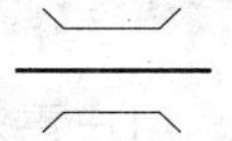	1. 上图表示铁路桥，下图表示公路桥 2. 用于旱桥时应注明
	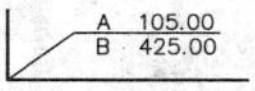 A 105.00 B 425.00	表示建筑坐标		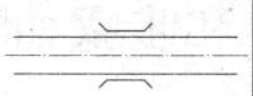	
围墙及大门		上图表示实体性质的围墙，下图表示通透性质的围墙，如仅表示围墙时不画大门	护坡	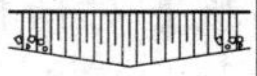	1. 边坡较长时，可在一端或两端局部表示 2. 下边线为虚线时表示填方
	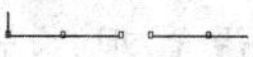		填挖边坡	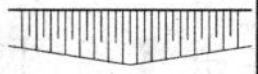	
台阶	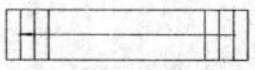	箭头指向表示向下	挡土墙	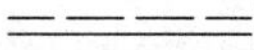	被挡的土在“突出”的一侧
铺砌场地	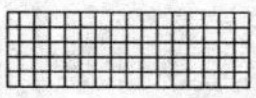		挡土墙上设围墙		

接下来介绍在 AutoCAD 中如何绘制这些常见的图形元素。

➢ 建筑物轮廓线：一般建筑物轮廓线直接用“LINE”命令绘制，用不同的线宽表示不同类型的建筑物。一般用粗线绘制新建建筑物轮廓线，用细线绘制原有建筑物轮廓线。

➢ 围墙：围墙用围墙符号表示，用户事先定义一种线型，然后运用“LINE”命令以这种线型沿围墙轴线绘制。

- 道路、台阶和花坛：道中一般用“LINE”、“ARC”、“PLINE”等绘制，然后用“OFFSET”命令将路宽、台阶宽度、花坛厚度来偏移已经画好的直线。
- 树木、草坪：利用“SPLINE”命令绘制一条闭合的不规则圆形曲线，并利用“POINT”命令在中心画一个点，此时得到的图形代表一棵树；用同样方法绘制几棵互相相邻且有所差别的树木；然后利用“BLOCK”命令将树创建成一个整体块，这样就可以方便地插入“树”块。利用“PLINE”命令，绘制一个封闭的区域，然后利用“HATCH”命令，以代表花草的图案对这个区域进行填充，就可以完成草坪的绘制。

8.2 绘制住宅小区总平面图

做好绘图准备工作后，本节以绘制某住宅小区的建筑总平面图为例，介绍如何完成道路、建筑红线、建筑外轮廓线及细化房屋、岔道及相邻建筑物、植物绿化、风玫瑰图、表格等的绘制，以及如何实现尺寸和文字的标注。

视频教学	
视频文件：	AVI\第 08 章\8.2.avi
播放时长：	1 小时 35 分 14 秒

8.2.1 建立绘图环境

在开始绘图之前，用户需对新建的图形文件进行相应的设置，确定各选项参数。设置建筑绘图环境的内容和步骤如下：

01 新建样板图形。启动 AutoCAD 2012 应用程序，单击【文件】|【新建】菜单命令，弹出了【选择样板】对话框，如图 8-2 所示。选中“acadiso.dwt”选项，单击【打开】按钮，即可创建一个样板图形。

02 设置绘图区域。单击【格式】|【图形界限】菜单命令，设置绘图区域的范围为 450m?20m ；然后单击【视图】|【缩放】|【全部】菜单命令，设置观察范围。其命令行提示如下：

```
命令:limits↙
重新设置模型空间界限:
指定左下角点或 [ 开(ON)/关(OFF)] <0.0000, 0.0000>:↙       //直接按回车键接受默认值
指定右上角点 <420.0000,297.0000>: 450000, 320000↙       // 输入右上角坐标值
(450000, 320000)后按回车键
```

03 设置精度。单击【格式】|【单位】菜单命令，弹出了【图形单位】对话框。在“长度”选项组中的“类型”下拉列表中选择“小数”选项；在“精度”下拉列表中选择精度 0.0；在“角度”选项组中的“类型”下拉列表中选择“十进制度数”选项，在“精度”下拉列表中选择精度为 0，效果如图 8-3 所示。

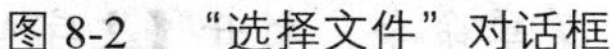

图 8-2　“选择文件”对话框

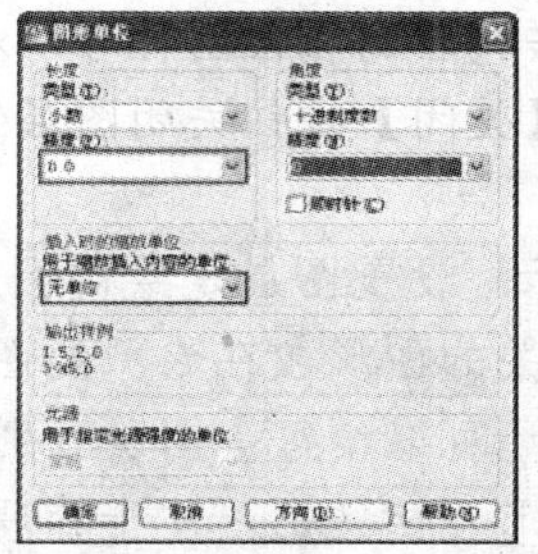

图 8-3　“图形单位”对话框

04 设置光标和栅格捕捉间距。单击【工具】|【草图设置】菜单命令，弹出了【草图设置】对话框，单击“对象捕捉”选项卡，设置“捕捉类型”如图 8-4 所示。

05 单击“捕捉和栅格”选项卡，在该选项卡中设定“捕捉 X 轴间距”为 0.1，“栅格 X 轴间距”为 10。用鼠标在“捕捉 Y 间距”和“栅格 Y 间距”文本框中单击，就会自动变成和上面一样的数值，效果如图 8-5 所示。单击【确定】按钮，完成光标和栅格捕捉间距的设置。

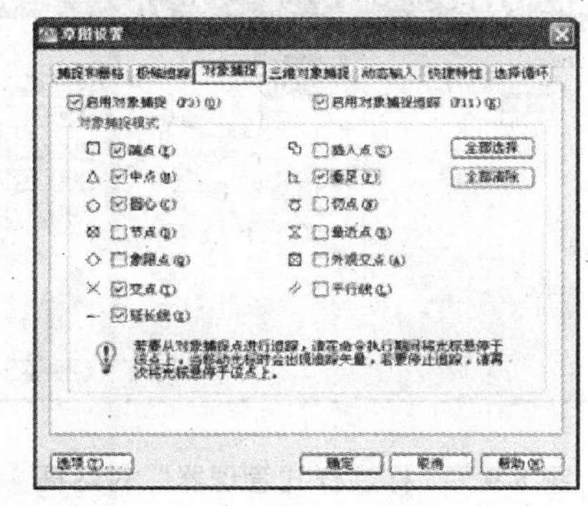

图 8-4　“对象捕捉”选项卡

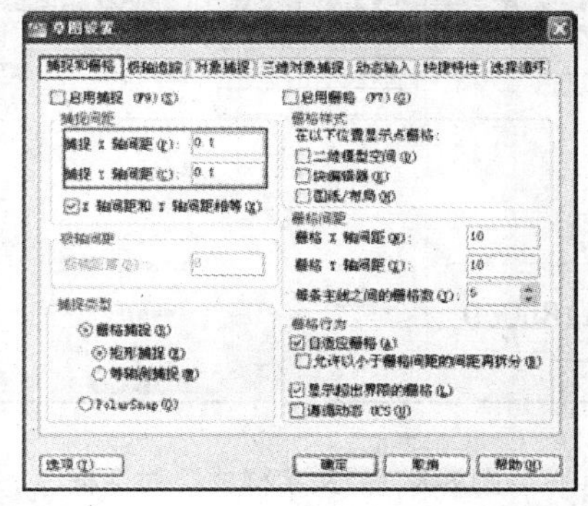

图 8-5　“捕捉和栅格”选项卡

06 设置图层。单击对象特性工具栏中的【图层特性管理器】按钮，弹出了【图层特性管理器】对话框，如图 8-6 所示。

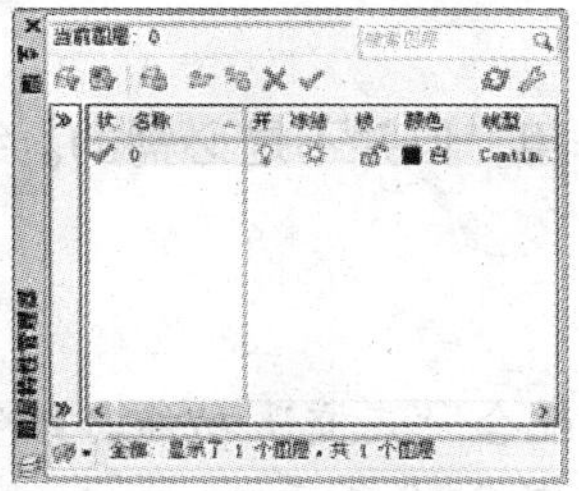

图 8-6　“图层特性管理器”对话框

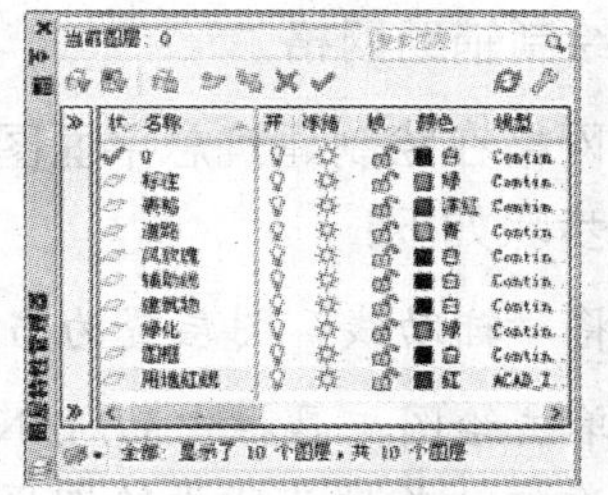

图 8-7　创建图层

07 单击【新建图层】按钮，自动新建一个图层，并自动命名为“图层 1”，用户可在“名称”选项栏中修改名称。重复单击【新建图层】按钮，可以继续输入其他图层的名称，单击相应的属性图标可以对属性进行修改，设置完所有的图层后，效果如图 8-7 所示。单击【关闭】按钮关闭图层管理器。

提 示： 设置图层是绘制图形之前必不可少的准备工作。设置一些专门的图层，并把一些相关的图形放在专门的图层上，这样可以给后面的图形绘制和管理带来很大的方便。另外还可以给每个图层分别设置各自的线型、线宽、颜色等属性，因而可以使不同图层的图形互相区别，便于管理。

08 设置文字样式。单击【格式】|【文字样式】菜单命令，打开【文字样式】对话框，在“字体”选项栏的下拉列表中选择“仿宋_GB2312”选项，其余设置均采用默认值，如图 8-8 所示。单击【置为当前】按钮，然后单击【关闭】按钮，完成“文字样式”的设置。

09 单击【格式】|【标注样式】菜单命令，弹出如图 8-9 所示的【标注样式管理器】对话框，参考第 7 章实例所述的方法，设置标注样式。单击【置为当前】按钮，然后单击【关闭】按钮，完成“标注样式”的设置。

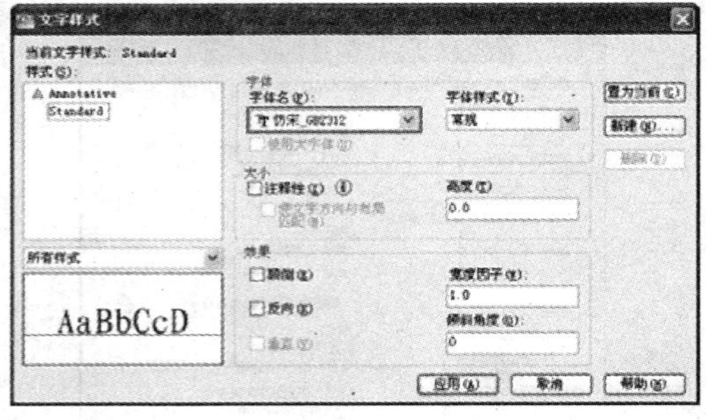

图 8-8 “文字样式”对话框

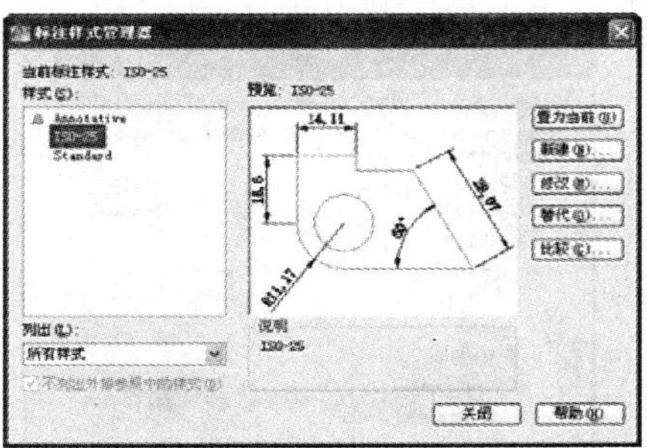

图 8-9 “标注样式管理器”对话框

8.2.2 绘制总平面图形

建立绘图环境以后，接下来就是绘制图形了。绘制总平面图的过程包括以下几个部分。

1. 绘制辅助网格

辅助网格在绘制建筑总平面图时起到精确定位的作用，但并不是必需的。绘制辅助网格的操作步骤如下：

01 将“辅助线”图层置为当前层。

02 单击绘图工具栏中的 LINE（直线）按钮，配合“正交”功能，绘制出水平和垂直两基准线，长度为所设绘图区范围的长宽尺寸，如图 8-10 所示。

03 单击修改工具栏中的 ARRAY（阵列）按钮，以行列间隔距离为 5000，由下至上、由左至右依次复制出定位轴线，如图 8-11 所示。

图 8-10　绘制基线

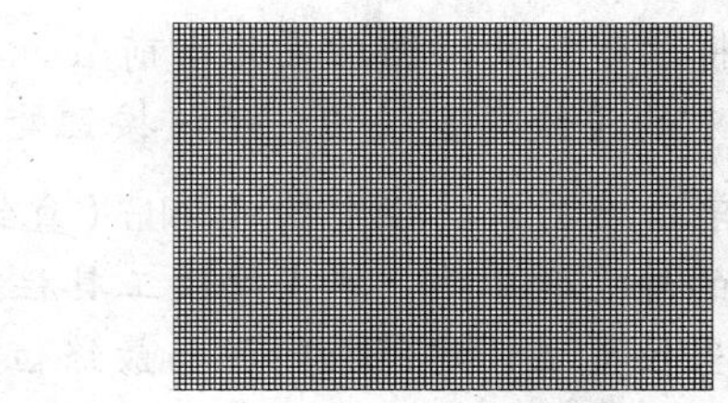

图 8-11　阵列定位轴线

2. 绘制道路

道路是确定建筑物位置的最初依据，它是根据地形图确定的，因此在绘制总平面图时应首先绘制道路。绘制道路的操作步骤如下：

01 将“道路”图层置为当前层，颜色、线型、线宽随图层，如图 8-12 所示。同时打开“对象捕捉”功能。

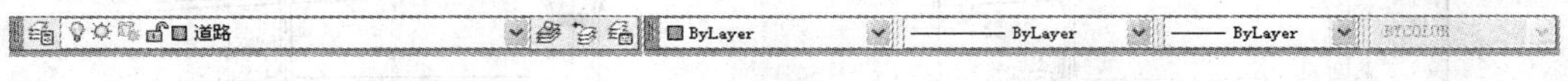

图 8-12　“道路”层工作栏

02 单击绘图工具栏中的 LINE（直线）按钮和 ARC（圆弧）按钮，配合“辅助线”功能，绘制出道路中线，并修改线型为“点划线”，线型比例为“1000”；然后将“辅助线”图层隐藏起来，效果如图 8-13 所示。

03 单击修改工具栏中的 OFFSET（偏移）按钮，根据道路宽度，设置偏移距离为道路半宽，将中线向道路两侧偏移，修改线型为线实线。

04 单击修改工具栏中的 TRIM（修剪）按钮，将交叉路口的道路边线进行修剪；单击修改工具栏中的 FILLET（圆角）按钮，对道路转角处进行圆角处理，完成效果如图 8-14 所示。

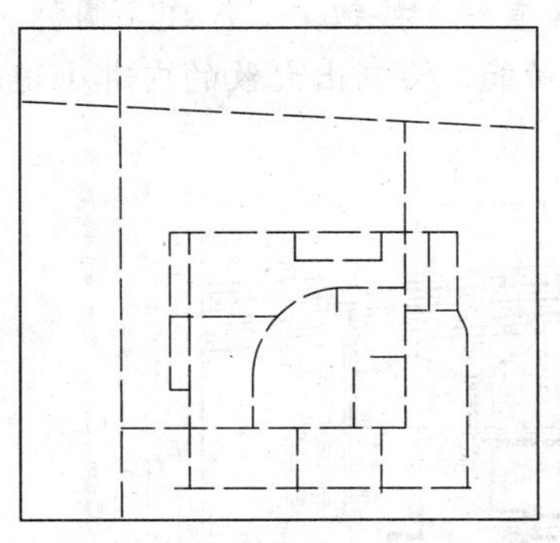

图 8-13　绘制道路中心线

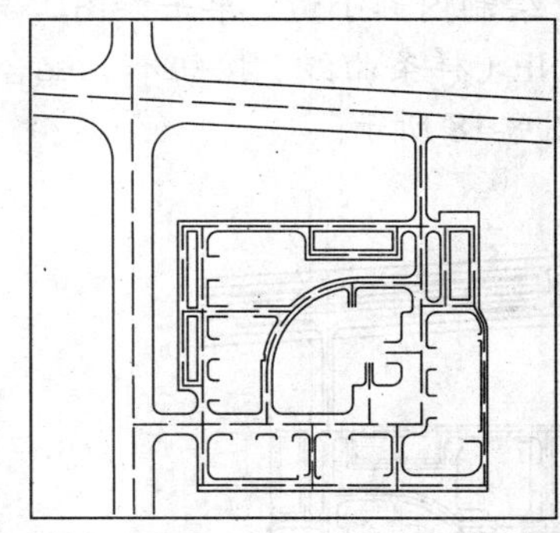

图 8-14　绘制道路

3. 绘制建筑物

建筑物是总平面图中的主体部分，总平面图体现了建筑物之间的相互关系。绘制建筑物的操作步骤如下：

01 将“建筑物”图层置为当前层，打开“对象捕捉”，将线型设置为 0.30mm，并单击状态栏中的【线宽】按钮，使该按钮处于按下状态。

02 单击绘图工具栏中的 LINE（直线）按钮，配合“偏移、修剪”等功能，绘制出建筑物的外型轮廓线，单击修改工具栏中的 MOVE（移动）按钮，将建筑物移到总平面图中恰当位置上，建筑物轮廓与最终位置如图 8-15 所示。

4．绘制人行道、主干道斑马线、绿化分隔带、车道线及内部小道。

01 绘制人行道、主干道斑马线和绿化分隔带。将“道路”图层置为当前层，颜色、线型、线宽随图层，单击修改工具栏中的 OFFSET（偏移）按钮，将道路边线偏移生成人行道、斑马线的辅助线和绿化分隔带；单击修改工具栏中的 TRIM（修剪）按钮，生成斑马线和绿化分隔带，如图 8-16 所示。

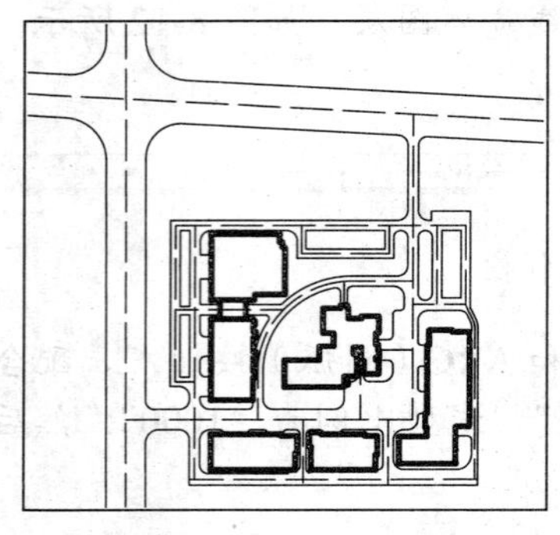

图 8-15　绘制建筑物

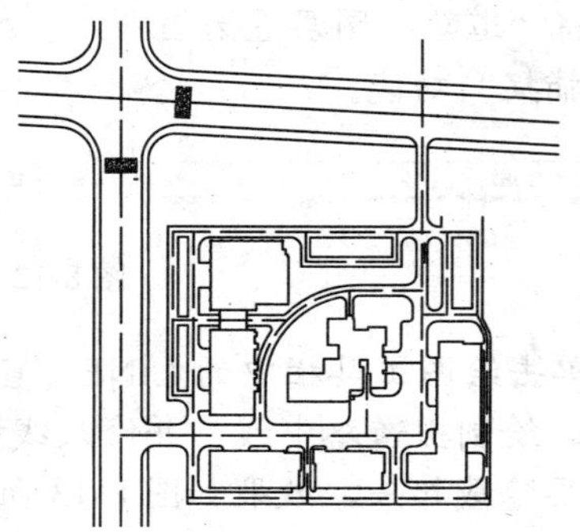

图 8-16　斑马线与绿化带完成效果

02 绘制车道线。单击修改工具栏中的 OFFSET（偏移）按钮，将道路中线进行偏移生成车道线的辅助线；单击修改工具栏中的 TRIM（修剪）按钮，配合辅助线功能，将交叉口的车道线进行修剪，完成效果如图 8-17 所示。

03 绘制内部小道。单击绘图工具栏中的 LINE（直线）按钮、ARC（圆弧）按钮和 SPLINE（样条曲线）按钮，配合辅助线的定位功能，绘制出大致的内部小道轮廓线，效果如图 8-18 所示。

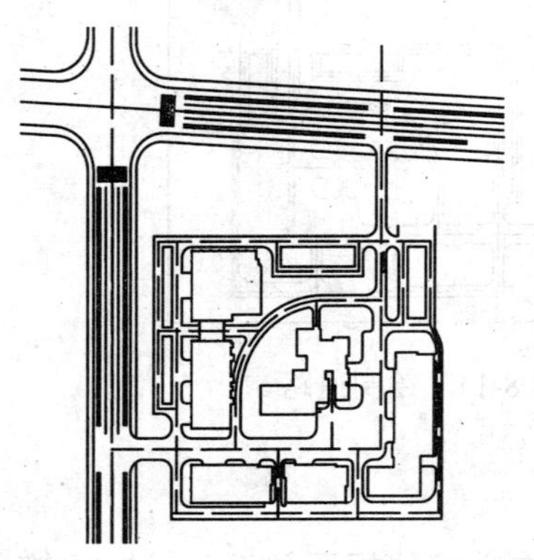

图 8-17　车道完成效果

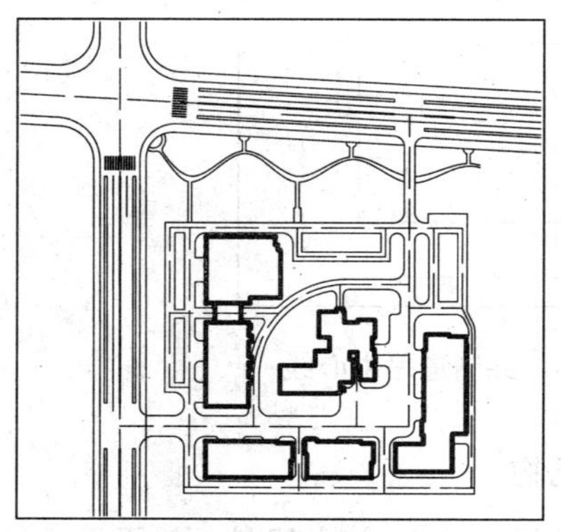

图 8-18　绘制人行道、主干道斑马线、绿化分隔带、车道线及内部小道

5. 绘制水域轮廓线、等高线和景石

01 单击绘图工具栏中的 SPLINE（样条曲线）按钮、ARC（圆弧）按钮等，配合“偏移、修剪”等功能，绘制出水面边的大致轮廓线和等高线。

02 单击绘图工具栏中的 LINE（直线）按钮，绘制出景石的大致形状，效果如图 8-19 所示。

6. 绘制停车位、停车场铺地

01 单击修改工具栏中的 OFFSET（偏移）按钮，生成停车位的辅助线；单击修改工具栏中的 TRIM（修剪）按钮，将辅助线进行修剪；单击修改工具栏中的 HATCH（图案填充和渐变色）按钮，对停车位填充草地砖，效果如图 8-20 所示。

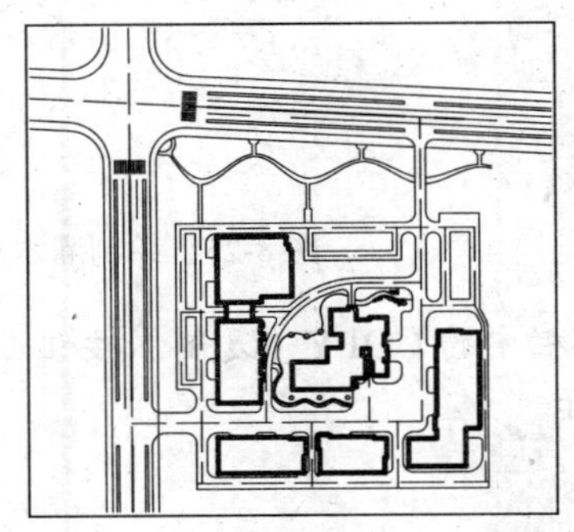

图 8-19 绘制水域轮廓线、等高线和景石

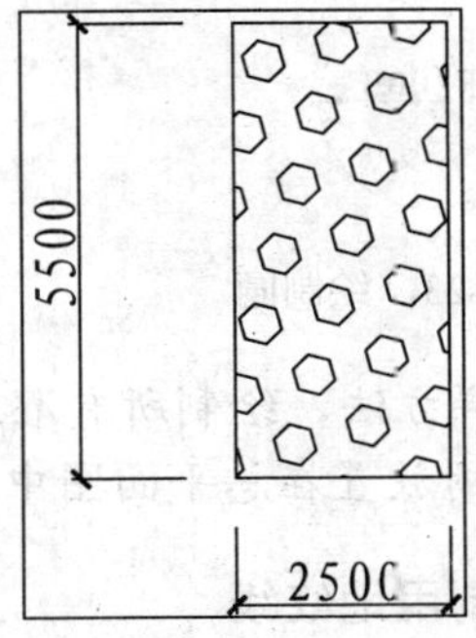

图 8-20 绘制一个停车位

02 单击修改工具栏中的 OFFSET（偏移）按钮，生成停车场铺地的辅助线。单击修改工具栏中的 TRIM（修剪）按钮，将辅助线进行修剪。单击修改工具栏中的 FILLET（圆角）按钮，设置“圆角半径”为 216，对铺地进行圆角处理，效果如图 8-22 所示。

03 单击修改工具栏中的 COPY（复制）按钮，配合“旋转、镜像”等功能，复制出所有的停车位和停车场铺地，效果如图 8-21 所示。

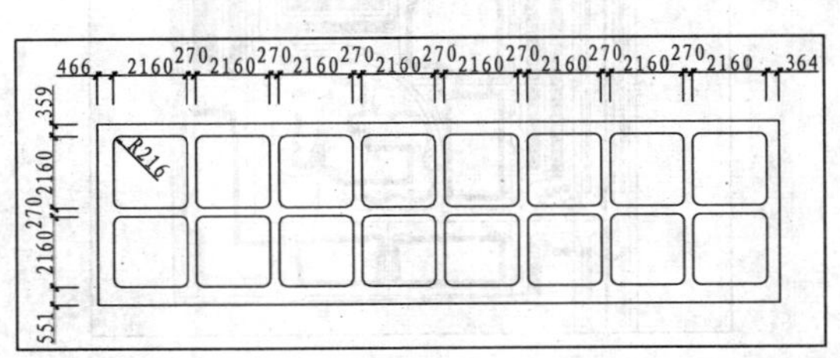

图 8-21 绘制停车位、停车场铺地

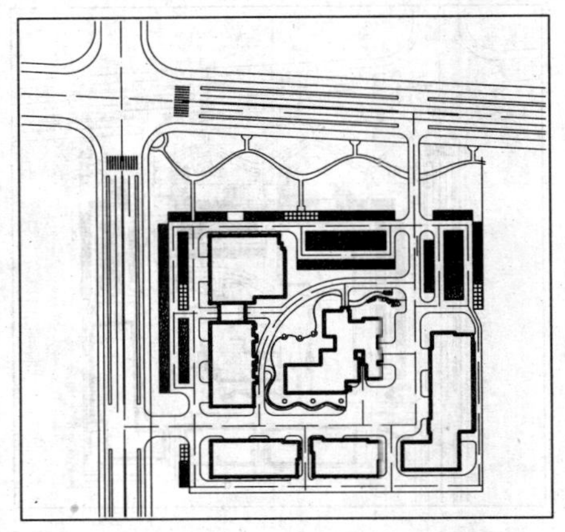

图 8-22 绘制停车场铺地

7. 绿化树和灌木丛的绘制

绿化也是总平面图中的一个重要的组成部分。绘制树和灌木丛的操作步骤如下：

01 单击绘图工具栏中的 CIRCLE（圆）按钮，绘制出一个圆，半径为 2000，如图 8-23 所示。

02 单击绘图工具栏中的 LINE（直线）按钮，根据圆形的大致定位，大概绘制一个树的形状，并在圆中心绘制一个十字图形。单击修改工具栏中的 ERASE（删除）按钮，将圆进行删除，效果如图 8-24 所示。

03 单击绘图工具栏中的 REVCLOUD（修订云线）按钮，绘制灌木丛，如图 8-25 所示。

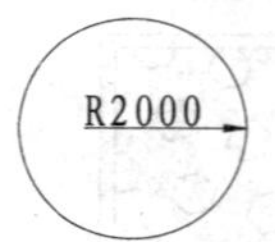

图 8-23 绘制圆

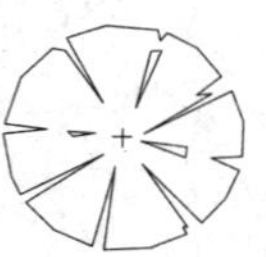

图 8-24 绘制树

图 8-25 绘制灌木丛

04 同样方法，绘制所有灌木丛；单击修改工具栏中的 COPY（复制）按钮，复制出多个绿化树放置在总平面图中，效果如图 8-26 所示。

8. 绘制用地红线

用地红线是指各类建筑工程项目用地的使用权属范围的边界线。用地红线常用加粗的点划线表示。绘制用地红线的操作步骤如下：

01 单击绘图工具栏中的 PLINE（多段线）按钮，设置多段线宽为 250，根据小区用地范围，绘制出闭合的用地范围线。

02 选中用地范围线，修改多段线线型为点画线，并修改线型比例为 0.2，效果如图 8-27 所示。

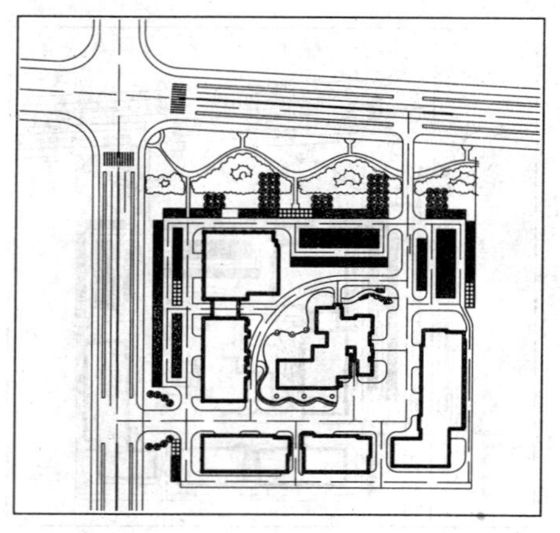

图 8-26 绘制绿化树和灌木丛

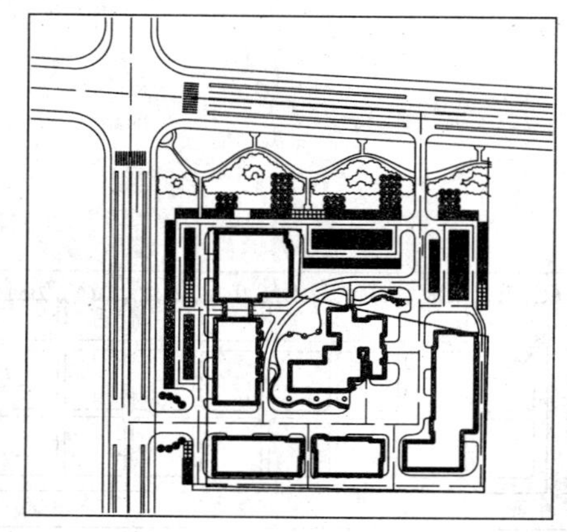

图 8-27 绘制用地红线

9. **绘制指北针**

指北针用于表示总平面图中指示北极的方向。绘制指北针的操作步骤如下：

01 将“图框”图层置为当前层。

02 单击绘图工具栏中的 CIRCLE（圆）按钮，在视图中空白位置绘制一个半径为 9000 的圆，然后单击绘图工具栏中的 LINE（直线）按钮，绘制一条水平直径。

03 单击修改工具栏中的 OFFSET（偏移）按钮，将水平直径向下偏移 6900。单击修改工具栏中的 TRIM（修剪）按钮和 ERASE（删除）按钮，将辅助线进行修剪和删除，效果如图 8-28 所示。

04 单击绘图工具栏中的 XLINE（构造线）按钮，设置构造线角度为 78□和 30□，绘制经过下面水平直线左端点的两条构造线，然后单击修改工具栏中的 MIRROR（镜像）按钮，将构造线以垂直直径为对称轴，复制两条。

05 单击修改工具栏中的 TRIM（修剪）按钮和 ERASE（删除）按钮，将辅助线进行修剪和删除，效果如图 8-29 所示

06 单击绘图工具栏中的 HATCH（图案填充和渐变色）按钮，对指北针进行图例填充；单击绘图工具栏中的 MTEXT（多行文字）按钮，绘制出指北针文字，效果如图 8-30 所示。

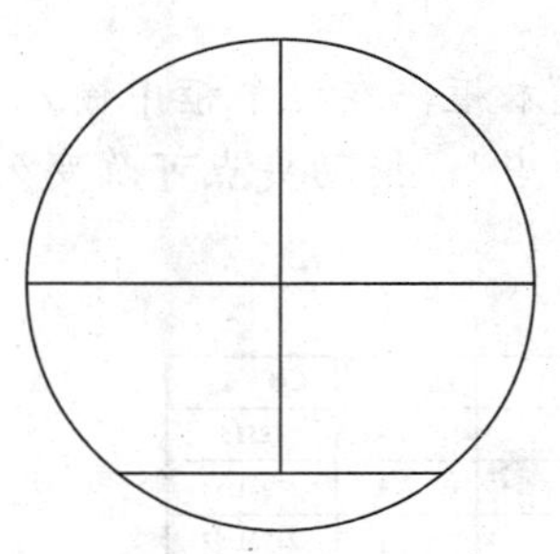

图 8-28 绘制圆和直线

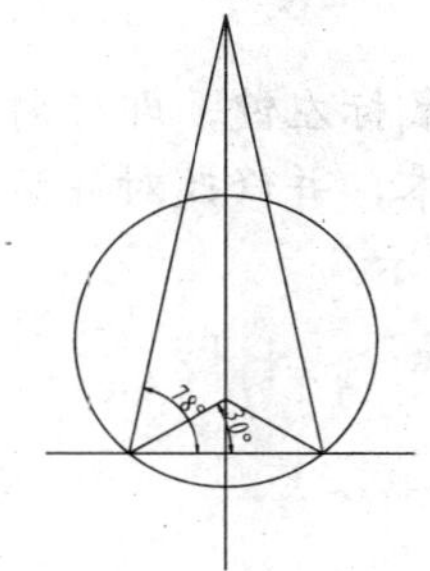

图 8-29 绘制指北针斜线

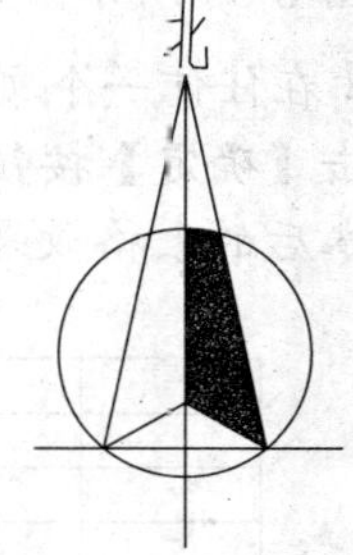

图 8-30 绘制图案填充和文字

8.2.3 各种标注和文字说明

在完成上面的工作后，总平面图上的大部分内容都显示在图形中了，但对于一幅工程图而言，还不够完整。要想使图样表达的内容更加精确，就需要为总平面图添加适当的表格、尺寸标注和文字等内容。

1. **绘制表格**

表格是建筑图的基本组成部分，建筑图中均有对图形的相应文字说明，并以表格的形式进行表达，绘制表格时外框线应绘制为粗实线，内框线应绘制为细实线，可通过编辑多段线完成。

具体操作步骤如下：

01 将“表格”图层置为当前层，单击绘图工具栏中的 RECTANG（矩形）按钮▭，根据表格的边框的尺寸绘制一个矩形，效果如图 8-31 所示。

02 单击【绘图】|【表格】菜单命令，弹出【插入表格】对话框，在【插入方式】选项栏中选中【指定窗口】单选框，并设置其他参数如图 8-32 所示

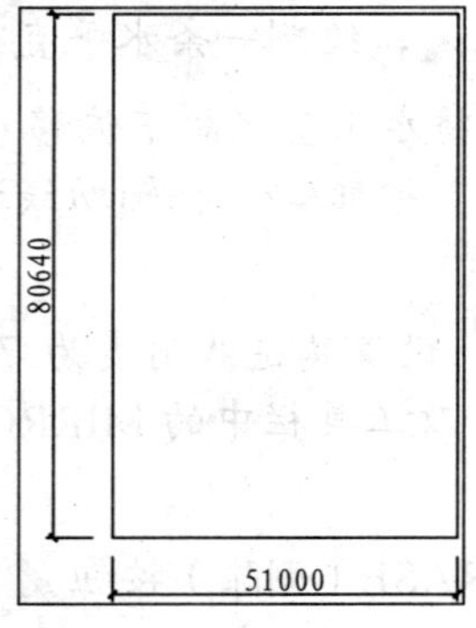

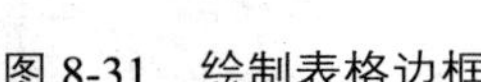
图 8-31　绘制表格边框

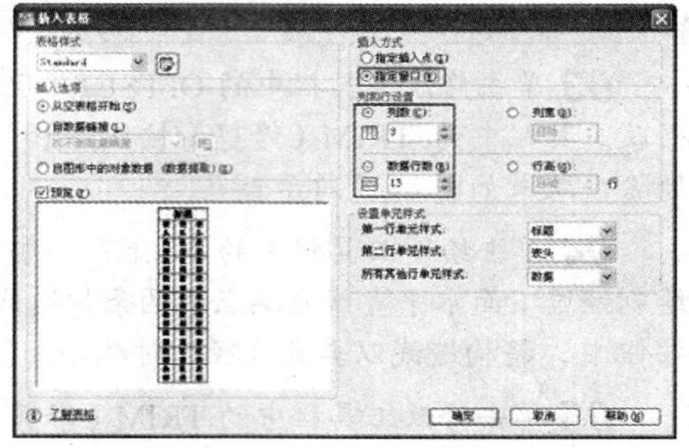

图 8-32　“插入表格”对话框

03 在【插入表格】对话框中，单击【确定】按钮，进入绘图区中框选前面矩形的两个对角点，此时弹出一个文本框，单击【确定】按钮，退出文本的创建并创建一个表格，效果如图 8-33 所示。

04 在任何一个文本框中双击鼠标左键，即可打开一个文本框，在文本框中输入文本后，单击【确定】按钮即可添加文本，并修改对齐方式为“正中”，拖动夹点可改变列宽，添加文本后的表格效果如图 8-34 所示。

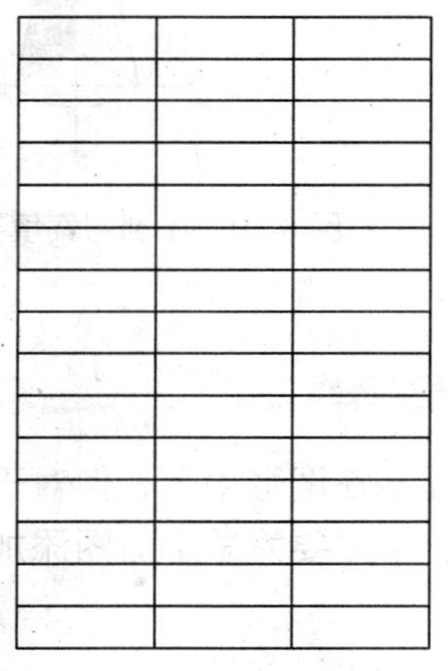

图 8-33　插入表格

项　目	单　位	数　量
[illegible]	平方米	18515
地上总建筑面积	平方米	37931.57
其中：一期	平方米	21731.57
其中：二期	平方米	16200
地下建筑面积	平方米	2265.49
其中：一期	平方米	765.49
其中：二期	平方米	1500
建筑容积率		2.05
建筑密度		34.6%
绿化面积	平方米	6300
绿化率		32%
建筑层数	层	15
建筑总高度(最大)	米	59.8
停车位	辆	240

图 8-34　添加表格文字

2. 尺寸标注

尺寸标注是建筑施工图的一个重要组成部分，是现场施工的主要依据。尺寸标注是一个非常复杂的过程，在建筑总平面图中，尺寸标注的要求相对比较简单。

在总平面图上应标注新建建筑房屋的总长、总宽及其与周围建筑物、构筑物、道路、红线之间的距离。绘制住宅小区总平面尺寸标注的操作步骤如下：

01 设置尺寸标注样式。单击【格式】|【标注样式】菜单命令，弹出【标注样式管理器】对话框，单击【修改】按钮，在弹出的【修改标注样式】对话框中，在“线”选项卡中设置“超出尺寸线”为 400。

02 在“符号和箭头”选项卡中，选中“建筑标记”样式，并设置“箭头大小”为 400。在“文字”选项卡中，设置“文字高度”为 1200。在“主单位”选项卡中，设置以“米”为单位进行标注，设置“比例因子”为 0.001。在进行“半径标注”设置时，修改箭头样式为实心闭合箭头。

03 将“标注”图层置为当前层，单击【标注】|【对齐】菜单命令，配合“对象捕捉”功能，对总平面图中道路宽度、建筑之间的距离以及建筑和用地红线之间的距离等进行标注。

04 单击【标注】|【半径】菜单命令，标注道路转角处的圆弧半径，并修改箭头样式为“无”，效果如图 8-35 所示。

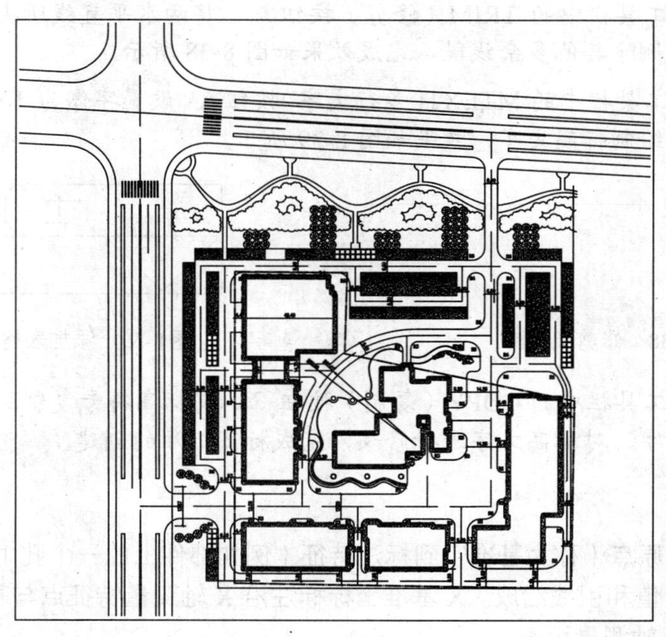

图 8-35 标注尺寸

3. 标高标注

标高是建筑物某一部分相对于基准面（标高的零点）的竖向高度，是施工竖向定位的依据。标高按照基准面选取的不同分为相对标高和绝对标高。相对标高是根据工程需要自行选定工程的基准面。在建筑工程中，通常以建筑物第一层的主要地面作为标高的零点。绝对标高是指以我国青岛市外的黄海海平面作为零点面测定的高度尺寸。

绘制标高的操作步骤如下：

01 单击绘图工具栏中的 LINE（直线）按钮，绘制一条长 8000mm 的水平直线。单击修改工具栏中的 OFFSET(偏移)按钮，将上一步创建的水平直线向下偏移 1500mm，生成另一条水平直线，如图 8-36 所示。

02 单击绘图工具栏中的 XLINE（构造线）按钮，绘制经过第一条水平直线左端点且角度为 135° 的构造线，然后单击修改工具栏中的 MIRROR（镜像）按钮，以构造线与下方直线的交点及至上方的垂足为两个对称点，镜像复制线段，如图 8-37 所示。

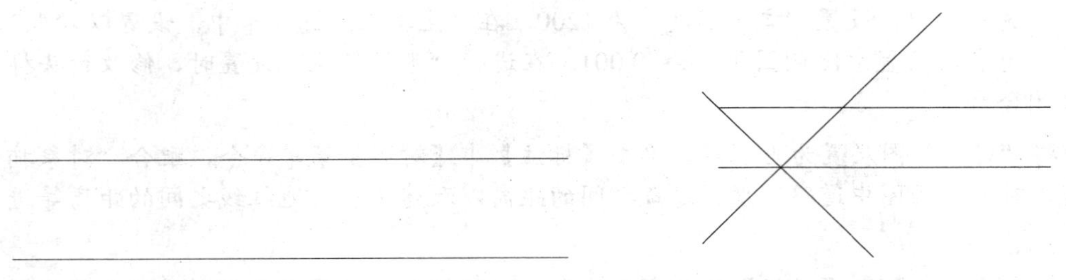

图 8-36　绘制平行线　　　图 8-37　复制构造线

03 单击修改工具栏中的 TRIM（修剪）按钮，将两水平直线所夹构造线之外的部分进行修剪，然后删除其他多余线段，完成效果如图 8-38 所示。

04 单击绘图工具栏中的 MTEXT(多行文字)按钮，设置字体为 TXT，字高为 1200，在标高符号右上方绘制标高文字，效果如图 8-39 所示。

图 8-38　修剪及删除　　　图 8-39　添加表格文字

05 单击修改工具栏中的 COPY（复制）按钮，将标高符号复制到小区总平面图中各处，双击标高数字，对标高文字进行修改，完成标高标注的创建。

4. 坐标标注

坐标标注测量原点（称为基准）到标注特征（例如部件上的一个孔）的垂直距离。坐标标注由 X 值、Y 值和引线组成。X 基准坐标标注沿 X 轴测量特征点与基准点的距离。Y 基准坐标标注沿 Y 轴测量距离。

在总平面图中，需要标注出每栋建筑物各个角点的坐标以及用地红线转角点的坐标。绘制坐标标注的操作步骤如下：

01 单击【格式】|【多重引线样式】菜单命令，弹出【多重引线样式管理器】对话框，单击【修改】按钮，弹出【修改多重引线样式：standard】对话框，选择“引线格式”选项卡，设置参数如图 8-40 所示。

02 单击“内容”选项卡，设置参数如图 8-41 所示。单击【确定】按钮，返回到【多重引线样式管理器】对话框中，单击【置为当前】按钮，然后单击【关闭】按钮，完成多重引线样式的设置。

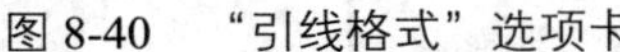

图 8-40 “引线格式”选项卡

图 8-41 “内容”选项卡

03 单击【标注】|【多重引线】菜单命令，进入绘图区中，根据状态中的显示坐标标注每栋建筑物各个角点的坐标，效果如图 8-42 所示。

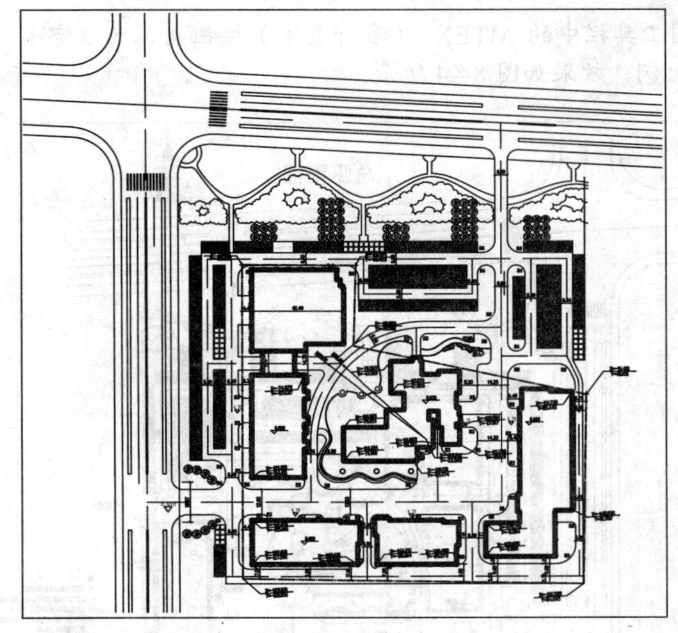

图 8-42 坐标标注

5. 文字说明

文字说明就是把一些技术要求写在图样上，便于施工人员参考，文字说明是建筑施工图的重要组成部分。一般来说，文字说明包括图名、比例、房间功能的划分、门窗符号、楼梯说明以及其他有关的文字说明。

对于建筑总平面图来说，文字说明并不是很多，绘制文字说明的操作步骤如下：

01 将“文字”图层置为当前层。

02 单击【格式】|【文字样式】菜单命令，弹出【文字样式】对话框，根据国家制

图标准，在“字体名”选项栏中，选择“仿宋_GB2312”选项，字体高度为3200，其他采用默认设置，如图8-43所示。单击【置为当前】按钮，单击【关闭】按钮，完成文字样式的设置。

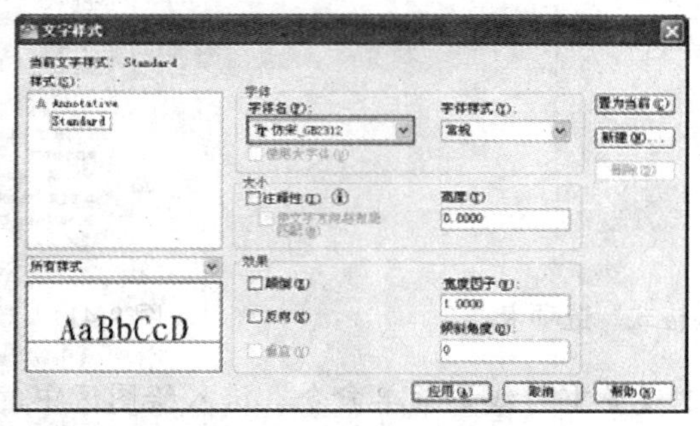

图 8-43 “文字样式”对话框

03 单击绘图工具栏中的 MTEXT（多行文字）按钮 A，为住宅小区总平面图添加文字说明、图名和比例，效果如图8-44所示。

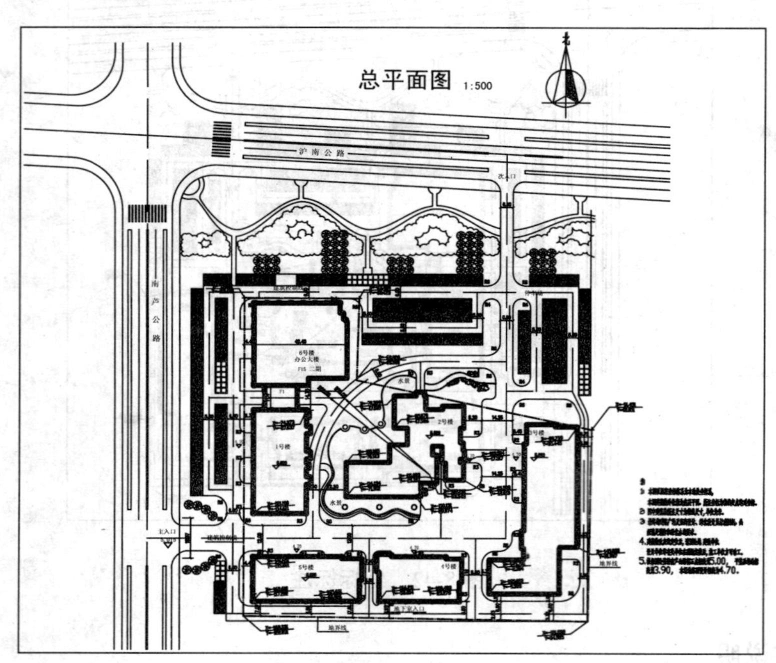

图 8-44 绘制文字说明、图名和比例

8.2.4 添加图框和标题栏

在正规的图样中都是包括图框的。一般说来，在绘图时首先要制定图框，然后在图框内绘制图形。但由于计算机绘图的灵活性，可以先绘制图形和标注，然后再插入图框。

绘制或插入图框造型，并调整合适的位置，完成住宅小区建筑总平面图的绘制，最终效果如图 8-45 所示。

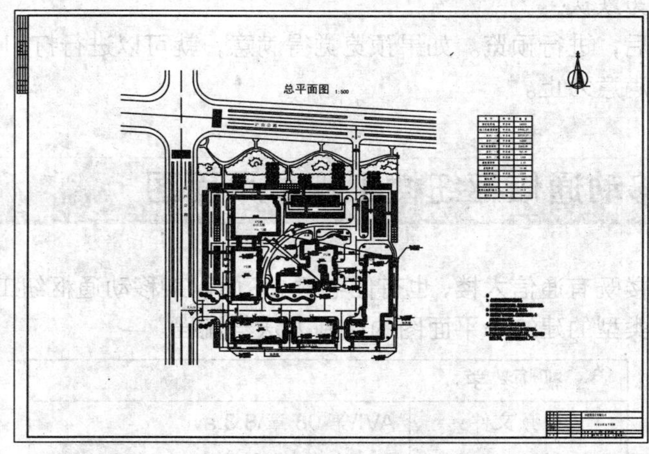

图 8-45 添加图框和标题栏

8.2.5 打印输出

图样绘制好后，用到建筑实践中的不能是 AutoCAD 文件，通常要将它打印到图样上，方便施工人员和设计人员的现场使用，或者生成电子图样，可以网络传送。

图样打印前要进行很多准备工作，对于建筑总平面图的打印输出出，可单击【文件】|【页面设置管理器】菜单命令，弹出【页面设置管理器】对话框，如图 8-46 所示。单击【修改】按钮，弹出【页面设置 模型】对话框，如图 8-47 所示。

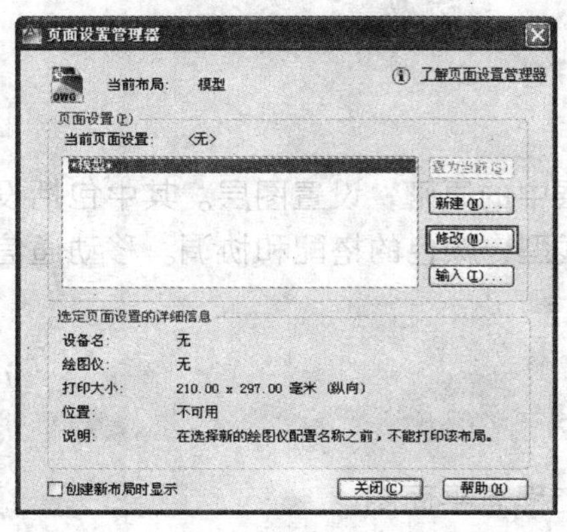

图 8-46 “页面设置管理器”对话框

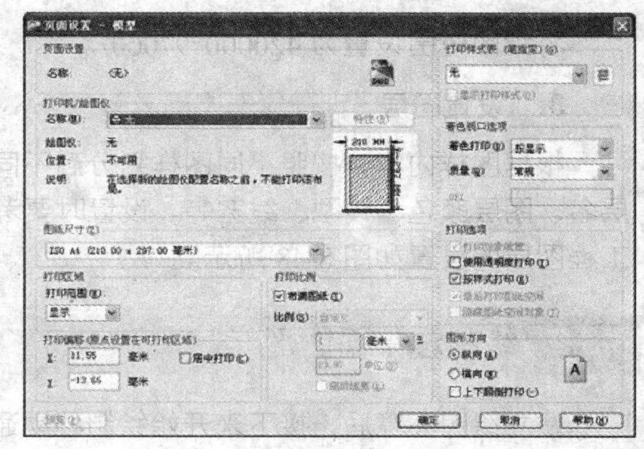

图 8-47 “页面设置 模型”对话框

具体设置包括如下几项：

- 在“图样尺寸”下拉列表中选择图样的尺寸。
- 在“图形方向”选项组里确定图形和图样的位置是否匹配。

- 在“打印区域”选项组里选中“范围”选项。
- 在“打印比例”选项组里选的“比例”下拉列表中选择“按图样空间缩放”，其他设置均为默认。

完成这此设置后，进行预览。如果预览觉得满意，就可以进行打印了，如果不满意，再进行调整，直至满意为止。

8.3 绘制某移动通信枢纽楼工程总平面图

移动通信枢纽楼既有通信大楼，也有住宅楼。下面以某移动通枢纽工程总平面图为例，讲述具有不同建筑类型的建筑总平面图的绘制方法与流程。

视频教学	
视频文件:	AVI\第 08 章\8.3.avi
播放时长:	45 分 19 秒

8.3.1 设置绘图参数

绘图参数包括单位、图形界限和图层等，合理设置绘图参数有利于快速和方便地绘制图形。

1. 设置单位

在总平面图中一般以“m”为单位，进行尺寸标注，但在绘制图形时，以“mm”为单位进行绘图。

2. 设置图形界限

将绘图范围设置为 420000?97000 。

3. 设置图层

根据图样内容，按照不同图样划分到不同图层中的原则，设置图层。其中包括设置图层名、图层颜色、线型、线宽等。设置时要考虑线型、颜色的搭配和协调。移动通信枢纽工程图层的设置如图 8-48 所示。

8.3.2 绘制总平面图形

建立绘图环境后，接下来开始绘制移动通信工程总平面图。

1. 绘制建筑物轮廓

绘制建筑物轮廓线的操作步骤如下:

01 将“建筑”图层置为当前层。

02 单击绘图工具栏中的 PLINE（多段线）按钮，设置加粗的多段线宽度为 150，绘制出所有建筑物周边的可见轮廓线。

用户根据坐标来定位建筑物，即根据国家大地坐标系或测量坐标系引出定位坐标，对于建筑物定位，一般至少应给出 3 个角点坐标。这种方式精度高，但比较复杂。用户也可以根据相对距离来进行建筑物定位，即参照已有的建筑物和构筑物、场地边界、围墙、道路中心等到的边缘位置，以相对距离来确定新建筑物的设计位置。这种方式比较简单，精度低，绘制出的轮廓及位置关系如图 8-49 所示

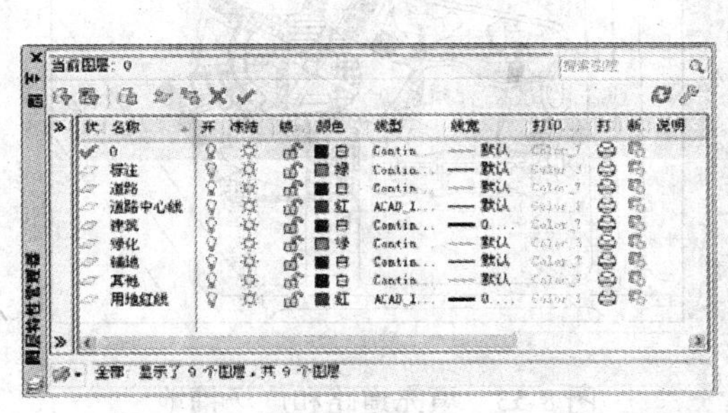

图 8-48 设置图层

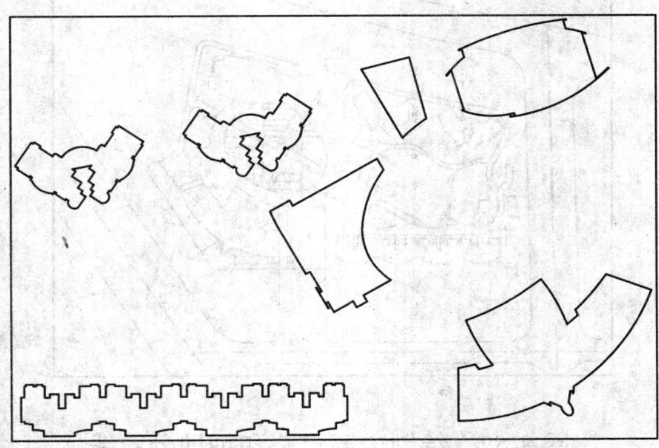

图 8-49 绘制建筑轮廓线

2. 绘制道路和广场铺地

绘制道路首先要绘制道路中心线，以中心线和道路宽度定位。操作步骤如下：

01 将“道路中心线”图层设置为当前图层。

02 单击绘图工具栏中的 LINE（直线）按钮，绘制出道路的中心线，效果如图 8-50 所示。

03 单击修改工具栏中的 OFFSET（偏移）按钮，将道路中心线向两侧偏移，偏移距离为道路宽度的一半。接着选择偏移生成的道路边线，将其放到“道路”图层中。单击修改工具栏中的 FILLET（圆角）按钮，对道路边线进行圆角处理，效果如图 8-51 所示。

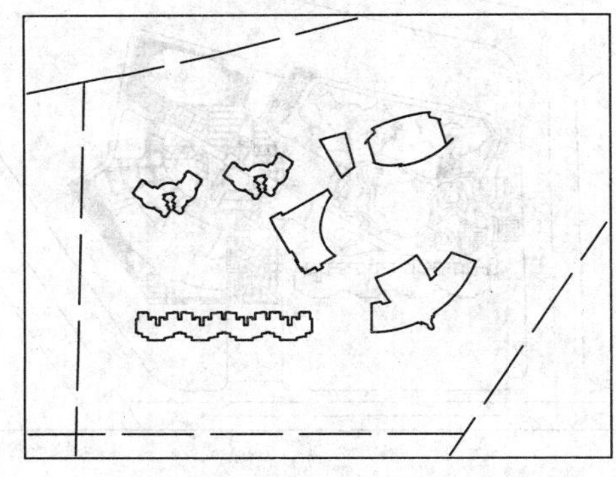

图 8-50 绘制道路中心线

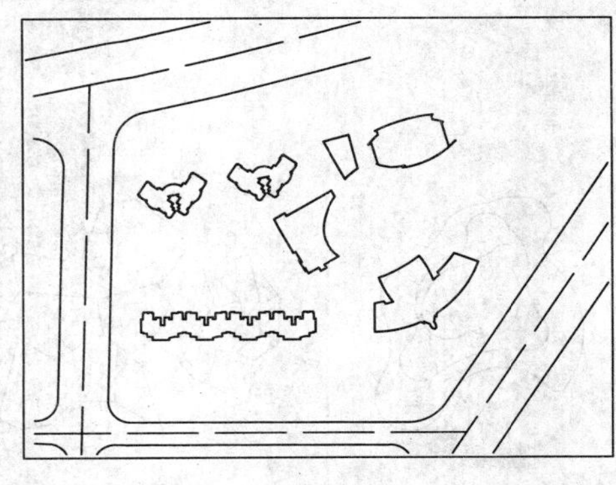

图 8-51 绘制道路

04 单击绘图工具栏中的 LINE（直线）按钮、ARC（圆弧）按钮和修改工具栏中的 OFFSET（偏移）按钮、TRIM（修剪）按钮、FILLET（圆角）按钮等，绘制出移动通信项目的内部道路和铺地分界线，效果如图 8-52 所示。

05 单击绘图工具栏中的 HTACH（图案填充和渐变色）按钮，对道路和广场铺地进行图案填充，效果如图 8-53 所示。

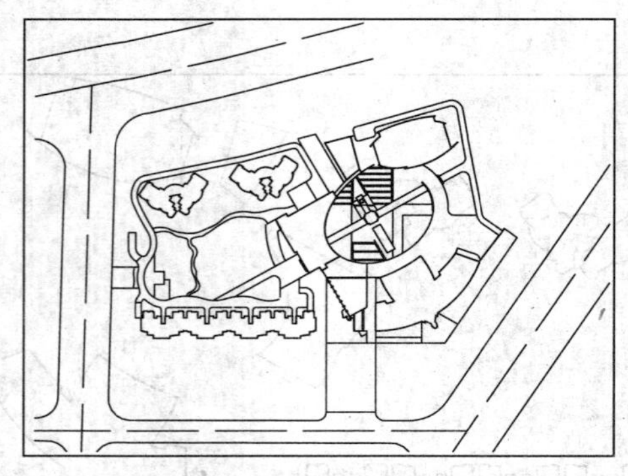

图 8-52　绘制内部道路和铺地分界线

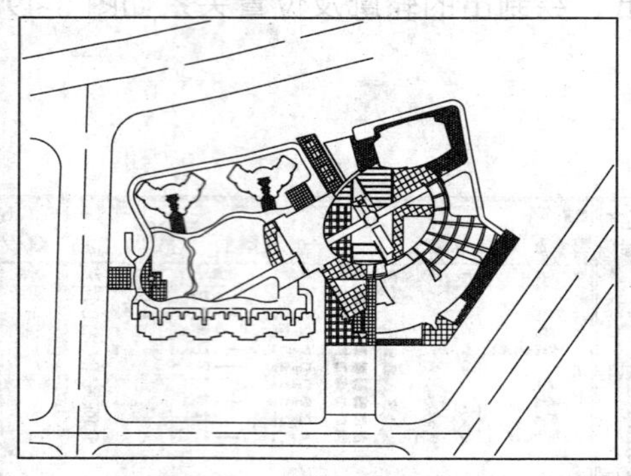

图 8-53　填充道路和广场铺地

3. 绘制等高线、小品及河流轮廓线

01 单击绘图工具栏中的 SPLINE（样条曲线）按钮，在总平面图适当位置绘制闭合的样条曲线作为等高线，效果如图 8-54 所示。

02 单击绘图工具栏中的 LINE（直线）按钮，绘制出石头样式，效果如图 8-55 所示。

03 单击绘图工具栏中的 SPLINE（样条曲线）按钮，在总平面图中绘制出河流形状的轮廓线，单击修改工具栏中的 TRIM（修剪）按钮，将经过道路的河流进行修剪，效果如图 8-56 所示。

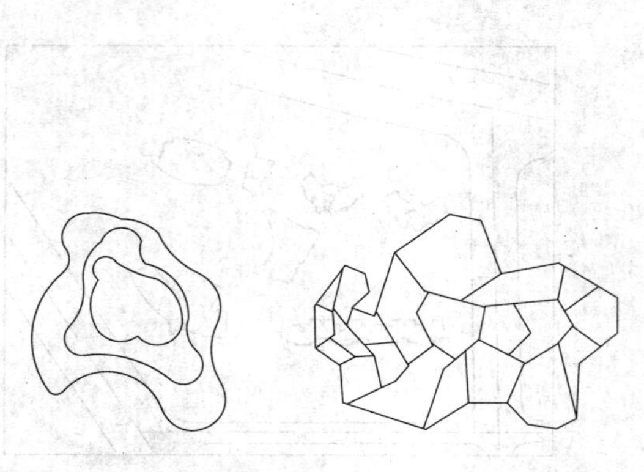

图 8-54　绘制等高线　　图 8-55　绘制石头小品

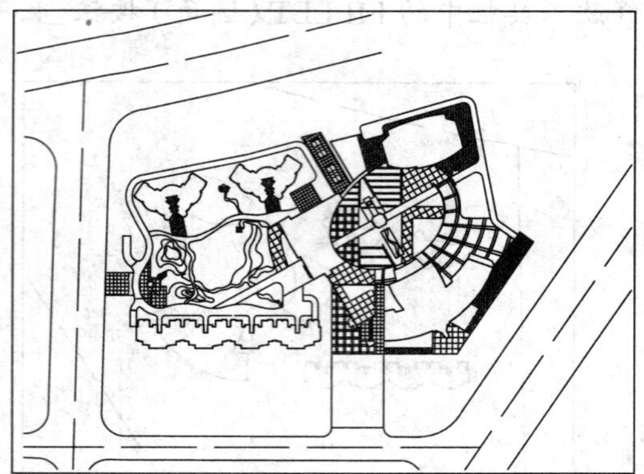

图 8-56　绘制等高线、小品及河流轮廓线

4. 布置绿化

01 单击绘图工具栏中的 HATCH（图案填充和渐变色）按钮，对绿化草地进行图案填充。

02 单击绘图工具栏中的 LINE（直线）按钮，根据灌木样式绘制出灌木丛，效果如图 8-57 所示。

03 单击绘图工具栏中的 CIRCLE（圆）按钮、LINE（直线）按钮和修改工具栏中的 OFFSET（偏移）按钮、TRIM（修剪）按钮、ERASE（删除）按钮等，绘制 4 种绿化树形状，如图 8-58 所示。

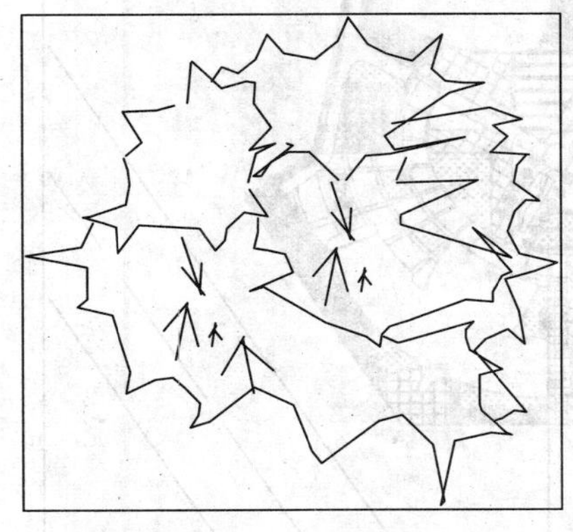

图 8-57 绘制灌木丛

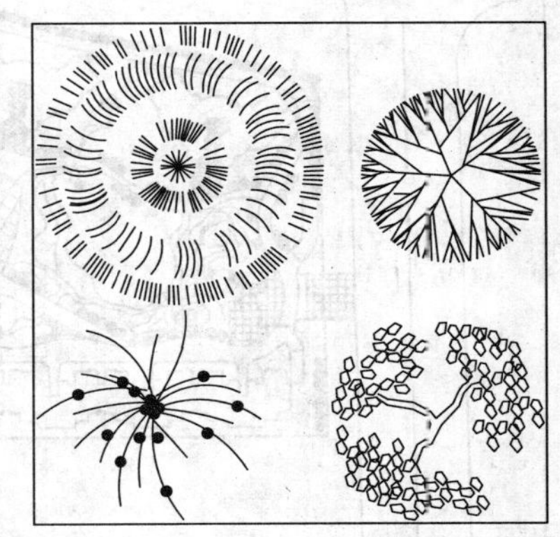

图 8-58 绘制绿化树

04 单击修改工具栏中的 COPY（复制）按钮，将绿化树复制多个，放置到总平面图中适当位置，效果如图 8-59 所示。

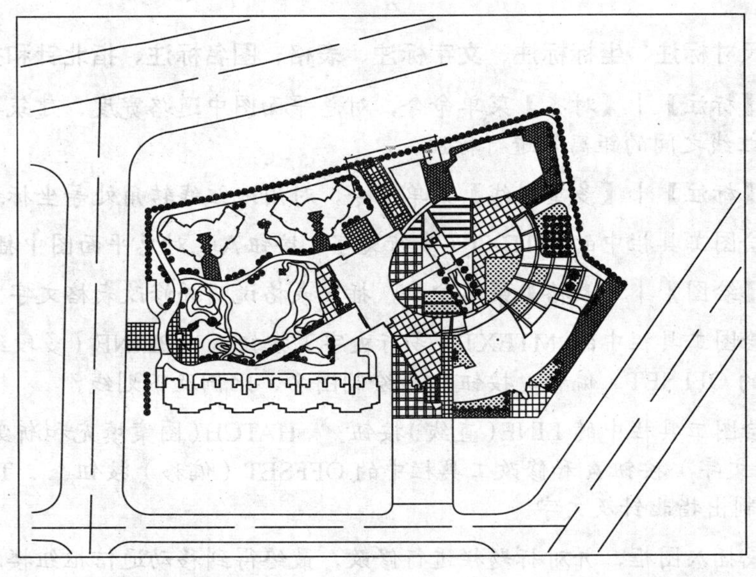

图 8-59 添加绿化

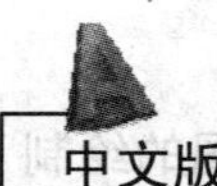

5. 绘制用地红线

单击绘图工具栏中的 PLINE（多段线）按钮，设置多段线宽度为 200，根据设计范围绘制出用地红线，效果如图 8-60 所示。

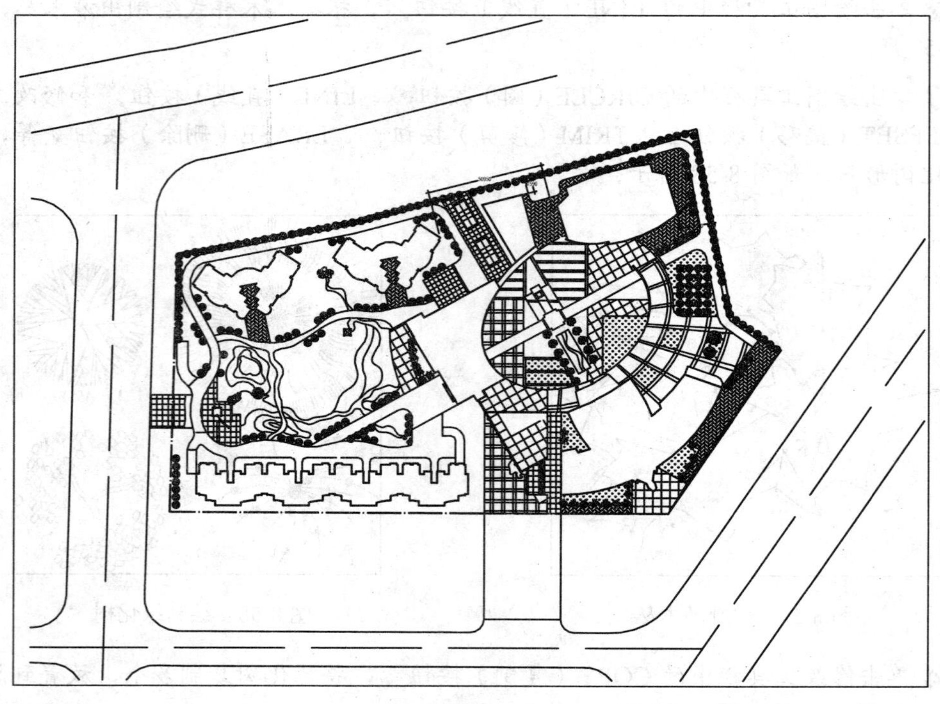

图 8-60　绘制用地红线

6. 绘制尺寸标注、坐标标注、文字标注、表格、图名标注、指北针和插入图框

01 单击【标注】|【对齐】菜单命令，对总平面图中道路宽度、建筑之间的距离以及建筑和用地红线之间的距离等进行标注。

02 单击【标注】|【多重引线】菜单命令，对用地红线转角处等坐标进行标注。

03 单击绘图工具栏中的 MTEXT（多行文字）按钮，对总平面图中插入文字说明。

04 单击【绘图】|【表格】菜单命令，插入表格说明并修改表格文字。

05 单击绘图工具栏中的 MTEXT（多行文字）按钮、PLINE（多段线）按钮和修改工具栏中的 OFFSET（偏移）按钮，绘制图名、比例及下划线。

06 单击绘图工具栏中的 LINE（直线）按钮、HATCH（图案填充和渐变色）按钮、MTEXT（多行文字）按钮和修改工具栏中的 OFFSET（偏移）按钮、TRIM（修剪）按钮等，绘制出指北针及文字。

07 绘制或插入图框，并对标题栏进行修改，最终得到移动通信枢纽楼总平面图效果如图 8-61 所示。

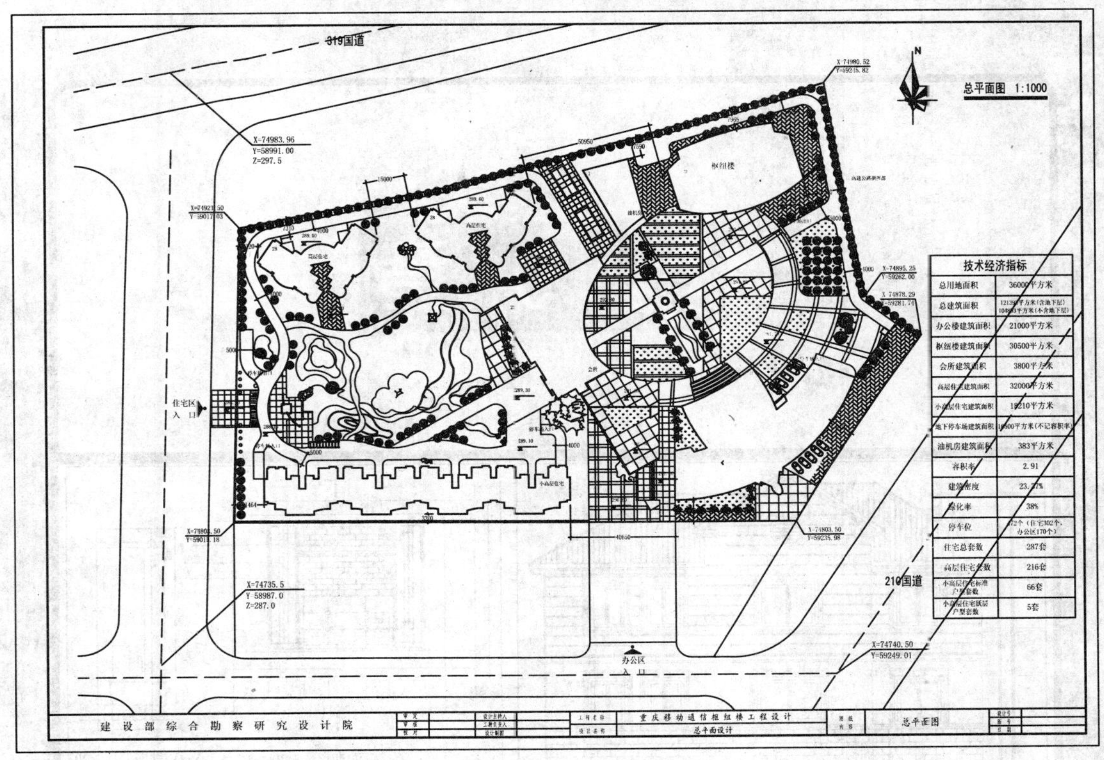

图 8-61　绘制尺寸标注、坐标标注、文字标注、表格、图名标注、指北针和插入图框

第 9 章

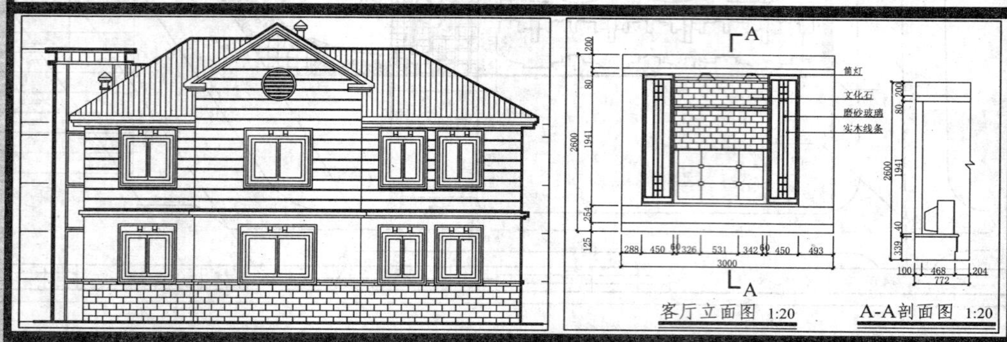

建筑平面图的绘制

建筑平面图是建筑施工图的基本图样，是建筑物的水平剖面图。本章主要介绍建筑平面图的基础知识，并通过实例来讲解如何利用 AutoCAD 2012 绘制完整的建筑平面图。通过对本章内容的学习，读者可熟练地掌握建筑平面图的绘制步骤以及方法与技巧。

9.1 建筑平面图概述

在绘制建筑平面图之前，用户首先必须熟悉建筑平面图的基础知识，便于准确地绘制建筑平面图。本节主要介绍建筑平面图的概念、分类、特点和绘制步骤。

9.1.1 建筑平面图的概念

建筑平面图实际上是建筑物的水平剖面图（除屋顶平面图外，屋顶平面图应在屋面以上俯视），是用假想的水平剖切平面在窗台以上、窗过梁以下把整栋建筑物剖开，然后移去上面部分，将剩余部分向水平投影面作投影得到的正投影图，如图 9-1 所示。它是施工图中应用较广的图样，是放线、砌墙和安装门窗的重要依据。

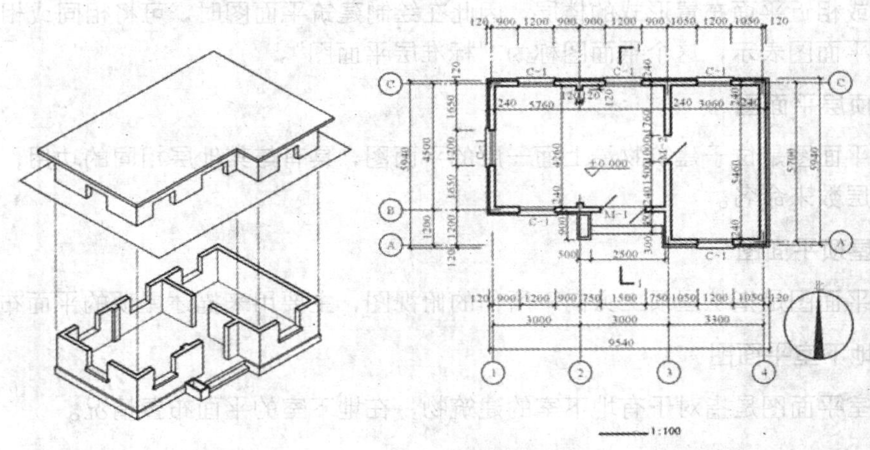

图 9-1 建筑平面图形成原理

建筑平面图中的主要图形包括剖切到的墙、柱、门窗、楼梯以及俯视看到的地面、台阶、楼梯等剖切面以下部分的构建轮廓。因此，从平面图中可以看到建筑的平面大小、形状、空间平面布局、内外交通及联系、建筑构配件大小及材料等内容，除了按制图知识和规范绘制建筑构配件的平面图形外，还需标注尺寸及文字说明，设置图面比例等。

由于建筑平面图能突出地表达建筑的组成和功能关系等方面的内容，因此一般建筑设计都由平面设计入手。在平面设计中应从建筑整体出发，考虑建筑空间组合的效果，照顾建筑剖面和立面的效果和体型关系。在设计的各个阶段中，都应有建筑平面图样，但表达的深度不同。

建筑平面图一般可使用粗、中、细 3 种线宽来绘制。被剖切到的墙、柱断面的轮廓线用粗线来绘制；被剖切到次要部分的轮廓线，如墙面抹灰、轻质隔墙以及没有剖切到的可见部分的轮廓如窗台、墙身、阳台、楼梯段等，均用中实线绘制；没有剖切到的高窗、墙洞和不可见部分的轮廓线都用中虚线绘制；引出线、尺寸标注线等用细实线绘制；定位墙

线、中心线和对称线等用细点画线绘制。

9.1.2 建筑平面图分类及特点

依据剖切位置的不同，建筑平面图可分为如下几类。

1. 底层平面图

底层平面图又称首层平面图或一层平面图。底层平面图的形成，是将剖切平面的剖切位置放在建筑物的一层地面与从一楼通向二楼的休息平台（即一楼到二楼的第一个梯段）之间，尽量通过该层上所有的门窗洞，剖切之后进行投影得到的。

2. 标准层平面图

对于多层建筑，如果建筑内部平面布置每层都具有差异，则应该每一层都绘制一个平面图，平面图的名称可以本身的楼层数命名。但在实际的建筑设计过程中，多层建筑往往存在相同或相近平面布置形式的楼层，因此在绘制建筑平面图时，可将相同或相近的楼层共用一幅平面图表示，这个平面图称为“标准层平面图”。

3. 顶层平面图

顶层平面图是位于建筑物最上面一层的平面图，具有与其他层相同的功用，它也可用相应的楼层数来命名。

4. 屋顶平面图

屋顶平面图是指从屋顶上方向下所作的俯视图，主要用来描述屋顶的平面布置。

5. 地下室平面图

地下室平面图是指对于有地下室的建筑物，在地下室的平面布置情况。

9.1.3 建筑平面图的绘制内容

建筑平面图虽然类型和剖切位置都有所不同，但绘制的具体内容基本相同，主要包括如下几个方面。

- 建筑物平面的形状及总长、总宽等尺寸。
- 建筑平面房间组合和各房间的开间、进深等尺寸。
- 墙、柱、门窗的尺寸、位置、材料及开启方向。
- 走廊、楼梯、电梯等交通联系部分的位置、尺寸和方向。
- 阳台、雨篷、台阶、散水和雨水管等附属设施的位置、尺寸和材料等。
- 未剖切到的门窗洞口等（一般用虚线表示）。
- 楼层、楼梯的标高，定位轴线的尺寸和细部尺寸等。
- 屋顶的形状、坡面形式、屋面做法、排水坡度、雨水口位置、电梯间、水箱间等的构造和尺寸等。
- 建筑说明、具体做法、详图索引、图名、绘图比例等详细信息。

9.1.4 建筑平面图的绘制要求

根据我国《房屋建筑 CAD 制图统一规则》(GB/T18112—2000)，以及《房屋建筑制图统一标准》(GB/T50001—2001) 标准要求，建筑平面图在比例、线型、字体、轴线标注、详图符号索引等几方面有如下规定。

1. 比例

根据建筑物不同大小，建筑平面图可采用 1:50、1:100、1:200 等比例绘图。为了绘图计算方便，一般建筑平面图采用 1:100 比例尺，个别平面详图采用 1:20 或 1:50 绘制。

2. 线型

根据规范要求，平面图中不同的线型表示不同的含义。定位轴线统一采用点画线表示，并给予编号；被剖切到的墙体、柱子的轮廓线采用粗实线表示；门的开启线采用中实线绘制；其余可见轮廓线、尺寸标注线和标高符号等采用细实线表示。

3. 字体

字体采用标准汉字矢量字库字体，一般采用仿宋体。汉字字高不小于 2.5mm，数字和字母高度不应小于 1.8mm。

4. 尺寸标注

尺寸标注分为外部尺寸与内部尺寸。外部尺寸标注在平面图的外部，分为 3 道标注。最外面一道是总尺寸，表示房屋的总长和总宽；中间一道是定位尺寸，表示房屋的开间和进深；最里面一道是细部尺寸，表示门窗洞口、窗间墙、墙厚等细部尺寸；同时还应注写室外附属设施，如台阶、阳台、散水和雨篷等尺寸。

内部尺寸一般应标注室内门窗洞、墙厚、柱、砖垛和固定设备（如厕所、盥洗室等）的大小位置及其他需要详细标注的尺寸等。

5. 轴线标注

定位轴线必须在端部按规定标注编号。水平方向从左至右采用阿拉伯数字编号，竖直方向采用大写英文字母编号（其中 I、O、Z 不能使用）。建筑内部局部定位轴线可采用分数标注轴线编号。

6. 详图索引符号

为配合平面图表示，建筑平面图中常需引用标准图集或其他详图上的节点图样作为说明，这些引用图集或节点详图均应在平面图上以详图索引符号表示出来。

9.1.5 建筑平面图绘制的一般步骤

在绘制建筑平面图时，一般按照建筑设计尺寸绘制，绘制完成后依据具体图样篇幅套入相应图框打印完成。一幅图上主要比例应一致，比例不同的应根据出图时所用比例表示清楚。

绘制建筑平面图的一般步骤如下：

01 设置绘图环境。根据所绘建筑长度尺寸相应调整绘图区域、精度、角度单位和建立相应的图层。根据建筑平面图表示内容的不同，一般需要建立如下图层：轴线、墙体、柱子、门窗、楼梯、阳台、标注和其他等 8 个图层。

02 绘制定位轴线。在"轴线"图层上用点画线将轴线绘制出来，形成轴线网。

03 绘制各种建筑构配件。包括墙体、柱子、门窗、阳台、楼梯等。

04 绘制建筑细部内容和布置室内家具。

05 绘制室外周边环境（底层平面图）。

06 标注尺寸、标高符号、索引符号和相关文字注释。

07 添加图框、图名和比例等内容，调整图幅比例和各部分位置。

08 打印输出。

9.2 绘制高层住宅标准层平面图

高层住宅是城市化、工业化的产物，钢材和混凝土的大量运用、电梯的发明使住宅建设向空间发展成为一种趋势，高层住宅最大的优点就是可以节约土地。

本节以绘制某高层住宅标准层平面图为例，讲述建筑平面图的一般绘制方法与技巧。

视频教学	
视频文件：	AVI\第 09 章\9.2.avi
播放时长：	36 分 43 秒

9.2.1 设置绘图环境

在开始绘制图形之前，需要对新建文件进行相应的设置，确定各选项参数。具体操作步骤如下：

01 启动 AutoCAD 2012 应用程序。单击【文件】｜【新建】菜单命令，弹出【选择样板】对话框，选择"acadiso.dwt"选项，如图 9-2 所示。单击【打开】按钮，新建一个图形样板文件。

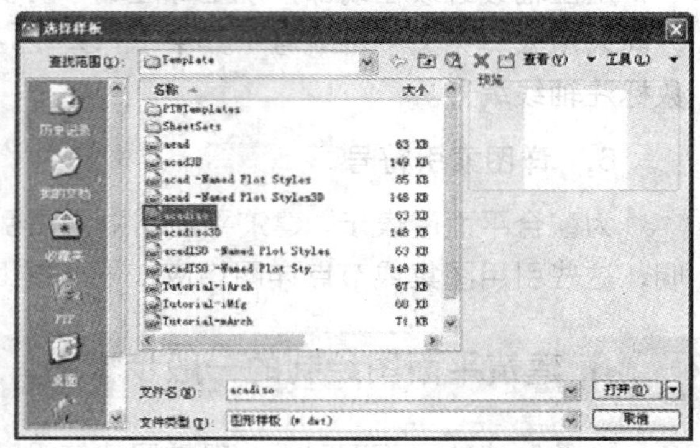
图 9-2 "选择样板"对话框

02 设置绘图范围。单击【格式】｜【图形界限】菜单命令，设置绘图区域。单击【视图】｜【缩放】｜【全部】菜单命令，完成观察范围的设置。其命令行提示如下：

```
命令: limits↙
重新设置模型空间界限:
指定左下角点或 [开(ON)/关(OFF)] <0.0000, 0.0000>:↙        //直接按回车键接受默认值
指定右上角点 <420.0000,297.0000>: 25000, 15000↙         //输入右上角坐标"25000,
15000"后按回车键完成绘图范围的设置
```

03 设置图形单位。单击【格式】|【单位】菜单命令，弹出【图形单位】对话框，在"类型"选项栏中选择"小数"选项，在"精度"选项栏中选择 0.00 选项。在"插入时的缩放单位"选项栏中选择"无单位"选项，其他保持不变，如图 9-3 所示。单击【确定】按钮，完成图形单位的设置。

04 设置图层。单击【格式】|【图层】菜单命令，弹出【图层特性管理器】对话框，新建如图 9-4 所示的图层。单击【关闭】按钮，完成图层的设置。

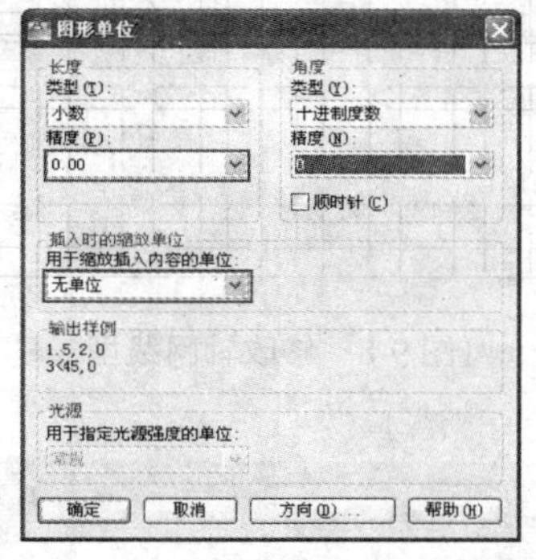

图 9-3 "图形单位"对话框

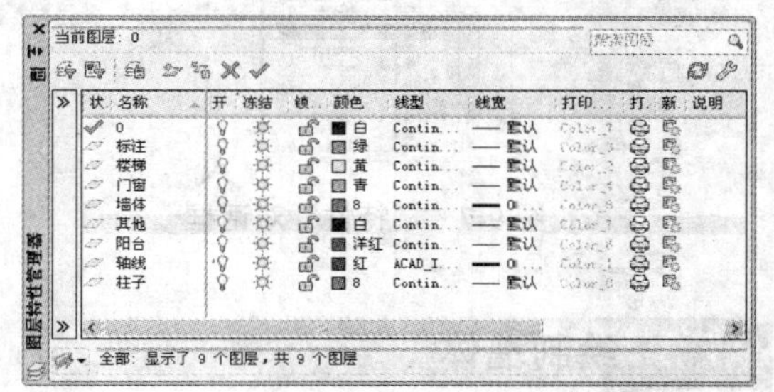

图 9-4 "图层特性管理器"对话框

9.2.2 绘制定位轴线

对绘图环境进行设置完以后，就可以绘制平面图了。绘制建筑平面图的第一步就是绘制定位轴线和轴线。轴网是指由横、竖向轴线所构成的网格。轴线是墙柱中心线或根据需要偏离中心线的定位线，它是平面图的框架，墙体、柱子、门窗等主要构件都应由轴线来确定其位置，所以绘制平面图时应先绘制轴网。

绘制轴网的具体操作步骤如下：

01 将"轴线"图层置为当前层。

02 单击绘图工具栏中的 LINE（直线）按钮，配合"正交"功能，绘制一条水平直线和一条垂直线，效果与具体尺寸如图 9-5 所示。

03 单击修改工具栏中的 OFFSET（偏移）按钮，根据轴线间距离生成轴线网，效果如图 9-6 所示。

04 选中所有轴线，按下快捷键 Ctrl + 1，打开【特性】对话框，修改线型比例为 150，如图 9-7 所示。此时就得到轴线网效果如图 9-8 所示。

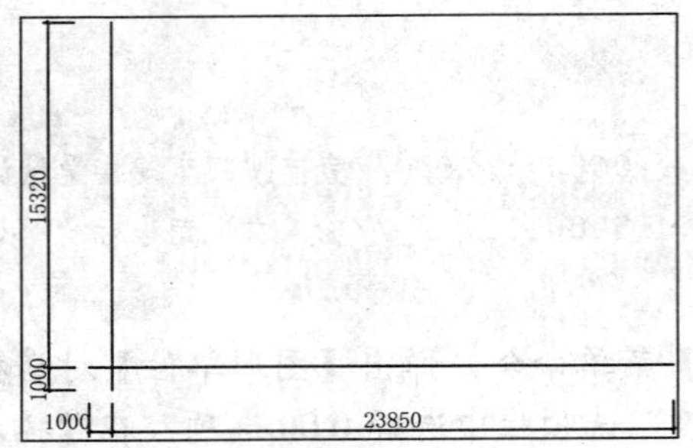

图 9-5　绘制水平轴线和垂直轴线

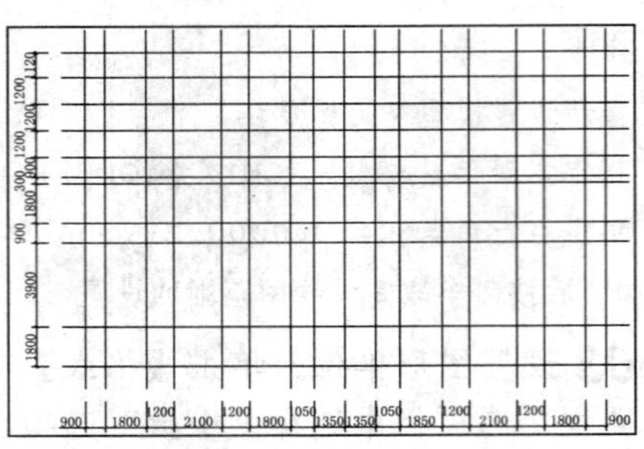

图 9-6　绘制轴网

图 9-7　“特性”对话框

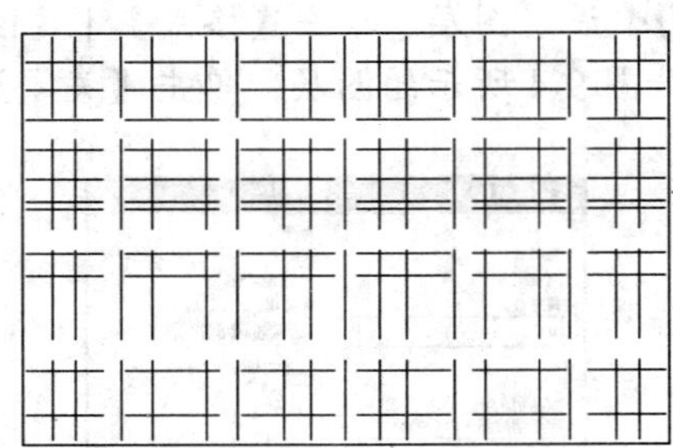

图 9-8　修改轴网线型

9.2.3 绘制墙体

建筑平面图中的墙体是用一个假想的水平剖切平面，沿墙体中间位置剖切所得的水平剖面图，它反映建筑的平面形状、大小和房间的布置、墙的位置和厚度等。门窗等都必须依附于墙体而存在，而墙体的绘制采用两根粗实线表示。

绘制墙体的具体操作步骤如下：

01 将“墙体”图层置为当前层，颜色、线型和线宽随图层。

02 单击【绘图】|【多线】菜单命令，设置多线宽度为 200，对齐方式为“居中”，配合“交点捕捉”功能，绘制出所有墙体；然后将“轴线”图层隐藏起来，效果如图 9-9 所示。

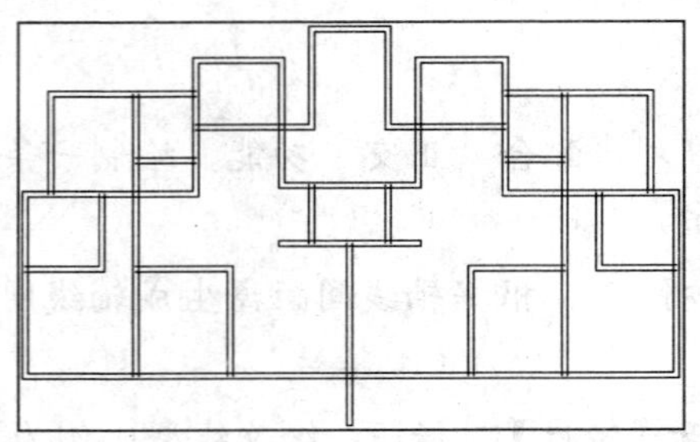

图 9-9　绘制墙体

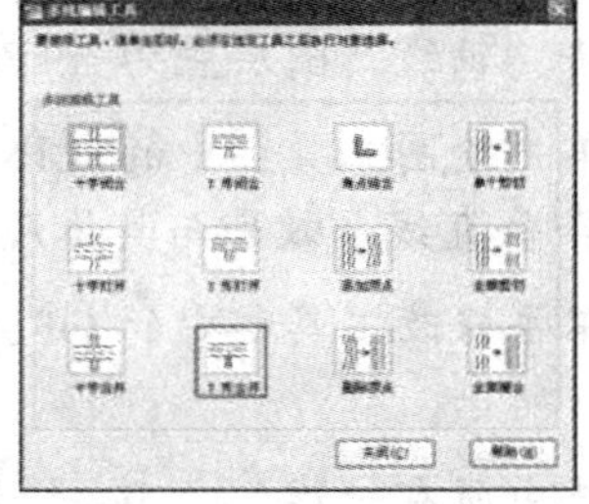

图 9-10　“多线编辑工具”对话框

03 单击【修改】|【对象】|【多线】菜单命令，弹出【多线编辑工具】对话框，如图 9-10 所示。按照对话框中图例选择需要修改多线的类型，单击相应的多线编辑工具，对话框消失，然后根据命令行提示进行操作。

04 以两段 T 形交叉的墙体为例说明多线编辑工具的使用方法。在【多线编辑工具】对话框中，单击【T 形合并】按钮，进入绘图区中单击作为“垂线引线”的一段墙体，然后单击作为“垂线”的一段墙体，即可完成该段墙体的编辑，效果如图 9-11 所示。

05 同样方法完成所有墙体的编辑。但是墙体与周围墙体的接头还不能全部直接使用上述命令进行修改，当有几段墙体是单独绘制的，此时就需先将墙体进入分解，然后再进行修剪。绘制完成的墙体效果如图 9-12 所示。

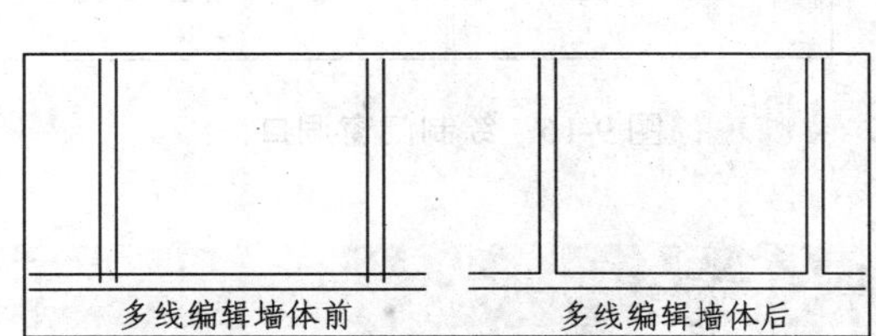

图 9-11 多线编辑墙体

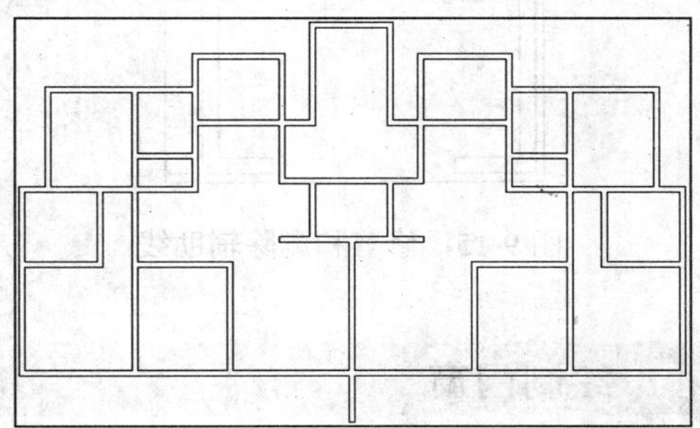

图 9-12 编辑墙体效果

9.2.4 绘制门窗洞口

绘制门窗洞口的方法是根据墙体到门窗洞口的距离，绘制和偏移辅助线，然后对辅助线进行修剪。一般来说，窗洞的位置一般在两端墙体的中间。接下来以左下角一段墙体为例来说明绘制门窗洞口的方法。具体操作步骤如下：

01 将“墙体”图层置为当前层。

02 单击绘图工具栏中的 LINE（直线）按钮，沿左下角外墙内角点绘制一条垂直线，效果如图 9-13 所示。

03 单击修改工具栏中的 OFFSET（偏移）按钮，生成窗户洞口的辅助线，效果如图 9-14 所示。

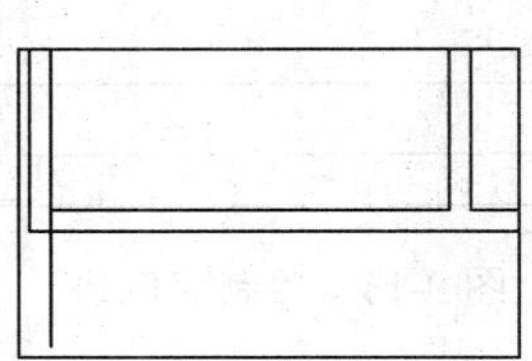

图 9-13 绘制垂直线

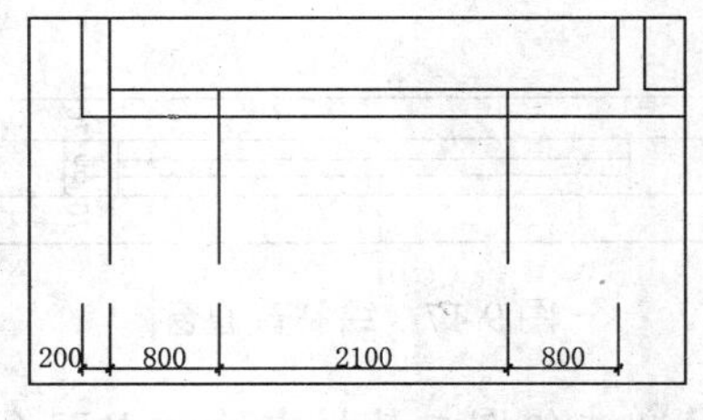

图 9-14 生成辅助线

04 单击修改工具栏中的 TRIM（修剪）按钮，将辅助线和洞口处的墙线进行修剪；单击修改工具栏中的 ERASE（删除）按钮，将绘制的垂直辅助线进行删除，效果如图 9-15 所示。

05 门洞的绘制方法与窗洞相似，同样方法完成所有门窗洞口的绘制，效果如图 9-16 所示。

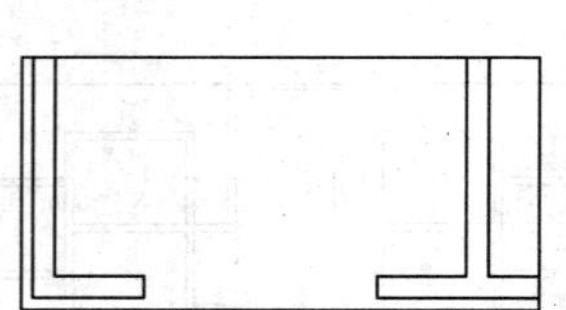

图 9-15　修剪和删除辅助线

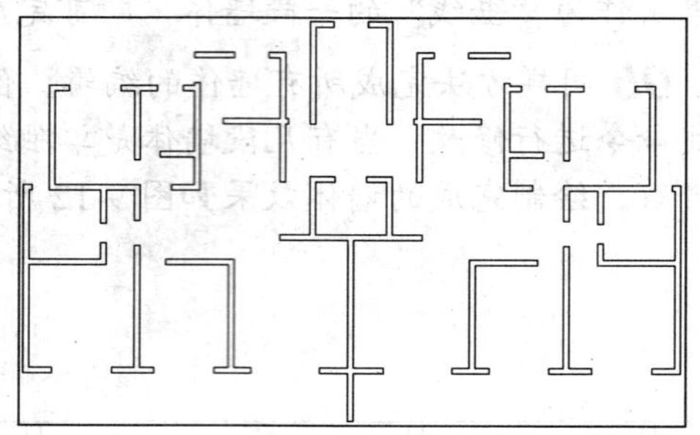

图 9-16　绘制门窗洞口

9.2.5 绘制门窗

门窗是组成建筑物的重要构件，是建筑软件中仅次于墙体的重要对象，在建筑立面中起着建筑维护及装饰作用。接下来介绍门窗的绘制方法。

1. 绘制普通窗

绘制普通窗的具体操作步骤如下：

01 将"门窗"图层置为当前层。

02 单击绘图工具栏中的 LINE（直线）按钮，沿窗洞口绘制直线；单击修改工具栏中的 OFFSET（偏移）按钮，将窗口线向内偏移 70，即可完成普通窗的绘制，如图 9-17 所示是一个普通窗的效果。

2. 绘制飘窗

下面以绘制左下角的飘窗为例来说明绘制飘窗的方法，绘制飘窗的具体操作步骤如下：

01 单击绘图工具栏中的 LINE（直线）按钮，绘制飘窗的窗口线，效果如图 9-18 所示。

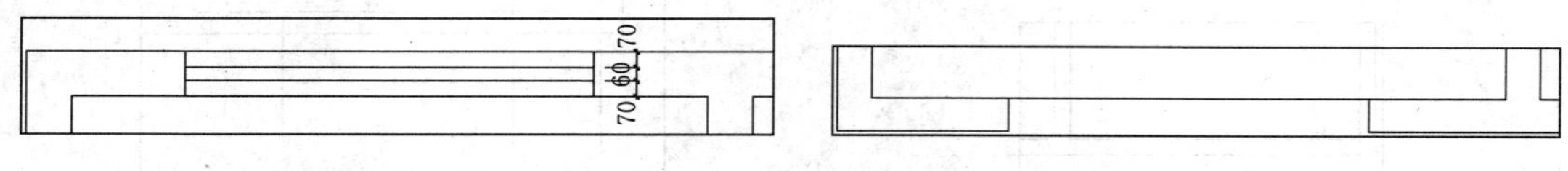

图 9-17　绘制普通窗

图 9-18　绘制窗口线

02 单击绘图工具栏中的 PLINE（多段线）按钮，配合"正交"功能，绘制出飘窗的内轮廓线，效果如图 9-19 所示。

03 单击修改工具栏中的 OFFSET（偏移）按钮，生成飘窗的窗户线，效果如图 9-20 所示。

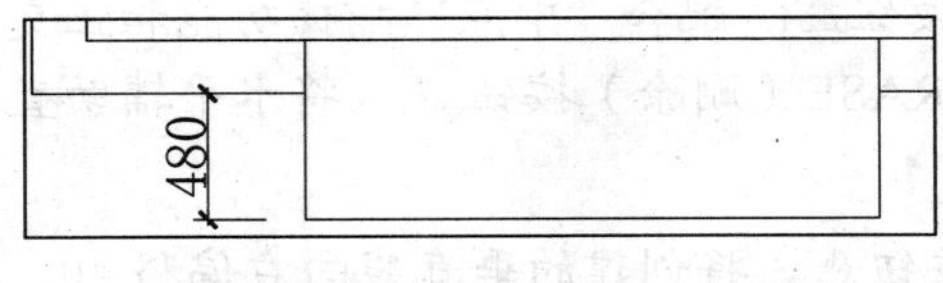

图 9-19 绘制飘窗内轮廓线

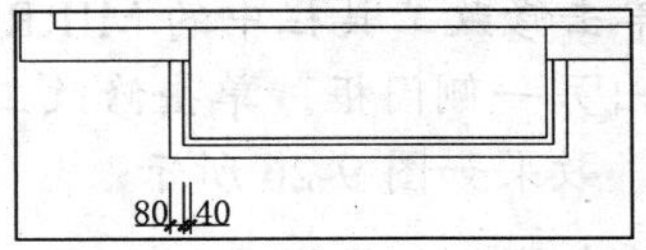

图 9-20 绘制飘窗窗户线

3. 绘制电梯门

绘制电梯门的具体操作步骤如下：

01 单击绘图工具栏中的 LINE（直线）按钮，绘制电梯门口线和一根垂直辅助线，效果如图 9-21 所示。

02 单击修改工具栏中的 OFFSET（偏移）按钮，生成电梯门的辅助线，效果如图 9-22 所示。

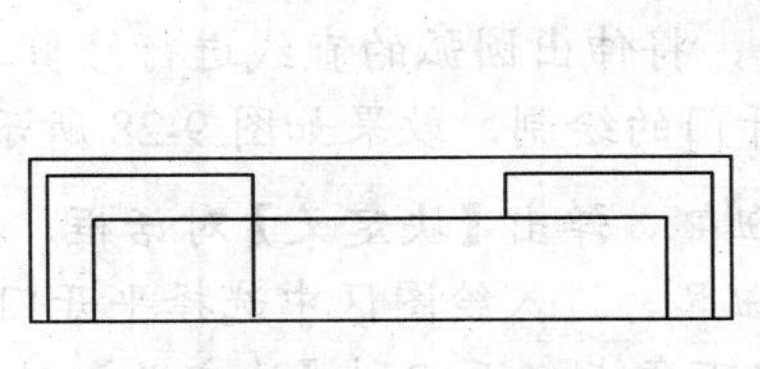
图 9-21 绘制电梯门口线和辅助线

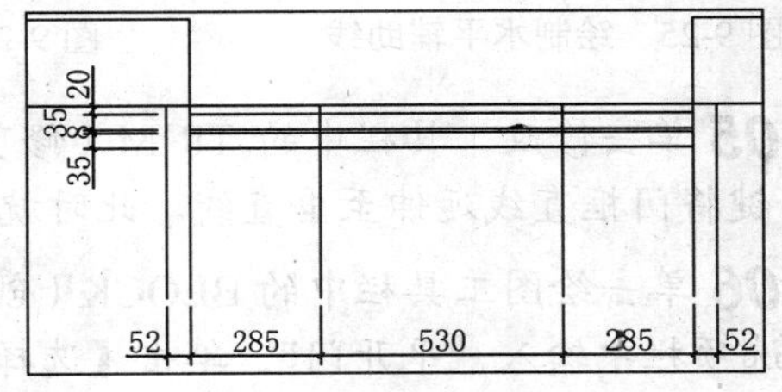

图 9-22 偏移辅助线

03 单击修改工具栏中的 TRIM（修剪）按钮，配合 Shift 键的延伸功能，将辅助线进行修剪和延伸；单击修改工具栏中的 ERASE（删除）按钮，将辅助线进行删除，得到电梯门效果如图 9-23 所示。

4. 绘制平开门

门是建筑物重要的围护构件，是各个功能分区的连接通道。绘制平开门的具体操作步骤如下：

01 单击绘图工具栏中的 LINE（直线）按钮，配合正交功能，绘制左侧门框，效果如图 9-24 所示。

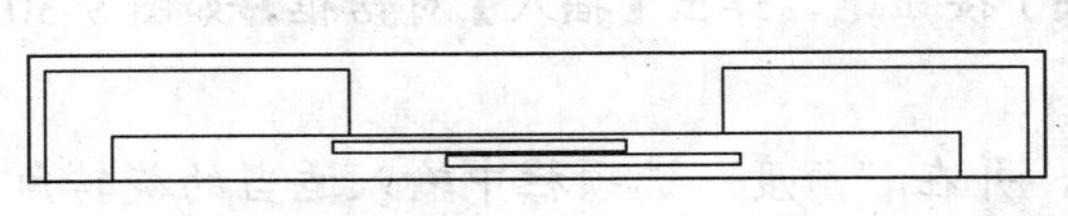
图 9-23 修剪和删除辅助线

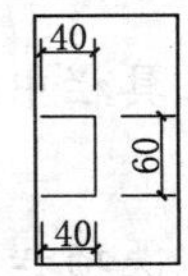

图 9-24 绘制左侧门框

02 单击绘图工具栏中的 LINE（直线）按钮，配合“端点”捕捉功能，绘制一条水平辅助直线和一条垂直辅助直线，效果如图 9-25 所示。

03 单击修改工具栏中的 MIRROR（镜像）按钮，配合“中点”捕捉功能和正交功能，复制出另一侧门框。单击修改工具栏中的 ERASE（删除）按钮，将水平辅助直线进行删除，效果如图 9-26 所示。

04 单击修改工具栏中的 OFFSET（偏移）按钮，将创建的垂直线向右偏移 40。单击绘图工具栏中的 ARC（圆弧）按钮，配合端点捕捉功能，绘制平开门的方向开启线，效果如图 9-27 所示。

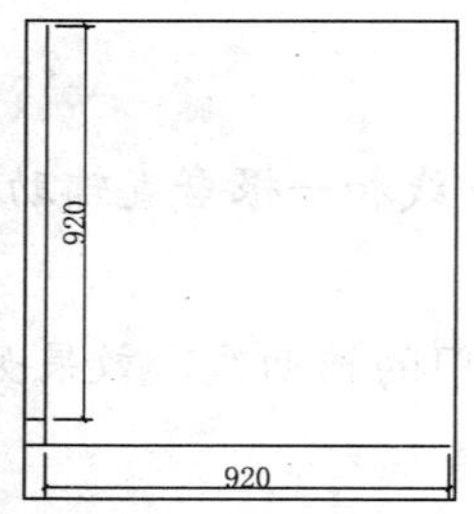

图 9-25　绘制水平辅助线

图 9-26　复制门框

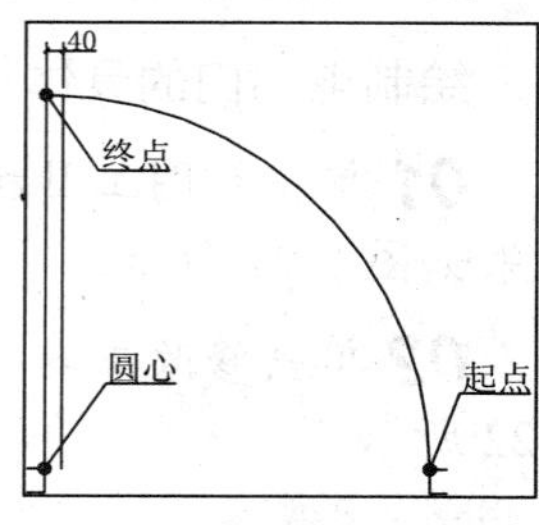

图 9-27　绘制平开门开启线

05 单击修改工具栏中的 TRIM（修剪）按钮，将伸出圆弧的直线进行修剪，按住 Shift 键将门框直线延伸至垂直线，此时就完成了平开门的绘制，效果如图 9-28 所示。

06 单击绘图工具栏中的 BLOCK（创建块）按钮，弹出【块定义】对话框，在“名称”选项栏中输入“平开门”。单击【选择对象】按钮，进入绘图区中选择平开门对象，单击【拾取点】按钮，进入绘图区中单击平开门左下角点，返回到【块定义】对话框，效果如图 9-29 所示。单击【确定】按钮，完成平开门块的定义。

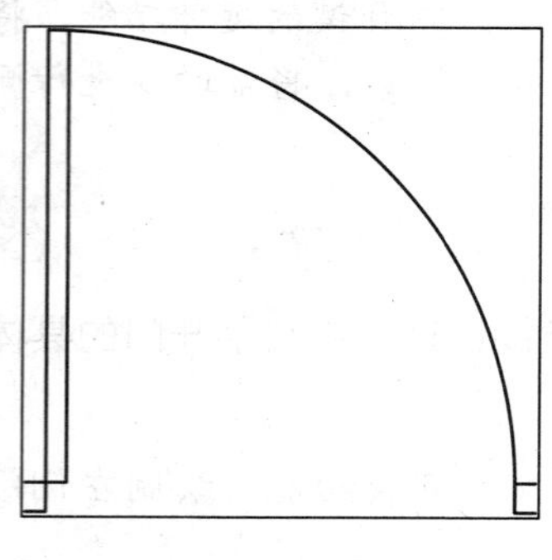

图 9-28　修剪和延伸直线

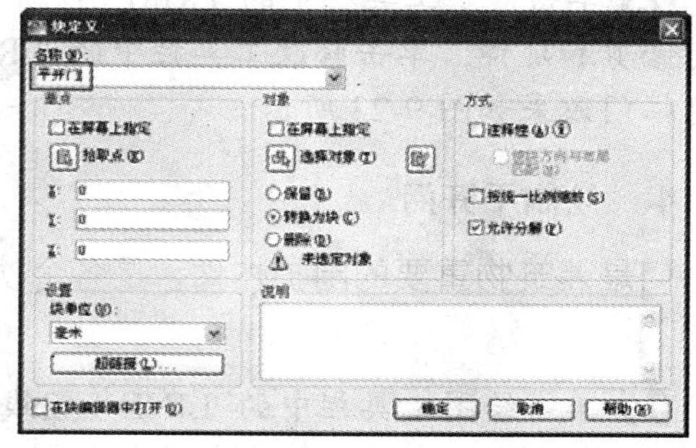

图 9-29　“块定义”对话框

07 单击绘图工具栏中的 INSERT（插入块）按钮，弹出【插入】对话框，如图 9-30 所示。

08 在“比例”选项栏中输入适当的比例，并在“角度”选项栏中输入适当的旋转角度。单击【确定】按钮，进入绘图区中，配合“镜像、旋转、移动”等功能插入平开门，完成效果如图 9-31 所示。

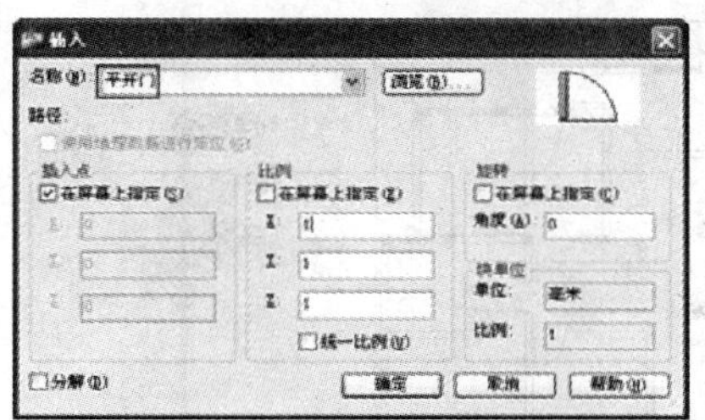

图 9-30　“插入”对话框

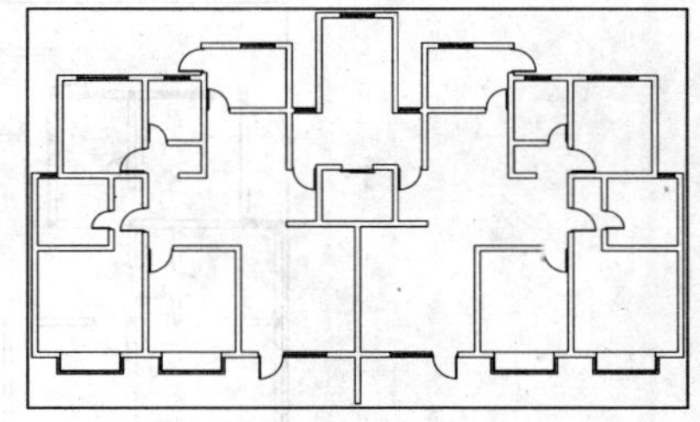

图 9-31　绘制平开门

9.2.6 绘制柱子

柱子是房屋建筑中不可缺少的一部分，是房屋的承重构件。在建筑设计当中，柱子的主要功能是起到结构支撑作用，也有的是起到装饰美观的功能。

绘制柱子的具体操作步骤如下：

01 将“柱子”图层置为当前层。

02 单击绘图工具栏中的 RECTANG（矩形）按钮，绘制出柱子的轮廓线，效果如图 9-32 所示。

03 单击绘图工具栏中的 HATCH（图案填充和渐变色）按钮，弹出“图案填充和渐变色”对话框，然后单击显示“填充图案选项板”对话框按钮，在弹出的“填充图案选项板”对话框双击 SOLID 选项，返回到【图案填充和渐变色】对话框中，效果如图 9-33 所示。

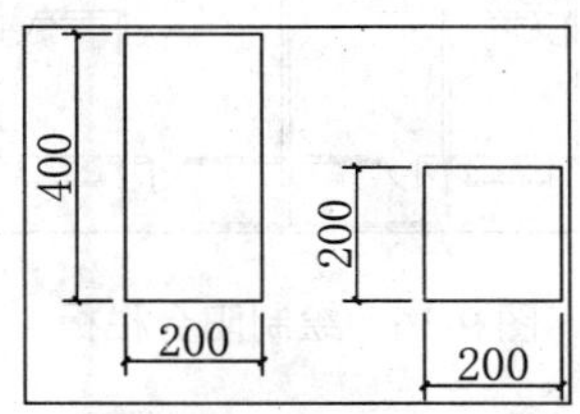

图 9-32　绘制柱子轮廓线

图 9-33　“图案填充和渐变色”对话框

04 单击【添加：选择对象】按钮，进入绘图区中选择其中一个矩形后按回车键，返回到“图案填充和渐变色”对话框中，完成一个柱子的填充。同样方法完成另一个柱子的图案填充。

05 单击修改工具栏中的 COPY（复制）按钮，配合“对象捕捉”功能，将柱子复制到标准层平面图中，效果如图 9-34 所示。

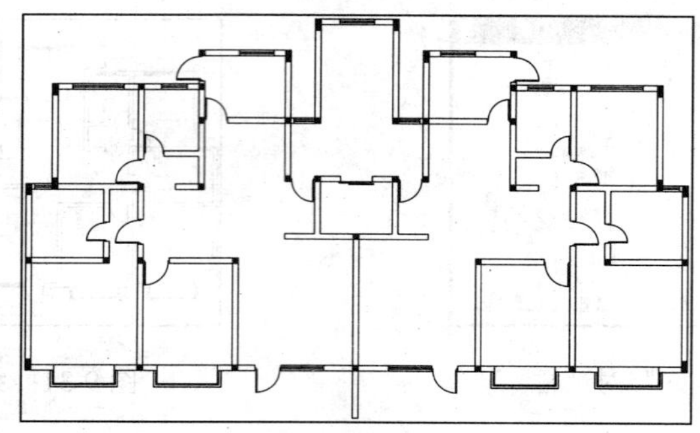

图 9-34　插入柱子

9.2.7 绘制阳台

阳台作为居住者的活动平台，具有便于用户接受光照，呼吸新鲜空气，进行户外观赏、纳凉以及晾晒衣物等作用。人们根据需要来确定阳台的面积，面积狭小的阳台不宜过多摆放设施。

绘制阳台的具体操作步骤如下：

01 将“阳台”图层置为当前层。

02 单击绘图工具栏中的 PLINE（多段线）按钮，根据阳台设计宽度，配合“对象捕捉”功能，绘制出阳台的外轮廓线，效果如图 9-35 所示。

03 单击修改工具栏中的 OFFSET（偏移）按钮，根据阳台栏板设计宽度 100mm，向内偏移生成阳台栏板线，效果如图 9-36 所示。

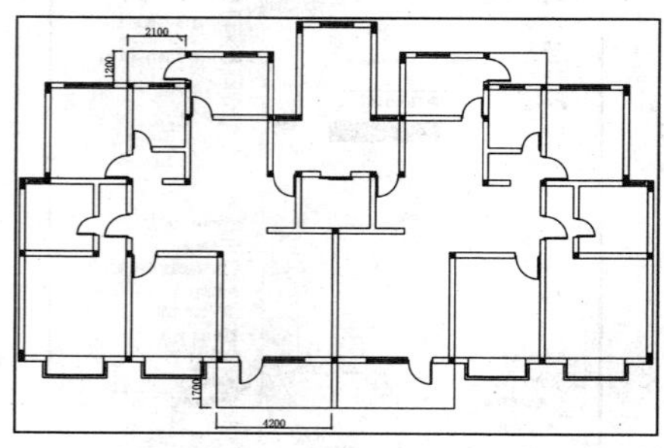

图 9-35　绘制阳台外轮廓线

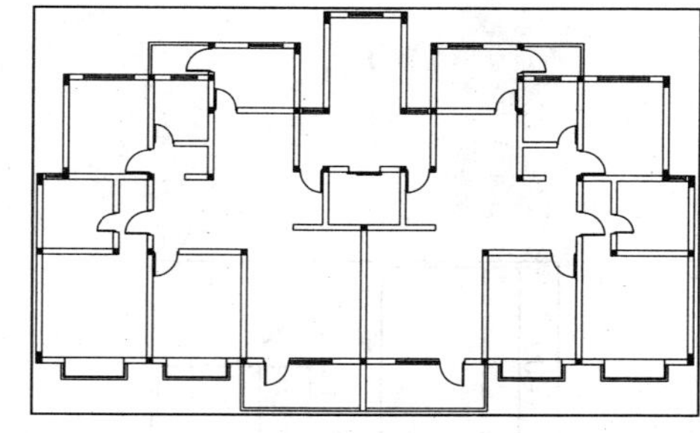

图 9-36　绘制阳台栏板

9.2.8 绘制楼梯和电梯

楼梯和电梯是重要的室内设施，是垂直交通的连接通道。下面分别讲述绘制楼梯和电梯的方法。

1. 绘制楼梯

楼梯是联系上下层的垂直交通设施，楼梯应满足人们正常的垂直交通、搬运家具设备和紧急情况下安全疏散的要求，其数量、位置、形式应符合有关规范和标准的规定。

绘制楼梯的具体操作步骤如下：

01 将“楼梯”图层置为当前层。

02 单击绘图工具栏中的 LINE（直线）按钮，沿楼梯间内墙角绘制一条水平辅助线和一条垂直线辅助线，效果如图 9-37 所示。

03 单击修改工具栏中的 OFFSET（偏移）按钮，根据台阶设计宽度、楼梯扶手宽度和梯井设计宽度，生成楼梯平面的辅助线，效果如图 9-38 所示。

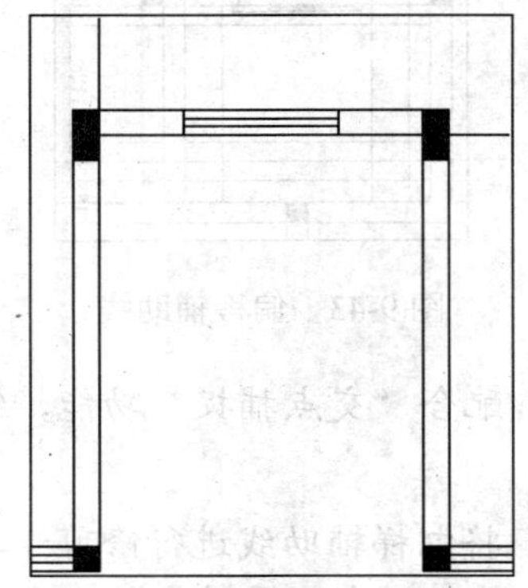

图 9-37 绘制水平辅助线和垂直辅助线

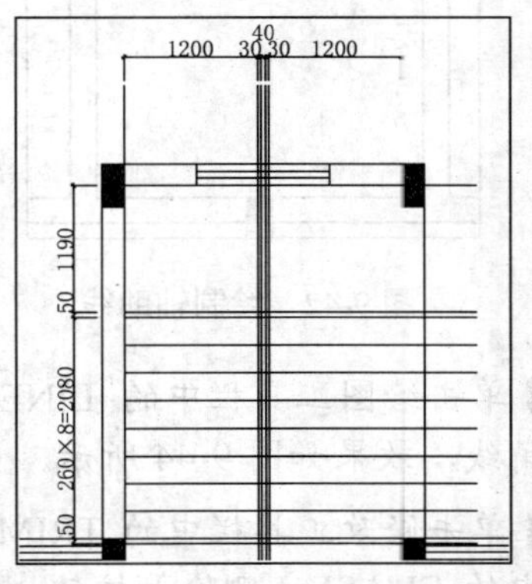

图 9-38 生成楼梯辅助线

04 单击修改工具栏中的 TRIM（修剪）按钮，将辅助线进行修剪；单击修改工具栏中的 ERASE（删除）按钮，将多余的辅助线进行删除，效果如图 9-39 所示。

05 单击绘图工具栏中的 PLINE（多段线）按钮，绘制出折断线，效果如图 9-40 所示。

06 单击绘图工具栏中的 PLINE（多段线）按钮，绘制出方向箭头。单击绘图工具栏中的 MTEXT（多行文字）按钮，绘制出楼梯方向指示文字，效果如图 9-41 所示。

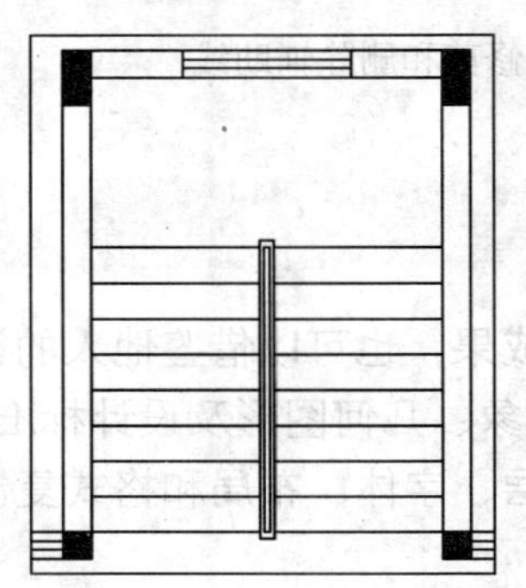

图 9-39 修剪和删除辅助线

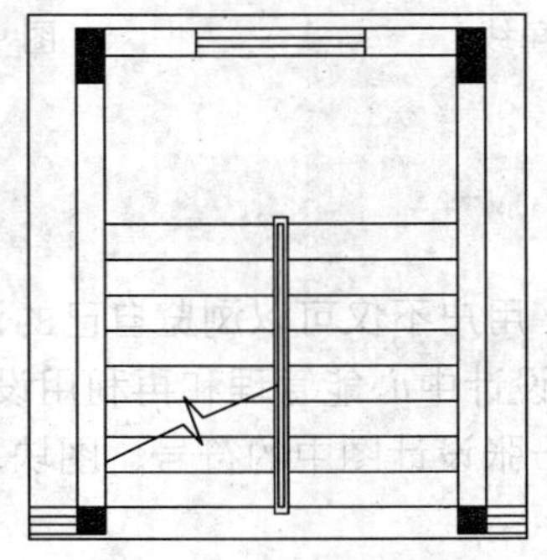

图 9-40 绘制折断线

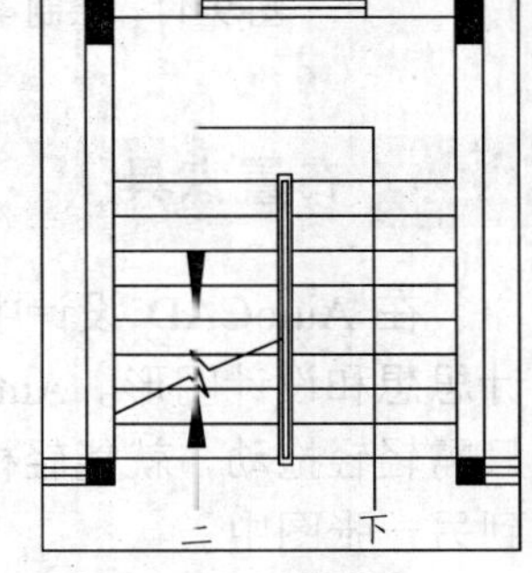

图 9-41 绘制方向箭头和文字

2. 绘制电梯

电梯是现代多层及高层建筑中常用的建筑设备，目的是为了人们能够便捷、快速地上

下楼。绘制电梯的具体操作步骤如下：

01 单击绘图工具栏上的 LINE（直线）按钮，沿电梯房墙内角绘制一条水平辅助线和一条垂直辅助线，效果如图 9-42 所示。

02 单击修改工具栏中的 OFFSET（偏移）按钮，生成电梯箱和平衡块的辅助线，效果如图 9-43 所示。

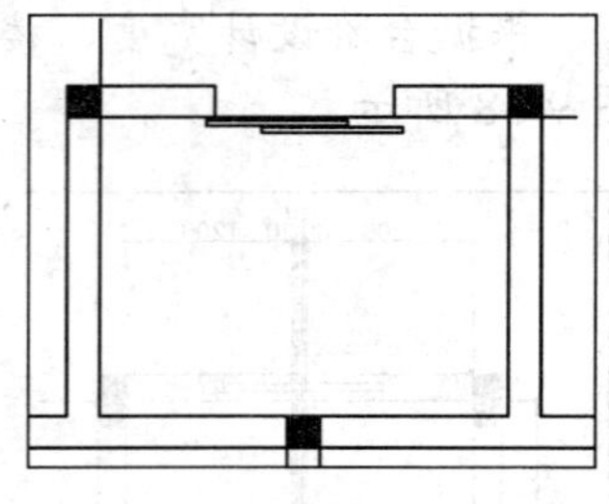

图 9-42　绘制辅助线

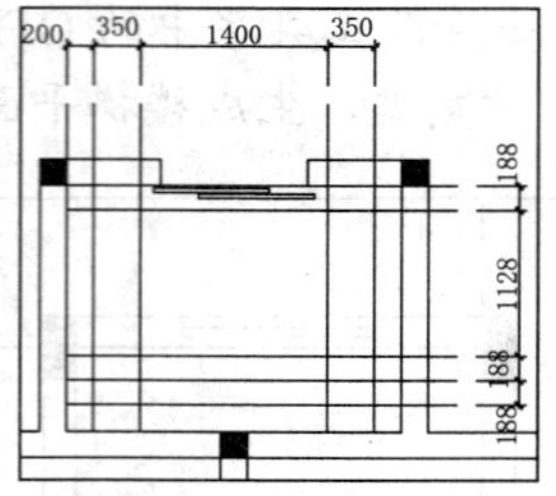

图 9-43　偏移辅助线

03 单击绘图工具栏中的 LINE（直线）按钮，配合"交点捕捉"功能，绘制电梯箱的对角线，效果如图 9-44 所示。

04 单击修改工具栏中的 TRIM（修剪）按钮，将电梯辅助线进行修剪；单击修改工具栏中的 ERASE（删除）按钮，将多余的辅助线进行删除，得到电梯效果如图 9-45 所示。

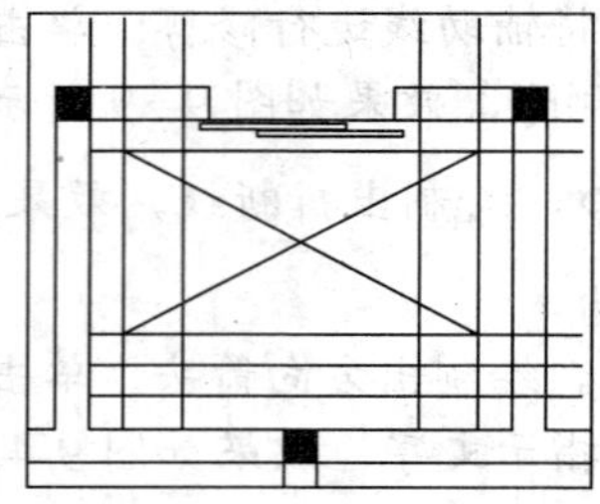

图 9-44　绘制电梯箱对角线

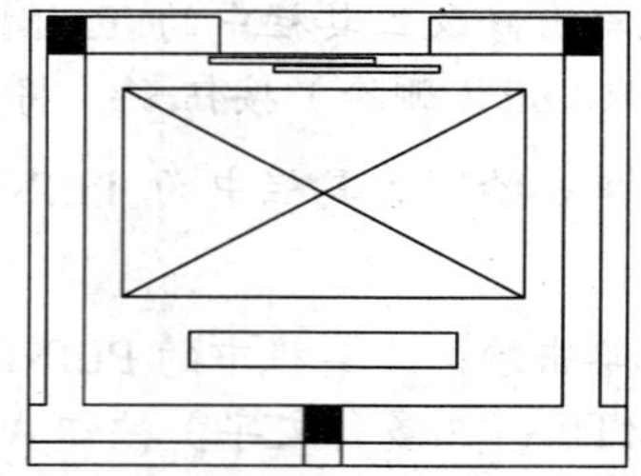

图 9-45　修剪和删除辅助线

9.2.9 布置家具

在 AutoCAD 设计中心里，用户不仅可以浏览自己的设计成果，也可以借鉴他人的设计思想和设计图形。AutoCAD 设计中心能管理和再利用设计对象、几何图形及设计标准。只需轻轻拖动，就能轻松地将一张设计图中的符号、图块、图层、字体、布局和格式复制到另一张图中。

布置家具的具体操作步骤如下：

01 将"其他"图层置为当前层。

02 单击【工具】|【选项板】|【设计中心】菜单命令（或按下快捷键 Ctrl + 2），打开"设计中心"对话框，利用树状目录，选择"块"选项，如图 9-46 所示。

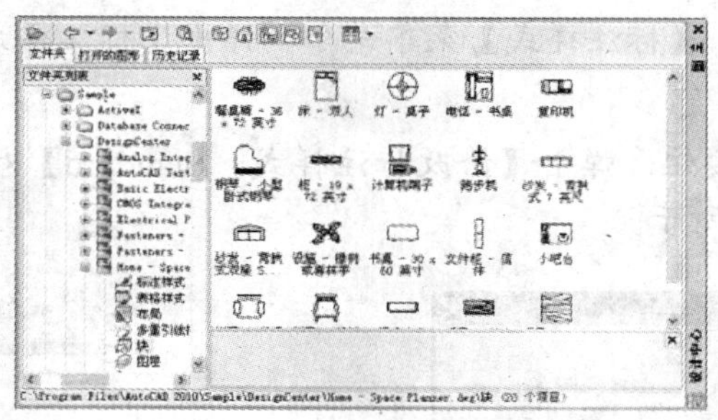

图 9-46　“设计中心”对话框

03 拖动需要的图块到绘图空白区域中，然后利用“缩放、旋转、镜像、移动、复制”等功能，对插入的块进行调整，并布置在平面图中适当位置上，效果如图 9-47 所示。

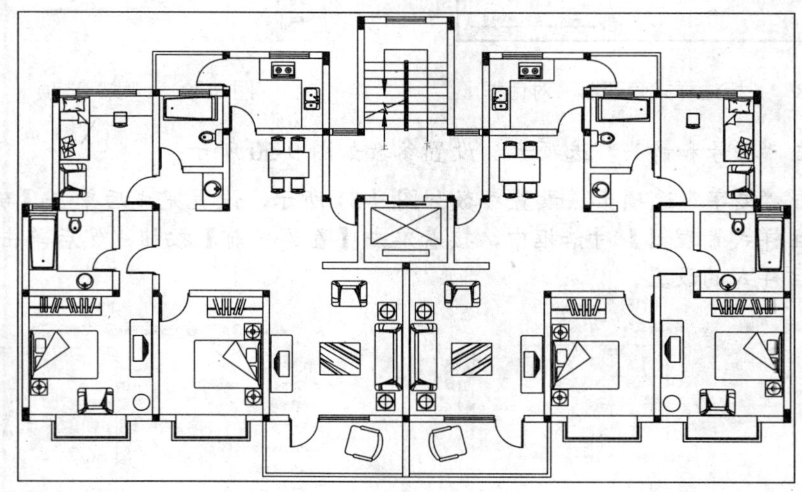

图 9-47　布置家具

9.2.10 尺寸标注和文字说明

尺寸标注和文字说明是所有设计图样不可缺少的一部分，是建筑施工的依据，更能体现建筑的各个细节方面。

1. 尺寸标注

建筑平面图中的尺寸标注可分为外部尺寸和内部尺寸两种。这两种尺寸反映建筑物中房间的开间、进深、门窗及室内设备的大小和位置等。外部尺寸有利于读图和施工，一般在图形的下方及左侧注写。外部尺寸一般分为 3 道标注，但对于台阶（或坡道）及散水等部分的尺寸和位置可单独标注。内部尺寸包括室内房间的净尺寸、门窗洞、墙厚、柱、砖垛和固定设备（如厕所、工作台、搁板等）的大小和位置。

平面图的外部尺寸一般有三道，最内侧为窗户尺寸，中间为开间尺寸，最外侧为建筑外轮廓尺寸，包括墙体尺寸。绘制尺寸标注的具体操作步骤如下：

01 单击【格式】|【标注样式】菜单命令，弹出【标注样式管理器】对话框，如图 9-48 所示。

02 单击【修改】按钮，弹出【修改标注样式：Standard】对话框，单击“线”选项卡，设置参数如图 9-49 所示。

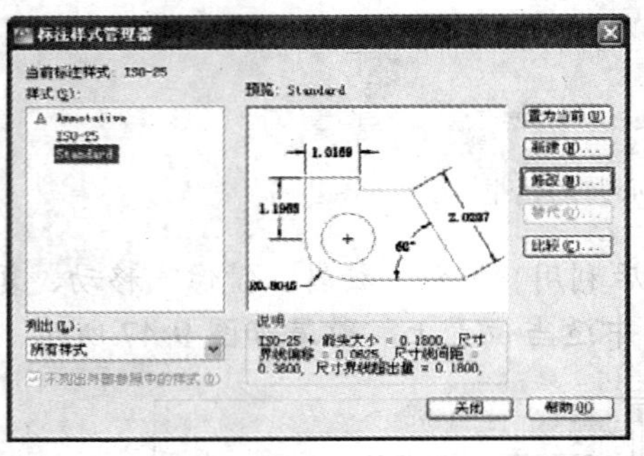

图 9-48 “标注样式管理器”对话框

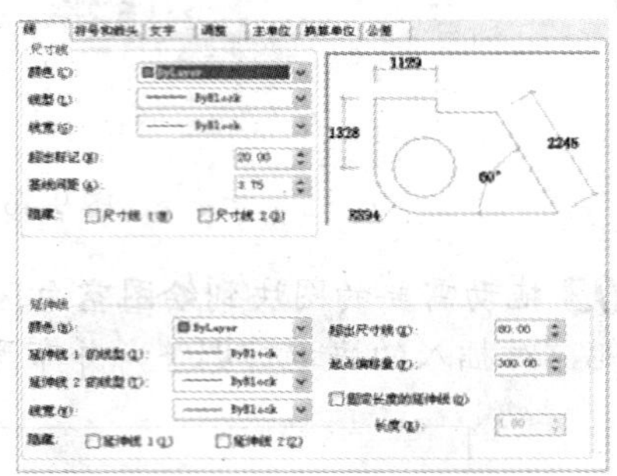

图 9-49 “线”选项卡

03 单击“符号和箭头”选项卡，设置参数如图 9-50 所示。

04 单击“文字”选项卡，设置参数如图 9-51 所示，设置完成后单击【确定】按钮，返回到【标注样式管理器】对话框中，接着单击【置为当前】按钮，然后单击【关闭】按钮，完成标注样式的设置。

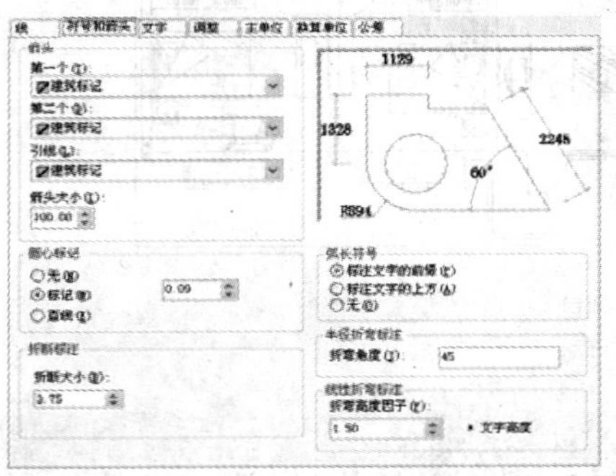

图 9-50 “符号和箭头”选项卡

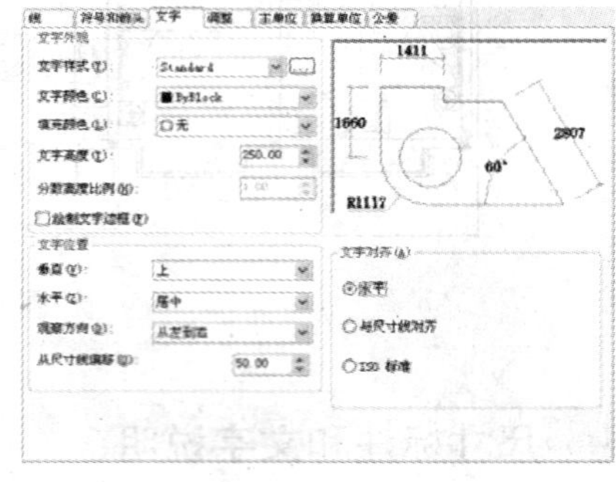

图 9-51 “文字”选项卡

05 将“轴线”图层显示出来，单击【标注】|【线性】菜单命令，标注左下角第一个尺寸标注。单击【标注】|【连续】菜单命令，依次标注南面第一道尺寸标注。单击修改工具栏中的 MOVE（移动）按钮，将尺寸标注线移动至阳台下方，效果如图 9-52 所示。

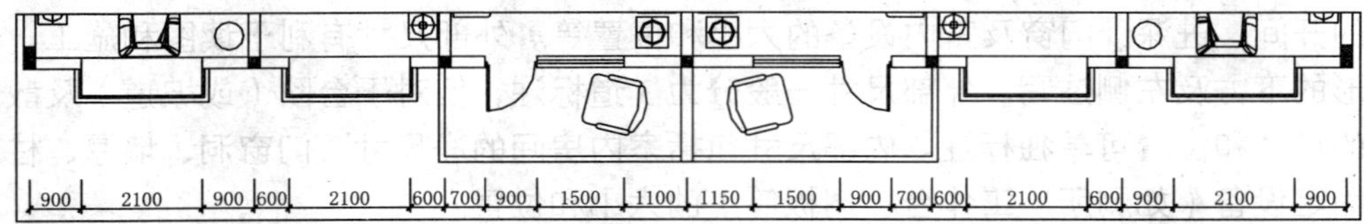

图 9-52 标注第一道尺寸线

06 单击【标注】|【线性】菜单命令，标注左下角第一二根纵向轴线间的尺寸标注。单击【标注】|【连续】菜单命令，依次标注南面第二道尺寸标注，效果如图 9-53 所示。

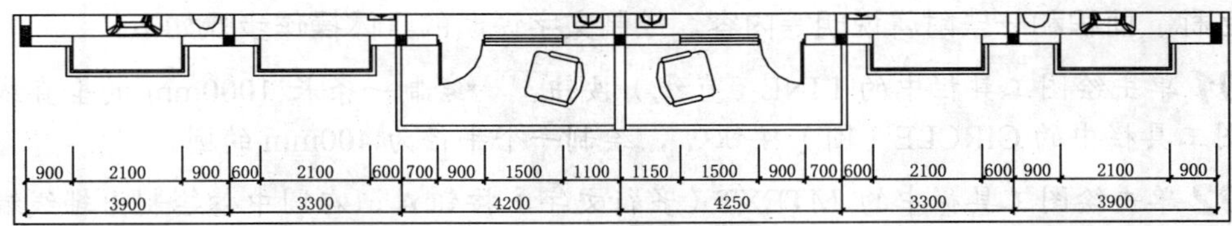

图 9-53　标注第二道尺寸线

07 单击【标注】|【线性】菜单命令，标注南面墙段的总尺寸，效果如图 9-54 所示。

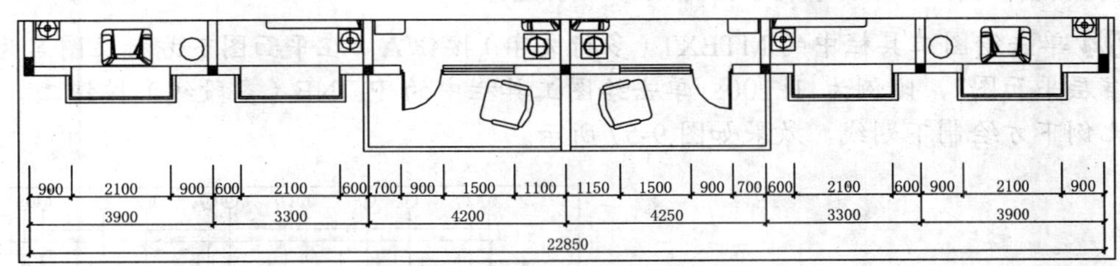

图 9-54　标注第三道尺寸线

08 同样方法，完成其余三个方向上的尺寸标注，效果如图 9-55 所示。

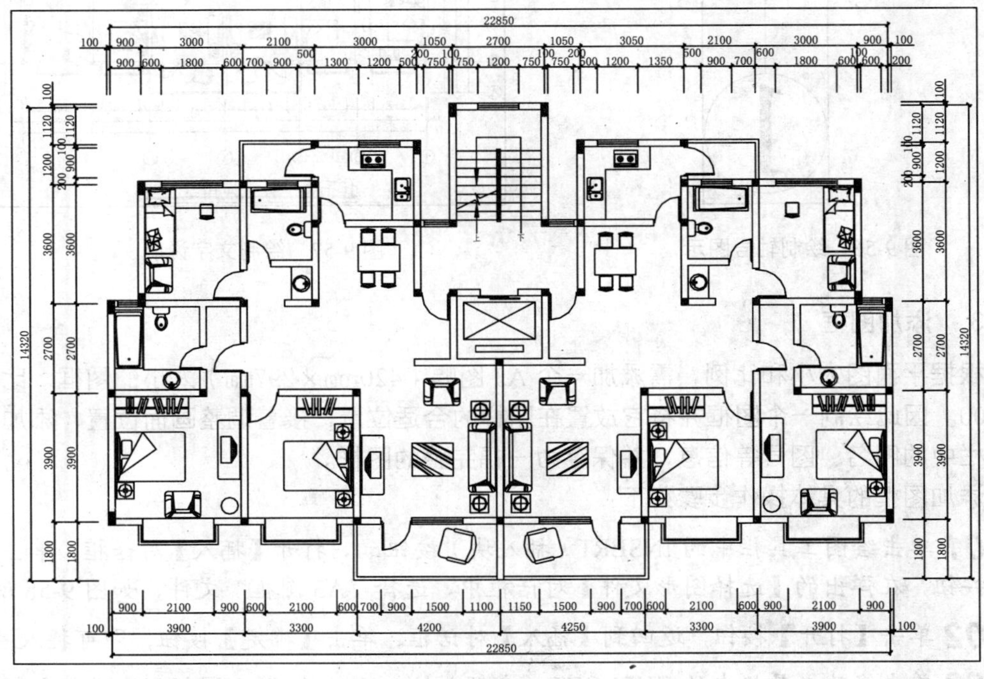

图 9-55　标注其余三个方向上的尺寸

2. 文字说明

建筑平面图中还需要有必要的文字说明，文字说明的作用主要是标出房间的标高、功能、名称、面积和一些附属说明等内容。绘制文字说明的具体操作步骤如下：

01 单击绘图工具栏中的 LINE（直线）按钮，绘制一条长 1000mm 的垂直线。单击绘图工具栏中的 CIRCLE（圆）按钮，绘制一个半径为 400mm 的圆。

02 单击绘图工具栏中的 MTEXT（多行文字）按钮，在圆中心绘制出轴线编号文字。单击修改工具栏中的 MOVE（移动）按钮，配合“端点捕捉和象限点捕捉”功能，将直线移到圆正上方，效果如图 9-56 所示。

03 单击修改工具栏中的 COPY（复制）按钮，配合“旋转和镜像”功能，将轴线编号复制到各处。双击编号文字，对编号文字进行修改。

04 单击绘图工具栏中的 MTEXT（多行文字）按钮，在平面图下方标注图名为“住宅标准层平面图”，比例为 1: 100；单击绘图工具栏中的 PLINE（多段线）按钮，在图名和比例下方绘制下划线，效果如图 9-57 所示。

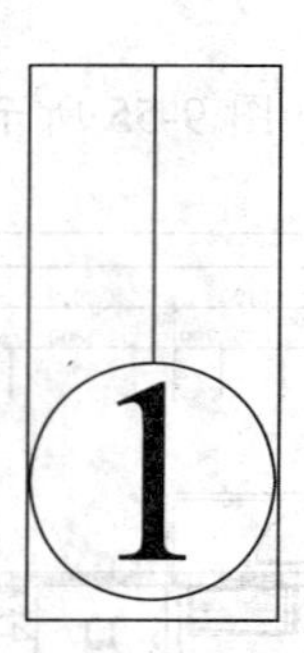

图 9-56 绘制轴号图示

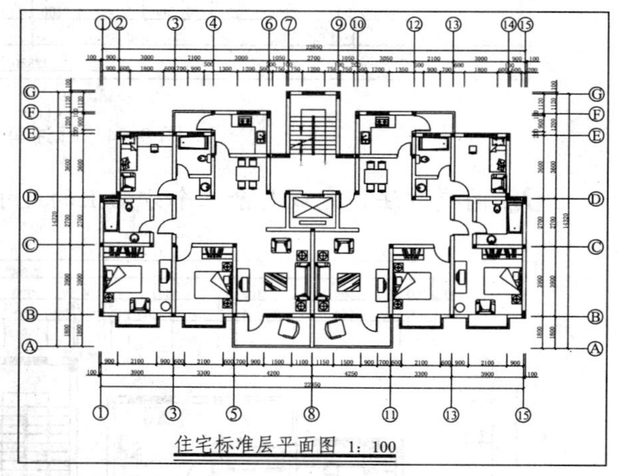

图 9-57 绘制文字说明

3. 添加图框

根据平面图大小和比例，需添加一个 A3 图幅（420mm×297mm）大小的图框，比例为 1：100。因此绘制一个图框并将它放置在图样的合适位置，接着调整画面位置，添加图样标题栏中的图名、图号等信息，并保存为一幅完整的图样。

添加图框的具体操作步骤如下：

01 单击绘图工具栏中的 INSERT（插入块）按钮，打开【插入】对话框，单击【浏览】按钮，在弹出的【选择图形文件】对话框中，选择“A3 图框”文件，如图 9-58 所示。

02 单击【打开】按钮，返回到【插入】对话框。单击【确定】按钮，即可插入图框。

03 单击修改工具栏中的 EXPLODE（分解）按钮，将“A3 图框”块进行分解；然后双击文字，对标题栏中的文字进行编辑修改，效果如图 9-59 所示。

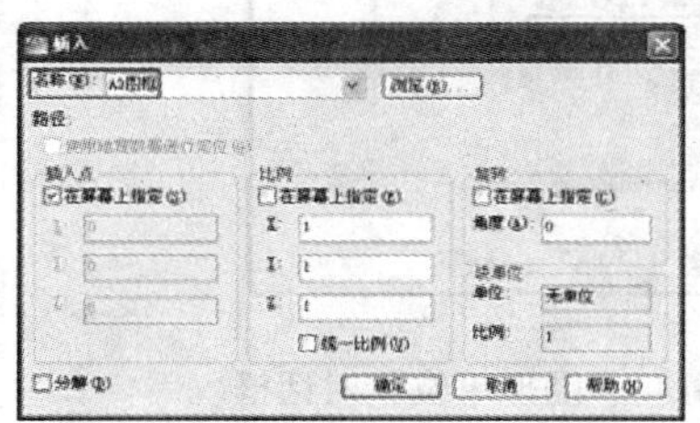

图 9-58 “插入”对话框

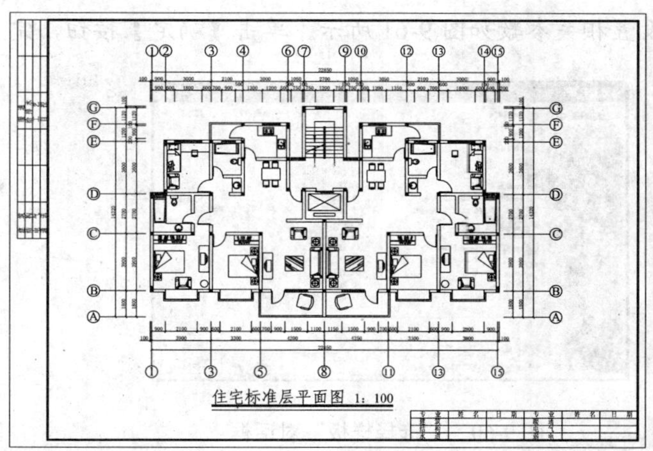

图 9-59 住宅标准层平面图

4. 打印出图

图样打印之前要进行相应的设置工作，建筑平面图的打印相对比较简单击，打印出图的方法和打印总平面图基本相同。

对于建筑平面图的打印输出，方法是单击【文件】|【打印】菜单命令，在弹出的【打印 模型】对话框中进行相应的设置，就可以打印输出了。

9.3 绘制写字楼标准层平面图

写字楼即办公用房，指机关、企业、事业单位行政管理人员，业务技术人员等办公的业务用房，现代办公楼正向综合化、一体化方向发展，由于城市土地紧俏，特别是市中心区地价猛涨、建筑物逐步向高层发展，使许多中小企事业单位难以独立修建办公楼，因此，房地产综合开发企业修建办公楼，分层出售、出租的业务迅速兴起。

本节讲述某办公楼标准层平面图的绘制方法。

视频教学	
视频文件:	AVI\第 09 章\9.3.avi
播放时长:	45 分 43 秒

9.3.1 设置绘图环境

绘制写字楼标准层平面图的第一步就是设置绘图环境，具体操作步骤如下:

01 启动 AutoCAD 2012 应用程序。单击【文件】|【新建】菜单命令，弹出【选择样板】对话框，选择“acadiso.dwt”选项，如图 9-60 所示。单击【打开】按钮，新建一个图形样板文件。

02 设置图形单位。单击【格式】|【单位】菜单命令，弹出【图形单位】对话框，

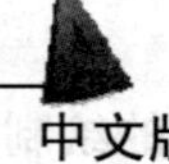

设置相关参数如图 9-61 所示。单击【确定】按钮，完成图形单位的设置。

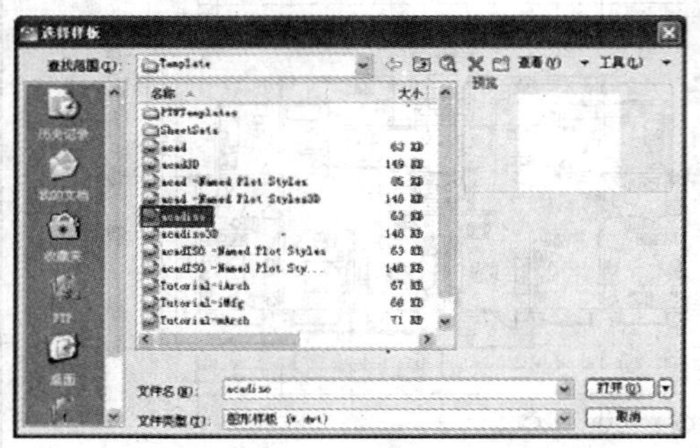

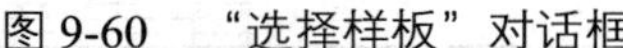

图 9-60 “选择样板”对话框

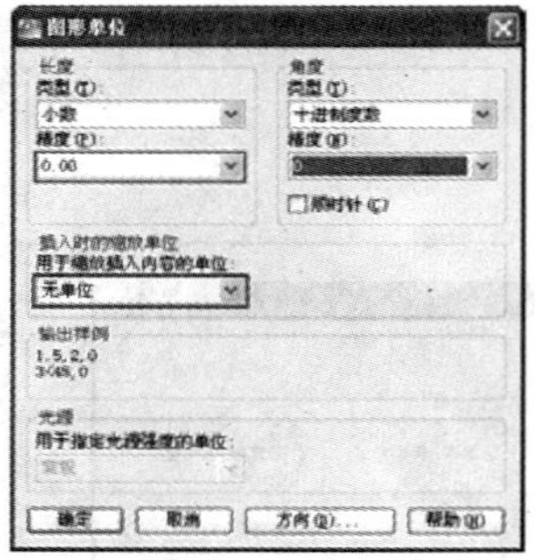

图 9-61 “图形单位”对话框

03 设置绘图范围。单击【格式】|【图形界限】菜单命令，设置绘图区域。然后单击【视图】|【缩放】|【全部】菜单命令，完成观察范围的设置。其命令行提示如下：

```
命令: limits
重新设置模型空间界限:
指定左下角点或 [开(ON)/关(OFF)] <0.0000,0.0000>:↙//直接按回车键接受默认值
指定右上角点 <420.0000,297.0000>: 50000, 18000↙ //输入右上角坐标“50000，18000”后按回车键完成绘图范围的设置
```

04 设置图层。单击【格式】|【图层】菜单命令，弹出【图层特性管理器】对话框，新建如图 9-62 所示的图层。然后单击【关闭】按钮，完成图层的设置。

9.3.2 绘制定位轴线

绘制写字楼标准层平面图定位轴线的具体操作步骤如下：

01 将“轴线”图层置为当前层。

02 单击绘图工具栏中的 LINE（直线）按钮，配合“正交”功能和“移动”功能，绘制一条水平轴线和一条垂直轴线，效果如图 9-63 所示。

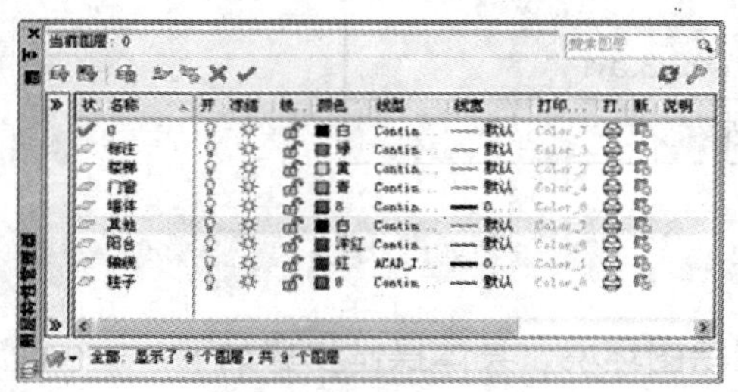

图 9-62 “图层特性管理器”对话框

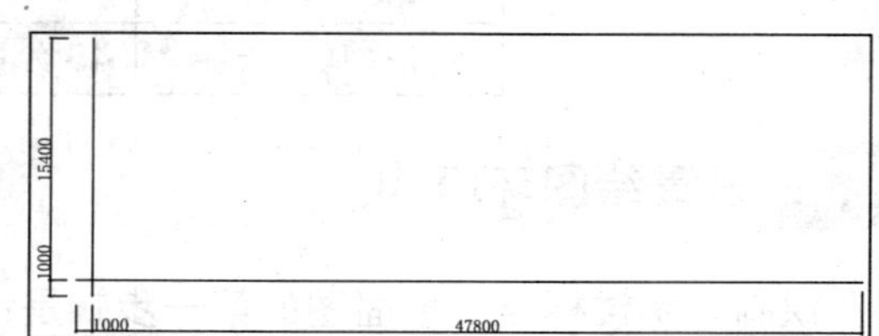

图 9-63 绘制一条水平直线和一条垂直直线

03 单击修改工具栏中的 OFFSET（偏移）按钮，根据写字楼开间和进深的设计宽度，绘制出轴线网，效果如图 9-64 所示。

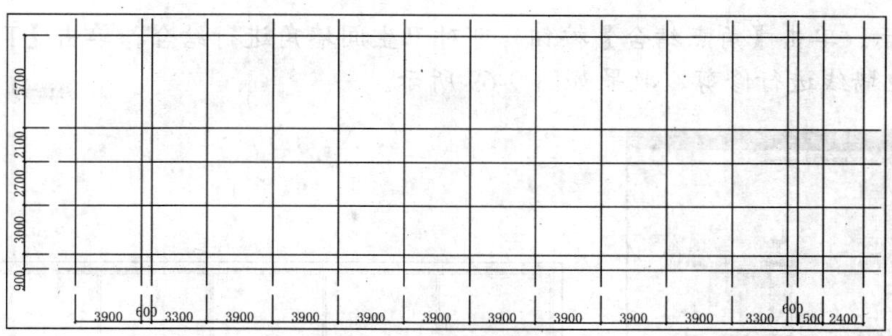

图 9-64 绘制轴线网格

04 选中其中一根轴线，按下快捷键 Ctrl + 1 键，打开【特性】对话框，修改“线型比例”为 100，如图 9-65 所示。单击标准工具栏中的【特性匹配】按钮，将其余轴线的“线型比例”修改为 100，效果如图 9-66 所示。

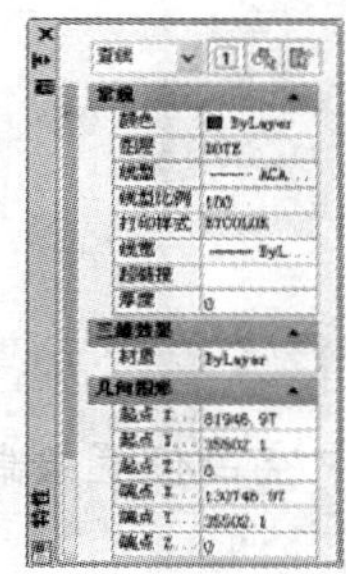

图 9-65 “特性”对话框

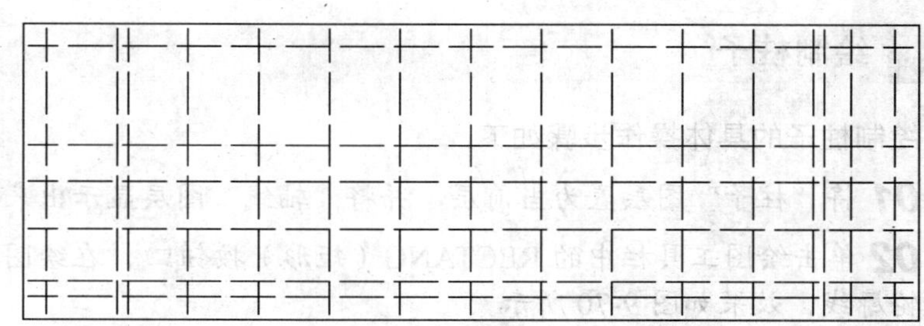

图 9-66 修改轴线线型比例

9.3.3 绘制墙体

绘制墙体的具体操作步骤如下：

01 将“墙体”图层置为当前层，颜色、线型和线宽随图层。

02 单击【绘图】|【多线】菜单命令，设置多线宽度为 200（其中卫生间隔墙的宽度为 120），绘制内墙和楼梯间墙体时的对齐方式为“居中”，绘制外墙时的对齐方式为“下”，配合“交点捕捉”功能，绘制出所有墙体。然后将“轴线”图层隐藏起来，效果如图 9-67 所示。

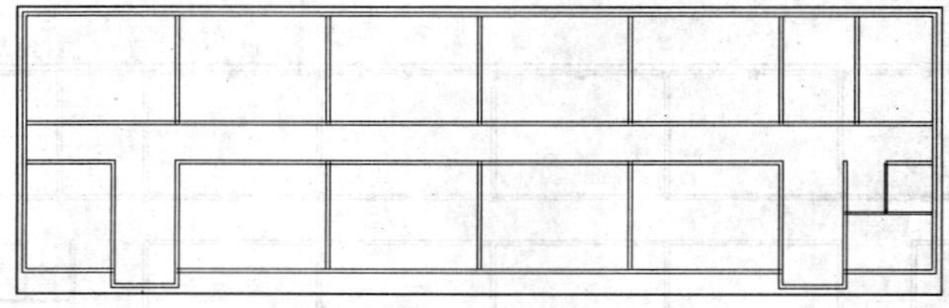

图 9-67 绘制墙体

03 单击【修改】|【对象】|【多线】菜单命令，弹出【多线编辑工具】对话框，

如图 9-68 所示。单击【角点结合】按钮，可对卫生间墙角进行结合。单击【T 型合并】按钮，可对其他墙线进行修剪，效果如图 9-69 所示。

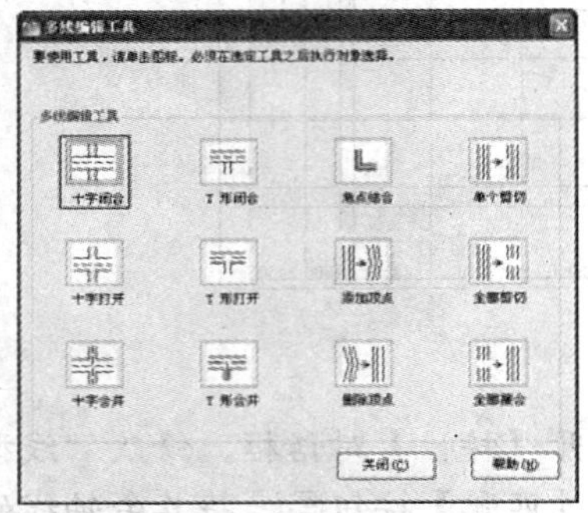

图 9-68 “多线编辑工具”对话框

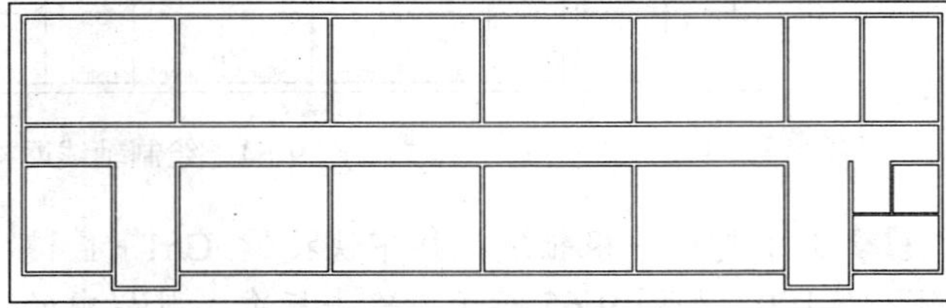

图 9-69 修剪墙体

9.3.4 绘制柱子

绘制柱子的具体操作步骤如下：

01 将“柱子”图层置为当前层，并将“轴线”图层显示出来。

02 单击绘图工具栏中的 RECTANG（矩形）按钮，在绘图区中空白位置绘制出柱子的轮廓线，效果如图 9-70 所示。

03 单击绘图工具栏中的 HATCH（图案填充和渐变色）按钮，对柱子进行图案填充，效果如图 9-71 所示。

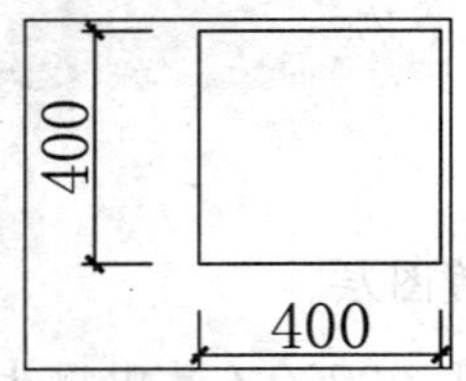

图 9-70 绘制柱子轮廓线

图 9-71 填充柱子图例

04 单击修改工具栏中的 COPY（复制）按钮，配合“对象捕捉”功能，复制多个柱子到写字楼标准层平面图中，然后将轴线隐藏起来，效果如图 9-72 所示。

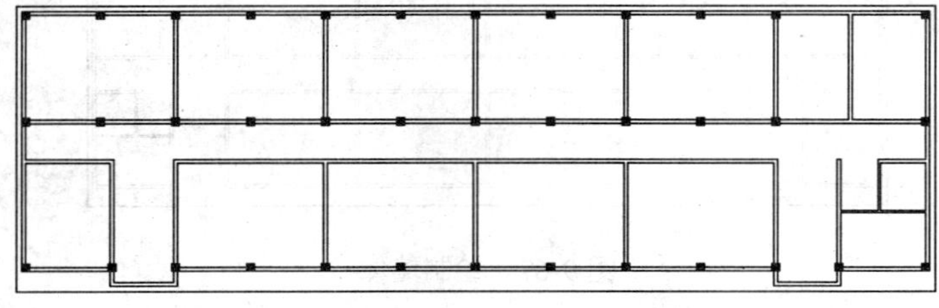

图 9-72 绘制柱子效果

9.3.5 绘制门窗洞口

绘制门窗洞口的具体操作步骤如下：

01 将“墙体”图层置为当前层。

02 单击绘图工具栏中的 LINE（直线）按钮，沿墙内角绘制水平或垂直辅助线；单击修改工具栏中的 OFFSET（偏移）按钮，生成门窗洞口的辅助线，效果如图 9-73 所示。

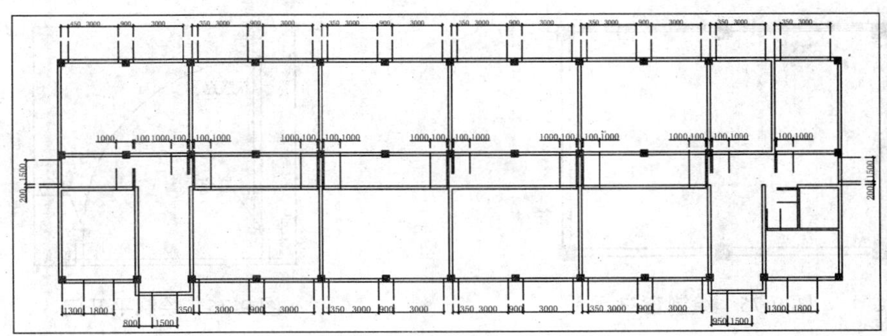

图 9-73 绘制门窗洞口辅助线

03 单击修改工具栏中的 TRIM（修剪）按钮，将门窗洞口处的墙线和辅助线进行修剪；单击修改工具栏的 ERASE（删除）按钮，将辅助线进行删除，效果如图 9-74 所示。

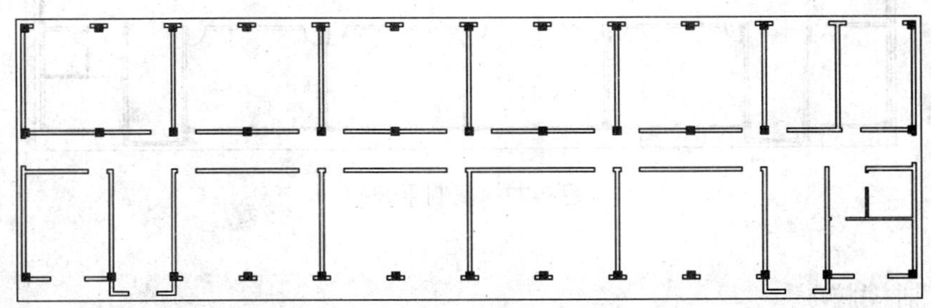

图 9-74 修剪门窗洞口

9.3.6 绘制门窗

绘制门窗的具体操作步骤如下：

01 将“门窗”图层置为当前层。

02 绘制窗户。单击绘图工具栏中的 LINE（直线）按钮，配合“端点捕捉”功能，绘制窗户的轮廓线。单击修改工具中的 OFFSET（偏移）按钮，设置距离为 70mm，生成窗户线，效果图 9-75 所示。

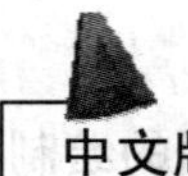

03 绘制平开门。单击绘图工具栏中的 LINE（直线）按钮，配合正交功能，绘制出左侧门框、一根水平直线和垂直线。单击修改工具栏中的 MIRROR（镜像）按钮，配合“中点捕捉”和“正交”功能，生成另一侧门框。

04 单击修改工具栏中的 OFFSET（偏移）按钮，生成平开门开启双线。单击绘图工具栏中的 ARC（圆弧）按钮，绘制平开门开启方向线。单击修改工具栏中的 TRIM（修剪）按钮，对直线进行修剪，并按下 Shift 键对直线进行延伸。

05 单击修改工具栏中的 ERASE（删除）按钮，将水平辅助线进行删除，效果如图 9-76 所示。

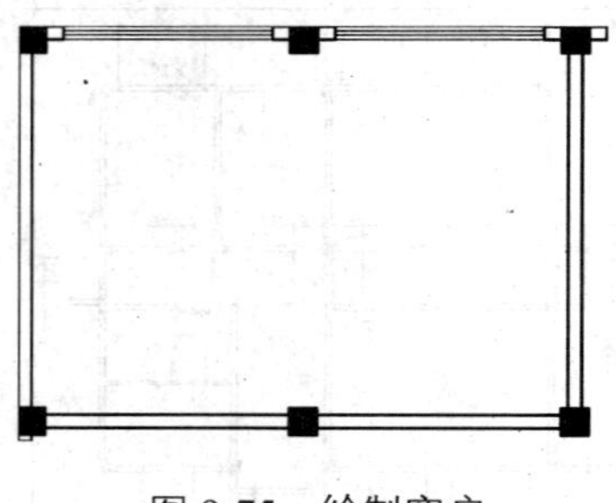

图 9-75　绘制窗户

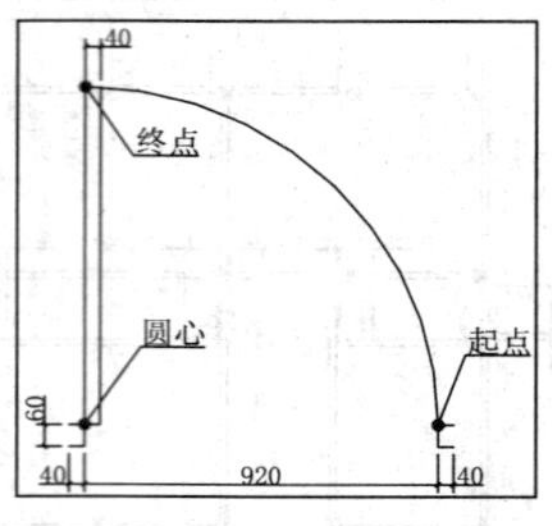

图 9-76　绘制平开门

06 单击修改工具栏中的 COPY（复制）按钮，配合“旋转、镜像、缩放”等功能，复制出多个平开门到写字楼标准层平面图中指定位置，效果如图 9-77 所示。

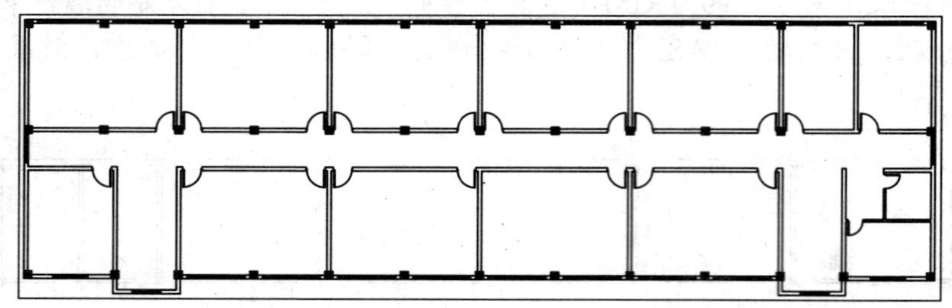

图 9-77　复制平开门

9.3.7 绘制楼梯

绘制楼梯的具体操作步骤如下：

01 将“楼梯”图层置为当前层。

02 单击绘图工具栏中的 LINE（直线）按钮，沿楼梯间内墙角绘制一条水平辅助线和一条垂直线辅助线。

03 单击修改工具栏中的 OFFSET（偏移）按钮，根据台阶设计宽度、楼梯扶手宽度和梯井设计宽度，生成楼梯平面的辅助线。

04 单击修改工具栏中的 TRIM（修剪）按钮，将辅助线进行修剪；单击修改工具栏中的 ERASE（删除）按钮，将多余的辅助线进行删除，如图 9-78 所示。

05 单击绘图工具栏中的 PLINE（多段线）按钮，绘制出折断线和方向箭头。单击绘图工具栏中的 MTEXT（多行文字）按钮 A，绘制出楼梯方向指示文字，完成效果如图 9-79 所示。

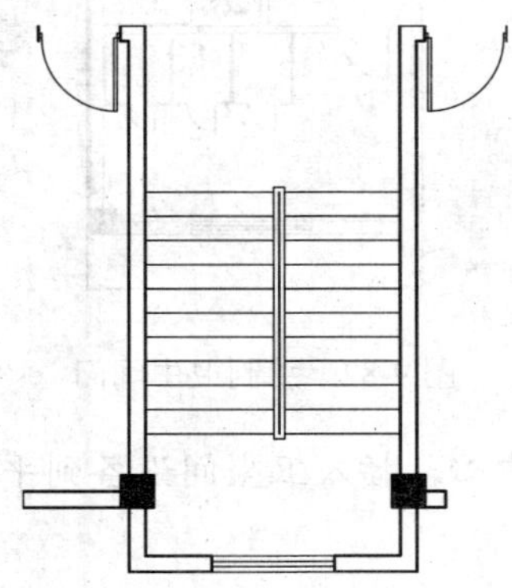

图 9-78　楼梯平面初步效果

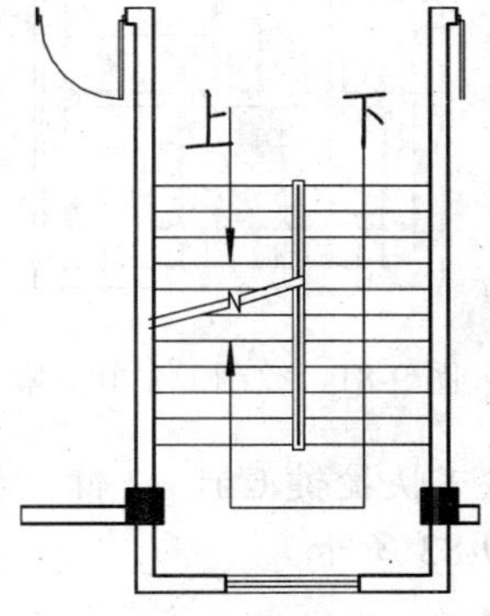

图 9-79　楼梯平面完成效果

06 单击修改工具栏中的 COPY（复制）按钮，复制出另外一个楼梯，效果如图 9-80 所示。

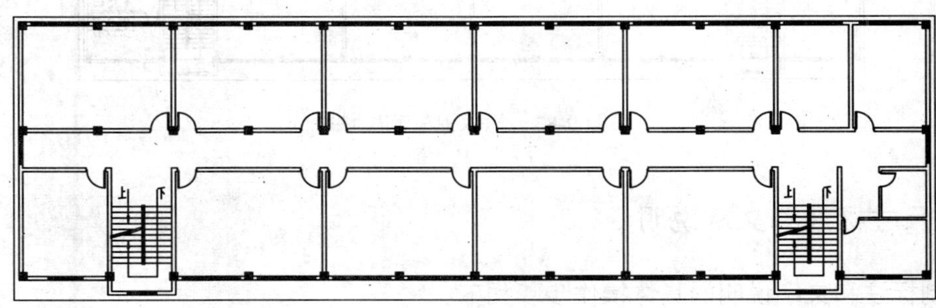

图 9-80　绘制楼梯

9.3.8 绘制卫生间平面

绘制卫生间平面的具体操作步骤如下：

01 将“其他”图层置为当前层。

02 绘制卫生间间隔。单击绘图工具栏中的 LINE（直线）按钮，沿卫生间墙内角绘制水平辅助线和垂直辅助线。单击修改工具栏中的 OFFSET（偏移）按钮，生成卫生间间隔和卫生间门的辅助线。

03 单击修改工具栏中的 TRIM（修剪）按钮，将多余的辅助线进行修剪。单击修改工具栏中的 ERASE（删除）按钮，将沿墙内角绘制的辅助线进行删除，效果如图 9-81 所示。

04 绘制卫生间门窗。单击修改工具栏中的 COPY（复制）按钮，配合“缩放和旋转”功能，复制前面创建的平开门到卫生间平面中，效果如图 9-82 所示。

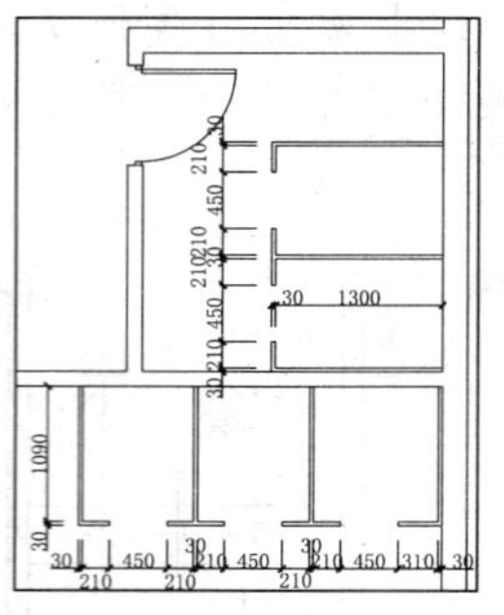

图 9-81 绘制卫生间间隔

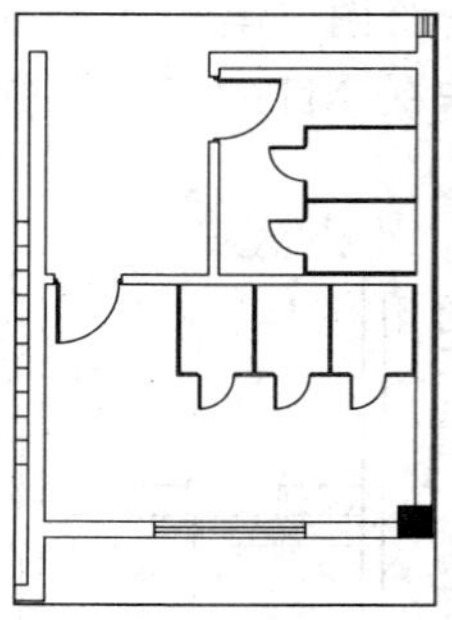

图 9-82 绘制卫生间门

05 按下快捷键 Ctrl + 2 键，打开 AutoCAD 设计中心，插入卫生间设备到平面图中，效果如图 9-83 所示。

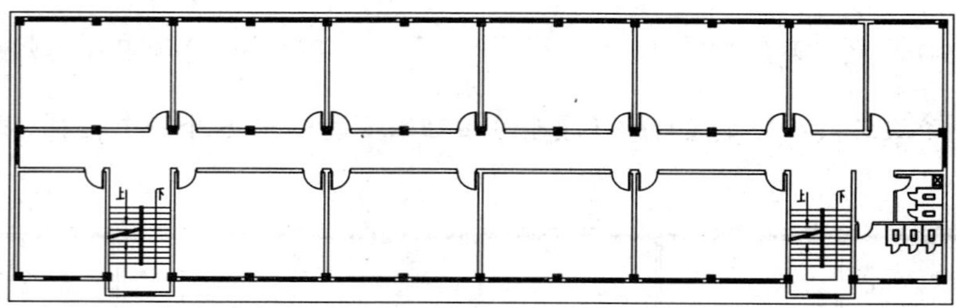

图 9-83 插入卫生间图块

9.3.9 尺寸标注和文字说明

绘制标注和文字说明的具体操作步骤如下：

01 将“标注”图层置为当前层，将“轴线”图层显示出来。

02 单击【格式】|【标注样式】菜单命令，在弹出的【标注样式管理器】对话框中，根据上一节实例所述的方法设置标注样式。

03 单击【标注】|【线性】菜单命令和【连续】菜单命令，标注写字楼标准层平面图的三道尺寸线和内门，效果如图 9-84 所示。

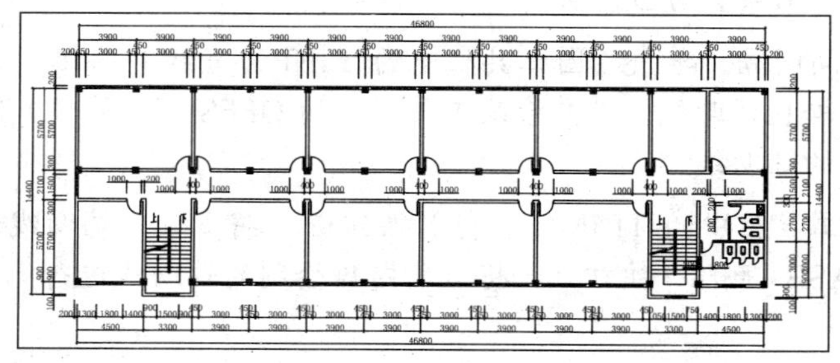

图 9-84 标注尺寸线和内门

04 绘制轴号。单击绘图工具栏中的 LINE（直线）按钮，绘制一条垂直线，长度为 1000mm。单击绘图工具栏中的 CIRCLE（圆）按钮，绘制一个直径为 800mm 的圆，单击修改工具栏中的 MOVE（移动）按钮，配合“象限点捕捉”功能，将直线移动圆的正上方，效果如图 9-85 所示。

05 单击绘图工具栏中的 MTEXT（多行文字）按钮 A，在圆的中心位置绘制出轴线编号文字，完成单个轴号效果如图 9-86 所示。

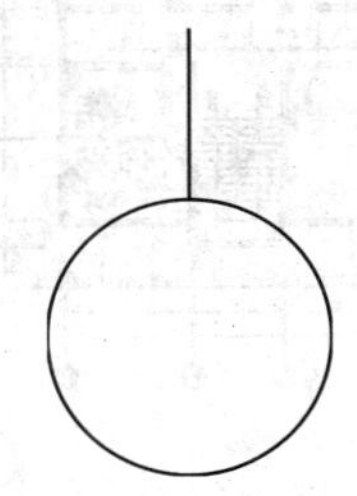

图 9-85 轴号初步效果

图 9-86 单个轴号完成效果

06 单击修改工具栏中的 COPY（复制）按钮，将轴线编号及文字复制到平面图各处。双击轴线编号文字，对文字进行修改，效果如图 9-87 所示。

07 单击绘图工具栏中的 MTEXT（多行文字）按钮 A，绘制房间名称文字、图名和比例。单击绘图工具栏中 PLINE（多段线）按钮和修改工具栏中的 OFFSET（偏移）按钮，绘制图名和比例下方的下划线。

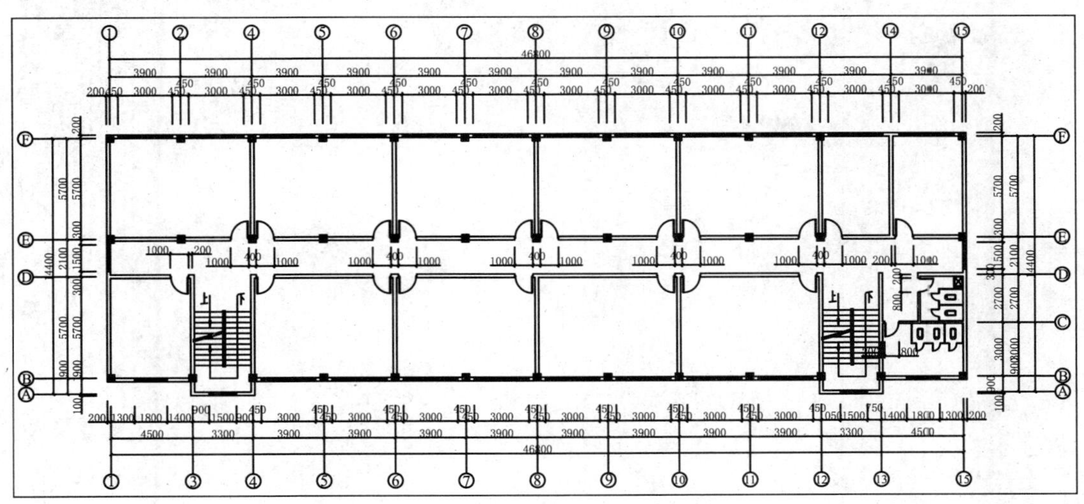

图 9-87 绘制轴线编号

08 单击修改工具栏中的 EXPLODE（分解）按钮，将下方的多段线进行分解。然后为平面图加入图框，最终效果如图 9-88 所示

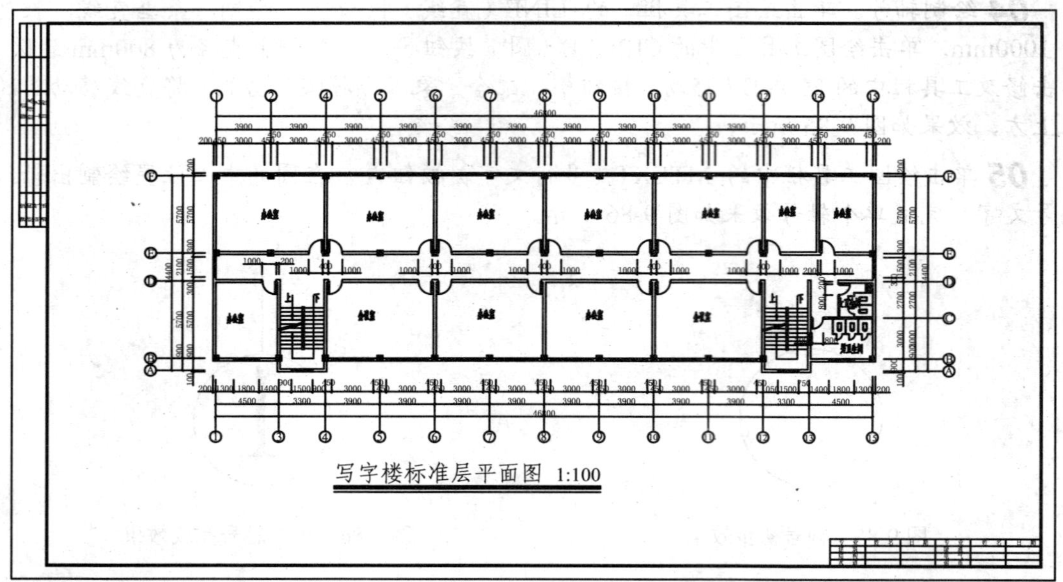

图 9-88　添加文字说明、图名比例和图框

第 1 0 章

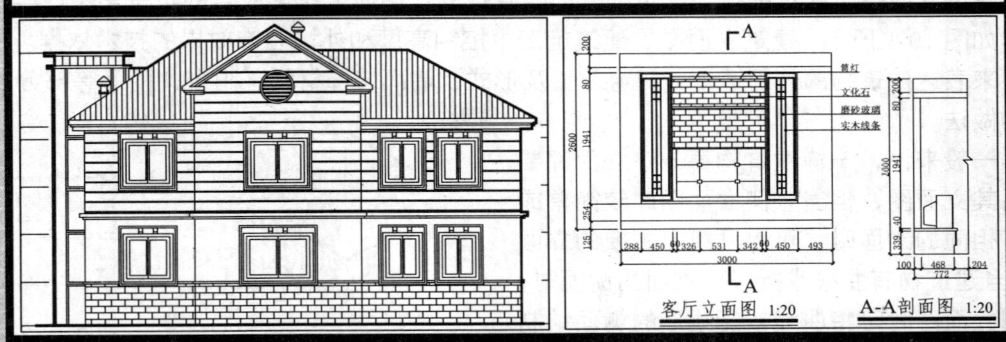

建筑立面图的绘制

建筑立面图是用直接正投影法将建筑各个墙面进行投影所得到的正投影图，绘制建筑立面图是建筑设计过程中的一个重要步骤。本章重点介绍建筑立面图的基础知识和一般绘制方法，通过实例的讲述来说明利用 AutoCAD 2012 绘制建筑立面图的步骤、方法和技巧。

10.1 建筑立面图概述

建筑立面图是用来研究建筑立面的造型和装修的图样，建筑立面图主要反映建筑物的外貌和立面装修的做法。本节主要介绍建筑立面图的基本知识，使用户能够更快更好地完成建筑立面图形的绘制。

10.1.1 建筑立面图的概念

建筑立面图是建筑物在与建筑物立面相平行的投影面上投影所得的正投影图，其形成原理如图 10-1 所示。建筑立面图是建筑施工中控制高度和外墙装饰效果的技术依据。它主要用来表达建筑物的外部造型、门窗位置及形式、墙面装饰材料、阳台、雨篷等部分的材料和做法。

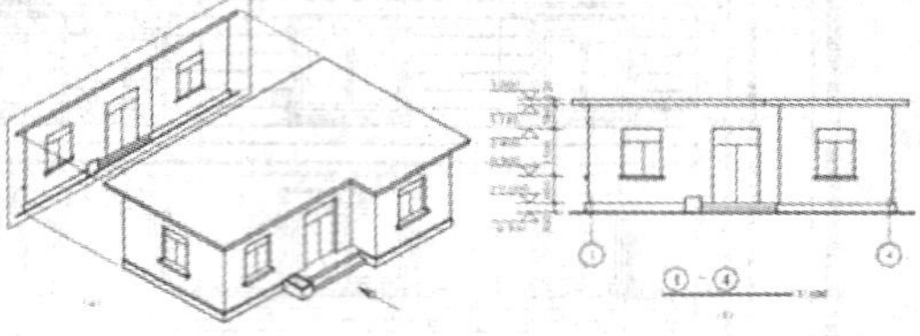

一般来说，一栋建筑物每一个立面都要画出其立面图，但当各侧立面图比较简单或者有相同的立面时，可以只绘出主要的立面图。当建筑物有曲线或折线形立面的侧面时，绘制立面图时可将曲线或折线形的侧面绘制成展开立面图，以使各个部分反映实际形状。另外，对于较简单的对称式建筑物或构配件等，在不影响构造处理和施工的情况下，立面图可绘制一半，另一半在对称轴线处用对称符号表示。

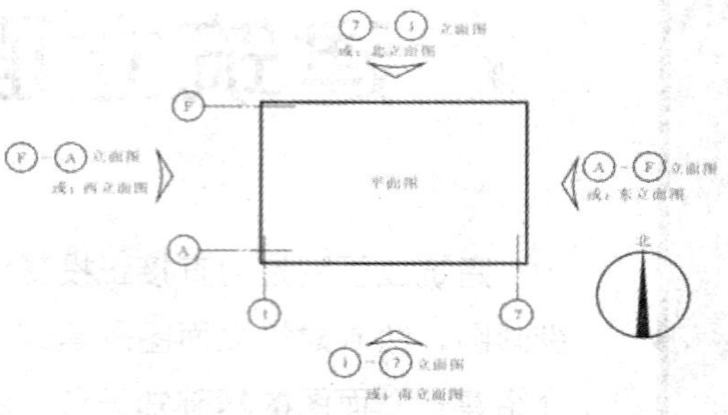

图 10-1　建筑立面图形成原理

10.1.2 建筑立面图的命名方式

建筑立面图命名的目的是使读者一目了然地识别其立面的位置。因此，各种命名方式都围绕“明确位置”的主题进行。如图 10-2 标出了建筑立面图的投影方向和名称。

图 10-2　建筑立面图的投影方向和名称

下面对建筑立面图的命名方式进行分别介绍。

1. 以相对主入口的位置特征来命名

当以相对主入口的位置特征来命名时，则建筑立面图称为正立面图、背立面图和左右两侧立面图。这种方式一般适用于建筑平面方正、简单且入口位置明确的情况。

2. 以相对地理方位的特征来命名

当以相对地理方位的特征来命名时，则建筑立面图称为南立面图、北立面图、东立面图和西立面图。这种方式一般适用于建筑平面图规整、简单且朝向相对正南、正北偏转不大的情况。

3. 以轴线编号来命名

以轴线编号来命名是指用立面图的起止定位轴线来命令名，例如 1~12 立面图、A~F 立面图等。这种命名方式准确，便于查对，特别适用于平面较复杂的情况。

根据《建筑制图标准》(GB/T50104-2001) 规定，有定位轴线的建筑物，宜根据两端定位轴线号来编注立面图名称。无定位轴线的建筑物可按平面图各面的朝向来确定名称。

10.1.3 建筑立面图的绘制内容

建筑立面图应包括投影方向可见的建筑外轮廓线和墙面线脚、构配件、墙面做法及必要的尺寸和标高等。各种立面图应按正投影法绘制。建筑立面图的绘制内容主要包括如下几个部分：

- 建筑物某侧立面的立面形式、外貌和大小。
- 门窗及各种墙面线脚、台阶、雨篷、阳台等构配件的位置、立面形状。
- 外墙面上装修做法、材料、装饰图线、色调等。
- 标高及必须标注的局部尺寸。
- 详图索引符号、立面图两端定位轴线和编号。
- 图名和比例。建筑立面图的比例应和平面图相同。根据《建筑制图标准》规定：立面图常用的比例有 1: 50、1: 100 和 1: 200。

10.1.4 建筑立面图中的标注

建筑立面图中，高度方向的尺寸标注使用标高的形式进行标注，包括建筑室内外地坪、各楼层地面、窗台、阳台底部、女儿墙等各部位的标高。

建筑立面图中的标高尺寸，一般应注写在立面图的轮廓线以外，分两侧就近注写。注写时要上下对齐，并尽量位于同一铅垂线上。但对于一些位于建筑物中部的结构，为了表达更清楚起见，并且在不影响图面清晰的前提下，也可就近标注在轮廓线以内。如图 10-3 所示是标注完整的某别墅西立面图。

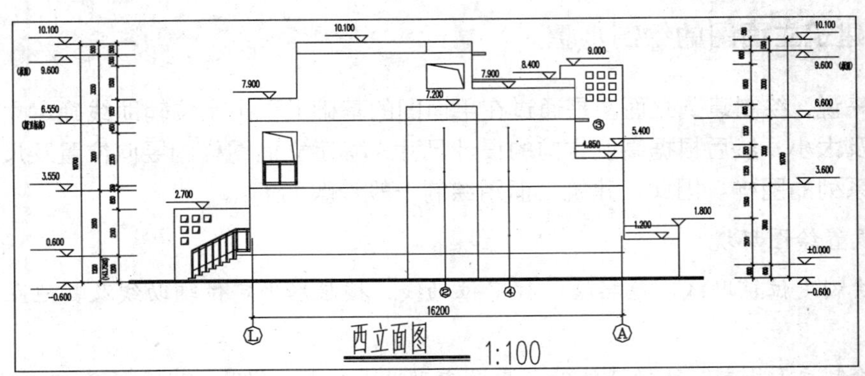

图 10-3 立面图的尺寸标注

10.1.5 建筑立面图的绘制要求

根据建筑立面图的绘制内容，对建筑立面图有如下要求：

- 定位轴线：在立面图中，一般只绘制两端的轴线及其编号，以便和平面图相对照，确定立面图的投影方向。
- 比例：国家《建筑制图标准》（GB/T50104-2001）规定，立面图宜采用 1: 50、1: 100、1: 200 和 1: 300 等的比例绘制。在绘制建筑立面图时，应根据建筑物的大小采用不同的比例。通常采用 1: 100 的比例绘制。
- 图线：在建筑立面图中，为了加强立面图的表达效果，使建筑物的轮廓突出，通常采用不同的线型来表达不同的对象。屋脊线和外墙最外轮廓线一般采用粗实线（b）绘制；室外地坪采用加粗实线（1.4b）绘制；所有凹凸部位如建筑物的转折、立面上的阳台、雨篷、门窗洞、室外台阶、窗台等用中实线（0.5b）绘制；其他部分的图形（如门窗、雨水管）、定位轴一、尺寸线、图例线、标高、索引符号和详图材料做法引出线等采用细实线（0.25b）绘制。
- 图例：建筑立面图上的门、窗等内容都是采用图例来绘制的。在建筑物立面图上，相同的门窗、阳台、外檐装修、构造做法等可在局部重点表示，绘出其完整图形，其余部分只画轮廓线。
- 尺寸标注：在建筑立面图中高度方向的尺寸主要使用标高的形式标注，主要包括建筑物室内外地坪、各楼层地面、窗台、门窗顶部、檐口、屋脊、阳台底部、女儿墙、雨篷、台阶等处的标高尺寸。在所标注处画一条水平引出线，标高符号一般画在图形外，符号大小一致整齐排列在同一铅垂线上。必要时为了更清楚起见，可标注在图形中，如楼梯间的窗台面标高。值得注意的是，不同的地方采用不同的标高符号。
- 详图索引符号：一般在屋顶平面图附近有檐口、女儿墙和雨水口等构造详图，凡是需要绘制详图的地方都要标注详图符号。
- 建筑材料和颜色标注：在建筑立面图上，外墙表面分格线应表示清楚。应用文字说明各部位所用的面材及色彩。外墙的色彩和材质决定建筑立面的效果。

10.1.6 建筑立面图的绘制步骤

一般来说，绘制建筑立面图是通过在平面图的基础上引出定位辅助线确定立面图样的水平位置及大小，然后根据高度方向的设计尺寸来确定立面图样的竖向位置及尺寸，从而绘制出一系列的图样。因此，建筑立面图绘制一般步骤如下：

01 设置绘图环境。

02 绘制定位辅助线，包括墙、柱定位轴线、楼层水平定位辅助线及其他立面图样的辅助线。

03 绘制立面图样，包括墙体外轮廓及内部凹凸轮廓、门窗（幕墙）、入口台阶及坡道、雨篷、窗台、窗楣、壁柱、檐口、栏杆、外露楼梯和各种脚线等。

04 配景，包括植物、小品、车辆和人物等。

05 尺寸标注和文字说明。

06 线型、线宽设置。

10.2 绘制写字楼正立面图

上节已经对建筑立面图的基本知识进行了总体的介绍，读者就可以着手绘制建筑立面图了。一般来说，很少有单一功能的建筑物，往往是商业和住宅功能相结合，或者办公与住宅相结合。因而建筑立面图之间也需要进行相互配合。

视频教学	
视频文件：	AVI\第 10 章\10.2.avi
播放时长：	67 分 32 秒

本节以绘制写字楼正立面图为例，讲述利用 AutoCAD 2012 绘制建筑立面图的步骤和方法。在绘制写字楼正立面图中，首先绘制底层立面，接着绘制二层立面，接下来绘制标准层立面，然后绘制屋顶立面，最后将立面的各个部分组合起来，完成写字楼正立面图的绘制。本例完成的最终效果如图 10-4 所示。

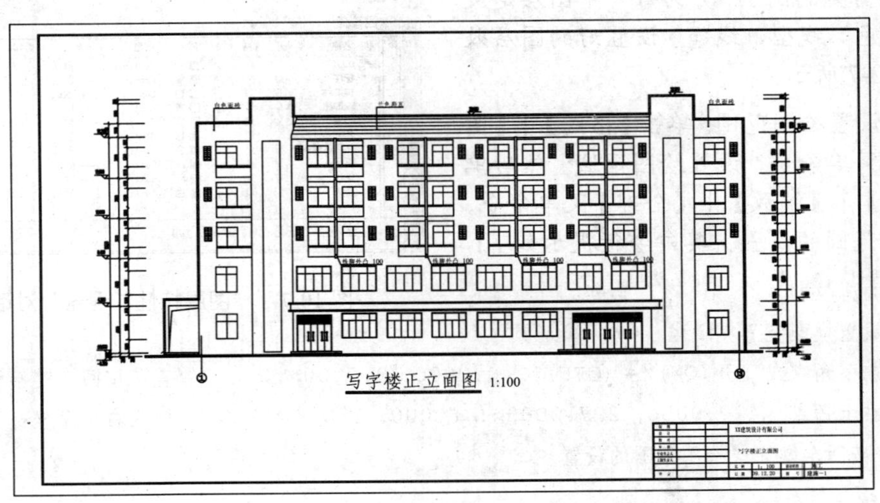

图 10-4 写字楼正立面图

10.2.1 建立绘图环境

绘制建筑立面图的第一步是建立绘图环境，设置绘图环境的具体操作步骤如下：

01 新建文件。启动 AutoCAD 2012 应用程序，单击【文件】|【新建】菜单命令，打开“选择样板”对话框，如图 10-5 所示。选择“acadiso.dwt”选项，单击【打开】按钮，

即可新建一个样板文件。

02 设置绘图单位。单击【格式】|【单位】菜单命令，弹出“图形单位”对话框，在“长度”选项组里的“类别”下拉列表中选择“小数”，在“精度”下拉列表框中选择0.00，如图 10-6 所示。

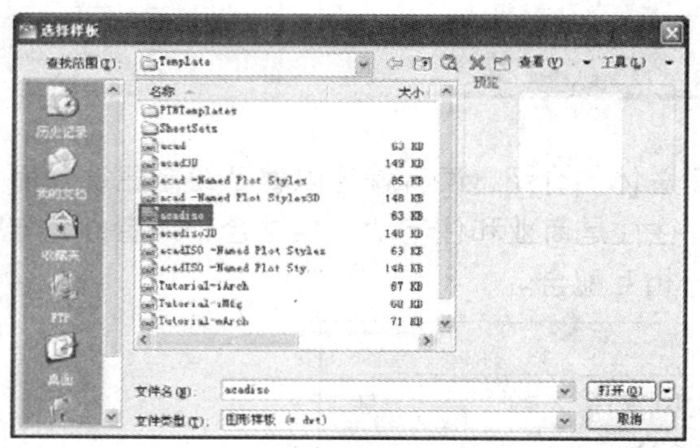

图 10-5 “选择样板”对话框

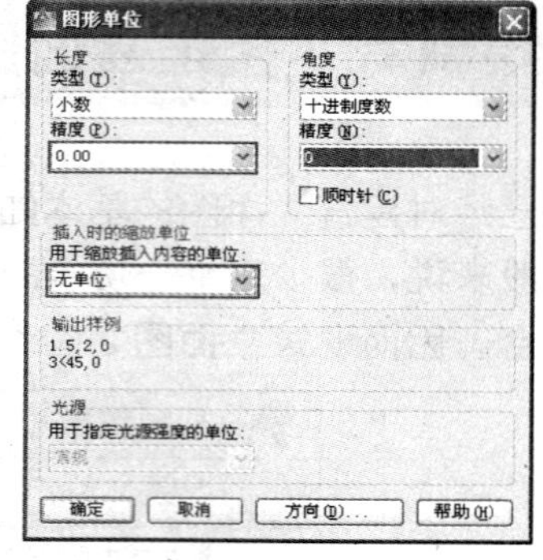

图 10-6 “图形单位”对话框

03 设置图层。单击【格式】|【图层】菜单命令，弹出“图层特性管理器”对话框，单击工具栏中的【新建图层】按钮，创建立面图所需要的图层，并为每一个图层定义名称、颜色、线型、线宽，设置好的图层效果如图 10-7 所示。

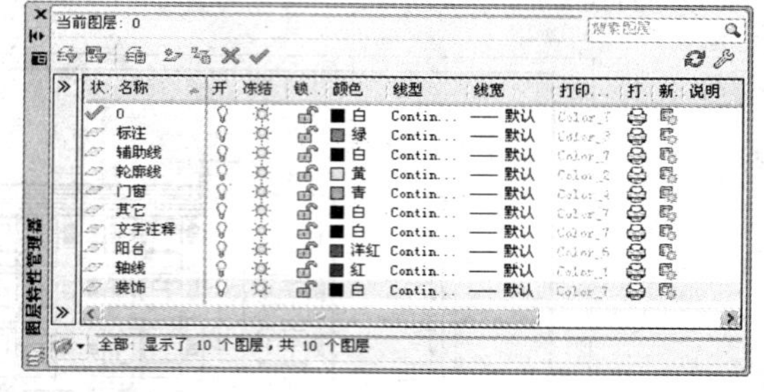

图 10-7 “图层特性管理器”对话框

04 设置绘图范围。单击【格式】|【图形界限】菜单命令，设置绘图区域；然后单击【视图】|【缩放】|【全部】菜单命令，完成观察范围的设置。其命令行提示如下：

```
命令: limits↙
重新设置模型空间界限:
指定左下角点或 [开(ON)/关(OFF)] <0.0000, 0.0000>:↙        //直接按回车键接受默认值
指定右上角点 <420.0000, 297.0000>: 60000, 35000↙        //输入右上角坐标“60000,
35000”后按回车键完成绘图范围的设置
```

10.2.2 绘制写字楼底层立面

绘制建筑立面图宜自下而上分别绘制出各层立面。本实例的底层立面不同于其他层立面图，应分别绘制。

1. 绘制辅助线

绘制建筑立面图，首先要绘制出辅助线，而且要做到与平面图一一对应。绘制辅助线的具体操作步骤如下：

01 单击【文件】|【打开】菜单命令，打开光盘可本章文件夹中自带的“写字楼底层平面图.dwg”文件，框选所有的底层平面图形，按下 Ctrl + C 键，复制该图中所有图形。

02 转到新创建的立面图文件中，按下 Ctrl + V 键，将底层平面图复制到立面图文件当中。单击修改工具栏中的 ERASE（删除）按钮，将底层平面图中的尺寸标注、编号、文字等进行删除，效果如图 10-8 所示。

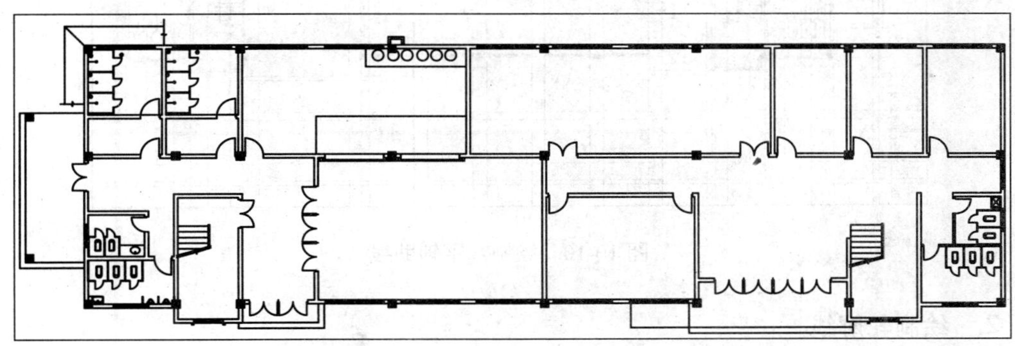

图 10-8　底层平面图

03 将“辅助线”图层置为当前层。

04 单击绘图工具栏中的 XLINE（构造线）按钮，在命令行中指定“垂直”选项，捕捉平面图正面各个特征点绘制构造线，效果如图 10-9 所示。

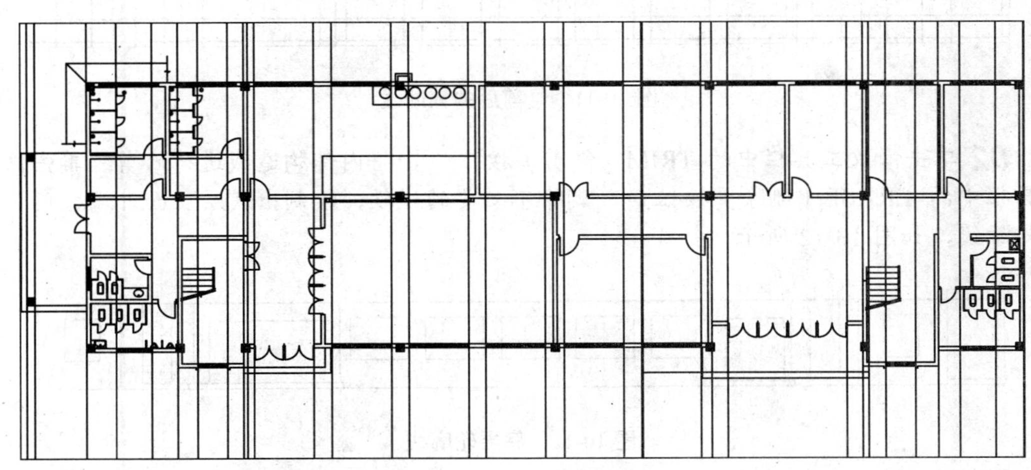

图 10-9　绘制竖直辅助线

05 单击绘图工具栏中的 XLINE（构造线）按钮，在平面图下方绘制一条水平构造线。单击修改工具栏中的 OFFSET（偏移）按钮，在水平辅助线基础上复制出底层立面上凹凸部分的水平辅助线，效果如图 10-10 所示。

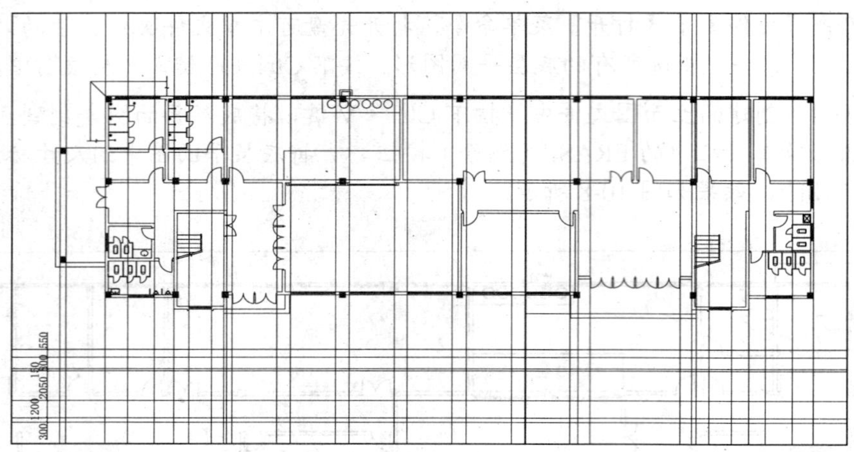

图 10-10　绘制水平辅助线

2. 绘制轮廓线

绘制轮廓线的具体操作步骤如下：

01 单击修改工具栏中的 TRIM（修剪）按钮，将构造线进行修剪，效果如图 10-11 所示。

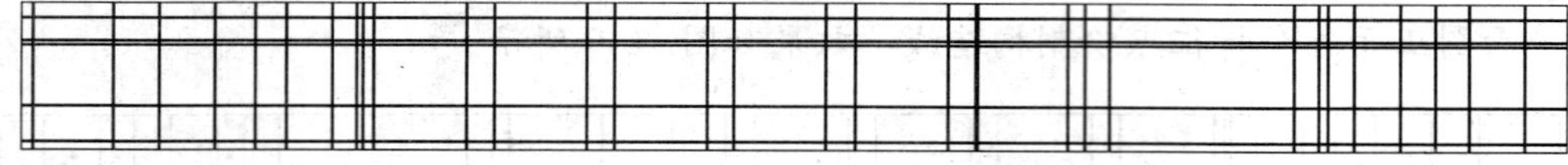

图 10-11　修剪后的辅助线

02 单击修改工具栏中的 TRIM（修剪）按钮，将内部构造线进行修剪。单击修改工具栏中的 ERASE（删除）按钮，删除不必要的线段，绘制出底层立面外墙、门窗、柱轮廓线，如图 10-12 所示。

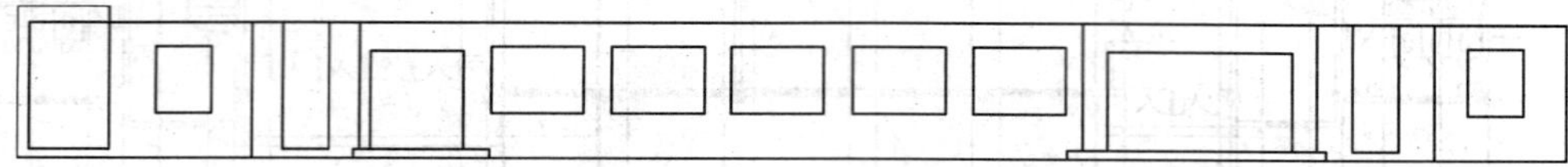

图 10-12　底层轮廓线

3. 绘制门窗

绘制底层门窗的具体操作步骤如下：

01 将"门窗"图层置为当前层。单击修改工具栏中的 OFFSET（偏移）按钮，绘制左侧窗户，效是如图 10-13 所示。

02 绘制右侧卫生间窗户立面图。单击修改工具栏中的 OFFSET（偏移）按钮，将右侧窗户轮廓线向内偏移，生成窗户辅助线。单击修改工具栏中的 TRIM（修剪）按钮，将窗户辅助线进行修剪，得到右侧卫生间窗户立面如图 10-14 所示。

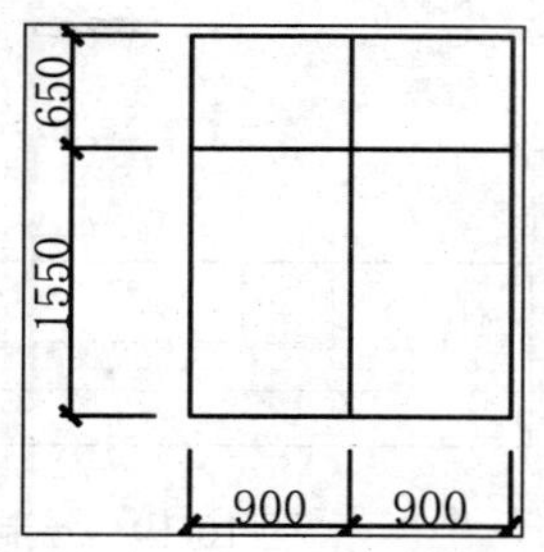

图 10-13 绘制左侧卫生间窗户立面

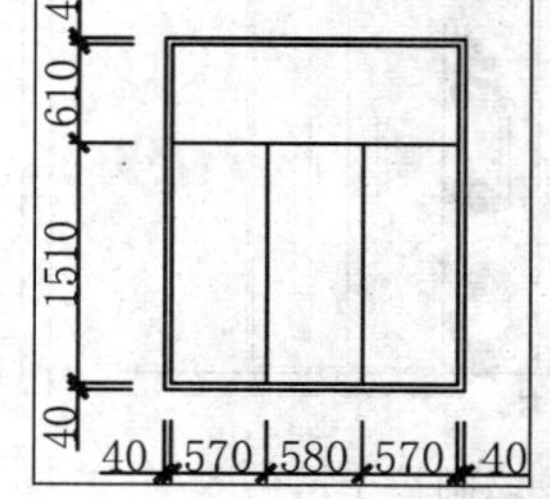

图 10-14 绘制右侧卫生间窗户立面

03 绘制中间窗户立面图。单击修改工具栏中的 OFFSET（偏移）按钮，将中间窗户轮廓线向内和向下偏移。单击【绘图】|【点】|【定数等分】菜单命令，将偏移生成的水平窗线等分为 5 等份。

04 单击绘图工具栏中的 LINE（直线）按钮，配合"节点捕捉和垂足捕捉"功能，绘制窗户线。单击修改工具栏中的 TRIM（修剪）按钮和 ERASE（删除）按钮，将多余的辅助线和等分点进行删除，效果如图 10-15 所示。

05 绘制入口门立面。单击修改工具栏中的 OFFSET（偏移）按钮，生成入口门立面的辅助线，然后利用 TRIM（修剪）按钮和 ERASE（删除）按钮，将多余的辅助线进行修剪和删除，得到如图 10-16 所示的效果。

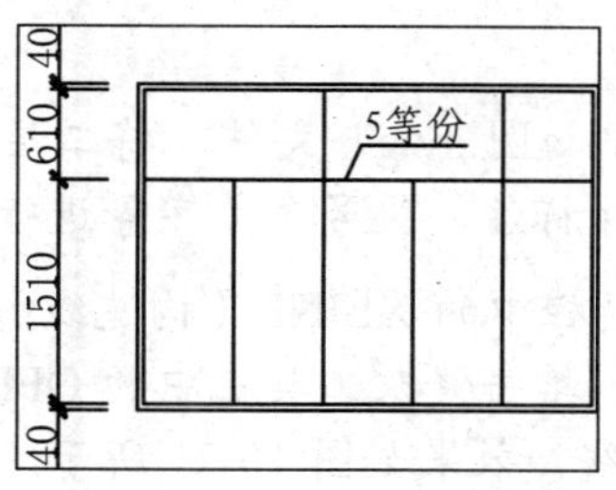

图 10-15 绘制中间窗户立面

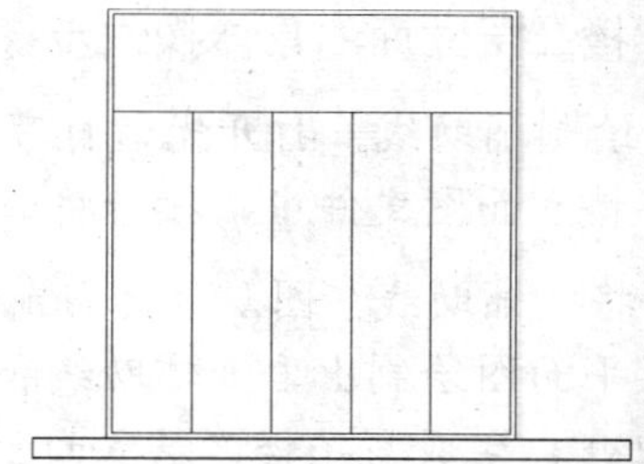

图 10-16 入门口立面初步效果

06 单击绘图工具栏中的 CIRCLE（圆）按钮，绘制立面门圆形拉手造型对象，绘制单个造型完成后，通过复制得到如图 10-17 所示的造型效果。

07 单击绘图工具栏中的 HATCH（图案填充和渐变色）按钮，对入口门立面顶部造型进行填充，完成效果与具体尺寸如图 10-18 所示。同样方法，绘制出另一个入口门立面。

4. 绘制其他部分

写字楼底层立面图的其他部分主要包括台阶和雨篷。

01 绘制台阶。单击修改工具栏中的 OFFSET(偏移)按钮，设置台阶高度为 150mm，即可完成台阶的绘制，效果如图 10-19 所示。

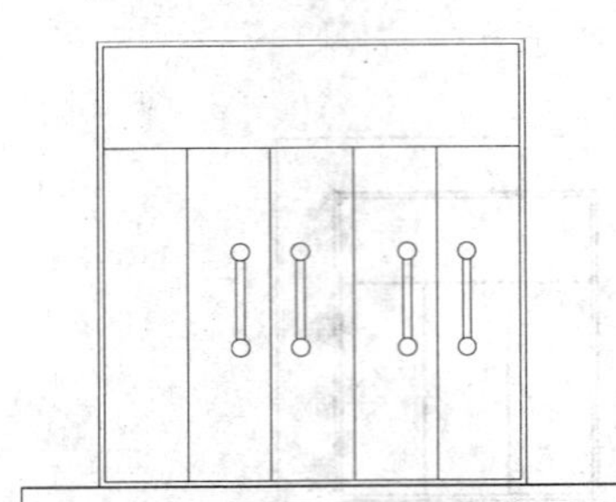

图 10-17　绘制拉手造型效果

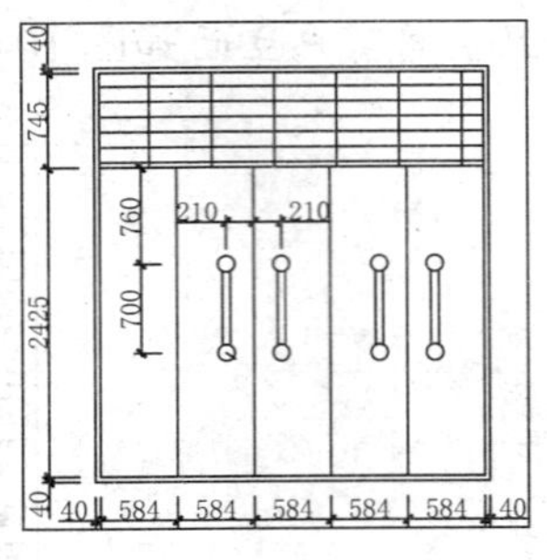

图 10-18　入口门立面完成

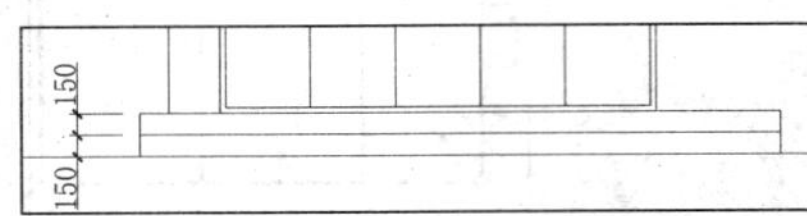

图 10-19　绘制台阶

02 绘制雨篷。单击修改工具栏中的 OFFSET（偏移）按钮，生成雨篷的辅助线。单击修改工具栏中的 TRIM（修剪）按钮，将辅助线进行修剪，得到写字楼首层立面效果如图 10-20 所示。

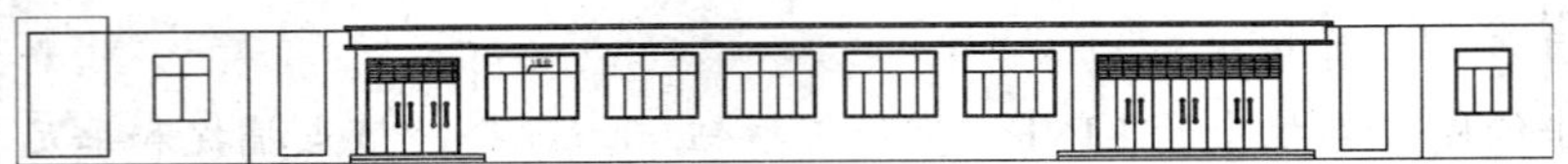

图 10-20　绘制台阶和雨篷

10.2.3 绘制写字楼二层立面

该写字楼二层立面与底层立面相似，但门窗位置、形式和大小都有区别，应单独绘制。绘制写字楼二层立面的具体操作步骤如下：

01 绘制辅助线。打开光盘自带的“写字楼二层平面图.dwg”文件，将二层平面图复制到写字楼立面图文件中，接着将二层平面图中的尺寸标注、编号、文字等进行删除。

02 将“辅助线”图层置为当前层，单击绘图工具栏中的 XLINE（构造线）按钮，根据二层平面图绘制出垂直辅助线和一条水平辅助线。单击修改工具栏中的 OFFSET（偏移）按钮，生成写字楼二层立面上凹凸部分的辅助线，效果如图 10-21 所示。

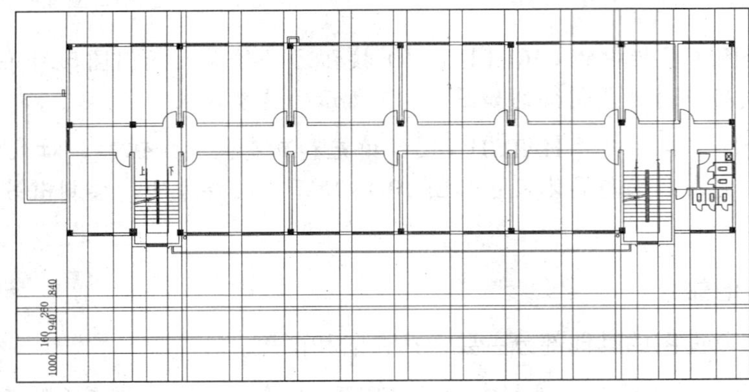

图 10-21　绘制二层立面的辅助线

03 绘制轮廓线。将“轮廓线”图层置为当前层，单击绘图工具栏中的 RECTANG（矩形）按钮，绘制二层立面图的外轮廓线。

04 单击修改工具栏中的 TRIM（修剪）按钮，将辅助线进行修剪，修剪出窗户的轮廓线。单击修改工具栏中的 ERASE（删除）按钮，将多余的辅助线进行删除，效果如图 10-22 所示。

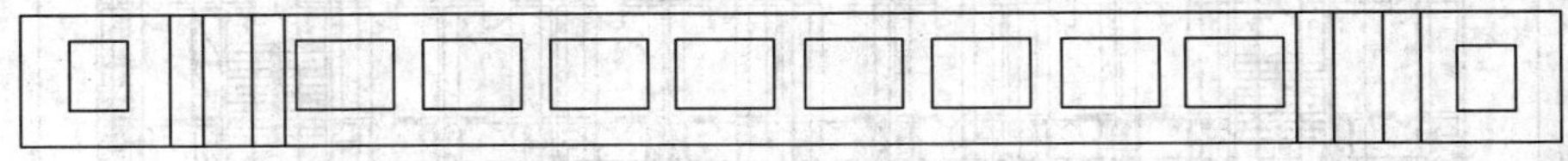

图 10-22 绘制轮廓线

05 绘制立面窗户。将“门窗”图层置为当前层，单击修改工具栏中的 OFFSET（偏移）按钮，根据窗线之间的距离，绘制立面窗户的辅助线。

06 单击修改工具栏中的 TRIM（修剪）按钮，将辅助线进行修剪。单击修改工具栏中的 ERASE（删除）按钮，将多余辅助线进行删除。然后将所有门窗线放置在“门窗”图层中，效果如图 10-23 所示。

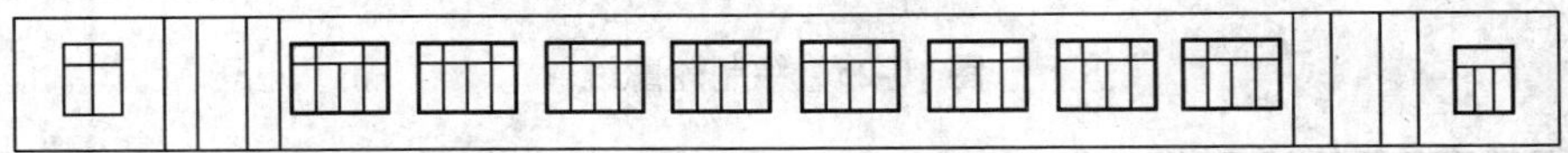

图 10-23 绘制立面窗户

10.2.4 绘制写字楼三至五层立面

该写字楼三至五层立面与其他层不相同，应分别绘制。绘制写字楼三至五层立面的具体操作步骤如下：

01 绘制辅助线。打开光盘自带的“写字楼三至五层平面图.dwg”文件，将该平面图复制到写字楼立面图文件中，接着将平面图中的尺寸标注、编号、文字等进行删除。

02 将“辅助线”图层置为当前层，单击绘图工具栏中的 XLINE（构造线）按钮，根据平面图绘制出垂直辅助线和一条水平辅助线。单击修改工具栏中的 OFFSET（偏移）按钮，生成写字楼三层立面上凹凸部分的辅助线，效果如图 10-24 所示。

03 绘制轮廓线。将“轮廓线”图层置为当前层，单击绘图工具栏中的 RECTANG（矩形）按钮，绘制出三层立面图的外轮廓线。

04 单击修改工具栏中的 TRIM（修剪）按钮，将辅助线进行修剪，修剪出立面门窗和阳台的外轮廓线。单击修改工具栏中的 ERASE（删除）按钮，将多余的辅助线进行删除，效果如图 10-25 所示。

05 绘制门窗。单击修改工具栏中的 OFFSET（偏移）按钮，绘制出门联窗线。单击绘图工具栏中的 HATCH（图案填充和渐变色）按钮，绘制出卫生间窗户线，效果如

图 10-26 所示。

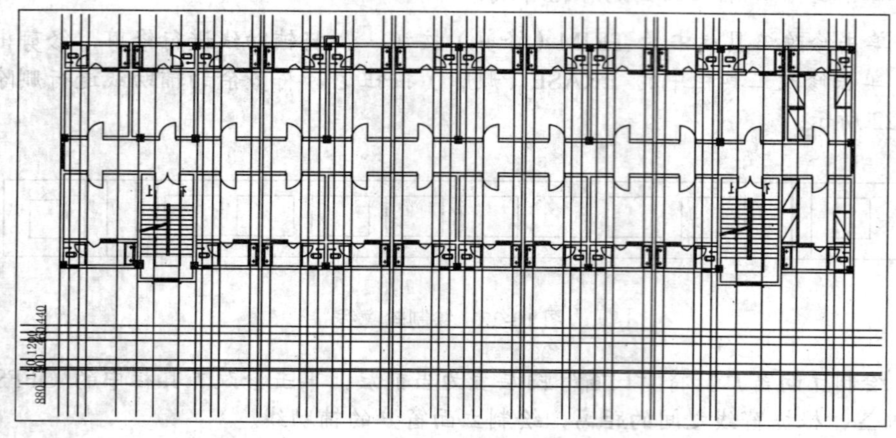

图 10-24　绘制辅助线

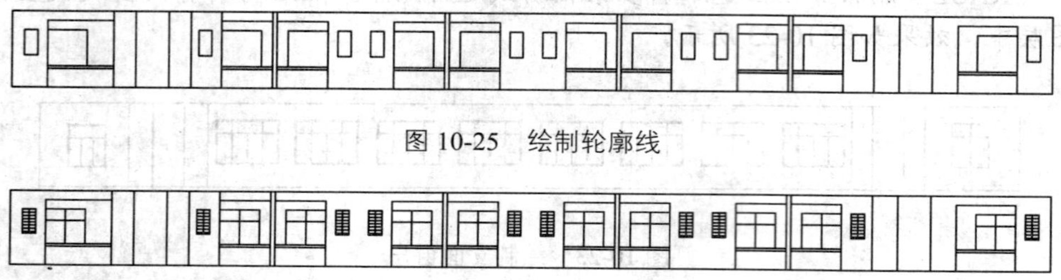

图 10-25　绘制轮廓线

图 10-26　绘制门窗

06 复制立面和绘制线脚。单击修改工具栏中的 COPY（复制）按钮，复制出写字楼四五层立面图。

07 单击修改工具栏中的 OFFSET（偏移）按钮，生成阳台隔墙的辅助线。单击修改工具栏中的 TRIM（修剪）按钮，绘制外凸的线脚，效果如图 10-27 所示。

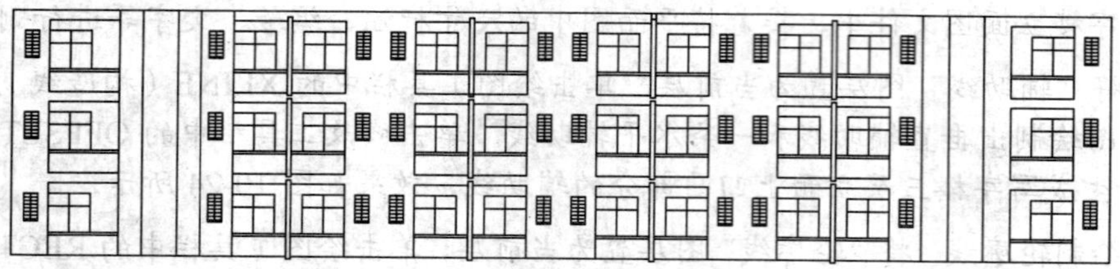

图 10-27　复制立面和绘制线脚

10.2.5 绘制屋顶立面图和组合写字楼立面

对于该写字楼来说，屋顶立面比较简单，只需绘制出楼梯间、女儿墙高度和一个简单的瓦面。绘制屋顶立面和组合写字楼立面的具体操作步骤如下：

01 根据屋顶平面图和屋面设计标高，绘制出屋顶立面图的辅助线。单击修改工具栏中的 TRIM（修剪）按钮，将外围的辅助线进行修剪，效果如图 10-28 所示。

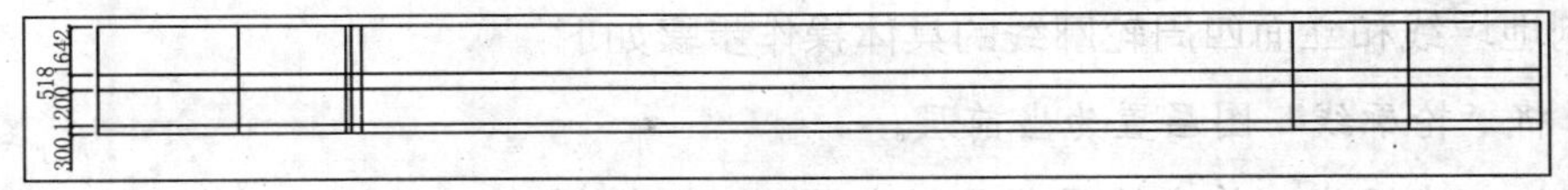

图 10-28 绘制屋顶立面辅助线

02 单击绘图工具栏中的 LINE（直线）按钮，绘制屋面斜角。单击修改工具栏中的 TRIM（修剪）按钮，将辅助线进行修剪。单击修改工具栏中的 ERASE（删除）按钮，将多余的辅助线进行删除，效果如图 10-29 所示。

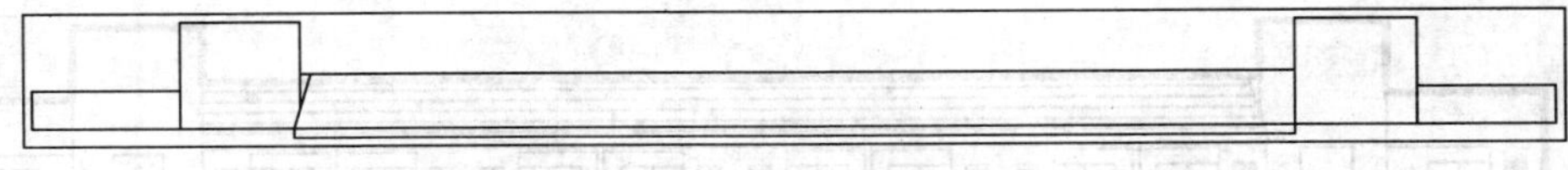

图 10-29 绘制屋顶轮廓线

03 单击绘图工具栏中的 HATCH（图案填充和渐变色）按钮，对屋顶瓦面进行图案填充，效果如图 10-30 所示。

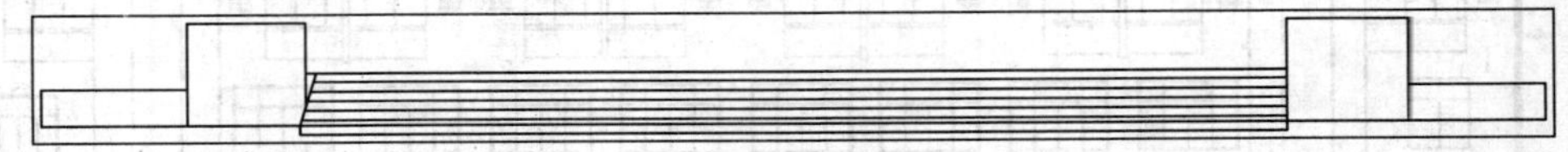

图 10-30 填充瓦面

04 单击修改工具栏中的 MOVE（移动）按钮，将绘制好的写字楼二层立面、三至五层立面和屋顶立面按照一定的顺序移动首层平面图上方。单击修改工具栏中的 ERASE（删除）按钮，删除不必要的层线和重复的线条并作适当的调整，效果如图 10-31 所示。

图 10-31 组合立面图

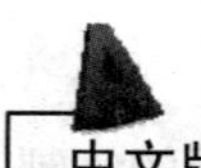

10.2.6 绘制地坪线和立面四周轮廓线

绘制地坪线和立面四周轮廓线的具体操作步骤如下:

01 将“轮廓线”图层置为当前层。

02 绘制地坪线。单击绘图工具栏中的 PLINE（多段线）按钮，设置多段线宽为 150mm，配合“范围捕捉”和“正交”功能，在地坪线的延伸线上绘制出地坪线。

03 绘制立面四周轮廓线。单击绘图工具栏中的 PLINE（多段线）按钮，设置多段线宽为 150mm，配合“对象捕捉”功能，绘制出写字楼立面四周的轮廓线，效果如图 10-32 所示。

图 10-32　绘制地坪线和立面轮廓线

10.2.7 添加尺寸标注、轴线和文字注释

下面为写字楼正立面图添加尺寸标注、轴线和必要的文字注释，这也是绘制立面图中不可缺少的一部分。

1. 尺寸标注

建筑立面图的尺寸标注主要包括：立面图中各层的层高、室内外地坪标高、屋顶标高和门窗洞口的标高。添加尺寸标注的具体操作步骤如下:

01 将“标注”图层置为当前层。单击【格式】|【标注样式】菜单命令，在弹出的【标注样式管理器】中设置标注样式，设置方法和平面图相同。

02 单击【标注】|【线性】菜单命令和【连续】菜单命令，标注立面图上高度方向的尺寸，效果如图 10-33 所示。

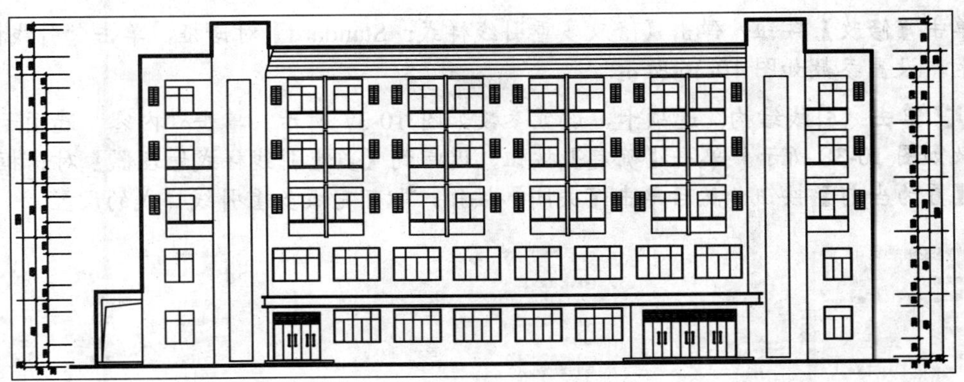

图 10-33　标注尺寸

03 绘制标高符号。单击绘图工具栏中的 LINE（直线）按钮，绘制一个等腰三角形的标高符号；单击绘图工具栏中的 MTEXT（多行文字）按钮A，在标高符号上方注写标高文字，效果如图 10-34 所示。

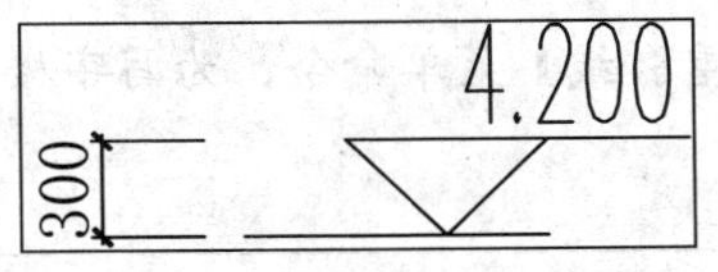

图 10-34　绘制标高符号

04 单击修改工具栏中的 COPY（复制）按钮，复制多个标高符号到写字楼正立面图中。然后双击文字可对文字进行编辑，效果如图 10-35 所示。

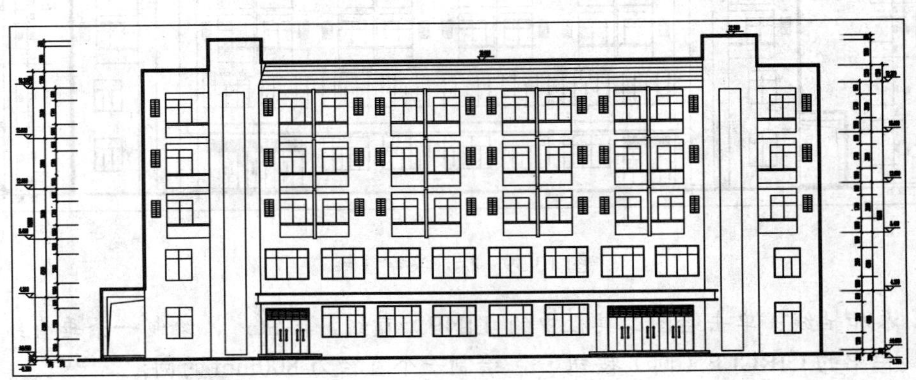

图 10-35　标注标高

2.　**文字注释**

外墙的色彩的材质决定建筑立面的效果，因此需要对立面进行文字标注。建筑立面上的文字标注主要包括立面所选用的面层材料、门窗材料及立面说明等。

绘制文字注释的具体操作步骤如下：

01 单击【格式】|【多重引线样式】菜单命令，弹出【多重引线样式管理器】对话

框，单击【修改】按钮，弹出【修改多重引线样式：Standard】对话框，单击“引线格式”选项卡，设置参数如图 10-36 所示。

02 单击“引线结构”选项卡，设置参数如图 10-37 所示。单击“内容”选项卡，设置参数如图 10-38 所示。单击【确定】按钮，返回到【多重引线样式管理器】对话框中，单击【置为当前】按钮，然后单击【关闭】按钮，即可完成多重引线样式的设置。

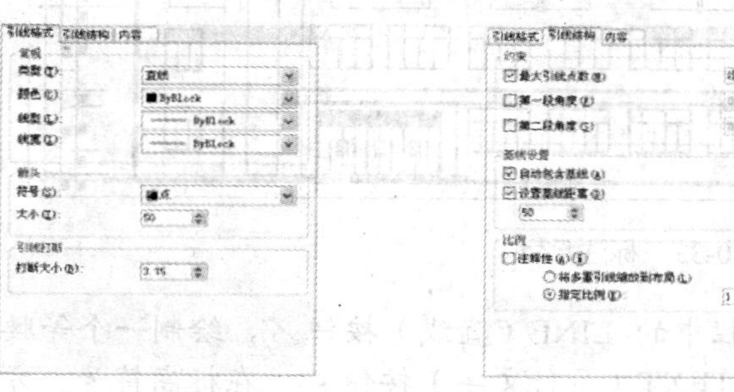

图 10-36 “引线格式”选项卡　图 10-37 “引线结构”选项卡　图 10-38 “内容”选项卡

03 单击【标注】|【多重引线】菜单命令，为写字楼正立面图标注文字注释，效果如图 10-39 所示。

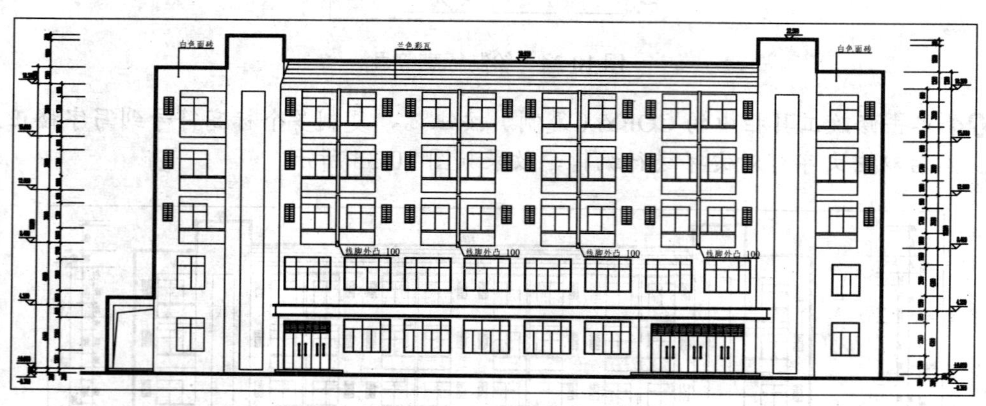

图 10-39 标注文字注释

04 添加轴线。单击绘图工具栏中的 LINE（直线）按钮，绘制一条垂直线。单击绘图工具栏中的 CIRCLE（圆）按钮，绘制一个直径为 800mm 的圆；

05 单击绘图工具栏中的 MTEXT（多行文字）按钮，在圆中心绘制出轴线编号文字；单击修改工具栏中的 MOVE（移动）按钮，配合“象限点捕捉”功能，先将直线移动圆的正上方，然后将轴线及编号整体移动到正立面图适当位置上，

06 绘制完成的一个轴线编号效果如图 10-40 所示；单击修改工具栏中的 COPY（复制）按钮，复制出正立面图另一端的轴线编号，双击文字图标对文字进行修改，完成轴线编号的绘制。。

图 10-40 绘制轴线

07 添加图名和比例。单击绘图工具栏上的 MTEXT（多行文字）按钮A，绘制出图名和比例；单击绘图工具栏的 PLINE（多段线）按钮，绘制出图名下方的下划线，效果如图 10-41 所示。

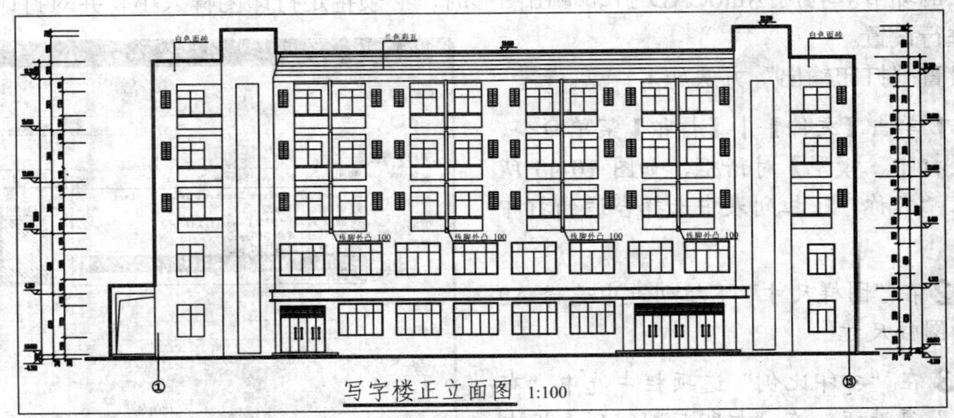

图 10-41　添加轴线、图名和比例

3．添加图框和标题

图样绘制完成后，就要为该图添加图框和标题栏，可采用插入图块的方法来插入图框和标题栏。该写字楼正立面图，如果按照 1: 100 的比例出图，则需要制作一个 A2 加长页面（743mm×420mm）的图框。将制作好的图框插入到已保存过的立面图中，为立面图插入图框，并对其位置进行调整。然后填写标题栏中图样的有关属性，包括图名、日期等。添加图框和标题后的立面图效果如图 10-42 所示。

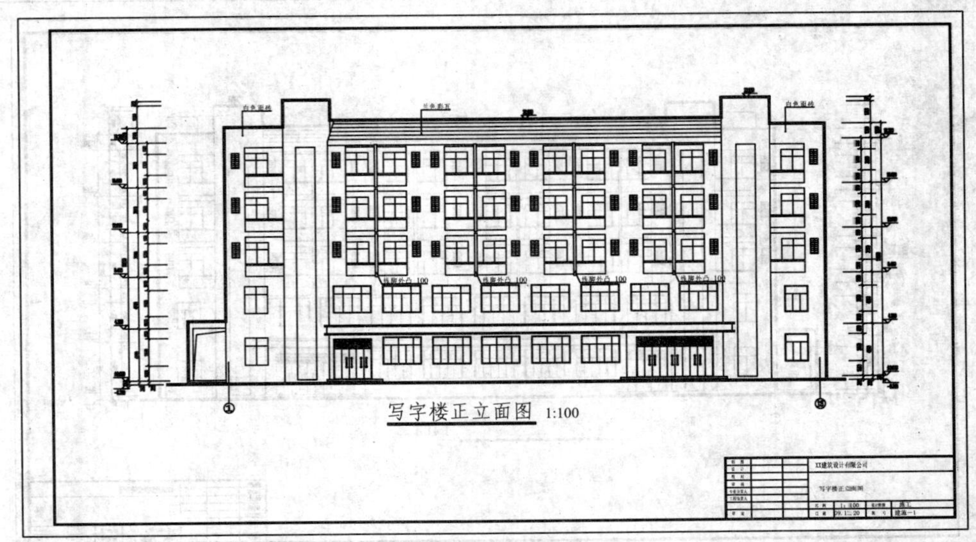

图 10-42　添加图框和标题

4. 打印输出

绘制好正立面图后，还要将其进行打印输出。图形的打印输出是 AutoCAD 绘图中一个重要的环节。利用 AutoCAD 打印输出图形时，必须指定打印图样大小，并对打印的种参数进行设置。

设置“打印输出”方法如下：

01 单击【文件】|【打印】菜单命令，打开【打印 - 模型】对话框，如图 10-43 所示。在“名称”下拉列表中选择合适的打印机。

02 在“图样尺寸”下拉列表中选择 A2 加长的图幅尺寸。

03 在“打印比例”选项栏中选中“布满图样”复选框，在“打印范围”列表框中选择“窗口”选项，接着在绘图区中框选需打印的正立面图后，返回到【打印 - 模型】对话框中。

04 单击【预览】按钮，如果预览觉得满意，就可以进行打印了。如果不满意，还可以再进行调整，直到满意为止。

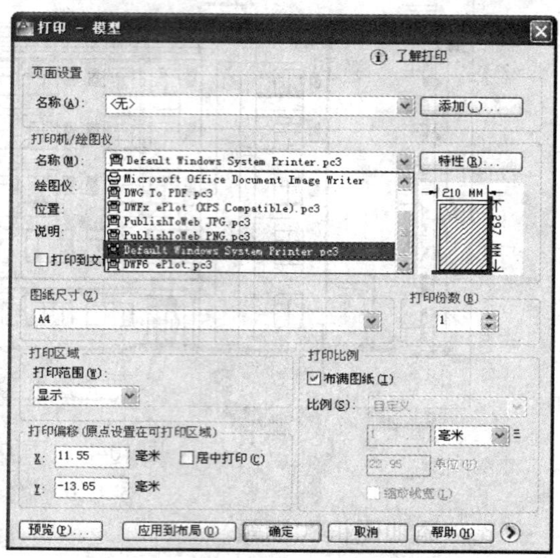

图 10-43 “打印 - 模型”对话框

05 如图 10-44 所示是写字楼正立面图的打印预览效果。

图 10-44 打印预览效果

10.3 绘制别墅南立面图

视频教学	
视频文件：	AVI\第 10 章\10.3.avi
播放时长：	34 分 37 秒

别墅是居宅之外用来享受生活的居所，是现代居住的潮流，可以满足人们日益增长的物质生活需要。本节以绘制某别墅南立面图为例讲述建筑立面图的绘制步骤和方法，本实例的最终效果如图 10-45 所示。

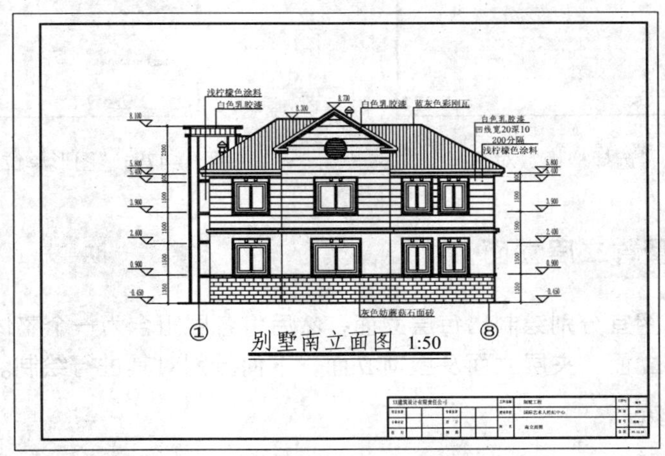

图 10-45　最终效果

10.3.1 建立绘图环境

绘制别墅南立面图，首先建立绘图环境，设置绘图环境的具体操作步骤如下：

01 新建文件。启动 AutoCAD 2012 应用程序，单击【文件】|【新建】菜单命令，打开“选择样板”对话框，如图 10-46 所示。选择“acadiso.dwt”选项，单击【打开】按钮，即可新建一个样板文件。

02 设置绘图单位。单击【格式】|【单位】菜单命令，弹出【图形单位】对话框，在“长度”选项组里的“类别”下拉列表中选择“小数”；在“精度”下拉列表框中选择 0.00，如图 10-47 所示。

03 设置图层。单击【格式】|【图层】菜单命令，弹出【图层特性管理器】对话框，单击工具栏中的【新建图层】按钮，创建立面图所需要的图层，并为每一个图层定义名称、颜色、线型、线宽，设置好的图层效果如图 10-48 所示。

04 设置绘图范围。单击【格式】|【图形界限】菜单命令，设置绘图区域。单击【视

图】|【缩放】|【全部】菜单命令，完成观察范围的设置。其命令行提示如下：

```
命令：limits↙
重新设置模型空间界限：
指定左下角点或 [开(ON)/关(OFF)] <0.0000, 0.0000>:↙    //直接按回车键接受默认值
指定右上角点 <420.0000, 297.0000>: 20000, 14000↙    //输入右上角坐标“20000, 14000”后按回车键完成绘图范围的设置
```

图 10-46 “选择样板”对话框

图 10-47 “图形单位”对话框

10.3.2 绘制别墅首二层立面

绘制建筑立面图宜分别绘制出每层立面，然后将各层组合为一个整体。该别墅立面包括底层立面及二层立面、夹层立面及屋顶立面，下面分别对其进行绘制。

1. 绘制辅助线

由于别墅南面墙段首二层平面位置基本相同，可以同时绘制。绘制别墅首二层立面图，首先要绘制出辅助线。绘制辅助线的具体操作步骤如下：

01 单击【文件】|【打开】菜单命令，打开光盘自带的“别墅底层平面图.dwg”文件。框选所有的底层平面图形，按下 Ctrl + C 键，复制其中的图形。

02 转到新创建的立面图文件中，按下 Ctrl + V 键，将底层平面图复制到立面图文件当中。单击修改工具栏中的 ERASE（删除）按钮，将底层平面图中的尺寸标注、编号、文字和家具等进行删除，效果如图 10-49 所示。

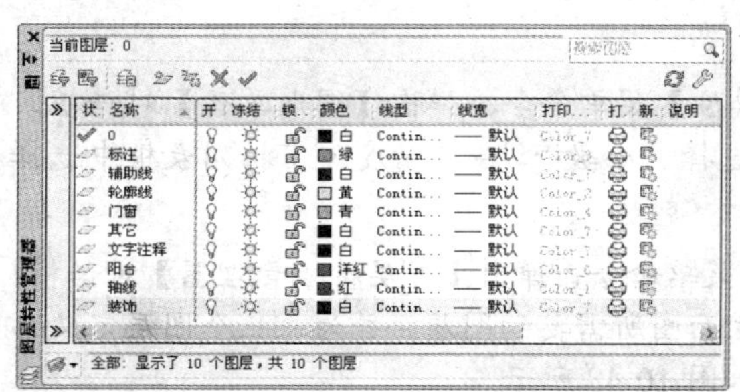

图 10-48 “图层特性管理器”对话框

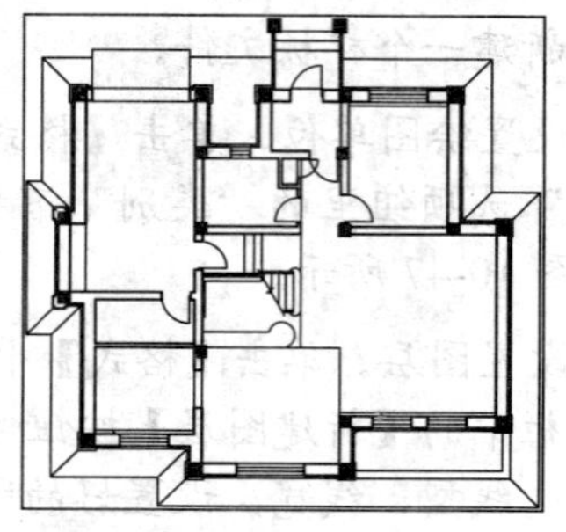

图 10-49 复制底层平面图

03 将“辅助线”图层置为当前层，单击绘图工具栏中的 XLINE（构造线）按钮，配合“对象捕捉”功能，根据别墅底层平面南面墙段绘制垂直辅助线，效果如图 10-50 所示。

04 单击绘图工具栏中的 XLINE（构造线）按钮，在平面图下方绘制一条水平辅助线。单击修改工具栏中的 OFFSET（偏移）按钮，根据门窗等部件的设计尺寸，绘制出底层立面凹凸部分的辅助线，效果如图 10-51 所示。

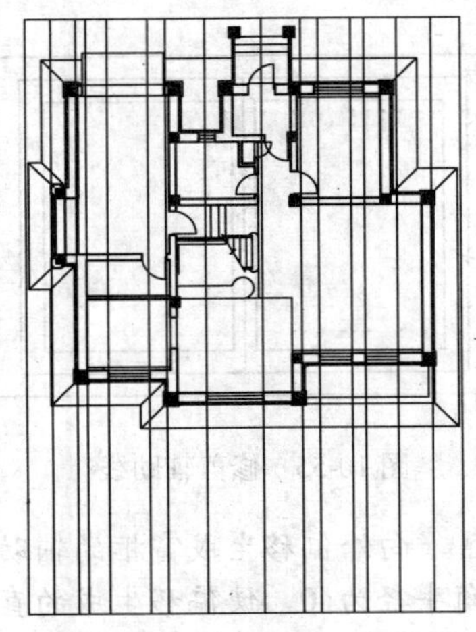

图 10-50 绘制垂直辅助线

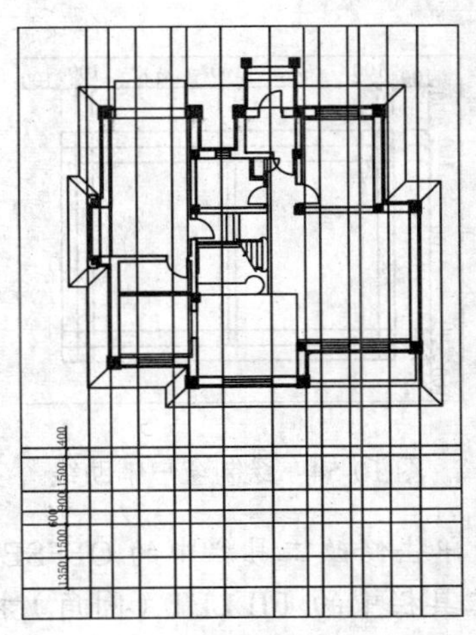

图 10-51 绘制水平辅助线

2. 绘制轮廓线

绘制轮廓线的具体操作步骤如下：

01 单击修改工具栏中的 TRIM（修剪）按钮，对外围构造线进行修剪，效果如图 10-52 所示。

02 单击修改工具栏中的 TRIM（修剪）按钮，对辅助线进行修剪。单击修改工具栏中的 ERASE（删除）按钮，删除不必要的线段，效果如图 10-53 所示。

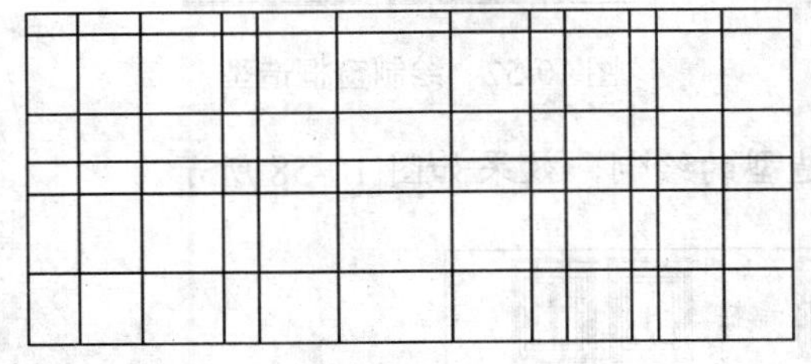

图 10-52 修剪辅助线

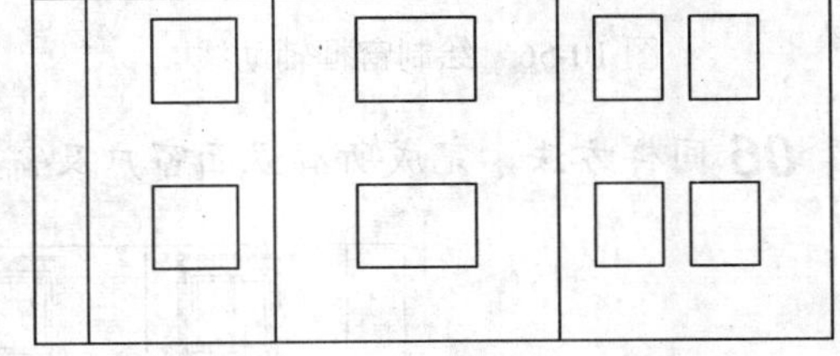

图 10-53 绘制轮廓线

3. 绘制立面窗户

下面以绘制餐厅立面窗为例说明别墅立面窗的绘制方法，绘制立面窗户的具体操作步骤如下：

01 将“门窗”图层置为当前层。

02 单击修改工具栏中的 OFFSET（偏移）按钮，生成立面窗户的辅助线。单击绘图工具栏中的 LINE（直线）按钮，配合“中点捕捉”功能，在窗户立面中绘制一条垂直线，效果如图 10-54 所示。

03 单击修改工具栏中的 TRIM（修剪）按钮，将辅助线进行修剪，生成立面窗户效果如图 10-55 所示。

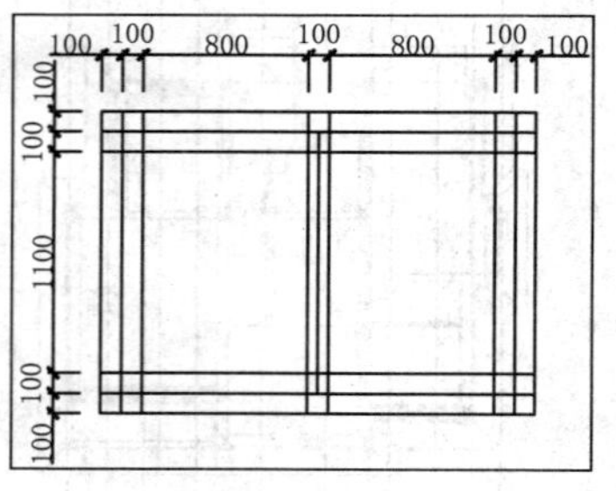

图 10-54　绘制窗户辅助线

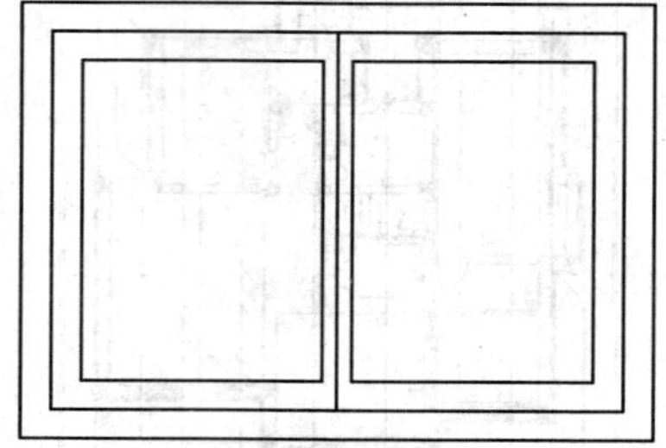

图 10-55　修剪辅助线

04 单击修改工具栏中的 OFFSET（偏移）按钮，向外偏移生成窗框的辅助线。单击修改工具栏中的 FILLET（圆角）按钮，设置圆角半径为 0，使偏移生成的直线在延长线上相交，效果如图 10-56 所示。

05 单击修改工具栏中的 OFFSET（偏移）按钮，生成窗框造型的辅助线。单击修改工具栏中 TRIM（修剪）按钮，将辅助线进行修剪，效果如图 10-57 所示。

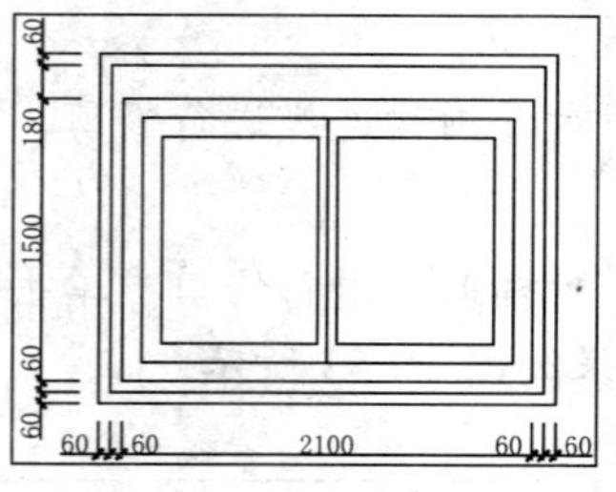

图 10-56　绘制窗框辅助线

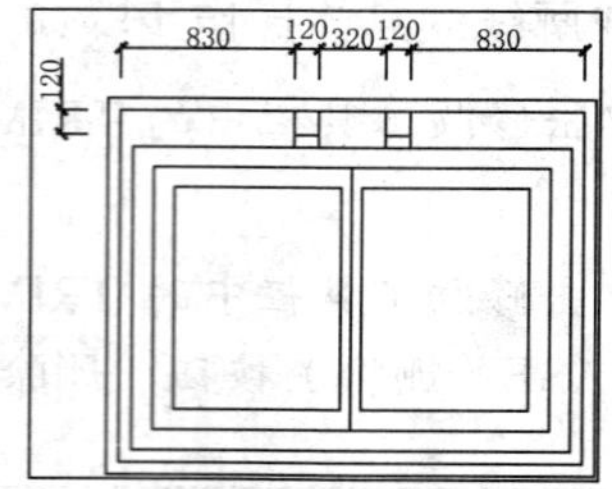

图 10-57　绘制窗框造型

06 同样方法，完成所有立面窗户及窗框造型的绘制，效果如图 10-58 所示。

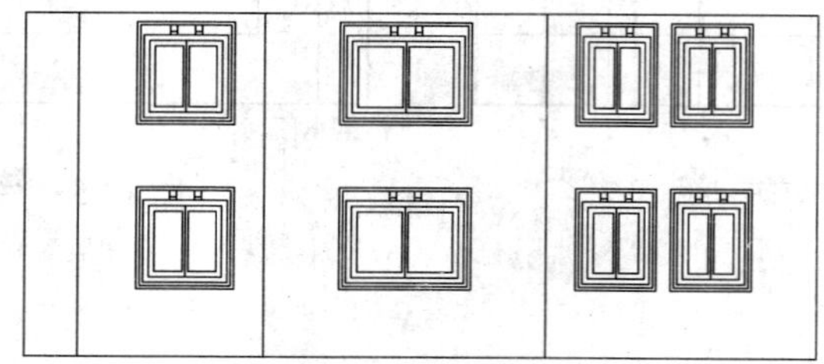

图 10-58　绘制立面窗户和窗框

10.3.3 绘制别墅夹层立面和屋顶立面

别墅夹层立面和屋顶立面虽然平面并不相同，但它们位于同一高度位置上，因此可将它们放置在一起同时绘制，具体操作步骤如下：

01 绘制辅助线。打开光盘自带的别墅“夹层平面图.dwg”和“屋顶平面图.dwg”文件，将其复制到别墅南立面图中，并将尺寸标注、编号、文字和家具等进行删除。

02 将“辅助线”图层置为当前层，单击绘图工具栏中的 XLINE（构造线）按钮，根据夹层平面图和屋顶平面图的南面墙段，绘制出垂直辅助线，并在平面图下方绘制一条水平辅助线。

03 单击修改工具栏中的 OFFSET（偏移）按钮，生成夹层立面和屋顶立面高度方向上的辅助线。单击修改工具栏中的 TRIM（修剪）按钮，将外围的辅助线进行修剪，效果如图 10-59 所示。

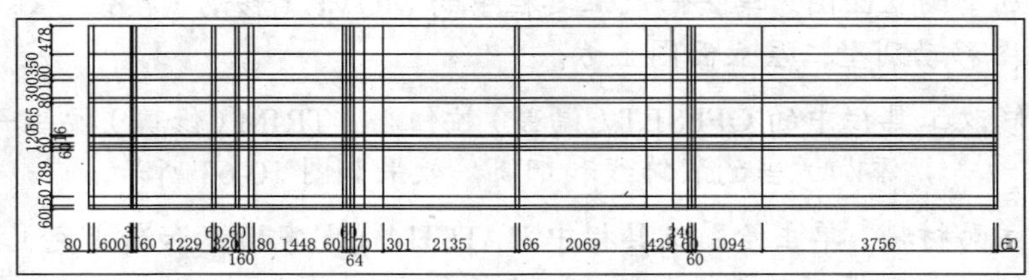

图 10-59　绘制辅助线

04 绘制轮廓线。将“轮廓线”图层置为当前层，单击修改工具栏中的 OFFSET（偏移）按钮，生成圆形窗圆心的辅助线。单击绘图工具栏中的 CIRCLE（圆）按钮，绘制一个圆形窗。

05 单击绘图工具栏中 LINE（直线）按钮，配合“对象捕捉”功能，根据辅助线绘制出屋面轮廓线。单击修改工具栏中的 TRIM（修剪）按钮，将辅助线进行修剪。单击修改工具栏中 ERASE（删除）按钮，将多余的辅助线进行删除，效果如图 10-60 所示。

06 绘制窗户立面和装饰线。单击修改工具栏中的 OFFSET（偏移）按钮，生成窗户框和装饰线的辅助线，单击修改工具栏中的 TRIM（修剪）按钮，将辅助线进行修剪，效果如图 10-61 所示。

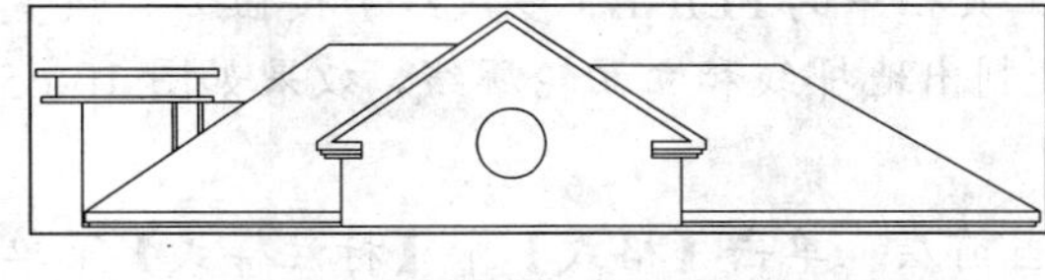

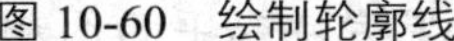

图 10-60　绘制轮廓线

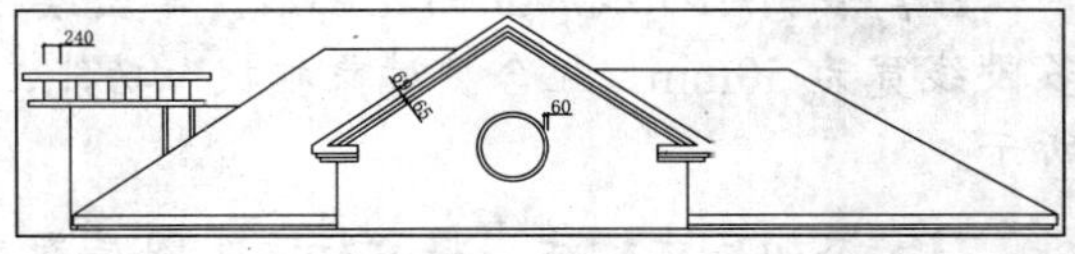

图 10-61　绘制装饰线

07 填充瓦面材料和窗户线。单击绘图工具栏中的 HATCH（图案填充和渐变色）按钮，对屋面和窗户进行图案填充，效果如图 10-62 所示。

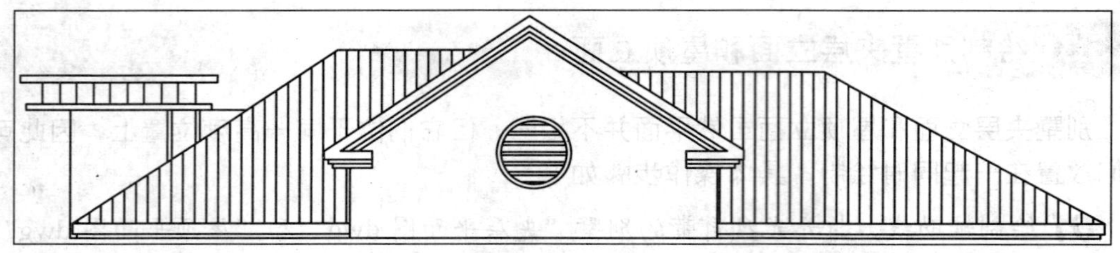

图 10-62　填充瓦面材料和窗户线

10.3.4 绘制别墅南立面图其他部分

该别墅南立面图的主要部分已经绘制完成，接下来对南立面图进行组合，并添加装饰线、尺寸标注、文字注释等内容。具体操作步骤如下：

01 组合别墅南立面图。单击修改工具栏中的 MOVE（移动）按钮，将别墅夹层立面和屋顶立面图移动别墅二层立面图上方。

02 单击修改工具栏中的 OFFSET（偏移）按钮、TRIM（修剪）按钮和 EXTEND（延伸）按钮等，添加适当的装饰线和烟筒，效果如图 10-63 所示。

03 填充立面材料。单击绘图工具栏中 HATCHA（图案填充和渐变色）按钮，对别墅南立面材料进行材料填充，效果如图 10-64 所示。

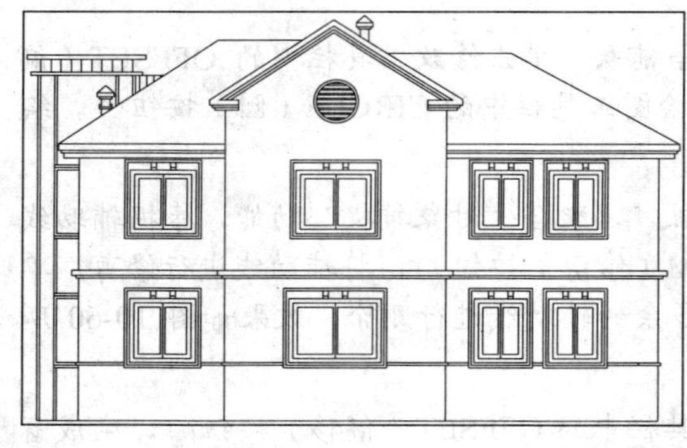

图 10-63　组合别墅南立面图

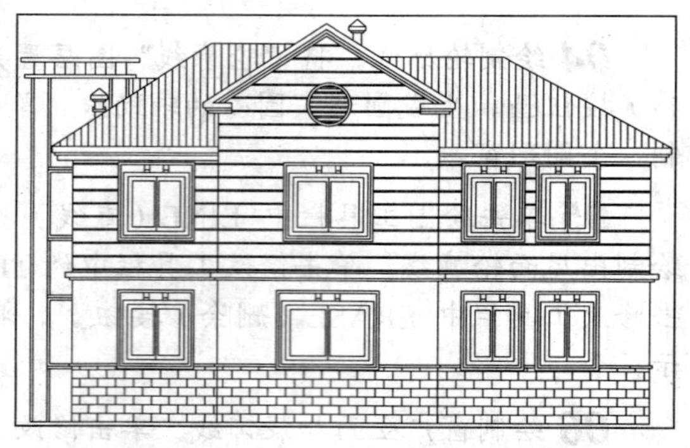

图 10-64　填充立面材料

04 绘制地坪线和立面轮廓线。单击绘图工具栏中的 PLINE（多段线）按钮，设置多段线宽为 50mm，配合"对象捕捉"功能，绘制出地坪线和立面轮廓线，效果如图 10-65 所示。

05 添加尺寸标注。将"标注"图层置为当前层。单击【格式】|【标注样式】菜单命令，在弹出的"标注样式管理器"中设置标注样式，设置方法和平面图相同。

图 10-65 绘制地坪线和立面轮廓

06 单击【标注】|【线性】菜单命令和【连续】菜单命令，标注立面图上高度方向的尺寸，效果如图 10-66 所示。

图 10-66 标注尺寸

07 绘制标高符号。单击绘图工具栏中的 LINE（直线）按钮，绘制一个等腰三角形的标高符号。单击绘图工具栏中的 MTEXT（多行文字）按钮 A，在标高符号上方注写标高文字，效果如图 10-67 所示。

08 绘制轴线符号。参考之前介绍的方法完成轴线编号的绘制。绘制完成的一个轴线编号效果如图 10-68 所示。

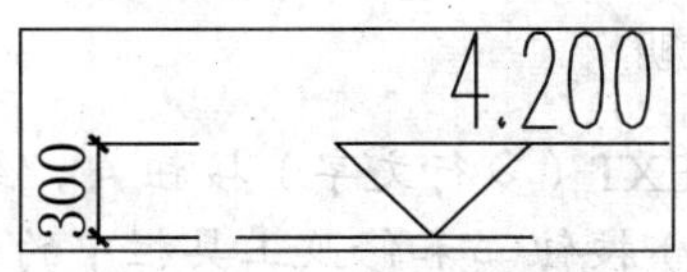

图 10-67 绘制标高符号

图 10-68 绘制轴线符号

09 单击修改工具栏中的 COPY（复制）按钮，复制多个标高符号和一个轴线编号到别墅南立面图中。双击文字可对文字进行编辑，效果如图 10-69 所示。

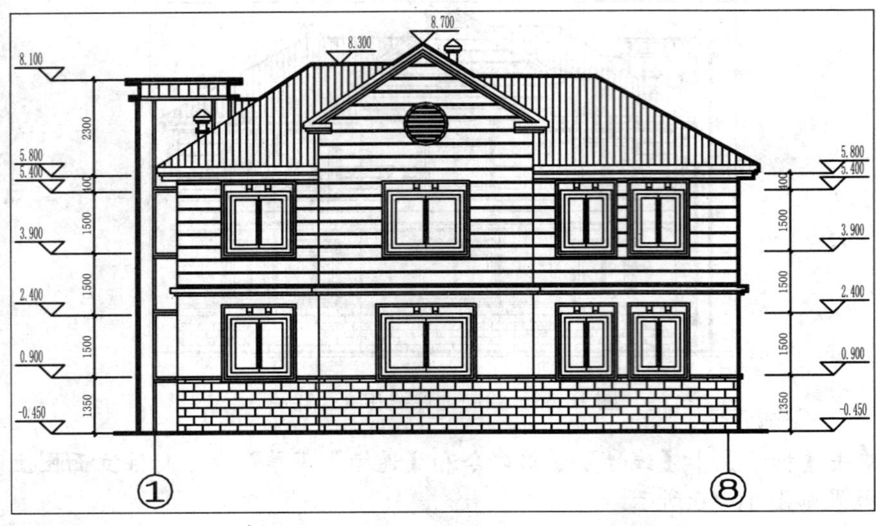

图 10-69　复制轴线和标高符号

10 标注材料说明。单击【格式】|【多重引线样式】菜单命令，在弹出的【多重引线样式管理器】对话框中设置多重引线样式。单击【标注】|【多重引线】菜单命令，为别墅南立面图标注立面文字说明，效果如图 10-70 所示。

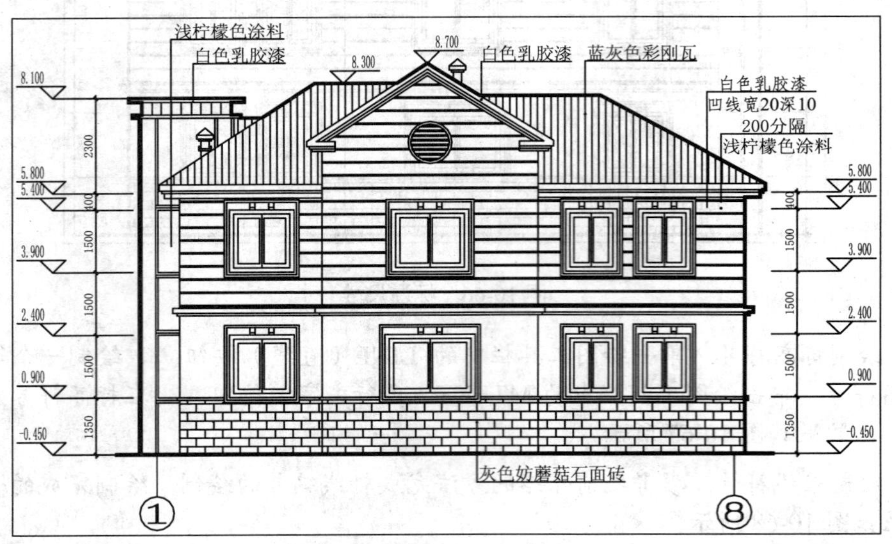

图 10-70　标注材料说明

11 绘制图名和比例。单击绘图工具栏中的 MTEXT（多行文字）按钮A，绘制出图名和比例文字。单击绘图工具栏中的 PLINE（多段线）按钮和修改工具栏中的 OFFSET（偏移）按钮，绘制出图名及比例下方的下划线。

12 单击修改工具栏中 EXPLODE（分解）按钮，将下面的多段线进行分解，效果如图 10-71 所示。

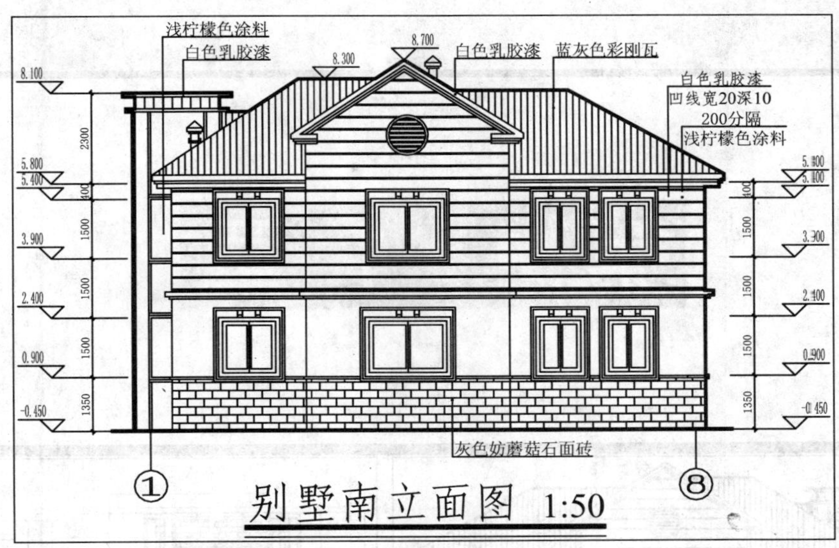

图 10-71 绘制图名和比例

13 添加图框和标题栏。别墅南立面图绘制完成后，为该立面图添加图框和标题栏。制作一个 A2 图框，出图比例为 1: 50，将制作好的图框插入到已保存过的立面图中，为立面图插入图框，并对其位置进行调整。然后填写标题栏中图样的有关属性，包括图名、日期等。添加图框和标题后的别墅立面图效果如图 10-72 所示。

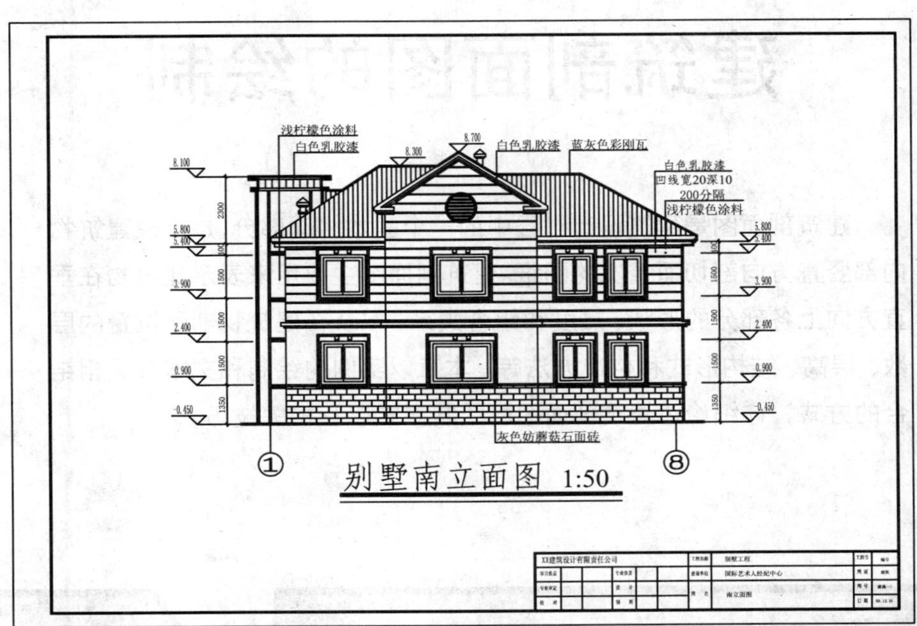

图 10-72 添加图框和标题栏

第11章

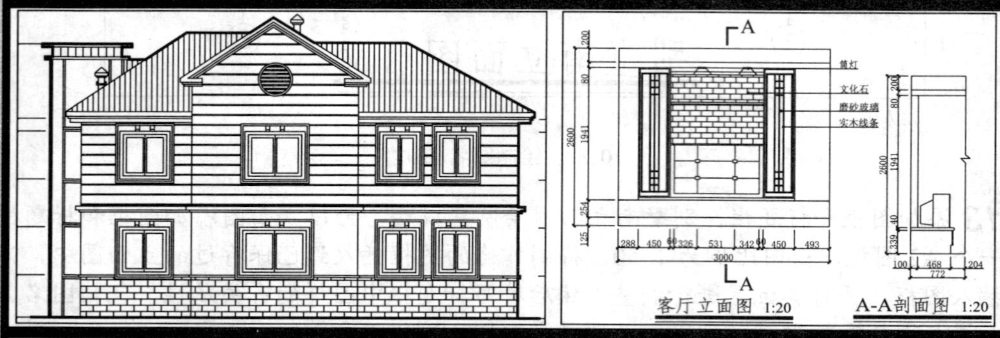

建筑剖面图的绘制

建筑剖面图是建筑设计过程中的一个基本组成部分，是反映建筑物内部竖直方向剖切面情况的图纸。建筑剖面图主要用来表示建筑物在垂直方向上各部分的形状、尺度和组合关系，以及在建筑物剖面位置的层数、层高、结构形式和构造方法等。本章以实例的绘制和文本介绍相结合的方式，详细论述建筑剖面图的绘制方式以及相关技巧。

11.1 建筑剖面图概述

在绘制建筑剖面图之前，读者首先应了解一些建筑剖面图的相关知识，以便能更好地绘制出建筑剖面图。本节主要介绍剖面图的概念、作用和内容等基本知识。

11.1.1 建筑剖面图的概念

建筑剖面图是用一个假想的平行于正立投影面或侧立投影面的竖直剖切面剖开房屋，并移动剖切面与观察者之间的部分，然后将剩余的部分作正投影所得的投影图，即为剖面图，如图 11-1 所示。

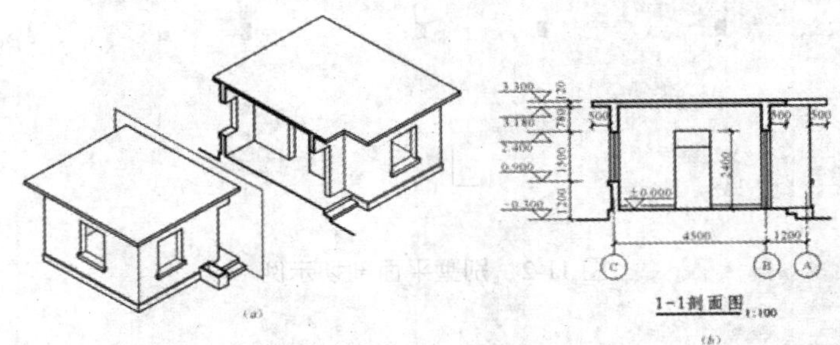

图 11-1　剖面图形成原理

建筑剖面图是建筑物的垂直剖视图。在建筑施工过程中，建筑剖面图是进行分层、砌筑内墙、铺设楼板、屋面楼、楼梯和内部装修等工程的依据。建筑剖面图与建筑平面图、建筑立面图是互相配套的，都是表达建筑物整体概况的基本图样。

建筑剖面图的剖切位置一般选择在内部构造复杂或具有代表性的位置，使之能够反映建筑物内部的构造特征。剖切平面一般应平行于建筑物的长度方向或者宽度方向，并且通过门、窗洞。剖切面的数量应根据建筑物的实际复杂程度和建筑物自身的特点来确定。

对于建筑剖面图，当建筑物两边对称时，可以在剖面图中只绘制一半。当建筑物在某一轴线之间具有不同的布置，可以在同一个剖面图上绘制不同位置剖切的剖面图，只需要给出说明就行了。

11.1.2 剖切位置及投射方向的选择

根据规范规定，剖面图的剖切部位应根据图纸的用途或设计深度，在平面图上选择空间复杂、能反映全貌、构造特征，以及有代表性的部位剖切。剖面图常用一个剖切平面剖切，有时也可转折一次，用两个平行的剖切平面剖切。剖切符号一般应画在底层平面图内，剖视方向宜向左、向上，以便于看图。

投射方向一般宜向左、向上、当然也要根据工程情况而定。剖切符号在底屋平面图中，短线的指向为投射方向，如图 11-2 所示 A – A 剖切符号。剖面图编号标在投射方向一侧，剖切线若有转折，应在转角的外侧加注与该符号相同的编号。

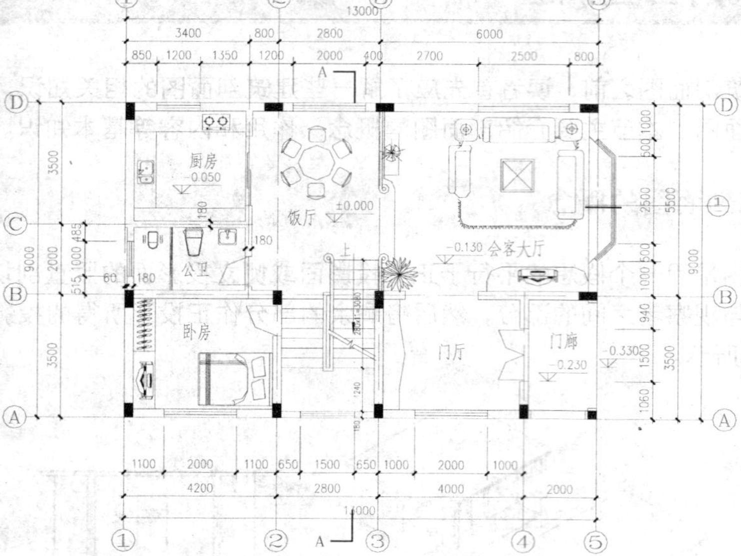

图 11-2　别墅平面剖切示例

11.1.3 建筑剖面图的绘制内容

建筑剖面图的绘制内容主要包括：

- 建筑剖面图内应包括剖切面和投影方向可见的建筑构造、构配件以及必要的尺寸、标高等。
- 房屋内部空间组合与室内层高，如建筑物内部情况、各部位的高度、房间进深（或开间）、走廊的宽度、楼梯的分段与分级等。
- 定位轴线和轴线编号。剖面图中定位轴线的数量比立面图中多，但一般也不需全部绘制，通常只绘制被剖切到的墙体的轴线。
- 表示被剖切到的建筑物内部构造，如各楼层地面、内外墙、屋顶、楼梯、阳台等构造。
- 表示建筑物承重构件的位置及相互关系，如各层的梁、板、柱及墙体的连接关系等。
- 室外地坪、楼地面、楼梯休息平台、阳台、台阶等处的标高和高度尺寸及檐口、门、窗的标高和高度尺寸。
- 没有被剖切到的但在剖切面中可以看到的建筑物构件，如室内的门窗、楼梯和扶手等。
- 屋顶的形式及排水坡度等。
- 竖向尺寸，标高的标注。
- 详细的索引符号和必要的文字说明。

- 内部装修材料和作法。
- 图名和比例。剖面图的比例与平面图、立面图一致，为了图示清楚，也可用较大的比例进行绘制。

11.1.4 建筑剖面图的绘制要求

根据《房屋建筑制图统一标准》(GB/T50001－2001)规定，绘制建筑剖面图有如下要求：

- 定位轴线：在建筑剖面图中，除了需要绘制两端轴线及其编号外，还要与平面图的轴线对照在被剖切到的墙体处绘制轴线及其编号。
- 图线：在建筑剖面图中，凡是被剖切到的建筑构件的轮廓线一般采用粗实线（b）或中实线（0.5b）来绘制，没有被剖切到的可见构配件采用细实线（0.25b）来绘制。绘制较简单的图样时，可采用两种线宽的线宽组，其线宽比宜为 b：0.25b。被剖切到的构件一般应表示出该构件的材质。
- 尺寸标注：建筑剖面图应标注建筑物外部、内部的尺寸和标高。外部尺寸一般应标注出室外地坪、窗台等处的标高和尺寸，应与立面图一致，若建筑物两侧对称时，可只在一边标注。内部尺寸应标注出底层地面、各层楼面与楼梯平台面的标高，室内其余部分如门窗和设备等标注出其位置和大小的尺寸，楼梯一般另有详图。
- 图例：建筑剖面图中的门窗都是采用图例来绘制的，具体的门窗等尺寸可查看有关建筑标准。
- 详图索引符号：一般在屋顶平面图附近有檐口、女儿墙和雨水口等构造详图，凡是需要绘制详图的地方都要标注详图符号。
- 材料说明：建筑物的楼地面、屋面等用多层材料构成，一般应在剖面图中加以说明。
- 比例：国家标准《建筑制图标准》(GB/T50001－2001）规定，剖面图中宜采用 1:50、1:100、1:150、1:200 和 1:300 等的比例绘制。在绘制建筑物剖面图时，应根据建筑物的大小采用不同的比例，一般采用 1:100 的比例，这样绘制起来比较方便。

11.1.5 建筑剖面图绘制的一般步骤

建筑剖面图一般在建筑平面图、立面图的基础上，并参照建筑平、立面图进行绘制。绘制建筑剖面图的一般步骤如下：

01 设置绘图环境。

02 确定剖切位置和投射方向。

03 绘制定位辅助线，包括墙体、柱子定位轴线，楼层水平定位辅助线以及其他剖面图样的辅助线。

04 剖面图样及看线绘制，包括剖切到的和看到的墙柱、地坪、楼层、门窗（幕墙）、

楼梯、台阶及坡道、屋面、雨蓬、窗台、窗楣、檐口、阳台、栏杆和各种线脚等。

05 绘制配景，包括植物、车辆和人物等。

06 绘制尺寸标注和文字说明。

11.2 绘制写字楼剖面图

上一节介绍了剖面图的基本知识，本节通过绘制“某写字楼剖面图”的实例来讲述建筑剖面图的绘制步骤和方法。绘制写字楼剖面图的最终效果如图 11-3 所示。

视频教学	
视频文件：	AVI\第 11 章\11.2.avi
播放时长：	53 分 09 秒

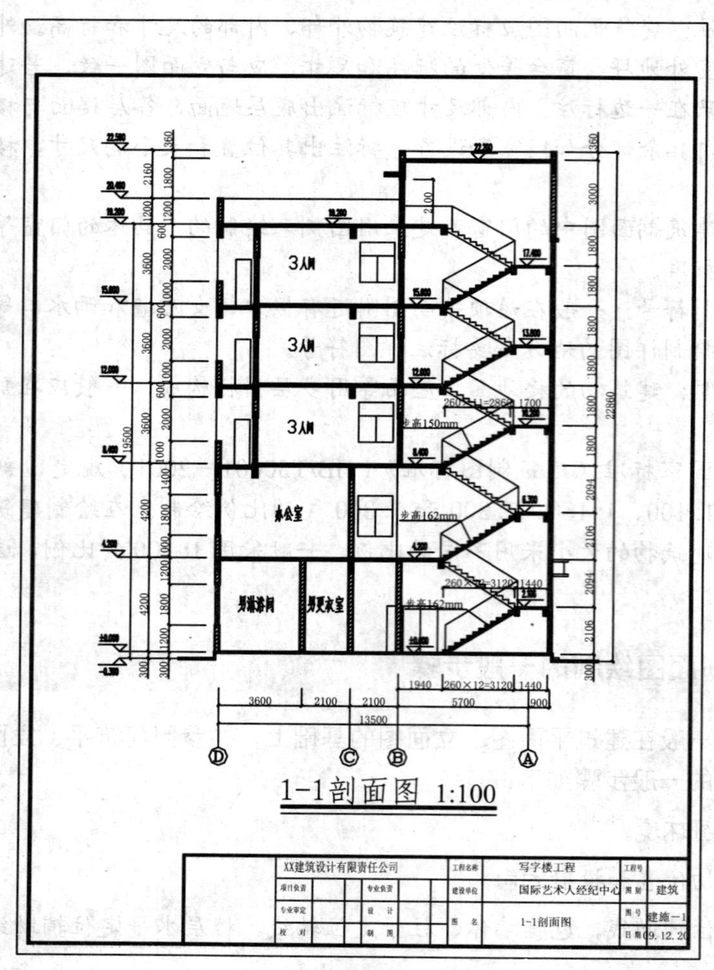

图 11-3 写字楼剖面图

11.2.1 设置绘图环境

绘制建筑剖面图的第一步就是设置绘图环境，对绘图环境进行相应的设置，包括设置单位、图层设置和设置图形界限等。设置绘图环境的具体操作步骤如下：

01 新建文件。启动 AutoCAD 2012 应用程序，单击【文件】|【新建】菜单命令，打开“选择样板”对话框，如图 11-4 所示。选择“acadiso.dwt”选项，单击【打开】按钮，即可新建一个样板文件。

02 设置绘图单位。单击【格式】|【单位】菜单命令，弹出“图形单位”对话框，在“长度”选项组里的“类别”下拉列表中选择“小数”，在“精度”下拉列表框中选择 0.00，如图 11-5 所示。

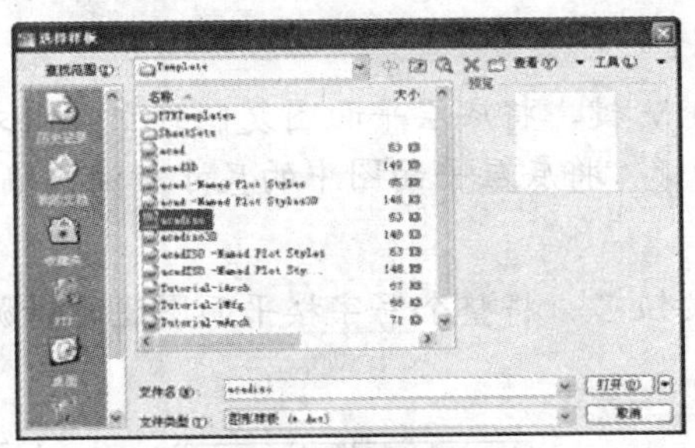

图 11-4 “选择样板”对话框

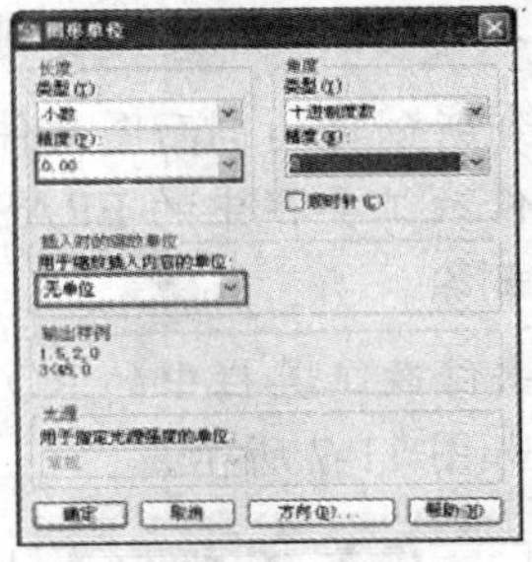

图 11-5 “图形单位”对话框

03 设置图层。单击【格式】|【图层】菜单命令，弹出“图层特性管理器”对话框，单击工具栏中的【新建图层】按钮，创建剖面图所需要的图层，并为每一个图层定义名称、颜色、线型、线宽，设置好的图层效果如图 11-6 所示。

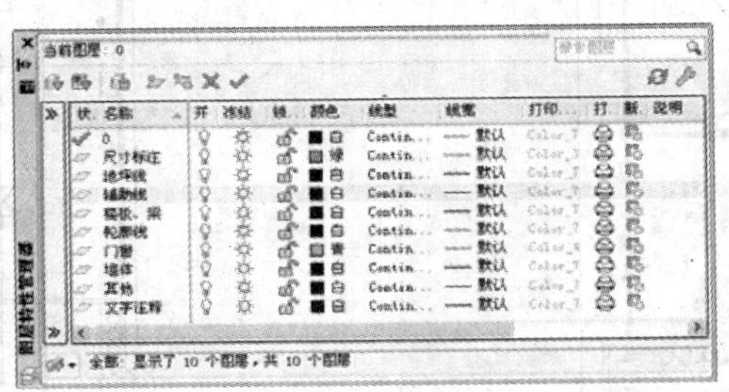

图 11-6 “图层特性管理器”对话框

04 设置图形界限。单击【格式】|【图形界限】菜单命令，设置绘图区域，单击【视图】|【缩放】|【全部】菜单命令，完成观察范围的设置。其命令行提示如下：

```
命令: limits↙
重新设置模型空间界限:
指定左下角点或 [开(ON)/关(OFF)] <0.0000, 0.0000>:↙     //直接按回车键接受默认值
指定右上角点 <420.0000, 297.0000>: 25000, 35000↙     //输入右上角坐标“25000,
35000”后按回车键完成绘图范围的设置
```

11.2.2 绘制底层剖面图

本实例的写字楼剖面主要有底层办公、二层办公、3 个标准层住宅和 1 个屋顶组成，适宜自下而上分别绘制各层剖切面，然后把它们拼接成整体剖面。在绘制建筑剖面图的过程中，对于建筑物剖面相似或相同的图形对象，一般需要灵活应用复制、镜像、阵列等操作，才能快速地绘制出建筑剖面图。

1. 绘制辅助线

绘制建筑剖面图，首先要绘制出剖切部分的辅助线，而且要做到与平面图一一对应。绘制辅助线的具体操作步骤如下：

01 打开光盘中本章文件夹自带的“写字楼底层平面图.dwg”文件，框选所有的底层平面图形，按下 Ctrl + C 键，复制所有图形。

02 转到新创建的剖面图文件中，按下 Ctrl + V 键，将底层平面图复制到立面图文件当中。单击修改工具栏中的 ERASE（删除）按钮，将底层平面图中的尺寸标注、编号、文字等进行删除。

03 单击修改工具栏中的 ROTATE（施转）按钮，将整个写字楼平面图逆时针旋转 90°，效果如图 11-7 所示。

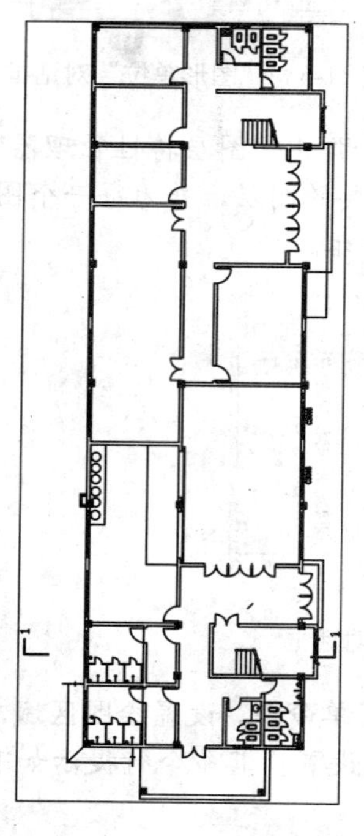

图 11-7 复制平面图

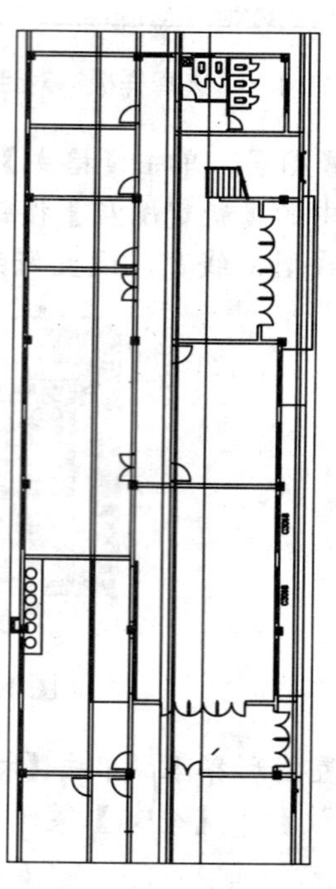

图 11-8 绘制垂直辅助线

04 单击绘图工具栏中的 LINE（直线）按钮，配合对象捕捉功能，绘制一条经过剖切位置的水平直线。单击修改栏中的 TRIM（修剪）按钮，修剪水平直线以下的平面图部分。

05 单击修改工具栏中的 ERASE（删除）按钮，将直线以下无法修剪的平面图部分和剖切符号删除。单击绘图工具栏中的 XLINE（构造线）按钮，绘制剖视方向剖切到的和可见的墙体、门窗等垂直辅助线，效果如图 11-8 所示。

06 单击绘图工具栏中的 XLINE（构造线）按钮，在平面图下方绘制一条水平辅助线，效果如图 11-9 所示。

07 单击修改工具栏中的 OFFSET（偏移）按钮，根据门窗设计高度，生成剖面图高度方向上各个配件的辅助线，效果如图 11-10 所示。

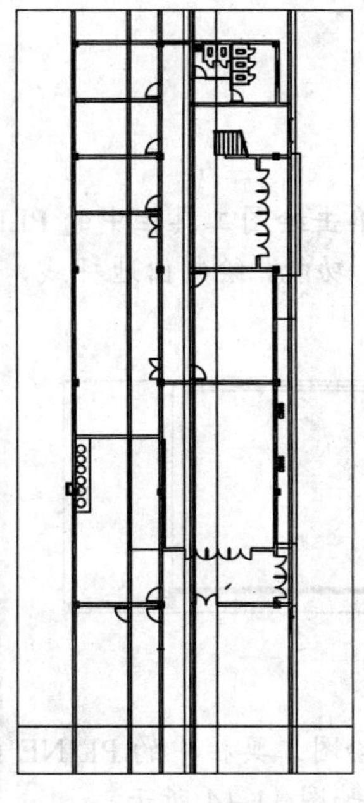

图 11-9 绘制垂直辅助线

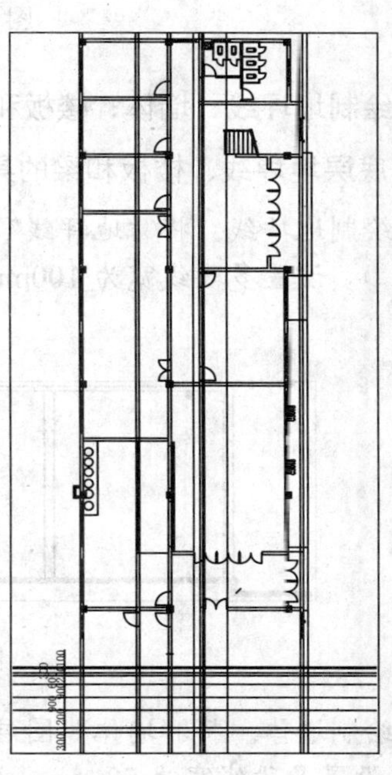

图 11-10 偏移水平辅助线

2. **绘制轮廓线**

绘制底层轮廓线的具体操作步骤如下：

01 单击修改工具栏中的 TRIM（修剪）按钮，对外围构造成线进行修剪，如图 11-11 所示。

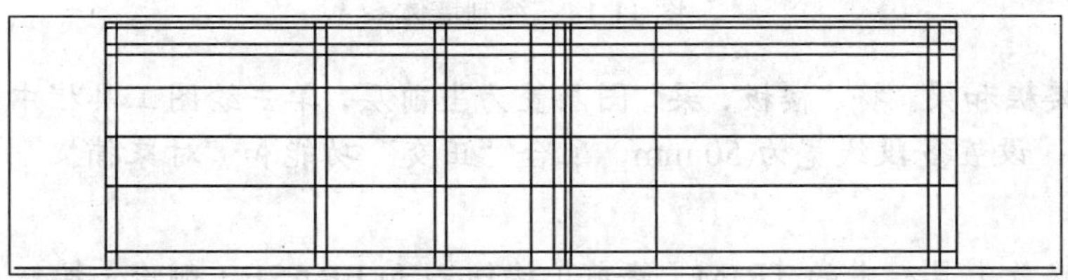

图 11-11 修剪辅助线

02 单击修改工具栏中的 TRIM（修剪）按钮，修剪内部辅助线。单击修改工具栏中的 ERASE（删除）按钮，将多余的辅助线进行删除，得到底层剖面墙、门窗、楼板以及室内外地坪等轮廓线，如图 11-12 所示。

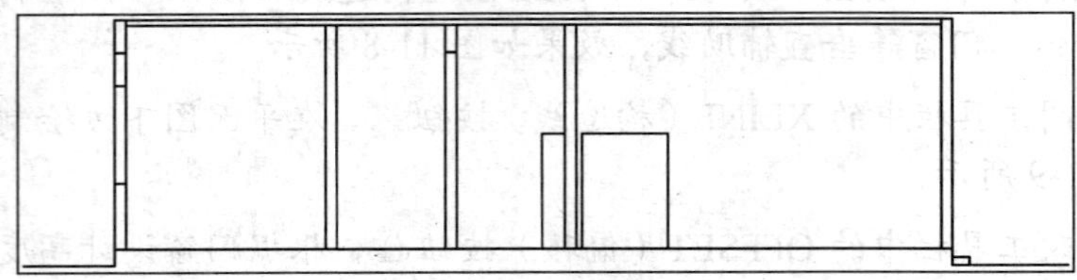

图 11-12 底层剖面轮廓线

3. 绘制地坪线、墙体、楼板和梁

绘制底层地坪线、楼板和梁的具体操作步骤如下：

01 绘制地坪线。将“地坪线”图层置为当前层，单击绘图工具栏中的 PLINE（多段线）按钮，设置多段线宽为 100mm，配合“端点捕捉”功能，绘制出地坪线，如图 11-13 所示。

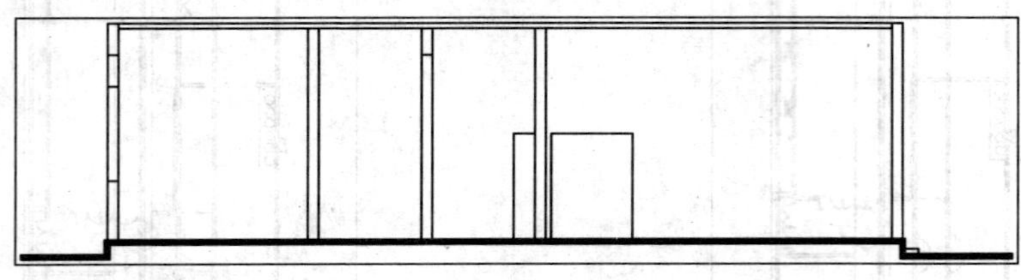

图 11-13 绘制地坪线

02 绘制墙体。将“墙体”图层置为当前层，单击绘图工具栏中的 PLINE（多段线）按钮，设置多段线宽为 50 mm，绘制出墙体轮廓线，如图 11-14 所示。

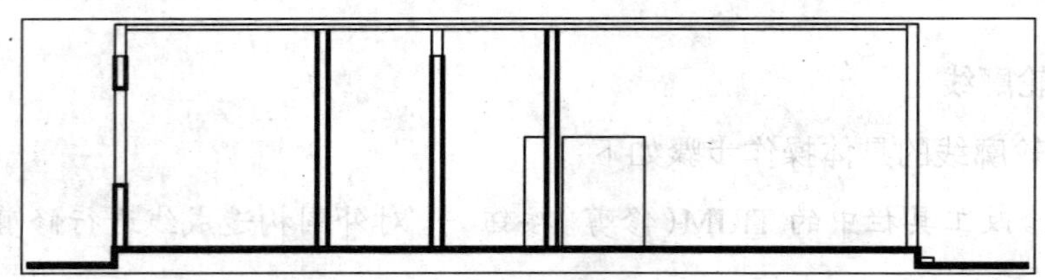

图 11-14 绘制墙体

03 绘制楼板和梁。将“楼板、梁”图层置为当前层，单击绘图工具栏中的 PLINE（多段线）按钮，设置多段线宽为 50 mm，配合“正交”功能和“对象捕捉”功能，绘制出楼板和梁。

04 单击修改工具栏中的 TRIM（修剪）按钮和 ERASE（删除）按钮，将辅助线进行修剪和删除，如图 11-15 所示。

05 填充底层剖面材料。单击绘图工具栏中的 HATCH（图案填充和渐变色）按钮，分别设置不同的填充图例和比例，填充剖面墙体、楼板和梁，如图 11-16 所示。

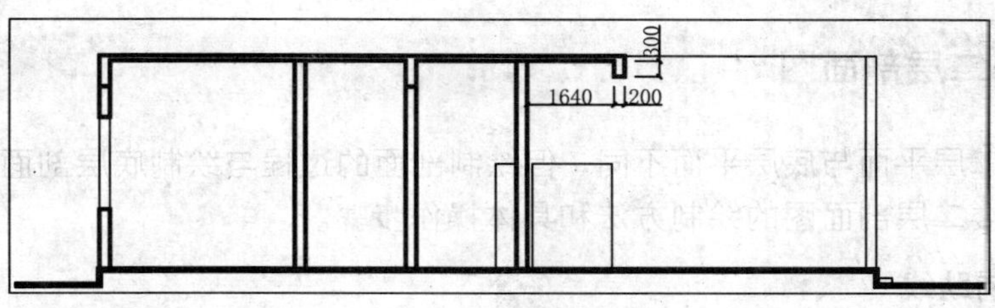

图 11-15 绘制楼板和梁

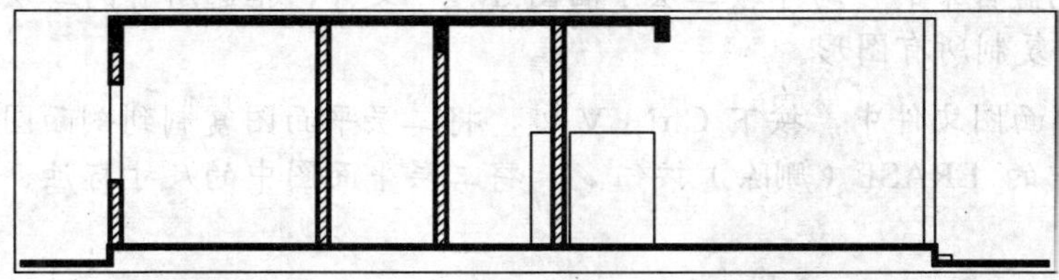

图 11-16 填充底层剖面材料

4. 绘制门窗和雨蓬

绘制底层剖面门窗和雨蓬的具体操作步骤如下：

01 单击修改工具栏中的 OFFSET（偏移）按钮，根据剖面窗和立面门样式，生成剖面窗和立面门，如图 11-17 所示。

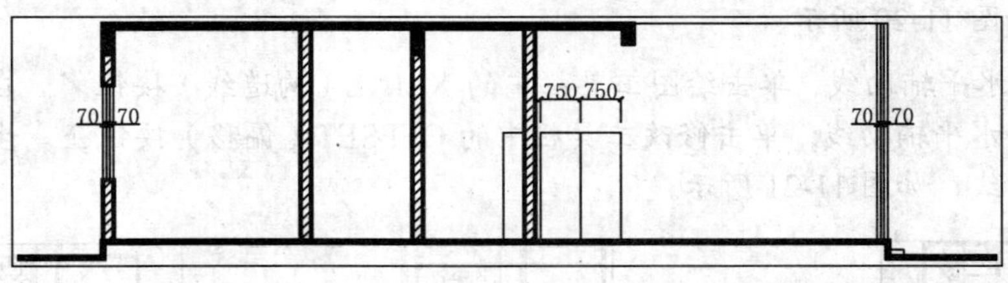

图 11-17 绘制门窗

02 框选所有剖面窗和立面门，将其放置在“门窗”图层中，即可完成门窗的绘制。

03 绘制雨蓬。将“其他”图层置为当前层，单击绘图工具栏中的 LINE（直线）按钮以及修改工具栏中的 OFFSET（偏移）按钮和 TRIM（修剪）按钮，绘制出雨蓬立面，效果如图 11-18 所示。

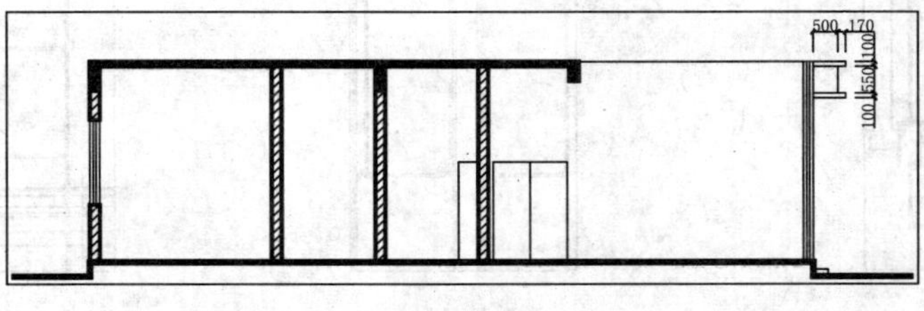

图 11-18 绘制雨蓬

11.2.3 绘制二层剖面图

该写字楼二层平面与底层平面不同，但绘制剖面的过程与绘制底层剖面基本相同。接下来讲述写字楼二层剖面图的绘制方法和具体操作步骤。

1. 绘制辅助线

绘制二层剖面图辅助线的具体操作步骤如下：

01 打开光盘自带的“写字楼二层平面图.dwg”文件，框选所有的二层平面图形，按下 Ctrl + C 键，复制所有图形。

02 转到剖面图文件中，按下 Ctrl + V 键，将二层平面图复制到剖面图文件当中；单击修改工具栏中的 ERASE（删除）按钮，将二层平面图中的尺寸标注、编号、文字等进行删除。

03 单击修改工具栏中的 ROTATE（旋转）按钮，将整个写字楼平面图逆时针旋转 90°，效果如图 11-19 所示。

04 绘制垂直辅助线。将“辅助线”图层置为当前层，单击绘图工具栏中的 LINE（直线）按钮，绘制经过剖切位置的水平直线，单击修改工具栏中的 TRIM（修剪）按钮，将水平直线以下的部分进行修剪。

05 单击修改工具栏中的 ERASE（删除）按钮，将水平直线以下无法修剪的部分、水平直线和剖切符号进行删除，单击绘图工具栏中的 XLINE（构造线）按钮，绘制垂直辅助线，如图 11-20 所示。

06 绘制水平辅助线。单击绘图工具栏中的 XLINE（构造线）按钮，在二层平面图下方绘制一条水平辅助线；单击修改工具栏中的 OFFSET（偏移）按钮，生成二层剖面图的水平辅助线，如图 11-21 所示。

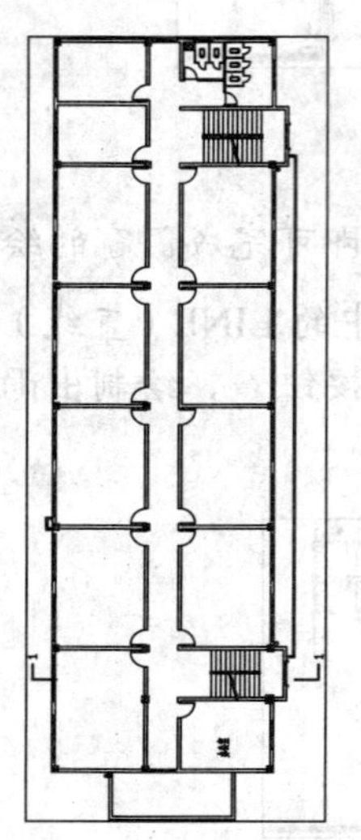

图 11-19　写字楼二层平面图

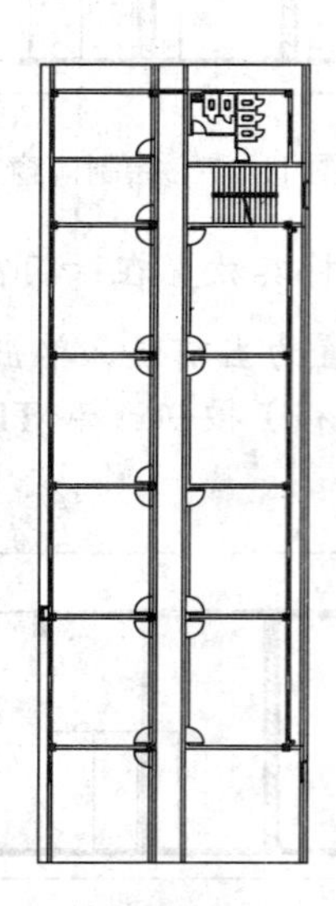

图 11-20　绘制垂直辅助线

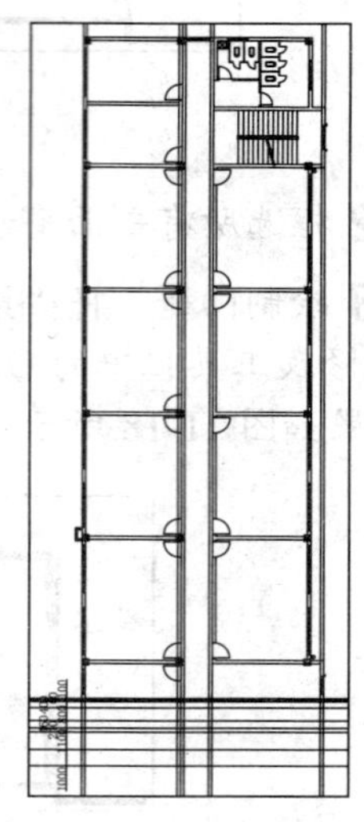

图 11-21　绘制水平辅助线

07 单击修改工具栏中的 TRIM（修剪）按钮，将外围的辅助线进行修剪，如图 11-22 所示。

2. 绘制墙体、楼板和梁轮廓线

绘制墙体、楼板和梁轮廓线的具体操作步骤如下：

01 单击修改工具栏中的 TRIM（修剪）按钮，将内部辅助线进行修剪，如图 11-23 所示。

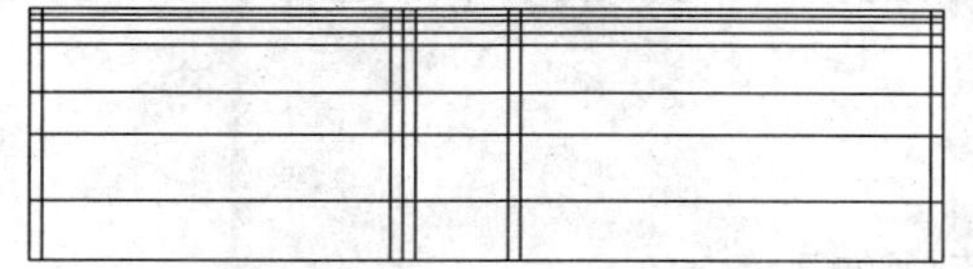

图 11-22　修剪辅助线

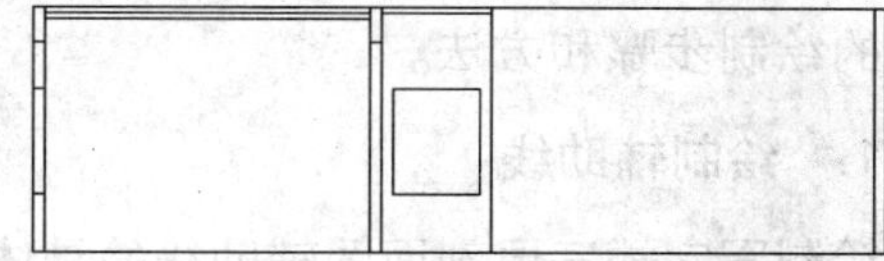

图 11-23　修剪内部辅助线

02 绘制楼板和梁。将图层“楼板和梁”置为当前层，单击绘图工具栏中的 PLINE（多段线）按钮，设置多段线宽 50mm，配合“对象捕捉”和“正交”功能，绘制出楼板和梁的轮廓线，效果如图 11-24 所示。

03 绘制墙体。将图层“墙体”置为当前层，单击绘图工具栏中的 PLINE（多段线）按钮，设置多段线宽 50mm，绘制出墙体。单击修改工具栏中的 TRIM（修剪）按钮和 ERASE（删除）按钮，将辅助线进行修剪和删除，效果如图 11-25 所示。

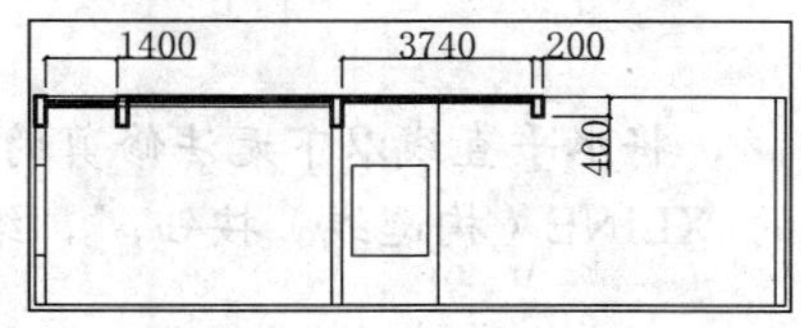

图 11-24　绘制楼板和梁

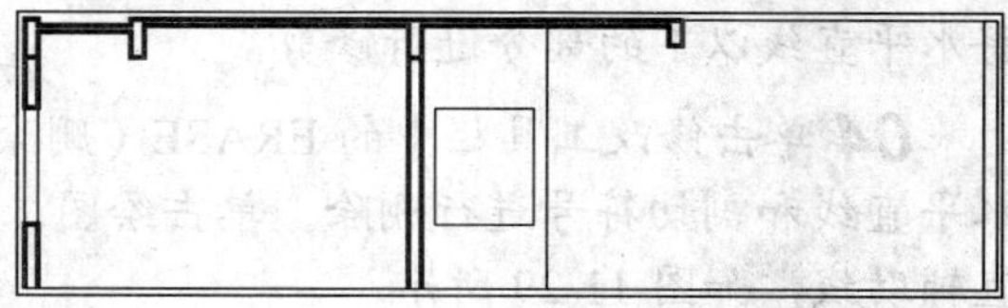

图 11-25　绘制墙体

3. 绘制门窗和其他

绘制门窗的具体操作步骤如下：

01 单击修改工具栏中的 OFFSET（偏移）按钮，生成剖面窗户线和立面窗户辅助线；单击修改工具栏中的 TRIM（修剪）按钮，将立面窗辅助线进行修剪，效果如图 11-26 所示。

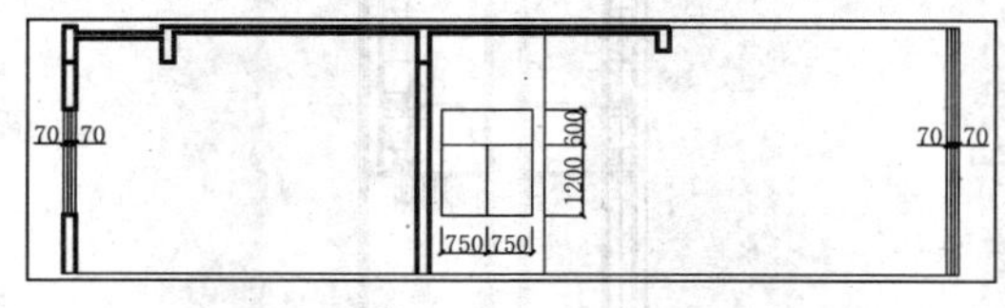

图 11-26　绘制门窗

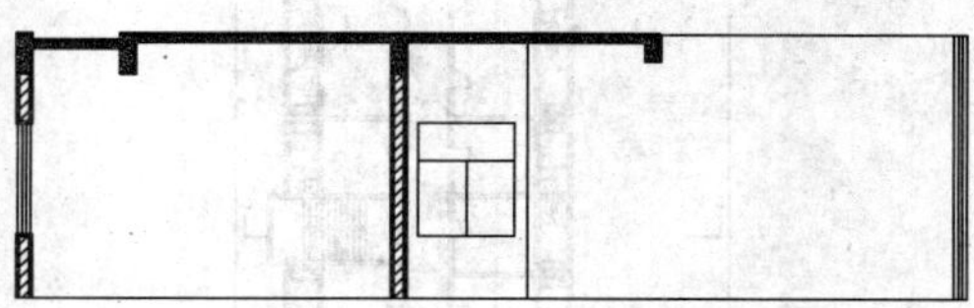

图 11-27　填充剖面材料

02 选中所有剖面窗和立面窗，将其放置在“门窗”图层中。

03 单击绘图工具栏中的 HATCH（图案填充和渐变色）按钮，对剖面墙体、楼板和梁进行材料填充，效果如图 11-27 所示。

11.2.4 绘制三至五层剖面

写字楼三至五层平面与其他层平面有所区别，因而三至五层剖面要单独绘制。绘制三至五层剖面只需绘制三层剖面，然后复制出四五层剖面即可。接下来讲述写字楼三至五层剖面的绘制步骤和方法。

1. 绘制辅助线

绘制写字楼三层剖面图辅助线的具体操作步骤如下：

01 打开光盘自带的“写字楼三至五层平面图.dwg”文件，框选所有的平面图形，按下 Ctrl + C 键，复制所有图形文件。

02 转到剖面图文件中，按下 Ctrl + V 键，将三至五层平面图复制到剖面图文件当中；单击修改工具栏中的 ERASE（删除）按钮，将平面图中的尺寸标注、编号、文字等进行删除；单击修改工具栏中的 ROTATE（旋转）按钮，将整个平面图逆时针旋转 90°，效果如图 11-28 所示。

03 绘制垂直辅助线。将“辅助线”图层置为当前层，单击绘图工具栏中的 LINE（直线）按钮，绘制经过剖切位置的水平直线；单击修改工具栏中的 TRIM（修剪）按钮，将水平直线以下的部分进行修剪。

04 单击修改工具栏中的 ERASE（删除）按钮，将水平直线以下无法修剪的部分、水平直线和剖切符号进行删除。单击绘图工具栏中的 XLINE（构造线）按钮，绘制垂直辅助线，如图 11-29 所示。

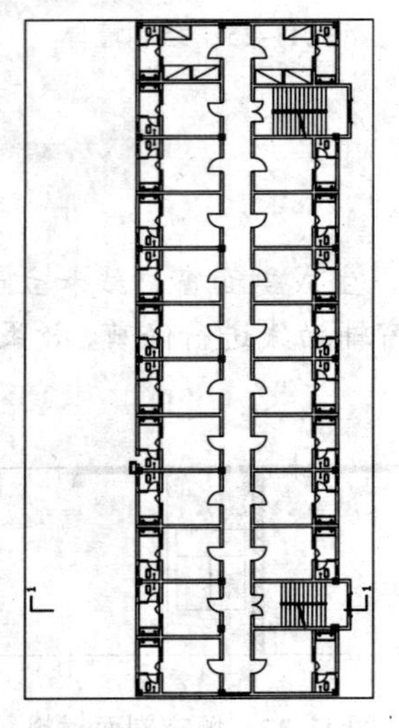

图 11-28　写字楼三至五层平面图

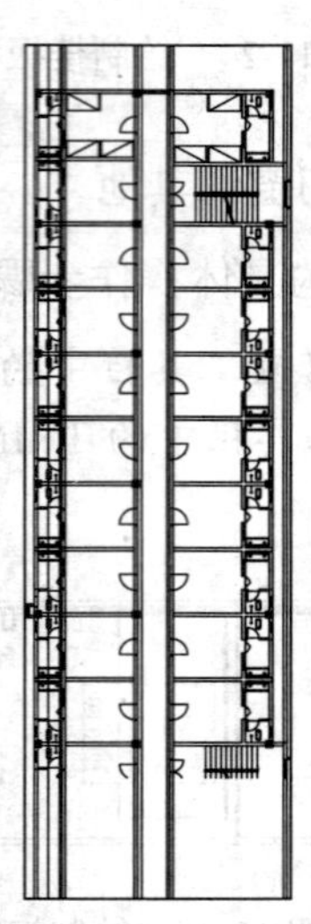

图 11-29　绘制垂直辅助线

05 绘制水平辅助线。单击绘图工具栏中的 XLINE（构造线）按钮，在三层平面图下方绘制一条水平辅助线；单击修改工具栏中的 OFFSET（偏移）按钮，生成三层剖面图的水平辅助线；单击修改工具栏中的 TRIM（修剪）按钮，将外围辅助线进行修剪，如图 11-30 所示。

2. 绘制墙体、楼板和梁轮廓线

绘制墙体、楼板和梁轮廓线的具体操作步骤如下：

01 单击修改工具栏中的 TRIM（修剪）按钮，将内部辅助线进行修剪，得到三层剖面图各构配件的轮廓线，效果如图 11-31 所示。

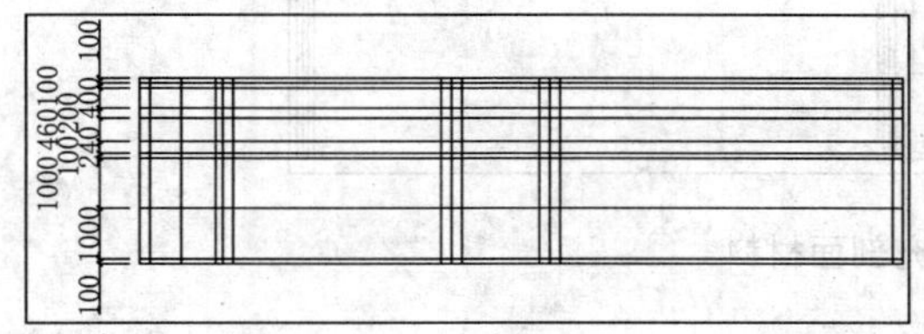

图 11-30 绘制水平辅助线

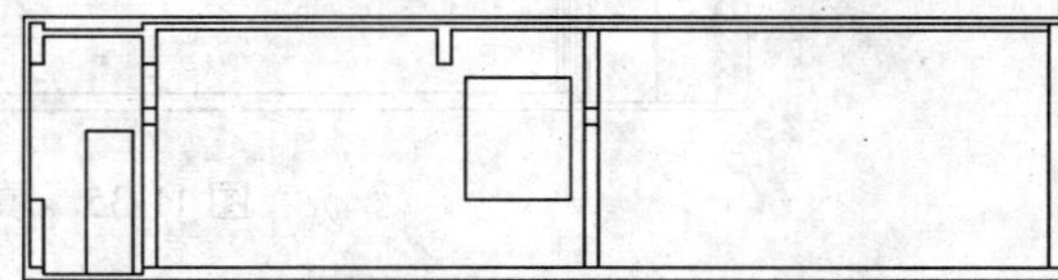
图 11-31 修剪辅助线

02 绘制楼板和梁。将图层"楼板和梁"置为当前层，单击绘图工具栏中的 PLINE（多段线）按钮，设置多段线宽 50mm，配合"对象捕捉"和"正交"功能，绘制出楼板和梁的轮廓线，效果如图 11-32 所示。

03 绘制墙体。将图层"墙体"置为当前层，单击绘图工具栏中的 PLINE（多段线）按钮，设置多段线宽 50mm，绘制出墙体。单击修改工具栏中的 TRIM（修剪）按钮和 ERASE（删除）按钮，将辅助线进行修剪和删除，效果如图 11-33 所示。

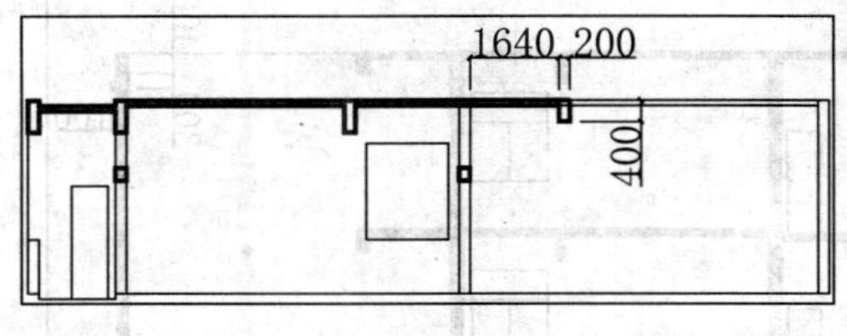

图 11-32 绘制楼板和梁

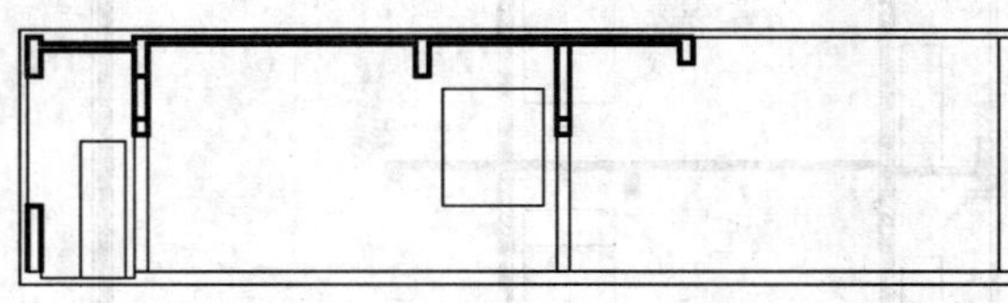
图 11-33 绘制墙体

3. 绘制门窗和复制剖面

绘制门窗和复制剖面的具体操作步骤如下：

01 单击修改工具栏中的 OFFSET（偏移）按钮，生成剖面门窗和立面窗的辅助线，单击修改工具栏中的 TRIM（修剪）按钮，将立面窗的辅助线进行修剪，效果如图 11-34 所示。

02 选中所有剖面门窗和立面门窗，将其放置在"门窗"图层中。

03 单击绘图工具栏中的 HATCH（图案填充和渐变色）按钮，对剖面墙体、楼板和梁进行材料填充，效果如图 11-35 所示。

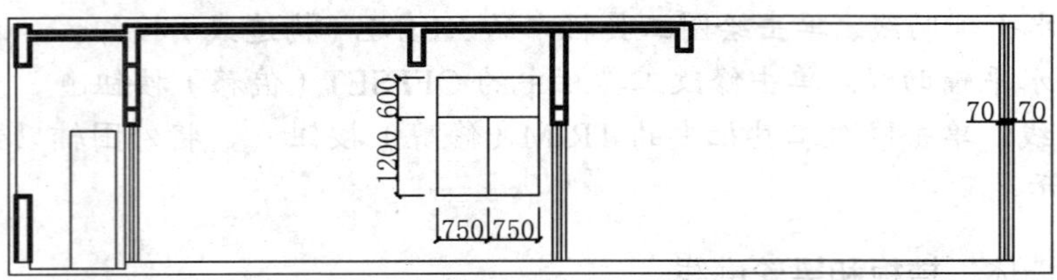

图 11-34　绘制剖面门窗

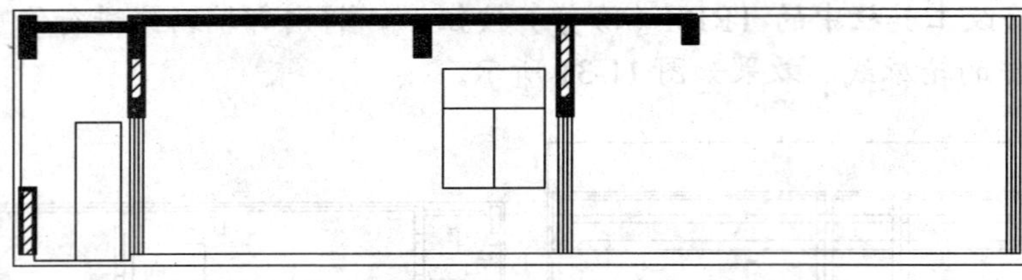

图 11-35　填充剖面材料

04 单击修改工具栏中的 COPY（复制）按钮，配合“对象捕捉”功能，复制出四五层剖面；单击修改工具栏中的 ERASE（删除）按钮，删除重合的直线，效果如图 11-36 所示。

05 单击绘图工具栏中的 PLINE（多段线）按钮，配合“对象捕捉”和“正交”功能，绘制出五层剖面墙体和窗过梁的轮廓线。单击绘图工具栏中的 HATAH（图案填充和渐变色）按钮，对墙体和窗过梁进行材料填充。

06 单击修改工具栏中的 TRIM（修剪）按钮，将剖面窗线进行修剪。通过夹点编辑修改顶层楼板位置，效果如图 11-37 所示。

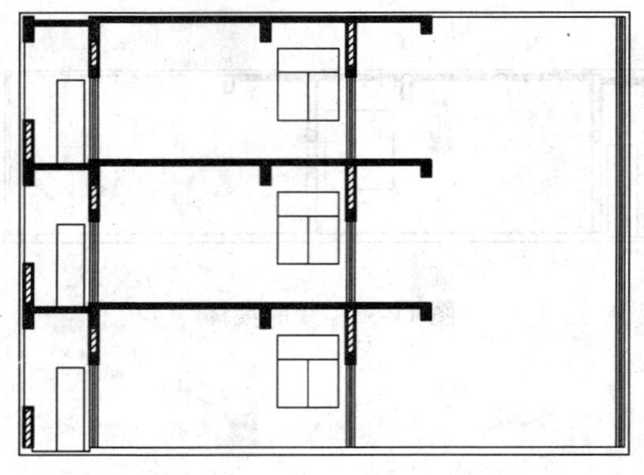

图 11-36　复制出四五层剖面

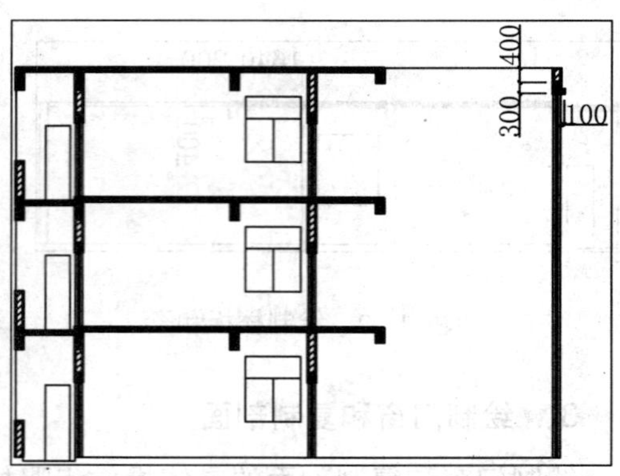

图 11-37　绘制五层剖面墙体和窗过梁

11.2.5 绘制屋顶层剖面图

写字楼屋顶层剖面图与其他剖面图各不相同，应分别绘制。接下来讲述写字楼屋顶剖面图的绘制步骤和方法。

1. 绘制辅助线

绘制写字楼屋顶剖面图辅助线的具体操作步骤如下：

01 打开光盘自带的“写字楼屋顶平面图.dwg”文件，框选所有的屋顶平面图形，按下 Ctrl + C 键，复制所有图形。

02 转到剖面图文件中，按下 Ctrl + V 键，将屋顶平面图复制到剖面图文件当中；单击修改工具栏中的 ERASE（删除）按钮，将屋顶平面图中的尺寸标注、编号、文字等进行删除；单击修改工具栏中的 ROTATE（旋转）按钮，将整个屋顶平面图逆时针旋转 90°，效果如图 11-38 所示。

03 绘制垂直辅助线。将“辅助线”图层置为当前层，单击绘图工具栏中的 LINE（直线）按钮，绘制经过剖切位置的水平直线。单击修改工具栏中的 TRIM（修剪）按钮，将水平直线以下的部分进行修剪。

04 单击修改工具栏中的 ERASE（删除）按钮，将水平直线以下无法修剪的部分、水平直线和剖切符号进行删除。单击绘图工具栏中的 XLINE（构造线）按钮，绘制垂直辅助线，如图 11-39 所示。

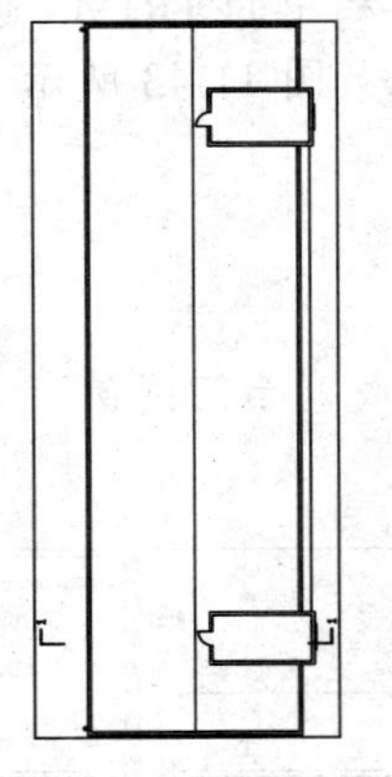

图 11-38 屋顶平面图

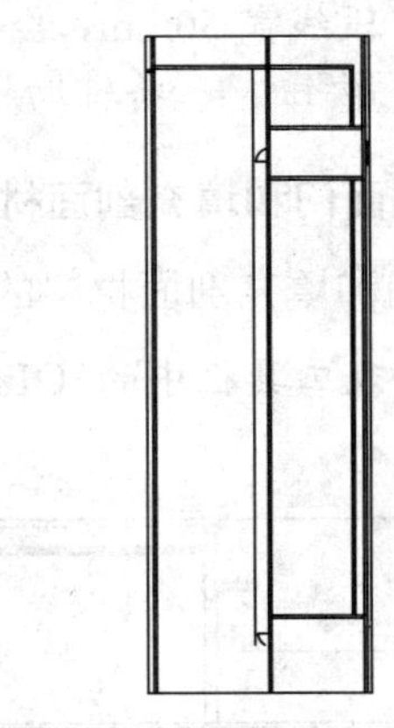

图 11-39 绘制垂直辅助线

05 绘制水平辅助线。单击绘图工具栏中的 XLINE（构造线）按钮，在三层平面图下方绘制一条水平辅助线。单击修改工具栏中的 OFFSET（偏移）按钮，生成三层剖面图的水平辅助线。单击修改工具栏中的 TRIM（修剪）按钮，将外围辅助线进行修剪，如图 11-40 所示。

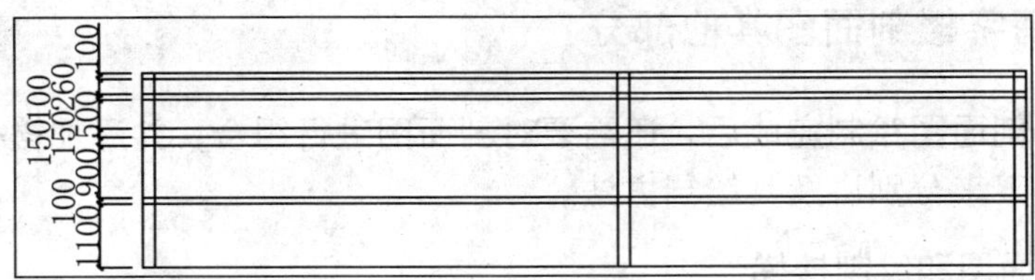

图 11-40 绘制水平辅助线

2. 绘制墙体、楼板和梁轮廓线

绘制墙体、楼板和梁轮廓线的具体操作步骤如下：

01 单击修改工具栏中的 TRIM（修剪）按钮，将内部辅助线进行修剪，得到三层剖面图各构配件的轮廓线，效果如图 11-41 所示。

02 绘制楼板和梁。将图层“楼板和梁”置为当前层，单击绘图工具栏中的 PLINE（多段线）按钮，设置多段线宽 50mm，配合“对象捕捉”和“正交”功能，绘制出楼板和梁的轮廓线，效果如图 11-42 所示。

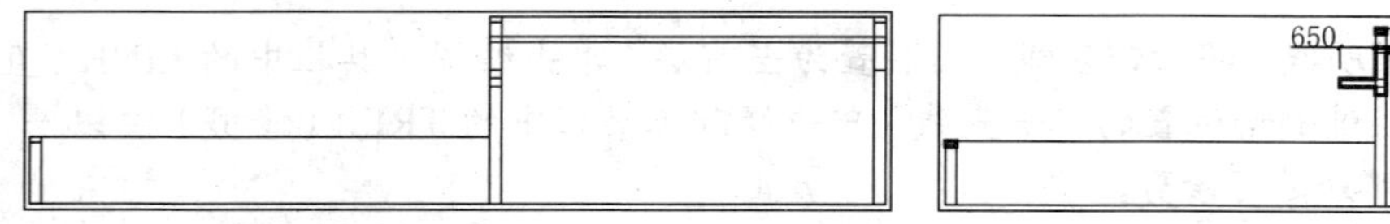

图 11-41　修剪辅助线

图 11-42　绘制楼板和梁

03 绘制墙体。将图层“墙体”置为当前层，单击绘图工具栏中的 PLINE（多段线）按钮，设置多段线宽 50mm，绘制出墙体。单击修改工具栏中的 TRIM（修剪）按钮和 ERASE（删除）按钮，将辅助线进行修剪和删除，效果如图 11-43 所示。

3. 绘制剖面门和填充剖面材料

绘制剖面门和填充剖面材料的具体操作步骤如下：

01 单击修改工具栏中的 OFFSET（偏移）按钮，生成剖面门图例，效果如图 11-44 所示。

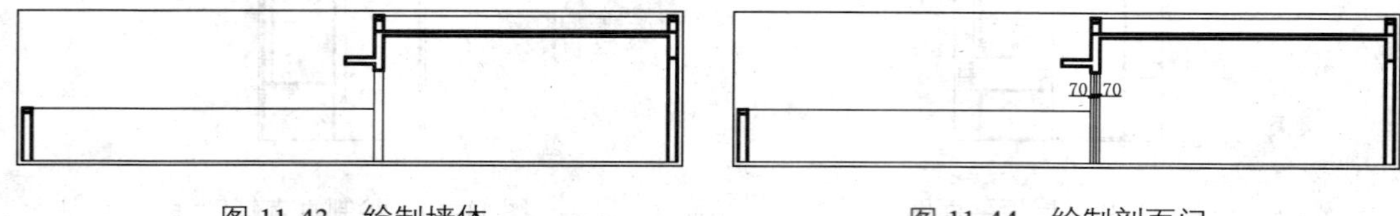

图 11-43　绘制墙体

图 11-44　绘制剖面门

02 选中剖面门，将其放置在“门窗”图层中。

03 单击绘图工具栏中的 HATCH（图案填充和渐变色）按钮，对剖面墙体、楼板和梁进行材料填充，效果如图 11-45 所示。

11.2.6 绘制写字楼剖面图其他部分

写字楼每层剖面图绘制完成后，还需要对剖面图进行组合，并添加楼梯、尺寸标注和文本等内部。接下来分别讲解其绘制方法。

1. 组合剖面图和绘制楼梯。

组合写字楼剖面图和绘制楼梯的具体操作步骤如下：

01 单击修改工具栏中的 MOVE（移动）按钮，将二层剖面、三至五层剖面和屋顶剖面移到首层平面图上方。单击修改工具栏中的 ERASE（删除）按钮，将重合的直线进行删除，效果如图 11-46 所示。

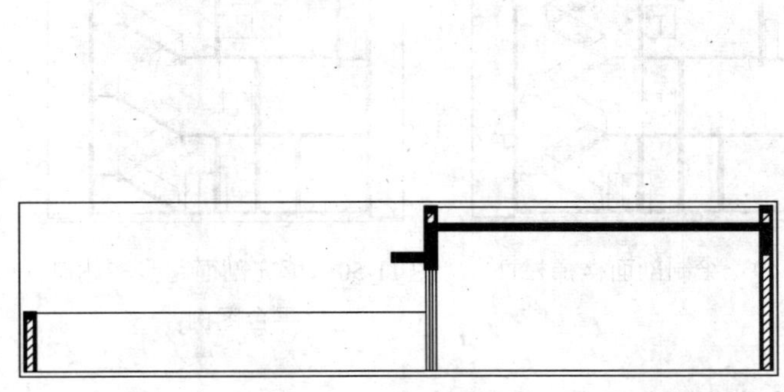

图 11-45 填充剖面材料

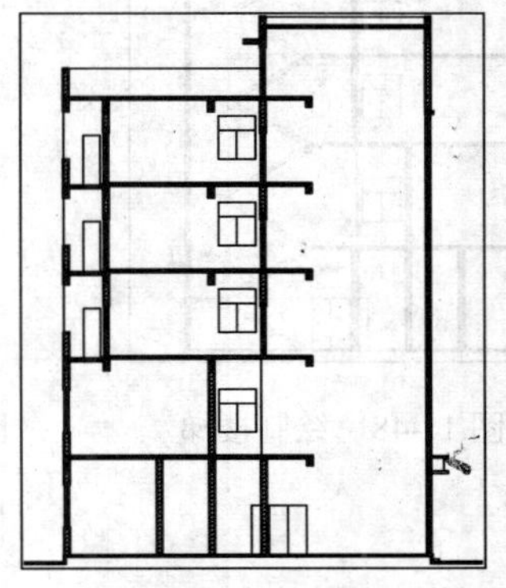

图 11-46 组合剖面图

02 单击绘图工具栏中的 LINE（直线）按钮，沿底层剖面墙体绘制一条垂直辅助线。单击修改工具栏中的 OFFSET（偏移）按钮，生成楼梯踏步起点的辅助线。

03 单击绘图工具栏中的 PLINE（多段线）按钮，设置多段线宽为 0，配合“正交”功能，绘制出首层楼梯踏步和休息平台的轮廓线。单击修改工具栏中的 ERASE（删除）按钮，将辅助线进行删除，效果如图 11-47 所示。

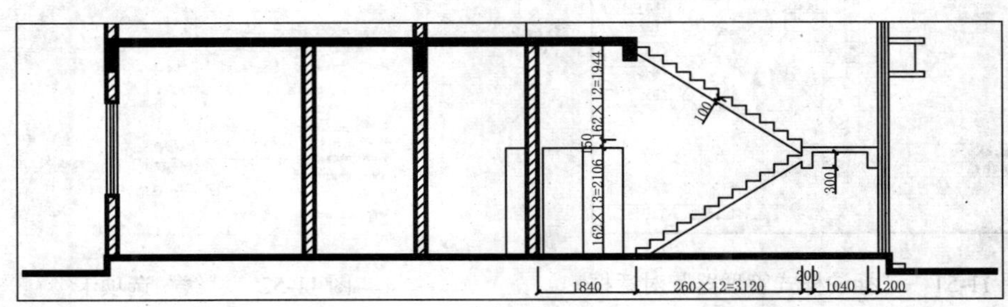

图 11-47 绘制写字楼底层剖面楼梯

04 同样方法，绘制其它层剖面楼梯，其中灵活运用复制、镜像等功能，绘制出剖面楼梯，效果如图 11-48 所示。

05 绘制栏杆。单击绘图工具栏中的 LINE（直线）按钮，沿每一段踏步边缘绘制辅助线。单击修改工具栏中的 OFFSET（偏移）按钮，根据栏杆设计高度，生成栏杆的辅助线。

06 单击修改工具栏中的 TRIM（修剪）按钮，将栏杆线进行修剪。单击修改工具栏中的 ERASE（删除）按钮，将多余的辅助线进行删除，效果如图 11-49 所示。

07 填充剖面楼梯材料。单击绘图工具栏中的 HATCH（图案填充和渐变色）按钮，填充剖切到的楼梯踏步和休息平台图例，效果如图 11-50 所示。

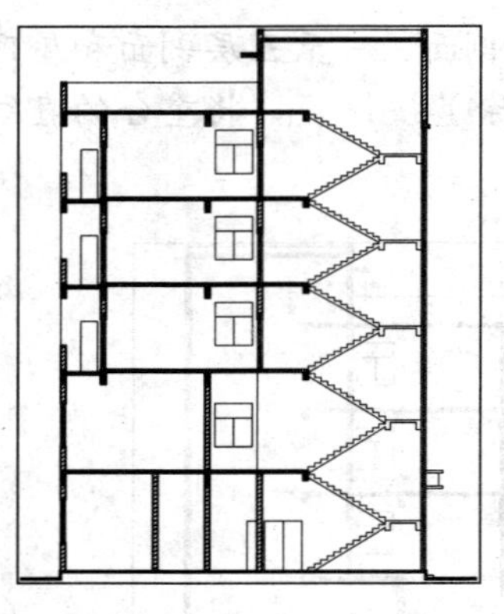

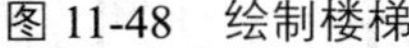

图 11-48　绘制楼梯

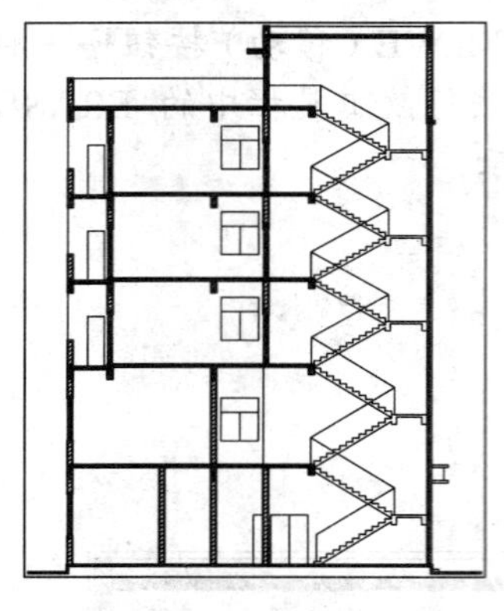

图 11-49　绘制剖面楼梯栏杆

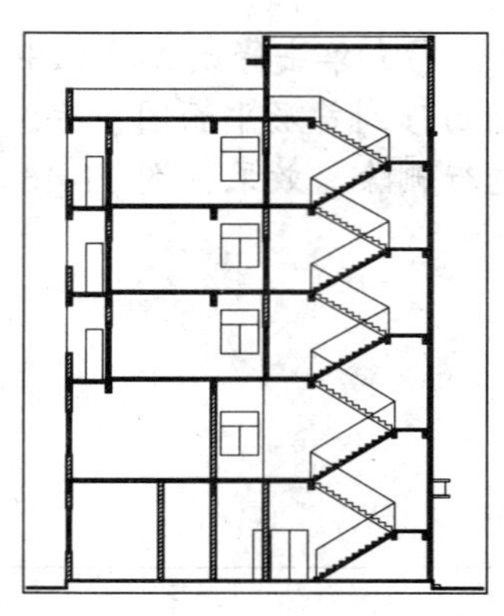

图 11-50　填充剖面踏步和休息平台图例

2. 为写字楼剖面图添加尺寸、文字说明、图框和打印输出

01 设置尺寸标注样式。单击【格式】|【标注样式】菜单命令，弹出“标注样式管理器”对话框，如图 11-51 所示。

02 单击【修改】按钮，弹出【修改标注样式：Standard】对话框，单击“线”选项卡，设置参数如图 11-52 所示。

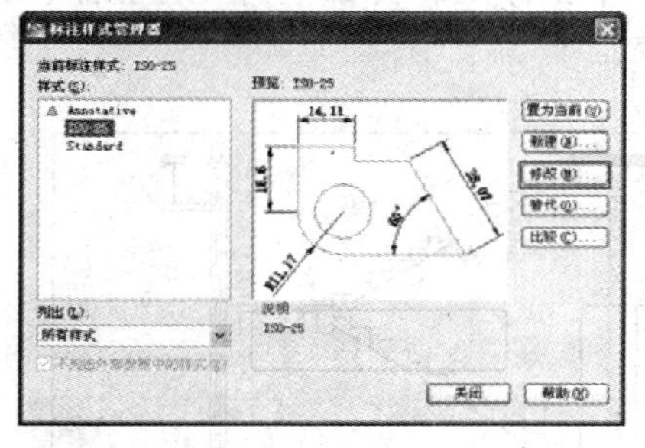

图 11-51　“标注样式管理器”对话框

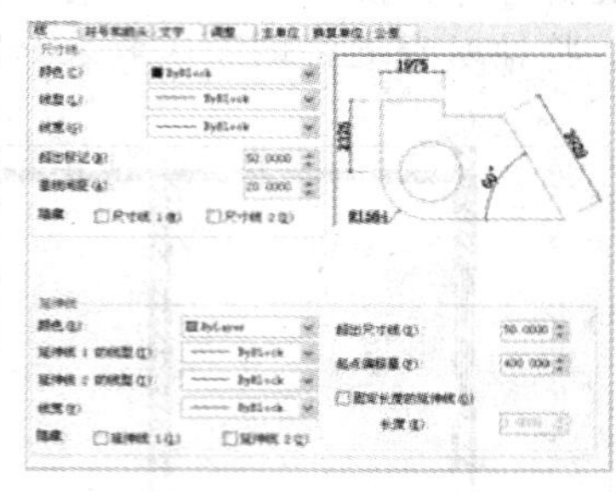

图 11-52　“线”选项卡

03 单击“符号和箭头”选项卡，设置参数如图 11-53 所示。单击“文字”选项卡，设置参数如图 11-54 所示。

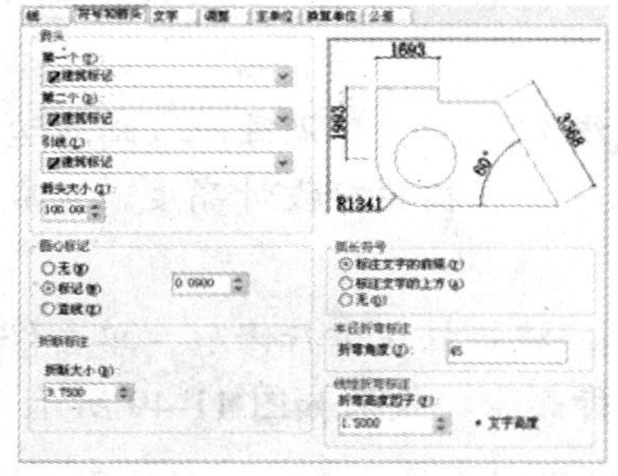

图 11-53　“符号和箭头”选项卡

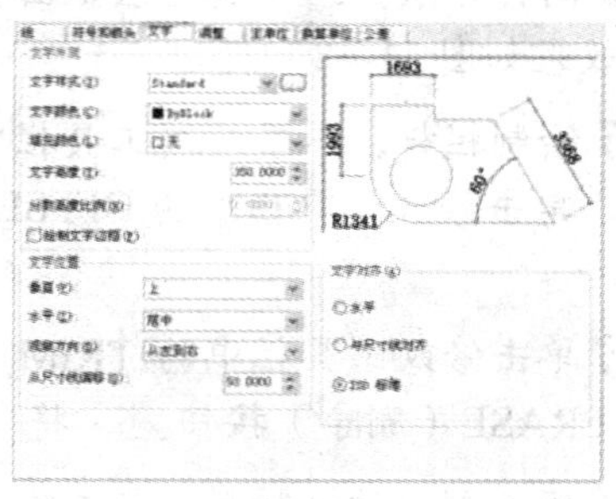

图 11-54　“文字”选项卡

04 单击【确定】按钮，返回到“标注样式管理器”对话框中，单击【置为当前】按钮，然后单击【关闭】按钮，完成标注样式的设置。

05 单击【标注】|【线性】菜单命令和【连续】菜单命令，标注写字楼剖面图外部尺寸和内部尺寸，效果如图 11-55 所示。

06 标注轴线。参考之前介绍的轴线的方法，绘制轴线效果如图 11-56 所示。

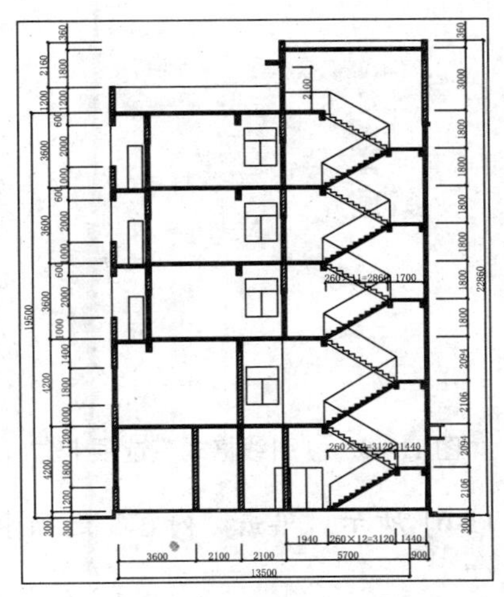

图 11-55 标注剖面尺寸

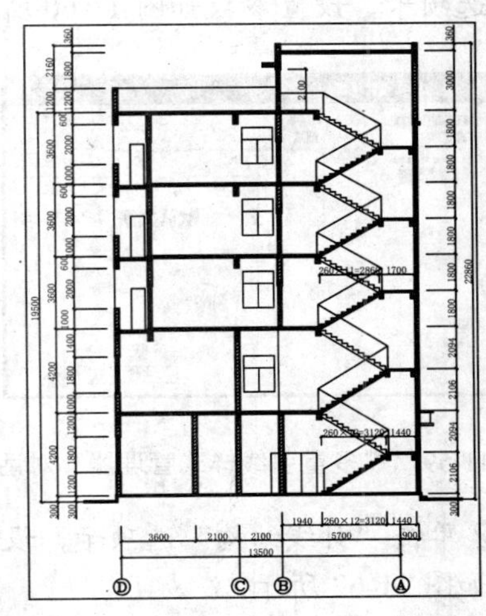

图 11-56 绘制轴线编号

07 绘制标高符号。单击绘图工具栏中的 LINE（直线）按钮，绘制一个等腰三角形的标高符号；单击绘图工具栏中的 MTEXT（多行文字）按钮A，在标高符号上方注写标高文字，完成单个标高符号效果如图 11-57 所示。

08 进行标高。单击修改工具栏中的 COPY（复制）按钮，复制标高符号及标高数字复制到各处；然后双击文字，对标高数字进行修改，效果如图 11-58 所示。

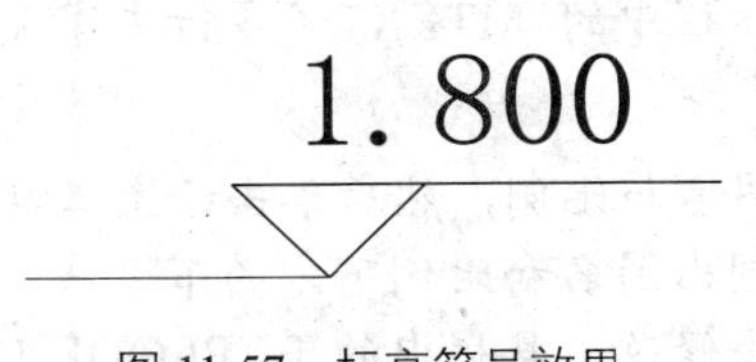

图 11-57 标高符号效果

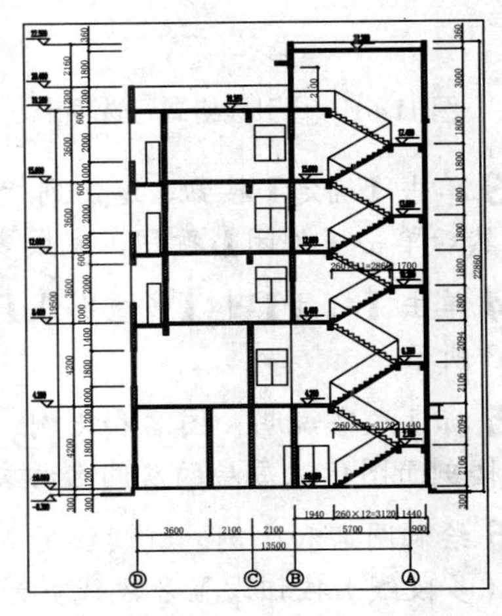

图 11-58 复制标高

09 进行标高。单击修改工具栏中的 COPY（复制）按钮，复制标高符号及标高数字复制到各处；然后双击文字，对标高数字进行修改，效果如图 11-58 所示。

10 设置多重引线样式。单击【格式】|【多重引线样式】菜单命令，弹出“多重引线样式管理器”对话框，如图 11-59 所示。

11 单击【修改】按钮，弹出“修改多重引线样式：Standard”对话框，单击“引线格式”选项卡，设置参数如图 11-60 所示。

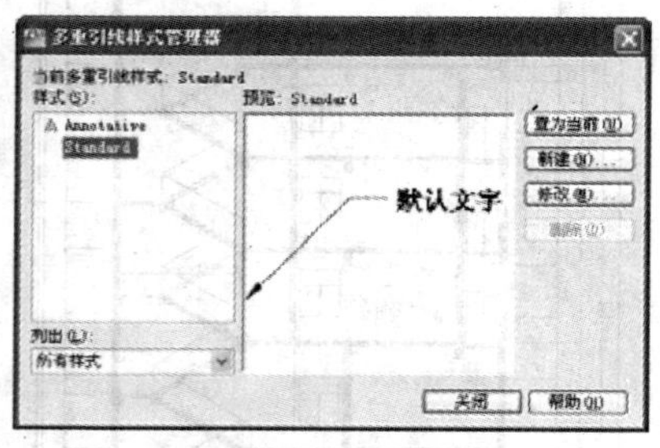

图 11-59 “多重引线样式管理器”对话框

图 11-60 “引线格式”选项卡

12 单击“引线结构”选项卡，设置参数如图 11-61 所示。单击“内容”选项卡，设置参数如图 11-62 所示。

图 11-61 “引线格式”选项卡

图 11-62 “内容”选项卡

13 单击【确定】按钮，返回到“多重引线样式管理器”对话框中，单击【置为当前】按钮，然后单击【关闭】按钮，完成多重引线样式的设置。

14 单击【标注】|【多重引线】菜单命令，为写字楼剖面图标注文字说明，效果如图 11-63 所示。

15 标注文字说明、图名和比例。单击绘图工具栏中的 MTEXT（多行文字）按钮，为写字楼剖面图标注每层的房间名称文字。

16 绘制图名和比例。继续使用 MTEXT 标注图名与比例，然后单击绘图工具栏中的 PLINE（多段线）按钮设置多段线宽为 100mm，绘制出图名和比例下方的下划线。利用工具栏中的 OFFSET（偏移）按钮往下进行偏移并单击修改工具栏中的 EXPLODE（分解）按钮，将偏移得到的下划线进行分解，效果如图 11-64 所示。

17 添加图框和标题。根据写字楼剖面图的图幅大小，并按照 1: 100 的比例出图，需制作一个 A3 立式图框，插入图框，并对其位置进行调整，然后填写标题栏中图纸的有关属性，包括图名、日期等，效果如图 11-65 所示。

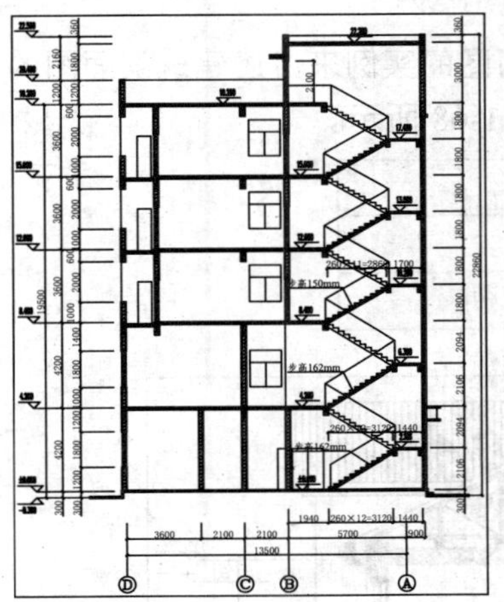

图 11-63 标注文字说明

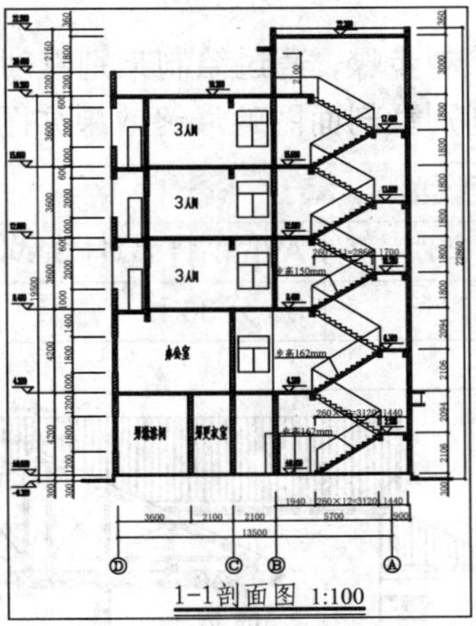

图 11-64 添加文字说明、图名和比例

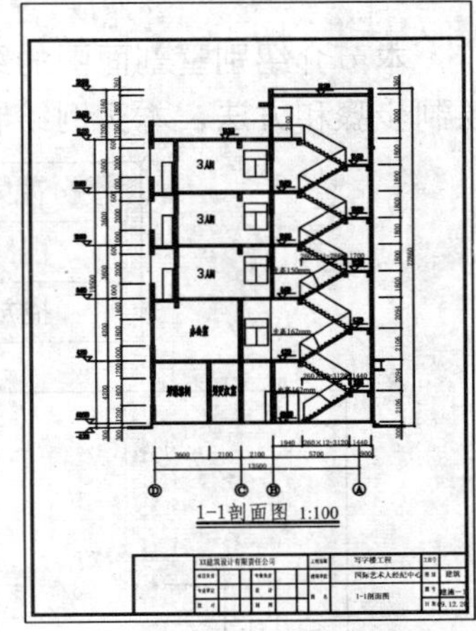

图 11-65 添加图框和标题

18 打印输出。绘制写字楼剖面图的最后一步是打印输出，单击【文件】|【打印】菜单命令，打开“打印 - 模型”对话框，如图 11-66 所示。

19 在“名称”下拉列表中选择合适的打印机。在“图纸尺寸”下拉列表中选择 A3 图幅尺寸。在“打印比例”选项栏中选中“布满图纸”复选框。在“打印范围”列表框中选择“窗口”选项，接着在绘图区中框选需打印的正立面图后。

20 返回到【打印 - 模型】对话框中，单击【预览】按钮，如果预览觉得满意，就可以进行打印了。如果不满意，还可以再进行调整，直到满意为止。如图 11-67 所示是写字楼剖面图的打印预览效果。

图 11-66 “打印 - 模型”对话框

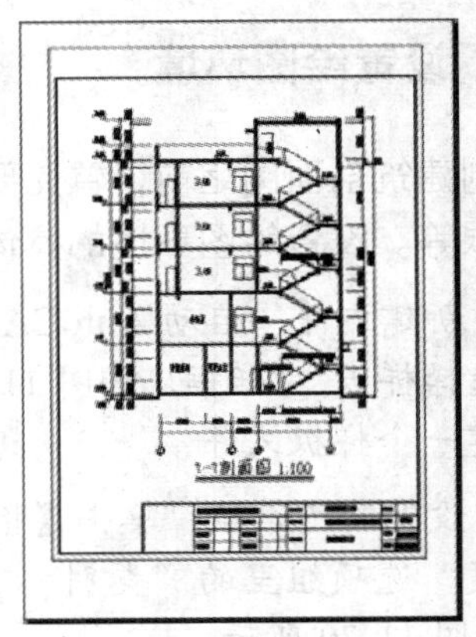

图 11-67 打印预览效果

11.3 绘制别墅剖面图

本节介绍别墅剖面图的绘制步骤，通过绘制某别墅剖面图的实例来讲述建筑剖面图的绘制步骤和方法，本实例绘制别墅剖面图的最终效果如图 11-68 所示。

视频教学	
视频文件:	AVI\第 11 章\11.3.avi
播放时长:	33 分 35 秒

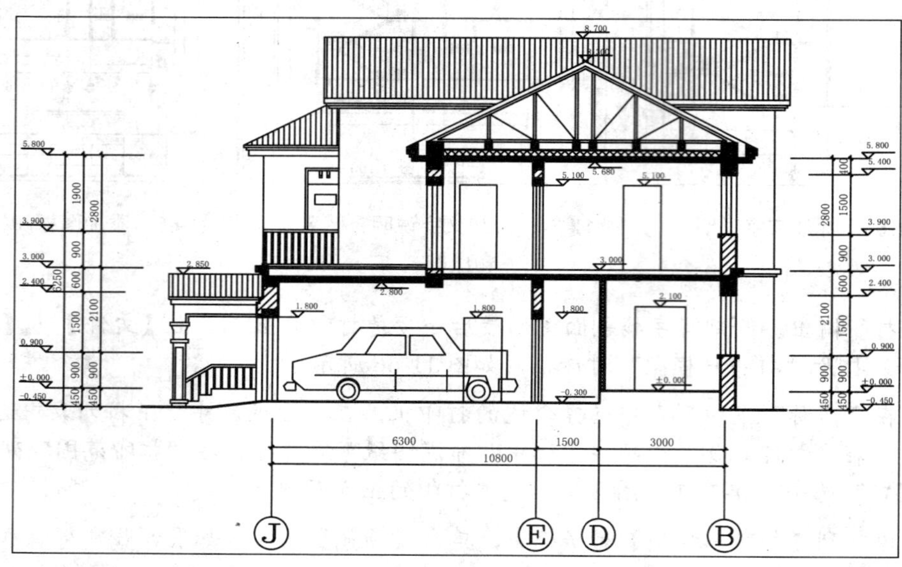

图 11-68 别墅剖面图

11.3.1 设置绘图环境

绘制建筑剖面图之前，首先要对绘图环境进行设置，包括设置单位、图层设置和设置图形界限等。设置绘图环境的具体操作步骤如下：

01 新建文件。启动 AutoCAD 2012 应用程序，单击【文件】|【新建】菜单命令，打开“选择样板”对话框，如图 11-69 所示。选择“acadiso.dwt”选项，单击【打开】按钮，即可新建一个样板文件。

02 设置绘图单位。单击【格式】|【单位】菜单命令，弹出“图形单位“对话框，在“长度”选项组里的“类别”下拉列表中选择“小数”。在“精度”下拉列表框中选择 0.00，如图 11-70 所示。

图 11-69　“选择样板”对话框

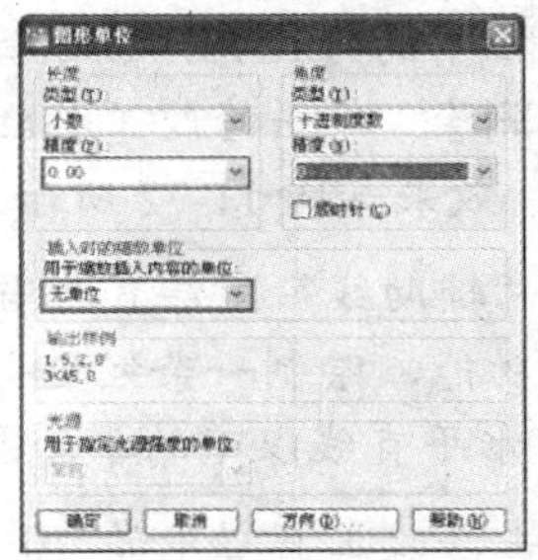

图 11-70　“图形单位”对话框

03 设置图层。单击【格式】|【图层】菜单命令，弹出“图层特性管理器“对话框，单击工具栏中的【新建图层】按钮，创建剖面图所需要的图层，并为每一个图层定义名称、颜色、线型、线宽，设置好的图层效果如图 11-71 所示。

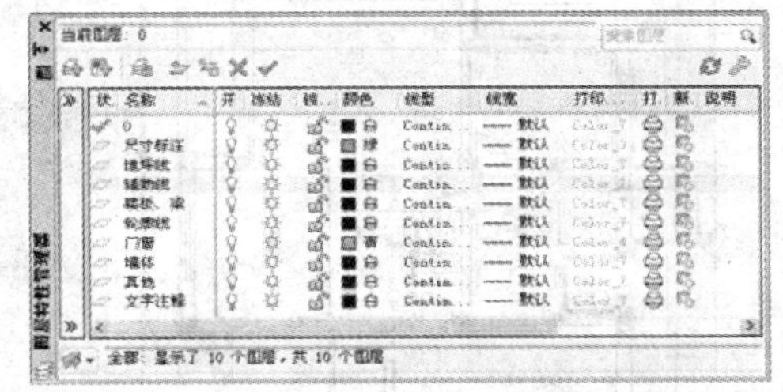

图 11-71　“图层特性管理器”对话框

04 设置图形界限。单击【格式】|【图形界限】菜单命令，设置绘图区域；然后单击【视图】|【缩放】|【全部】菜单命令，完成观察范围的设置。其命令行提示如下：

```
命令：limits↙
重新设置模型空间界限：
指定左下角点或 [开(ON)/关(OFF)] <0.0000, 0.0000>:↙        //直接按回车键接受默认值
指定右上角点 <420.0000, 297.0000>: 25000, 15000↙        //输入右上角坐标“20000,
15000”后按回车键完成绘图范围的设置
```

11.3.2 绘制底层剖面图

本实例的别墅剖面图包括底层剖面、二层剖面、夹层剖面和屋顶剖面 3 个部分，适宜自下而上分别绘制各层剖切面，然后把它们拼接成整体剖面。在绘制建筑剖面图的过程中，对于建筑物剖面相似或相同的图形对象，一般需要灵活应用复制、镜像、阵列等操作，才能快速地绘制出建筑剖面图。

1. 绘制辅助线

绘制建筑剖面图，首先要绘制出剖切部分的辅助线，而且要做到与平面图一一对应。绘制别墅底层剖面辅助线的具体操作步骤如下：

01 打开光盘自带的“别墅底层平面图.dwg”文件，框选所有的底层平面图形，按下 Ctrl + C 键，复制全部图形。

02 转到剖面图文件中，按下 Ctrl + V 键，将底层平面图复制到剖面图文件当中。单

击修改工具栏中的 ERASE（删除）按钮，将底层平面图中的尺寸标注、编号、文字和家具等进行删除。单击修改工具栏中的 ROTATE（旋转）按钮，将整个别墅平面图逆时针旋转 90°，效果如图 11-72 所示。

03 将"辅助线"图层置为当前层，单击绘图工具栏中的 LINE（直线）按钮，配合对象捕捉功能，绘制一条经过剖切位置的水平直线；单击修改栏中的 TRIM（修剪）按钮，修剪水平直线以下的平面图部分。

04 单击修改工具栏中的 ERASE（删除）按钮，将直线以下无法修剪的平面图部分和剖切符号删除；单击绘图工具栏中的 XLINE（构造线）按钮，绘制剖视方向剖切到的和可见的墙体、门窗等垂直辅助线，效果如图 11-73 所示。

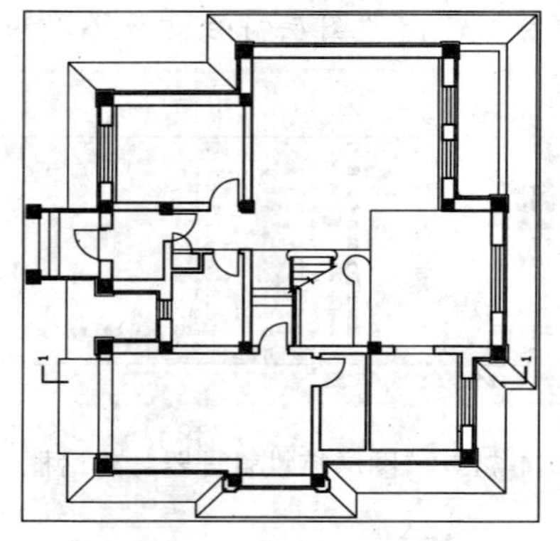

图 11-72　别墅平面图

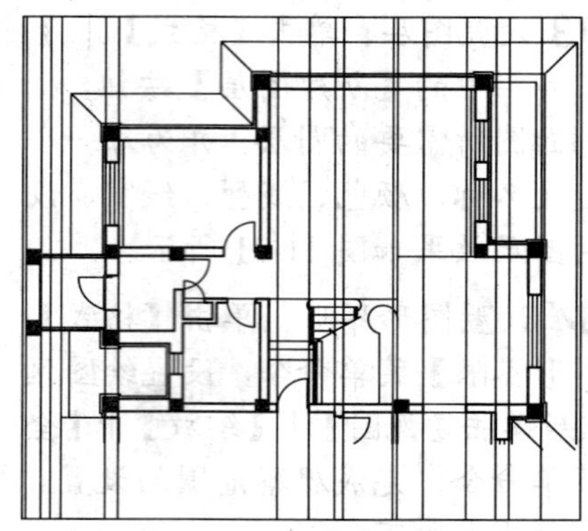

图 11-73　绘制垂直辅助线

05 单击绘图工具栏中的 XLINE（构造线）按钮，在底层平面图下方绘制一条水平辅助线；单击修改工具栏中的 OFFSET（偏移）按钮，生成底层剖面图垂直方向的辅助线。

06 单击修改工具栏中的 TRIM（修剪）按钮，构造线外围的辅助线进行修剪，效果如图 11-74 所示。

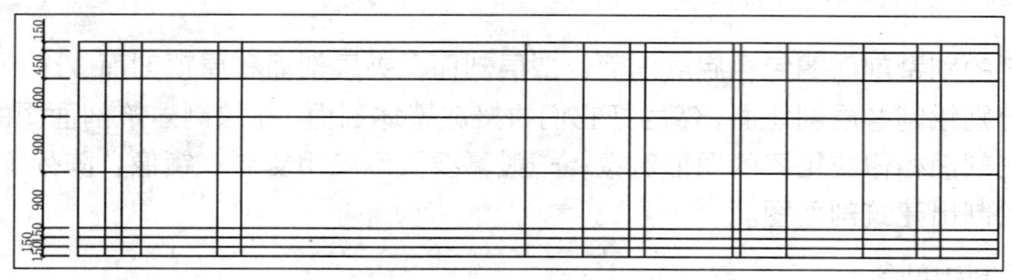

图 11-74　绘制水平辅助线

2. 绘制地坪线、墙体、楼板和梁

绘制地坪线、墙体、楼板和梁的具体操作步骤如下：

01 绘制地坪线。将"地坪线"图层置为当前层，单击绘图工具栏中的 PLINE（多段线）按钮，设置多段线宽为 25mm，绘制出地坪线，如图 11-75 所示。

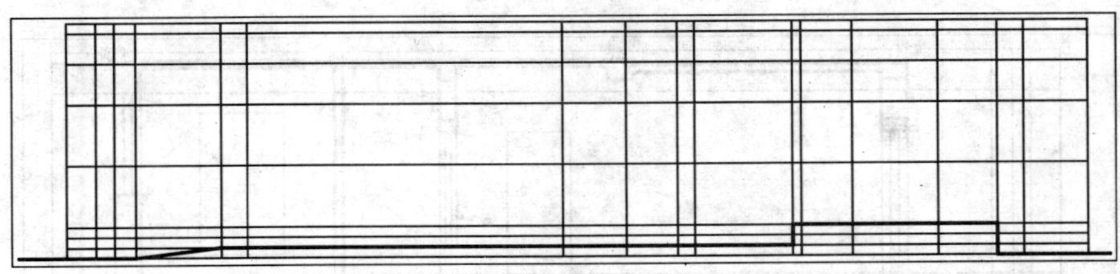

图 11-75 绘制地坪线

02 绘制楼板和梁。将“楼板和梁”图层置为当前层，单击绘图工具栏中的PLINE（多段线）按钮，设置多段线宽为25mm，配合“对象捕捉”功能和“正交”功能，绘制出楼板和梁，效果如图11-76所示。

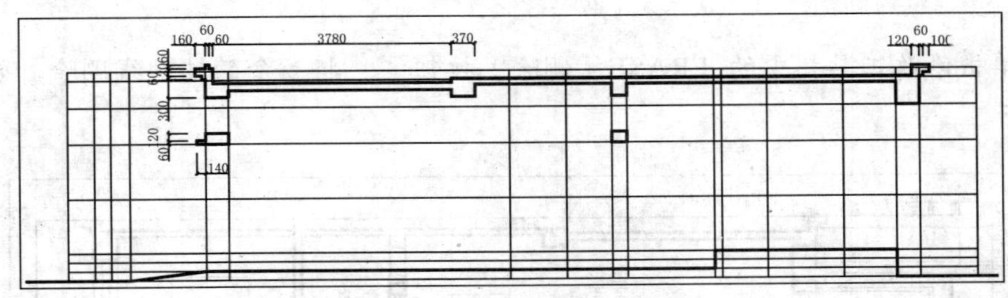

图 11-76 绘制剖面楼板和梁

03 绘制墙体。将“墙体”图层置为当前层，单击绘图工具栏中的PLINE（多段线）按钮，设置多段线宽为25mm，配合“对象捕捉”功能和“正交”功能，绘制出楼板和梁，效果如图11-77所示。

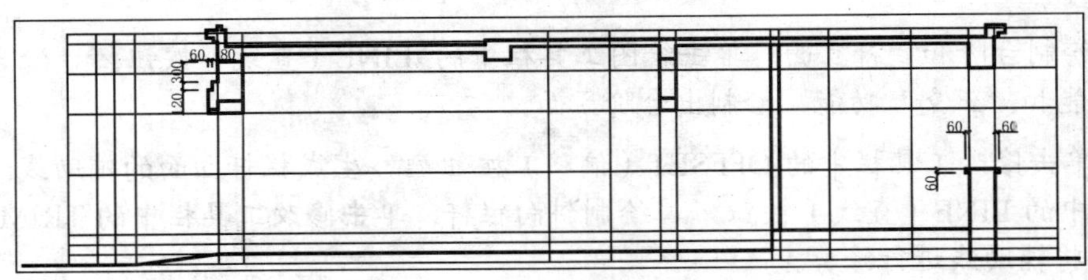

图 11-77 绘制墙体

3. 绘制门窗和其他立面配件

绘制门窗和其他立面配件的具体操作步骤如下：

01 绘制剖面门窗和立面门。单击修改工具栏中的OFFSET（偏移）按钮，生成剖面门窗的辅助线；单击修改工具栏中的TRIM（修剪）按钮，将剖面门窗和立面门的辅助线进行修剪。

02 单击修改工具栏中的ERASE（删除）按钮，将不需要的辅助线删除。将剖面门窗和立面门放到“门窗”图层中，效果如图11-78所示。

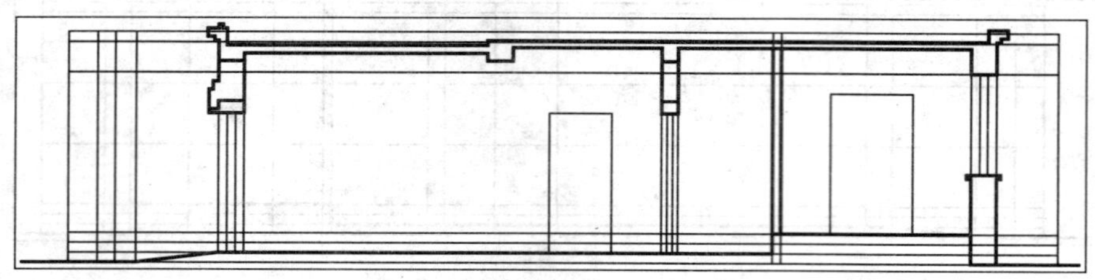

图 11-78　绘制剖面门窗和立面门

03 绘制景观柱和露台立面。单击修改工具栏中的 OFFSET（偏移）按钮，生成景观柱和露台立面的辅助线；单击修改工具栏中的 TRIM（修剪）按钮，将多余的辅助线进行修剪。

04 单击修改工具栏中的 ERASE（删除）按钮，将多余的辅助线删除，效果如图 11-79 所示。

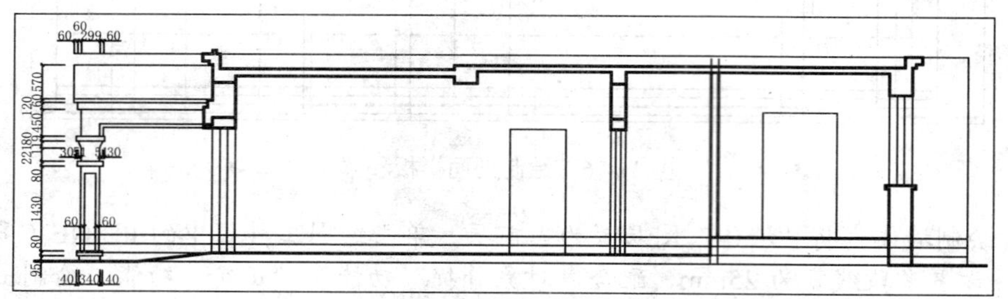

图 11-79　绘制景观柱和露台立面

05 绘制台阶和栏杆立面。单击绘图工具栏中的 LINE（直线）按钮，配合“对象捕捉”功能和“正交”功能，绘制出台阶立面。

06 单击修改工具栏中的 OFFSET（偏移）按钮，生成栏杆立面的辅助线；单击绘图工具栏中的 LINE（直线）按钮，绘制斜向栏杆；单击修改工具栏中的 TRIM（修剪）按钮，将辅助线进行修剪。

07 单击修改工具栏中的 ERASE（删除）按钮，将多余的辅助线进行删除，效果如图 11-80 所示。

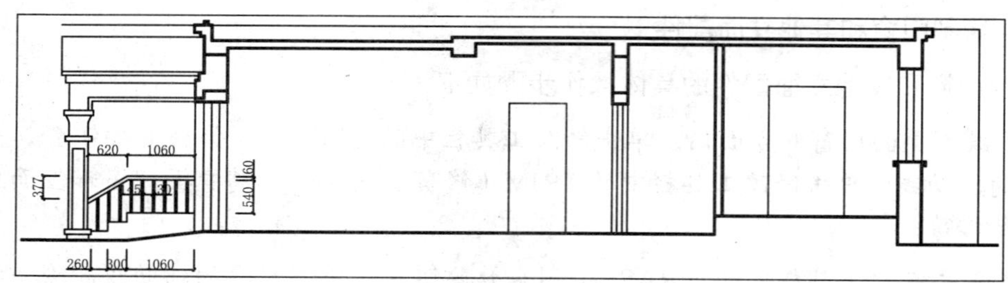

图 11-80　绘制台阶和栏杆立面

08 绘制餐厅墙面立面。单击修改工具栏中的 OFFSET（偏移）按钮，生成餐厅墙面立面的辅助线；单击修改工具栏中的 TRIM（修剪）按钮，将辅助线进行修剪，效果如图 11-81 所示。

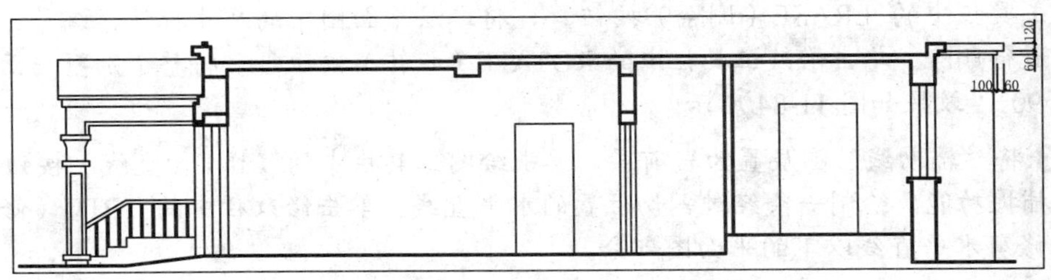

图 11-81 绘制餐厅墙面立面

09 填充材料图例。单击绘图工具栏中的 HATCH（图案填充和渐变色）按钮，对剖切到的墙体、楼板和梁进行图案填充，效果如图 11-82 所示。

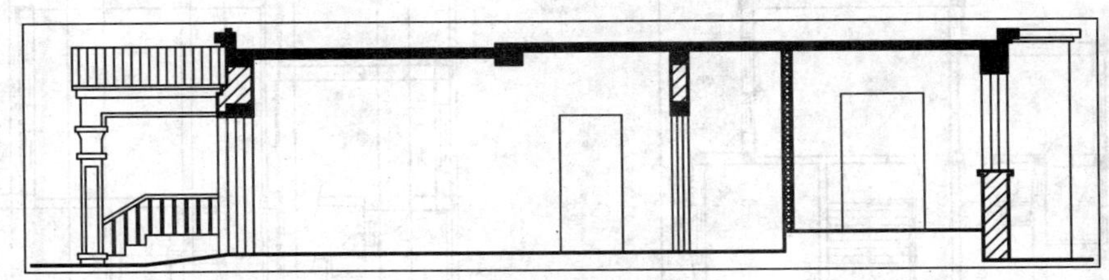

图 11-82 填充材料图例

10 按下快捷键 Ctrl + 2，打开 AutoCAD 设计中心，调用已有的小车立面到别墅底层剖面图中，效果如图 11-83 所示。

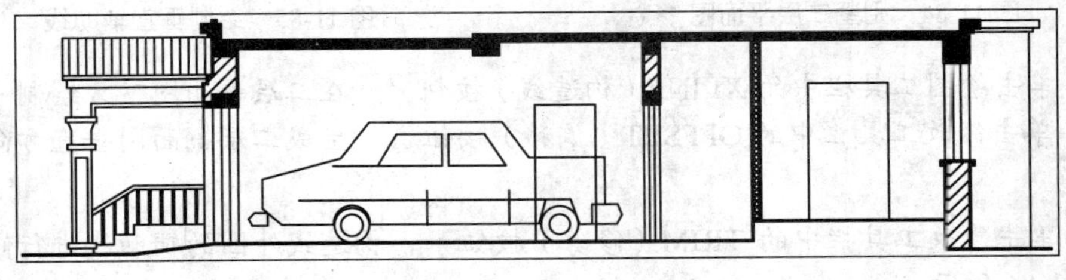

图 11-83 插入小车立面

11.3.3 绘制别墅二层剖面图

本实例的别墅二层建筑剖面与底层剖面不相同，门窗位置和大小都不相同，应单独绘制。绘制方法基本上和绘制底层剖面图相同。

1. 绘制辅助线

绘制别墅二层剖面图辅助线的具体操作步骤如下：

01 打开光盘自带的“别墅二层平面图.dwg”文件，框选所有的底层平面图形，按下 Ctrl + C 键，复制全部图形。

02 转到剖面图文件中，按下 Ctrl + V 键，将二层平面图复制到剖面图文件当中。单击修改工具栏中的 ERASE（删除）按钮，将二层平面图中的尺寸标注、编号、文字和家具等进行删除。单击修改工具栏中的 ROTATE（旋转）按钮，将整个别墅平面图逆时针旋转 90°，效果如图 11-84 所示。

03 将“辅助线”图层置为当前层，单击绘图工具栏中的 LINE（直线）按钮，配合对象捕捉功能，绘制一条经过剖切位置的水平直线。单击修改栏中的 TRIM（修剪）按钮，修剪水平直线以下的平面图部分。

04 单击修改工具栏中的 ERASE（删除）按钮，将直线以下无法修剪的平面图部分和剖切符号删除，单击绘图工具栏中的 XLINE（构造线）按钮，绘制剖视方向剖切到的和可见的墙体、门窗等垂直辅助线，效果如图 11-85 所示。

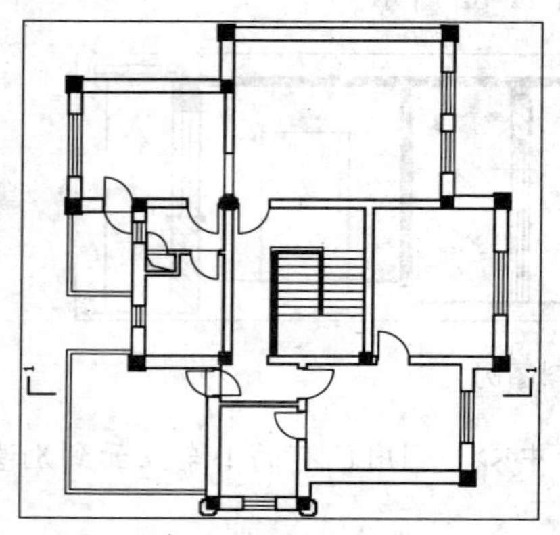

图 11-84 别墅二层平面图

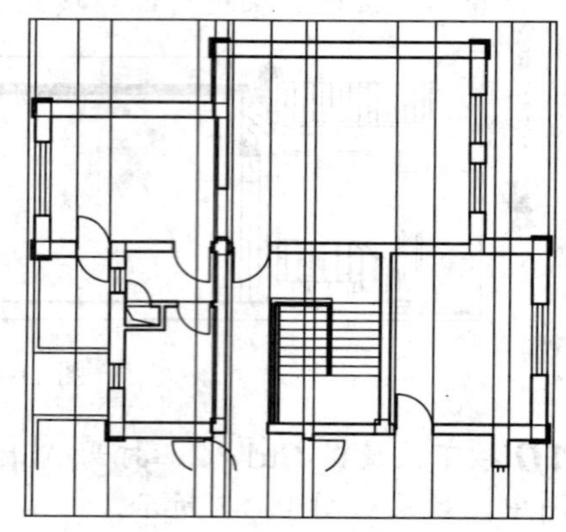

图 11-85 绘制垂直辅助线

05 单击绘图工具栏中的 XLINE（构造线）按钮，在二层平面图下方绘制一条水平辅助线；单击修改工具栏中的 OFFSET（偏移）按钮，生成二层剖面图垂直方向的辅助线。

06 单击修改工具栏中的 TRIM（修剪）按钮，构造线外围的辅助线进行修剪，效果如图 11-86 所示。

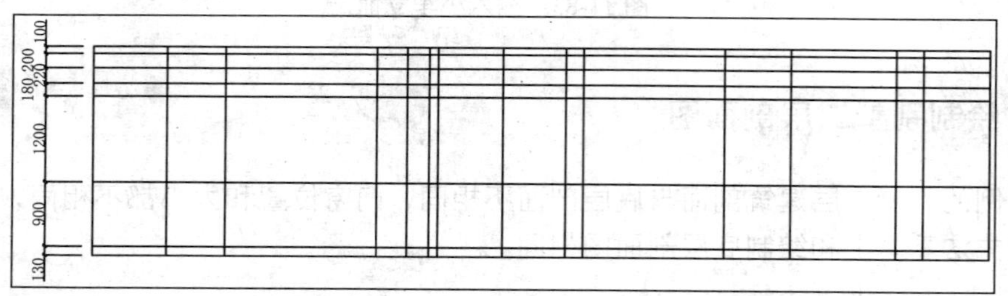

图 11-86 绘制水平辅助线

2．绘制墙体、楼板和梁

绘制墙体、楼板和梁的具体操作步骤如下：

01 绘制楼板和梁。将“楼板和梁”图层置为当前层，单击绘图工具栏中的 PLINE（多段线）按钮，设置多段线宽为 25mm，配合“对象捕捉”功能和“正交”功能，绘制出楼板和梁，效果如图 11-87 所示。

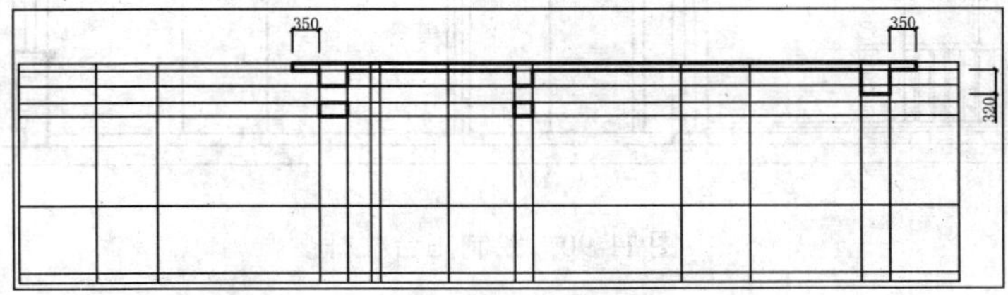

图 11-87　绘制墙楼板和梁

02 绘制墙体。将图层“墙体”置为当前层，单击绘图工具栏中的 PLINE（多段线）按钮，设置多段线宽 50mm，绘制出墙体。单击修改工具栏中的 TRIM（修剪）按钮和 ERASE（删除）按钮，将辅助线进行修剪和删除，效果如图 11-88 所示。

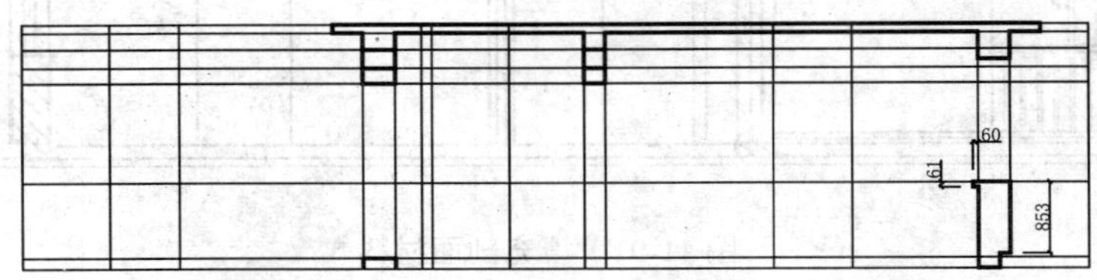

图 11-88　绘制墙体

3．绘制别墅剖面门窗和其他配件

绘制别墅剖面门窗和其他配件的具体操作步骤如下：

01 绘制剖面门窗和立面门。单击修改工具栏中的 OFFSET（偏移）按钮，生成剖面门窗和立面门的辅助线；单击修改工具栏中的 TRIM（修剪）按钮，将立面门的辅助线进行修剪。

02 单击修改工具栏中的 ERASE（删除）按钮，将多余的辅助线删除。选择所有的剖面门窗和立面门，将其放置在“门窗”图层中，效果如图 11-89 所示。

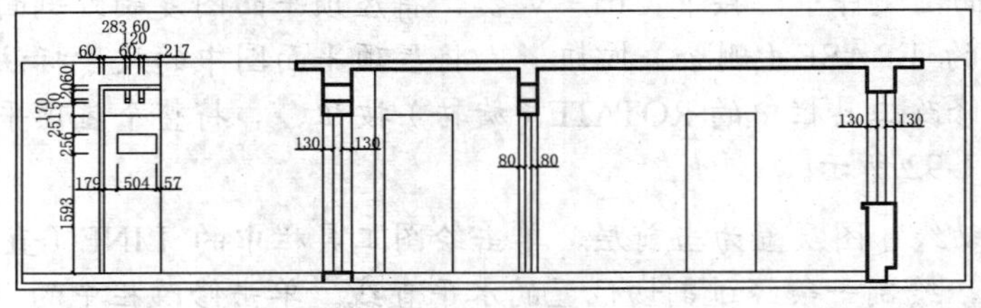

图 11-89　绘制剖面门窗和立面门

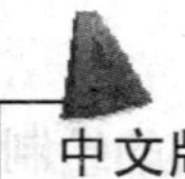

03 绘制阳台栏杆。单击修改工具栏中的 OFFSET（偏移）按钮，生成阳台栏杆的辅助线。单击修改工具栏中的 TRIM（修剪）按钮，将辅助线进行修剪，效果如图 11-90 所示。

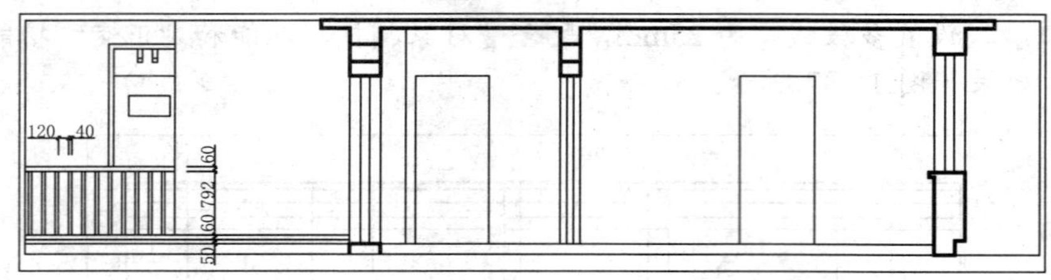

图 11-90　绘制阳台栏杆

04 填充剖面材料。单击绘图工具栏中的 HATCH（图案填充和渐变色）按钮，对别墅二层剖面剖切到的墙体、楼板和梁进行图案填充，效果如图 11-91 所示。

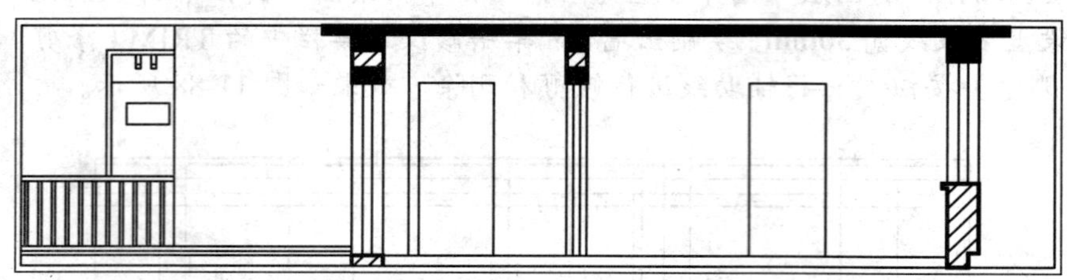

图 11-91　填充剖面材料

11.3.4 绘制别墅夹层和屋顶剖面图

由于别墅夹层和屋顶位于同一高度上，并且在同一平面上反映了相应的内容，因而可以同时绘制。接下来讲述别墅夹层和屋顶剖面图的绘制步骤和方法。

1. 绘制辅助线

绘制别墅夹层和屋顶剖面辅助线的具体操作步骤如下：

01 打开光盘自带的“别墅屋顶平面图.dwg”文件，框选所有的屋顶平面图形，按下 Ctrl + C 键，复制全部图形。

02 转到剖面图文件中，按下 Ctrl + V 键，将屋顶平面图复制到剖面图文件当中；单击修改工具栏中的 ERASE（删除）按钮，将屋顶平面图中的尺寸标注、编号和文字等进行删除。单击修改工具栏中的 ROTATE（旋转）按钮，将整个屋顶平面图逆时针旋转 90°，效果如图 11-92 所示。

03 将“辅助线”图层置为当前层，单击绘图工具栏中的 LINE（直线）按钮，配合对象捕捉功能，绘制一条经过剖切位置的水平直线。单击修改栏中的 TRIM（修剪）按钮，修剪水平直线以下的平面图部分。

04 单击修改工具栏中的 ERASE（删除）按钮，将直线以下无法修剪的平面图部分和剖切符号删除。单击绘图工具栏中的 XLINE（构造线）按钮，绘制剖视方向剖切到构配件的垂直辅助线，效果如图 11-93 所示。

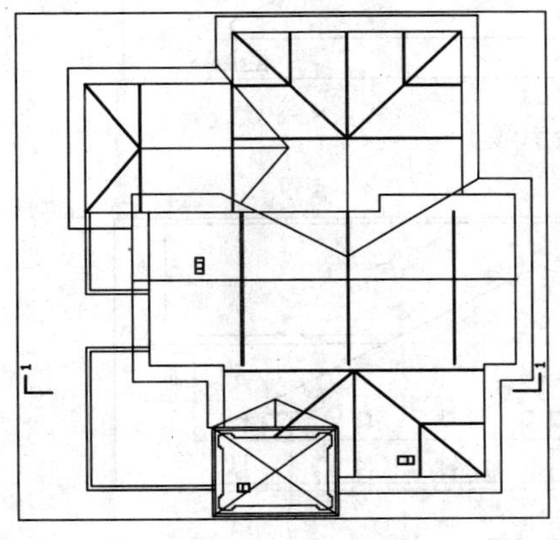

图 11-92 屋顶平面图

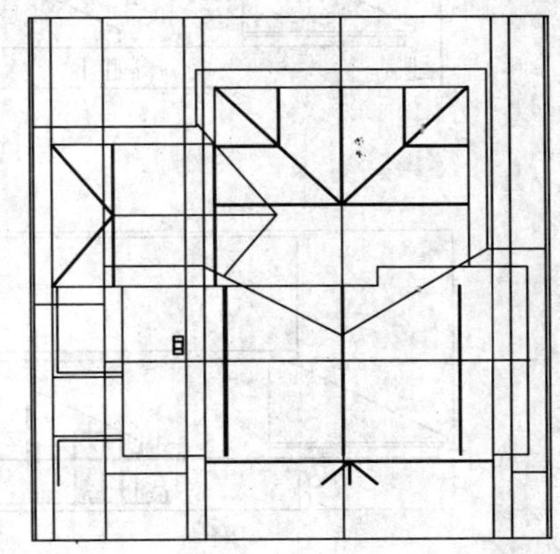

图 11-93 绘制垂直辅助线

05 绘制水平辅助线。单击绘图工具栏中的 XLINE（构造线）按钮，在屋顶平面图下方绘制一条水平辅助线。单击修改工具栏中的 OFFSET（偏移）按钮，生成屋顶剖面图的水平辅助线。单击修改工具栏中的 TRIM（修剪）按钮，将外围辅助线进行修剪，如图 11-94 所示。

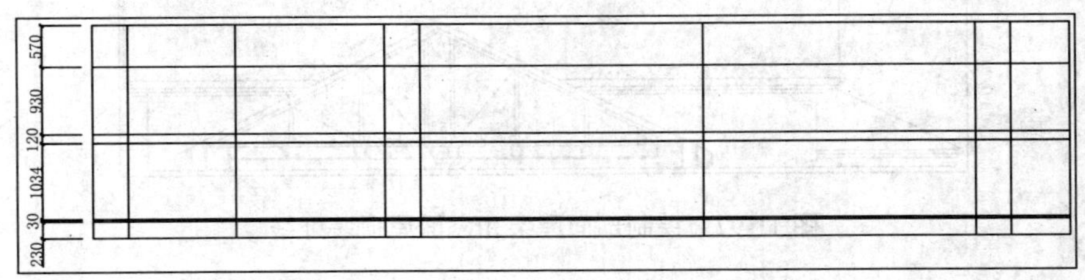

图 11-94 绘制水平辅助线

2. 绘制别墅夹层剖面和屋顶剖面

绘制别墅夹层剖面和屋顶剖面的具体操作步骤如下：

01 绘制别墅夹层剖面和屋顶剖面的轮廓线。单击绘图工具栏中的 LINE（直线）按钮，配合“对象捕捉”功能绘制出别墅屋顶剖面的斜剖线。单击修改工具栏中的 OFFSET（偏移）按钮，生成别墅夹层剖面和屋顶剖面的辅助线。

02 单击修改工具栏中的 TRIM（修剪）按钮和 ERASE（删除）按钮，将辅助线进行修剪和删除，效果如图 11-95 所示。

03 绘制屋面梁板。单击绘图工具栏中的 PLINE（多段线）按钮，设置多段线宽为 25mm，配合“对象捕捉”和“正交”功能，绘制出屋面梁板的轮廓线，效果如图 11-96 所示。

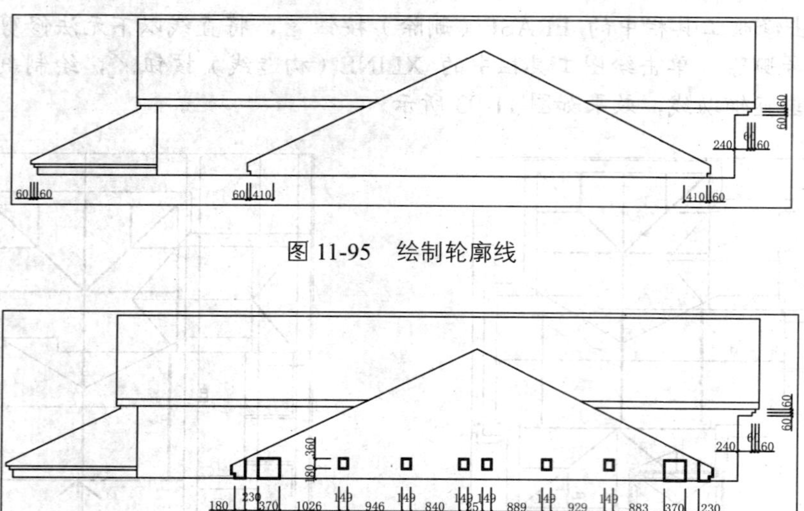

图 11-95　绘制轮廓线

图 11-96　绘制屋面梁板

04 绘制剖面屋架和立面屋顶装饰线。单击修改工具栏中的 OFFSET（偏移）按钮，生成剖面屋架和立面屋顶装饰的辅助线。单击绘图工具栏中的 LINE（直线）按钮，绘制剖面屋架线。单击修改工具栏中的 TRIM（修剪）按钮，将辅助线进行修剪，效果如图 11-97 所示。

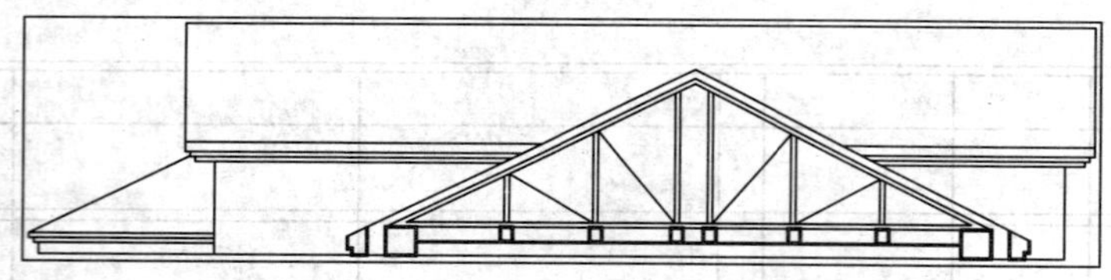

图 11-97　绘制剖面屋架和立面屋顶装饰线

05 填充剖面材料。单击绘图工具栏中的 HATCH（图案填充和渐变色）按钮，填充剖切到的梁板材料和立面屋顶材料，效果如图 11-98 所示。

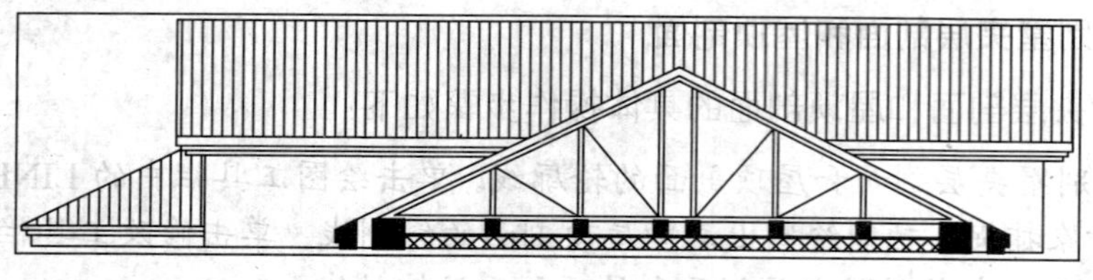

图 11-98　填充剖面材料

11.3.5　绘制别墅剖面图其他部分

别墅每层剖面图绘制完成后，要对其进行组合，并添加尺寸标注、适当的文字说明等。

接下来讲别墅剖面图其他部分的绘制步骤和方法。绘制别墅剖面图其他部分的具体操作步骤如下：

01 组合别墅剖面图。单击修改工具栏中的 MOVE（移动）按钮，将别墅二层剖面和屋顶剖面按照顺序移到别墅首层剖面图上方，并删除重合的线段，效果如图 11-99 所示。

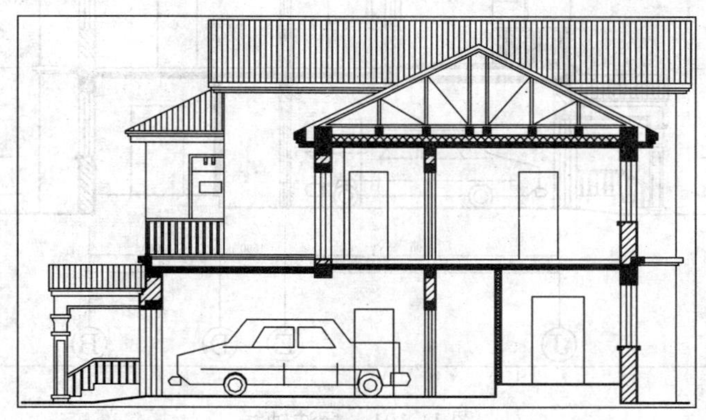

图 11-99 组合别墅剖面图

02 标注尺寸。单击【格式】|【标注样式】菜单命令，在弹出的“标注样式管理器”中设置标注样式。单击【标注】|【线性】菜单命令和【连续】菜单命令，标注别墅剖面图上各部分尺寸，效果如图 11-100 所示。

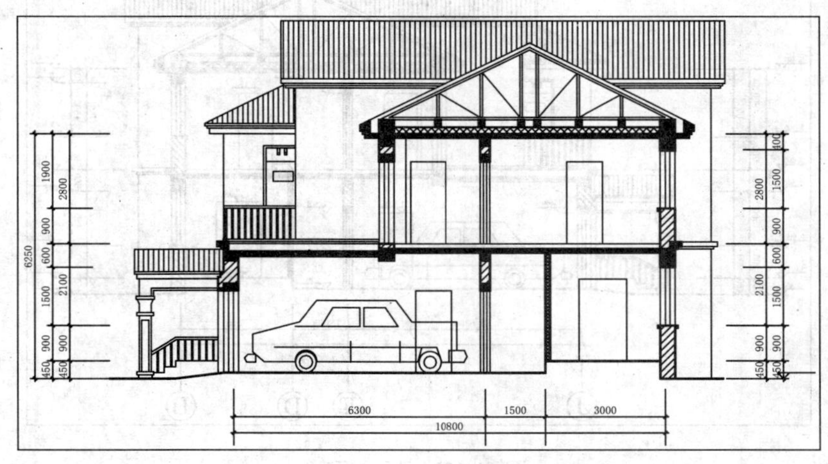

图 11-100 标注尺寸

03 标注轴线。参考前面内容介绍的方法绘制好轴线与轴号，然后单击修改工具栏中的 COPY（复制）按钮，复制多个轴线编号到写字楼剖面图中。然后双击编号文字，对文字进行修改，效果如图 11-101 所示。

04 标注标高。单击绘图工具栏中的 LINE（直线）按钮，绘制一个等腰三角形的标高符号；单击绘图工具栏中的 MTEXT（多行文字）按钮 A，在标高符号上方注写标高文字。

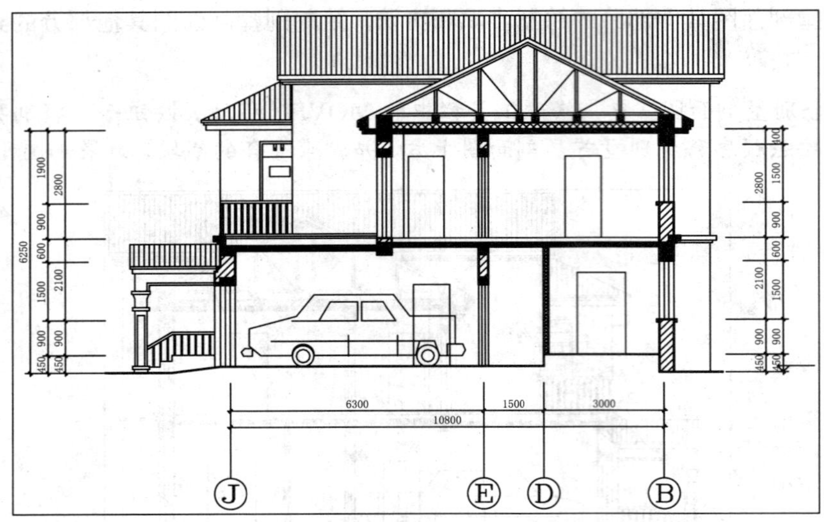

图 11-101　标注轴线

05 单击修改工具栏中的 COPY（复制）按钮，复制标高符号及标高数字复制到各处；然后双击文字，对标高数字进行修改，效果如图 11-102 所示。

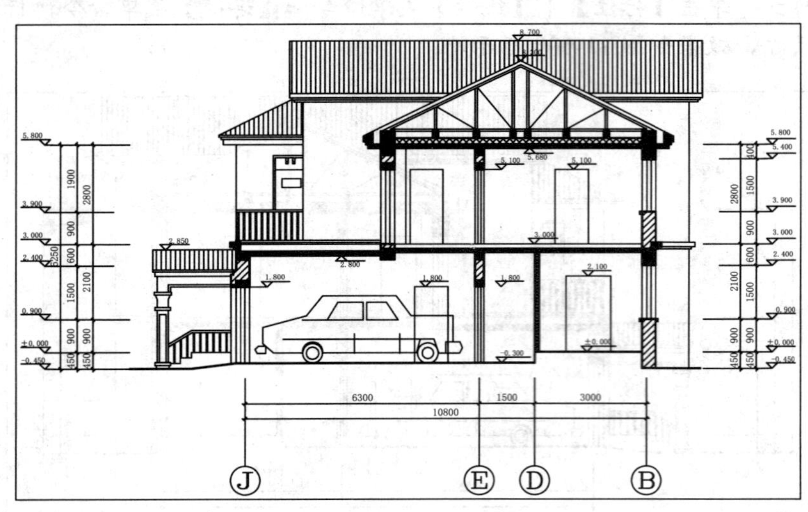

图 11-102　标注标高

06 添加文`字说明、图名和比例。单击【格式】|【多重引线样式】菜单命令，在弹出的【多重引线样式管理器】对话框中，设置多重引线样式。

07 单击【标注】|【多重引线】菜单命令，注写引出文字说明；单击绘图工具栏中的 MTEXT（多行文字）按钮，注写图名和比例；单击绘图工具栏中的 PLINE（多段线）按钮，设置多段线宽为 100mm，绘制出图名和比例下方的下划线。

08 点击 OFFSET（偏移）按钮向下偏移多段线，单击修改工具栏中的 EXPLODE（分解）按钮，将第二根下划线进行分解，效果如图 11-103 所示。

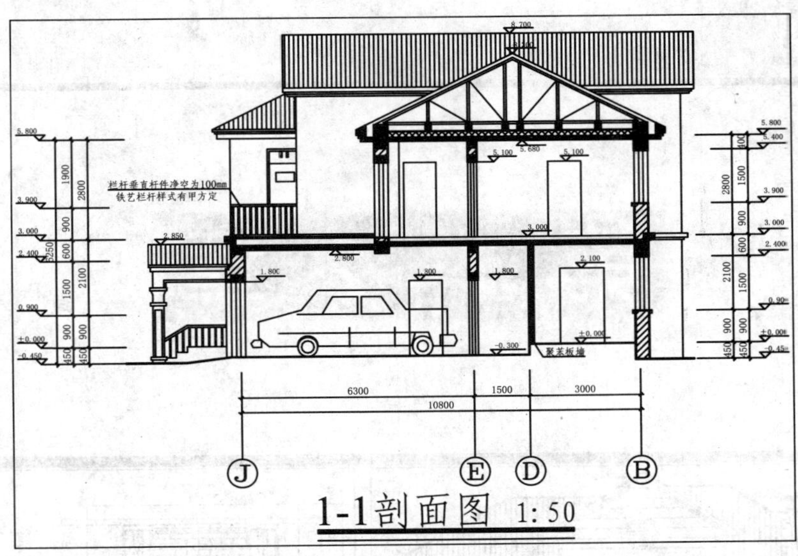

图 11-103 添加文字说明、图名和比例

09 添加图框和标题栏。别墅剖面图绘制完成后，为该剖面图添加图框和标题栏。制作一个 A2 图框，出图比例为 1: 50，将制作好的图框插入到已保存过的剖面图中，为剖面图插入图框，并对其位置进行调整。然后填写标题栏中图样的有关属性，包括图名、日期等。添加图框和标题后的别墅剖面图效果如图 11-104 所示。

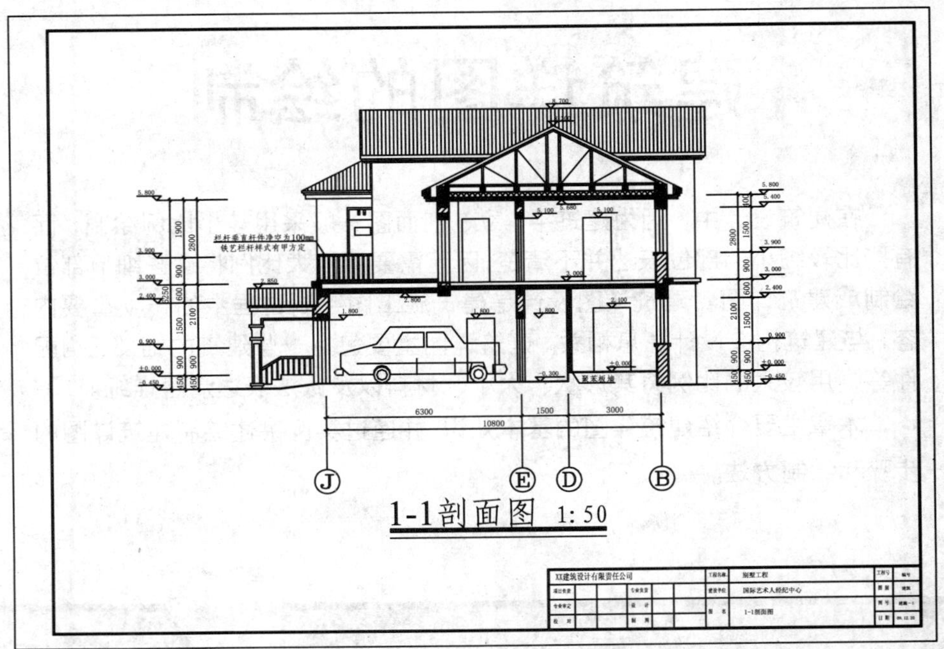

图 11-104 添加图框和标题栏

第 1 2 章

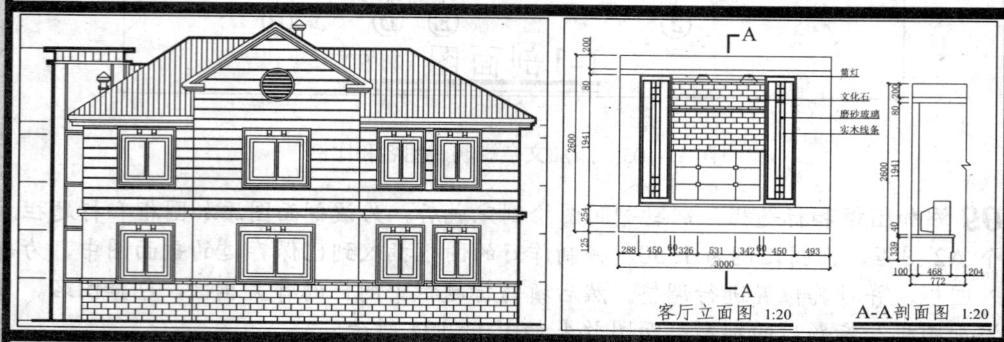

建筑详图的绘制

在建筑设计中，因为建筑平、立、剖面图一般采用较小比例绘制，而有些比较细小的部位表达并不清楚，因而需要用放大比例将这些细节部位绘制成建筑详图。建筑详图设计是建筑施工图绘制过程中的一项重要内容，与建筑构造设计息息相关。建筑详图主要包括一些建筑的细部、构配件等，用较大的比例将其形状、大小、材料以及做法表达清楚详细。

本章主要介绍建筑详图的基本知识，并通过实例讲述绘制建筑详图的步骤和绘制方法。

12.1 建筑详图概述

在利用 AutoCAD 2012 绘制建筑详图之前，本节来简要介绍建筑详图绘制的基本知识、绘制步骤和方法等。

12.1.1 建筑详图的概念

建筑详图（简称详图）是为了满足施工需要，将建筑平、立、剖面图中的某些复杂部位用较大比例绘制而成的图样。建筑详图按正投影法绘制，由于比例较大，要做到图例、线型分明、构造关系清楚、尺寸齐全、文字说明详尽，是对平、立、剖面等基本图样的补充和深化。

建筑详图作为建筑细部施工图，是制作建筑构配件（如门窗、阳台、楼梯和雨水管等）、构造节点（如窗台、檐口和勒角等）、进行施工和编制预算的依据。

在建筑详图设计中，需要绘制建筑详图的位置一般包括室内外墙身节点、楼梯、电梯、厨房、卫生间、门窗和室内外装饰等。室内外墙身节点一般用平面和剖面表示，常用比例为 1: 20。平面节点详图表示出墙、柱或构造柱的材料和构造关系。

剖面节点详图即常说的墙身详图，需要表示出墙体与室内外地坪、楼面、屋面的关系，同时表示出相关的门窗洞口、梁或圈梁、雨篷、阳台、女儿墙、檐口、散水、防潮层、屋面防水、地下室防水等构造的做法。墙身详图可以从室内外地坪、防潮层处开始一直画到女儿墙压顶。为了节省图纸空间，可以在门窗洞口处断开，也可以重点绘制地坪、中间层和屋面处的几个节点，而将中间层重复使用的节点集中到一个详图中表示。节点一般由上至下进行编号。

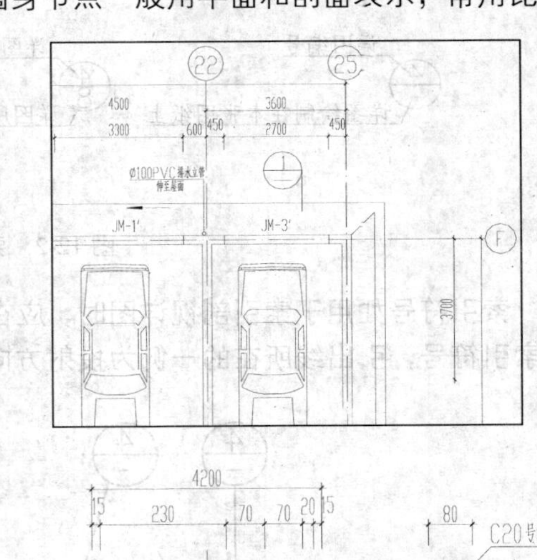

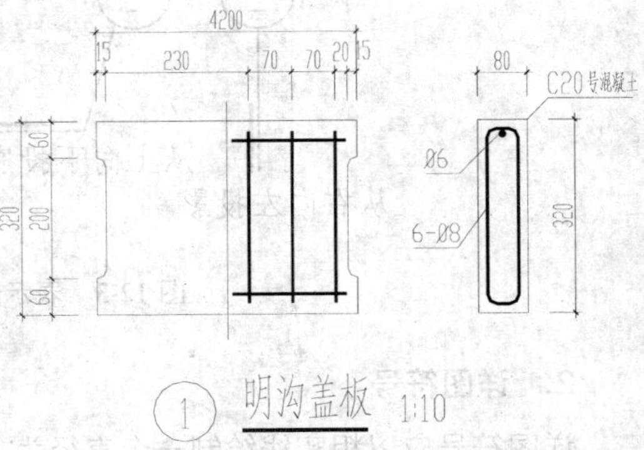

图 12-1 详图及其被索引图样

12.1.2 建筑详图中的符号

在建筑详图设计中，必须画出索引符号和详图符号。详图符号应与被索引图样上的索引符号相对应，如图 12-1 所示，在详图符号的右下侧注写比例。在详图中如需另画详图时，则在其相部位画上索引符号。索引符号用来索引详图，而索引出的详图，应画出详图符号来表示详图的位置和编号，并用索引符号和详图符号表示相互之间的对应关系，建立详图与被索引的图样之间的联系，以便相互对照查询。

1. 索引符号

索引符号用一引出线指示要画详图的位置，在直线的另一端画一个细实线圆，其直径为 10mm，引出线应对准圆心，圆内过圆心画一条水平直线，上半圆中用阿拉伯数字注明该详图的编号，下半圆中用阿拉伯数字注明该详图所在图纸的编号。具体标注方法有如下 3 种。

➢ 索引出的详图，如与被索引的详图同在一张图纸内，应在索引符号的上半圆中用阿拉伯数字注明该详图的编号，并在下半圆中间画一段水平细实线，如图 12-2a 所示。

➢ 索引出的详图，如与被索引的详图不在同一张图纸内，应在索引符号的上半圆中用阿拉伯数字注明该详图的编号，在索引符号的下半圆中用阿拉伯数字注明该详图所在图纸的编号（数字较多时，可加文字标），如图 12-2b 所示。

➢ 索引出的详详图，如采用标准图，应在索引符号水平直径的延长线上加注该标准图册的编号，如图 12-2c 所示。

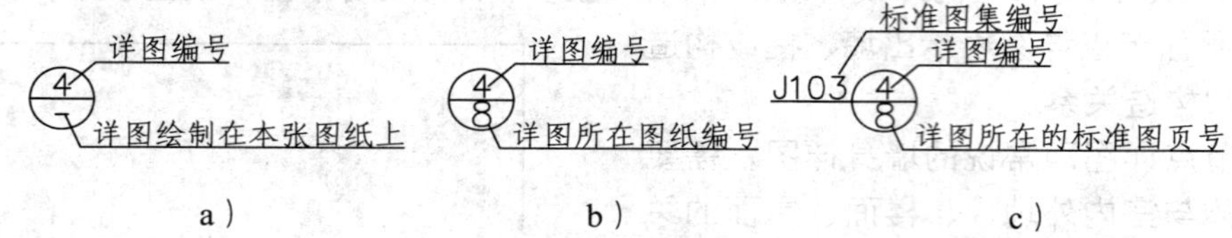

图 12-2　索引符号表示法

索引符号如用于索引剖视详图时，应在被剖切的部位绘制剖切位置线，并以引出线引出索引符号，引出线所在的一侧为投射方向，如图 12-3 所示。

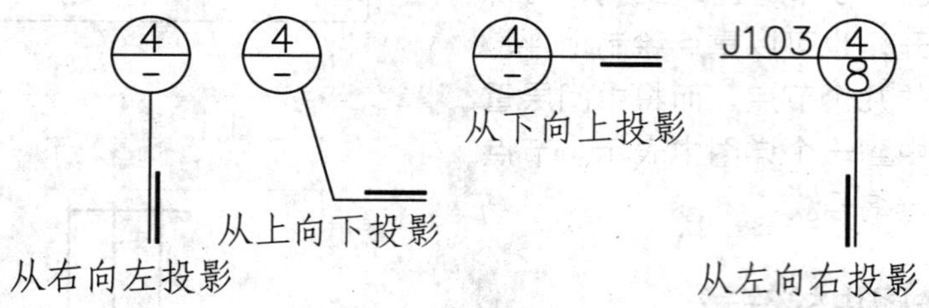

图 12-3　表示剖视详图的索引符号

2. 详图符号

详图符号应以粗实线绘制一个直径为 14mm 的圆，当详图与被索引的图样不在同一张图纸内时，可用细实线在详图符号内画一个水平直线，圆内编号数字的含义如图 12-4 所示。

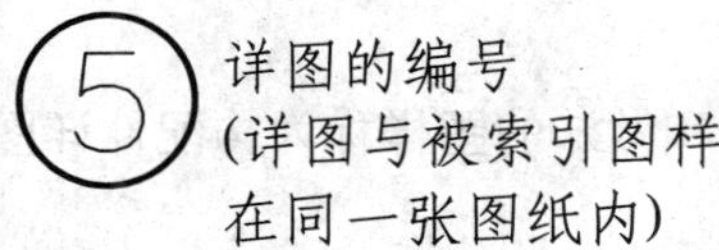

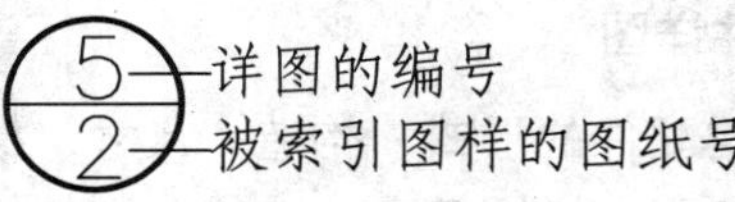

图 12-4　详图符号

12.1.3　建筑详图的分类

依据图示方法，建筑详图可分为剖面详图（如外墙身和楼梯间等）、平面详图（如卫生间和厨房等）、立面详图（如门窗）、断面详图（如楼梯踏步）等，采取哪种图示方法要根据细部构造的复杂程度而定。常用的建筑详图根据绘制部位基本上可分为 3 大类：节点详图、房间详图和构配件详图。

1．节点详图

节点详图用来详细表达某一节点部位的构造、尺寸、做法、材料和施工要求等。最常见的节点详图是墙身大样详图，它将外墙的檐口、屋顶、窗过梁、窗台、楼地面和勒脚等部位，按其位置集中画在一个剖面详图上，如图 12-5 所示。

2．房间详图

有些房间的构造或固定设施都很复杂，均需用详图将某一房间用较大的比例绘制出来，如楼梯间详图、厨房详图和卫生间详图等，这种详图称为房间详图。如图 12-6 所示为卫生间平面详图。

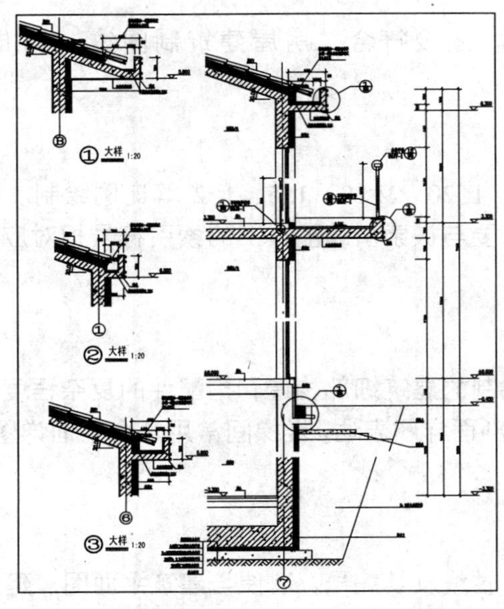

图 12-5　墙身大样详图

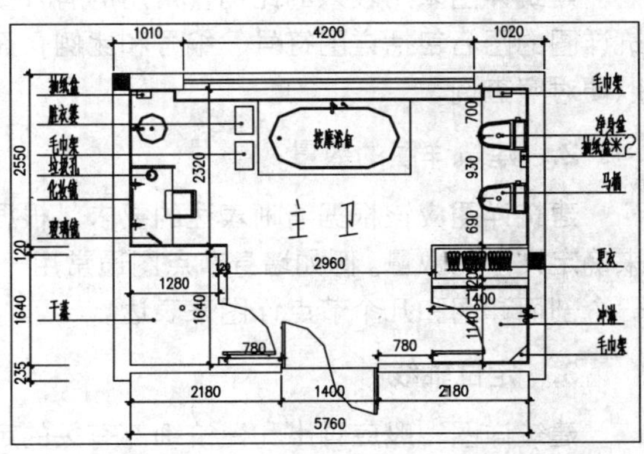

图 12-6　卫生间详图

3．构配件详图

表达某一构配件的形式、构造、尺寸、材料和做法的图样称为构配件详图，如门窗详图、雨篷详图和阳台详图等。

为了提高绘图效率，国家及一些地区编制了建筑构造和构配件的标准图集，如果选用这些标准图集中的做法，可用文字代号等说明所选用的型号，也可在图纸中用索引符号注明，不再另绘制详图。如图 12-7 所示为某建筑的阳台详图。

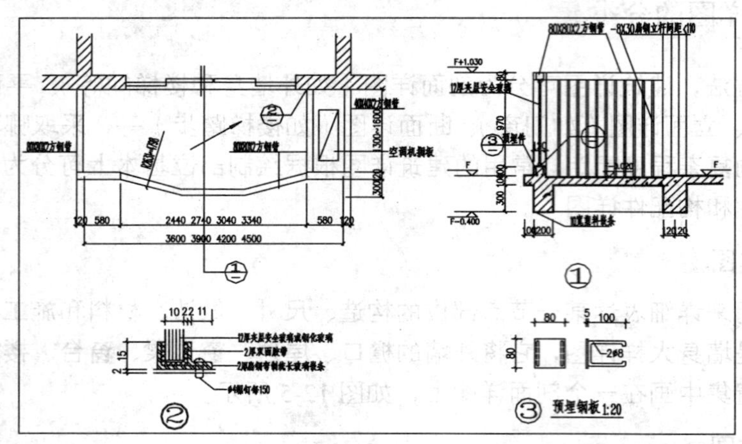

图 12-7 某建筑阳台详图

12.1.4 建筑详图的有关规定

建筑详图要详细、完整地表达建筑细部，还要符合《房屋建筑制图统一标准》（GB/T50001-2001）的规定。

1．比例与图名

建筑详图采用较大的比例，常用的有 1: 50、1: 20、1: 10、1: 5、1: 2 等比例绘制。建筑详图的图名包括详图符号、编号和比例，而且要与被索引的图样上的索引符号相对应，以便对照查询。

2．建筑详图的数量

建筑详图应该根据清晰表达的要求，根据绘制的建筑细部构造和构配件的复杂程度，来确定详图的数量。例如墙身节点图通常用一个剖面详图表达，楼梯间常用几个平面详图、一个剖面详图和几个节点详图来表达。

3．定位轴线

建筑详图一般应画出和建筑细部有关的定位轴线及其编号，以便与建筑平面图、建筑立面图和建筑剖面图相对应。当一个详图适用几根定位轴线时，可同时将各有关轴线的编号都注明，但对通用详图的定位轴线，应只画圆，不注轴线编号，如图 12-8 所示。

其中图 a 表示通用详图的轴线号，只用圆圈，不标编号；图 b 表示详图用于两个轴线时的情况；图 c 表示详图用于 3 个或 3 个以上轴线时的情况；图 d 表示详图用于 3 个以上连续编号的轴线时的情况。

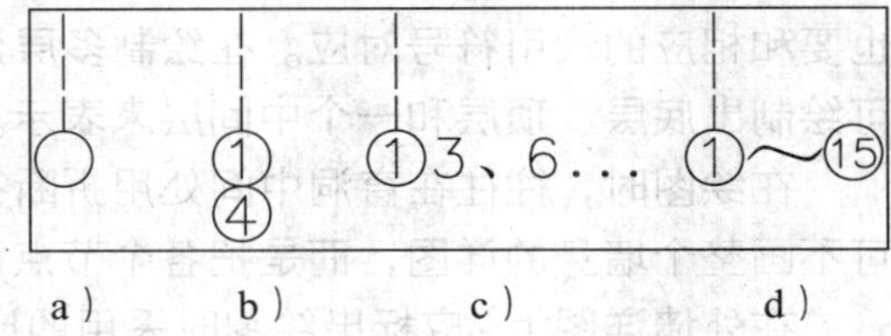

图 12-8　详图上的定位轴线编号

4．图线

由于建筑详图反映的内容比较单一，因而一般情况下，建筑详图的图线只采用两种：粗线和细线。建筑详图的图线要求是：粗实线用于绘制建筑构配件的断面轮廓线；细实线用于绘制构配件的可见轮廓线和材料图例等。

5．尺寸标注

建筑详图的尺寸标注必须完整齐全，准确无误。

6．其他标注

对于套用标准图或通用图集的建筑构配件和建筑细部，只要注明所套用图集的名称、详图所在的页数和编号，不必再画详图。

建筑详图凡是需要再绘制详图的部位，同样要绘制索引符号。建筑详图应把所用的各种材料及其规格、各部分的做法和施工要求等用文字详尽说明。

12.1.5 建筑详图绘制的一般步骤

建筑详图绘制的一般步骤如下：

01 绘制图形轮廓线，包括断面轮廓和看线。

02 填充材料图例，包括各种材料图例的选用和填充。

03 符号标注、尺寸标注和文字等标注，包括设计深度要求的轴线及编号、标高、索引符号、折断符号、尺寸标主和说明文字等。

12.2 绘制外墙剖面详图

外墙剖面详图详细地表达了建筑物的屋面、楼层、阳台、地面、檐口构造、楼板与墙的连接、门窗过梁、窗台、勒脚和散水等处构造的情况，外墙剖面详图实际上是建筑剖面的局部放大图，是建筑施工的重要依据。本节以绘制某建筑物墙身剖面详图为例，讲述利用 AutoCAD 2012 绘制外墙剖面详图的操作步骤和方法。

12.2.1 外墙剖面详图的图示内容及规定画法

外墙剖面详图包括的图示内容及规定画法如下。

1. 定位轴线、详图符号和比例

外墙剖面详图上所标注的定位轴线编号应与其他图中所表示的部位一致，其详图符号也要和相应的索引符号对应。在绘制多层建筑物墙身剖面详图时，若各层的情况相同，则可绘制出底层、顶层和一个中间层来表示。

在绘图时，往往在窗洞中间处用折断符号断开，成为几个节点详图的组合。有时，也可不画整个墙身的详图，而是把各个节点的详图分别单独绘制。

在外墙详图上，应标出绘图时采用的比例，绘图比例通常标注在相应详图符号的后面。

2. 墙身厚度与定位轴线的关系

外墙剖面详图上要表明墙身的厚度与定位轴线的关系。

3. 外墙与其他部分的构造和联系

根据各节点在外墙上的位置不同，其所表示的内容分别如下：

➢ 底层节点详图：分别表示了室外散水、勒脚、室内地面、踢脚板和墙脚防潮层的形状和构造。从勒脚部分可知房屋外墙的防潮、防水和排水的做法。外（内）墙身的防潮层，一般是在底层室内地面下 60mm 左右（指一般刚性地面）处，以防地下水对墙身的侵蚀。在外墙面，离室外地面 300 ~ 500mm 高度范围内（或窗台以下），用坚硬防水的材料做成勒脚。在勒脚的外地面，用 1: 2 的水泥砂浆抹面，做出 2%坡度的散水，以防雨水或地面水对墙基础的侵蚀。

➢ 中间层节点详图：用以表示门、窗过梁（或圈梁）、窗台的形状和构造，另外还有楼板与墙身连接的情况，可了解各层楼板（或梁）的搁置方向及与墙身的关系。窗框和窗扇的形状和尺寸需另用详图表示。

➢ 顶层节点详图：又称檐口节点详图，它是用来表示檐口处屋面承重结构以及结构做法、顶棚、女儿墙的形状和构造、排水方法等。

4. 标高

在外墙剖面详图中，一般应标注出各部位的标高、高度尺寸和墙身凸出部分的细部尺寸。图中标高注写有两个数字时，有括号的数字表示在新一层的标高。

5. 图例和文字说明

在外墙详图中，可用图例或文字说明来表示楼地面及屋顶所用的建筑材料，包括材料间的混合比、施工厚度和做法、墙身内外表面装修的断面形式、厚度及所用的材料等。

12.2.2 绘制某别墅外墙剖面详图

视频教学	
视频文件：	AVI\第 12 章\12.2.avi
播放时长：	14 分 03 秒

本小节以绘制某别墅外墙剖面详图为例，讲述外墙剖面详图的绘制方法、操作步骤和技巧。绘制别墅外墙剖面详图的最终效果如图 12-9 所示。

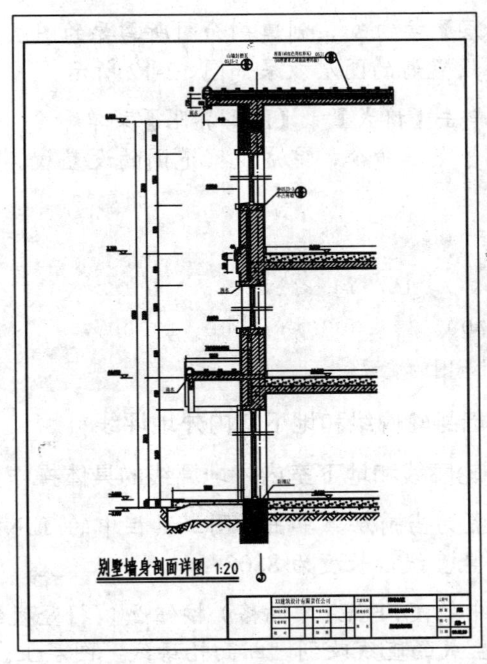

图 12-9　别墅墙身剖面详图

1. 建立绘图环境

绘制任何一幅图形之前，都需要对绘图环境进行相应的设置，绘制建筑详图也不例外。建立绘图环境的具体操作步骤如下：

01 新建文件。启动 AutoCAD 2012 应用程序，单击【文件】|【新建】菜单命令，打开“选择样板”对话框，如图 12-10 所示。选择“acadiso.dwt”选项，单击【打开】按钮，即可新建一个样板文件。

02 设置绘图单位。单击【格式】|【单位】菜单命令，弹出【图形单位】对话框，在“长度”选项组里的“类别”下拉列表中选择“小数”。在“精度”下拉列表框中选择 0.00，如图 12-11 所示。

图 12-10　“选择样板”对话框

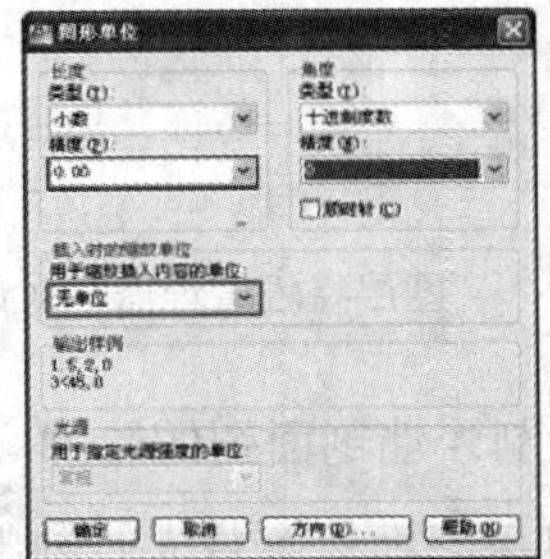

图 12-11　“图形单位”对话框

03 设置图层。单击【格式】|【图层】菜单命令，弹出“图层特性管理器”对话框，

单击工具栏中的【新建图层】按钮，创建剖面图所需要的图层，并为每一个图层定义名称、颜色、线型、线宽，设置好的图层效果如图 12-12 所示。

04 设置图形界限。单击【格式】|【图形界限】菜单命令，设置绘图区域。单击【视图】|【缩放】|【全部】菜单命令，完成观察范围的设置。其命令行提示如下：

```
命令: limits↙
重新设置模型空间界限:
指定左下角点或 [开(ON)/关(OFF)] <0.0000, 0.0000>:↙      //直接按回车键接受默认值
指定右上角点 <420.0000, 297.0000>: 5000, 10000↙        //输入右上角坐标“5000,
10000”后按回车键完成绘图范围的设置
```

2. 绘制定位轴线、墙身轮廓线和地下室内外地坪线

绘制定位轴线、墙身轮廓线和地下室内外地坪线的具体操作步骤如下：

01 将“轴线”图层置为当前层，单击绘图工具栏中的 LINE（直线）按钮，配合“正交”功能，绘制一条竖直线，长度为 8800。

02 单击修改工具栏中的 OFFSET（偏移）按钮，将竖直线向左偏移 310，将竖直线向右偏移 120，将偏移生成的直线改到“断面轮廓线”图层上。

03 单击绘图工具栏中的 LINE（直线）按钮，在定轴线下端绘制一条水平直线作为地下室内地坪线。单击修改工具栏中的 OFFSET（偏移）按钮，偏移距离为 20，生成地下室外的地坪线。单击修改工具栏中的 TRIM（修剪）按钮，将地下室内外多出的直线进行修剪，完成效果与具体尺寸如图 12-13 所示。

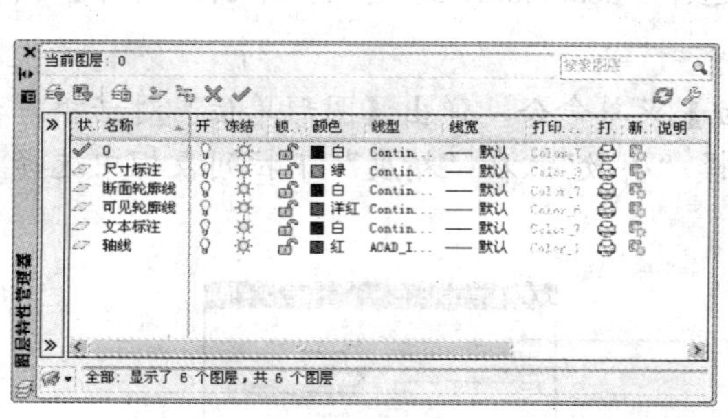

图 12-12 “图层特性管理器”对话框

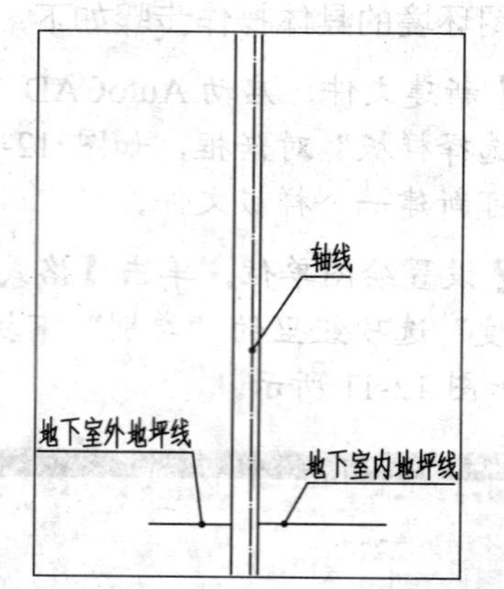

图 12-13 绘制定位轴线、墙身轮廓线和地下室内外地坪线

3. 绘制外墙剖面图的轮廓

绘制墙身剖面轮廓首先绘制出外墙剖面图的大致轮廓线，包括绘制楼面线、顶棚线、柱、梁、楼板外轮廓线，具体操作步骤如下：

01 绘制楼面线和屋面板下边缘线。单击修改工具栏中的 OFFSET（偏移）按钮，根据别墅设计参数，将地下室内地坪线向上偏移，生成楼面线、顶棚线和屋面板下边缘线，

效果如图 12-14 所示。

02 绘制顶棚线。单击修改工具栏中的 OFFSET（偏移）按钮，将顶层的楼面线向上偏移生成顶棚线；单击激活顶棚线的夹点，通过夹点编辑将夹点拖到墙身轮廓线的左侧。单击修改工具栏中的 TRIM（修剪）按钮，将顶棚线以上的墙身轮廓线进行修剪，效果如图 12-15 所示。

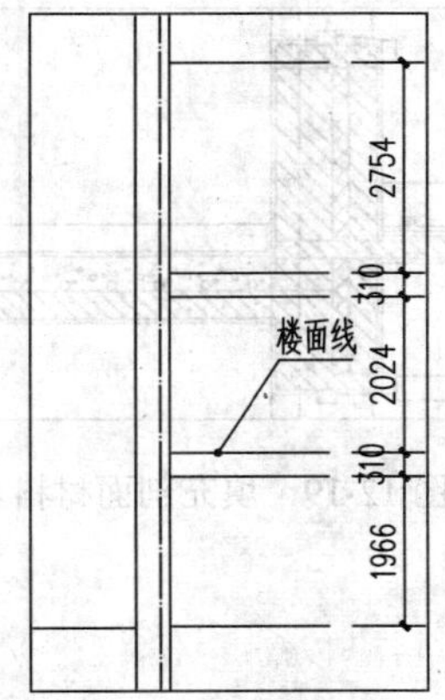

图 12-14 绘制楼面线和屋面板下边缘线

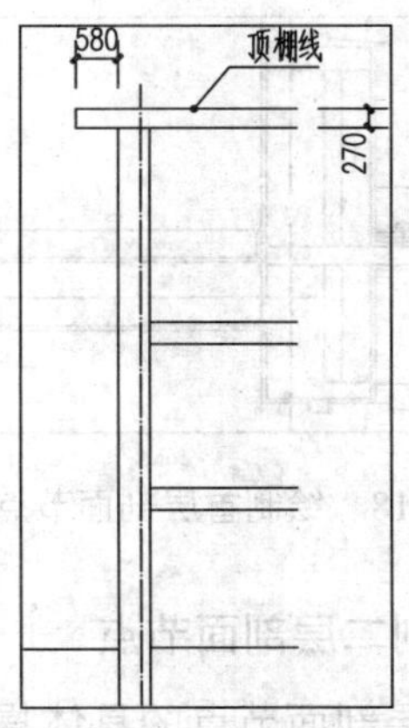

图 12-15 绘制顶棚线

4. 绘制负一层外墙剖面节点

绘制负一层外墙剖面节点的具体操作步骤如下：

01 单击修改工具栏中的 OFFSET（偏移）按钮，生成墙身剖面下部节点的辅助线。单击绘图工具栏中的 LINE（直线）按钮，绘制斜向剖面线。

02 单击修改工具栏中的 TRIM（修剪）按钮，将辅助线进行修剪，效果如图 12-16 所示。

03 单击绘图工具栏中的 HATCH（图案填充和渐变色）按钮，对墙身剖面进行图案填充。单击修改工具栏中的 ERASE（删除）按钮，将辅助线进行删除，效果如图 12-17 所示。

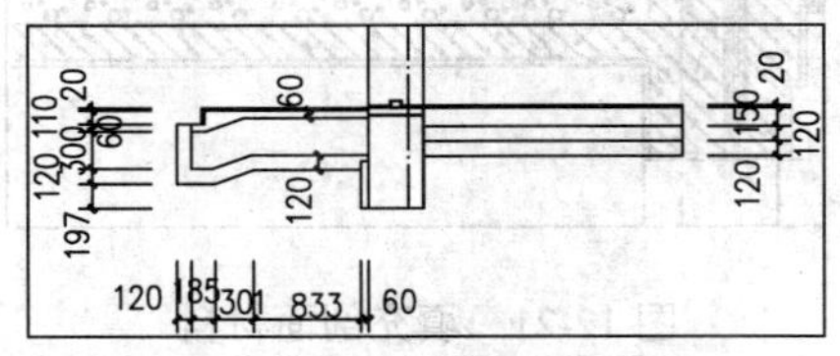

图 12-16 绘制墙身剖面下部节点轮廓线

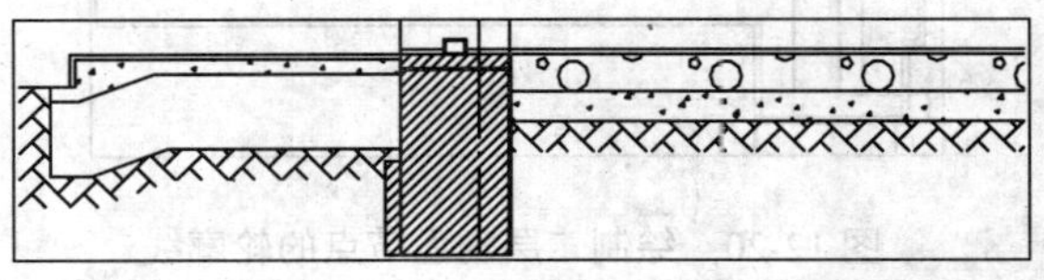

图 12-17 填充剖面材料

5. 绘制首层剖面节点

绘制首层剖面节点的具体操作步骤如下：

01 单击修改工具栏中的 OFFSET（偏移）按钮，生成首层剖面节点的辅助线。单击绘图工具栏中的 ARC（圆弧）按钮，绘制剖面圆弧轮廓线。单击修改工具栏中的 TRIM

（修剪）按钮，将辅助线进行修剪。单击修改工具栏中的 ERASE（删除）按钮，将多余的辅助线进行删除，效果如图 12-18 所示。

02 单击绘图工具栏中的 HATCH（图案填充和渐变色）按钮，对墙身剖面进行图案填充。单击修改工具栏中的 ERASE（删除）按钮，将辅助线进行删除，效果如图 12-19 所示。

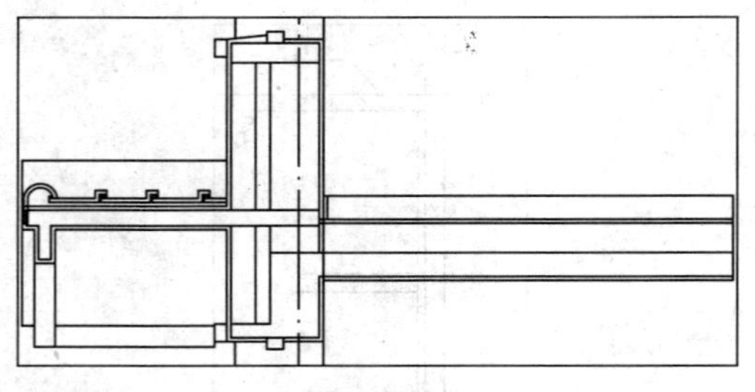

图 12-18　绘制首层剖面节点轮廓线

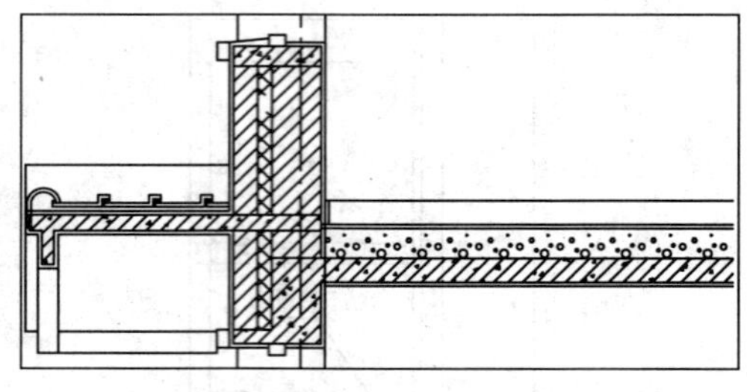

图 12-19　填充剖面材料

6. 绘制二层剖面节点

绘制二层剖面节点的具体操作步骤如下：

01 单击修改工具栏中的 OFFSET（偏移）按钮，生成二层剖面节点的辅助线。单击修改工具栏中的 TRIM（修剪）按钮，将辅助线进行修剪。单击修改工具栏中的 ERASE（删除）按钮，将多余的辅助线进行删除，效果如图 12-20 所示。

02 单击绘图工具栏中的 HATCH（图案填充和渐变色）按钮，对墙身剖面进行图案填充；单击修改工具栏中的 ERASE（删除）按钮，将辅助线进行删除，效果如图 12-21 所示。

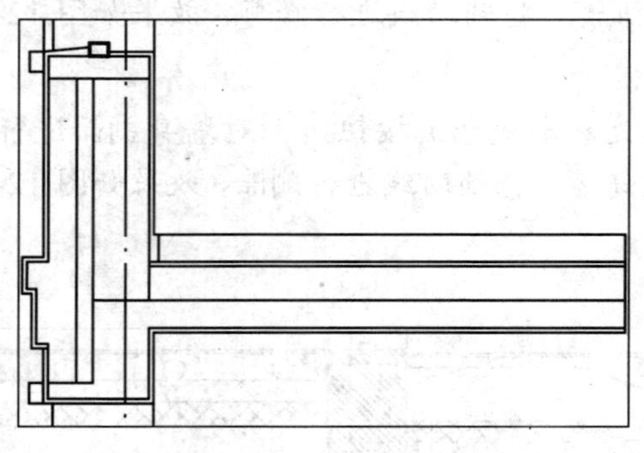

图 12-20　绘制二层剖面节点的轮廓线

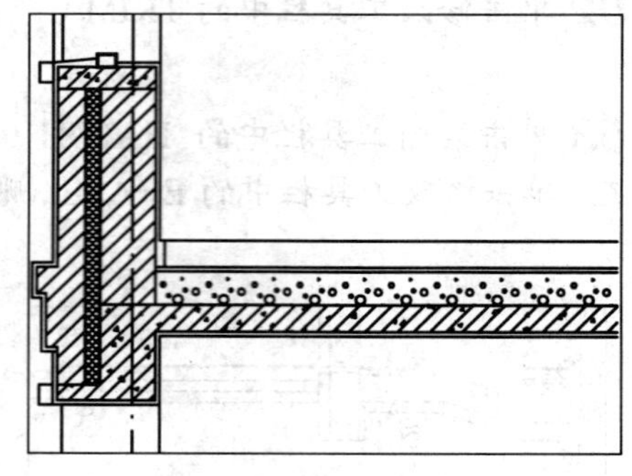

图 12-21　填充剖面材料

7. 绘制顶棚节点

绘制顶棚节点的具体操作步骤如下：

01 单击修改工具栏中的 OFFSET（偏移）按钮，生成顶棚剖面节点的辅助线；单击修改工具栏中的 TRIM（修剪）按钮，将辅助线进行修剪；单击修改工具栏中的 ERASE（删除）按钮，将多余的辅助线进行删除，效果图 12-22 所示。

02 单击绘图工具栏中的 HATCH（图案填充和渐变色）按钮，对墙身剖面进行图案填充。单击修改工具栏中的 ERASE（删除）按钮，将辅助线进行删除，效果如图 12-23 所示。

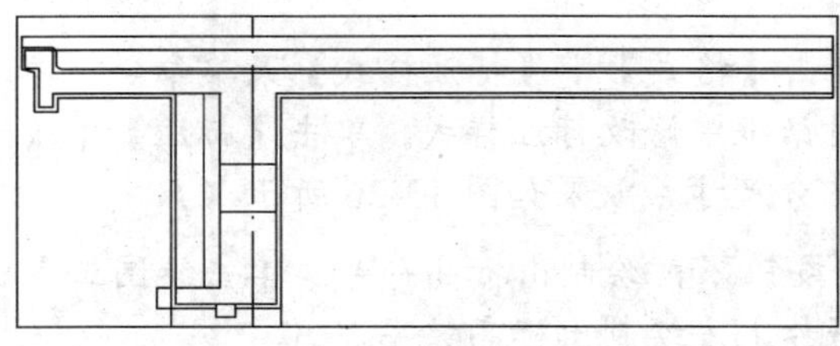

图 12-22 绘制顶剖面节点辅助线

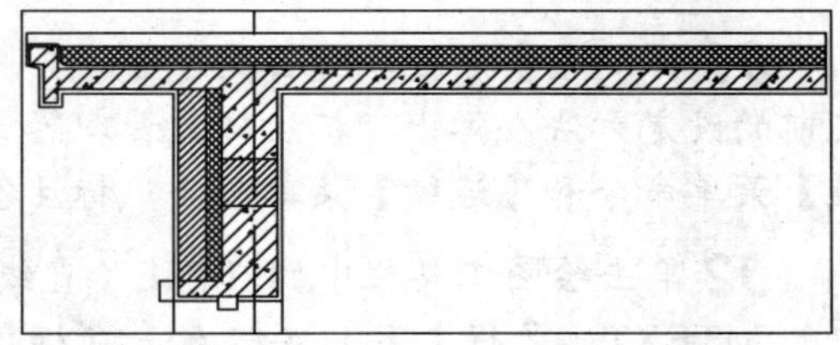

图 12-23 填充剖面材料

8. 绘制剖面门窗和加粗剖面

绘制剖面窗户和加粗剖面的具体操作步骤如下：

01 单击修改工具栏中的 OFFSET（偏移）按钮，生成剖面门窗、窗套和折断符号的辅助线。

02 单击绘图工具栏中的 LINE（直线）按钮和修改工具栏中的 OFFSET（偏移）按钮，绘制出折断符号。单击修改工具栏中的 TRIM（修剪）按钮，对辅助线进行修剪。然后将门窗改到“门窗”图层中，效果如图 12-24 所示。

03 将“断面轮廓线”图层置为当前层，单击绘图工具栏中的 PLINE（多段线）按钮，设置多段线宽为 8mm，配合“对象捕捉”功能和“正交”功能，对剖切到的墙线、楼板和梁等进行加粗，效果如图 12-25 所示。

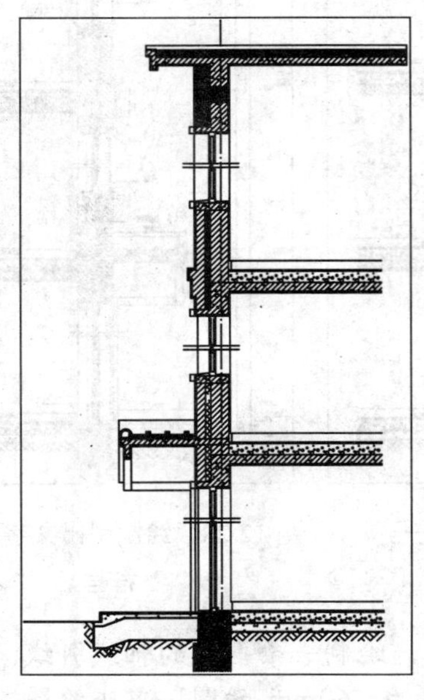

图 12-24 绘制剖面门窗和窗套

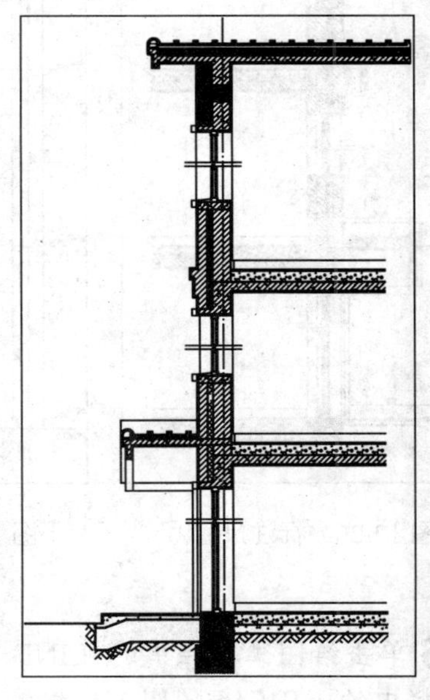

图 12-25 绘制墙体、楼板和梁轮廓线

9. 尺寸标注、标高标注和文本标注

外墙剖面详图应注明各部分的标高、高度尺寸和细部尺寸。绘制尺寸标注和标高的具体操作步骤如下：

01 将“尺寸标注”图层置为当前层，单击【格式】|【标注样式】菜单命令，参考之前的设定方法在弹出“标注样式管理器“对话框中修改标注样式。单击【标注】|【线性】菜单命令和【连续】菜单命令，标注各部分尺寸，效果如图 12-26 所示。

02 单击绘图工具栏中的 LINE（直线）按钮，绘制出标高符号。单击绘图工具栏中的 MTEXT（多行文字）按钮A，在标高符号上方绘制出标高数字。

03 单击修改工具栏中的 COPY（复制）按钮，复制标高符号和数字到需要标高外墙剖面详图位置。然后双击标高数字，对标高数字进行修改，效果如图 12-27 所示。

04 将“文字标注”图层置为当前层，单击【格式】|【多重引线样式】菜单命令，在弹出的【多重引线样式管理器】中设置多重引线样式。单击【标注】|【多重引线】菜单命令，标注引出文字说明。

05 单击绘图工具栏中 CIRCLE（圆）按钮和 LINE（直线）按钮，绘制索引符号的圆和直径。单击绘图工具栏中的 MTEXT（多行文字）按钮A，在圆内绘制索引文字，效果如图 12-28 所示。

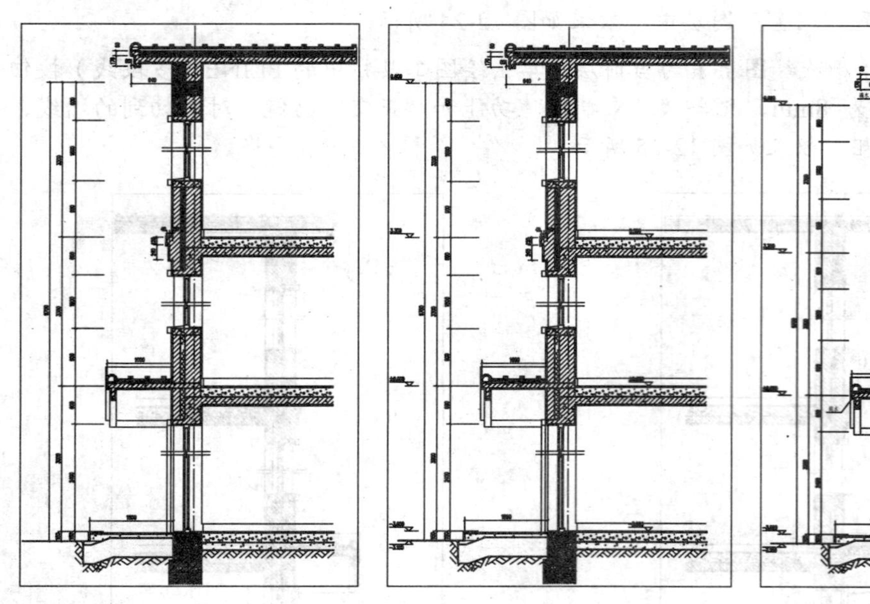

图 12-26　标注尺寸　　图 12-27　绘制标高符号　　图 12-28　绘制引出文字和索引符号

06 单击绘图工具栏中的 LINE（直线）按钮，绘制一条垂直的轴线引线；单击绘图工具栏中的 CIRCLE（圆）按钮，绘制一个半径为 160mm 的圆。单击绘图工具栏中的 MTEXT（多行文字）按钮A，在圆中心绘制轴线编号文字，效果如图 12-29 所示。

07 单击绘图工具栏中的 MTEXT（多行文字）按钮A，绘制出图名和比例。单击绘图工具栏中的 PLINE（多段线）按钮，绘制出图名和比例下方下划线。

08 单击工具栏中的 OFFSET（偏移）按钮偏移下划线，再单击修改工具栏中的 EXPLODE（分解）按钮，将第二根下划线进行分解，效果如图 12-30 所示。

图 12-29　绘制轴线编号

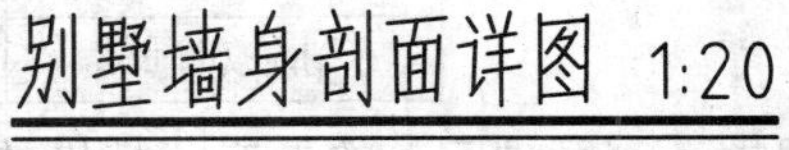

别墅墙身剖面详图 1:20

图 12-30　绘制图名和比例

09 插入图框和标题栏。图形绘制完成后就要插入图框和标题栏，根据图形大小和比例，绘制一个 A2 竖向图框和标题栏，接着插入图框到别墅墙身剖面详图中，并调整平面图到图框中合适位置。然后对标题栏中的文字进行修改，效果如图 12-31 所示。

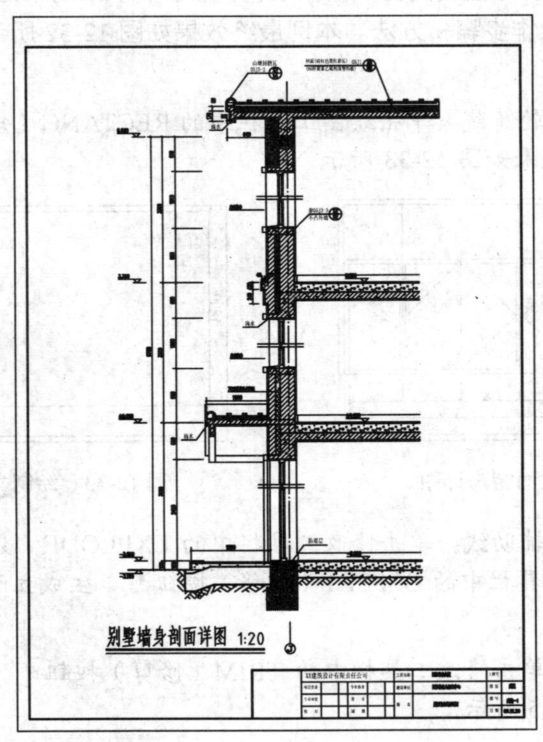

图 12-31　插入图框和标题栏

12.3 建筑相关详图绘制

建筑详图有很多，除了上节学习的外墙剖面详图，还有平面大样图和各个节点详图等，它们都是建筑图纸中不可缺少的部分。本节通过实例的练习讲述建筑相关详图的绘制步骤和方法。

12.3.1 绘制门窗详图

视频教学	
· 视频文件：	AVI\第 12 章\12.3.1.avi
播放时长：	5 分 22 秒

根据《深度规定》的要求，特殊的或非标准门、窗、幕墙等应有构造详图。如属另行委托设计加工者，要绘制立面分格图，对开启面积大小和开启方式，与主体结构的连接方式、预埋件、用料材质和颜色等做出规定。因此，门窗详图主要用以表达对厂家的制作要求，如尺寸、形式、开启方式、注意事项等。同时也供土建施工和安装使用。

每一幅建筑施工图都应画出门窗详图，并注写门窗详图说明，一般均写在首页的设计总说明中，也可写在门窗详图或门窗表的附注内。本小节以绘制某建筑立面窗户详图为例，说明绘制门窗详图的操作步骤和方法。本例最终效果如图 12-32 所示。

具体操作步骤如下：

01 绘制立面窗户轮廓线。单击绘图工具栏中的 RECTANG（矩形）按钮，绘制出立面窗户的轮廓线，效果如图 12-33 所示。

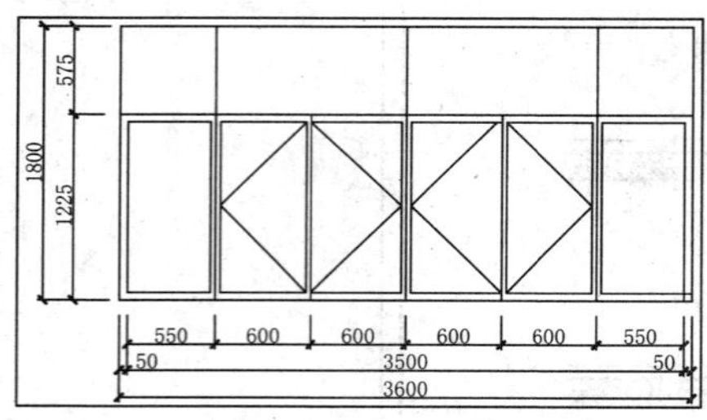

图 12-32　立面窗户详图

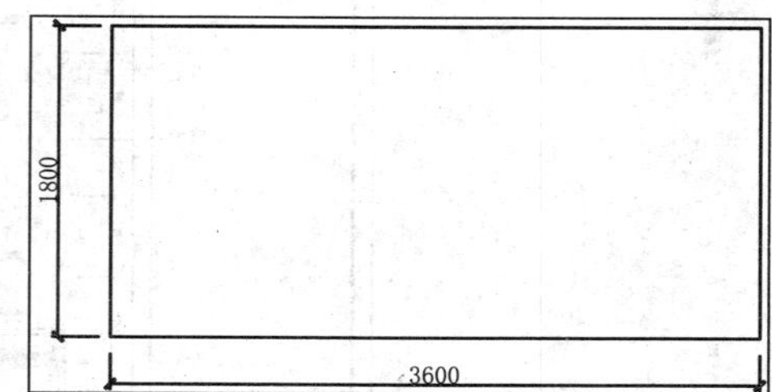

图 12-33　绘制立面窗户轮廓线

02 绘制立面窗户辅助线。单击修改工具栏中的 EXPLODE（分解）按钮，将矩形进行分解。单击修改工具栏中的 OFFSET（偏移）按钮，生成立面窗户的辅助线，效果如图 12-34 所示。

03 修剪辅助线。单击修改工具栏中的 TRIM（修剪）按钮，将立面窗户辅助线进行修剪，效果如图 12-35 所示。

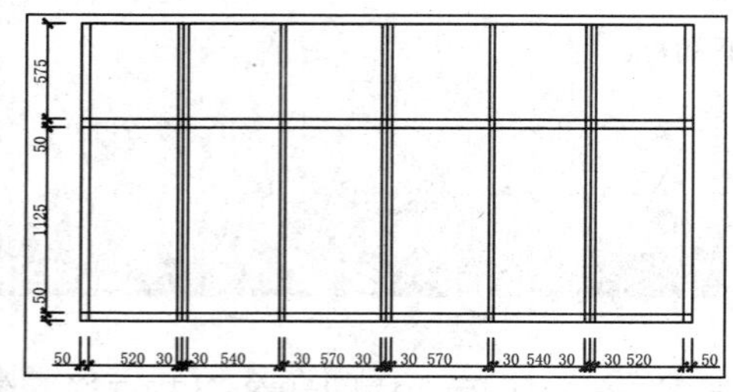

图 12-34　绘制立面窗户辅助线

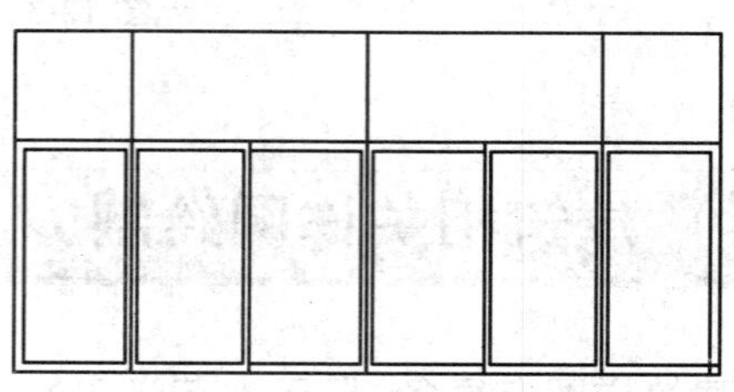

图 12-35　修剪辅助线

04 绘制立面窗户开启方向线。单击绘图工具栏中的 LINE（直线）按钮，配合“端点和中点”捕捉功能，绘制出立面窗户开启线，效果如图 12-36 所示。

05 单击【格式】|【标注样式】菜单命令，在弹出的【标注样式管理器】中修改标注样式；单击【标注】|【线性】菜单命令和【连续】菜单命令，标注立面窗户的三道尺寸线，最终效果如图 12-37 所示。

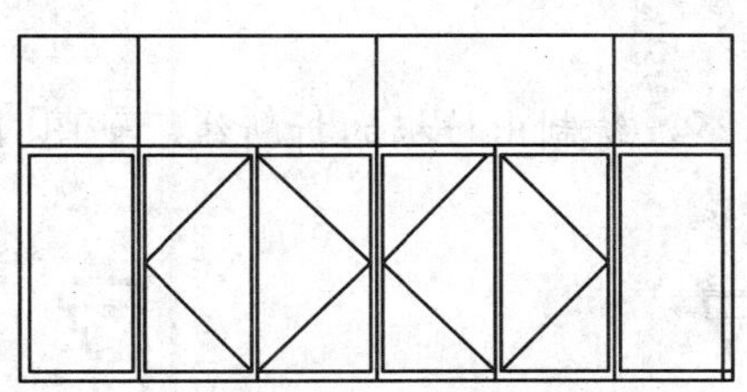

图 12-36　绘制立面窗户开启方向线

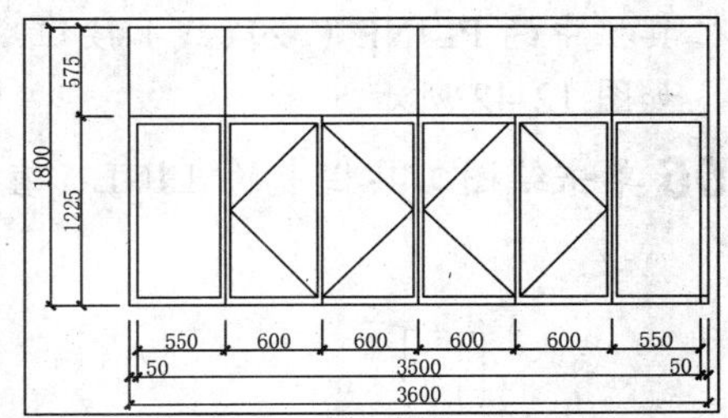

图 12-37　标注立面窗户详图尺寸

12.3.2 绘制屋面女儿墙详图

视频教学	
视频文件：	AVI\第 12 章\12.3.2.avi
播放时长：	10 分 29 秒

突出建筑屋面的墙体称为女儿墙，建筑女儿墙的形式有多种，本小节以常见的女儿墙形式为例，说明屋面女儿墙详图的绘制方法与技巧。本实例最终效果如图 12-38 所示。

具体操作步骤如下：

01 单击绘图工具栏中的 LINE（直线）按钮和 CIRCLE（圆）按钮，绘制出定位轴线，效果如图 12-39 所示。

02 单击绘图工具栏中的 PLINE（多段线）按钮，绘制出屋面楼板和结构墙体，如图 12-40 所示。

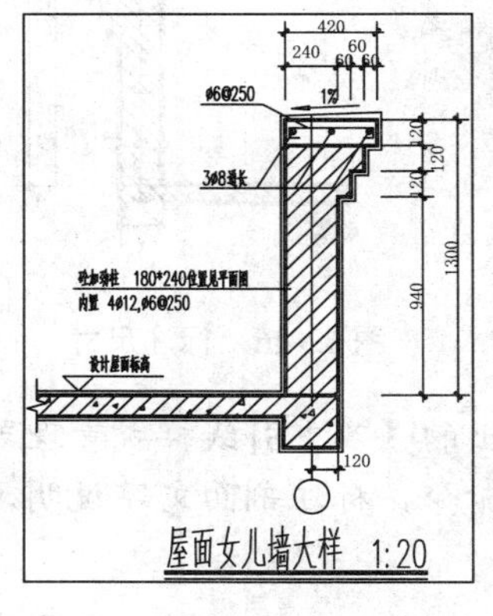

图 12-38　女儿墙详图

图 12-39　绘制定位轴线　　图 12-40　绘制楼板和墙体

03 单击修改工具栏中的 OFFSET（偏移）按钮，生成女儿墙外轮廓的辅助线。单击绘图工具栏中的 LINE（直线）按钮，绘制出女儿墙斜向线。

04 单击修改工具栏中的 TRIM（修剪）按钮，将辅助线进行修剪，如图 12-41 所示。

05 单击修改工具栏中的 OFFSET（偏移）按钮，生成剖切到的墙体辅助线。单击绘图工具栏中的 PLINE（多段线）按钮，设置多段线宽为 10mm，描出剖切到的墙体轮廓线，如图 12-42 所示。

06 单击绘图工具栏中的 LINE（直线）按钮，绘制出楼板的折断线，如图 12-43 所示。

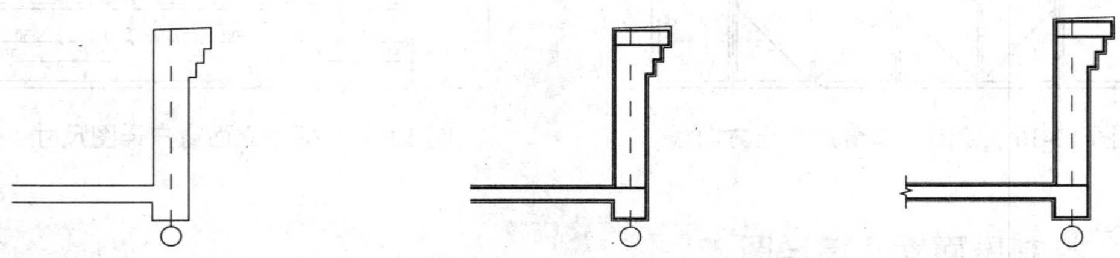

图 12-41　绘制女儿墙外轮廓线　图 12-42　绘制剖切墙体的轮廓线　图 12-43　绘制折断线

07 单击修改工具栏中的 OFFSET（偏移）按钮，生成女儿墙压顶配筋的辅助线。单击绘图工具栏中的 CIRCLE（圆）按钮，绘制钢筋剖面。单击修改工具栏中的 ERASE（删除）按钮，将辅助线删除，如图 12-44 所示。

08 单击绘图工具栏中的 HATCH（图案填充和渐变色）按钮，填充女儿墙详图材料，如图 12-45 所示。

09 单击【格式】|【标注样式】菜单命令，在弹出的【标注样式管理器】中，修改标注样式。单击【标注】|【线性】菜单命令和【连续】菜单命令，标注横向和纵向方向上的尺寸标注，如图 12-46 所示。

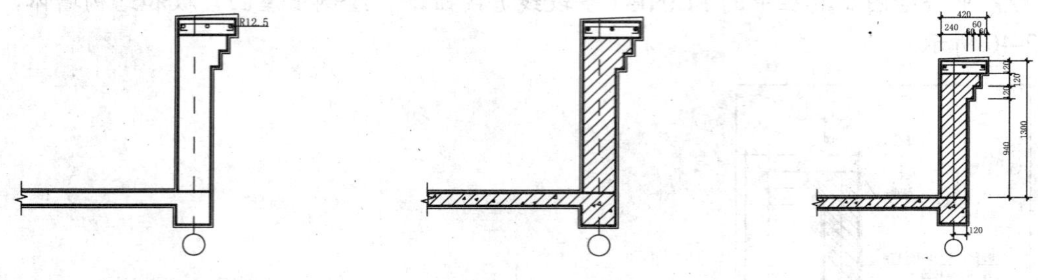

图 12-44　绘制钢筋剖面　图 12-45　填充女儿墙详图材料　图 12-46　标注尺寸

10 单击【格式】|【多重引线样式】菜单命令，在弹出的【多重引线样式管理器】中，设置多重引线样式。单击【标注】|【多重引线】菜单命令，标注剖面文字说明，如图 12-47 所示。

11 单击绘图工具栏中的 LINE（直线）按钮，绘制一个等腰三角形并延长直线作为标高符号。单击绘图工具栏中的 PLINE（多段线）按钮，绘制出坡度箭头。单击绘图工具栏中 MTEXT（多行文字）按钮A，绘制出标高文字和坡度文字，如图 12-48 所示。

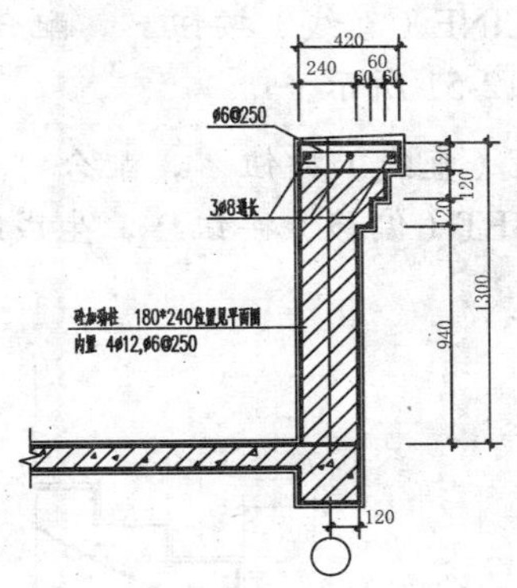

图 12-47 标注引出文字说明

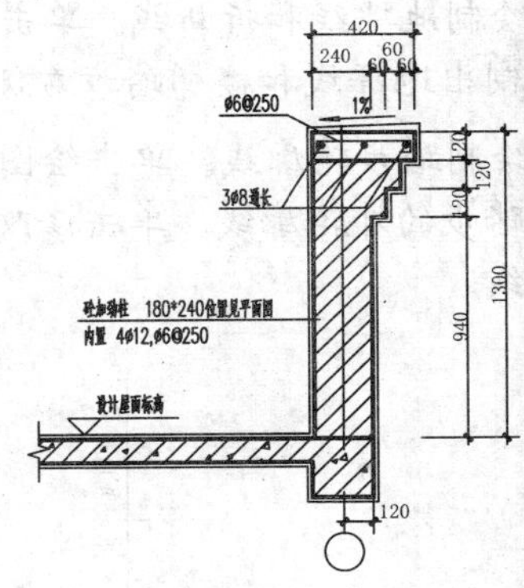

图 12-48 绘制标高和坡度

12 单击绘图工具栏中的 MTEXT（多行文字）按钮A，绘制出图名和比例。单击绘图工具栏中的 PLINE（多段线）按钮，设置多段线宽为 15mm，在图名和比例下画一条水平直线。

13 单击修改工具栏中的 OFFSET（偏移）按钮，将多段线向下偏移。单击修改工具栏中的 EXPLODE（分解）按钮，将偏移生成的多段线进行分解，如图 12-49 所示。

12.3.3 绘制踏步和栏杆详图

视频教学	
视频文件:	AVI\第 12 章\12.3.3.avi
播放时长:	11 分 36 秒

本小节以常见的楼梯踏步和栏杆为例，说明楼梯踏步和栏杆详图的绘制方法与技巧。本实例的最终效果如图 12-50 所示。

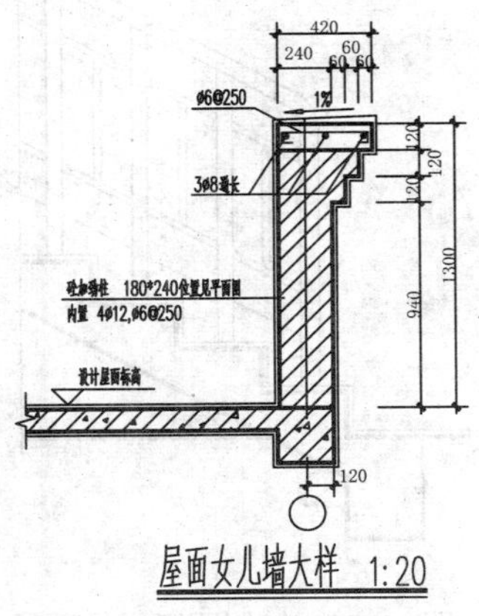

图 12-49 绘制图名和比例

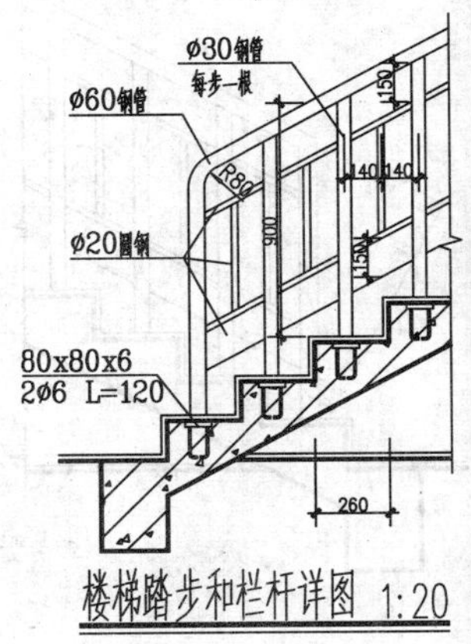

图 12-50 楼梯踏步和栏杆详图

绘制楼梯踏步和栏杆详图的具体操作步骤如下：

01 绘制地坪线和折断线。单击绘图工具栏中的 LINE（直线）按钮，配合“正交”功能，绘制出地坪线和楼梯踏步右侧的折断线，如图 12-51 所示。

02 绘制踏步轮廓线。单击绘图工具栏中的 LINE（直线）按钮，配合“正交”功能，绘制踏步的外轮廓线。单击修改工具栏中的 OFFSET（偏移）按钮，生成踏步楼梯板的辅助线。

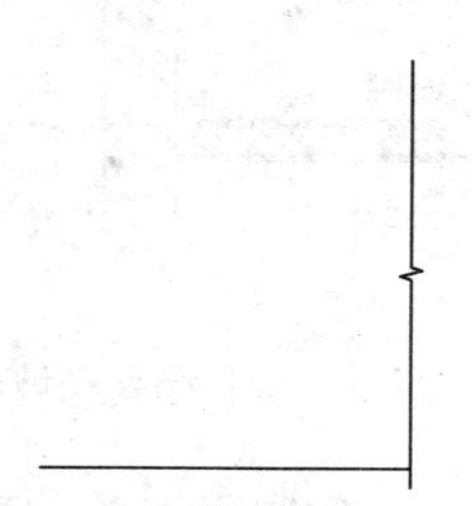

图 12-51　绘制地坪线和折断线

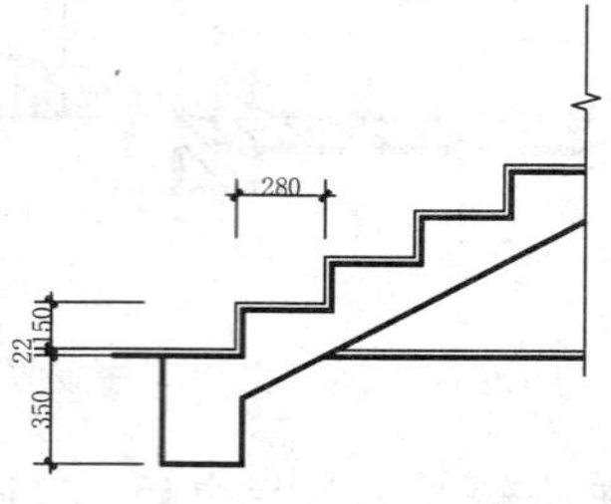

图 12-52　绘制踏步轮廓线

03 单击绘图工具栏中的 PLINE（多段线）按钮，设置多段线宽为 10mm，绘制出剖切到楼梯板的轮廓线，如图 12-52 所示。

04 绘制直线段栏杆。单击绘图工具栏中的 LINE（直线）按钮，沿踏步边缘绘制一条辅助线。单击修改工具栏中的 OFFSET（偏移）按钮，根据栏杆设计宽度，生成栏杆垂直方向和斜向的辅助线。

05 单击修改工具栏中的 TRIM（修剪）按钮，将栏杆进行修剪。单击修改工具栏中的 ERASE（删除）按钮，将辅助线删除，如图 12-53 所示。

06 绘制圆弧段扶手。单击修改工具栏中的 FILLET（圆角）按钮，设置栏杆上部的圆角半径为 140mm，栏杆下部的圆角半径为 80mm，对栏杆进行圆角，如图 12-54 所示。

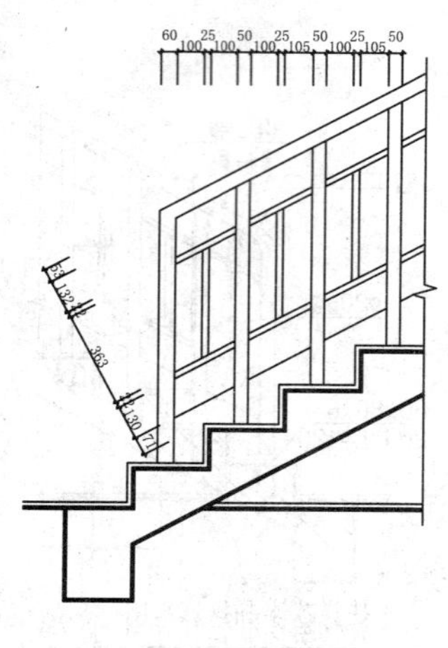

图 12-53　绘制直线段栏杆

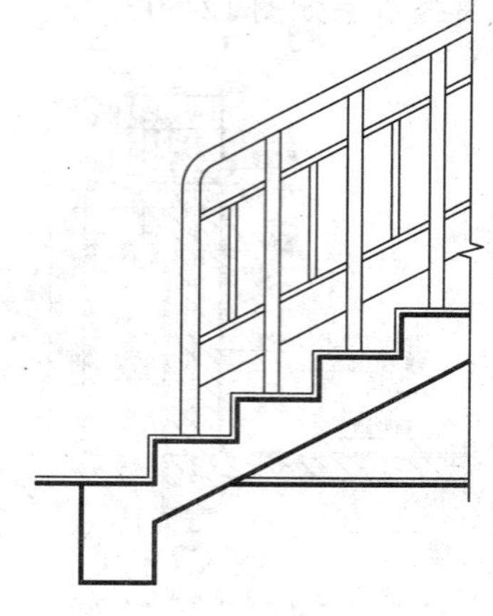

图 12-54　绘制圆弧段扶手

07 绘制预埋扁铁。单击绘图工具栏中的 LINE（直线）按钮，配合“正交”功能，绘制一条水平直线和一条垂直线。单击修改工具栏中的 OFFSET（偏移）按钮，生成预埋扁铁的辅助线。

08 单击修改工具栏中的 FILLET（圆角）按钮，对预埋扁铁的辅助线进行圆角处理。单击修改工具栏中的 TRIM（修剪）按钮，将辅助线进行修剪，如图 12-55 所示。

09 复制预预埋扁铁。单击修改工具栏中 COPY（复制）按钮，配合“对象捕捉”功能，复制预埋扁铁到踏步剖面图中，如图 12-56 所示。

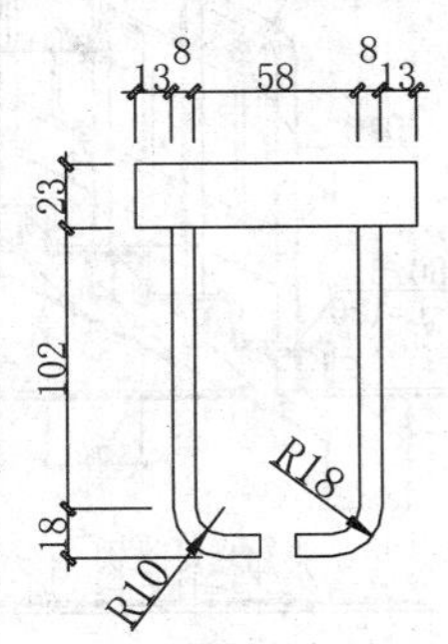

图 12-55　绘制预埋扁铁

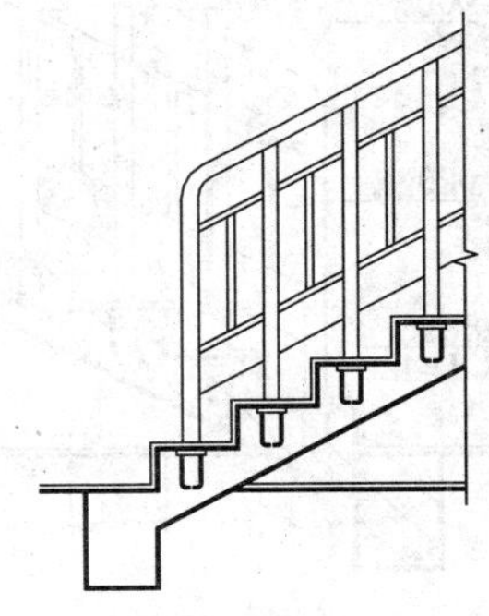

图 12-56　复制预埋扁铁

10 填充剖面材料。单击绘图工具栏中的 HATCH（图案填充和渐变色）按钮，填充踏步剖面材料，如图 12-57 所示。

11 单击【格式】|【标注样式】菜单命令，在弹出的【标注样式管理器】中，修改标注样式；单击【标注】|【线性】菜单命令和【半径】菜单命令，为楼梯踏步和栏杆详图标注必要的尺寸，如图 12-58 所示。

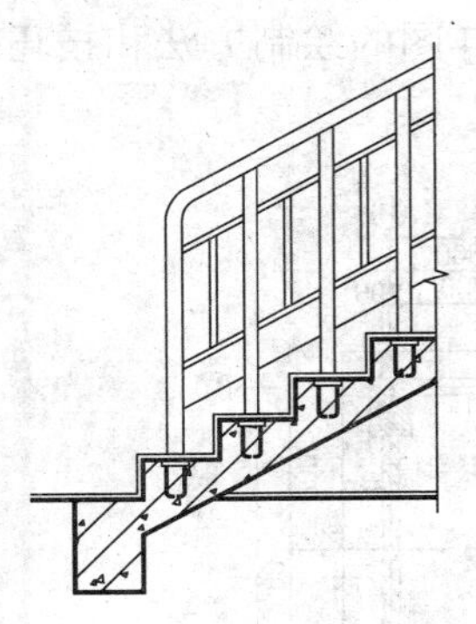

图 12-57　填充剖面材料

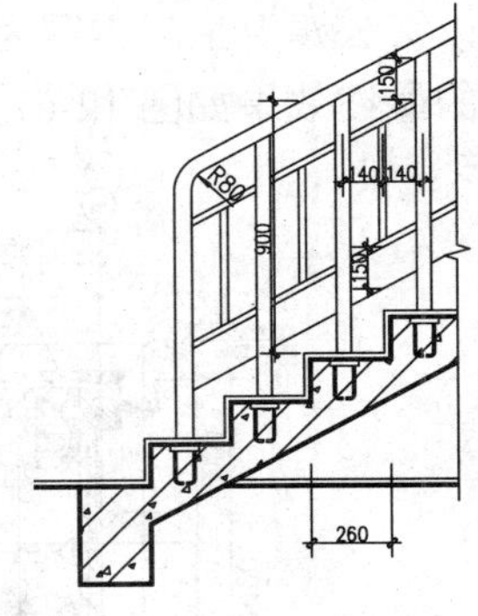

图 12-58　标注尺寸

12 单击【格式】|【多重引线样式】菜单命令，在弹出的【多重引线样式管理器】中，设置多重引线样式；单击【标注】|【多重引线】菜单命令，标注楼梯踏步和栏杆详图文字说明，如图 12-59 所示。

13 单击绘图工具栏中的 MTEXT（多行文字）按钮，绘制出图名和比例；单击绘图工具栏中的 PLINE（多段线）按钮，设置多段线宽为 15mm，在图名和比例下画一条水平直线。

14 单击修改工具栏中的 OFFSET（偏移）按钮，将多段线向下偏移；单击修改工具栏中的 EXPLODE（分解）按钮，将偏移生成的多段线进行分解，最终效果如图 12-60 所示。

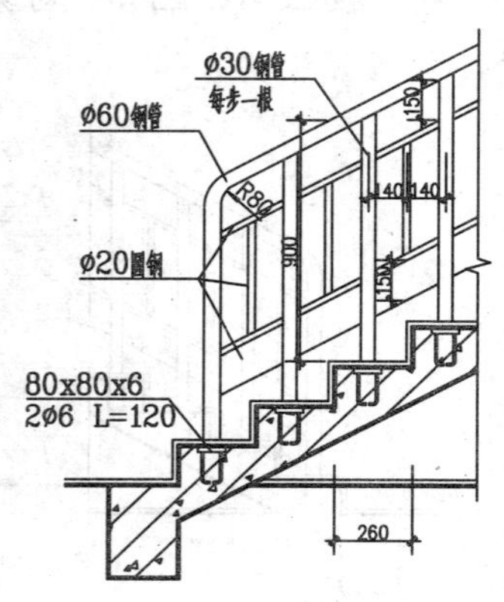

图 12-59　标注引出文字说明

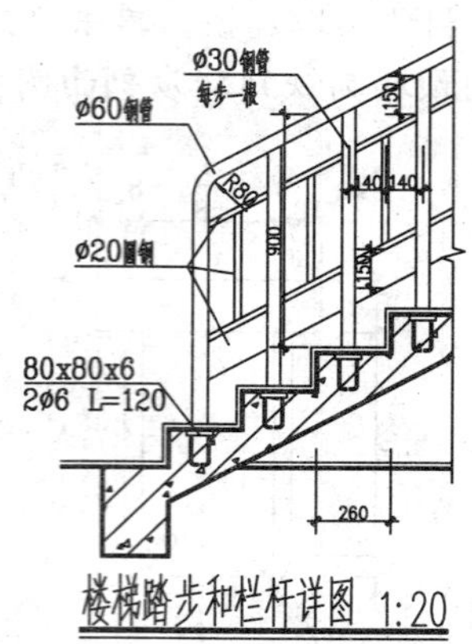

图 12-60　绘制图名和比例

12.3.4 绘制卫生间平面详图

视频教学	
视频文件:	AVI\第 12 章\12.3.4.avi
播放时长:	22 分 04 秒

本小节以某公建卫生间详图为例，讲述卫生间平面详图的绘制方法和技巧。绘制卫生间平面详图的最终效果如图 12-61 所示。

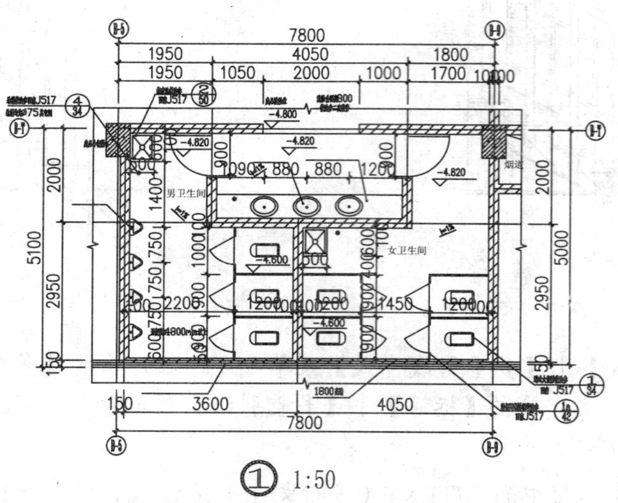

图 12-61　卫生间平面详图

1. 设置绘图环境

绘制卫生间平面详图的第一步就是设置绘图环境，其具体操作步骤如下：

01 新建文件。启动 AutoCAD 2012 应用程序，单击【文件】|【新建】菜单命令，打开【选择样板】对话框，如图 12-62 所示。选择“acadiso.dwt”选项，单击【打开】按钮，即可新建一个样板文件。

图 12-62 “选择样板”对话框

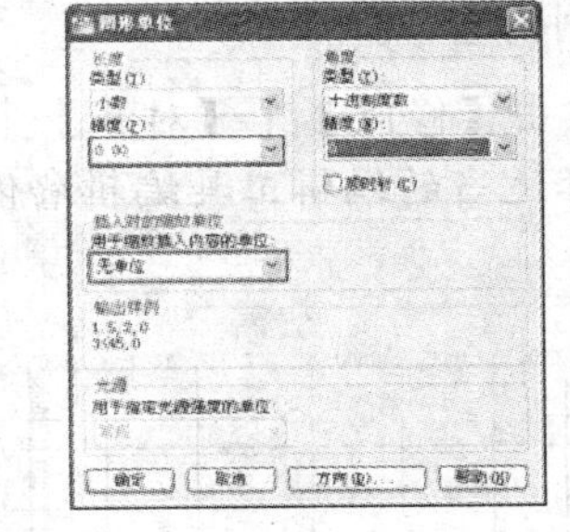

图 12-63 “图形单位”对话框

02 设置绘图单位。单击【格式】|【单位】菜单命令，弹出【图形单位】对话框，在“长度”选项组里的“类别”下拉列表中选择“小数”。在“精度”下拉列表框中选择 0.00，如图 12-63 所示。

03 设置图层。单击【格式】|【图层】菜单命令，弹出【图层特性管理器】对话框，单击工具栏中的【新建图层】按钮，创建剖面图所需要的图层，并为每一个图层定义名称、颜色、线型、线宽，设置好的图层效果如图 12-64 所示。

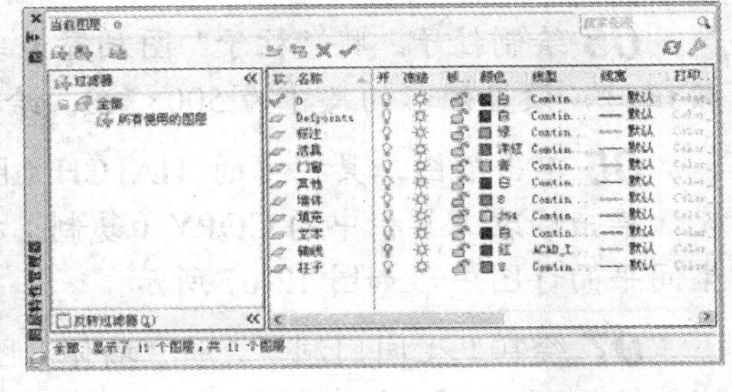

图 12-64 “图层特性管理器”对话框

04 设置图形界限。单击【格式】|【图形界限】菜单命令，设置绘图区域。然后单击【视图】|【缩放】|【全部】菜单命令，完成观察范围的设置。其命令行提示如下：

```
命令：limits↙
重新设置模型空间界限：
指定左下角点或 [开(ON)/关(OFF)] <0.0000, 0.0000>:↙        //直接按回车键接受默认值
指定右上角点 <420.0000, 297.0000>: 10000, 6000↙        //输入右上角坐标“10000, 6000”后按回车键完成绘图范围的设置
```

2. 绘制卫生间详图图形

对绘图环境设置好以后，接下来就开始绘制卫生间详图了，绘制卫生间详图的具体操作步骤如下：

01 绘制定位轴线。将“轴线”图层置为当前层，单击绘图工具栏中的 LINE（直线）

按钮，配合“正交”功能和“对象捕捉”功能，绘制一条水平轴线和一条垂直轴线。单击修改工具栏中的 OFFSET（偏移）按钮，根据卫生间房间分隔，生成轴线网。

02 单击修改工具栏中的 TRIM（修剪）按钮，将轴线网中多余的轴线进行修剪，如图 12-65 所示。

03 绘制墙体。将“墙体”图层置为当前层，单击【绘图】|【多线】菜单命令，设置卫生间上部的墙体宽度为 200mm，下部的墙体宽度为 100mm，对齐方式为居中对齐，沿轴线绘制出墙体。

04 单击【修改】|【对象】|【多线】菜单命令，在弹出的【多线编辑工具】对话框中，选择适当的编辑工具编辑墙体；然后将“轴线”图层关闭，得到如图 12-66 所示的墙体效果。

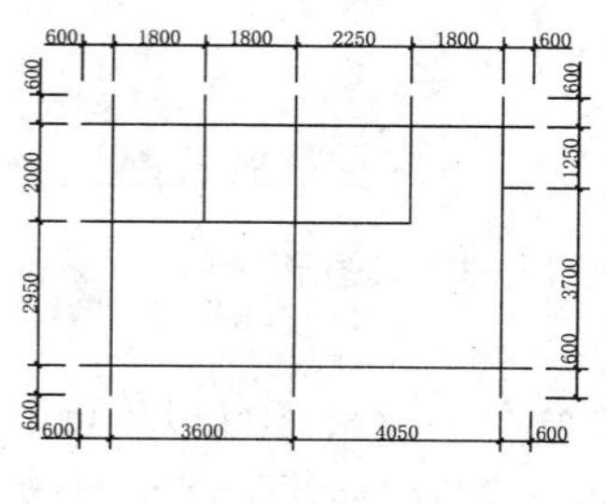

图 12-65　绘制轴线网

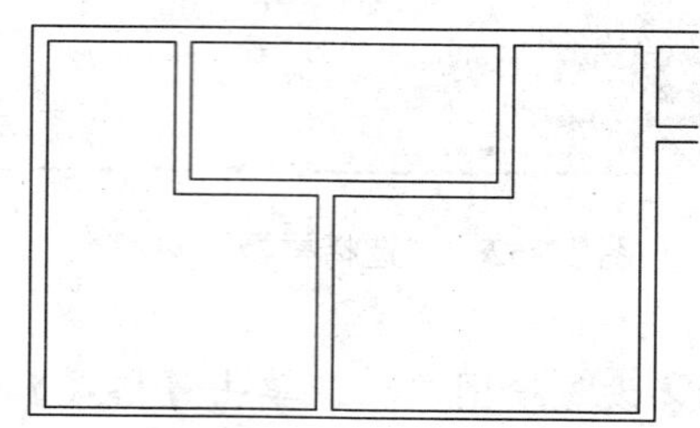

图 12-66　绘制墙体

05 绘制柱子。将“柱子”图层置为当前层，单击绘图工具栏中的 RECTANG（矩形）按钮，设置矩形的尺寸为 500×700，绘制出柱子的轮廓线。

06 单击绘图工具栏中的 HATCH（图案填充和渐变色）按钮，对柱子进行图案填充；单击修改工具栏中的 COPY（复制）按钮，配合“对象捕捉”功能，复制柱子到卫生间平面详图中，如图 12-67 所示。

07 绘制卫生间门洞口。将“墙体”图层置为当前层，单击绘图工具栏中的 LINE（直线）按钮，沿墙角绘制垂直或水平辅助线；单击修改工具栏中的 OFFSET（偏移）按钮，生成卫生间门洞口的辅助线。

08 单击修改工具栏中的 TRIM（修剪）按钮，将门窗洞口处的墙线和辅助线进行修剪；单击修改工具栏中的 ERASE（删除）按钮，将绘制的水平辅助线和垂直辅助线进行删除，如图 12-68 所示。

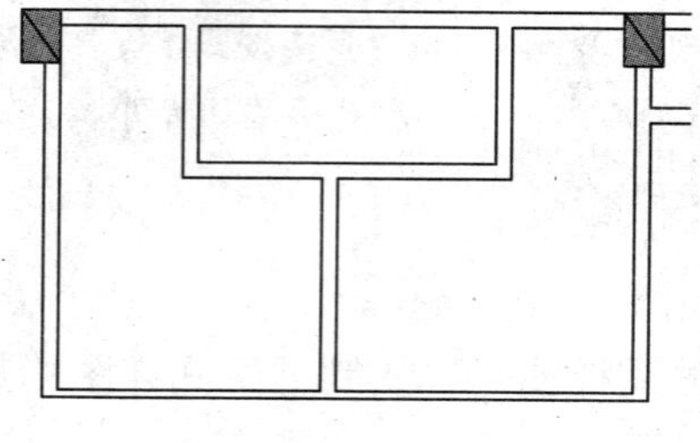

图 12-67　绘制柱子

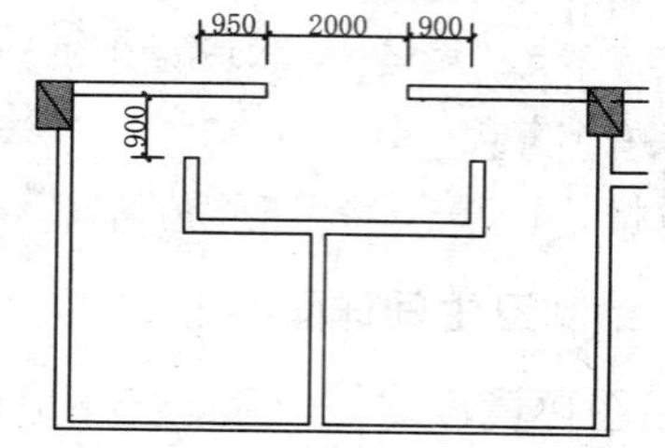

图 12-68　绘制卫生间门洞口

09 绘制卫生间门。将“门窗”图层置为当前层，单击绘图工具栏中的 LINE（直线）按钮，绘制一条水平直线和一条垂直线，长度为 900mm；单击修改工具栏中的 OFFSET（偏移）按钮，将水平直线向下偏移 40mm，得到如图 12-69 所示效果。

10 单击绘图工具栏中的 Circle（圆弧）按钮，绘制出卫生间门开启方向线。单击修改工具栏中的 TRIM（修剪）按钮进行修剪，完成如图 12-70 所示效果。

图 12-69　绘制平开门　　　图 12-70　绘制完成效果

11 单击修改工具栏中的 MOVE（移动）按钮，将平开门移到门洞口处。单击修改工具栏中的 MIRROR（镜像）按钮，复制出另一个平开门；单击绘图工具栏中的 LINE（直线）按钮，绘制卫生间入口门口线，如图 12-71 所示。

12 绘制折断线。将“其他”图层置为当前层，单击绘图工具栏中的 LINE（直线）按钮，沿卫生间墙体外缘绘制出折断线和折断符号，如图 12-72 所示。

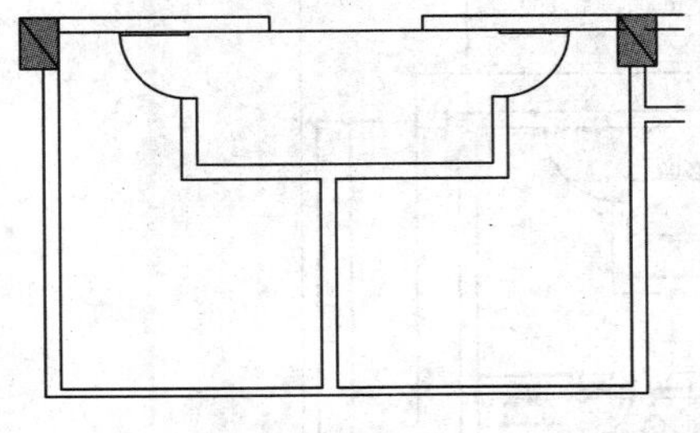

图 12-71　绘制平开门

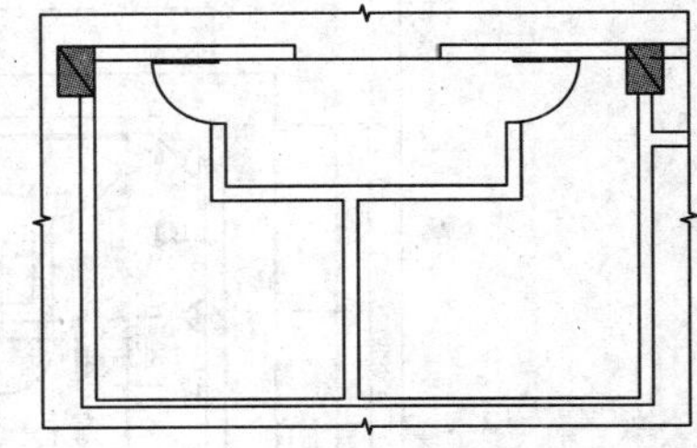

图 12-72　绘制折断线

13 绘制卫生间隔断。单击绘图工具栏中的 LINE（直线）按钮，沿卫生间墙角绘制水平和垂直辅助线。单击修改工具栏中的 OFFSET（偏移）按钮，生成卫生间隔断和隔断门洞口的辅助线。

14 单击修改工具栏中的 TRIM（修剪）按钮，将辅助线进行修剪。单击修改工具栏中的 ERASE（删除）按钮，将绘制的水平辅助线和垂直辅助线删除。然后单击修改工具栏中的 COPY（复制）按钮，配合“缩放”功能，复制平开门到卫生间隔断门洞中，如图 12-73 所示。

15 插入卫生洁具设备。按下快捷键 Ctrl + 2，打开 AutoCAD 设计中心，插入卫生间设备；单击修改工具栏中的 MOVE（移动）按钮和 COPY（复制）按钮，配合“对象捕捉”功能，复制卫生洁具设备到卫生间详图中；单击绘图工具栏中的 LINE（直线）按钮，绘制出台式洗脸盆平台线，如图 12-74 所示。

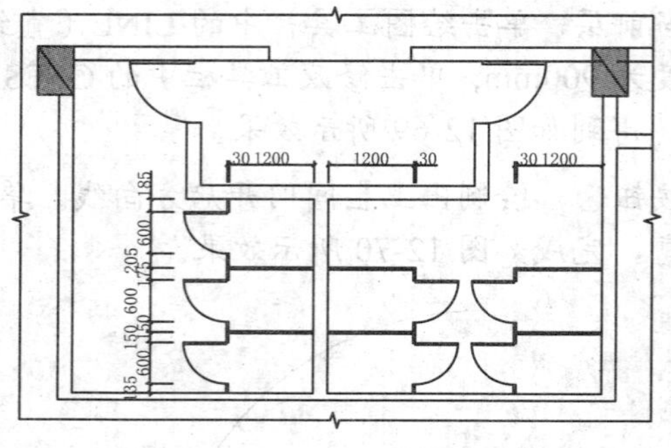

图 12-73 绘制卫生间隔断

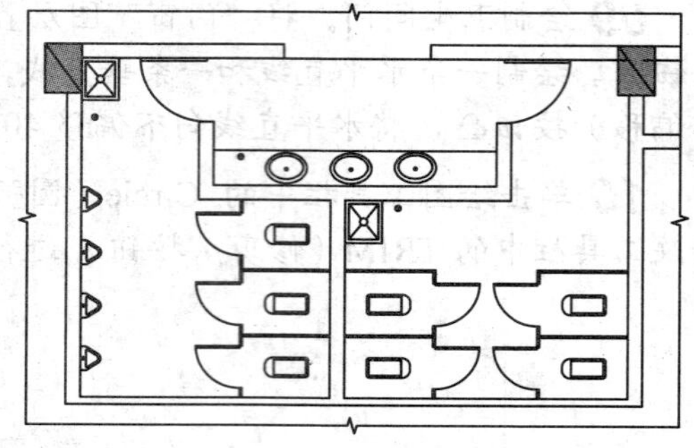

图 12-74 插入卫生洁具设备

3. 绘制卫生间详图其他部分

卫生间详图主体部分绘制完成后，就要对卫生间详图标注尺寸、轴线编号和文字说明等。绘制卫生间详图其他部分的具体操作步骤如下：

01 将“标注”图层置为当前层，单击【格式】|【标注样式】菜单命令，在弹出【标注样式管理器】对话框中修改标注样式，在这里就不再介绍，方法同平面图的尺寸标注样式；单击【标注】|【线性】菜单命令和【连续】菜单命令，标注各部分尺寸，如图 12-75 所示。

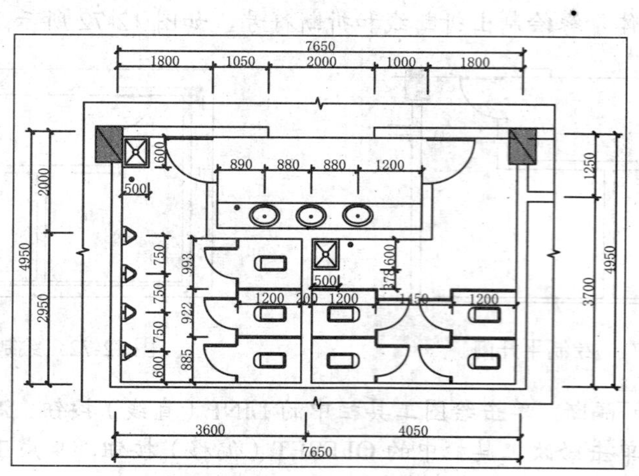

图 12-75 标注尺寸

02 标注轴线编号。单击绘图工具栏中的 LINE（直线）按钮，绘制一条长 500mm 的垂直线；单击绘图工具栏中的 CIRCLE（圆）按钮，绘制一个直径为 400mm 的圆。单击绘图工具栏中的 MTEXT（多行文字）按钮，在圆中心位置绘制出轴线编号文字。

03 单击修改工具栏中的 MOVE（移动）按钮，配合“端点和象限点捕捉”功能，将直线移到圆的正上方；单击修改工具栏中的 COPY（复制）按钮，配合“旋转和镜像”功能，复制多个轴线编号到卫生间详图中。然后双击轴线编号文字，对编号文字进行修改，如图 12-76 所示。

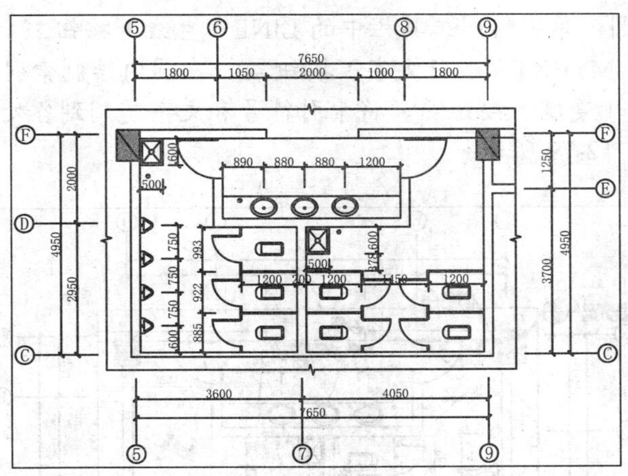

图 12-76 标注轴线编号

04 绘制标高符号。将“标注”图层置为当前层，单击绘图工具栏中的LINE（直线）按钮，绘制一个等腰三角形，并延长该等腰三角形的水平边。单击绘图工具栏中的MTEXT（多行文字）按钮A，在等腰三角形上方绘制出标高数字。

05 单击修改工具栏中的COPY（复制）按钮，复制标高符号和文字到需要标注的位置。双击标高数字，对标高数字进行修改，如图12-77所示。

06 绘制坡度。单击绘图工具栏中的PLINE（多段线）按钮，绘制出坡度箭头。单击绘图工具栏中的MTEXT（多行文字）按钮A，在坡度箭头上方绘制坡度文字。单击修改工具栏中的COPY（复制）按钮，配合“旋转”功能，将坡度箭头和文字复制到卫生间详图中合适位置，如图12-78所示。

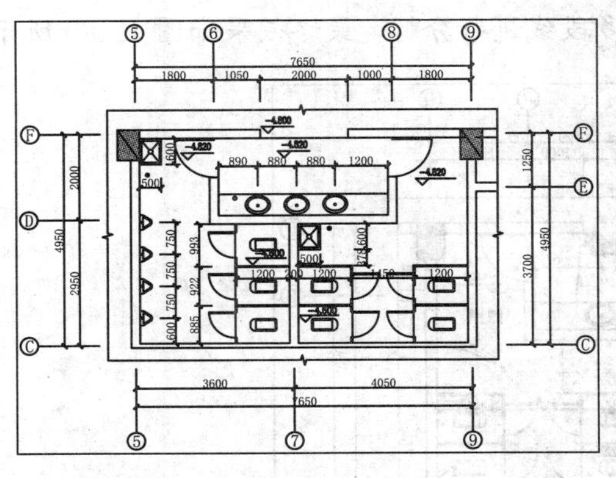

图 12-77 绘制标高符号

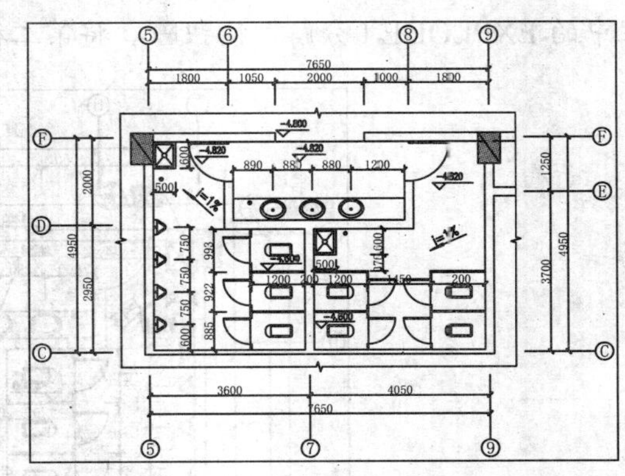

图 12-78 绘制坡度箭头和文字

07 绘制引出说明文字和索引符号。单击【格式】|【多重引线样式】菜单命令，在弹出的【多重引线样式管理器】对话框，设置合适的多重引线样式，设置方法参照平面图中多重引线样式的设置方法。单击【标注】|【多重引线】菜单命令，标注卫生间详图中的文字说明。

08 单击绘图工具栏中的CIRCLE（圆）按钮，在多重引线末端的延长线上绘制一

个直径为500mm的圆；单击绘图工具栏中的LINE（直线）按钮，绘制一条水平直径。单击绘图工具栏中的MTEXT（多行文字）按钮A，在圆内绘制索引符号的文字。单击修改工具栏中的COPY（复制）按钮，将索引符号和文字复制到各处。然后双击文字，对文字进行修改，如图12-79所示。

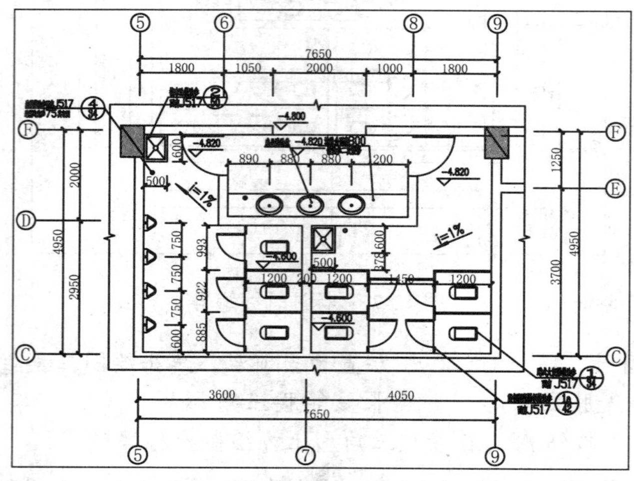

图 12-79　绘制引出说明文字和索引符号

09 绘制房间名称文字、图名和比例。单击绘图工具栏中的 MTEXT（多行文字）按钮A，绘制出房间名称文字、图名和比例。单击绘图工具栏中的PLINE（多段线）按钮绘制出图名和比例下方的下划线。

10 单击工具栏中的OFFSET（偏移）按钮将多段线向下进行偏移，单击修改工具栏中的EXPLODE（分解）按钮，将第二根多段线进行分解，最终效果如图12-80所示。

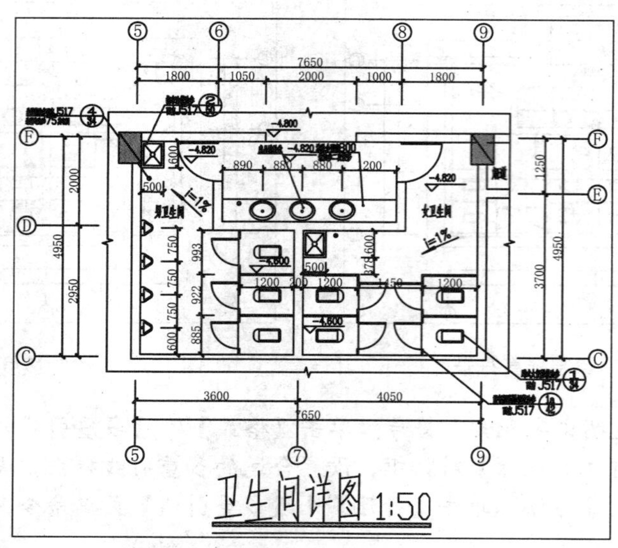

图 12-80　绘制房间名称文字、图名和比例

第 1 3 章

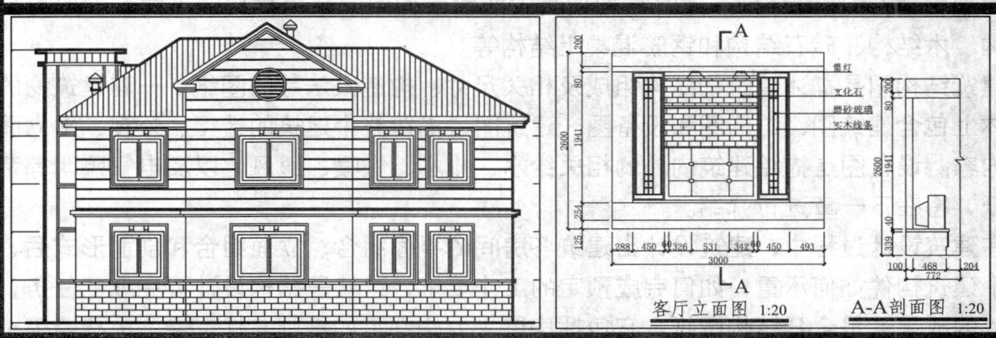

建筑结构施工图的绘制

一栋建筑物的落成，不仅要经过建筑设计，还需要进行结构设计。其中，结构设计的主要任务是确定结构的受力形式、配筋构造、细部构造等。在进行建筑施工时，要根据结构设计施工图进行施工，因此绘制出明确详细的结构施工图是十分必要的。建筑结构施工图的绘制方法要按照国家规定的结构设计具体绘制方法进行绘制。

本章详细讲解了结构施工图的基本知识，并通过实例的练习，讲述建筑结构施工图的具体绘制方法以及相关技巧。

13.1 建筑结构图概述

建筑结构施工图是建筑结构施工中的指导依据，它决定了工程的施工进度和结构细节，指导工程的施工过程和施工方法。本节主要介绍建筑结构施工图的基本知识。

13.1.1 建筑结构图的概念

建筑物是由建筑配件（如墙体、门、窗和阳台等）和结构配件（如梁、板、柱子和基础等）组成的，其中一些主要承重构件互相支撑，连成整体，构成建筑物的承重结构体系（即骨架），称为建筑结构。建筑结构按其主要承重构件所采用材料的不同，一般可分为钢结构、木结构、砖石结构和钢筋混凝土结构等。

建筑结构图是描述建筑物结构组成及相关尺寸、构造做法等的图纸。一套建筑物的图纸大体上包含建筑图、结构图和设备图。建筑图是描绘整个建筑的造型、外观、平立面组成等内容。设备图是描绘建筑内外的相关给水、排水、供暖、通风，以及电气照明等系统的图纸，将在下一章进行介绍。

在建筑设计过程中，建筑设计出建筑各房间的平面组合、立面组合和剖面形式后，具体每个建筑构件如何承重，如何完成预定的工作要求，这就是结构设计要完成的任务，结构设计的成果就是全套结构图纸。它包括房屋受力构件（如基础、柱、梁、板和墙等）的尺寸、位置、数量、材料及具体构造，通过科学的结构设计计算，配置出合理的受力、传力途径，从而完成构件结构绘制。

13.1.2 建筑结构图的绘制内容

根据建筑结构形式的不同，将目前使用的建筑分为砖混结构、钢筋混凝土结构和钢结构，每一类建筑的结构图表现的内容都有所侧重。在砖混结构中，主要表现墙体的砖砌体标号、砂浆标号、圈梁、构造柱的尺寸、配筋和混凝土标号，楼面预应力空心板的组合和楼梯、厨房卫生间现浇混凝土结构的尺寸、配筋和混凝土标号。在钢筋混凝土建筑中，主要表现的是结构的基础、梁、柱、板和墙的结构尺寸、钢筋配置情况和混凝土的标号等方面。对围护墙体主要表现墙体尺寸、砌体强度和砂浆等内容。钢结构建筑的结构图主要表现独立基础、钢柱、钢梁的构造组成、尺寸和型号数量，及它们之间互相连接的方法、连接构件的尺寸、型号等内容，压型钢板复合楼面板和构造做法和梁的连接也是表达的重点。

按照表达建筑结构的不同部位，建筑结构图可分为基础结构图、主体结构图、屋面结构图和楼梯结构图等部分。

建筑结构施工图一般包含以下几个部分内容。

1. 结构设计说明

结构设计说明的内容包括该建筑的基本情况、结构形式、主要建筑尺寸、房屋所在位置地基情况、抗震设防等级，所选用的标准图集，主要材料的类型、规格、强度等级及施工主要流程等。包括结构设计总说明和每张结构图纸上的具体图纸说明。

2. 不同部位结构平面布置图

主要包括基础结构平面图、楼层结构布置图、屋面结构布置图、楼梯结构图等内容。在这些结构图中，除了要将结构构件的尺寸、配筋、混凝土标号、砌体标号和砂浆标号等内容表示清楚外，特别注意严格按照每层楼层设计计算结果，将楼层、屋面层的标高表示清楚。

3. 构件详图

主要包括建筑结构当中一些单独构件或结构平面图中一些引出部分的结构尺寸、配筋和混凝土标号等。

13.1.3 建筑结构图的绘制要求

根据建筑结构制图要求，绘制建筑结构图有如下要求：

- 比例：根据建筑物体型大小的不同，应采用不同的比例进行绘制。常用建筑结构图的绘制比例有 1: 50、1: 100、1: 200，一般采用 1: 100 的比例进行绘制。结构施工图与建筑施工图一样，绘图时采用的比例一般根据图样的用途与被绘物体的复杂程度来定，《建筑结构制图标准》（GB/T50105—2001）中规定绘图比例见表 13-1。

表 13-1 结构施工图绘图比例表

图 名	常用比例	可选比例
结构平面图及基础平面图	1: 50 1: 100 1: 150 1: 200	1: 60
圈梁平面图、总图、中管沟和地下设施等	1: 200 1: 500	1: 300
建筑结构详图	1: 10 1: 20	1: 5 1: 25 1: 4

- 定位轴线：在建筑结构图中，仍需要绘制出轴线及其编号，但不同的是，在出图前把墙体（或梁）中间轴线去除，只留下两端的轴线和编号，以便与建筑平面图相对照。
- 线型：凡是能看到的轮廓线用细实线绘制，被剖切到的墙、梁、柱和板等构件的轮廓线都采用粗实线绘制。被剖切到的构件一般采用不同的填充符号表示出它们的材质，结构图中的钢筋一般用加粗的多义线表示。
- 图例：结构图中的一些例如门窗、砖墙填充符号和混凝土填充符号等都要用通用建筑图例来表示。
- 尺寸标注：结构平面图的尺寸标注和建筑平面图基本相同，不同的是建筑平面图标注的标高称为建筑标高，是建筑建成后楼面的实际标高，而结构平面图上的标高称为结构标高，一般比建筑标高低 30mm 左右，目的是给建筑地坪施工留下一定的厚度尺寸。
- 详图符号索引：和建筑平面图一样，在结构平面图中表示不清的部分可以采用详图索引符号引出，在详图中采用大比例尺绘制清楚。

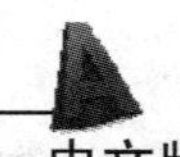

13.1.4 结构设计说明

结构设计说明以文字形式表示结构设计所遵照的规范、主要设计依据（如地质条件，风、雪荷载和抗震设防要求等）、统一的技术措施、对材料和施工的要求等。对于一般的中、小型建筑，结构设计说明可以与建筑设计说明合并编写成设计总说明，置于全套施工图的首页。结构设计说明依然要配以图框打印出来，因此结构设计说明的文字输入、内容表达和符号表示都要按照民用建筑绘图规范进行。

建筑结构设计说明书，主要包括如下几个部分。

- 工程概况。主要包括工程的位置、层数、结构、总高度和室内外高差等，以及结构的设计使用年限、安全等级、混凝土环境类别和钢筋保护层厚度等。
- 结构设计依据。包括工程结构设计所采用的标准和规范，结构分析计算采用的软件等。
- 设计计算相关信息。包括地震设防烈度、场地类别、设计基本地震加速度值、设计地震分组、建筑结构抗震设防类别、抗震构造措施等。
- 主要结构材料及规格。包括混凝土、钢筋、焊条、预埋件、砌体和砂浆等的材料种类或等级，地基基础资料，现浇梁板、构造柱、圈梁与墙体，以及其他说明，其他说明中一般包含示意图。
- 图纸目录及标准图集。

13.1.5 建筑结构图的绘制步骤

绘制建筑结构的一般操作步骤如下：

01 设置绘图环境。包括设置图层、单位和图形界限等。

02 绘制轴线网。

03 绘制平面墙体（或梁），以及种构件。

04 绘制楼梯、室内留洞等细节部分。

05 绘制钢筋、墙体剖断线及混凝土剖切线等。

06 标注尺寸。

07 添加钢筋标注和必要的说明、索引符号等。

08 添加图纸说明。

13.2 绘制结构施工图

结构施工图是结构设计的成果，结构设计和施工图的质量直接决定了建筑物的安全性。上节介绍了建筑结构施工图的基本知识，在本节开始，通过实例的练习，讲述建筑结构施工图的绘制方法和技巧。

13.2.1 绘制基础平面布置图

基础是建筑物地面以下承受建筑物全部荷载的构件。基础以下承受基础传递来的荷载的土层（或岩石层）叫地基。基础可采用不同的构造形式，选用不同的材料。基础图一般包括基础平面图、基础断面详图和文字说明 3 部分。一般都是将三者绘制在同一张图上，以便施工。基础平面图以点划线绘出与建筑平面图一致的轮廓线，用细实线绘制出基础底面轮廓线。基础平面图中应标注轴线编号和轴线间距尺寸，以及基础与轴线的关系尺寸，还应表示出基础中不同断面的剖切符号。

视频教学	
视频文件：	AVI\第 13 章\13.2.1.avi
播放时长：	7 分 14 秒

本小节讲述某住宅基础平面布置图的绘制步骤和方法，本实例的最终效果如图 13-1 所示。

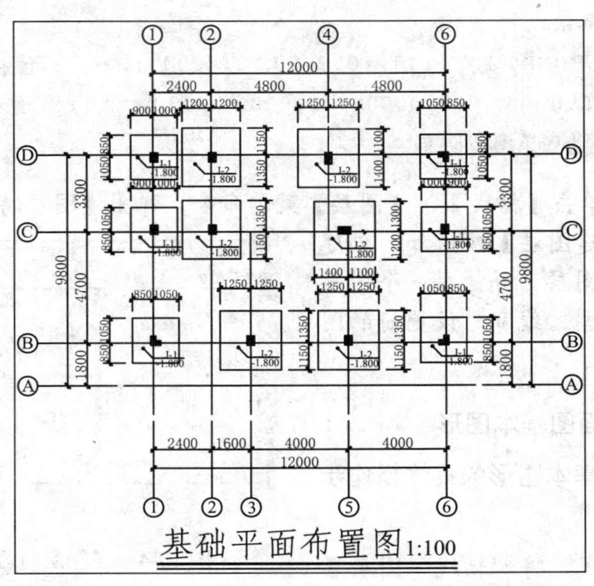

图 13-1 基础平面布置图

1. 设置绘图环境

设置绘图环境的具体操作步骤如下：

01 新建文件。启动 AutoCAD 2012 应用程序，单击【文件】|【新建】菜单命令，打开【选择样板】对话框，如图 13-2 所示。选择“acadiso.dwt”选项，单击【打开】按钮，即可新建一个样板文件。

02 设置绘图单位。单击【格式】|【单位】菜单命令，弹出【图形单位】对话框，

在“长度”选项组里的“类别”下拉列表中选择“小数”；在“精度”下拉列表框中选择“0.00”，如图 13-3 所示。

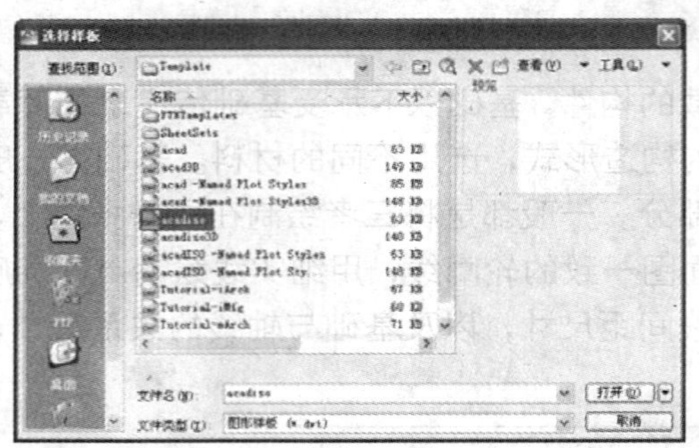
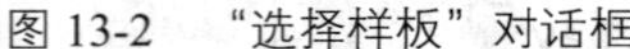

图 13-2 “选择样板”对话框

图 13-3 “图形单位”对话框

03 设置图形界限。单击【格式】|【图形界限】菜单命令，设置绘图区域；然后单击【视图】|【缩放】|【全部】菜单命令，完成观察范围的设置。其命令行提示如下：

```
命令: limits↙
重新设置模型空间界限:
指定左下角点或 [开(ON)/关(OFF)] <0.0000, 0.0000>:↙      //直接按回车键接受默认值
指定右上角点 <420.0000, 297.0000>: 16000, 12000↙      //输入右上角坐标“16000, 12000”后按回车键完成绘图范围的设置
```

04 设置图层。单击【格式】|【图层】菜单命令，弹出【图层特性管理器】对话框，单击工具栏中的【新建图层】按钮，创建基础平面图所需要的图层，并为每一个图层定义名称、颜色、线型、线宽，设置好的图层效果如图 13-4 所示。

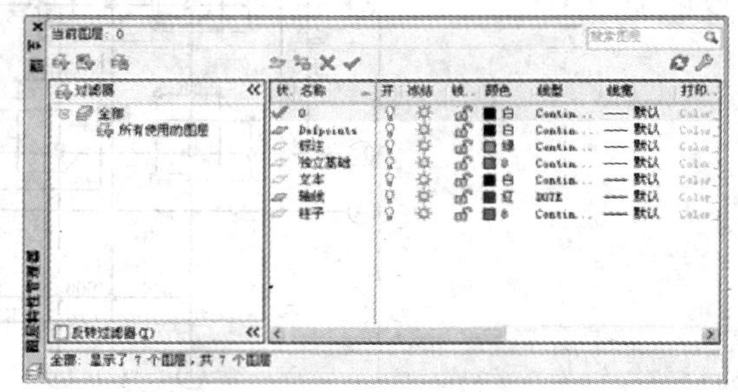

图 13-4 “图层特性管理器”对话框

2. 绘制基础平面图基本图形

绘制基础平面图基本图形的具体操作步骤如下：

01 绘制定位轴线。将“轴线”图层置为当前层，单击绘图工具栏中的 LINE（直线）按钮，绘制一条水平直线和一条垂直线；单击修改工具栏中的 MOVE（移动）按钮，将水平直线移到垂直适当位置，如图 13-5 所示。

02 单击修改工具栏中的 OFFSET（偏移）按钮，生成轴线网。单击修改工具栏中的 TRIM（修剪）按钮，将多余的轴线进行修剪，如图 13-6 所示。

03 绘制独立基础。将“独立基础”图层置为当前层，单击修改工具栏中的 OFFSET（偏移）按钮，根据定位轴线到独立基础四边的距离，生成独立基础的辅助线。

04 单击绘图工具栏中的 RECTANG（矩形）按钮，沿辅助线绘制出独立基础。单

击修改工具栏中的 ERASE（删除）按钮，将辅助线删除，如图 13-7 所示。

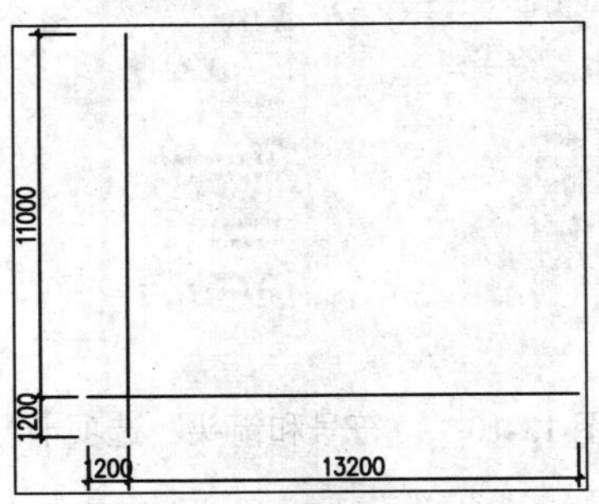

图 13-5　绘制定位轴线

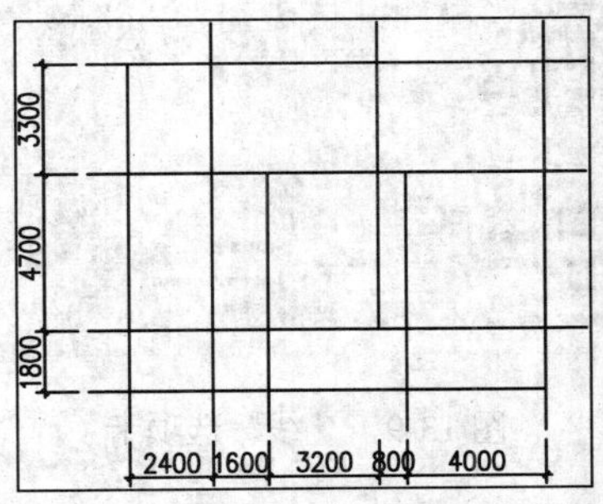

图 13-6　生成轴线网

05 绘制柱子。将“柱子”图层置为当前层，单击修改工具栏中的 OFFSET（偏移）按钮，根据定位轴线到柱子四边的距离，生成柱子的辅助线。

06 单击绘图工具栏中的 RECTANG（矩形）按钮，沿辅助线绘制出柱子的轮廓线；单击绘图工具栏中的 HATCH（图案填充和渐变色）按钮，对柱子进行图案填充；单击修改工具栏中的 ERASE（删除）按钮，将辅助线删除，如图 13-8 所示。

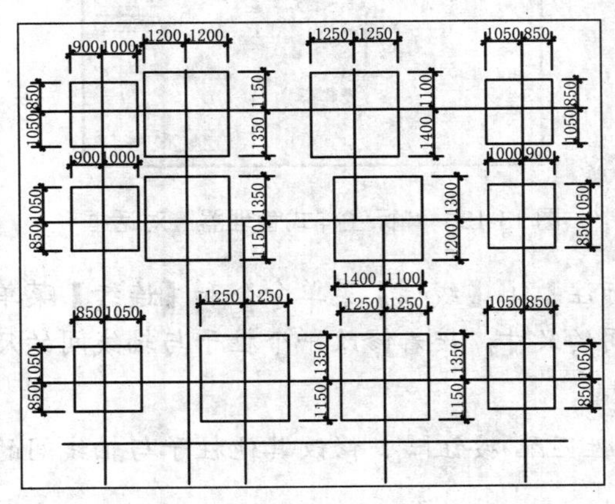

图 13-7　绘制独立基础

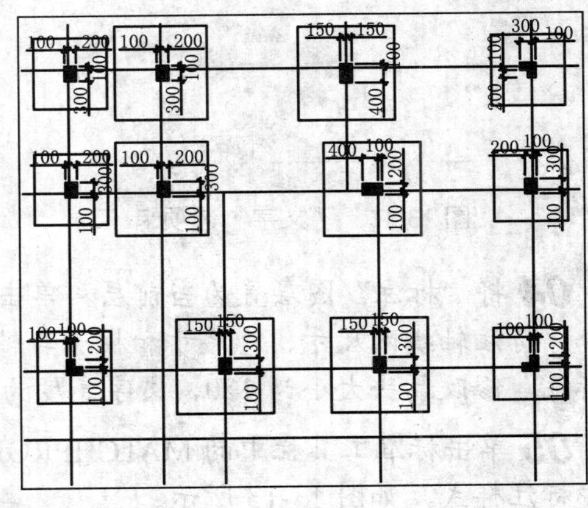

图 13-8　绘制柱子

3. 标注基础平面布置图

标注基础平面布置图的具体操作步骤如下：

01 单击【格式】|【标注样式】菜单命令，弹出【标注样式管理器】对话框，单击【修改】按钮，弹出【修改标注样式：Standard】对话框，单击“线”选项卡，设置参数如图 13-9 所示。

02 单击“符号和箭头”选项卡，设置参数如图 13-10 所示；单击“文字”选项卡，设置参数如图 13-11 所示。

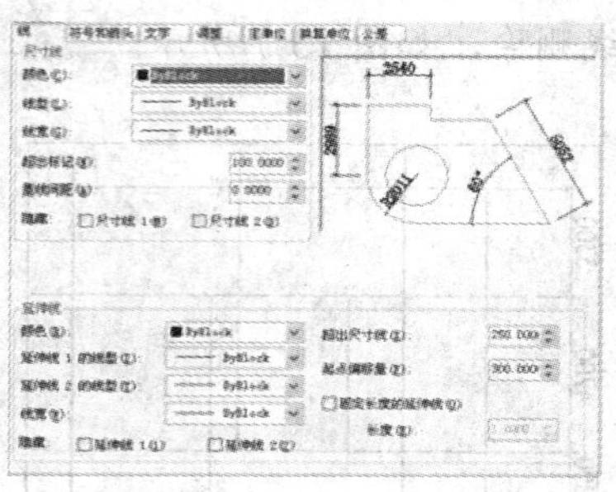

图 13-9 “线”选项卡

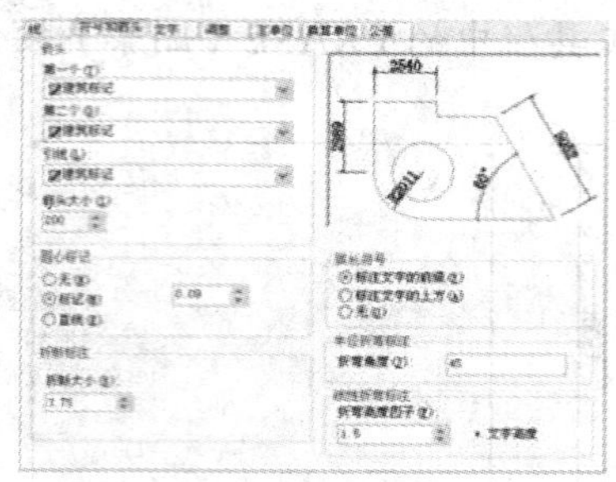

图 13-10 “符号和箭头”选项卡

03 在“调整”选项卡中的“调整选项”栏中，选择【文字和箭头】单选按钮；在“主单位”中的“精度”选项栏中选择 0。然后单击【确定】按钮，返回到【标注样式管理器】对话框，如图 13-12 所示；单击【置为当前】按钮。最后单击【关闭】按钮，完成尺寸标注样式的设置。

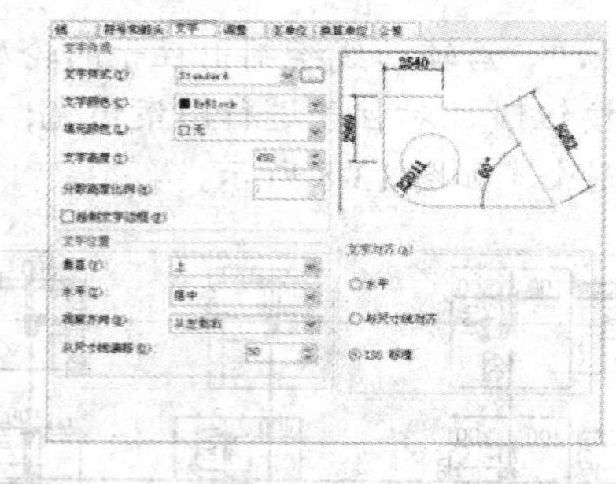

图 13-11 “文字”选项卡

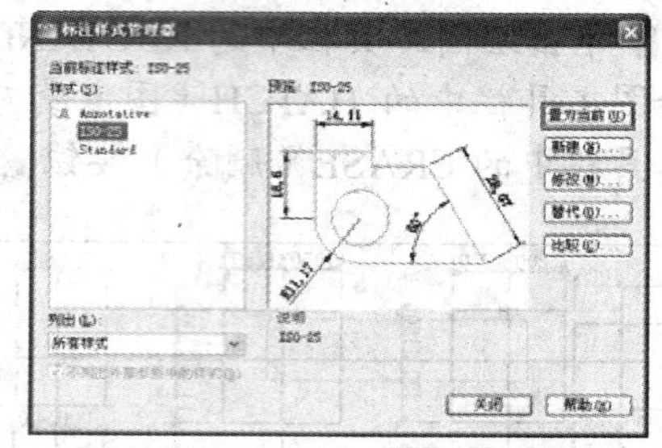

图 13-12 “标注样式管理器”对话框

04 将“标注”图层置为当前层，单击【标注】|【线性】菜单命令和【连续】菜单命令，标注轴线网尺寸、总尺寸和柱子与轴线间的尺寸。接着修改一个柱子与轴线间的尺寸标注，修改箭头大小为 120，文字高度为 350。

05 单击标准工具栏中的 MATCHPROP(特性匹配)按钮，修改其他柱子与轴线间的尺寸标注样式，如图 13-13 所示。

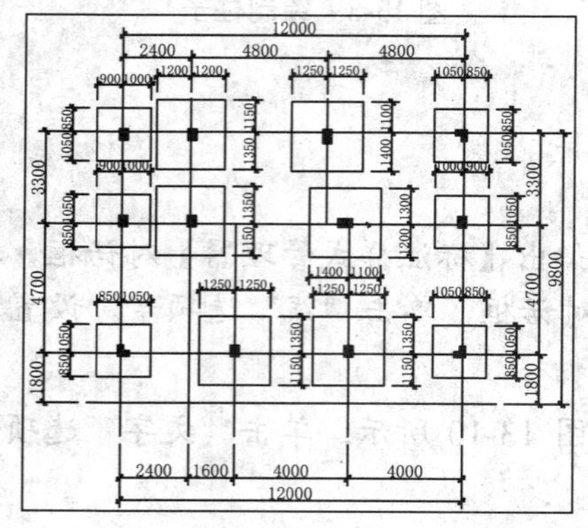

图 13-13 标注尺寸

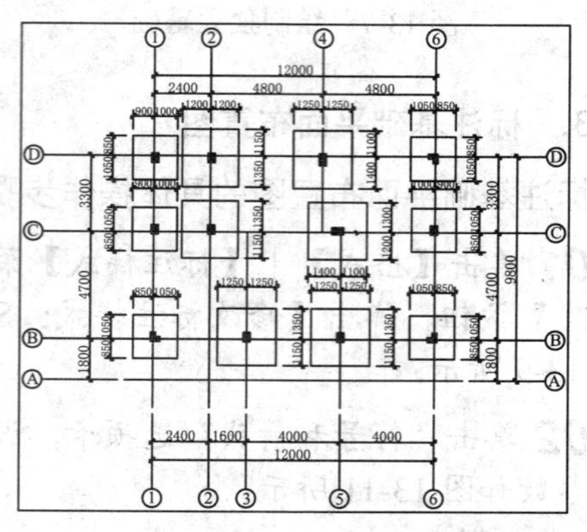

图 13-14 绘制轴线编号

06 绘制轴线编号。根据之前的介绍创建轴线与轴号，然后单击修改工具栏中的 COPY（复制）按钮，配合“旋转和镜像”功能，复制出轴线编号。然后双击编号文字，对文字进行修改，如图 13-14 所示

07 单击【格式】|【多重引线样式】菜单命令，弹出【多重引线样式管理器】对话框，单击【修改】按钮，弹出【修改多重引线样式：Standard】对话框，单击“引线格式”选项卡，设置参数如图 13-15 所示。

08 单击“引线结构”选项卡，设置参数如图 13-16 所示。单击“内容”选项卡，设置参数如图 13-17 所示。

图 13-15 “引线格式”选项卡

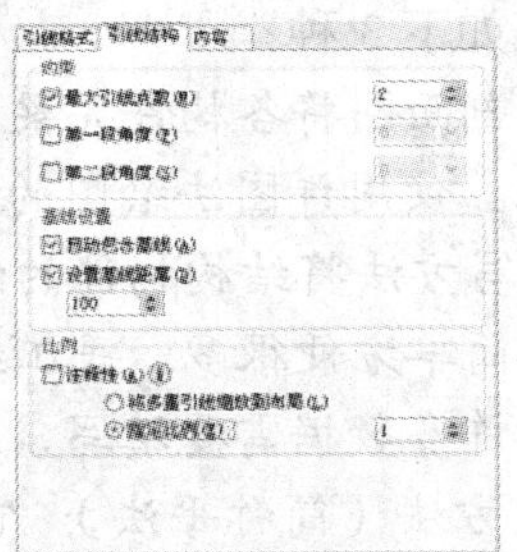

图 13-16 “引线结构”选项卡

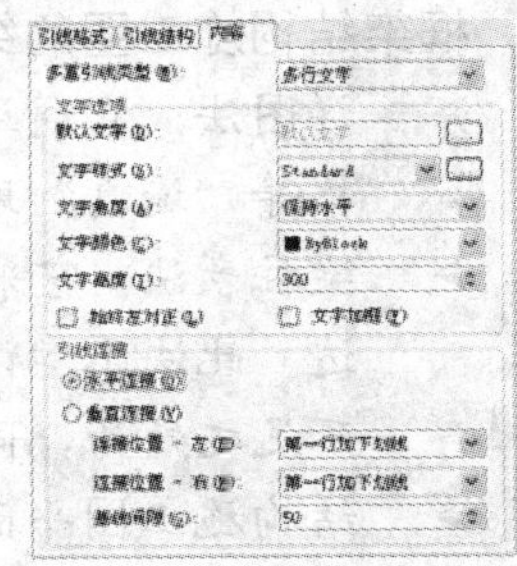

图 13-17 “内容”选项卡

09 单击【确定】按钮，返回到【多重引线样式管理器】对话框中，如图 13-18 所示，单击【置为当前】，然后单击【关闭】按钮，完成多重引线样式的设置。

10 单击【标注】|【多重引线】菜单命令，标注独立基础的引出文字说明。单击绘图工具栏中的 MTEXT（多行文字）按钮，绘制出图名和比例。单击绘图工具栏中的 PLINE（多段线）按钮，设置多段线宽度为 50mm，绘制图名和比例下方的第一根下划线。

11 单击修改工具栏中的 OFFSET（偏移）按钮，将多段线向下偏移 200mm。单击修改工具栏中的 EXPLODE（分解）按钮，将第二根下划线进行分解，最终效果如图 13-19 所示。

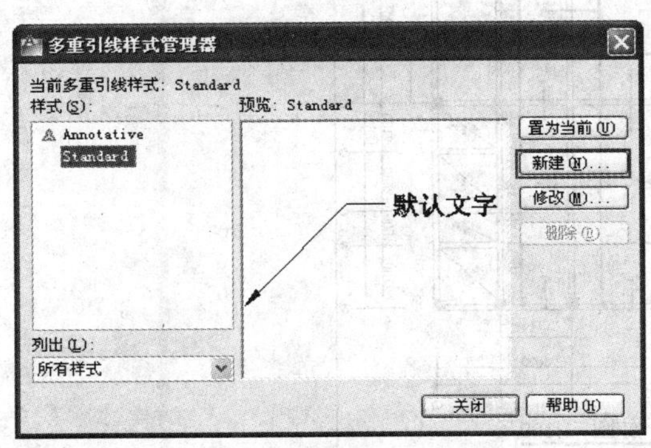

图 13-18 “多重引线样式管理器”对话框

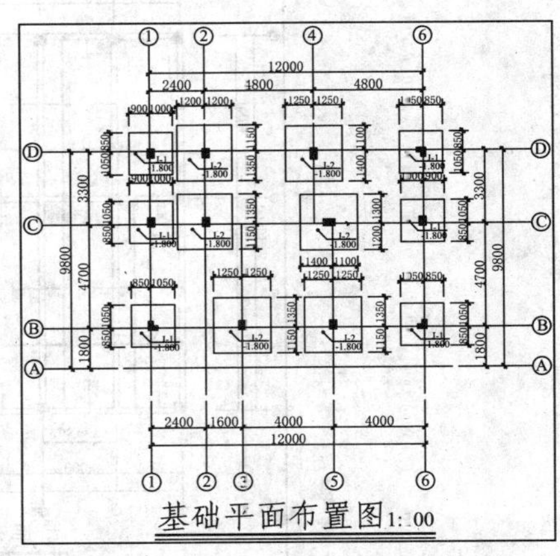

图 13-19 添加基础编号、图名和比例

13.2.2 绘制结构平面图

常见的建筑结构有砖混结构和框架结构。砖混建筑的结构平面图主要包括楼层结构平面图、圈梁平面布置图和楼梯结构图 3 部分。在钢筋混凝土建筑中，根据建筑的结构形式可分为框架结构、框架剪力墙结构、剪力墙结构和框架筒体结构等。

结构施工图的基本要求是：图面清楚整洁、标注齐全、构造合理、符合国家制图标准及行业规范，能很好地表达设计意图，并与计算书一致。现今主要建筑中，钢筋混凝土框架结构成为建筑设计和建造的主流。

框架结构施工图的绘制方法有如下 3 种：

- 详图法：它通过平、立、剖面图将各构件（梁、柱和墙等）的结构尺寸和配筋规格等“逼真”地表示出来。使用详图法绘图的工作量非常大。
- 梁柱表法：它采用表格填写方法将结构构件的结构尺寸和配筋规格用数字符号表达。此法比“详图法”要简单方便很多，手工绘图时，深受设计人员的欢迎。其不足之处为，同类构件的许多数据需要填写，容易出现错漏，图纸数量多。
- 结构施工图平面整体设计方法（简称平法）：它把结构构件的截面型式、尺寸及所配钢筋规格在构件的平面位置用数字和符号直接表示，再与相应的“结构设计总说明”、梁、柱和墙等构件的“构造通用图及说明”配合使用。平法的优点是图面简洁、清楚、直观性强，图纸数量少，很适合设计人员和施工人员。

视频教学	
视频文件：	AVI\第 13 章\13.2.2.avi
播放时长：	14 分 39 秒

本小节以绘制某办公楼二层结构平面图为例讲述结构平面图的绘制方法和技巧。绘制某办公楼二层结构平面图的最终效果如图 13-20 所示。

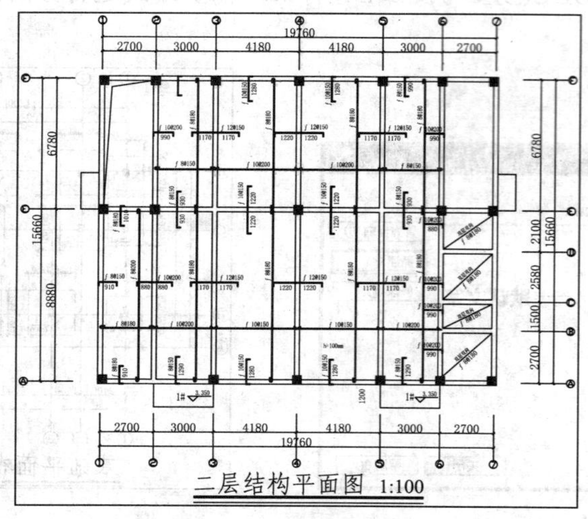

图 13-20　二层结构平面图

1. 设置绘图环境

设置绘图环境的具体操作步骤如下：

01 新建文件。启动 AutoCAD 2012 应用程序，单击【文件】|【新建】菜单命令，打开“选择样板”对话框，如图 13-21 所示。选择“acadiso.dwt”选项，单击【打开】按钮，即可新建一个样板文件。

02 设置绘图单位。单击【格式】|【单位】菜单命令，弹出【图形单位】对话框，在“长度”选项组里的“类别”下拉列表中选择“小数”；在“精度”下拉列表框中选择“0.00”，如图 13-22 所示。

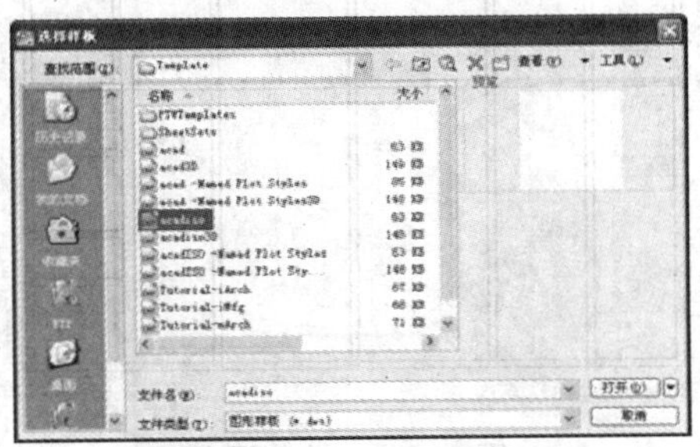

图 13-21 “选择样板”对话框

图 13-22 “图形单位”对话框

03 设置图形界限。单击【格式】|【图形界限】菜单命令，设置绘图区域；然后单击【视图】|【缩放】|【全部】菜单命令，完成观察范围的设置。其命令行提示如下：

```
命令: limits
重新设置模型空间界限:
指定左下角点或 [开(ON)/关(OFF)] <0.0000, 0.0000>:↙        //直接按回车键接受默认值
指定右上角点 <420.0000, 297.0000>: 24000, 18000↙        //输入右上角坐标“24000, 18000”后按回车键完成绘图范围的设置
```

04 设置图层。单击【格式】|【图层】菜单命令，弹出【图层特性管理器】对话框，单击工具栏中的【新建图层】按钮，创建结构平面图所需要的图层，并为每一个图层定义名称、颜色、线型、线宽，设置好的图层效果如图 13-23 所示。

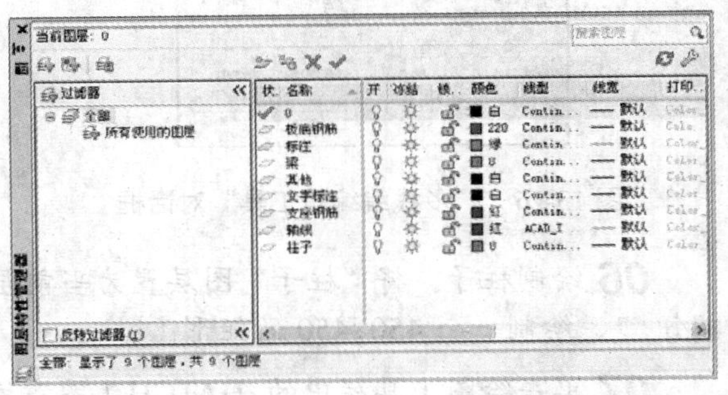

图 13-23 “图层特性管理器”对话框

2. 绘制二层结构平面图形

绘制某办公楼二层结构平面图形的具体操作步骤如下：

01 绘制轴线网。将“轴线”图层置为当前层，单击绘图工具栏中的 LINE（直线）按钮，绘制一条水平轴线和一条垂直轴线。

02 单击修改工具栏中的 MOVE（移动）按钮，将垂直线移到与水平直线相交的合适位置；单击修改工具栏中的 OFFSET（偏移）按钮，生成轴线网；然后修改轴线网的线型比例为 80，如图 13-24 所示。

03 绘制梁。将“梁”图层置为当前层，单击【绘图】｜【多线】菜单命令，设置多线宽度为 240mm，对齐方式为居中对齐，绘制出梁轮廓线；接下来将“轴线”图层关闭，如图 13-25 所示。

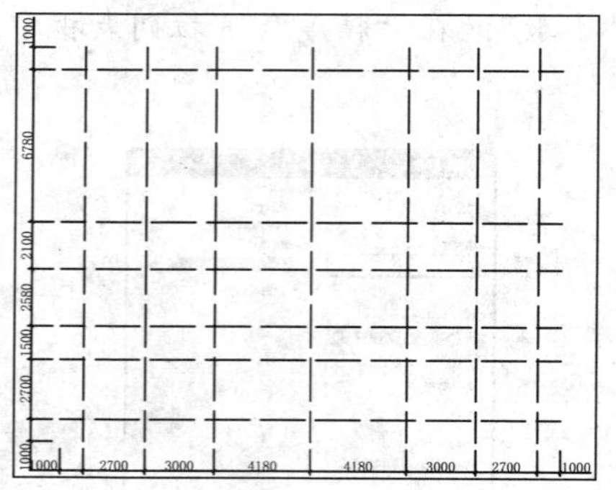

图 13-24　绘制轴线网

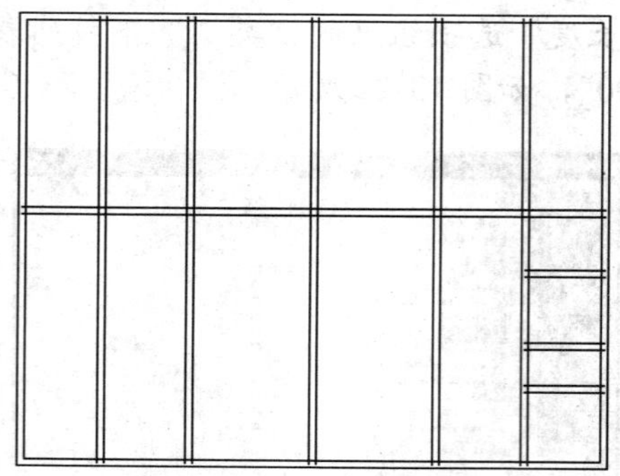
图 13-25　绘制梁

04 修改梁。单击【修改】｜【对象】｜【多线】菜单命令，弹出【多线编辑工具】对话框，如图 13-26 所示。

05 单击【T 形合并】按钮，进入绘图区中依次选择作为 T 形多线相交的两段梁，即可完成 T 形梁的修改；重复执行【修改】｜【对象】｜【多线】菜单命令，单击【十字合并】按钮，进入绘图区中依次选择作为十字形多线相交的两段梁，即可完成十字型梁的修改，如图 13-27 所示。

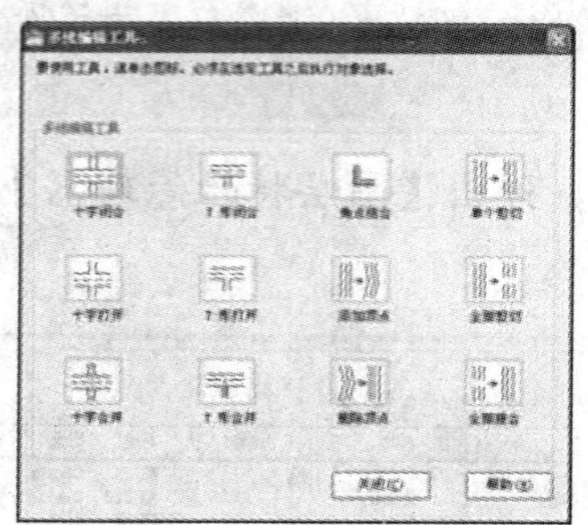
图 13-26　“多线编编辑工具”对话框

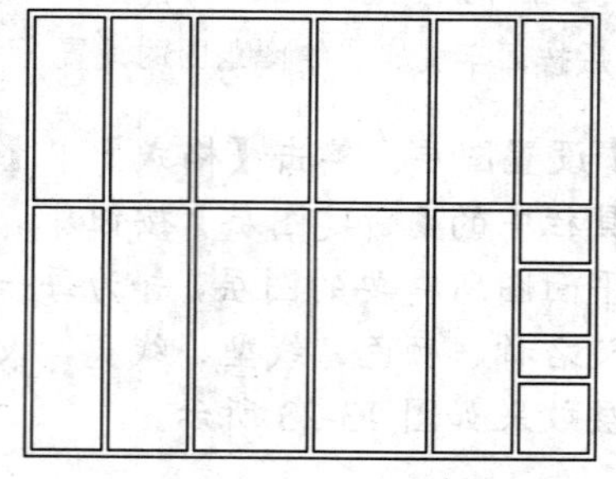
图 13-27　修改梁平面

06 绘制柱子。将“柱子”图层置为当前层，单击绘图工具栏中的 RECTANG（矩形）按钮，绘制一个 450×450 的矩形。

07 单击绘图工具栏中的 HATCH（图案填充和渐变色）按钮，对矩形进行图案填充；单击修改工具栏中的 COPY（复制）按钮，配合“对象捕捉”功能，复制柱子到二层结构平面图中，如图 13-28 所示。

08 绘制附加梁和悬挑板。将“梁”图层置当前层，单击修改工具栏中的 OFFSET（偏移）按钮，生成附加梁和悬挑板的辅助线；单击修改工具栏中的 TRIM（修剪）按钮，将辅助线进行修剪，如图 13-29 所示。

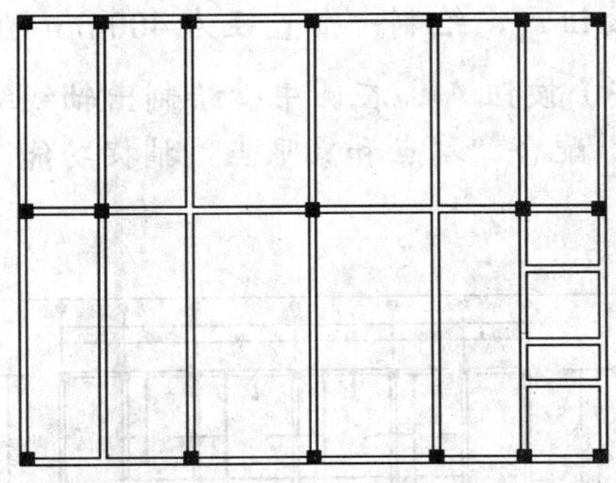

图 13-28　绘制柱子

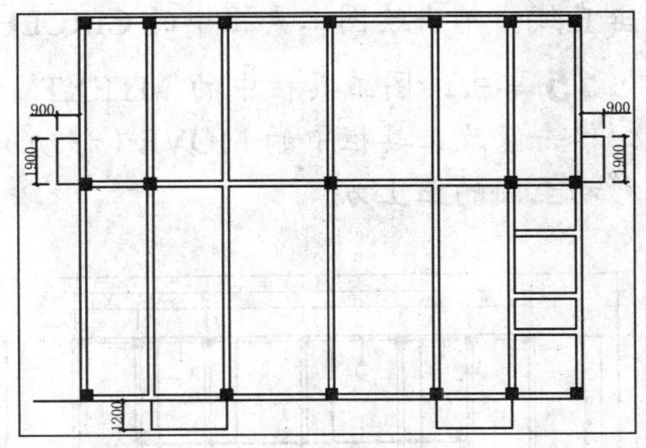

图 13-29　绘制附加梁和板上洞口

09 绘制板底钢筋。将“板底钢筋”图层置为当前层，单击绘图工具栏中的 LINE（直线）按钮，沿板边缘绘制水平辅助线和垂直辅助线；单击修改工具栏中的 OFFSET（偏移）按钮，生成板底钢筋的辅助线。

10 单击绘图工具栏中的 PLINE（多段线）按钮，设置多段线宽为 45mm，绘制出板底钢筋；单击修改工具栏中的 ERASE（删除）按钮，将辅助线进行删除，如图 13-30 所示。

11 绘制支座钢筋。将“支座钢筋”图层置为当前层，单击绘图工具栏中的 LINE（直线）按钮，沿板边缘绘制水平辅助线和垂直辅助线；单击修改工具栏中的 OFFSET（偏移）按钮，生成支座钢筋的辅助线。

12 单击绘图工具栏中的 PLINE（多段线）按钮，设置多段线宽为 45mm，绘制出支座钢筋；单击修改工具栏中的 ERASE（删除）按钮，将辅助线进行删除，如图 13-31 所示。

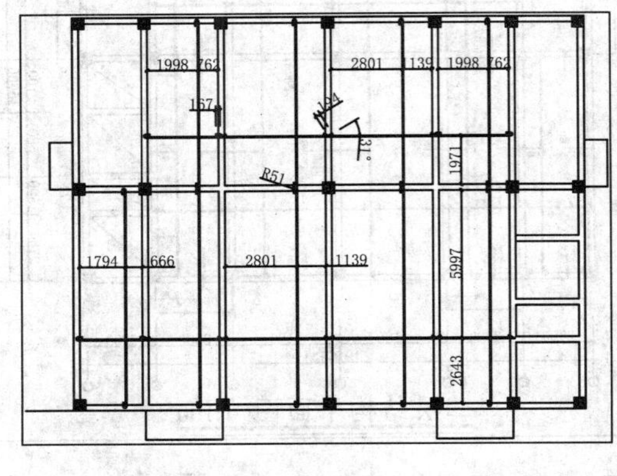

图 13-30　绘制板底钢筋

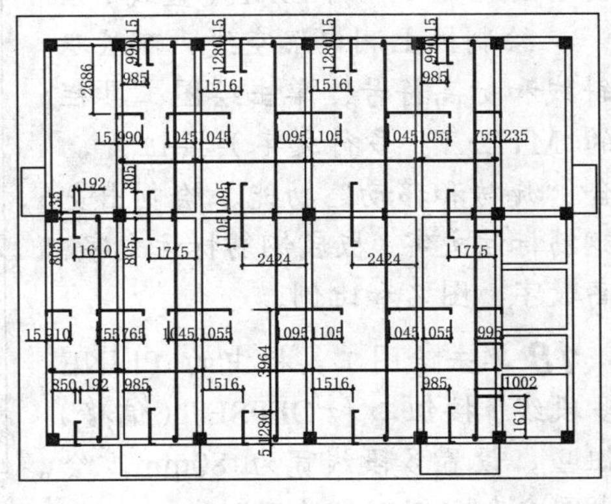

图 13-31　绘制支座钢筋

13 标注尺寸。将“标注”图层置为当前层，并将“轴线”图层显示出来，单击【格

式】|【标注样式】菜单命令，在弹出的【标注样式管理器】中修改标注样式；单击【标注】|【线性】菜单命令和【连续】菜单命令，标注两道尺寸线，如图 13-32 所示。

14 标注轴线编号。单击绘图工具栏中的 LINE（直线）按钮，绘制一条长 500mm 的垂直线；单击绘图工具栏中的 CIRCLE（圆）按钮，绘制一个直径为 400mm 的圆。

15 单击绘图工具栏中的 MTEXT（多行文字）按钮，在圆中心绘制出轴线编号文字；单击修改工具栏中的 MOVE（移动）按钮，配合“端点和象限点”捕捉功能，将直线移动至圆的正上方。

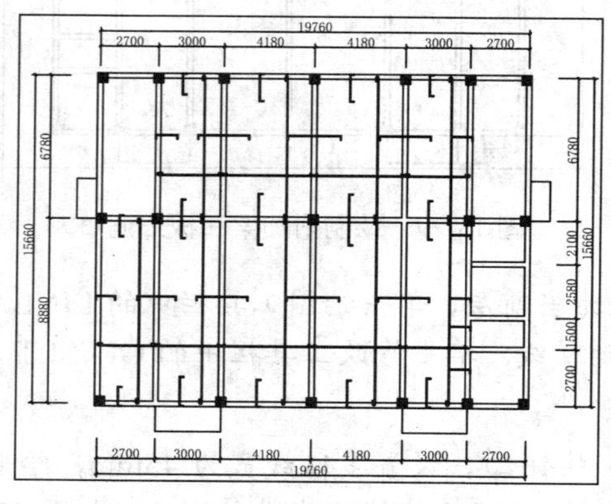

图 13-32　标注尺寸

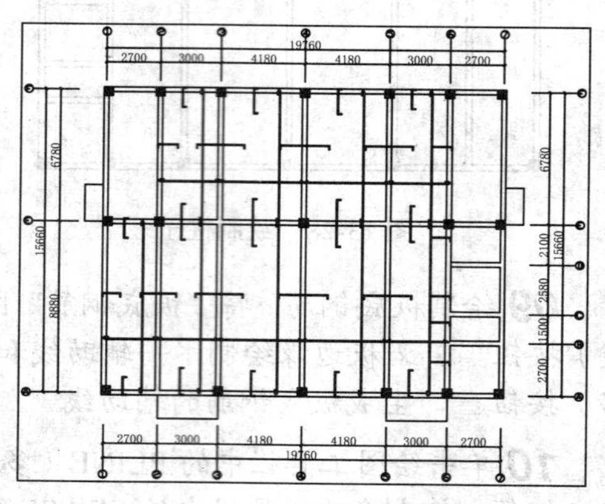

图 13-33　绘制轴线编号

16 单击修改工具栏中的 COPY（复制）按钮，配合“旋转”功能，复制多个轴线编号到结构平面图中；然后双击编号文字，对轴线编号进行修改，完成效果如图 13-33 所示。

17 将“其他”图层置为当前层，单击绘图工具栏中的 LINE（直线）按钮，绘制板上洞口架空线、双层双向斜线和标高符号；单击绘图工具栏中的 MTEXT（多行文字）按钮，配合“旋转和移动”功能，绘制出支座钢筋标注文字、板底钢筋标注文字、标高数字、图名和比例。

18 单击绘图工具栏中的 PLINE（多段线）按钮和 OFFSET（偏移）按钮，设置多段线宽为 80mm，绘制出图名和比例下方的下划线。

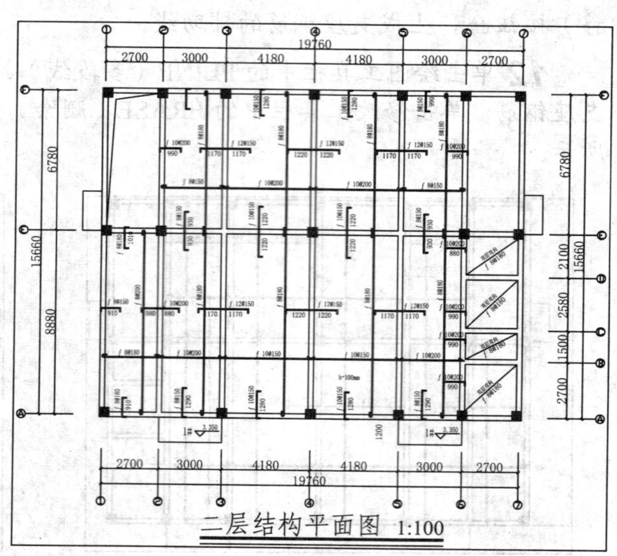

图 13-34　绘制文字标注、标高、图名和比例

19 单击修改工具栏中的 EXPLODE（分解）按钮，将第二根下划线进行分解，最终效果如图 13-34 所示。

13.2.3 绘制基础详图

在基础平面图中，要为每一个独立基础进行编号，具体每个基础的配筋和尺寸则要在基础详图中反映出来。基础详图一般采用垂直断面图和水平断面图相结合的方式来表示，基础的垂直断面图即基础的立面剖视图，反映出基础的立筋与箍筋的布置及基础立面轮廓形状等，而基础的水平断面图主要反映横向筋的布置情况等。

视频教学	
视频文件：	AVI\第 13 章\13.2.3.avi
播放时长：	15 分 54 秒

本节以实例的形式讲述基础详图的绘制方法和技巧。本实例的最终效果如图 13-35 所示。

1. 绘制基础平面详图

绘制基础平面详图的具体操作步骤如下：

01 新建图层。单击【格式】|【图层】菜单命令，弹出【图层特性管理器】对话框，新建图层并对图层颜色等进行设置，如图 13-36 所示。

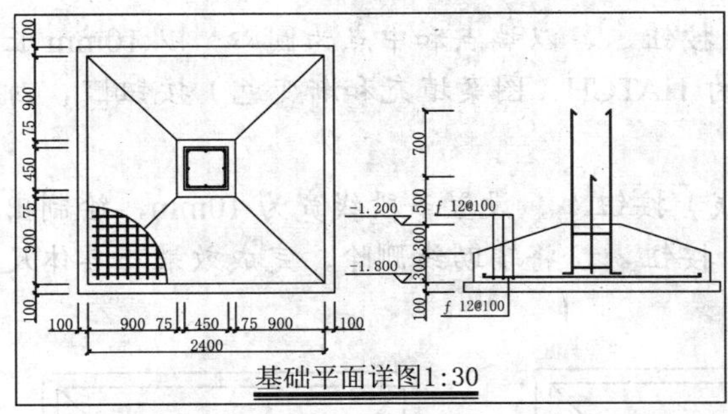

图 13-35 基础详图

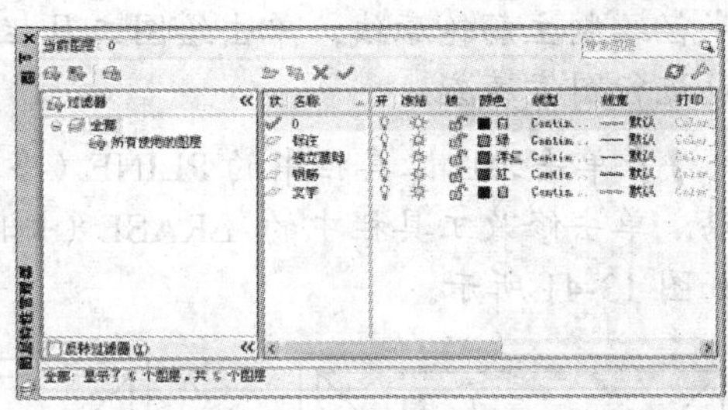

图 13-36 图层特性管理器

02 绘制基础承台底层矩形。将“独立基础”图层置为当前层，单击绘图工具栏中的 RECTANG（矩形）按钮，绘制一个 2600×2600 的矩形。

03 单击修改工具栏中的 OFFSET（偏移）按钮，设置偏移距离为 100，将矩形向内偏移，如图 13-37 所示。

04 绘制基础承台中层矩形。单击修改工具栏中的 OFFSET（偏移）按钮，将矩形向内偏移；单击绘图工具栏中的 LINE（直线）按钮，连接中层矩形和底层矩形，完成效果与具体尺寸如图 13-38 所示。

05 绘制基础详图轮廓。单击绘图工具栏中的 CIRCLE（圆）按钮，以承台底层矩形左下内角点为圆心，以 800mm 长为半径绘制一个圆。

06 单击修改工具栏中的 TRIM（修剪）按钮，修剪出四分之一圆，并修剪圆弧内直线，如图 13-39 所示。

图 13-37　绘制基础承台底层矩形

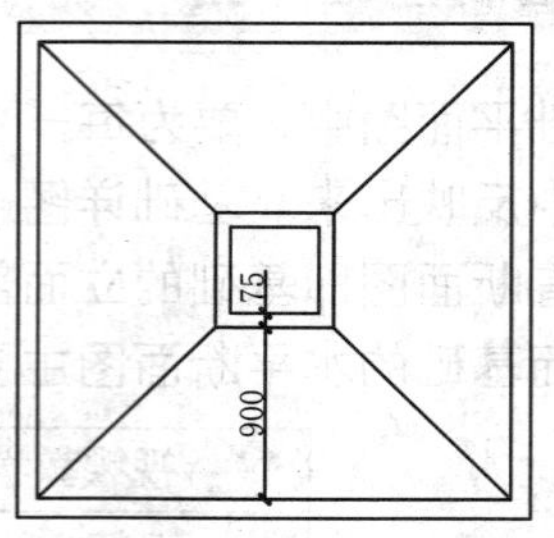

图 13-38　绘制基础承台中层矩形

07 绘制平铺钢筋。将“钢筋”图层置为当前层，单击绘图工具栏中的 LINE（直线）按钮，沿圆弧两端点绘制水平辅助线和垂直辅助线；单击修改工具栏中的 OFFSET（偏移）按钮，设置偏移距离为 100，生成平铺钢筋的辅助线。

08 单击绘图工具栏中的 PLINE（多段线）按钮，设置多段线宽为 10mm，绘制平铺钢筋；单击修改工具栏中的 ERASE（删除）按钮，将辅助线删除，如图 13-40 所示。

09 绘制箍筋。单击修改工具栏中的 OFFSET（偏移）按钮，将基础承台中层矩形内轮廓线向内偏移，生成箍筋的辅助线。

10 单击绘图工具栏中的 CIRCLE（圆）按钮，以端点和中点为圆心，以 10mm 长为半径绘制主筋轮廓线；单击绘图工具栏中的 HATCH（图案填充和渐变色）按钮，对主筋进行图案填充。

11 单击绘图工具栏中的 PLINE（多段线）按钮，设置多段线宽为 10mm，绘制出箍筋；单击修改工具栏中的 ERASE（删除）按钮，将辅助线删除，完成效果与具体尺寸如图 13-41 所示。

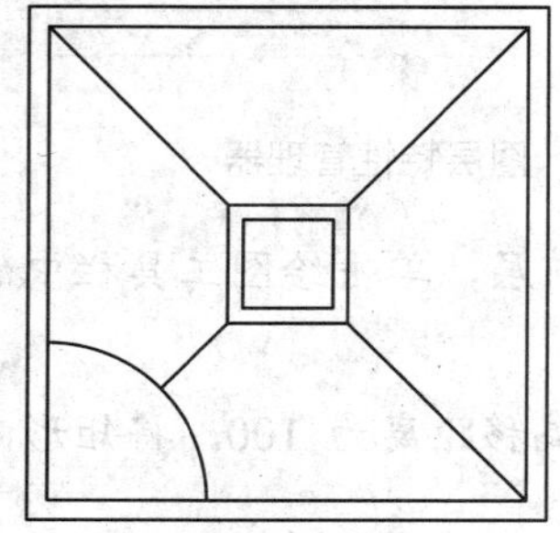
图 13-39　绘制基础详图轮廓

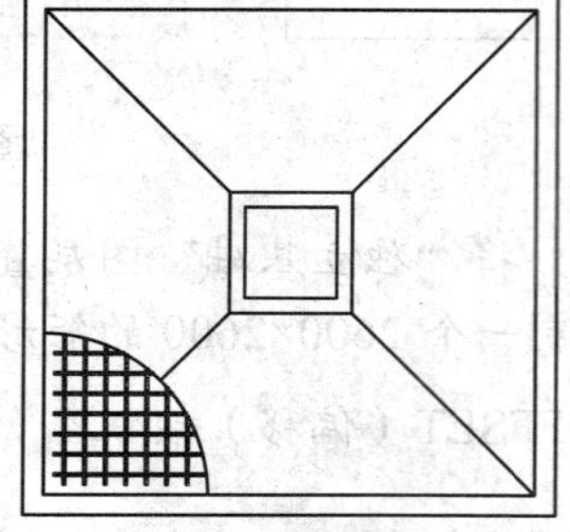
图 13-40　绘制平铺钢筋

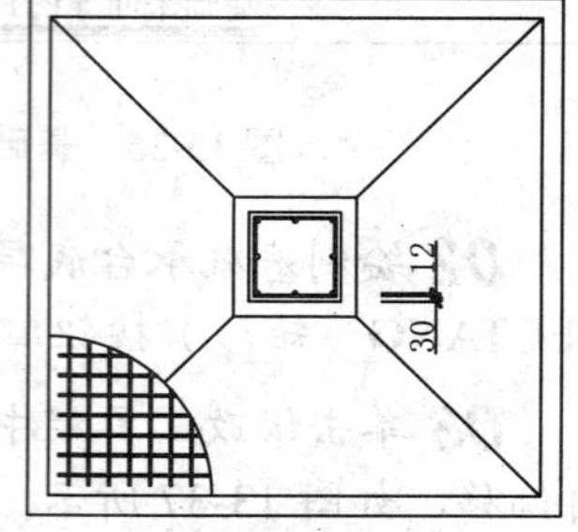

图 13-41　绘制箍筋

2．绘制基础立面详图

立面图是在平面图的基础上来绘制的，绘制基础立面详图的具体操作步骤如下：

01 绘制基础立面辅助线。单击绘图工具栏中的 XLINE（构造线）按钮，沿基础平面特殊点绘制垂直辅助线和一条水平辅助线。

02 单击修改工具栏中的 OFFSET（偏移）按钮，生成基础立面详图高度方向上的辅助线；单击修改工具栏中的 TRIM（修剪）按钮，将四周辅助线进行修剪，完成效果与具体尺寸如图 13-42 所示。

03 绘制基础轮廓线。将“基础”图层置为当前层，单击绘图工具栏中的 LINE（直线）按钮，绘制基础斜剖线；单击修改工具栏中的 TRIM（修剪）按钮，将辅助线进行修剪；单击修改工具栏中的 ERASE（删除）按钮，将多余的辅助线删除，如图 13-43 所示。

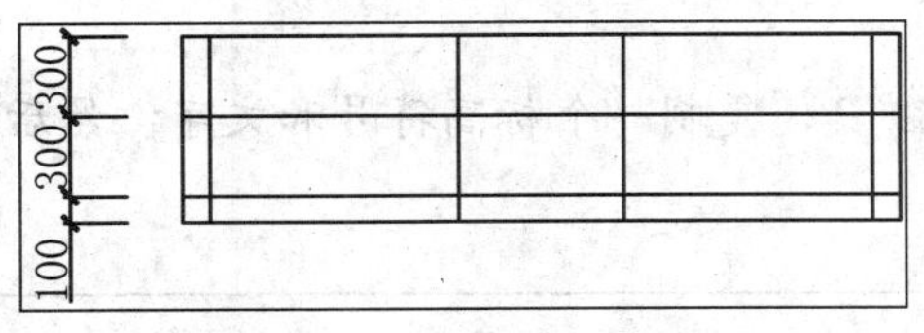

图 13-42　绘制基础立面辅助线

图 13-43　绘制基础轮廓线

04 绘制主筋。将“钢筋”图层置为当前层，单击绘图工具栏中的 LINE（直线）按钮，绘制垂直辅助线；单击修改工具栏中的 OFFSET（偏移）按钮，生成主筋的垂直和水平辅助线。

05 单击绘图工具栏中的 PLINE（多段线）按钮，设置多段线宽为 10mm，绘制出主筋的轮廓线；单击修改工具栏中的 ERASE（删除）按钮，将辅助线进行删除，完成效果与具体尺寸如图 13-44 所示。

06 绘制箍筋和铺筋。单击修改工具栏中的 OFFSET（偏移）按钮，生成箍筋和铺筋的辅助线；单击绘图工具栏中的 CIRCLE（圆）按钮，绘制箍筋的轮廓线。

07 单击绘图工具栏中的 HATCH（图案填充和渐变色）按钮，对箍筋进行图案填充；单击绘图工具栏中的 PLINE（多段线）按钮，设置多段线宽为 10mm，绘制出铺筋；单击修改工具栏中的 ERASE（删除）按钮，将辅助线删除，完成效果与具体尺寸如图 13-45 所示。

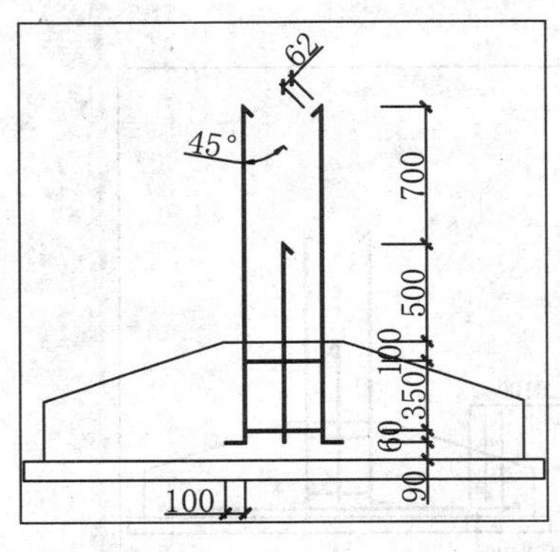

图 13-44　绘制主筋

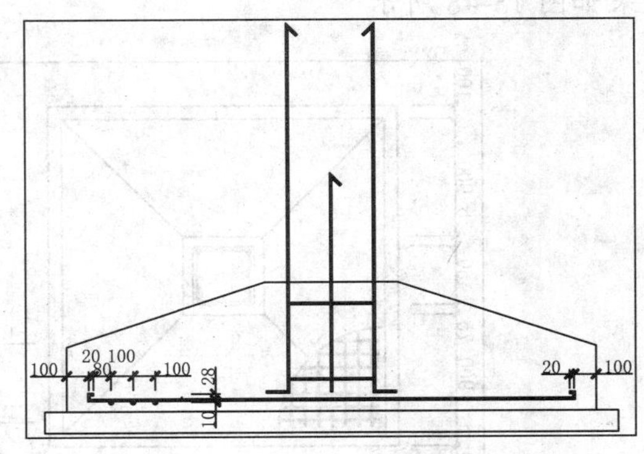

图 13-45　绘制箍筋和铺筋

3. 绘制基础详图其他部分

绘制基础详图其他部分的具体操作步骤如下：

01 标注尺寸。将“标注”图层置为当前层，单击【格式】|【标注样式】菜单命令，在弹出的【标注样式管理器】中设置标注样式。

02 单击【标注】|【线性】菜单命令和【连续】菜单命令，标注基础平面详图和立面详图尺寸，如图 13-46 所示。

03 标注标高。单击绘图工具栏中的 LINE（直线）按钮，绘制一个等腰三角形，接着将等腰三角形的水平边延长；单击绘图工具栏中的 MTEXT（多行文字）按钮，在标高符号上方绘制标高文字。

04 单击修改工具栏中的 COPY（复制）按钮，复制一个标高符号和文字；然后双击文字，对文字进行修改，如图 13-47 所示。

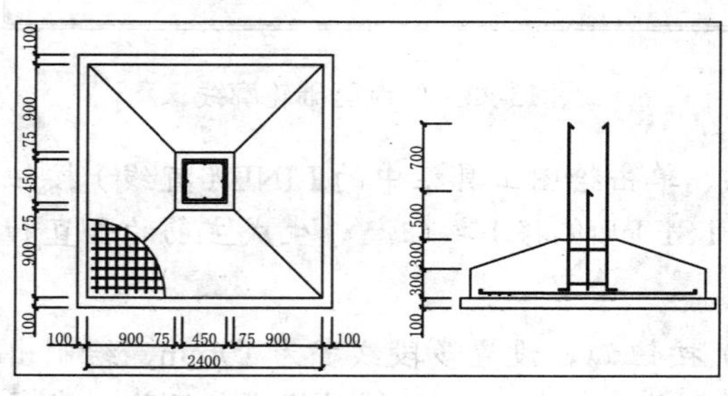

图 13-46　标注尺寸

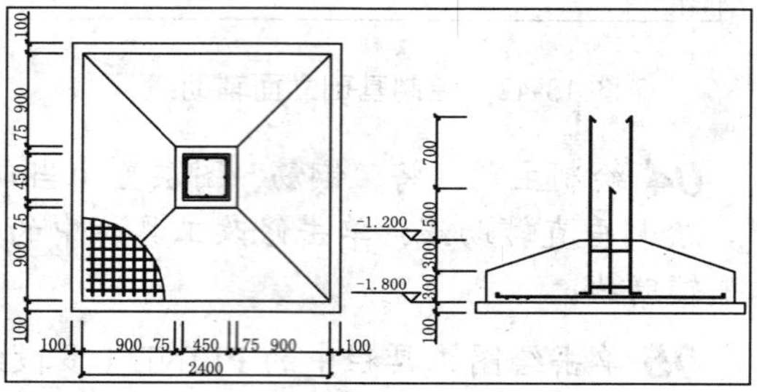

图 13-47　绘制标高符号

05 绘制说明文字、图名和比例。将“文字”图层置为当前层，单击【标注】|【多重引线】菜单命令，标注引出文字说明；单击绘图工具栏中的 MTEXT（多行文字）按钮，绘制出图名和比例。

06 单击绘图工具栏中的 PLINE（多段线）按钮，设置多段线宽度为 30mm，绘制图名和比例下方的一条下划线；单击修改工具栏中的 OFFSET（偏移）按钮，将多段线向下偏移；单击修改工具栏中的 EXPLODE（分解）按钮，将第二条下划线分解，最终效果如图 13-48 所示

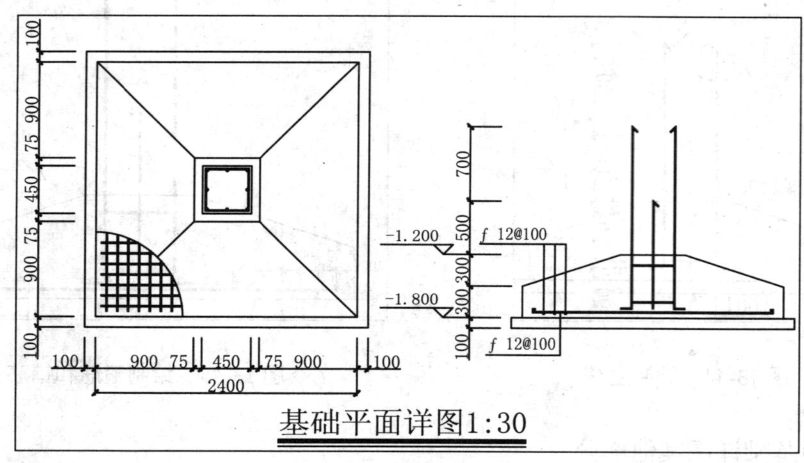

图 13-48　绘制说明文字、图名和比例

13.3 绘制楼梯结构图

楼梯是建筑中垂直交通的重要构件，由于楼梯结构的特殊性，在板的结构图中不能很方便地表示出楼梯的结构图，为了能更清楚地表示楼梯各方面的结构，通常楼梯的结构图作单独一份图纸表达。楼梯结构图包括楼梯平面结构图、楼板结构图和梁配筋图等。本小节以某住宅楼梯结构图为例讲述楼梯结构图的绘制方法和技巧。

13.3.1 绘制楼梯平面结构图

视频教学	
视频文件:	AVI\第 13 章\13.3.1.avi
播放时长:	10 分 51 秒

楼梯平面结构图主要表现不同楼层休息平台板的配筋、梯段的踏高、踏宽、梯梁的编号和尺寸等关系。本小节讲述楼梯平面结构图的操作步骤，本实例最终效果如图 13-49 所示。

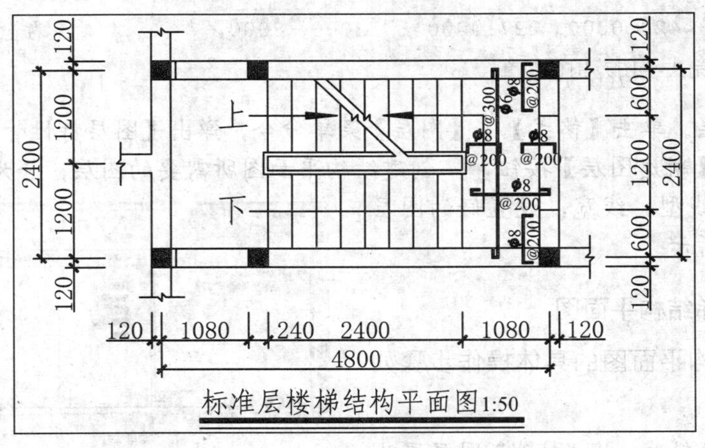

图 13-49 楼梯平面结构图

具体操作步骤如下:

1. 设置绘图环境

设置绘图环境的具体操作步骤如下:

01 新建文件。启动 AutoCAD 2012 应用程序，单击【文件】|【新建】菜单命令，打开【选择样板】对话框，如图 13-50 所示。选择 “acadiso.dwt” 选项，单击【打开】按钮，即可新建一个样板文件。

02 设置绘图单位。单击【格式】|【单位】菜单命令，弹出【图形单位】对话框，

在“长度”选项组里的“类别”下拉列表中选择“小数”；在“精度”下拉列表框中选择“0.00”，如图 13-51 所示。

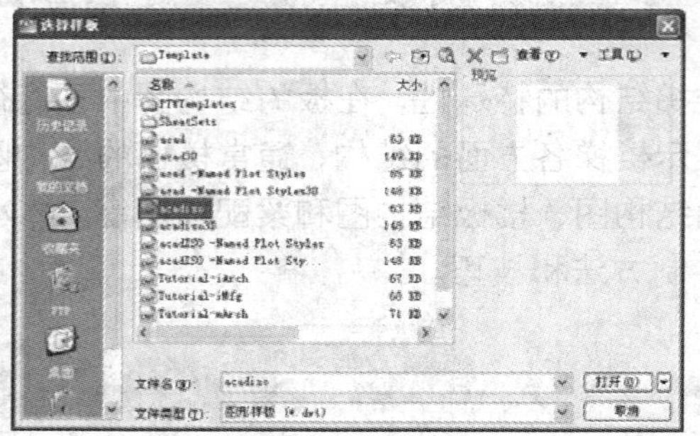

图 13-50　“选择样板”对话框

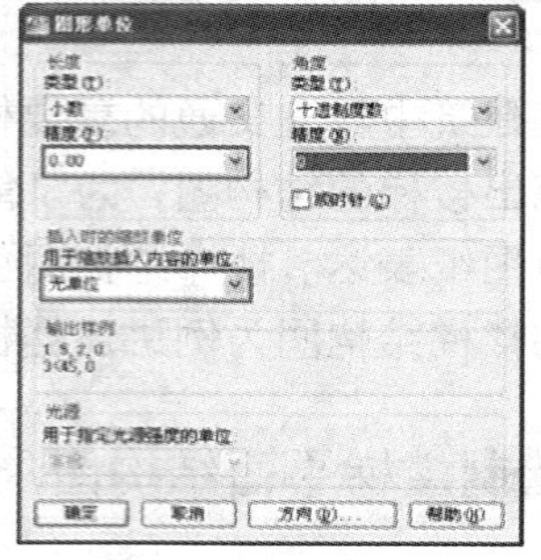

图 13-51　“图形单位”对话框

03 设置图形界限。单击【格式】|【图形界限】菜单命令，设置绘图区域；然后单击【视图】|【缩放】|【全部】菜单命令，完成观察范围的设置。其命令行提示如下：

```
命令: limits
重新设置模型空间界限:
指定左下角点或 [开(ON)/关(OFF)] <0.0000, 0.0000>:↙        //直接按回车键接受默认值
指定右上角点 <420.0000, 297.0000>: 13000, 8000↙        //输入右上角坐标“13000, 8000”后按回车键完成绘图范围的设置
```

04 设置图层。单击【格式】|【图层】菜单命令，弹出【图层特性管理器】对话框，单击工具栏中的【新建图层】按钮，创建结构平面图所需要的图层，并为每一个图层定义名称、颜色、线型、线宽，设置好的图层效果如图 13-52 所示。

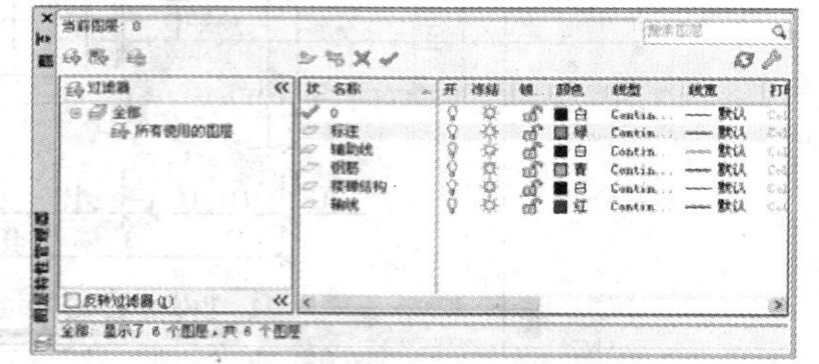

图 13-52　“图层特性管理器”对话框

2. 绘制楼梯结构平面图

绘制楼梯结构平面图的具体操作步骤如下：

01 绘制定位轴线。将“轴线”图层置为当前层，单击绘图工具栏中的 LINE（直线）按钮，绘制一条水平直线和一条垂直线；单击修改工具栏中的 MOVE（移动）按钮，将两直线相交；单击修改工具栏中的 OFFSET（偏移）按钮，生成轴线网。

02 单击修改工具栏中的 TRIM（修剪）按钮，将短支的轴线进行修剪，如图 13-53 所示。

03 绘制楼梯梁。将“楼梯结构”图层置为当前层，单击【绘图】|【多线】菜单命令，设置多线宽度为 240mm，对齐方式为居中，绘制出楼梯梁；单击绘图工具栏中的 LINE（直线）按钮，绘制出墙体的折断线，如图 13-54 所示。

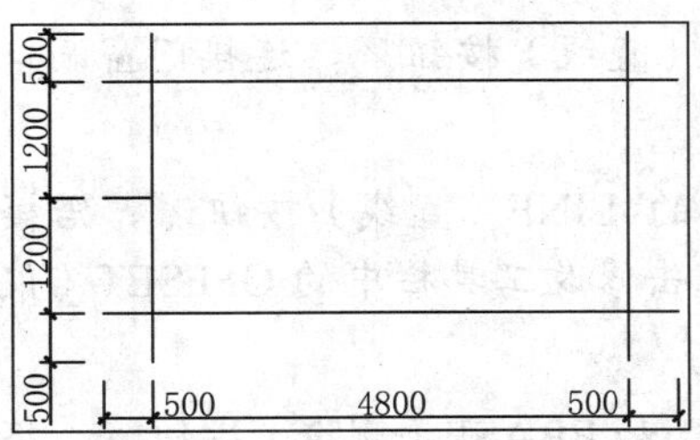

图 13-53 绘制定位轴线

图 13-54 绘制楼梯梁和折断线

04 编辑楼梯梁。单击【修改】|【对象】|【多线】菜单命令，弹出了【多线编辑工具】对话框，如图 13-55 所示，单击【T 形合并】按钮，进入绘图区中对交叉区域的多线进行修剪，如图 13-56 所示。

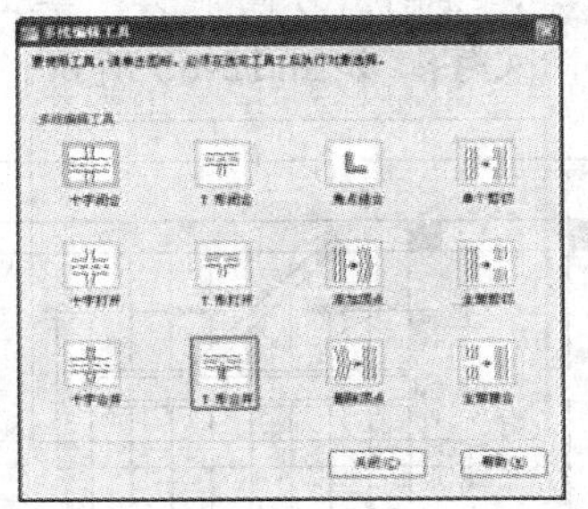

图 13-55 “多线编辑工具”对话框

图 13-56 编辑楼梯梁

05 绘制柱子。单击绘图工具栏中的 RECTANG（矩形）按钮，绘制一个尺寸为 240 ×240 的矩形；单击绘图工具栏中的 HATCH（图案填充和渐变色）按钮，对矩形进行图案填充。

06 单击修改工具栏中的 COPY（复制）按钮，复制多个柱子到楼梯结构平面图中，完成效果与具体尺寸如图 13-57 所示。

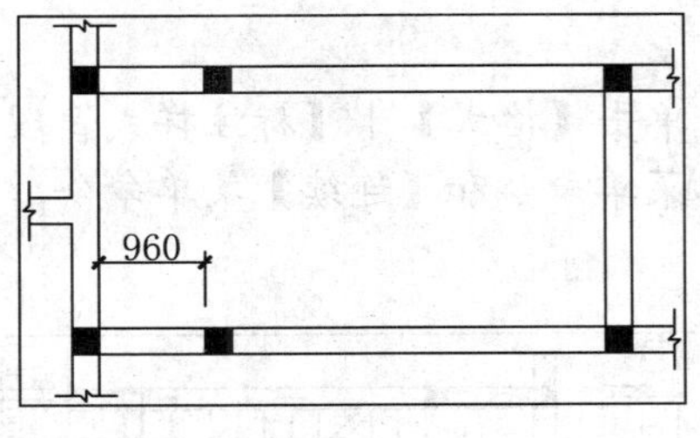

图 13-57 绘制柱子

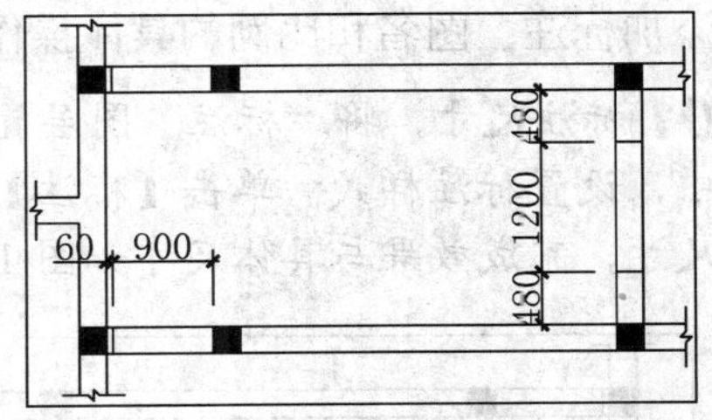

图 13-58 绘制门窗

07 绘制门窗。单击绘图工具栏中的 LINE（直线）按钮，沿楼梯间梁内角绘制水平和垂直两根辅助线；单击修改工具栏中的 OFFSET（偏移）按钮，生成门窗洞口的辅助线（如图 13-58）。

08 单击修改工具栏中的 TRIM（修剪）按钮，将门窗洞口处的楼梯梁和辅助线进行修剪；单击修改工具栏中的 ERASE（删除）按钮，将多余的辅助线进行删除；将“门

窗”图层置为当前层，单击绘图工具栏中的 LINE（直线）按钮，连接门窗洞口，完成效果与具体尺寸如图 13-58 所示。

09 绘制楼梯踏步和梯井。单击绘图工具栏中的 LINE（直线）按钮，沿楼梯间墙内角，绘制一条水平辅助线和一条垂直辅助线；单击修改工具栏中的 OFFSET（偏移）按钮，生成楼梯踏步和梯井的辅助线。

10 单击修改工具栏中的 TIRM（修剪）按钮和 ERASE（删除）按钮，将多余的辅助线进行修剪和删除，完成效果与具体尺寸如图 13-59 所示。

11 绘制折断线、方向箭头和文字。单击绘图工具栏中的 LINE（直线）按钮，绘制一个折断线；单击修改工具栏中的 OFFSET（偏移）按钮，生成折断线的另一段；单击修改工具栏中的 TRIM（修剪）按钮，将折断线所夹的楼梯梁板线进行修剪。

12 单击绘图工具栏中的 PLINE（多段线）按钮，绘制出方向箭头；单击修改工具栏中的 MTEXT（多行文字）按钮 A，绘制出楼梯方向文字，如图 13-60 所示。

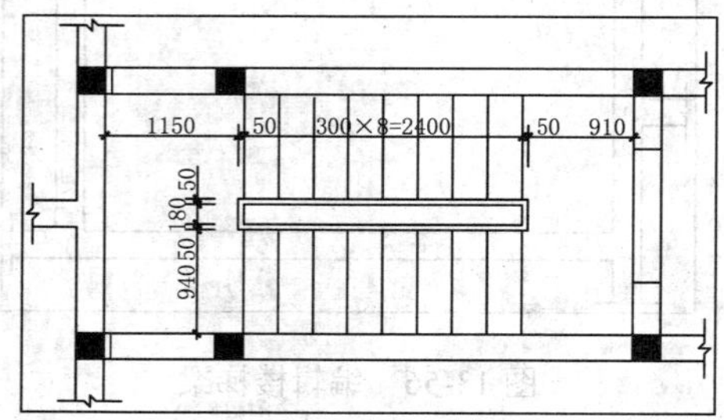

图 13-59　绘制楼梯踏步和梯井

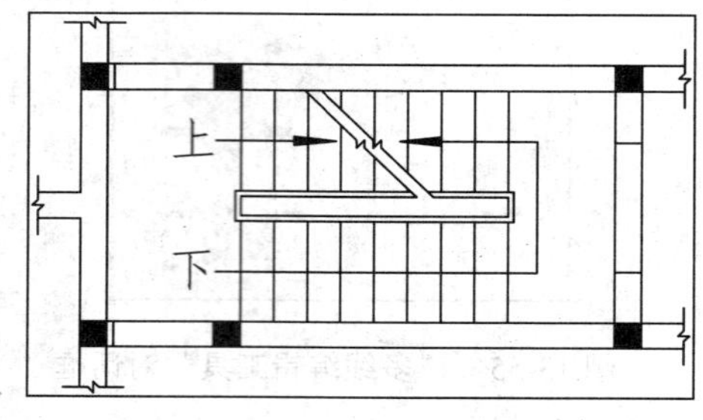

图 13-60　绘制折断线、方向箭头和文字

13 绘制楼梯配筋。单击绘图工具栏中的 PLINE（多段线）按钮，设置多段线宽为 23mm，绘制出楼梯钢筋，如图 13-61 所示。

3. 添加标注、图名和比例

添加标注、图名和比例的具体操作步骤如下：

01 标注尺寸。将“标注”图层置为当前层，单击【格式】|【标注样式管理器】对话框中，设置标注样式；单击【标注】|【线性】菜单命令和【连续】菜单命令，标注各部分尺寸，完成效果与具体尺寸如图 13-62 所示。

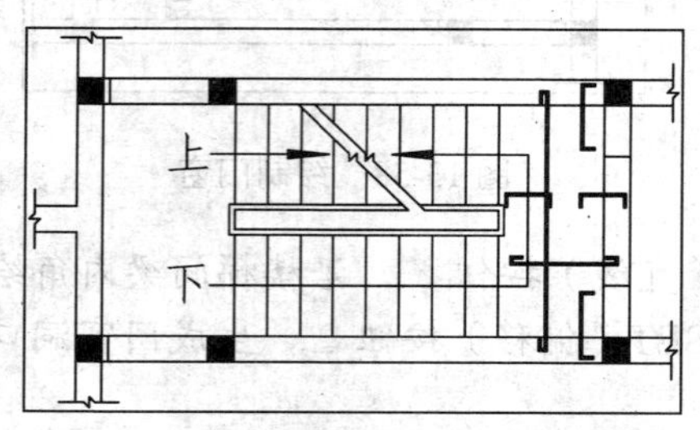

图 13-61　绘制楼梯配筋

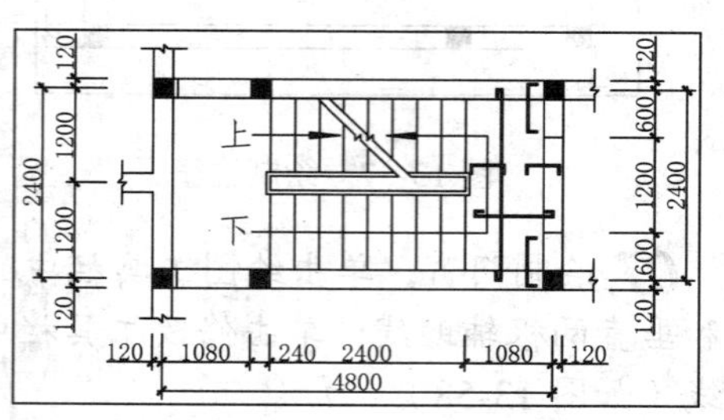

图 13-62　标注尺寸

02 添加钢筋文字。单击绘图工具栏中的 MTEXT（多行文字）按钮A，在钢筋上下位置标注配筋文字说明，如图 13-63 所示。

03 添加图名和比例。单击绘图工具栏中的 MTEXT（多行文字）按钮A，绘制出图名和比例；单击绘图工具栏中的 PLINE（多段线）按钮和修改工具栏中的 OFFSET（偏移）按钮，生成图名和比例下方的两根下划线。

04 单击修改工具栏中的 EXPLODE（分解）按钮，将最下边的多段线进行分解，最终效果如图 13-64 所示。

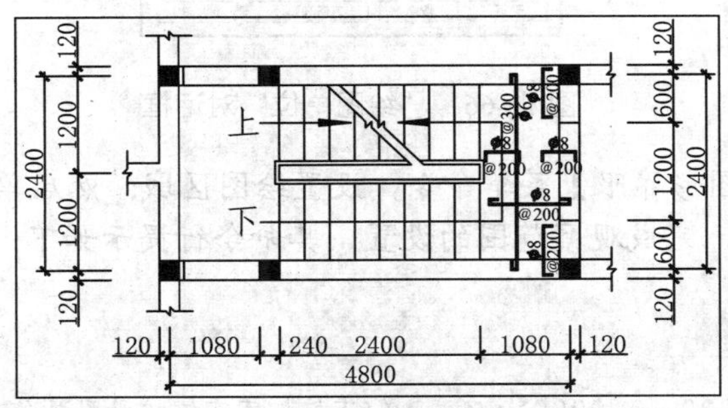

图 13-63　添加钢筋文字

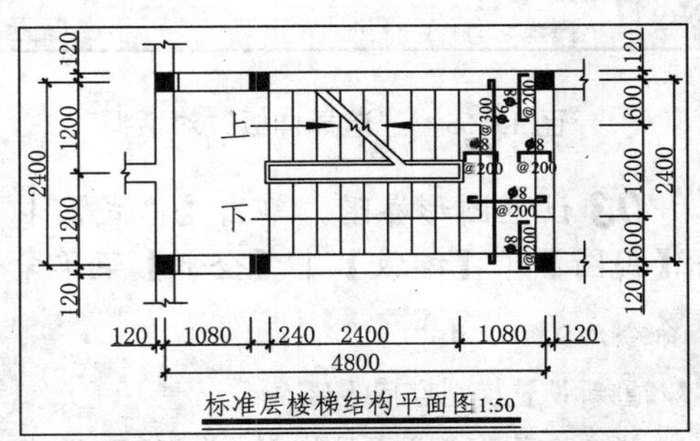

图 13-64　添加图名和比例

13.3.2　绘制梯板结构图和楼梯梁配筋图

视频教学	
视频文件：	AVI\第 13 章\13.3.2.avi
播放时长：	12 分 27 秒

梯板结构图反映了梯板的厚度、配筋以及相关尺寸，是指导楼梯施工图的重要图纸文件。楼梯梁一般为简支梁，其配筋各截面都相同，只要按照设计计算结果绘制一个截面图，就能清楚地表达楼梯梁的配筋情况。

本小节讲述梯板结构图和楼梯梁配筋图的绘制方法和技巧。绘制梯板结构图和楼梯梁配筋图与其他图纸一样，首先要建立绘图环境。

1. 设置绘图环境

设置绘图环境的具体操作步骤如下：

01 新建文件。启动 AutoCAD 2012 应用程序，单击【文件】|【新建】菜单命令，打开【选择样板】对话框，如图 13-65 所示。选择“acadiso.dwt”选项，单击【打开】按钮，即可新建一个样板文件。

02 设置绘图单位。单击【格式】|【单位】菜单命令，弹出【图形单位】对话框，在“长度”选项组里的“类别”下拉列表中选择“小数”；在“精度”下拉列表框中选择 0.00，如图 13-66 所示。

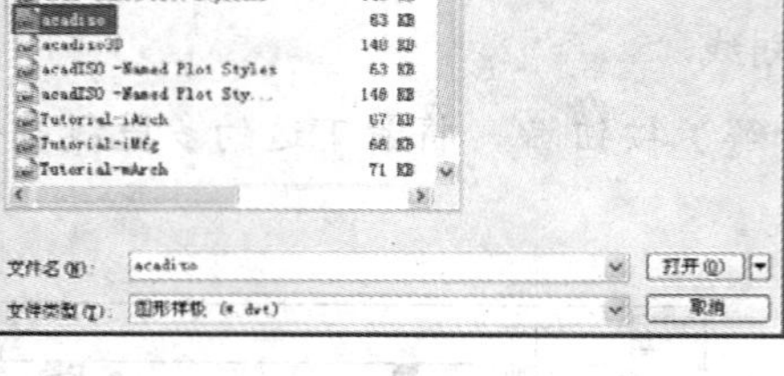

图 13-65 “选择样板”对话框

图 13-66 “绘图单位”对话框

03 设置图形界限。单击【格式】|【图形界限】菜单命令，设置绘图区域；然后单击【视图】|【缩放】|【全部】菜单命令，完成观察范围的设置。其命令行提示如下：

```
命令：limits
  重新设置模型空间界限：
  指定左下角点或 [开(ON)/关(OFF)] <0.0000, 0.0000>:↙      //直接按回车键接受默认值
  指定右上角点 <420.0000, 297.0000>: 5000, 3600↙      //输入右上角坐标“5000,
3600”后按回车键完成绘图范围的设置
```

04 设置图层。单击【格式】|【图层】菜单命令，弹出【图层特性管理器】对话框，单击工具栏中的【新建图层】按钮，创建结构平面图所需要的图层，并为每一个图层定义名称、颜色、线型和线宽，设置好的图层效果如图 13-67 所示。

2. 绘制梯板结构图

绘制梯板结构图的最终效果如图 13-68 所示。

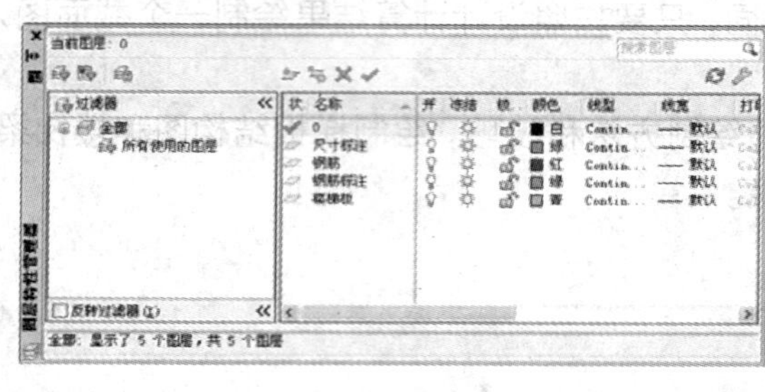

图 13-67 “图层特性管理器”对话框

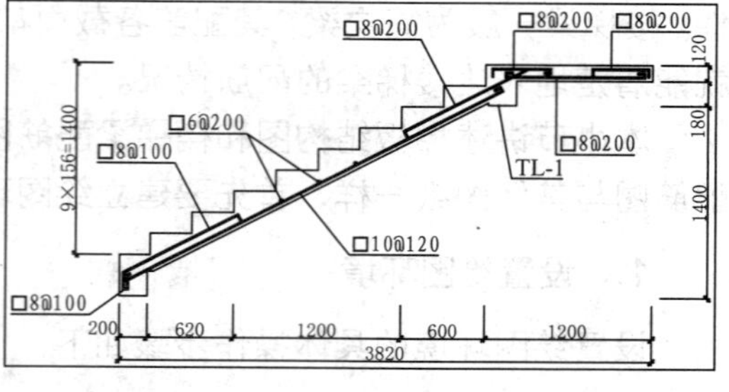

图 13-68 绘制梯板结构图

具体操作步骤如下：

01 绘制楼梯踏步。设置楼梯踏步的宽度为 300mm，高度为 156mm。将“楼梯板”图层置为当前层，单击绘图工具栏中的 LINE（直线）按钮，配合“正交”功能，绘制出楼梯踏步，如图 13-69 所示。

02 绘制休息平台和楼梯梁。单击绘图工具栏中的 LINE（直线）按钮，配合“正

交”功能，绘制出休息平台和楼梯梁轮廓线，如图 13-70 所示。

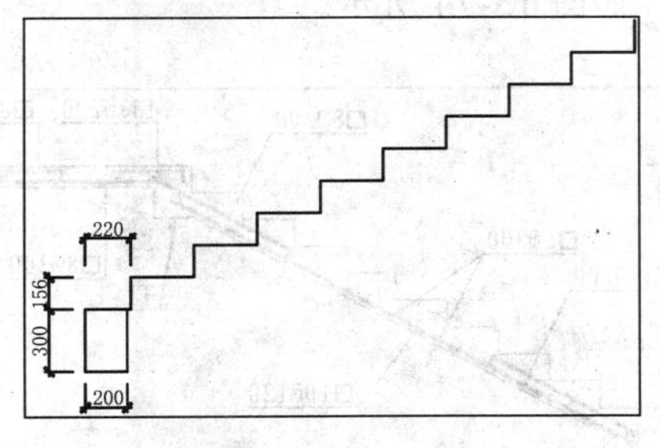

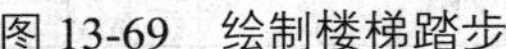

图 13-69　绘制楼梯踏步

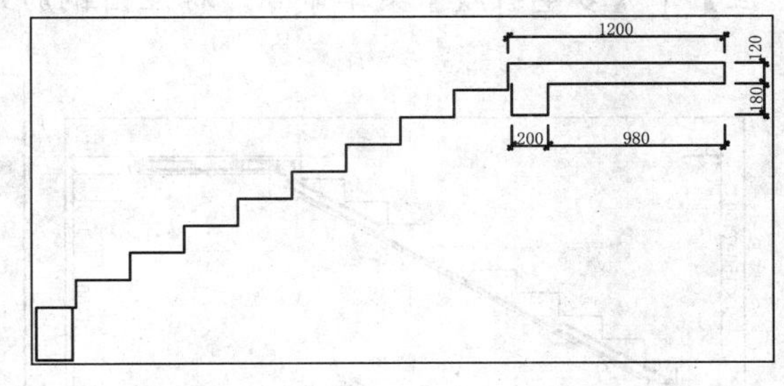

图 13-70　绘制休息平台和楼梯梁

03 绘制楼梯挡板。单击绘图工具栏中的 LINE（直线）按钮，沿楼梯踏步的角点绘制斜线；单击修改工具栏中的 OFFSET（偏移）按钮，将直线和第一个踏步水平线向下方偏移 120mm。

04 单击修改工具栏中的 TRIM（修剪）按钮和 EXTEND（延伸）按钮，将楼梯挡板交叉点进行连接并修剪掉不需要的线段；单击修改工具栏中的 ERASE（删除）按钮，将辅助斜线进行删除，完成效果与具体尺寸如图 13-71 所示。

05 绘制钢筋。将“钢筋”图层置为当前层；单击绘图工具栏中的 LINE（直线）按钮，沿踏步内角点向楼梯挡板引垂线；单击修改工具栏中的 OFFSET（偏移）按钮，将楼梯挡板和创建的直线进行偏移，生成钢筋的辅助线。

06 单击绘图工具栏中的 PLINE（多段线）按钮，设置多段线宽为 12mm；绘制出直筋；单击绘图工具栏中的 CIRCLE（圆）按钮和 HATCH（图案填充和渐变色）按钮，圆的直径为 25mm；单击修改工具栏中的 COPY（复制）按钮，复制出横筋，完成效果与具体尺寸如图 13-72 所示。

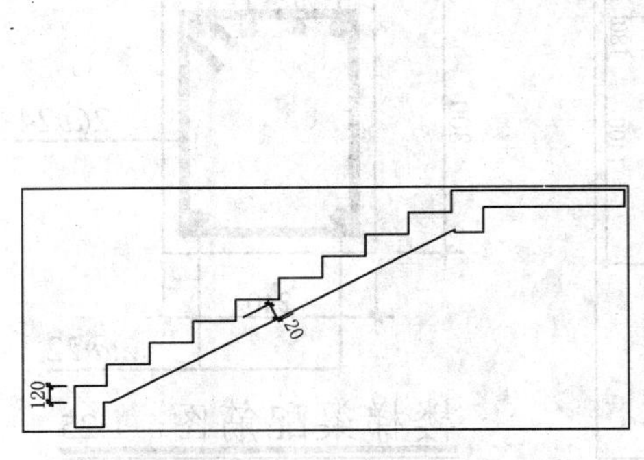

图 13-71　绘制楼梯挡板

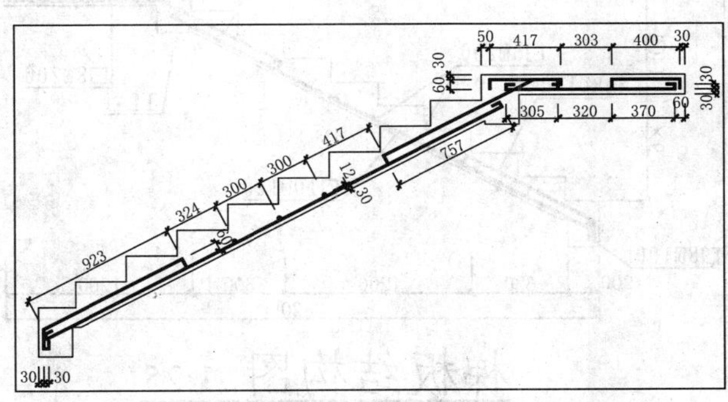

图 13-72　绘制钢筋

07 标注尺寸。将“尺寸标注”图层置为当前层，单击【格式】|【标注样式】菜单命令，在弹出的【标注样式管理器】对话框中修改标注样式；单击【标注】|【线性】菜单命令和【连续】菜单命令，标注各部分尺寸，完成效果与具体尺寸如图 13-73 所示。

08 标注文字说明。将“钢筋标注”图层置为当前层，单击【格式】|【多重引线样

式】菜单命令，在弹出的【多重引线样式管理器】对话框中修改多重引线样式；单击【标注】|【多重引线】菜单命令，标注出钢筋文字，如图 13-74 所示。

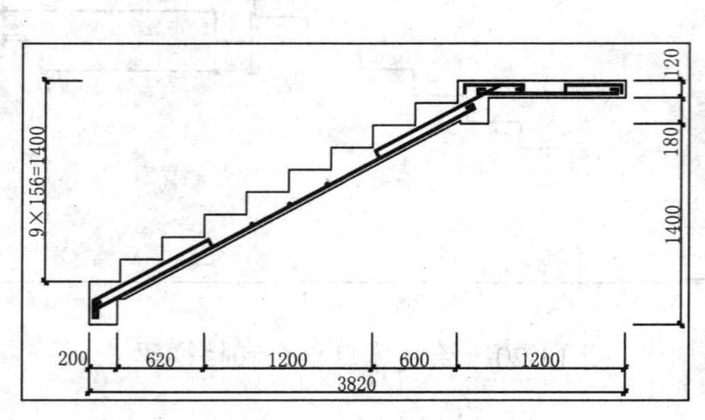

图 13-73　标注尺寸

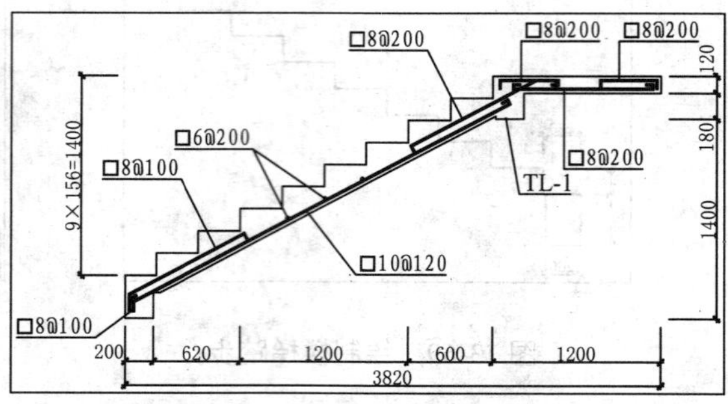

图 13-74　标注引出文字说明

09 添加图名和比例。单击绘图工具栏中的 MTEXT（多行文字）按钮，绘制出图名和比例；单击绘图工具栏中的 PLINE（多段线）按钮，设置多段线宽为 30mm，在图名和比例下方绘制一根下划线。

10 单击修改工具栏中的 OFFSET（偏移）按钮，生成第二根下划线；单击修改工具栏中的 EXPLODE（分解）按钮，将第二根多段线进行分解，如图 13-75 所示。

3. 绘制楼梯梁配筋图

绘制楼梯梁配筋图的最终效果如图 13-76 所示。

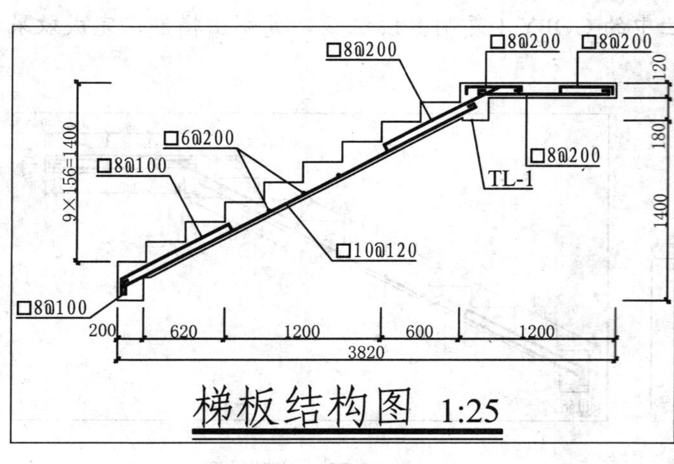

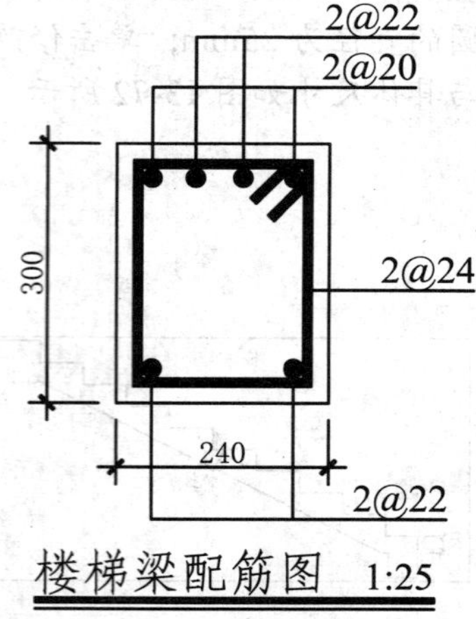

图 13-75　添加图名和比例

图 13-76　楼梯梁配筋图

具体操作步骤如下：

01 绘制楼梯梁轮廓线。将“楼梯板”图层置为当前层，单击绘图工具栏中的 RECTANG（矩形）按钮，绘制出楼梯梁轮廓线，如图 13-77 所示。

02 绘制直筋。将“钢筋”图层置为当前层，单击修改工具栏中的 OFFSET（偏移）按钮，将楼梯梁轮廓线向内偏移 24mm；单击绘图工具栏中的 XLINE（构造线）按钮，绘制一条与水平方向成 45° 角，并经过矩形右上角的构造线，如图 13-78 所示。

03 单击修改工具栏中的 OFFSET（偏移）按钮，生成直筋的辅助线，如所图 13-79 示。

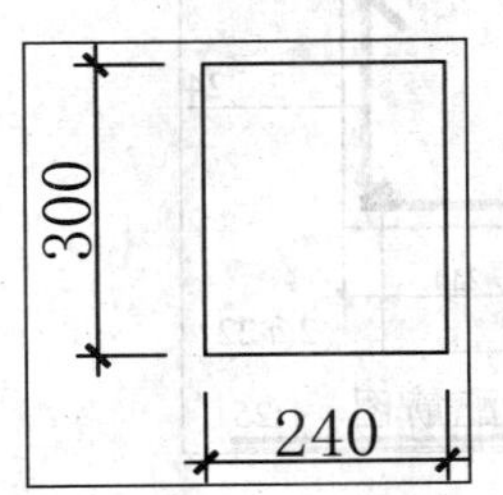

图 13-77 绘制楼梯梁轮廓线

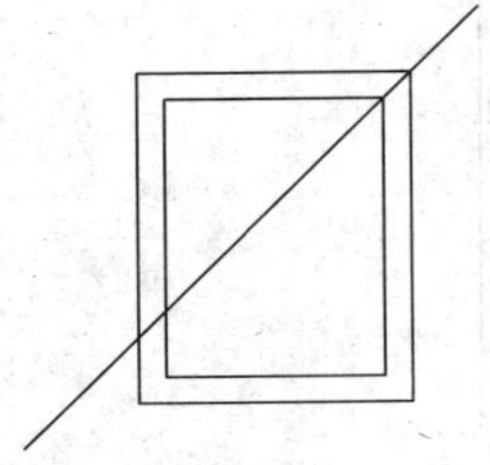

图 13-78 绘制直筋

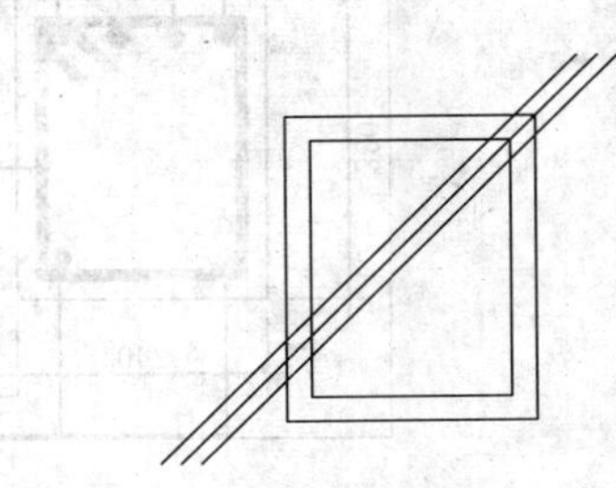

图 13-79 绘制楼梯梁轮廓线

04 单击绘图工具栏中的 PLINE（多段线）按钮，设置多段线宽为 9mm，绘制出直筋，单击修改工具栏中的 ERASE（删除）按钮，将辅助线进行删除，完成效果与具体尺寸如图 13-80 所示。

05 绘制横筋。单击修改工具栏中的 EXPLODE（分解）按钮，将楼梯梁轮廓线进行分解；单击修改工具栏中的 OFFSET（偏移）按钮，生成横筋圆心的辅助线。

06 单击绘图工具栏中的 CIRCLE（圆）按钮，绘制多个半径为 10mm 的圆；单击绘图工具栏中的 HATCH（图案填充和渐变色）按钮，对圆进行图案填充，如图 13-81 所示。

07 标注尺寸。将“尺寸标注”图层置为当前层，单击【标注】|【线性】菜单命令和【连续】菜单命令，标注两个方向上的尺寸，效果如图 13-82 所示。

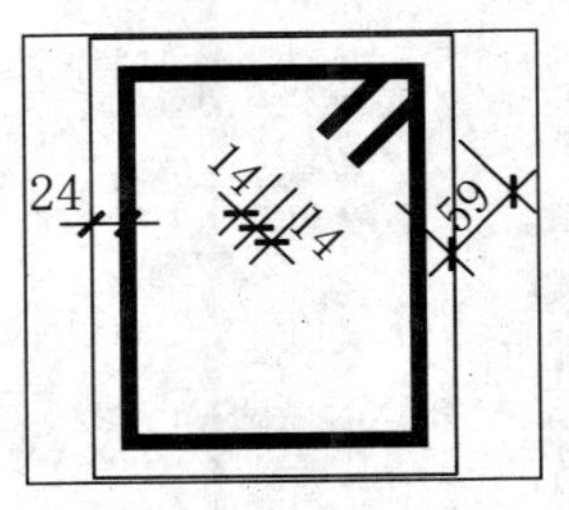

图 13-80 绘制直筋

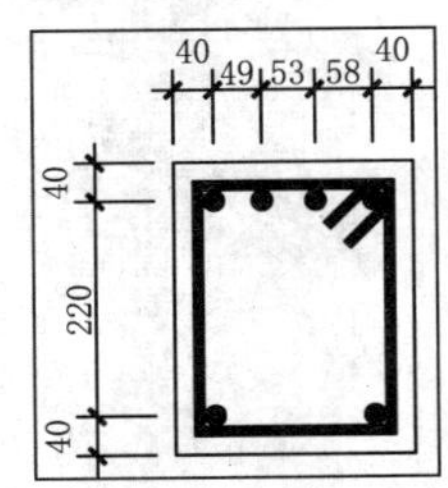

图 13-81 绘制横筋

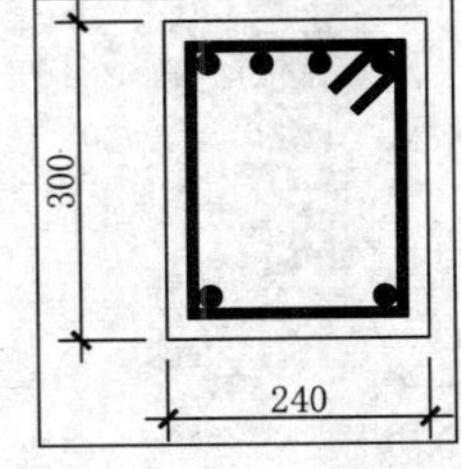

图 13-82 标注尺寸

08 标注文字说明。将“钢筋标注”图层置为当前层，单击【标注】|【多重引线】菜单命令，标注出钢筋文字，如图 13-83 所示。

09 添加图名和比例。单击绘图工具栏中的 MTEXT（多行文字）按钮，绘制出图名和比例；单击绘图工具栏中的 PLINE（多段线）按钮，设置多段线宽为 5mm，在图名和比例下方绘制一根下划线。

10 单击修改工具栏中的 OFFSET（偏移）按钮，生成第二根下划线；单击修改工

具栏中的 EXPLODE（分解）按钮，将第二根多段线进行分解，完成效果如图 13-84 所示。

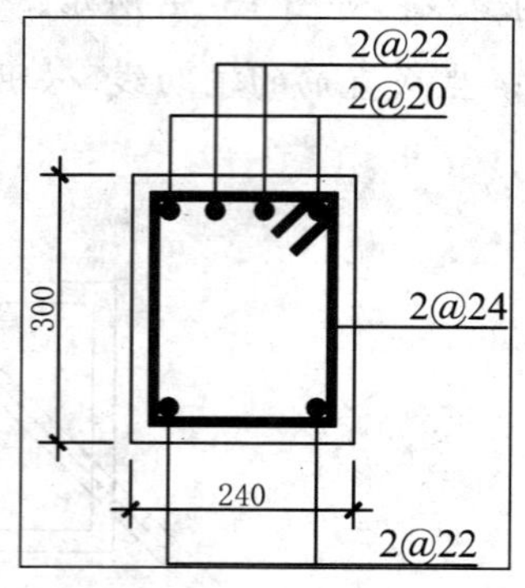

图 13-83　标注文字说明

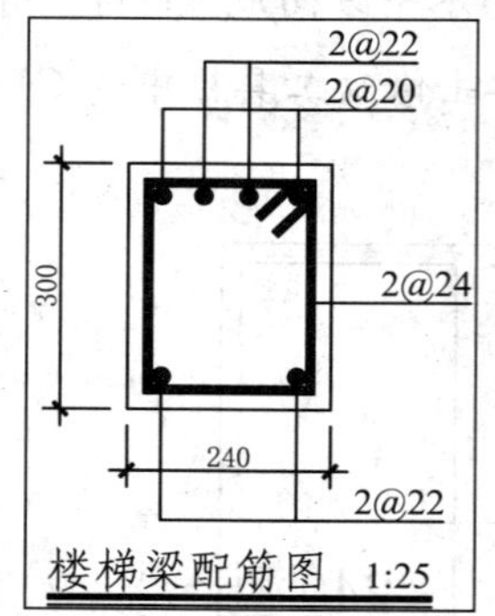

图 13-84　添加图名和比例

第14章

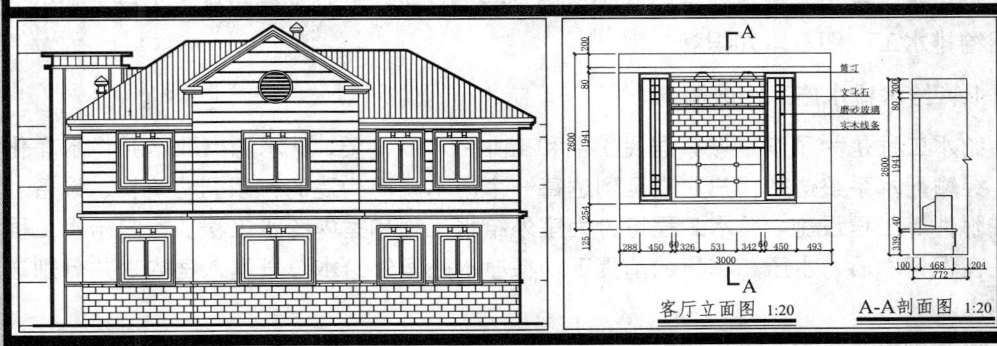

建筑设备施工图的绘制

一套完整的建筑工程施工图，除了建筑施工图、结构施工图外，还应包括设备施工图。设备施工图是土建部分的配套设计，用来表达给排水、供暖、供热、通风、电气、照明及智能控制等配套工程的具体配置。

设备施工图按照专业的不同分为给排水工程施工图、暖通工程施工图和电气工程施工图，本章分别介绍了给排水、暖通和电气照明的基础知识，然后通过具体的工程案例，讲述各种设备施工图的绘制方法以及相关技巧。

14.1 给排水工程图的绘制

给排水工程图是建筑设备施工图的重要图样，给排水施工图主要用于表示给水、排水管道的布置、走向和高程位置等内容，主要图样有平面图、系统图、详图和文字说明。

本节首先介绍了给排水工程的基本知识，然后通过具体工程案例讲述给排水工程图的绘制方法和技巧。

14.1.1 给排水工程图概述

给排水工程图是城市建设的基础设施之一，它包括给水工程和排水工程。本小节主要介绍给排水工程图基本知识。

1. 给水排水施工图的概念

给水工程是为了满足城镇居民生活和工业生产的需要，从水源点取水并将水净化处理后，经输配水系统送往用户，直至到达每一个用水点而构建的一系列构筑物、设备、管道及其附件等工程设施。给水工程可分为室外给水工程和室内给水工程。室内给水工程的任务是在保证水质、水压和水量的前提下，将净水处室外给水总管引入室内，并分别送到各用水点。

排水工程是与给水工程相配套，用来汇集、输送、处理和排放生活污水、工业污水和雨水雪水的工程设施。排水工程可分为室外排水工程和室内排水工程。

给排水施工图一般分为室内给排水施工图和室内外给排水施工图。室内给排水施工图是表示一幢建筑物内部的卫生器具、给排水管道及其附件的类型、大小与房屋的相对位置和安装方式的施工图。室外给排水施工图表示的范围比较广，可以表示一幢建筑物外部的给排水工程图，也可以表示一个建筑小区或一个城市的给排水工程。

2. 给水施工图的绘制内容

室内给水施工图是给水施工图的主要部分，其内容主要包括如下：

❑ 室内给水平面图

室内给水平面图是以建筑平面图为基础（建筑平面以细实线绘制），表明给水管道、用水设备和器材等平面位置的图样。图样主要反映的内容包括：表明房屋的平面形状及尺寸，用水房间在建筑中的平面位置；表明室外水源接口位置，底层引入管及管道直径等；表明给水管道的主管位置、编号和管径，支管的平面走向、管径及有关平面尺寸等；表明用水器材和设备的位置、型号及安装方式等。

为了清晰表达室内给水施工图的内容，室内给水平面图可分层单独绘制，对于内容较简单的建筑物，可将给水与排水平面图绘制在一起。当多个楼层给水排水平面样式相同时，可用一个标准层平面代替。如图 14-1 所示为某住宅建筑二至五层给排水平面图。

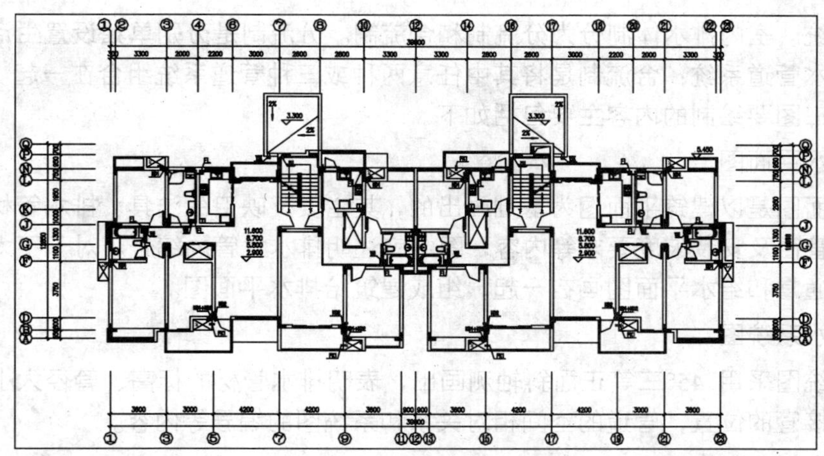

图 14-1　某住宅建筑二至五层给水排水平面图

❑　室内给水系统图

室内给水系统图是表明室内给水管网和用水设备的空间关系及管网、设备与房屋的相对位置和尺寸等情况的图样，一般采用 45° 三等正面斜轴测图绘制。给水系统图具有较好的立体感，与给水平面图结合，能较好地反映给水系统的全貌，是对给水平面图的重要补充。

室内给水系统图主要反映的内容包括：表明建筑的层高、楼层位置（用水平线示意）和管道及管件与建筑层高的关系等，如设有屋面水箱或地下加压泵站，则还应表明水箱和泵站等内容；表明给水管网及用水设备的空间关系（前后、左右或上下），以及管道的空间走向等；表明给水器材、配水器材、水表和管道变径等位置及管道直径，以及安装方法等，通常用 DN 表示（公称直径）；表明给水系统图的编号。

如图 14-2 所示是某建筑物的给水系统图。

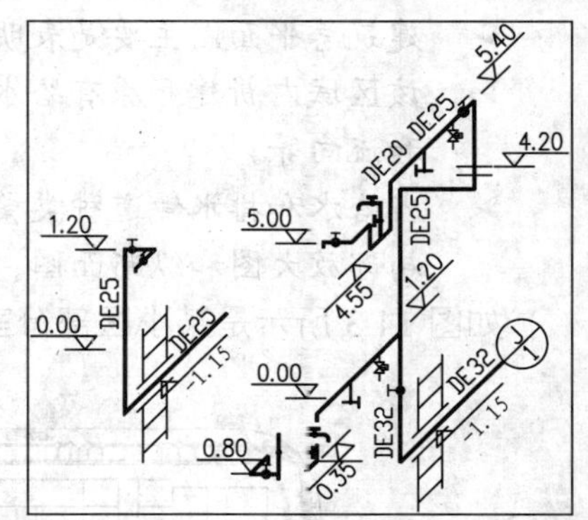

图 14-2　某建筑给水系统图

❑　详图

给水施工详图是详细表明给水施工图中某一部分管道、设备和器材的安装大样图。目前国家和各省市均有相关的安装手册或标准图，施工时应参照相关内容。

❑　目录和说明

目录表明室内给水施工图的编排顺序及每张图的图名。说明是介绍室内给排水施工图的施工安装要求、引用标准图、管材材质及连接方法和设备规格型号等内容。

3．排水施工图的绘制内容

室内排水系统主要是将房屋卫生设备或生产设备排出的污水通过室内排水管排至室外排水窨中。根据排水来源的不同，室内排水系统可分为生活污水系统、工业废水系统和

雨水管道系统。室内排水体制分为分流制和合流制。分流制是分别单独设置生活污水、工业废水和雨水管道系统；合流制是将其中任意两种或三种管道系统组合在一起。

排水施工图要绘制的内容主要包括如下：

- ❑ 排水平面图

排水平面图是以建筑平面图为基础画出的，其主要反映卫生洁具、排水管材、器材的平面位置、管径及安装坡度要求等内容，图中应注明排水立管的编号。对于不太复杂的排水平面图，通常和给水平面图画在一起，组成建筑给排水平面图。

- ❑ 排水系统图

排水系统图采用 45°三等正面斜轴测画出，表明排水管材的标高、管径大小、管件及用水设备下接管的位置，管道的空间相对关系和系统图的编号等内容。

- ❑ 节点详图及说明

节点详图主要用于反映排水设备及管道的详细安装方式，可参照有关安装手册。说明可并入给排水设计总说明中，用文字表明管道连接方式、坡度、防腐方法和施工配合等方面的要求。

4．室外给水排水施工图

室外给水排水施工图主要是表明房屋建筑的室外给水排水管道、工程设施及其与区域性的给水排水管网、设施的连接和构造情况。室外给水排水施工图一般包括室外给水排水平面图、高程图、纵断面图和详图。对于规模不大的一般工程，则只需平面图即可表达清楚。

室外给水排水施工图是以建筑总平面图的主要内容为基础，表明建筑小区（厂区）或某幢建筑物室外给水排水管道的布置情况。室外给水排水平面图一般包括的内容如下：

- ➢ 建筑总平面图主要是表明地形及建筑物、道路和绿化等平面布置及标高状况的。
- ➢ 该区域内新建和原有给水排水管道及设施的平面布置、规格、数量、标高、坡度和流向等。
- ➢ 当给水和排水管道种类繁多和地形复杂时，给水与排水管道可分系统绘制或增加局部放大图和纵断面图。

如图 14-3 所示是某小区部分室外给水排水平面图。

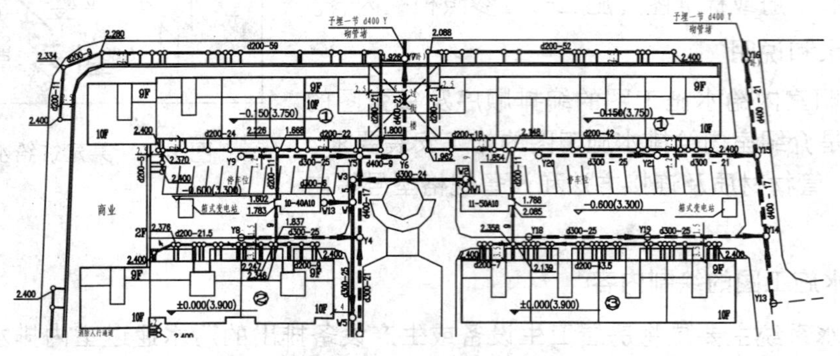

图 14-3　某小区室内部分给水排水平面图

14.1.2 给水排水工程图的图示特点、一般规定和绘制步骤

本小节介绍给水排水工程的图示特点以及绘制给水排水工程图有哪些规定。

1. 图示特点

给水排水工程图的图示特点主要包括如下：

- 给水排水工程图中的平面图、剖面图、高程图、详图及水处理构筑物工艺图等都是用正投影绘制的；系统图是用轴测图绘制的；纵断面图是用正投影法取不同比例绘制。
- 图中的管道、器材和设备一般采用统一图例表示。其中，如卫生器具的图例是较实物大为简化的一种象形符号，一般应按比例画出。
- 给水及排水管道一般采用单线画法以粗线绘制，纵断面图的重力管道、剖面图和详图的管道宜用双粗线绘制，而建筑、结构的图形及有关器材设备均采用中或细线绘制。
- 不同直径的管道，以同样线宽的线条表示，管道直度无需按比例画出（画成水平），管径和坡度均用数字注明。
- 靠墙敷设的管道，不必按比例准确表示出管线与墙面的微小距离，图中只需略有距离即可。即使暗装管道可按明装管道一样画在墙外，只需说明哪些部分要求暗装。
- 当在同一平面位置布置有几根不同高度的管道时，若严格按投影来画，平面图就会重叠在一起，这时可画成平面排列。
- 为了删掉不需表明的管道部分，常在管线端部采用细线的 S 型折断符号表示。
- 有关管道的连接配件均属规格统一的定型工业产品，在图中均不予画出。

2. 一般规定

根据国家标准，绘制给水排水工程图有以下规定，主要表现在：

- 图线：新建给水排水管线采用粗线；给水排水设备、构件的轮廓线，新建建筑物、构筑物的轮廓线采用中实线（可见）、中虚线（不可见），原有给水排水管线采用中线；原有建筑物、构筑物轮廓线，被剖切到的建筑构造轮廓线采用细实线（可见）、细虚线（不可见）；尺寸、图例、标高和设计地面线等采用细实线；细点划线、折断线和波浪线等的使用与建筑图相同。
- 比例：各类给水排水工程图的比例列表如表 14-1 所示。

表 14-1 各类给水排水工程图样常用比例

图样类别	常用比例
小区（厂区）平面图	1:2000 1:1000 1:500 1:200
室内给水排水平面图	1:300 1:200 1:100 1:50
给水排水系统图	1:200 1:100 1:50 或不按比例
剖面图	1:100 1:60 1:50 1:40 1:30 1:10
详图	1:50 1:40 1:30 1:20 1:10 1:5 1:3 1:2 1:1 2:1

➢ 标高：单位为 m，一般注至小数点后第 3 位，在总图中可注写到小数点后第 2 位；标注位置，管道应标注起始点、转折点、连接点、变坡点和交叉点的标高，压力管道宜标注管中心标高，室内外重力管道宜标注管内底标高，必要时室内架空重力管道可标注管中心标高，但图中应加以说明；标高种类，室内管道应注相对标高，室外管道宜注绝对标高，无资料时可注相对标高，但应与总图保持一致；标注方法，平面图按图 14-4 所示的方式标注，剖面图按图 14-5 所示的方法标注。

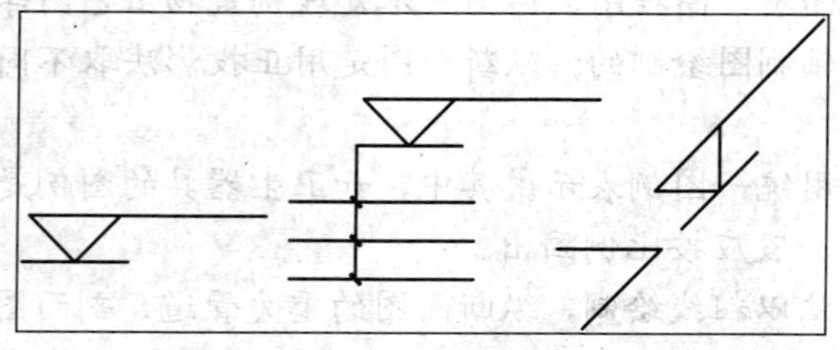

图 14-4　平面图和系统图的标注方法

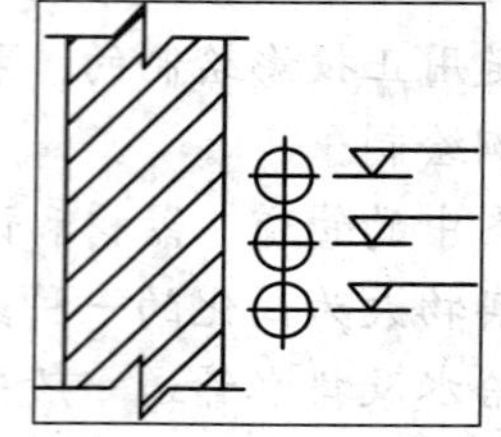

图 14-5　剖面图中管道的标高标注

➢ 管径：单位为 mm；表示方法，低压流体输送用镀锌焊接钢管、不镀锌焊接钢管、铸铁管、硬聚氯乙烯管、聚丙烯管等，管径应以公称直径 DN 表示（如 DN100 等），耐酸陶瓷管、混凝土管、钢筋混泥土管和陶土管（缸瓦管）等，管径应以内径 d 表示（如 d230 和 d380 等），焊接钢管和无缝管等，管径应以外径 × 壁厚表示（如 d108 × 4、D159 × 4.5 等）；标注方法，单管及多管标注如图 14-6 所示。

➢ 编号：当建筑物给水排水进出口数量多于 1 个时，宜用阿拉伯数字编号，如图 14-7a 所示；建筑物内穿过 1 及多于 1 层楼层的立管，其数量多于 1 个时，宜用阿拉伯数字编号，如图 14-7b 所示，JL 为管道类别和立管代号；给排水附属建筑物（如阀门井、检查井、水表井和化粪池等）多于 1 个时应编号，给水阀门井的编号顺序，应从水源到用户，从干管到支管再到用户，排水检查井的编号顺序，应从上游到下游，先支管后干管。

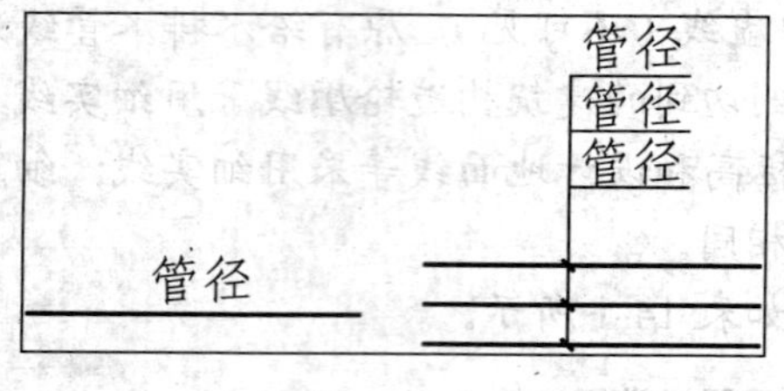

图 14-6　单管及多管管径标注法

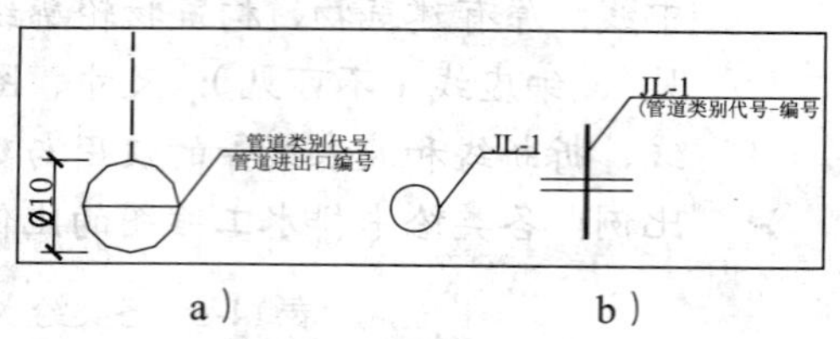

a）　b）

图 14-7　管道编号表示法

3. 给水排水平面图的绘制步骤

绘制给水排水平面图的基本步骤是：首先绘制建筑平面图，接着绘制给水排水设备，接下来绘制给水排水管线，然后添加标注、图框和标题栏，最后就可以打印出图了。

14.1.3 绘制某住宅给水排水平面图

视频教学	
视频文件：	AVI\第 14 章\14.1.3.avi
播放时长：	13 分 48 秒

为了能清楚地表达室内给水排水施工图的内容，室内给水平面图可分层单独绘制，对于内容较简单的建筑，可将给水和排水平面图绘制在一起。本小节以某住宅的给水排水平面图为例讲述给水排水平面图的绘制方法和技巧。

本节绘制某住宅二层给水排水平面图的最终效果如图 14-8 所示。

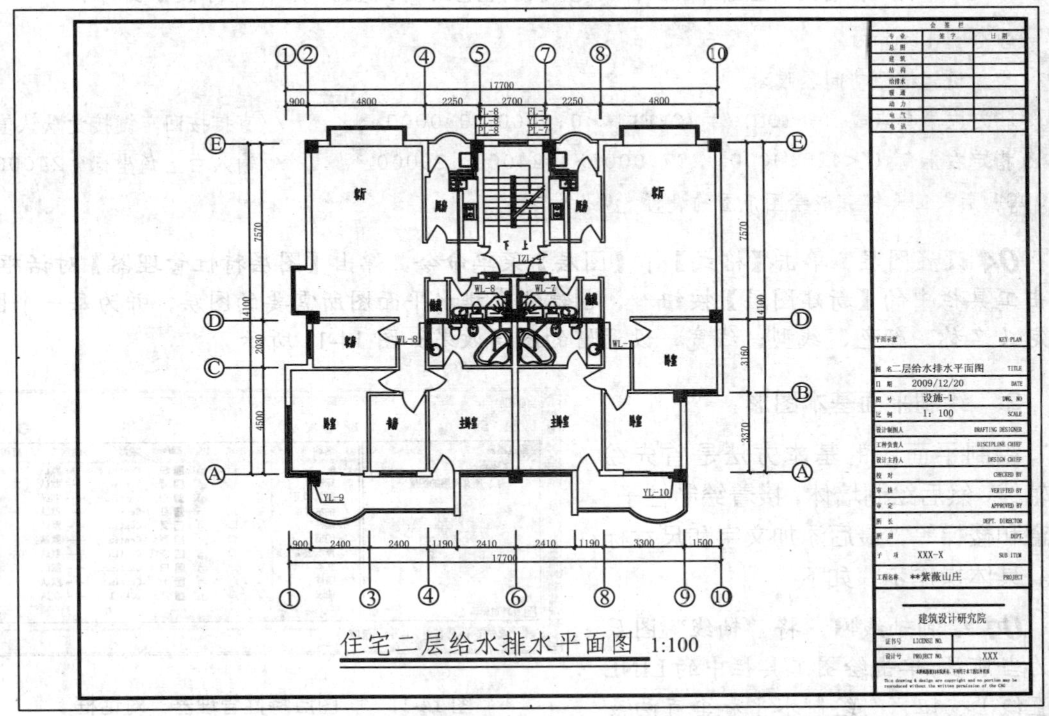

图 14-8　某住宅二层给排水平面图

1. 设置绘图环境

绘制给排水平面图的第一步就是设置绘图环境，具体操作步骤如下：

01 新建图形文件。启动 AutoCAD 2011 应用程序，单击【文件】|【新建】菜单命令，打开【选择样板】对话框，选择“acadiso.dwt”选项，如图 14-9 所示，单击【打开】按钮，即可新建一个样板图形。

02 设置数字、角度单位和精度。单击【格式】|【单位】菜单命令，打开【图形单位】对话框，设置参数如图 14-10 所示，单击【确定】按钮，完成图形单位的设置。

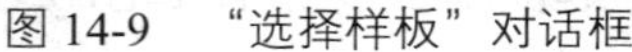
图 14-9 “选择样板”对话框

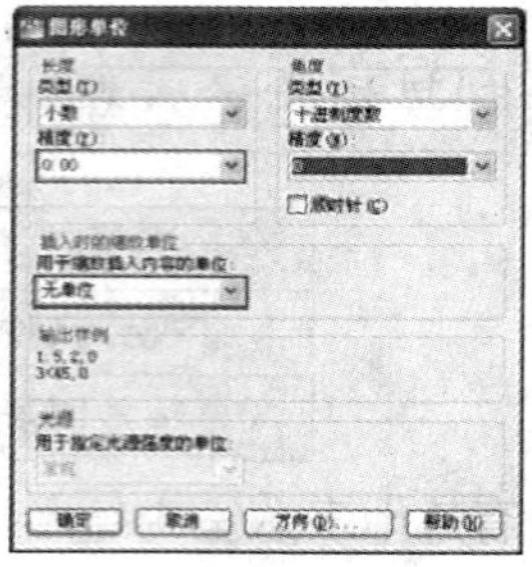
图 14-10 “图形单位”对话框

03 设置绘图范围。单击【格式】|【图形界限】菜单命令，设置绘图区域。单击【视图】|【缩放】|【全部】菜单命令，完成观察范围的设置。其命令行提示如下：

```
命令: limits↙
重新设置模型空间界限:
指定左下角点或 [开(ON)/关(OFF)] <0.0000, 0.0000>:↙      //直接按回车键接受默认值
指定右上角点 <420.0000, 297.0000>: 24000, 20000↙      //输入右上角坐标“24000, 20000”后按回车键完成绘图范围的设置
```

04 设置图层。单击【格式】|【图层】菜单命令，弹出【图层特性管理器】对话框，单击工具栏中的【新建图层】按钮，创建给水排水平面图所需要的图层，并为每一个图层定义名称、颜色、线型、线宽，设置好的图层效果如图 14-11 所示。

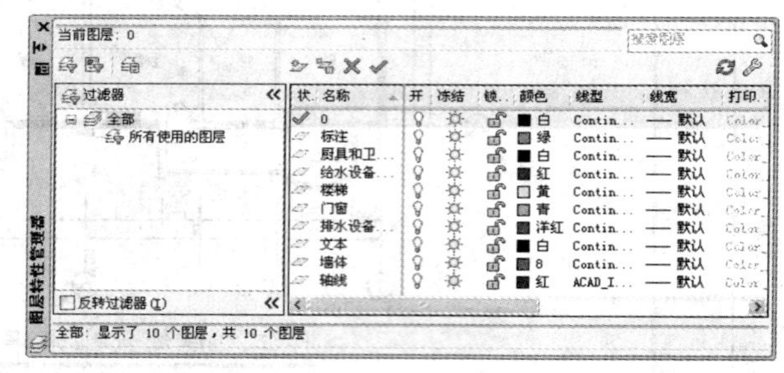
图 14-11 “图层特性管理器”对话框

2. 绘制平面基本图形

绘制平面图的基本方法是首先绘制轴线，然后绘制墙体，接着绘制柱子、门窗和楼梯等，最后添加文字和尺寸标注。具体操作步骤如下：

01 绘制轴线网。将“轴线”图层置为当前层，单击绘图工具栏中的 LINE（直线）按钮，绘制水平和垂直两条基准轴线。单击修改工具栏中的 OFFSET（偏移）按钮，根据房间的开间和进深的尺寸生成轴线网。

02 单击修改工具栏中的 TRIM（修剪）按钮，将一些短肢墙的轴线进行调整，完成效果与具体尺寸如图 14-12 所示。

03 绘制墙体。将“墙体”图层置为当前层，单击【绘图】|【多线】菜单命令，设置外墙、楼梯间墙和分户墙墙体宽度为 240mm，内墙墙体宽度为 120mm，绘制出墙体。

04 单击【修改】|【对象】|【多线】菜单命令，在弹出的【多线编辑工具】对话框中选择适当的工具编辑墙体，对于不能使用编辑工具修剪掉到的多余墙线，首先将墙体进行分解，然后对多余墙线进行裁剪，墙体编辑完成后，将“轴线”图层关闭，完成效果如图 14-13 所示。

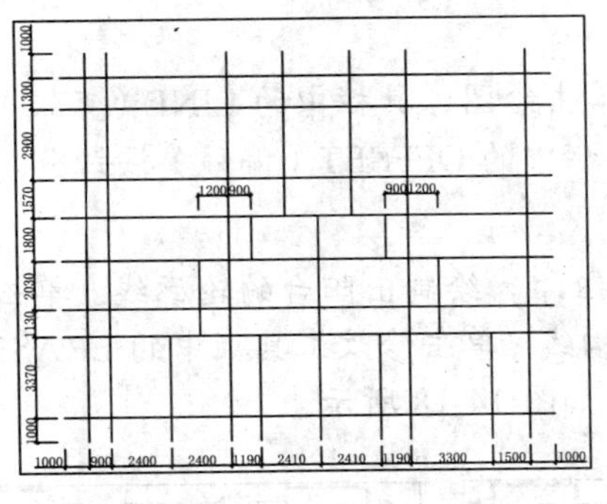

图 14-12 绘制轴线网

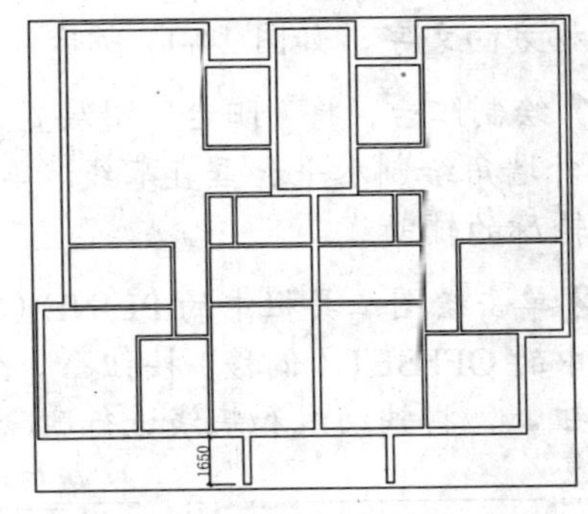

图 14-13 绘制墙体

05 绘制门窗洞口。单击绘图工具栏中的 LINE（直线）按钮，沿墙内角绘制水平和垂直基线；单击修改工具栏中的 OFFSET（偏移）按钮，生成门窗洞口的辅助线。

06 单击修改工具栏中的 TRIM（修剪）按钮，将门窗洞口的辅助线和墙线进行修剪；单击修改工具栏中的 ERASE（删除）按钮，将水平和垂直基线进行删除，完成效果如图 14-14 所示。

07 绘制门窗。将“门窗”图层置为当前层，依据建筑平面图中门窗的绘制方法，绘制出所有门窗，完成效果如图 14-15 所示

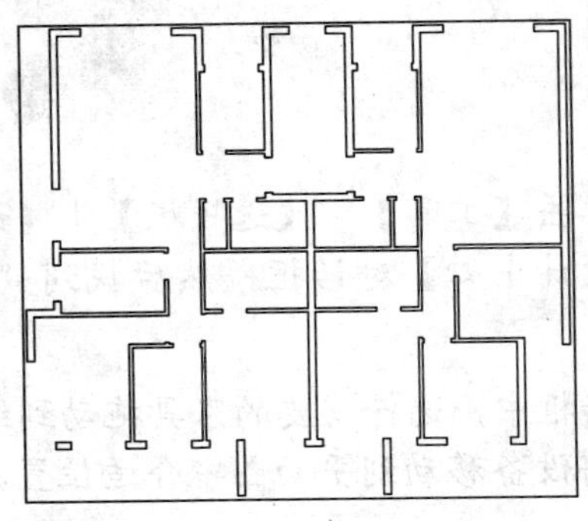

图 14-14 绘制门窗洞口

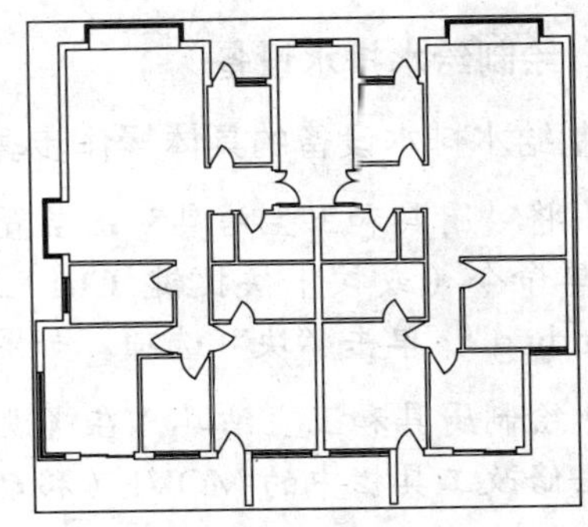

图 14-15 绘制门窗

08 绘制柱子。将“柱子”图层置为当前层，单击绘图工具栏中的 RECTANG（矩形）按钮，绘制一个 500×500 的矩形；单击绘图工具栏中的 HATCAH（图案填充和渐变色）按钮，对矩形进行图案填充；单击修改工具栏中的 COPY（复制）按钮，将柱子复制到平面图中，如图 14-16 所示。

09 绘制楼梯。将“楼梯”图层置为当前层，单击绘图工具栏中的 LINE（直线）按钮，沿楼梯间墙内角绘制水平基线和垂直基线；单击修改工具栏中的 OFFSET（偏移）按钮，生成楼梯的辅助线；单击绘图工具栏中的 LINE（直线）按钮，绘制出楼梯折断线。

10 单击修改工具栏中的 TRIM（修剪）按钮，将辅助线进行修剪；单击修改工具栏中的 ERASE（删除）按钮，将水平基线和垂直基线删除；单击绘图工具栏中的 PLINE（多段线）按钮，绘制楼梯方向箭头；单击绘图工具栏中的 MTEXT（多行文字）按钮 A，

标注楼梯方向文字，如图 14-17 所示。

11 绘制阳台。将“阳台”图层置为当前层，单击绘图工具栏中的 LINE（直线）按钮，沿外墙角绘制水平和垂直基线；单击修改工具栏中的 OFFSET（偏移）按钮，生成阳台外轮廓的辅助线。

12 单击绘图工具栏中的 PLINE（多段线）按钮，绘制出阳台的轮廓线；单击修改工具栏中的 OFFSET（偏移）按钮，生成阳台结构线；单击修改工具栏中的 ERASE（删除）按钮，将辅助线和基线进行删除，完成效果如图 14-18 所示。

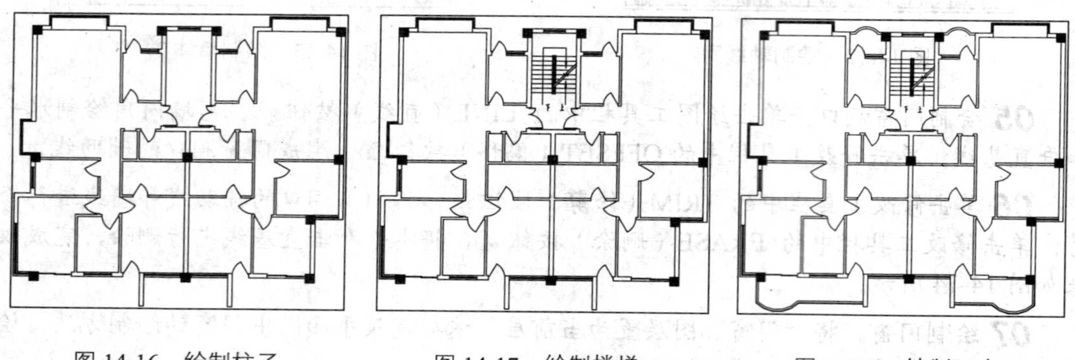

图 14-16　绘制柱子　　图 14-17　绘制楼梯　　图 14-18　绘制阳台

3. 绘制给水排水设备

绘制给水排水设备的具体操作步骤如下：

01 将“厨具和卫生洁具”图层置为当前层，单击【工具】|【选项板】|【设计中心】菜单命令（或按下快捷键 Ctrl + 2），打开【设计中心】对话框，然后找到“House Designer.dwg”，单击“块”选项，如图 14-19 所示。

02 绘制厨具和卫生洁具。在【设计中心】对话框中，选择需要的家具拖动到绘图区中；单击修改工具栏中的 MOVE（移动）按钮，将设备移动到平面图中合适位置，如图 14-20 所示。

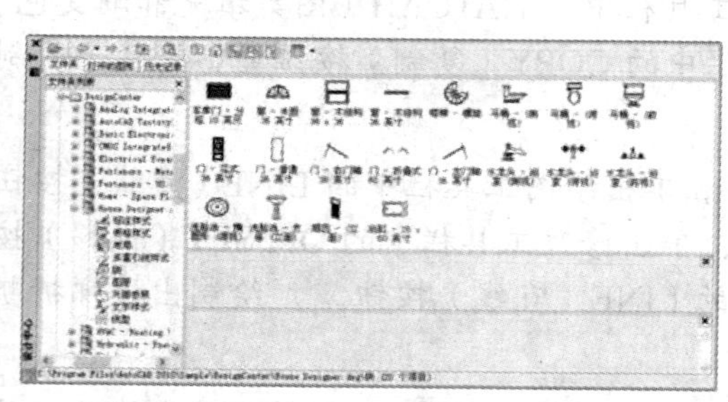

图 14-19　“设计中心”对话框

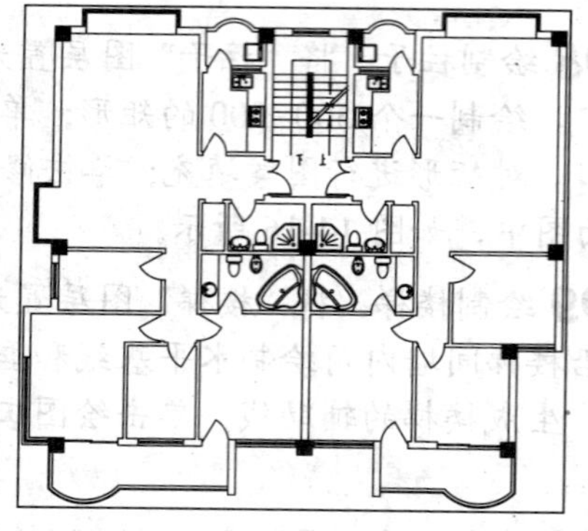

图 14-20　绘制厨具和卫生洁具

03 绘制地漏。单击绘图工具栏中的 CIRCLE（圆）按钮，绘制一个半径为 100mm

的圆。单击绘图工具栏中的 HATCAH（图案填充和渐变色）按钮，对地漏进行图例填充，如图 14-21 所示。

04 绘制检查井。单击绘图工具栏中的 RECTANG（矩形）按钮，绘制一个尺寸为 300×180mm 的矩形。

05 单击绘图工具栏中的 LINE（直线）按钮，配合“中点和端点捕捉”功能，绘制两条直线。单击绘图工具栏中的 HATCH（图案填充和渐变色）按钮，对检查井进行图案填充，如图 14-22 所示。

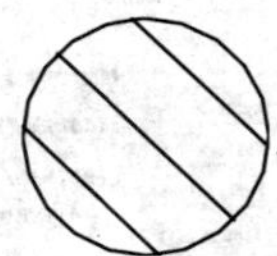

图 14-21　绘制地漏

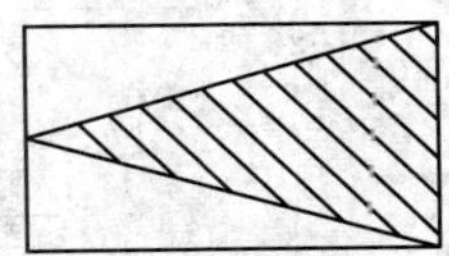

图 14-22　绘制检查井

06 绘制给水管线。将“给水设备管线”图层置为当前层，单击绘图工具栏中的 CIRCLE（圆）按钮，绘制出给水立管，直径为 100mm。单击修改工具栏中的 COPY（复制）按钮，复制多个圆到平面图中给水立管的设计位置。

07 单击绘图工具栏中的 PLINE（多段线）按钮，设置多段线宽为 50mm，给水管线用粗实线绘制，将管线连接到给水点和出水口位置上，完成效果如图 14-23 所示。

08 绘制排水管线。将“排水设备管线”图层置为当前层，单击绘图工具栏中的 CIRCLE（圆）按钮，绘制出排水立管，直径为 100mm。单击修改工具栏中的 COPY（复制）按钮，复制多个圆到平面图中排水立管的设计位置。

09 单击绘图工具栏中的 PLINE（多段线）按钮，设置多段线宽为 50mm，排水管线用粗虚线绘制，将管线连接到给水点和出水口位置上，效果如图 14-24 所示。

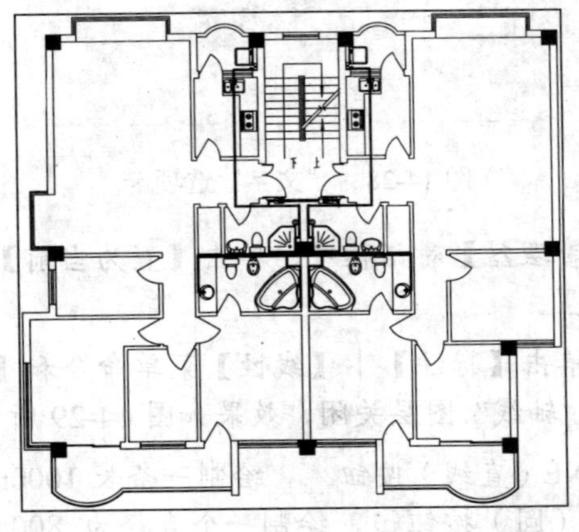

图 14-23　绘制给水立管和给水管线

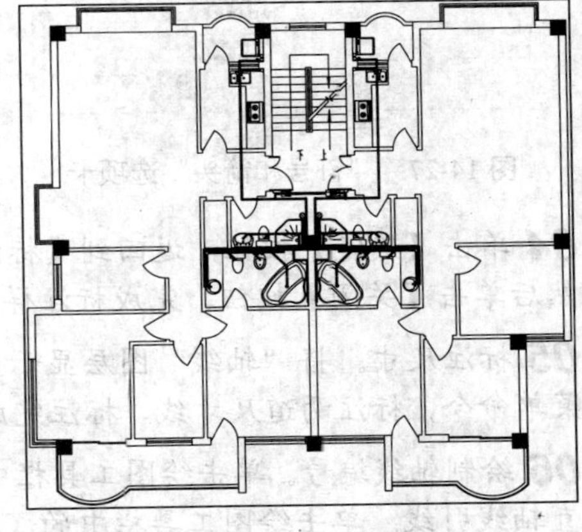

图 14-24　绘制排水立管和排水管线

4．添加标注

添加标注的具体操作步骤如下：

01 设置标注样式。将“标注”图层置为当前层，单击【格式】|【标注样式】菜单命令，弹出【标注样式管理器】对话框，如图 14-25 所示。

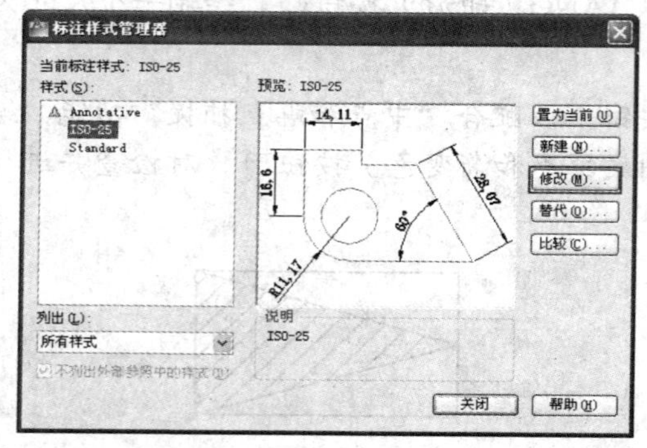

图 14-25 “标注样式管理器”对话框

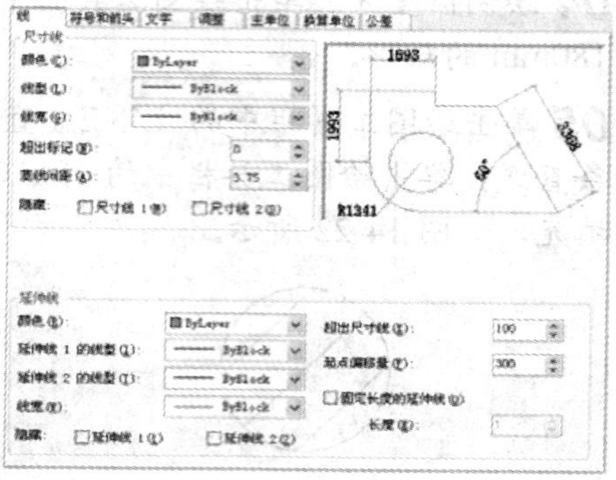

图 14-26 “线”选项卡

02 单击【修改】按钮，打开【修改标注样式：ISO-25】对话框，选中“线”选项卡，设置参数如图 14-26 所示。

03 单击“符号和箭头”选项卡，设置参数如图 14-27 所示；单击“文字”选项卡，设置参数如图 14-28 所示。

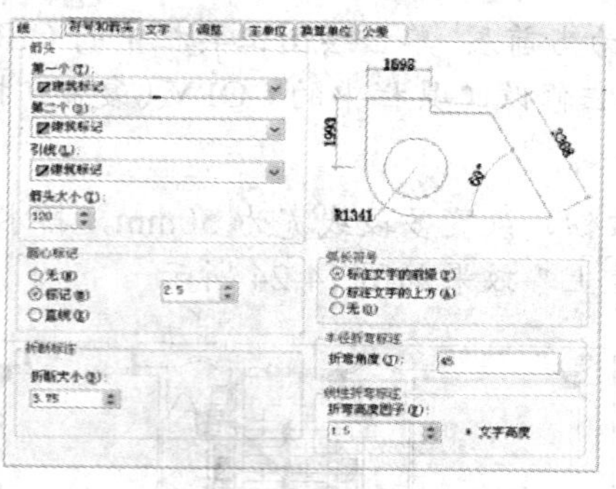

图 14-27 “符号和箭头”选项卡

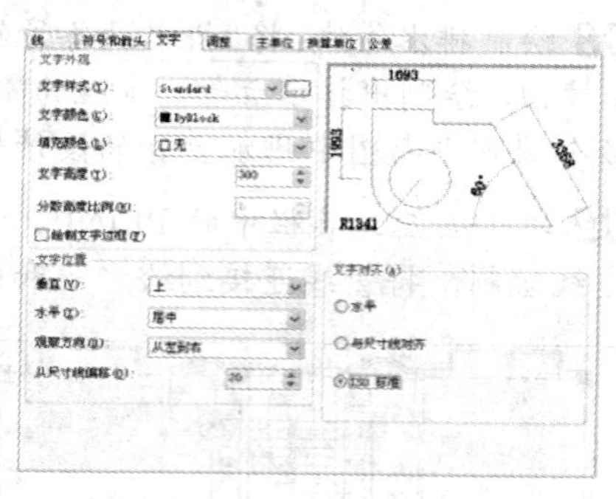

图 14-28 “文字”选项卡

04 单击【确定】按钮，返回到【标注样式管理器】对话框中，单击【置为当前】按钮，然后单击【关闭】按钮，完成标注样式的设置。

05 标注尺寸。将“轴线”图层显示出来，单击【标注】|【线性】菜单命令和【连续】菜单命令，标注两道尺寸线，标注完成后将“轴线”图层关闭，效果如图 14-29 所示。

06 绘制轴线编号。单击绘图工具栏中的 LINE（直线）按钮，绘制一条长 1000mm 的垂直轴线引线。单击绘图工具栏中的 CIRCLE（圆）按钮，绘制一个直径为 800mm 的圆。

07 单击绘图工具栏中的 MTEXT（多行文字）按钮，在圆中心绘制出轴线编号文字；单击修改工具栏中的 MOVE（移动）按钮，将直线移到圆的正上方。

08 单击修改工具栏中的 COPY（复制）按钮，配合“旋转和镜像”功能，复制多个轴线编号到平面图中。双击轴线编号文字，对文字进行修改，如图 14-30 所示。

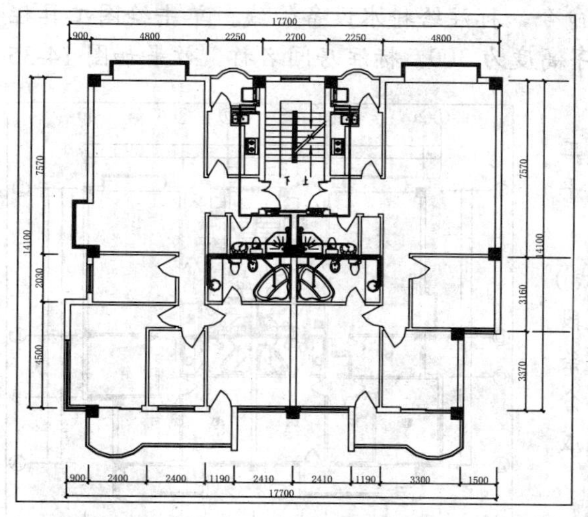

图 14-29　标注尺寸　　　图 14-30　添加轴线编号

5. 文字标注

文字标注包括房间名称标注和给排水设备管线的标注等，进行文字标注的具体操作步骤如下：

01 设置多重引线样式。将“文本”图层置为当前层，单击【格式】|【多重引线样式】菜单命令，弹出【多重引线样式管理器】对话框，如图 14-31 所示。

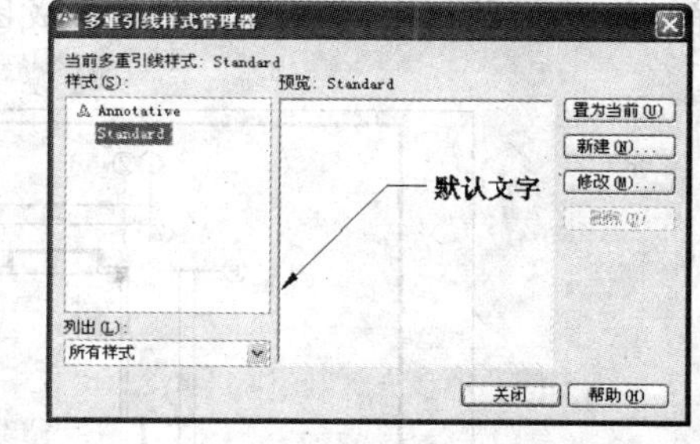

图 14-31　“多重引线样式管理器”对话框

02 单击【修改】按钮，弹出【修改多重引线样式：Standard】对话框，单击“引线格式”选项卡，设置参数如图 14-32 所示。

03 单击“引线结构”选项卡，设置参数如图 14-33 所示；单击“内容”选项卡，设置参数如图 14-34 所示。

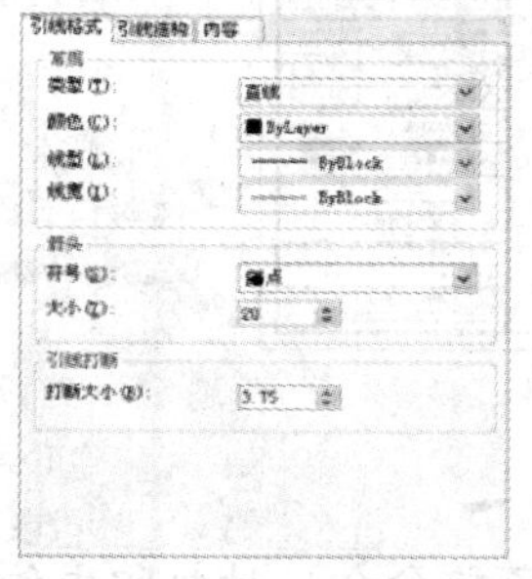

图 14-32　“引线格式”选项卡

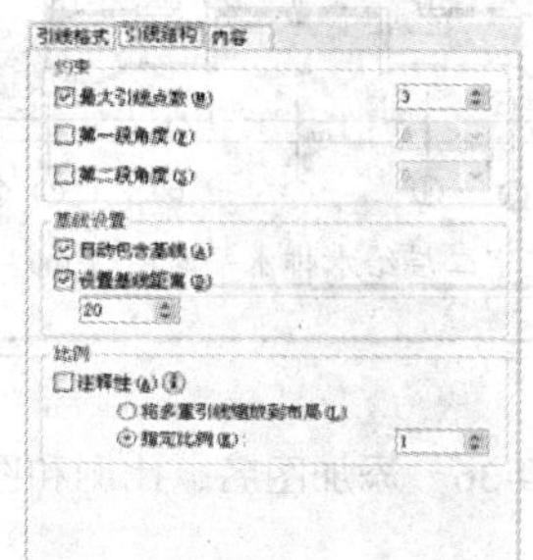

图 14-33　“引线结构”选项卡

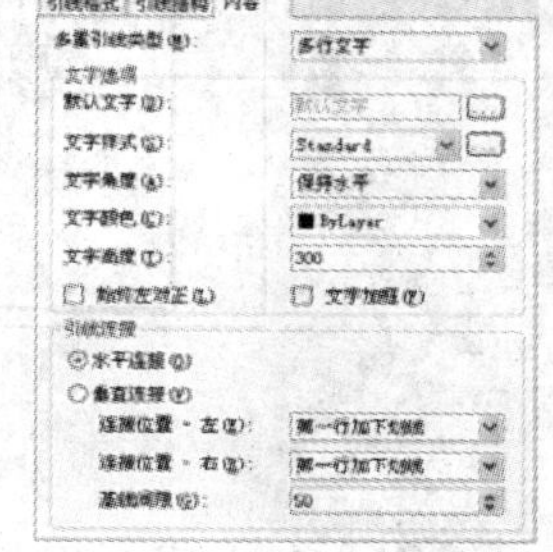

图 14-34　“内容”选项卡

04 单击【确定】按钮，返回到【多重引线样式管理器】对话框中，单击【置为当前】

按钮，然后单击【关闭】按钮，退出多重引线样式的设置。

05 单击【标注】|【多重引线】菜单命令，标注给排水设备管线。单击绘图工具栏中的 MTEXT（多行文字）按钮，设置文字高度为 300，标注房间名称，效果如图 14-35 所示。

06 添加图名、比例和图框。单击绘图工具栏中的 MTEXT（多行文字）按钮，在平面图下方绘制出图名和比例。

07 单击绘图工具栏中的 PLINE（多段线）按钮和 OFFSET（偏移）按钮，设置多段线宽为 100mm，绘制出图名和比例下方的两条下划线。单击修改工具栏中的 EXPLODE（分解）按钮，将第二条多段线进行分解，完成图名与比例的绘制。

08 单击绘图工具栏中的 INSERT（插入块）按钮，插入一个图框。单击修改工具栏中的 MOVE（移动）按钮，将图框移到平面图中合适位置。单击修改工具栏中的 EXPLODE（分解）按钮，将标题栏进行分解。修改标题栏中的内容，即可完成图框和标题栏的绘制，如图 14-36 所示。

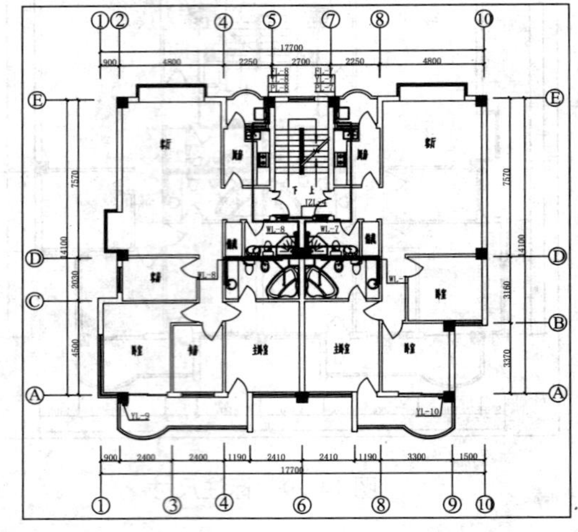

图 14-35　标注文字

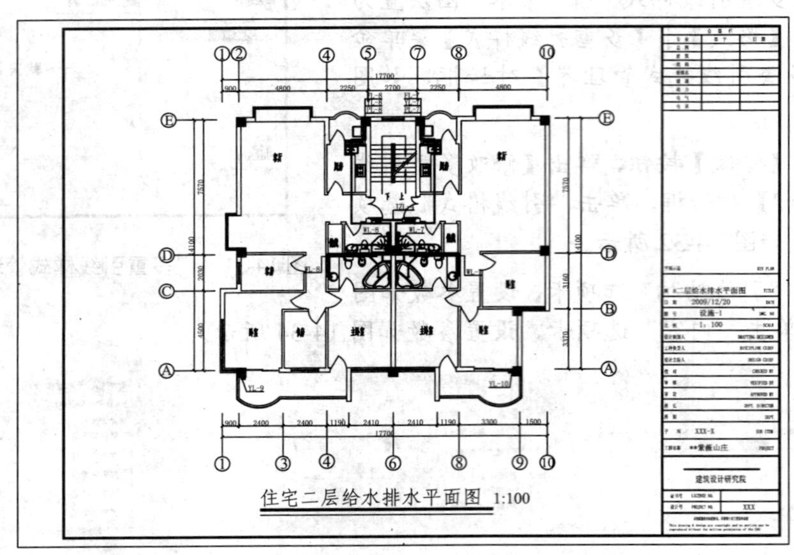

图 14-36　添加图名、比例和图框

09 打印出图。图样调整完成后，单击【文件】|【打印】菜单命令，对打印文件进行设置，设置完成后，单击【打印预览】按钮，如果效果合适，就可以开始打印了。

14.1.4 绘制某别墅排水系统图

视频教学	
视频文件：	AVI\第 14 章\14.1.4.avi
播放时长：	9 分 00 秒

为了更清楚地体现建筑物高度方向上排水方案的设计，提供了排水系统图。本小节讲某别墅排水系统图的绘制过程，最终效果如图 14-37 所示。

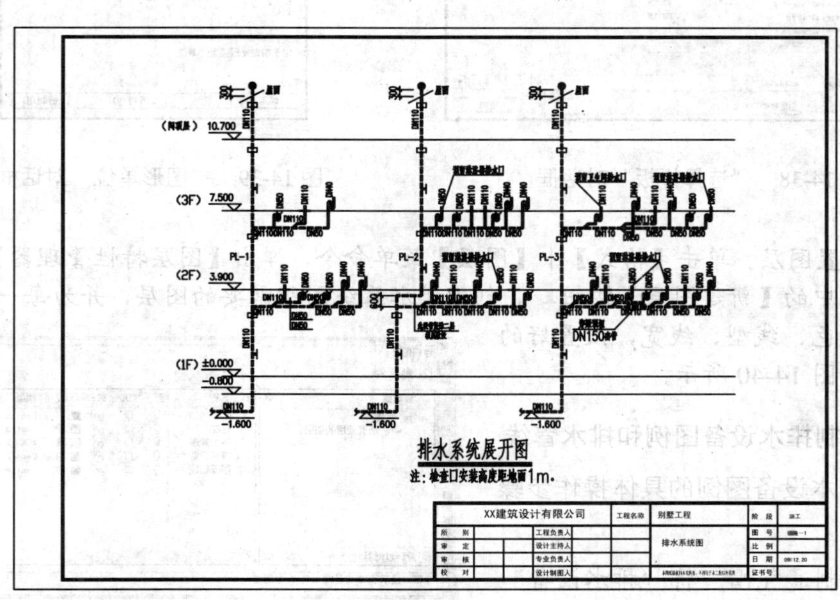

图 14-37　别墅排水系统图

1. 设置绘图环境

绘制排水系统图首先设置绘图环境，具体操作步骤如下：

01 新建图形文件。启动 AutoCAD 2011 应用程序，单击【文件】|【新建】菜单命令，打开【选择样板】对话框，选择“acadiso.dwt”选项，如图 14-38 所示，单击【打开】按钮，即可新建一个样板图形。

02 设置数字、角度单位和精度。单击【格式】|【单位】菜单命令，打开【图形单位】对话框，设置参数如图 14-39 所示，单击【确定】按钮，完成图形单位的设置。

03 设置绘图范围。单击【格式】|【图形界限】菜单命令，设置绘图区域；然后单击【视图】|【缩放】|【全部】菜单命令，完成观察范围的设置。其命令行提示如下：

```
命令: limits↙
重新设置模型空间界限:
指定左下角点或 [开(ON)/关(OFF)] <0.0000, 0.0000>:↙    //直接按回车键接受默认值
```

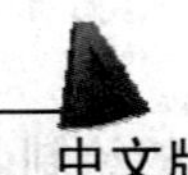

指定右上角点 <420.0000, 297.0000>: 25000, 16000↙　　//输入右上角坐标"25000, 16000"后按回车键完成绘图范围的设置

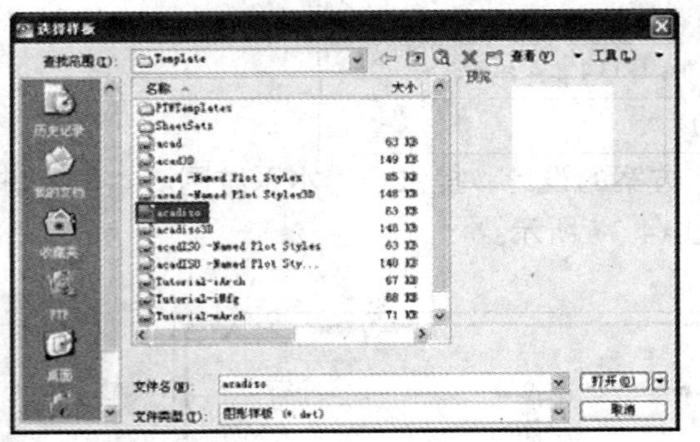

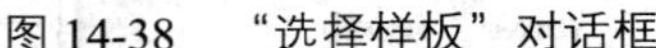

图 14-38　"选择样板"对话框

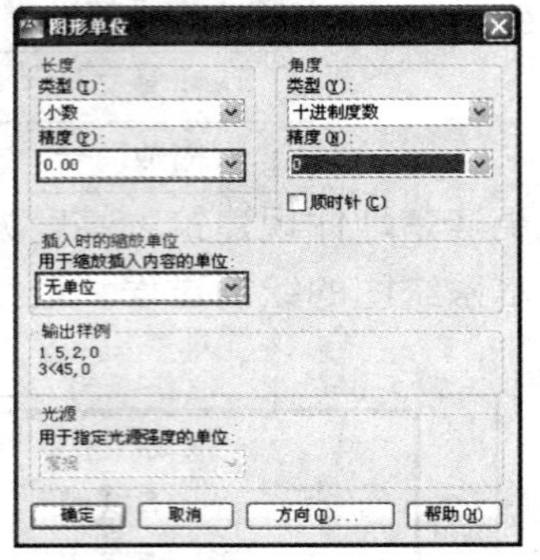

图 14-39　"图形单位"对话框

04 设置图层。单击【格式】|【图层】菜单命令，弹出【图层特性管理器】对话框，单击工具栏中的【新建图层】按钮，创建排水系统图所需要的图层，并为每一个图层定义名称、颜色、线型、线宽，设置好的图层效果如图 14-40 所示。

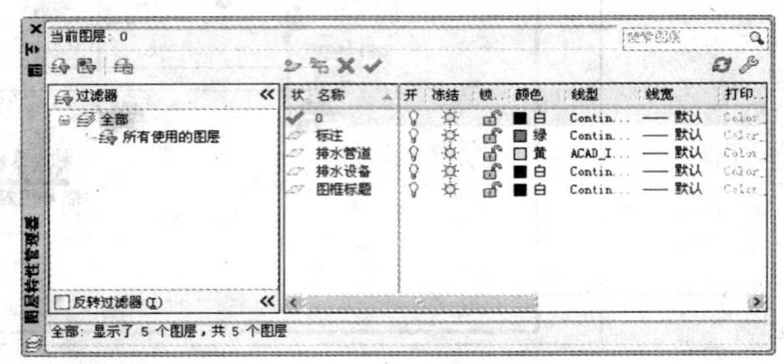

图 14-40　"图层特性管理器"对话框

2. 绘制排水设备图例和排水管线

绘制排水设备图例的具体操作步骤如下：

01 绘制通气帽。将"排水设备"图层置为当前层，单击绘图工具栏中的 CIRCLE（圆）按钮，绘制一个直径为 300mm 的圆。

02 单击绘图工具栏中的 HATCAH（图案填充和渐变色）按钮，对圆进行图案填充，完成效果如图 14-41 所示。

03 绘制圆形地漏。单击绘图工具栏中的 LINE（直线）按钮，绘制一条长 380mm 的水平直线。单击绘图工具栏中的 CIRCLE（圆）按钮，以直线的中点为圆心，绘制一个直径为 250mm 的圆。

04 单击修改工具栏中的 TRIM（修剪）按钮，将圆的上半部分进行修剪。单击绘图工具栏中的 PLINE（多段线）按钮，设置多段线宽为 80mm，以半圆的下象限点为起点，绘制一条排水立管，效果如图 14-42 所示。

05 绘制存水弯。单击绘图工具栏中的 LINE（直线）按钮，绘制一条水平基线和一条垂直基线。单击修改工具栏中的 OFFSET（偏移）按钮，生成存水弯的辅助线

06 单击绘图工具栏中的 PLINE（多段线）按钮，设置多段线宽为 80mm，绘制出直线段和圆弧段的存水弯。单击修改工具栏中的 ERASE（删除）按钮，将辅助线进行

删除，完成效果与具体尺寸如图 14-43 所示。

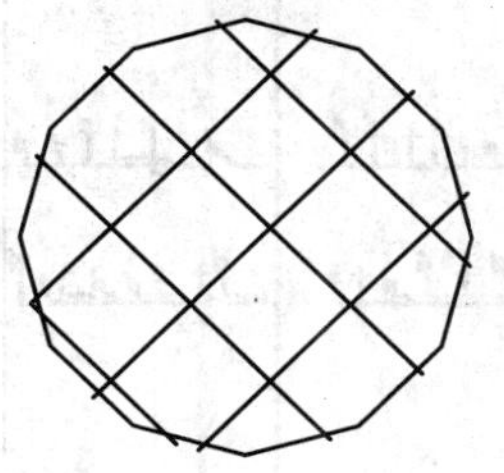
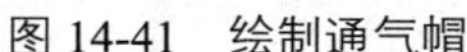

图 14-41 绘制通气帽

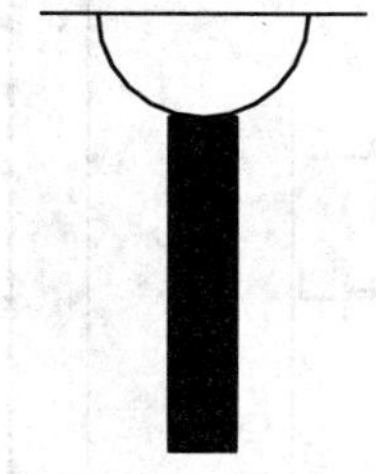

图 14-42 绘制圆形地漏

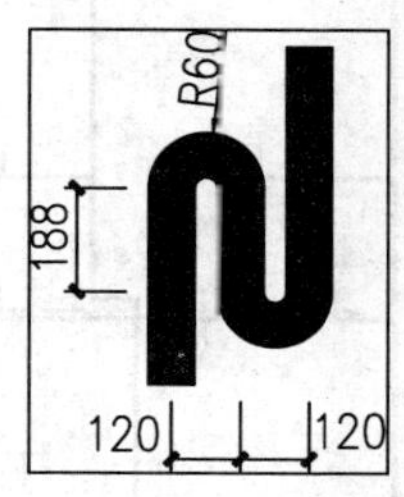

图 14-43 绘制存水弯

07 绘制立管检查口。单击绘图工具栏中的 LINE（直线）按钮，绘制一条垂直线，长为 400mm。单击绘图工具栏中的 PLINE（多段线）按钮，设置多段线宽为 80mm，配合“中点捕捉”功能，绘制一条长 200mm 的多段线。然后在左侧绘制出立管，如图 14-44 所示。

08 绘制套管伸缩器。单击绘图工具栏中的 PLINE（多段线）按钮，设置多段线宽为 80mm，绘制出立管。单击绘图工具栏中的 RECTANG（矩形）按钮，绘制一个尺寸为 400×200 的矩形。

09 单击修改工具栏中的 MOVE（移动）按钮，配合“中点和最近点捕捉”功能，将矩形移动立管中间位置，完成效果如图 14-45 所示。

10 绘制总排水。单击绘图工具栏中的 SPLINE（样条曲线）按钮，绘制一个大致的“S”形状，完成效果如图 14-46 所示。

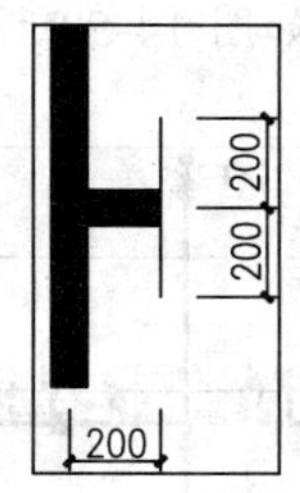

图 14-44 绘制立管检查口

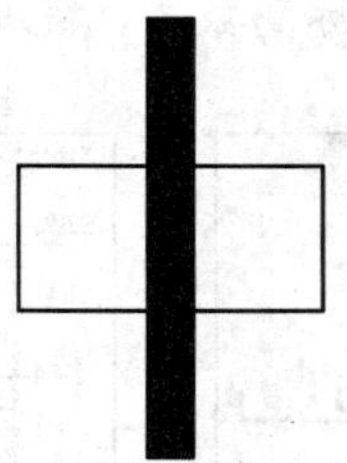

图 14-45 绘制套管伸缩器

图 14-46 绘制总排水

11 绘制排水管道。将“排水管道”图层置为当前层，线型为粗虚线，颜色随图层。采暖系统图是 45 度斜轴测图，它不按比例和投影规则绘制，竖向排水管道用竖直直线表示，水平排水管道用水平直线和与水平直线成 45º 角的直线表示。

12 单击绘图工具栏中的 PLINE（多段线）按钮，设置多段线宽为 80mm，绘制出排水管道，完成效果如图 14-47 所示。

13 绘制排水设备。将“排水设备”图层置为当前层，单击修改工具栏中的 COPY（复制）按钮，复制多个排水设备到排水系统图中，并添加适当的设备，如图 14-48 所示。

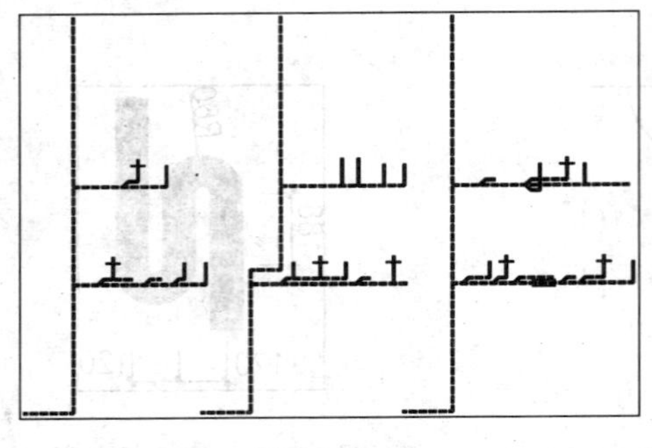

图 14-47　绘制排水管道

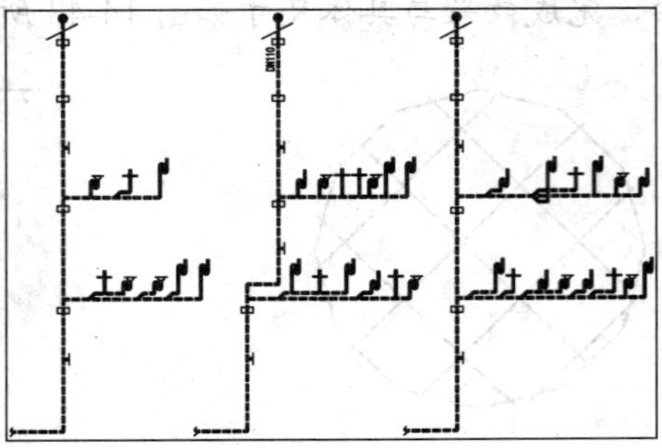

图 14-48　绘制排水设备

3．添加标注、图框和标题

添加标注、图框和标题的具体操作步骤如下：

01 添加尺寸标注。将“标注”图层置为当前层，单击【格式】|【标注样式】菜单命令，在弹出的【标注样式管理器】中修改标注样式。单击【标注】|【线性】菜单命令，标注必要的尺寸，如图 14-49 所示。

02 绘制层线和添加标高标注。单击绘图工具栏中的 LINE（直线）按钮，在底部绘制一条水平辅助线。单击修改工具栏中的 OFFSET（偏移）按钮，生成层线。单击修改工具栏中的 ERASE（删除）按钮，将辅助线删除。

03 单击绘图工具栏中的 LINE（直线）按钮和 MTEXT（多行文字）按钮 A，绘制出标高符号和标高数字。单击修改工具栏中的 COPY（复制）按钮，复制多个标高符号到给排水系统图中。双击数字修改标高数字，完成效果与具体尺寸如图 14-50 所示

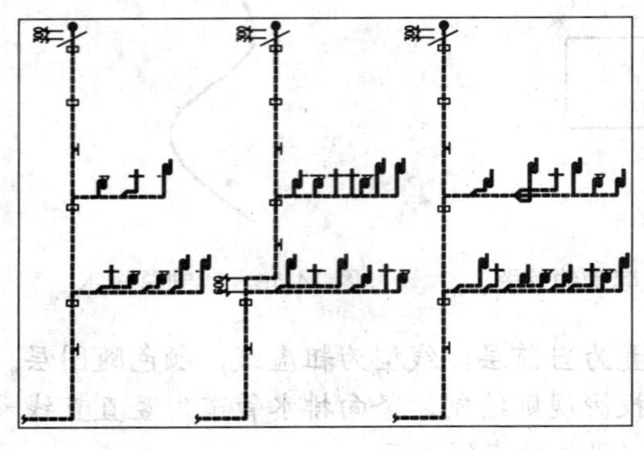

图 14-49　添加尺寸标注

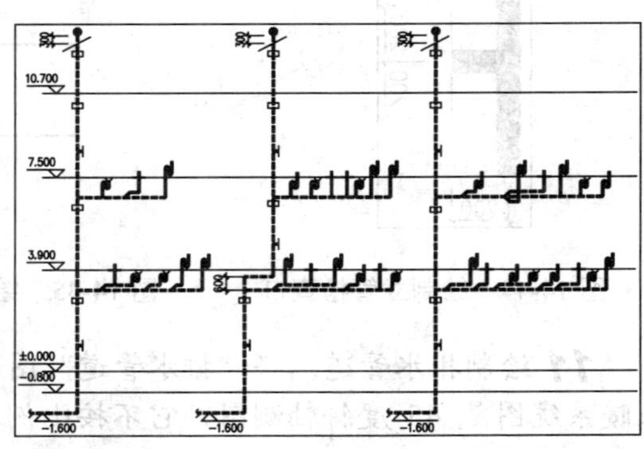

图 14-50　绘制层线和添加标高标注

04 文字标注。单击【格式】|【多重引线样式】菜单命令，在弹出的【多重引线样式管理器】对话框中修改多重引线样式。单击【标注】|【多重引线】菜单命令，标注引出文字说明。

05 单击绘图工具栏中的 MTEXT（多行文字）按钮 A，标注管道管径和其它文字，效果如图 14-51 所示。

06 添加图名、图框和标题栏。单击绘图工具栏中的 MTEXT（多行文字）按钮，绘制出图名和说明文字；单击绘图工具栏中的 PLINE（多段线）按钮，绘制图名下方的下划线。

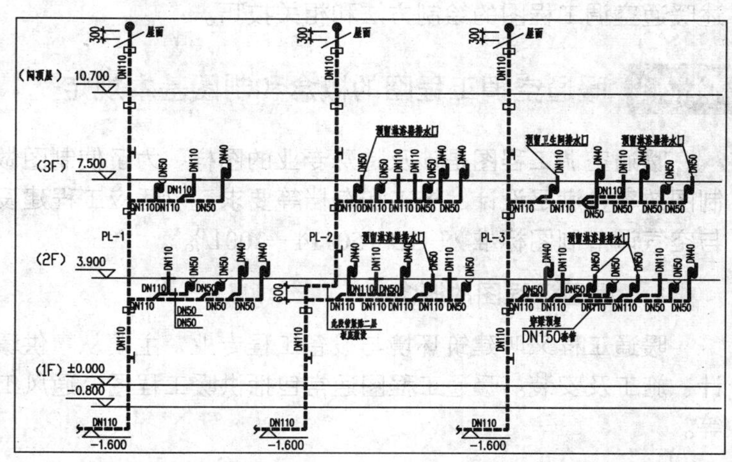

图 14-51　文字标注

07 单击绘图工具栏中的INSERT（插入块）按钮，插入已绘制好的图框图块。单击修改工具栏中的 MOVE（移动）按钮，将图框调整到排水系统图中合适位置。然后修改标题栏中的内容，效果如图 14-52 所示。

08 打印出图。图样调整完成后，单击【文件】|【打印】菜单命令，对打印文件进行设置，设置完成后，单击【打印预览】按钮，如果效果合适，就可以开始打印了。

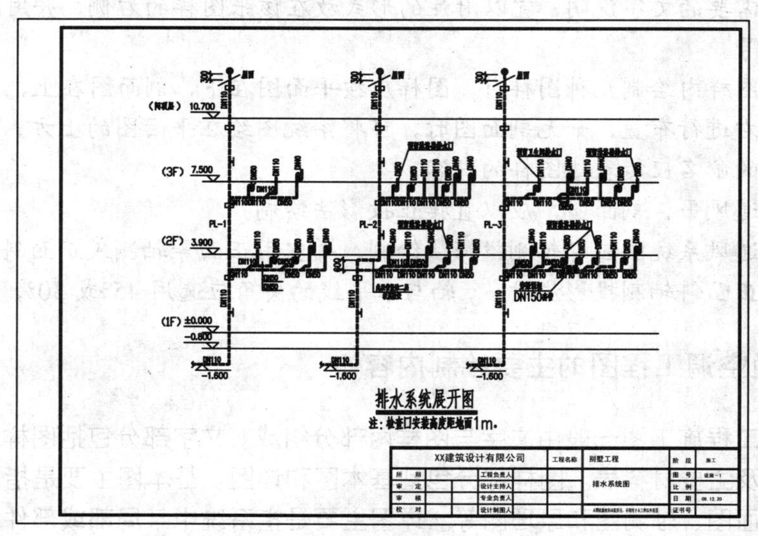

图 14-52　添加图名、图框和标题栏

14.2 暖通空调工程图的绘制

施工图是施工安装的依据，也是编制施工图预算的基础。因此，暖通空调施工图以统一规定的图形符号和简单的文字说明，将暖通空调工程的设计意图正确明了地表达，并用来指导暖通空调工程的施工。本节首先介绍暖通空调的基本知识，然后通过实例的绘制讲述暖通空调工程图的绘制方法和相关技巧。

14.2.1 暖通空调工程图的概念和制图基本规定

暖通空调工程图是涉及特殊专业的图样，为了使制图做到基本统一，清晰简明，提高制图效率，满足设计、施工和存档等要求，以适应工程建设需要，国家制定了《采暖通风与空气调节制图标准》(GB/T50114—2001)。

1. 暖通工程图的概念

暖通工程又叫建筑环境与设备工程专业，主要从事供暖、通风、空调及制冷系统的设计、施工及安装。暖通工程图通常包括供暖工程图、通风工程图、空调及制冷系统工程图等。

2. 暖通空调工程制图基本规定

暖通空调工程制图有如下基本规定:

- 图样目录、设计施工说明、设备及主要材料表等，如单独成图时，其编号应排在其他图样之间。编号顺序应为图样目录、设计施工说明、设备及主要材料表等。
- 图样需要的文字说明，宜以附注的形式放在该张图样的右侧，并用阿拉伯数字进行编号。
- 一张图样内绘制几种图样时，图样应按平面图在下，剖面图在上，系统图或安装图在右进行布置。如无剖面图时，可将系统图绘在平面图的上方。
- 图样的命名应能表达图样的内容。
- 采暖通风平、剖面图，应以直接正投影法绘制。
- 采暖通风系统图应以轴测投影法绘制，并宜用正面等轴测或正面斜轴测投影法。采用正面斜轴测投影法时，y 轴与水平线的夹角应选用 45°或 30°。

14.2.2 暖通空调工程图的主要绘制内容

暖通空调工程施工图一般由文字与图样两部分组成。文字部分包括图样目录、设计施工说明、设备及主要材料表。图样部分包括基本图和详图。基本图主要是指空调通风系统的平面图、剖面图、轴测图和原理图等。详图主要是指系统中某局部或部件的放大图、加工图和施工图等。如果详图中采用了标准图或其他工程图样，那么在图样目录中必须附有说明。

本小节主要介绍暖通空调工程施工图的绘制内容及相关知识。

1. 平面图

平面图包括建筑物各层楼面采暖、通风和空调系统的平面图，空调机房平面图及制冷机房平面图等。平面图应绘出建筑轮廓、主要轴线号、轴线尺寸、室内外地面标高和房间名称。首层平面图上应绘出指北针。平面图必须反映各设备、风管、风口和水管等安装平面位置与建筑平面之间的相互关系。

平面图的一般规定包括如下：

- 平面图一般是在建筑专业提供的建筑平面图上，采用正投影法绘制，所绘的系统平面图应包括所有安装需要的平面定位尺寸。
- 绘制时应保留原有建筑图的外形尺寸、建筑定位轴线编号、房间和工段等各区域的名称。
- 绘制平面图时，有关工艺设备画出其外轮廓线，非本专业的图（如门、窗、梁、柱和平台等建筑构配件，工艺设备等）均用细实线表示。
- 若车间仅一部分或几层平面与本专业有关，可以仅绘制有关部分与层数，并画出折断线。对于比较复杂的建筑，应局部分区域绘制，如车间，应在所绘部分的图面上标出该部分在车间总体中的位置。
- 平面图中表示剖面位置的剖切线应在平面图中有所表示，剖视线应尽量少拐弯。指北针应画在首层平面上。
- 管道和设备布置图应按假想除去上层板后俯视规则绘制，否则应在相应垂直剖面图中表示平剖面的剖切符号。

室内暖通空调设计中平面图样按其系统特点一般应包括：各层的设备布置平面图；管线平面图；空调水管布置平面图；空调通风工程平面图；风管系统平面图（根据系统的复杂程度有时又可分风口布置平面图、风管布置平面图、新风平面图或排风平面图，风管与水管也可以绘制在一个平面图上）；空调机房平面图和冷冻机房平面图等。

2. 剖面图

从某一视点，通过对平面图剖切观察绘制的图称为剖面图。剖面图是为说明平面图难以表达的内容绘制的，与平面图相同，采用正投影法绘制。图中所说明的内容必须与平面相一致。常见的有空调通风系统剖面图、空调机房剖面图和冷冻机房剖面图等，经常用于说明立管复杂、部件多以及设备、管道和风口等纵横交错时垂直方向上的定位尺寸。图中设备、管道与建筑之间的线型设置等规则与平面图相同。除此之外，一般还应包括如下内容：

- 注意剖视和剖切符号的正确应用。
- 凡在平面图上被剖到或见到的有关建筑、结构和工艺设备均应用细实线画出。标出地板、楼板、门窗、顶棚及与通风有关的建筑物和工艺设备等的标高，并应注明建筑轴线编号和土壤图例。
- 标注空调通风设备及其基础、构件、风管、风口的定位尺寸及有关标高、管径和系统编号。
- 标出风管出屋面的排出口高度及拉索位置，标注自然排风帽下的滴水盘与排水管位置和凝水管用的地沟或地漏等。

平面图和系统轴测图上能表达清楚地可不绘制剖面图，剖面图与平面图在同一张图上时，应将剖面图位于平面图的上方或右上方。

3. 系统轴测图

系统轴测图采用的坐标是三维的，其主要作用是从总体上表明系统的构成情况及各种

尺寸、型号和数量等。具体地说，系统轴测图上包括系统中设备、配件的型号、尺寸、定位尺寸、数量以及连接于各设备之间的管道在空间的曲折、交叉、走向、尺寸和定位尺寸等。系统轴测图上还应注明该系统的编号。通过系统轴测图可以了解系统的整体情况，对系统的概貌有个全面的认识。

暖通空调系统轴测图可以用单线绘制，也可以用双线绘制。轴测图一般采用 45 度投影法，以单线按比例绘制，其比例应与平面图相符，特殊情况除外。暖通空调系统轴测图主要包括的内容如下：

❑ 采暖系统图

采暖系统图，又称采暖系统轴测图，主要表达采暖系统中的管道和设备的连接关系、规格与数量。不表达建筑内容，其内容主要有：采暖系统中的所有管道、管道附件和设备都要绘制出来；标明管道规格、水平管道标高、坡向与坡度；散热设备的规格、数量和标高，散热设备与管道的连接方式；系统中的膨胀水箱和集气罐等与系统的连接方式。

采暖系统图的绘制方法是：采暖系统图应以轴测投影法绘制，并宜用正等测或正面斜轴测投影法；采暖系统轴测图宜用单线绘制，供水干管和立管用粗实线，回水干管用粗虚线，散热器支管、散热器和膨胀水箱等设备用中粗实线，标注用细线；系统轴测图宜采用与相对应的平面图相同的比例绘制；需要限定高度的管道，应标注相对标高，管道应标注中心标高，并应标在管段的始端或末端，散热器宜标注底标高，对于垂直式系统，同一层和同标高的散热器只标右端的一组；柱式和圆翼形式散热器的数量，应注在散热器内，光管式和串片式散热器的规格和数量，应注在散热器的上方；当采用供热工程制图标准时，阀门应按其要求进行绘制，这时阀门宜按比例绘制阀体和阀杆，当采用暖通空调制图标准时，可按其所示的阀门轴测画法绘制，这时需绘制阀杆的方向，阀体和阀杆的大小依据其实际尺寸近似按比例绘制，即大致反映其大小，在工程实践中，许多时候可不绘制阀杆，阀门的大小也并不严格按比例绘制。

❑ 空调水系统轴测图

空调水系统的轴测一般用单线表示，基本方法和采暖系统相似。联系平面图与轴测图一起识图，能帮助理解空调系统管道的走向及其与设备的关联。

❑ 空调通风系统轴测图

通风空调系统轴测图一般应包括下列内容：表示出通风空调系统中空气（或冷热水等介质）所经过的所有管道、设备及全部构件，并标注设备与构件名称或编号。

绘制空调通风系统轴测图应注意：用单线或双线按比例绘制管道系统轴测图，标注管径和标高，在各支路上标注管径与风量，在风机出口段标注总风量及管径。由于双线轴测图制图工作量大，所以在用单线轴测图能够表达清楚的情况下，很少采用；按比例（或示意）绘出局部排风罩及送排风口和回风口，并标注定位尺寸和风口；管道有坡度要求是，应标注坡度和坡向，如要排水，应在风机或风管上表示出排水管及阀门。

当系统较为复杂时会出现重叠，为使图面清晰，一个系统经常断开为几个子系统，分别绘制，断开处要标识相应的折断符号。也可将系统断开后平移，使前后管道不聚集在一起，断开处要绘出折断线或用细虚线相连。

4. 流程图

流程图，又常称原理图，主要包括：系统的工作原理及工作介质的流程；控制系统之间的相互关系；系统中的管道、设备、仪表和部件；控制方案及控制点参数等。它应该能充分表达设计者的设计思想和设计方案。原理图不按投影规则绘制，也不按比例绘制。原理图中的风管和水管一般用粗实线单线绘制，设备轮廓线采用中粗线。原理图可以不受物体实际空间位置的约束，根据系统流程表达的需要，来规划图面的布局，使图面线条简洁，系统的流程清晰。如果可能，应尽量与物体的实际空间位置的大体方位相一致。对于垂直式系统，一般按楼层或实际物体的标高从上到下的顺序来组织图面的布局。

空调系统原理图一般包括下列内容：

- 系统中所有设备及相连的管道，注明各设备名称（可用符号表示）或编号，各空气状态参数（温湿度等）视具体要求标注。
- 绘出并标注各空调房间的编号，设计参数（冬夏季温湿度、房间静压和洁净度等），可以在相应的风管附近标注系统和各房间的送风、回风、新风与排风量等参数。
- 绘出并标注系统中各空气处理设备，有进需要绘出空调机组内各处理过程所需的功能段，各技术参数视具体要求标注。
- 绘出冷热源机房冷冻水、冷却水、蒸汽和热水等各循环系统的流程（包括全部设备和管道、系统配件及仪表等），并宜根据相应的设备标注各主要技术参数，如水温和冷量等。
- 测量元件（压力、温度、湿度和流量等测试元件）与调节元件之间的关系和相对位置。

5. 详图

详图主要包括如下：

- 设备和管道的安装节点详图。例如：热力入口处通过绘制详图将各种设备、附件、仪表和阀门之间的关系表达清楚。
- 设备和管道的加工详图。当所用的设备由用户自行制造时，需绘制出加工图。通常有水箱和分水缸等。
- 设备和部件基础的结构详图等。如水泵的基础和换热器的基础等。
- 部分详图有标准图可供选用。

14.2.3 绘制某住宅采暖平面图

绘制采暖平面图的基本步骤是，首先绘制建筑平面图，接着绘制暖通工程设备，接下来绘制暖通工程设备，继续绘制暖通管线，然后添加标注、图框和标题栏，最后就可以打印出图了。建筑物的轮廓线用的是细实线。

视频教学	
视频文件：	AVI\第 14 章\14.2.3.avi
播放时长：	10 分 15 秒

本节以某建筑采暖平面图的绘制为例讲述采暖平面图的绘制方法和技巧，最终效果如图 14-53 所示。

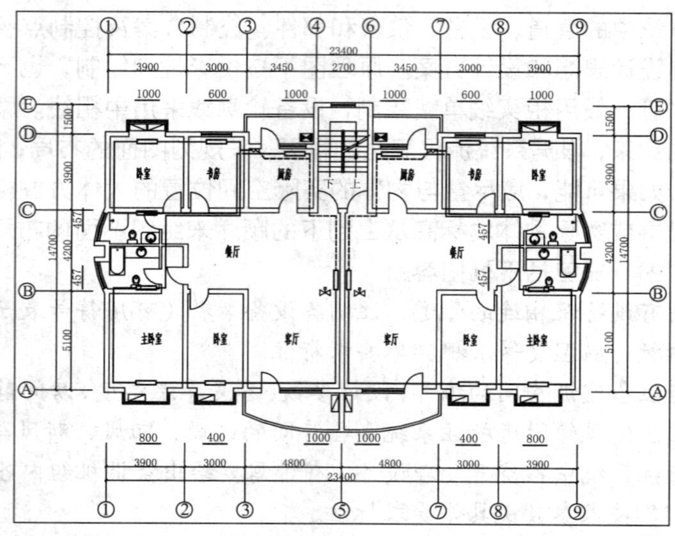

图 14-53　某住宅标准层采暖平面图

1. 设置绘图环境

设置绘图环境具体操作步骤如下：

01 新建图形文件。启动 AutoCAD 2011 应用程序，单击【文件】|【新建】菜单命令，打开【选择样板】对话框，选择“acadiso.dwt”选项，如图 14-54 所示，单击【打开】按钮，即可新建一个样板图形。

02 设置数字、角度单位和精度。单击【格式】|【单位】菜单命令，打开【图形单位】对话框，设置参数如图 14-55 所示，单击【确定】按钮，完成图形单位的设置。

图 14-54　“选择样板”对话框

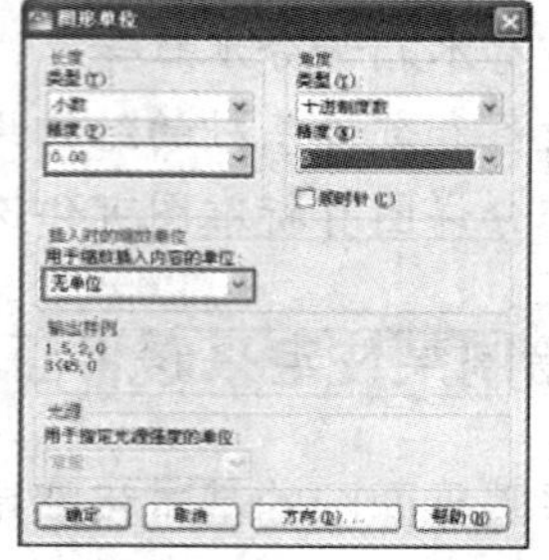

图 14-55　“图形单位”对话框

03 设置绘图范围。单击【格式】|【图形界限】菜单命令，设置绘图区域；然后单击【视图】|【缩放】|【全部】菜单命令，完成观察范围的设置。其命令行提示如下：

```
命令: limits
重新设置模型空间界限:
```

```
指定左下角点或 [开(ON)/关(OFF)] <0.0000, 0.0000>:↙      //直接按回车键接受默认值
指定右上角点 <420.0000, 297.0000>: 26000, 18000↙       //输入右上角坐标“26000, 18000”后按回车键完成绘图范围的设置
```

04 设置图层。单击【格式】|【图层】菜单命令，弹出【图层特性管理器】对话框，单击工具栏中的【新建图层】按钮，创建采暖平面图所需要的图层，并为每一个图层定义名称、颜色、线型、线宽，设置好的图层效果如图 14-56 所示。

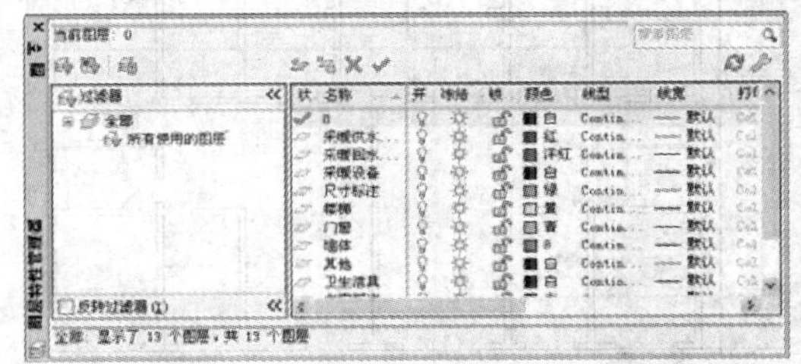

图 14-56　“图层特性管理器”对话框

2. 绘制住宅平面基本图形

绘制住宅平面基本图形的具体操作步骤如下：

01 绘制轴线网。将“轴线”图层置为当前层，单击绘图工具栏中的 LINE（直线）按钮，绘制水平和垂直两条基准轴线；

02 单击修改工具栏中的 OFFSET（偏移）按钮，根据房间的开间和进深的尺寸生成轴线网；单击修改工具栏中的 TRIM（修剪）按钮，将一些短肢墙的轴线进行调整，完成效果与具体尺寸如图 14-57 所示。

03 绘制墙体。将“墙体”图层置为当前层，单击【绘图】|【多线】菜单命令，设置普通墙体宽度为 240mm，卫生间隔墙墙体宽度为 120mm，绘制出墙体，对于弧墙，首先绘制圆弧定位，向两侧偏移生成。

04 单击【修改】|【对象】|【多线】菜单命令，在弹出的【多线编辑工具】对话框中选择适当的工具编辑墙体，对于不能使用编辑工具修剪掉到的多余墙线，首先将墙体进行分解，然后对多余墙线进行裁剪，墙体编辑完成后，将“轴线”图层关闭，完成效果如图 14-58 所示

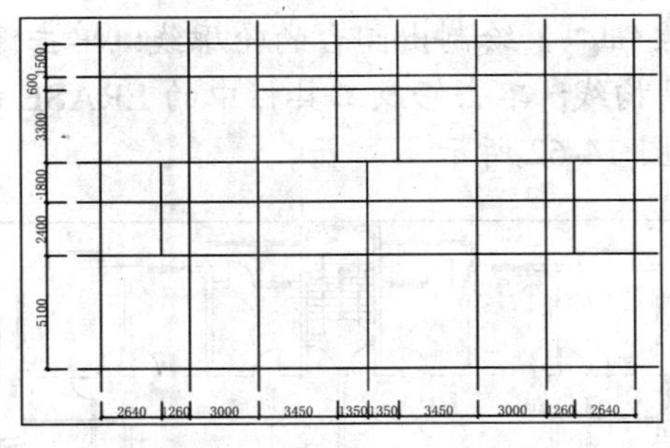

图 14-57　绘制轴线网

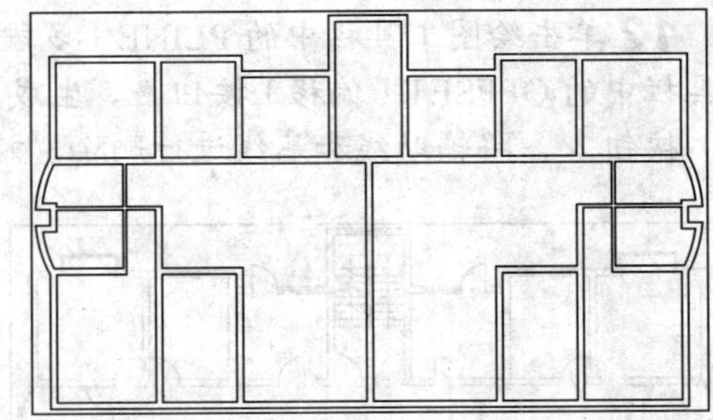

图 14-58　绘制墙体

05 绘制门窗洞口。单击绘图工具栏中的 LINE（直线）按钮，沿墙内角绘制水平和垂直基线；单击修改工具栏中的 OFFSET（偏移）按钮，生成门窗洞口的辅助线。

06 单击修改工具栏中的 TRIM（修剪）按钮，将门窗洞口的辅助线和墙线进行修剪；单击修改工具栏中的 ERASE（删除）按钮，将水平和垂直基线进行删除，完成效

果如图 14-59 所示。

07 绘制门窗。将"门窗"图层置为当前层，依据建筑平面图中门窗的绘制方法，绘制出所有门窗，如图 14-60 所示。

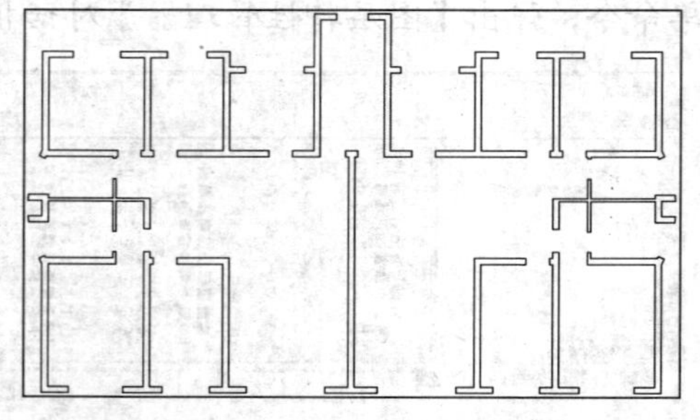

图 14-59 绘制门窗洞口

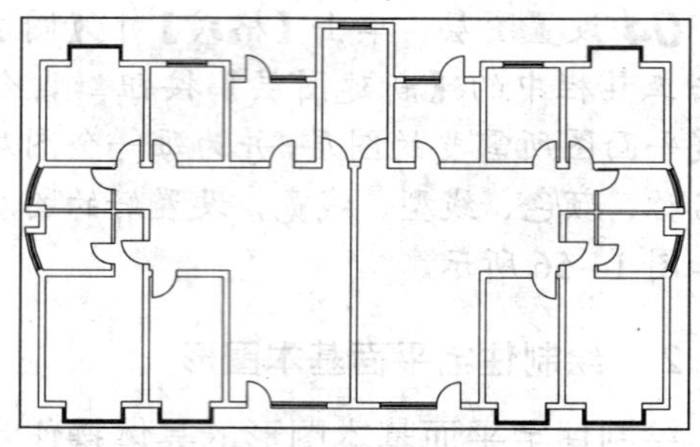

图 14-60 绘制门窗

08 绘制楼梯。将"楼梯"图层置为当前层，单击绘图工具栏中的 LINE（直线）按钮，沿楼梯间墙内角绘制水平基线和垂直基线；单击修改工具栏中的 OFFSET（偏移）按钮，生成楼梯的辅助线；单击绘图工具栏中的 LINE（直线）按钮，绘制出楼梯折断线。

09 单击修改工具栏中的 TRIM（修剪）按钮，将辅助线进行修剪；单击修改工具栏中的 ERASE（删除）按钮，将水平基线和垂直基线删除。

10 单击绘图工具栏中的 PLINE（多段线）按钮，绘制楼梯方向箭头；单击绘图工具栏中的 MTEXT（多行文字）按钮A，标注楼梯方向文字，楼梯绘制完成效果如图 14-61 所示。

11 绘制阳台。将"阳台"图层置为当前层，单击绘图工具栏中的 LINE（直线）按钮，沿外墙角绘制水平和垂直基线；单击修改工具栏中的 OFFSET（偏移）按钮，生成阳台外轮廓的辅助线。

12 单击绘图工具栏中的 PLINE（多段线）按钮，绘制出阳台的轮廓线；单击修改工具栏中的 OFFSET（偏移）按钮，生成阳台结构线；单击修改工具栏中的 ERASE（删除）按钮，将辅助线和基线进行删除，效果如图 14-62 所示。

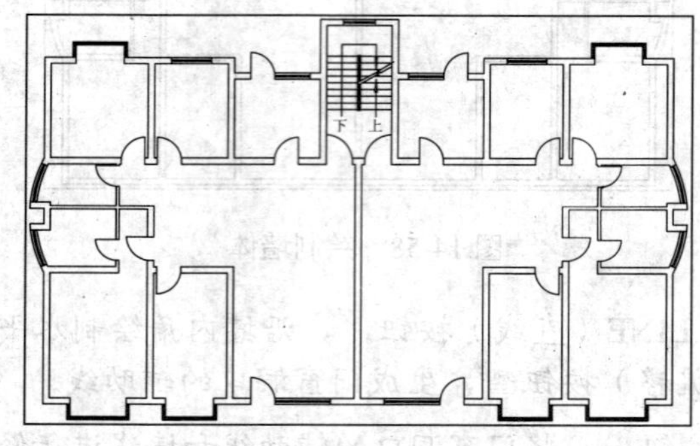

图 14-61 绘制楼梯

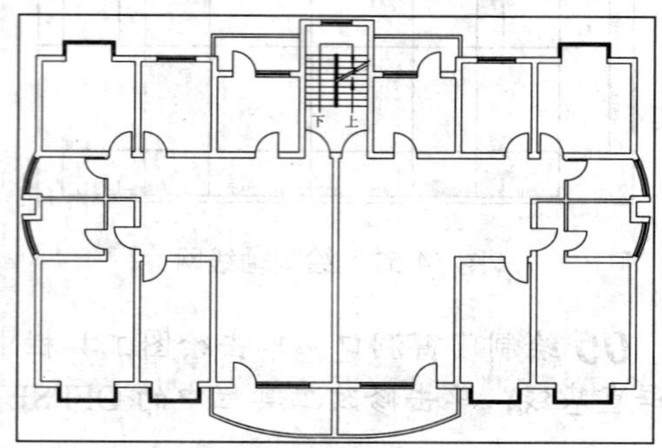

图 14-62 绘制阳台

13 绘制卫生洁具。按下快捷键 Ctrl + 2 打开 AutoCAD 设计中心，利用设计中心插入卫生洁具；单击修改工具栏中的 MOVE（移动）按钮，将卫生洁具布置在卫生间平面图中，效果如图 14-63 所示。

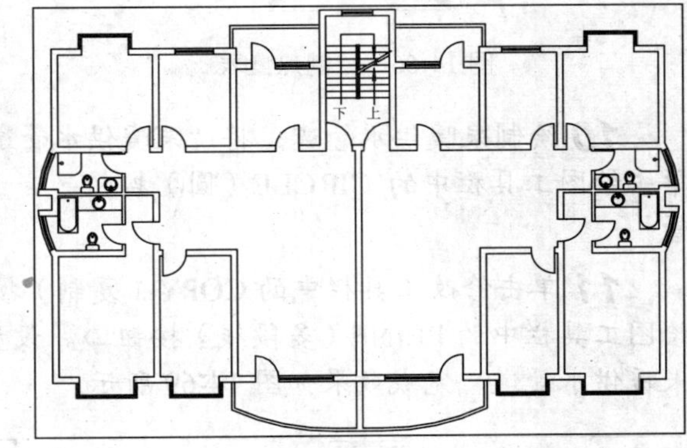

图 14-63　绘制卫生洁具

3. 绘制采暖设备和管线

绘制采暖设备和管线的具体操作步骤如下：

01 绘制暖风机。将“采暖设备”图层置为当前层，单击绘图工具栏中的 RECTANG（矩形）按钮，绘制一个尺寸为 850×350mm 的矩形。单击绘图工具栏中的 LINE（直线）按钮，连接矩形的两条对角线，完成效果如图 14-64 所示。

02 绘制散热器。单击绘图工具栏中的 RECTANG（矩形）按钮，绘制一个尺寸为 1000×200 的矩形。

03 单击【修改】|【对象】|【多段线】菜单命令，修改矩形线宽为 20mm；单击绘图工具栏中的 PLINE（多段线）按钮，设置多段线宽为 20mm，绘制出散热器两侧的管线，完成效果如如图 14-65 所示。

04 绘制热量表。单击绘图工具栏中的 RECTANG（矩形）按钮，绘制一个尺寸为 600×400mm 的矩形。单击绘图工具栏中的 LINE（直线）按钮，连接矩形的两条对角线。

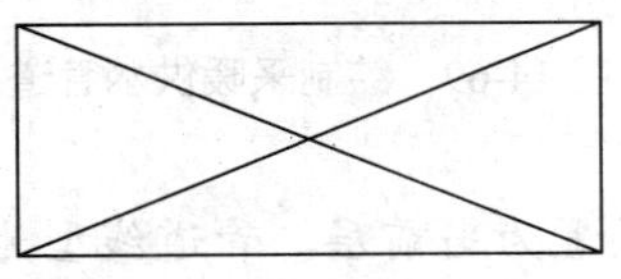
图 14-64　绘制暖风机

图 14-65　绘制散热器

05 单击绘图工具栏中的 HATCAH（图案填充和渐变色）按钮，对热量表进行图案填充，完成效果如图 14-66 所示。

06 绘制控温阀。单击绘图工具栏中的 RECTANG（矩形）按钮，绘制一个尺寸为 520×300mm 的矩形。

07 单击绘图工具栏中的 LINE（直线）按钮，连接矩形的两条对角线。单击修改工具栏中的 TRIM（修剪）按钮，将矩形的两条长边进行修剪。单击绘图工具栏中的 LINE（直线）按钮，以对角线的交点为起点绘制一条长 170mm 的垂直线。

08 单击绘图工具栏中的 RECTANG（矩形）按钮，绘制一个尺寸为 100×110mm 的矩形。单击修改工具栏中的 MOVE（移动）按钮，将矩形移到直线正上方，完成效果如图 14-67 所示。

09 复制采暖设备。单击修改工具栏中的 COPY（复制）按钮，配合“旋转”功能，复制出多个采暖设备到采暖平面图中，如图 14-68 所示。

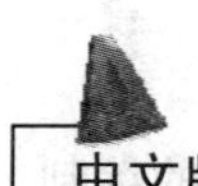

图 14-66　绘制热量表

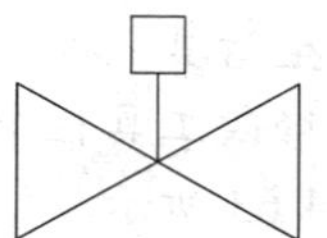

图 14-67　绘制控温阀

10 绘制采暖供水管道。将“采暖供水管道”图层置为当前层，管道线型为粗实线，单击绘图工具栏中的 CIRCLE（圆）按钮，绘制一个直径为 150mm 的圆，作为供水立管。

11 单击修改工具栏中的 COPY（复制）按钮，将供水立管复制到适当位置。单击绘图工具栏中的 PLINE（多段线）按钮，设置多段线宽为 20mm，根据设计线路绘制出采暖供水管道，完成效果如图 14-69 所示。

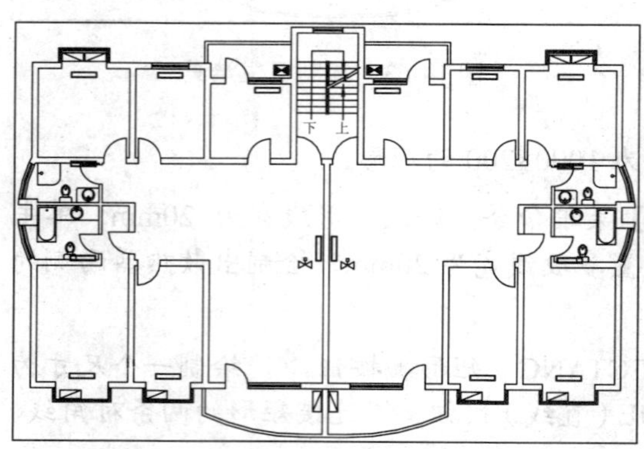

图 14-68　复制采暖设备

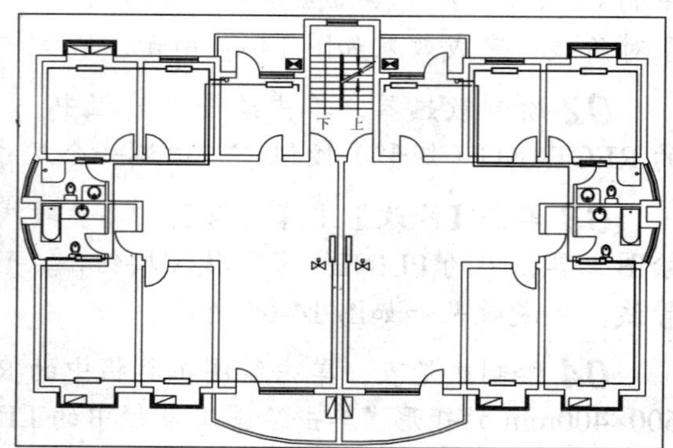

图 14-69　绘制采暖供水管道

12 绘制采暖回水管道。将“采暖回水管道”图层置为当前层，管道线型为粗虚线，单击绘图工具栏中的 CIRCLE（圆）按钮，绘制一个直径为 150mm 的圆，作为回水立管。

13 单击修改工具栏中的 COPY（复制）按钮，将回水立管复制到适当位置。单击绘图工具栏中的 PLINE（多段线）按钮，设置多段线宽为 20mm，根据设计线路绘制出采暖回水管道，完成效果如图 14-70 所示。

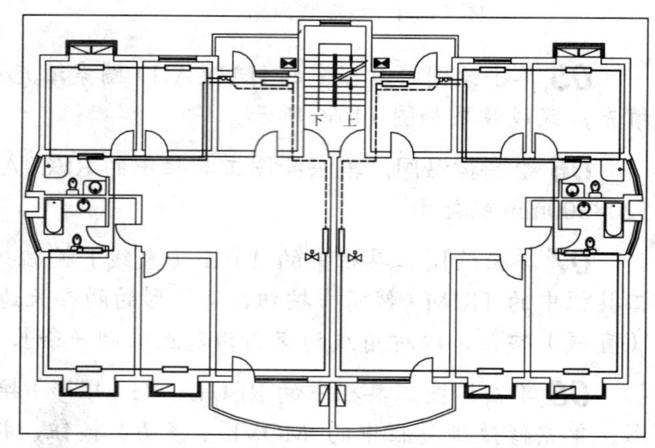

图 14-70　绘制采暖回水管道

4. 添加标注、图框和打印出图

添加标注、图框和打印出图的具体操作步骤如下：

01 添加尺寸标注和轴号标注。将“标注”图层置为当前层，并将“轴线”显示出来。

单击【格式】|【标注样式】菜单命令，在弹出的【标注样式管理器】对话框中，修改标注样式。

02 单击【标注】|【线性】菜单命令和【连续】菜单命令，标注两道尺寸。单击绘图工具栏中的 LINE（直线）按钮、CIRCLE（圆）按钮和 MTEXT（多行文字）按钮，绘制轴线引线和轴线编号。

03 单击修改工具栏中的 COPY（复制）按钮，复制轴线编号，并对文字进行修改，完成效果如图 14-71 所示。

04 添加文字标注。文字标注包括给排水管线的标注和房间名称的标注。将“文字标注”图层置为当前层，单击绘图工具栏中的 MTEXT（多行文字）按钮和 PLINE（多段线）按钮，标注给排水管线的标注和房间名称文字，如图 14-72 所示。

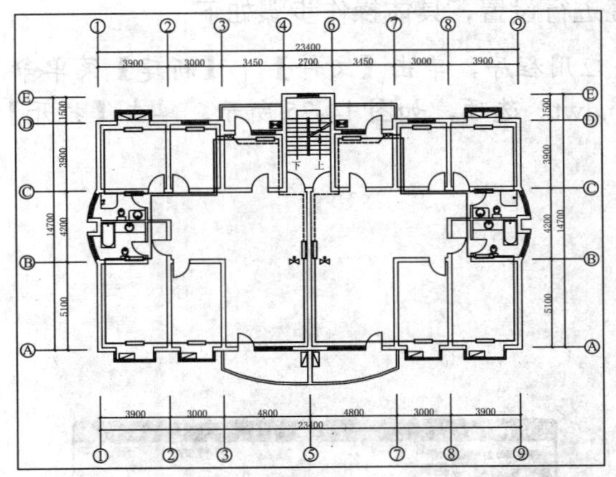

图 14-71 添加尺寸标注和轴号标注

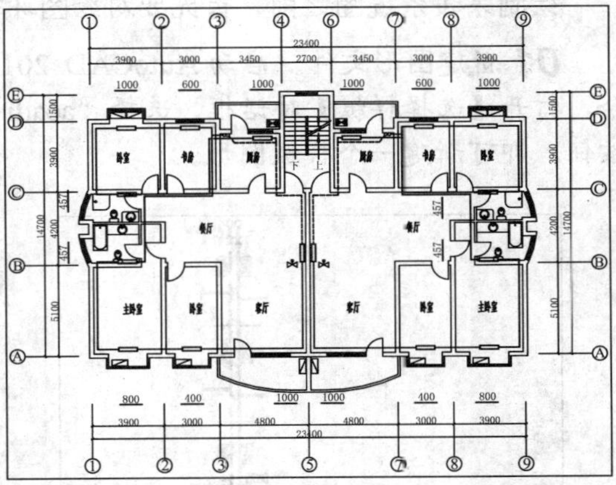

图 14-72 添加文字标注

05 添加图名、比例、图框和标题栏。单击绘图工具栏中的 MTEXT（多行文字）按钮，绘制出图名和比例。

06 单击绘图工具栏中的 PLINE（多段线）按钮和修改工具栏中的 OFFSET（偏移）按钮，绘制出图名和比例下方的下划线。单击修改工具栏中的 EXPLODE（分解）按钮，将第二条多段线进行分解。

07 单击绘图工具栏中的 INSERT（插入块）按钮，插入事先绘制好的图框和标题栏；然后对标题栏中的内容进行修改，效果如图 14-73 所示。

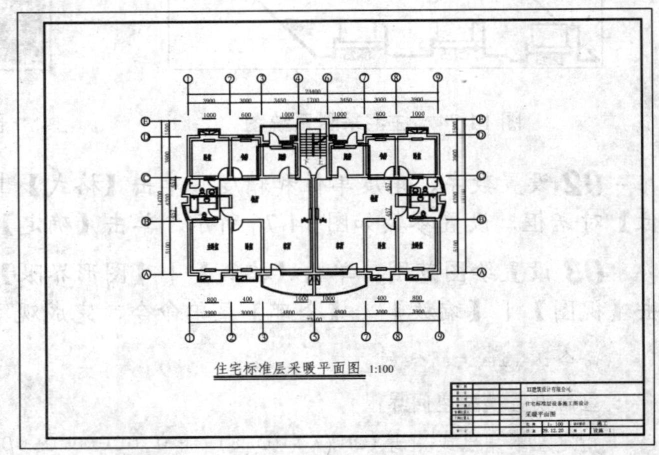

图 14-73 添加图名、比例、图框和标题栏

08 打印出图。图样调整完成后，单击【文件】|【打印】菜单命令，对打印文件进行设置，设置完成后，单击【打印预览】按钮，如果效果合适，就可以开始打印了。

14.2.4 绘制某住宅采暖系统图

视频教学	
视频文件:	AVI\第 14 章\14.2.4.avi
播放时长:	6 分 59 秒

本节讲述某住宅采暖系统图的绘制方法和技巧，本节最终效果如图 14-74 所示。

1. 设置绘图环境

绘制采暖系统图之前，首先要对绘图环境进行设置，具体操作步骤如下:

01 新建图形文件。启动 AutoCAD 2011 应用程序，单击【文件】|【新建】菜单命令，打开【选择样板】对话框，选择“acadiso.dwt”选项，如图 14-75 所示，单击【打开】按钮，即可新建一个样板图形。

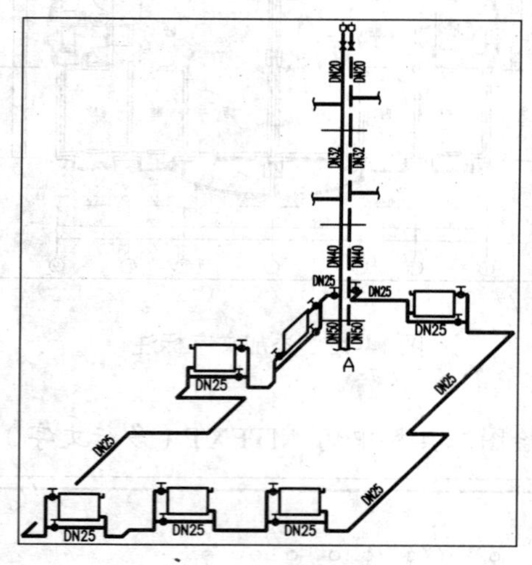

图 14-74 住宅采暖系统图

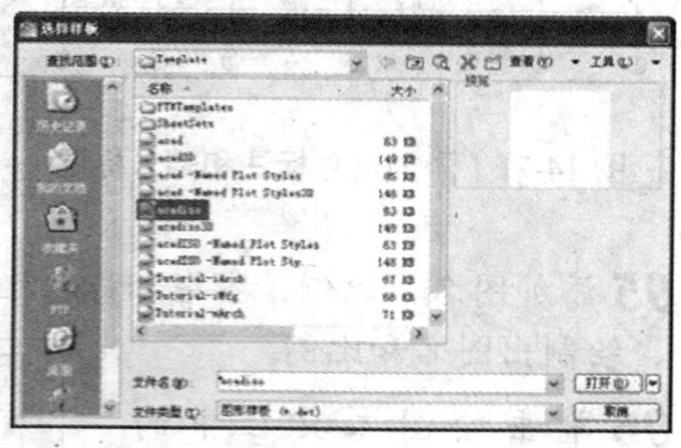
图 14-75 “选择样板”对话框

02 设置数字、角度单位和精度。单击【格式】|【单位】菜单命令，打开【图形单位】对话框，设置参数如图 14-76 所示，单击【确定】按钮，完成图形单位的设置。

03 设置绘图范围。单击【格式】|【图形界限】菜单命令，设置绘图区域；然后单击【视图】|【缩放】|【全部】菜单命令，完成观察范围的设置。其命令行提示如下:

```
命令: limits↙
重新设置模型空间界限:
指定左下角点或 [开(ON)/关(OFF)] <0.0000, 0.0000>:↙          //直接按回车键接受默认值
指定右上角点 <420.0000, 297.0000>: 18000, 16000↙          //输入右上角坐标“18000, 16000”后按回车键完成绘图范围的设置
```

04 设置图层。单击【格式】|【图层】菜单命令，弹出【图层特性管理器】对话框，单击工具栏中的【新建图层】按钮，创建采暖系统图所需要的图层，并为每一个图层定义名称、颜色、线型、线宽，设置好的图层效果如图 14-77 所示。

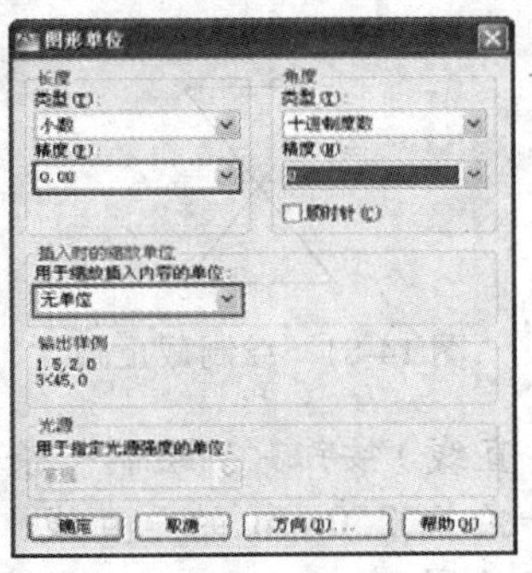

图 14-76　“图形单位”对话框

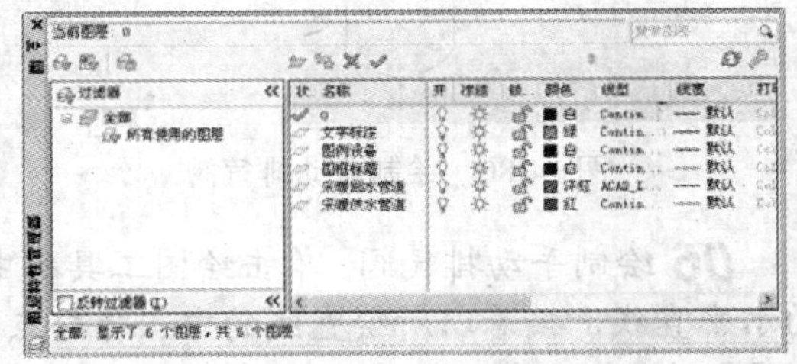

图 14-77　“图层特性管理器”对话框

2. 绘制采暖系统图

采暖系统原理图不按比例和投影规则绘制，竖向管线用竖直直线表示，水平方向管线用水平直线与水平直线成 45 度角的直线表示，用来表示建筑的一层。具体操作步骤如下：

01 绘制采暖供水管道。将“采暖供水管线”图层置为当前层，单击绘图工具栏中的 PLINE（多段线）按钮，设置多段线宽为 60mm 和 30mm，绘制出采暖供水管道，完成效果如图 14-78 所示。

02 绘制采暖回水管道。将“采暖回水管线”图层置为当前层，单击绘图工具栏中的 PLINE（多段线）按钮，设置多段线宽为 60mm，绘制出采暖回水管线，完成效果如图 14-79 所示。

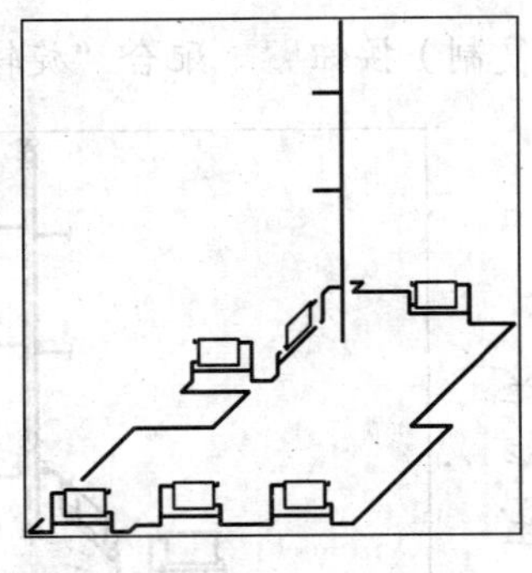

图 14-78　绘制采暖供水管道

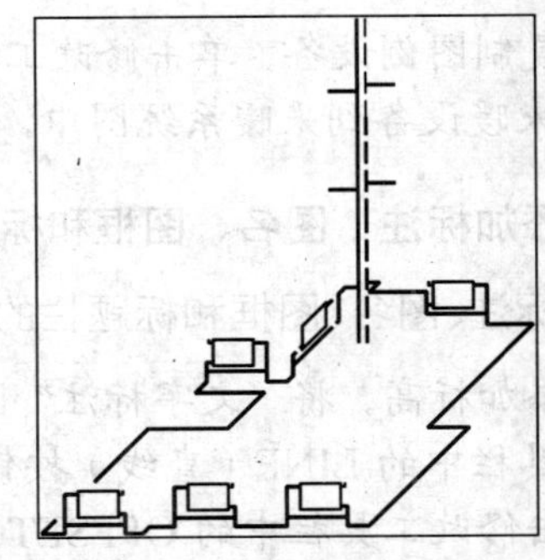

图 14-79　绘制回水管线

03 绘制自动排气阀。将“图例设备”图层置为当前层，单击绘图工具栏中的 RECTANG（矩形）按钮，绘制一个尺寸为 188 × 143mm 的矩形。

04 单击绘图工具栏中的 ARC（圆弧）按钮，绘制一个以矩形下边的两端作为圆弧端点、半径为 112mm 的圆弧。单击绘图工具栏中的 LINE（直线）按钮，配合“正交”功能，绘制自动排气阀的连接线，完成效果如图 14-80 所示。

05 绘制截止阀。单击绘图工具栏中的 RECTANG（矩形）按钮，绘制一个尺寸为 169×225mm 的矩形。单击绘图工具栏中的 LINE（直线）按钮，连接矩形的两条对角线。单击修改工具栏中的 TRIM（修剪）按钮，将矩形的左右两边进行修剪，完成效果如图 14-81 所示。

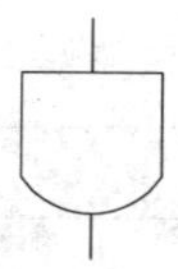

图 14-80　绘制自动排气阀

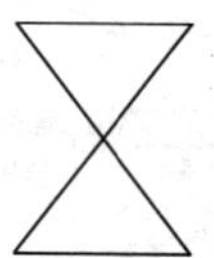

图 14-81　绘制截止阀

06 绘制手动排气阀。单击绘图工具栏中的 LINE（直线）按钮，绘制一条长 250mm 的水平直线，接着以所绘直线的中点为起点向下绘制一条长 250mm 的垂直线。单击绘图工具栏中的 CIRCLE（圆）按钮，以垂直线的下端点为圆心，以 100mm 长为半径，绘制一个圆。

07 单击绘图工具栏中的 HATCH（图案填充和渐变色）按钮，对圆进行图案填充，完成效果如图 14-82 所示。

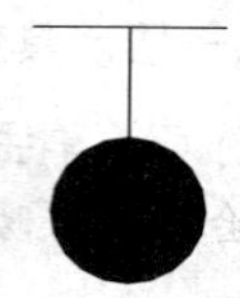

图 14-82　绘制手动排气阀

图 14-83　绘制总供热符号

08 绘制总供热符号。单击绘图工具栏中的 SPLINE（样条曲线）按钮，绘制出总供热符号，如图 14-83 所示。

09 复制图例设备。单击修改工具栏中的 COPY（复制）按钮，配合“旋转”功能，复制多个采暖设备到采暖系统图中，如图 14-84 所示。

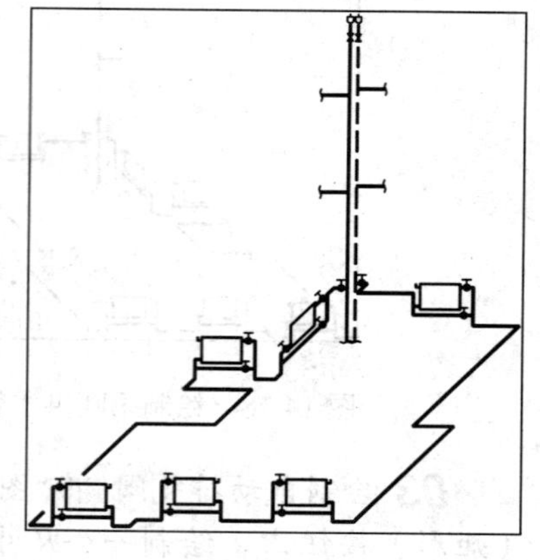

图 14-84　复制采暖设备

3. 添加标注、图名、图框和标题栏

添加标注、图名、图框和标题栏的具体操作步骤如下：

01 添加标高。将“文字标注”图层置为当前层，单击绘图工具栏中的 LINE（直线）按钮，绘制一条水平层线；单击修改工具栏中的 OFFSET（偏移）按钮，生成多条层线。

02 击绘图工具栏中的 LINE（直线）按钮，绘制出标高符号。单击绘图工具栏中的 MTEXT（多行文字）按钮A，绘制出标高数字。

03 单击修改工具栏中的 COPY（复制）按钮，复制出多个标高符号和数字。双击标高数字，在弹出的文本框中修改标高数字，标高完成效果如图 14-85 所示。

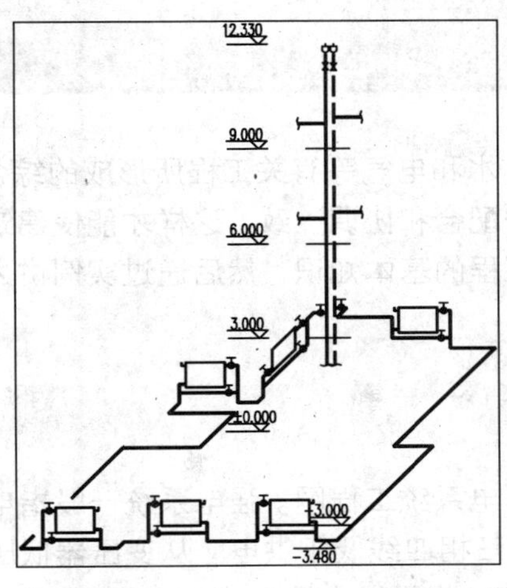

图 14-85 添加标高

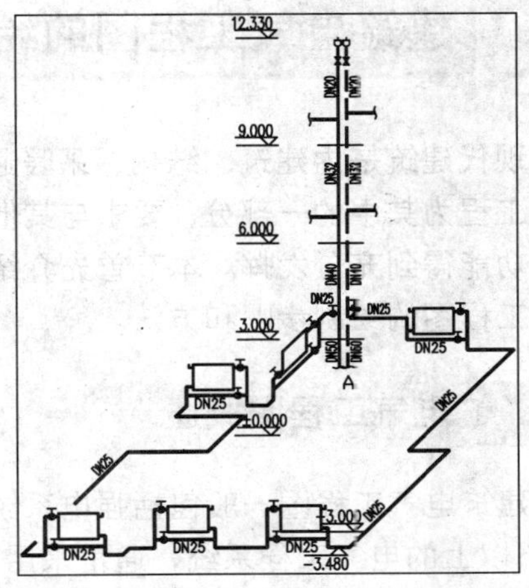

图 14-86 添加文字

04 添加文字。单击绘图工具栏中的 MTEXT（多行文字）按钮A，配合“旋转”功能，绘制出管径标注文字，如图 14-86 所示。

05 添加图名。单击绘图工具栏中的 MTEXT（多行文字）按钮A，绘制出图名。单击绘图工具栏中的 PLINE（多段线）按钮，绘制出图名下方的下划线，如图 14-87 所示。

06 添加图框和标题栏。单击绘图工具栏中的 INSERT（插入块）按钮，插入事先绘制好的图框和标题栏，然后对标题栏中的内容进行修改，效果如图 14-88 所示。

07 打印出图。图样调整完成后，单击【文件】|【打印】菜单命令，对打印文件进行设置，设置完成后，单击【打印预览】按钮，如果效果合适，就可以开始打印了。

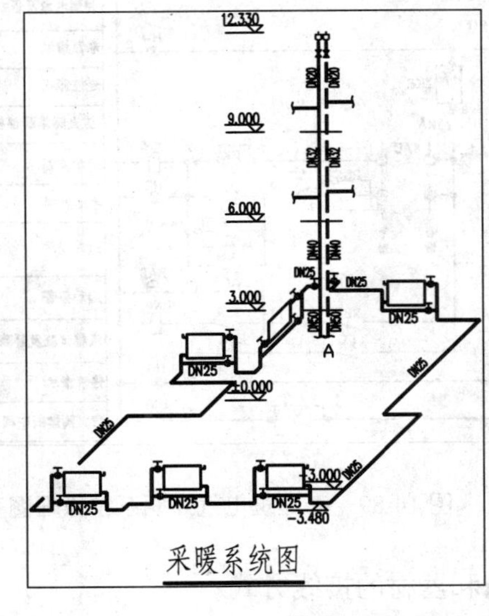

图 14-87 添加图名

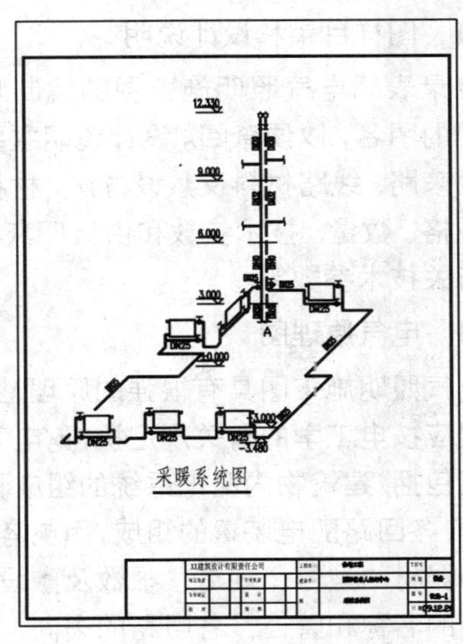

图 14-88 添加图框和标题栏

14.3 建筑电气工程图的绘制

现代建筑是由建筑、结构、采暖通风、给水排水和电气等有关工程所形成的综合体，电气工程为其中的一部分，要求与其他工程的紧密配合和协调一致，这样才能使建筑物的各项功能得到充分发挥。本节首先介绍建筑电气工程的基本知识，然后通过实例讲述建筑电气工程图的绘制步骤和方法。

14.3.1 电气工程图概述

建筑电气工程图一般包括强电系统工程图和弱电系统工程图。强电系统一般指电压为 220V 以上的电气工程系统，通常采用 380V/220V 三相四线低压供电。从变压器低压端引出三根相线（分别用 A、B、C 表示，俗称火线）和一根零线（用 O 表示），象限与象限之间的电压为 380V，可供动力负荷使用；相线与零线之间的电压为 220V，可供照明负荷使用。

除了上述从变压器引出的相线与零线以外，鉴于对电气及设备保护的需要，还要设置专用的接地线，接地线一端与电气设备的外壳相连，另一端与室外接地级相连。本节主要以室内照明施工图为例介绍强电系统施工图。

1. 室内电气照明施工图的绘制内容及要求

室内电气照明施工图是以建筑施工图为基础（建筑平面图用细线绘制），并结合电气接线原理而绘制的，主要表现建筑室内相应配套电气照明设施的技术要求。室内电气照明施工图主要包括的内容如下：

❑ 图样目录和设计说明

目录表明电气照明施工图的编制顺序及每张图的图名，以便查阅。设计说明主要说明电源的来路、线路材料及敷设方法，材料及设备的规格、数量、技术参数和供货厂家，施工中的有关技术参数等。

❑ 电气原理图

电气照明施工图具有很强的原理性，其接线原理应按电工学的有关规定执行。电气原理图主要包括：建筑物内配电系统的组成和连接的原理；各回路配电装置的组成，用电容量值；导线和器材的型号、规格、根数及敷设方法，传线管的名称和管径；各回路的去向；线路中设备和器材的接线方式。

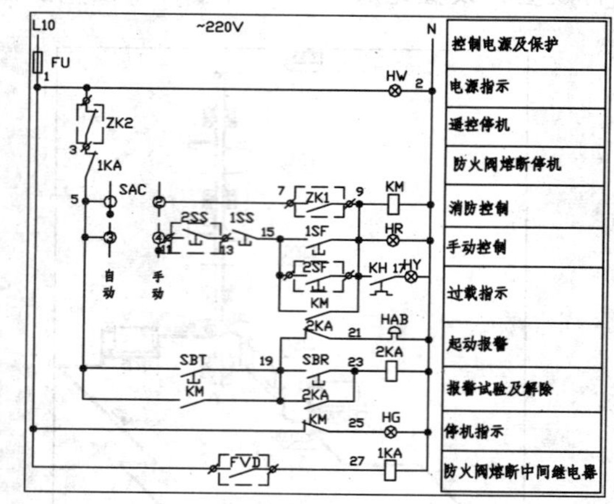

图 14-89　某建筑电气照明系统原理图

如图 14-89 所示是某建筑照明系统的原理图。

❑ 电气照明施工平面图

电气照明施工平面图是在建筑平面图的基础上绘制成的，其主要表现的内容包括：电源进户线的位置、导线规格、型号根数、接入方法（当架空引入时注明架空高度，从地下敷设引入时注明穿管材料和名称管径等；配电箱位置（包括主配电箱和分配电箱等）；各用电器材及设备的平面位置、安装高度、安装方法和用电功率等；线路的敷设方法，传线器材的名称、管径，导线的名称、规格和根数，从各配电箱引出回路的编号；屋顶防雷平面图及室外接地平面图，还反映防雷带布置平面，选用材料、名称和规格，防雷引下方法，接地级材料、规格和安装要求等。

如图 14-90 所示是某酒店三层电气照明平面图。

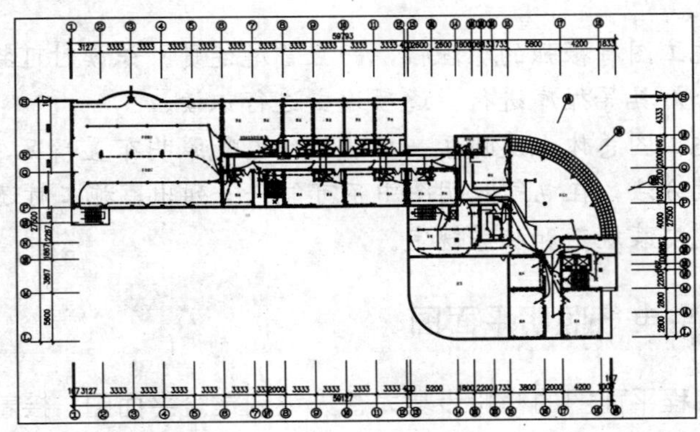

图 14-90　某酒店三层电气照明平面图

❑ 电气安装大样图

电气安装大样图是表明电气工程中某一部位的具体安装节点详图或安装要求的图样，通常参见现有的安装手册，除特殊情况外，图样中一般不予画出。

2. 室内电气照明施工图的有关规定

室内电气照明施工图是建筑电气图中最基本的图样之一，一般包括系统图、平面图和配电箱安装接线图等。室内电气照明施工图的有关规定包括如下：

- 比例：室内照明平面图一般与房屋的建筑平面图采用相同的比例。土建部分应完全按比例绘制，电气部分是采用图形符号绘制的，可不完全按比例绘制。
- 房屋平面图的画法：用细线画出房屋的墙身、柱、门窗洞和台阶等主要构配件，至于房屋的细部和门窗代号等均可省略，但要画出轴线，标注轴线间尺寸。
- 电气部分的画法：供电线路须用中或粗的单线绘制，不必考虑其可见性，一律画为实线。到于配电箱和各种器具按图例绘制。
- 标注：供电线路要标注必要的文字符号，用以说明线路的用途、导线型号、规格、根数、线路敷设方式和敷设部位等。配电箱和灯具等也要按规定标注或列表说明。但供电线路、灯具和插座等的定位尺寸一般不标。线路的长度在安装时以实测尺寸为依据，在图中不标注其长度。开关和插座的高度一般也不标，施工时按照施工及验收规范进行安装，如一般开关的高度为距地 1.3m，距门框 0.15 ~ 0.2m。

3. 电气照明施工图的识读方法

要正确识读电气照明施工图，要注意以下几个方面：

- 从设计入手，了解整个设计的意图及有关要求。
- 从电气接线原理图中了解整个建筑的接线方法及总计回路数。
- 在识读电气照明平面图时，可以沿着导线布置程序循序渐进。

4. 识读电气照明施工图的注意事项

在识读电气照明施工图时，应注意如下几点：

- 电气照明施工图中有较多的图例符号，在识读前必须首先弄懂这些符号、代号和图例的含义。
- 电气照明施工图有很强的原理性，而且首尾连贯。识读时可按主干、支干分支、用电设备和灯具等循序进行，逐项逐支进行识读。
- 电气照明施工图总体上反映了一栋建筑的电气照明布置情况、设备内部结构性能和详细安装方法，在电气照明图中不可能一一列出，施工时还要参见产品的说明及有关电气安装规范和相关规定。

14.3.2 绘制某住宅电气照明平面图

绘制建筑电气工程平面图的一般步骤为首先绘制建筑平面图，接着绘制电气设备，然后绘制电气线路，最后添加标注、文字说明、图框和标题栏，进行打印输出。

视频教学	
视频文件：	AVI\第 14 章\14.3.2.avi
播放时长：	12 分 18 秒

本小节以为某住宅电气照明平面图的绘制为例，讲述建筑标准层电气照明平面图的绘制方法和技巧。本小节绘制住宅标准层电气照明平面图的最终效果如图 14-91 所示。

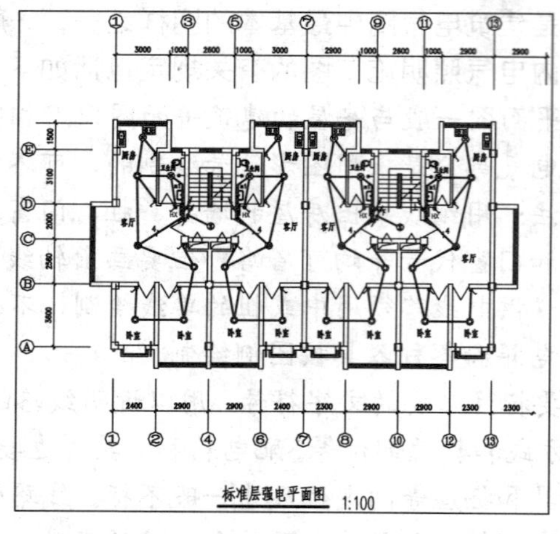

图 14-91　某住宅标准层电气照明平面图

1．设置绘图环境

绘制电气照明平面图的第一步就是设置绘图环境，具体操作步骤如下：

01 新建图形文件。启动 AutoCAD 2011 应用程序，单击【文件】|【新建】菜单命令，打开【选择样板】对话框，选择“acadiso.dwt”选项，如图 14-92 所示，单击【打开】按钮，即可新建一个样板图形。

02 设置数字、角度单位和精度。单击【格式】|【单位】菜单命令，打开【图形单位】对话框，设置参数如 图 14-93 所示，单击【确定】按钮，完成图形单位的设置。

图 14-92 “选择样板”对话框

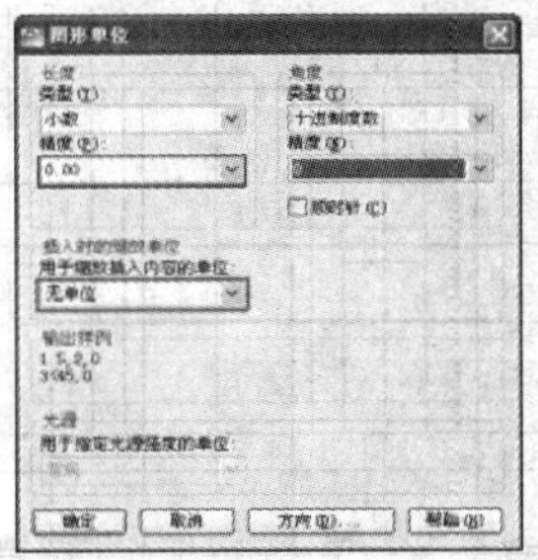

图 14-93 “图形单位”对话框

03 设置绘图范围。单击【格式】|【图形界限】菜单命令，设置绘图区域；然后单击【视图】|【缩放】|【全部】菜单命令，完成观察范围的设置。其命令行提示如下：

```
命令：limits↙
重新设置模型空间界限：
指定左下角点或 [开(ON)/关(OFF)] <0.0000, 0.0000>:↙      //直接按回车键接受默认值
指定右上角点 <420.0000, 297.0000>: 30000, 25000↙       //输入右上角坐标“30000,
25000”后按回车键完成绘图范围的设置
```

04 设置图层。单击【格式】|【图层】菜单命令，弹出【图层特性管理器】对话框，单击工具栏中的【新建图层】按钮，创建电气照明平面图所需要的图层，并为每一个图层定义名称、颜色、线型、线宽，设置好的图层效果如图 14-94 所示。

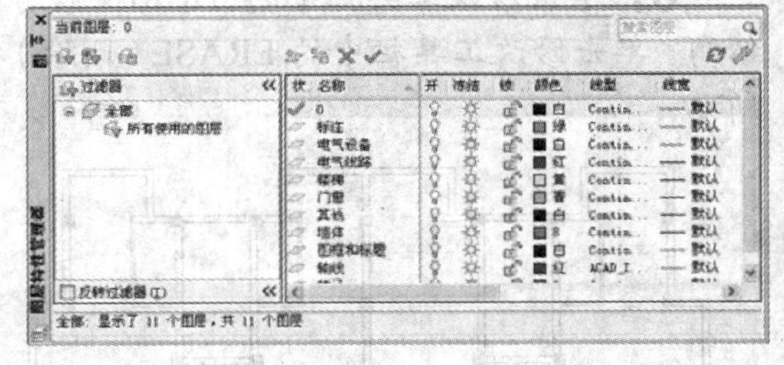

图 14-94 “图层特性管理器”对话框

2．绘制住宅平面基本图形

绘制住宅平面基本图形的具体操作步骤如下：

01 绘制轴线网。将“轴线”图层置为当前层，单击绘图工具栏中的 LINE（直线）按钮，绘制水平和垂直两条基准轴线；单击修改工具栏中的 OFFSET（偏移）按钮，根据房间的开间和进深的尺寸生成轴线网；单击修改工具栏中的 TRIM（修剪）按钮，将一些短肢墙的轴线进行调整，完成效果与具体尺寸如图 14-95 所示。

02 绘制墙体。将“墙体”图层置为当前层，单击【绘图】|【多线】菜单命令，设置普通墙体宽度为 240mm，卫生间隔墙墙体宽度为 120mm，绘制出墙体，对于弧墙，首先绘制圆弧定位，向两侧偏移生成。

03 单击【修改】|【对象】|【多线】菜单命令，在弹出的【多线编辑工具】对话框中选择适当的工具编辑墙体，对于不能使用编辑工具修剪掉到的多余墙线，首先将墙体进行分解，然后对多余墙线进行裁剪，墙体编辑完成后，将“轴线”图层关闭，完成效果如图 14-96 所示

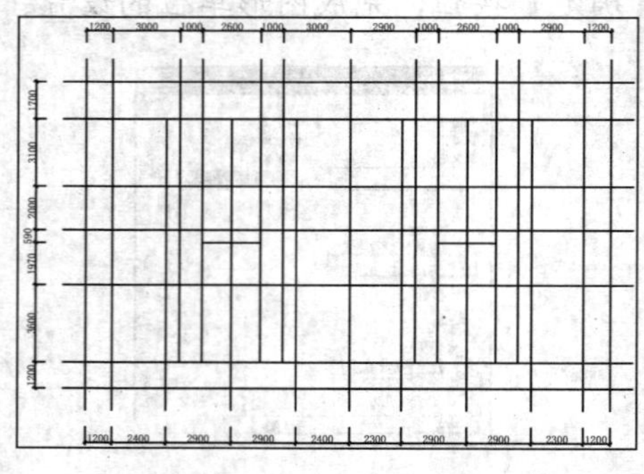

图 14-95　绘制轴线网

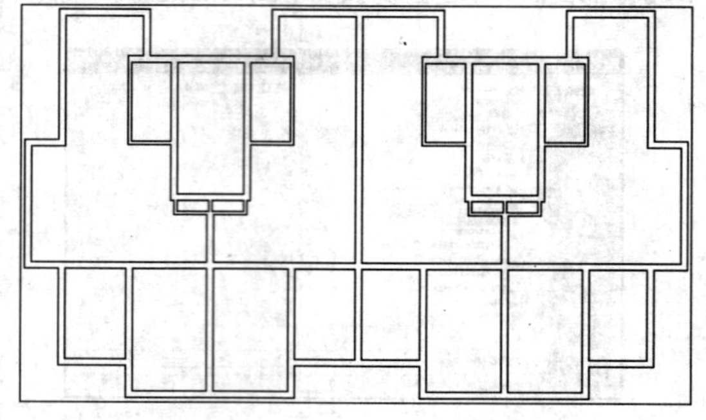

图 14-96　绘制墙体

04 绘制柱子。将“柱子”图层置为当前层，单击绘图工具栏中的 RECTANG（矩形）按钮，绘制一个尺寸为 400×400 的矩形。单击绘图工具栏中的 HATCAH（图案填充和渐变色）按钮，对矩形进行图案填充。

05 单击修改工具栏中的 COPY（复制）按钮，配合“对象捕捉”功能，复制柱子到住宅平面图中，完成效果如图 14-97 所示。

06 绘制门窗洞口。将“墙体”图层置为当前层，单击绘图工具栏中的 LINE（直线）按钮，沿墙内角绘制水平和垂直辅助线。单击修改工具栏中的 OFFSET（偏移）按钮，生成门窗洞口的辅助线。

07 单击修改工具栏中的 TRIM（修剪）按钮，将门窗洞口处的墙线和辅助线进行修剪。单击修改工具栏中的 ERASE（删除）按钮，将多余的辅助线进行删除，如图 14-98 所示。

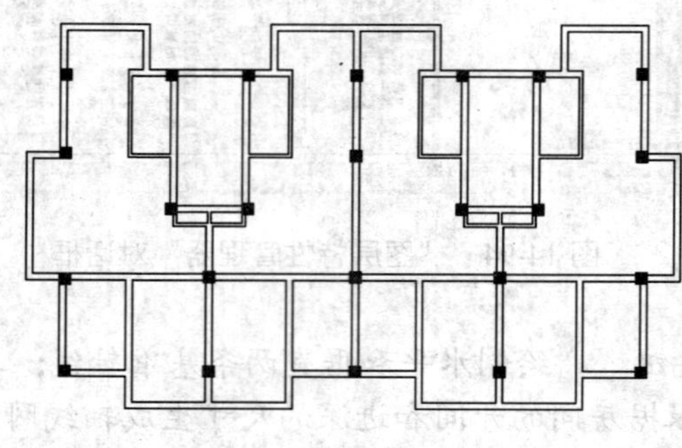

图 14-97　绘制柱子

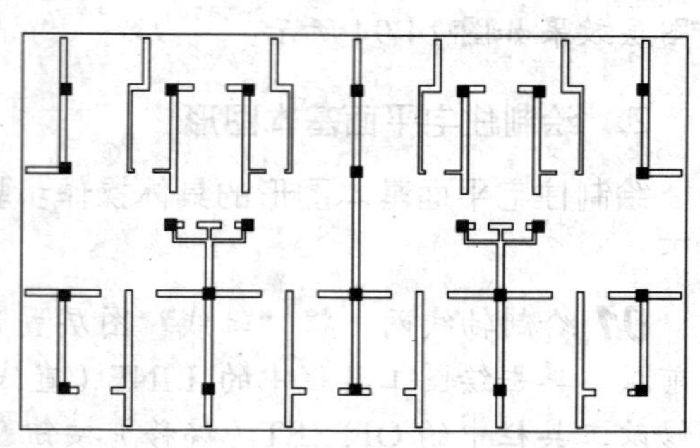

图 14-98　绘制门窗洞口

08 绘制门窗。将“门窗”图层置为当前层，单击绘图工具栏中的 LINE（直线）按钮和修改工具栏中的 OFFSET（偏移）按钮，绘制出窗户结构线。

09 单击绘图工具栏中的 LINE（直线）按钮和 ARC（圆弧）按钮，绘制出门的结构线。

10 单击修改工具栏中的 COPY（复制）按钮，配合“缩放和旋转”功能，复制门到住宅平面图中，效果如图 14-99 所示。

11 绘制楼梯。将“楼梯”图层置为当前层，单击绘图工具栏中的 LINE（直线）按钮以及修改工具栏中的 OFFSET（偏移）按钮、TRIM（修剪）按钮和 EARSE（删除）按钮，绘制出楼梯平面效果。

12 单击绘图工具栏中的 PLINE（多段线）按钮和 MTEXT（多行文字）按钮，绘制楼梯方向箭头和文字，如图 14-100 所示。

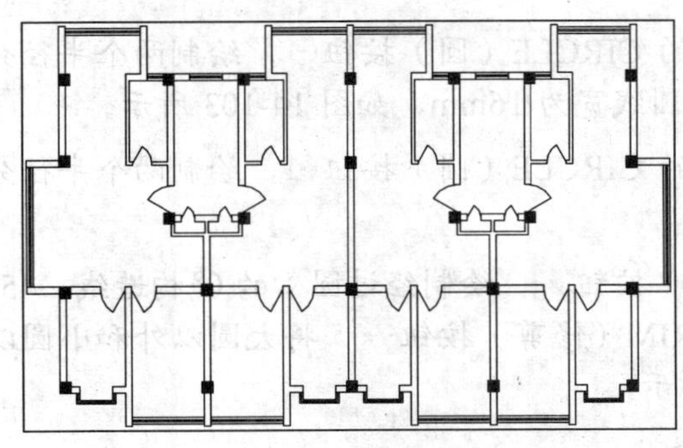

图 14-99 绘制门窗

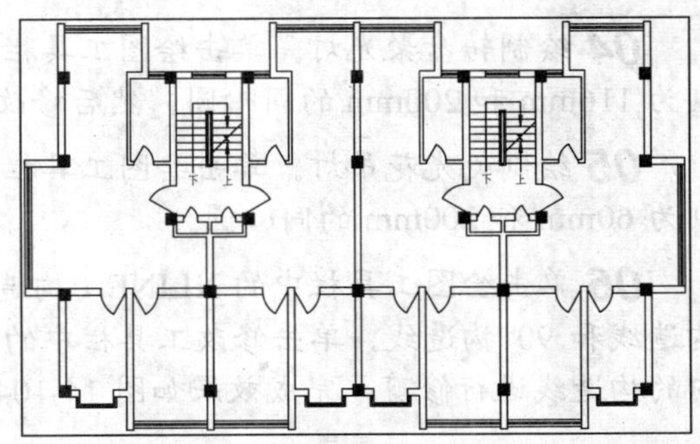

图 14-100 绘制楼梯

13 布置厨具和卫生洁具。将“其他”图层置为当前层，按下快捷键 Ctrl + 1，打开 AutoCAD 设计中心，调用设计中心中已有的厨具和卫生洁具图块到平面中。

14 单击修改工具栏中的 MOVE（移动）按钮，将厨具和卫生洁具摆放在合适位置；单击绘图工具栏中的 LINE（直线）按钮，添加灶台轮廓线，完成效果如图 14-101 所示。

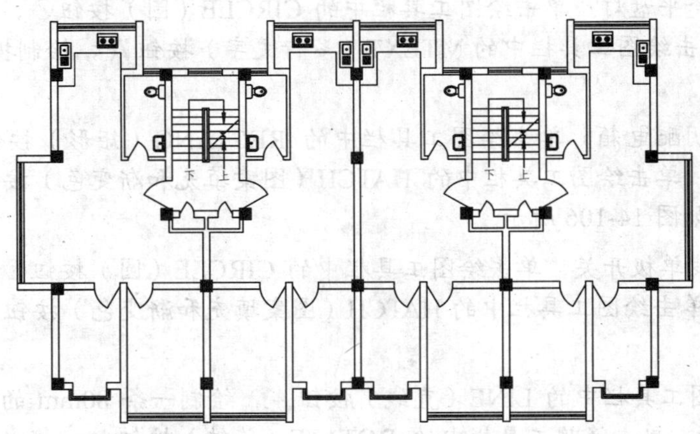

图 14-101 布置厨具和卫生洁具

3. 绘制电气设备

室内电气照明平面图的设备主要包括照明灯具、开关、配电箱和插座等。绘制电气照明平面图的关键是绘制电气设备和电路线，首先绘制出电气设备图例，通过复制功能将电气设备布置在电气照明平面图中，然后通过线路将其连接起来。具体操作步骤如下：

01 绘制防水防尘灯。将“电气设备”图层置为当前层，单击绘图工具栏中的 CIRCLE（圆）按钮，绘制两个半径分别为 80mm 和 200mm 的同心圆。

02 单击绘图工具栏中的 XLINE（构造线）按钮，绘制一条 45 度角和 135 度角且经过圆心的斜向构造线。单击修改工具栏中的 TRIM（修剪）按钮，将大圆以外和小圆以内的构造线进行修剪。

03 单击绘图工具栏中的 HATCAH（图案填充和渐变色）按钮，对小圆进行图案填充，完成效果如图 14-102 所示。

04 绘制转盘聚光灯。单击绘图工具栏中的 CIRCLE（圆）按钮，绘制两个半径分别为 116mm 和 200mm 的同心圆。然后修改内圆线宽为 16mm，如图 14-103 所示。

05 绘制荧光花吊灯。单击绘图工具栏中的 CIRCLE（圆）按钮，绘制两个半径分别为 60mm 和 200mm 的同心圆。

06 单击绘图工具栏中的 XLINE（构造线）按钮，绘制经过圆心的 0º 构造线、45º 构造线和 90º 构造线。单击修改工具栏中的 TRIM（修剪）按钮，将大圆以外和小圆以内的构造线进行修剪，完成效果如图 14-104 所示。

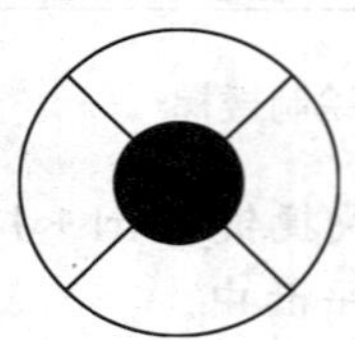

图 14-102 绘制防水防尘灯

图 14-103 绘制转盘聚光灯

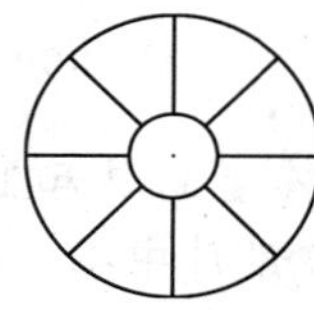

图 14-104 绘制荧光花吊灯

07 绘制搪瓷平盘灯。单击绘图工具栏中的 CIRCLE（圆）按钮，绘制一个半径为 200mm 的圆。单击绘图工具栏中的 MTEXT（多行文字）按钮 A，绘制搪瓷平盘灯编号，如图 14-105 所示。

08 绘制照明配电箱。单击绘图工具栏中的 RECTANG（矩形）按钮，绘制一个 240×600 的矩形，单击绘图工具栏中的 HATCH（图案填充和渐变色）按钮，进行矩形进行图案填充，如图 14-106 所示。

09 绘制暗装单极开关。单击绘图工具栏中的 CIRCLE（圆）按钮，绘制一个半径为 83mm 的圆。单击绘图工具栏中的 HATCH（图案填充和渐变色）按钮，对圆进行图案填充。

10 单击绘图工具栏中的 LINE（直线）按钮，绘制一条 80mm 的水平直线和一条 270mm 的垂直线。单击修改工具栏中的 ROTATE（旋转）按钮，将水平直线和垂直线顺时针方向旋转 45 度。单击修改工具栏中的 MOVE（移动）按钮，将直线移到圆上一侧，如图 14-107 所示。

图 14-105 绘制搪瓷平盘灯

图 14-106 绘制照明配电箱

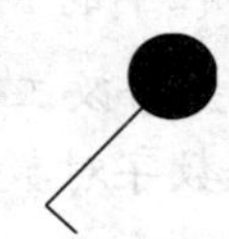

图 14-107 绘制暗装单极开关

11 绘制暗装三极开关。绘制暗装三极开关和绘制暗装单极开关的方法相同，只是利用“偏移”功能增加两条直线，偏移距离为 64mm，完成效果如图 14-108 所示。

12 绘制引线标记。单击绘图工具栏中的 CIRCLE(圆)按钮，绘制一个半径为 82mm 的圆。单击绘图工具栏中的 PLINE（多段线）按钮，绘制一个箭头。

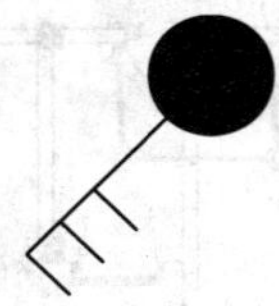

图 14-108 绘制暗装三极开关

图 14-109 绘制引线标记

13 单击修改工具栏中的 ROTATE（旋转）按钮和 COPY（复制）按钮，复制一个箭头到引线标记适当位置，完成如图 14-109 所示

14 复制电气设备。单击修改工具栏中的 COPY（复制）按钮，复制多个电气设备到电气照明平面图中，完成效果如图 14-110 所示。

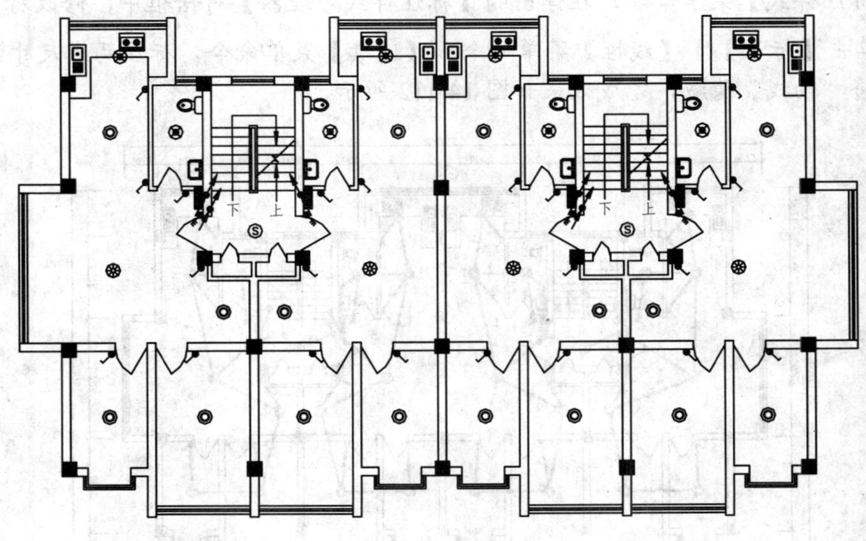

图 14-110 复制电气设备

15 绘制电器线路和导线。将“电气线路”图层置为当前层，单击绘图工具栏中的 PLINE（多段线）按钮，设置多段线宽为 50mm，绘制出电器线路。

16 单击绘图工具栏中的 LINE（直线）按钮，绘制一条长 340mm 的水平直线。单击修改工具栏中的 MTEXT（多行文字）按钮A，绘制出导线根数文字。

17 单击修改工具栏中的 COPY（复制）按钮，配合“旋转”功能，复制出导线和数字。双击数字对数字内容进行修改，完成效果如图 14-111 所示。

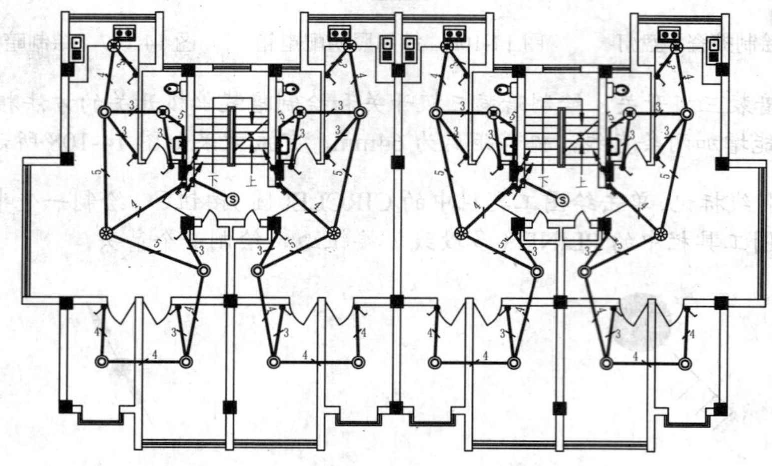

图 14-111　绘制电器线路和导线

4. 添加标注、图框和打印出图

添加标注、图框和打印出图的具体操作步骤如下：

01 添加尺寸标注。将“标注”图层置为当前层，并将“轴线”显示出来；单击【格式】|【标注样式】菜单命令，在弹出的【标注样式管理器】对话框中，修改标注样式。

02 单击【标注】|【线性】菜单命令和【连续】菜单命令，标注两道尺寸线。标注完成后，将“轴线”隐藏，完成效果如图 14-112 所示。

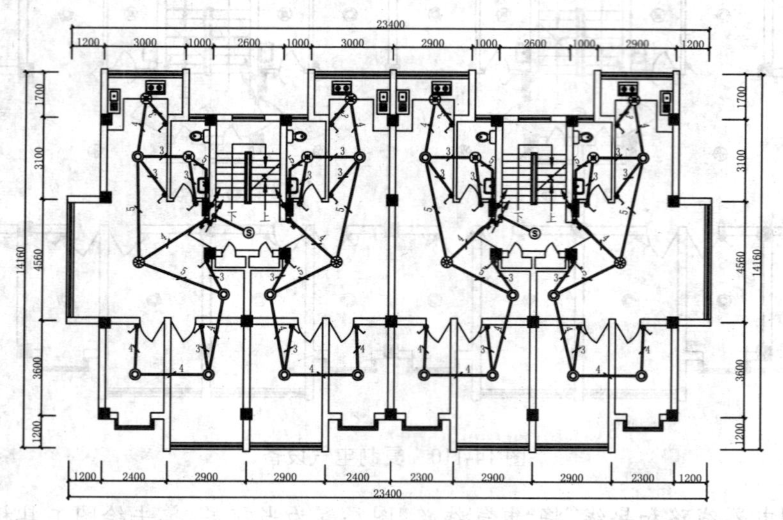

图 14-112　添加尺寸标注

03 添加轴号标注。单击绘图工具栏中的 LINE（直线）按钮、CIRCLE（圆）按钮和 MTEXT（多行文字）按钮，绘制轴线引线和轴线编号。

04 单击修改工具栏中的 COPY（复制）按钮，复制轴线编号，并对文字进行修改，完成效果如图 14-113 所示。

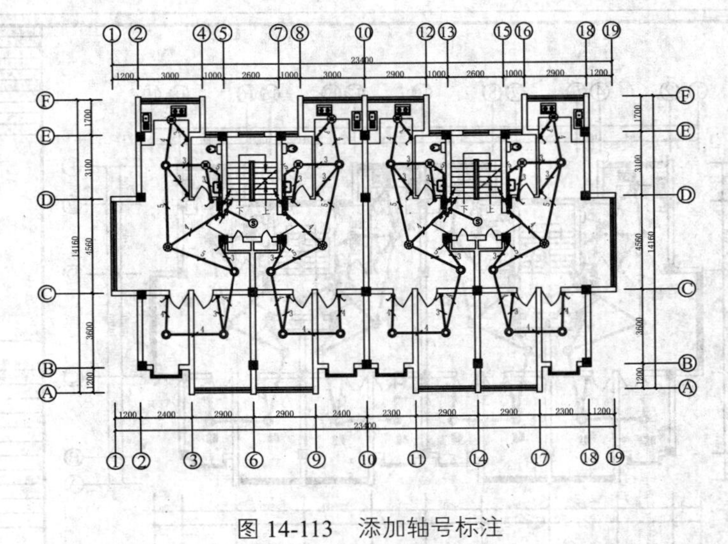

图 14-113　添加轴号标注

05 添加文字标注、图名和比例。单击绘图工具栏中的 MTEXT（多行文字）按钮，添加说明文字、房间名称文字、图名和比例。

06 单击绘图工具栏中的 PLINE（多段线）按钮和修改工具栏中的 OFFSET（偏移）按钮，绘制图名和比例下方的下划线；单击修改工具栏中的 EXPLODE（分解）按钮，将最下方的一条多段线进行分解，完成效果如图 14-114 所示。

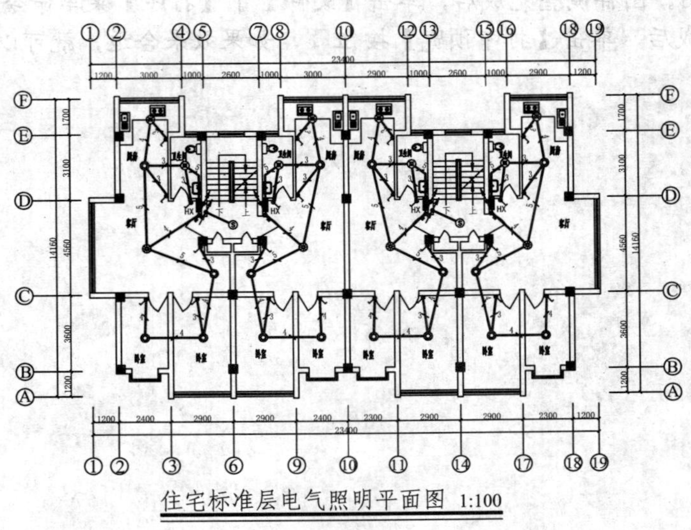

图 14-114　添加文字标注、图名和比例

07 添加图框和标题栏。事先绘制好一个图框文件，并保存为一个单独的块体文件。单击绘图工具栏中的 INSERT（插入块）按钮，插入图框和标题栏。

08 单击修改工具栏中的 EXPLODE（分解）按钮，将标题栏进行分解，并修改标题栏中文字的内容，完成效果如图 14-115 所示。

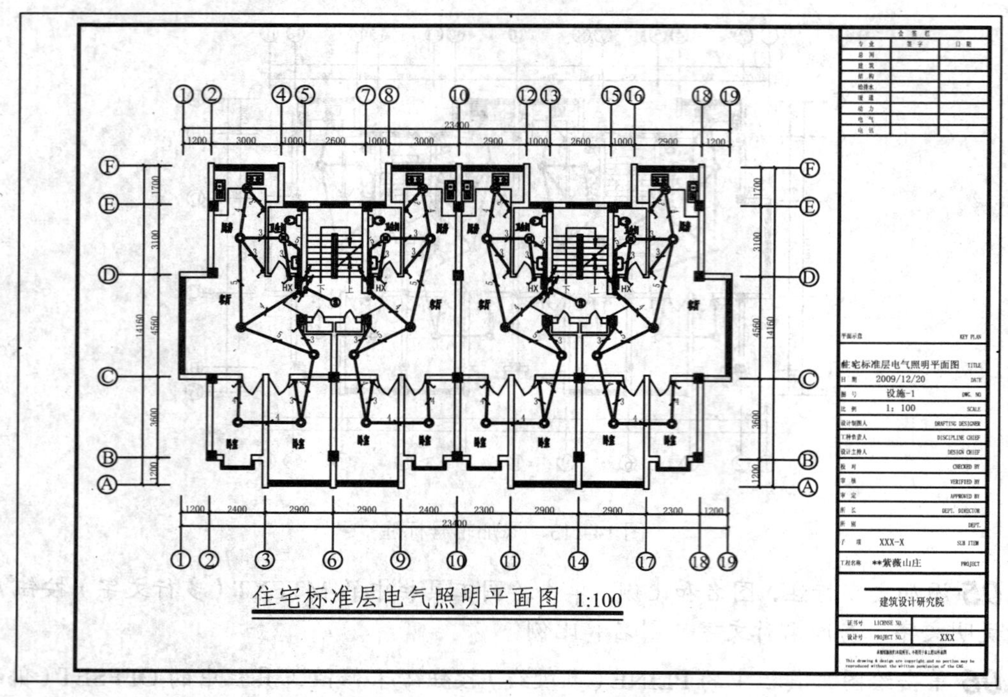

图 14-115　添加图框和标题栏

09 打印出图。图样调整完成后，单击【文件】|【打印】菜单命令，对打印文件进行设置，设置完成后，单击【打印预览】按钮，如果效果合适，就可以开始打印了。

第 1 5 章

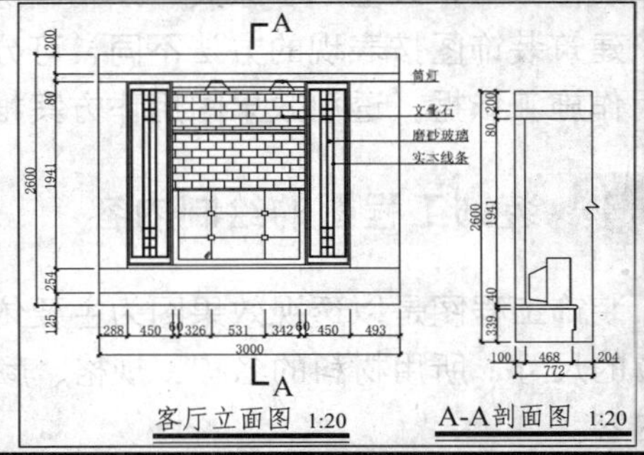

客厅立面图 1:20　A-A剖面图 1:20

建筑装饰工程图的绘制

随着生活水平的不断提高，人们对室内空间环境的要求也越来越高，装饰装修在建筑工程设计当中占据重要的地位，一些高级的酒店等重要建筑工程项目，其建筑装饰工程费用占总投资的一半以上。

本章首先介绍了装饰工程图的基本知识，然后通过具体的实例讲述绘制装饰工程图的绘制流程，使用户能够掌握建筑装饰工程图的绘制方法以及相关技巧。

15.1 装饰工程图概述

装饰设计是建筑设计的重要组成部分，装饰工程图是建筑设计中的主要图样。本节主要介绍装饰工程图的基本知识。

15.1.1 装饰工程图的概念

装饰工程图是在建筑工程图的基础上，结合环境艺术设计的要求，更详细地表达建筑空间的装饰装修做法及整体效果，它既反映了墙、地、顶棚 3 个界面的装饰结构、造型处理和装修做法，又图示了家具、织物、陈设、绿化等的布置。

建筑装饰图按表现的方法不同，可分为建筑装饰工程图和透视效果图。建筑装饰工程图用作施工依据，透视效果图用作方案推敲和装饰效果评估。

15.1.2 装饰工程图的绘制内容

装饰工程图是以透视效果图为主要依据，采用正投影法反映建筑的结构造型，各装修部位的尺寸，所用材料的名称、规格、颜色、工艺做法，以及反映家具、陈设和绿化等布置内容。

装饰工程图与建筑工程图的图示方法、尺寸标注和图例代号等基本相同，因此其制图与表达也应遵守《建筑制图统一标准》（GB/T50001—2001）和《房屋建筑 CAD 制图统一规则》等国家标准的规定。装饰工程图是在建筑工程图的基础上，结合环境艺术设计的要求，更详细地表达建筑空间的装饰装修做法及整体效果。

装饰工程图一般包括平面布置图、顶棚布置图、装修立面图、剖面图和节点详图等，完整的装修图样还包括封面、目录和设计说明等。如表 15-1 所示为某住宅装饰施工图目录。

表 15-1　某住宅装饰施工图目录

序号	工程内容	序号	工程内容
一	平面图	三	详图（大样、构造剖视图）
1	平面布置图	9	顶棚详图
2	地面铺地图	10	电视背景墙详图
3	顶棚平面图	11	床头墙面详图
二	立面图	12	门窗详图
4	客厅立面图	13	装饰柜详图
5	餐厅立面图	14	客厅电视柜详图
6	卧室立面图	15	餐厅酒水柜详图
7	厨房立面图	16	衣柜详图
8	卫生间立面图	17	厨房操作台详图

绘制装饰工程图包括两个阶段，首先是方案阶段，即根据有关设计原理和规范要求，绘制出平面布置图、顶棚平面图、立面图等形式将设计构思表达出来。然后进入装饰施工图阶段，施工图的任务是将已通过的方案设计准确、详尽地表达出来（即各装饰部位的图样，尺寸标注，材料的名称、规格、颜色和工艺做法等）。

15.1.3 平面图的图示方法和内容

在装饰工程图中，平面图包括平面布置图和顶棚装修平面图等，接下来对其图示方法和内容进行分别介绍。

1. 平面布置图

平面布置图主要用于表达结构的平面布置、具体形状和尺寸，表明饰面材料和工艺要求等。

平面布置图是假想用一水平的剖切平面，沿着需装修房间的门窗洞口作水平剖切，移去上面的部分，对剩余的部分所作的水平正投影图，如图 15-1 所示。它与建筑平面图的形成及表达的内容基本相同，所不同的是增加了装修和陈设的内容。

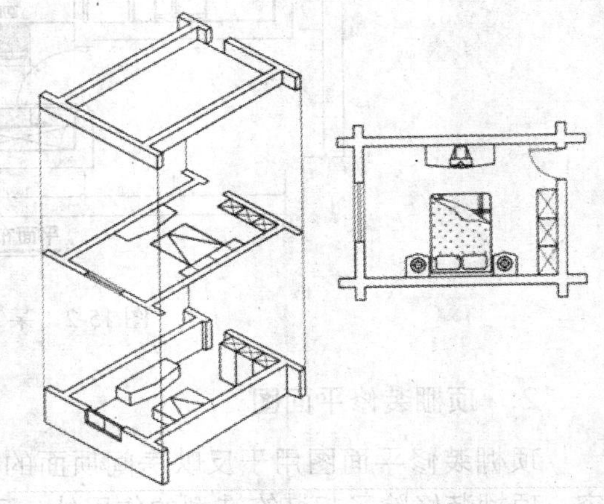

图 15-1　室内平面图的形成

平面布置图的常用比例是 1∶50 和 1∶100，如果图中有台阶、造型、架空和沟坑等可增加剖面详图。剖切到的墙和柱用粗实线表示，其他内容均用细实线表示。

平面布置图要表达的具体内容主要包括如下：

- 建筑主体结构（如墙、柱、台阶、楼梯和门窗等）的平面布置和具体形状等。
- 室内家具、设备、陈设、织物和绿化的摆放位置及说明。
- 尺寸标注。尺寸标注主要有 3 种：建筑结构体的尺寸、装饰布局和装饰结构的尺寸、家具和设备等的尺寸。
- 表明门窗的开启方向及尺寸。有关门窗的造型、做法，不在装修布置图中反映，而由详图表达。
- 地面饰面材料的名称、规格和拼花形状等。
- 文字说明。装饰材料的铺设工艺要求等。

在平面图中，地坪高差以标高符号注明。地坪面层装饰的做法一般可在平面图中用图形和文字表示，为了使地面装修用材更加清晰明确，画施工图时也可单独绘制一张地面铺装平面图，也称铺地图，在图中详细注明地面所用材料品种、规格、色彩。对于有特殊造型或图形复杂而有需要时，可绘制地面局部详图。

如图 15-2 所示为某二居室平面布置图。

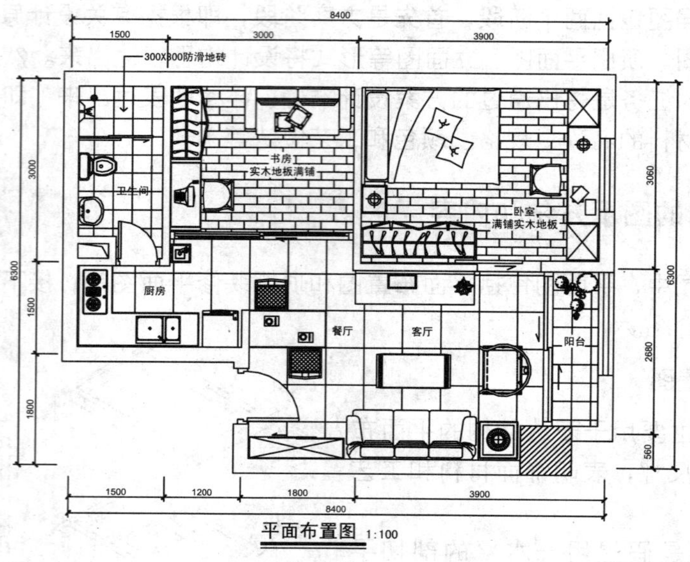

图 15-2　某二居室平面布置图

2．顶棚装修平面图

顶棚装修平面图用于反映房间顶面的形状、装饰做法及所属设备的位置和尺寸等内容，顶棚装修除了起装饰造型的作用外，还兼有照明、空调和防火等功能，是装饰处理的重要部分。其施工图有顶棚平面图、节点详图和特殊装饰构件详图等。

顶棚装修平面图是用一个假想的水平剖切平面，沿着需要装修房间的门窗洞口处作水平剖切，移去下面部分，对剩余部分所做的镜像投影，即为顶棚平面图，如图 15-3 所示。其中镜像投影是镜面中反射图像的正投影图。顶棚平面图一般不画为仰视图。顶棚平面图的常用比例是 1:50 和 1:100，节点详图一般为剖面详图，用来表示一些较为复杂、特殊的部位（如藻井和灯槽等），比例一般为 1:10 或 1:20。

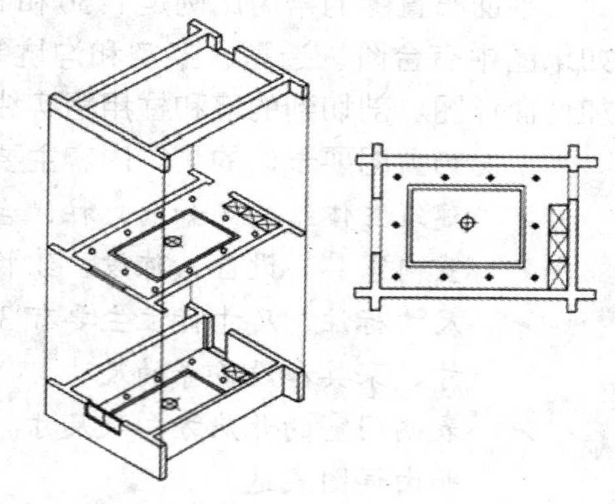

图 15-3　顶棚图的形成

顶棚装修平面图要表达的具体内容主要包括如下：

- 主体结构的墙体（门窗洞一般可以不表示）形状及位置。
- 灯具灯饰类型、规格说明和定位尺寸。
- 各种设施（空调风口及消防报警等设备）外露件的规格和定位尺寸。
- 藻井、叠级（凸进或凹进）和装饰线等造型的定形和定位尺寸。
- 节点详图标注（如剖面符号和详图索引等）。
- 文字说明（如饰面材料的名称和做法等）。

如图 15-4 所示为某二居室顶棚装修平面图。

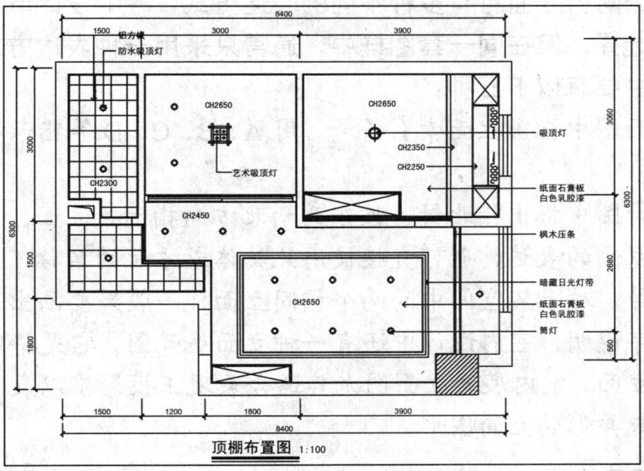

图 15-4 某二居室顶棚装修平面图

15.1.4 立面图的图示方法和内容

装饰装修立面图是反映建筑房间内部高度方向上的图，表达结构立面方向的具体形状尺寸等。

1. 立面图的图示方法

将建筑物装修的外观墙面或内部墙面向铅直的投影面所作的正投影图就是装修立面图，如图 15-5 所示为室内某一方向的立面图。

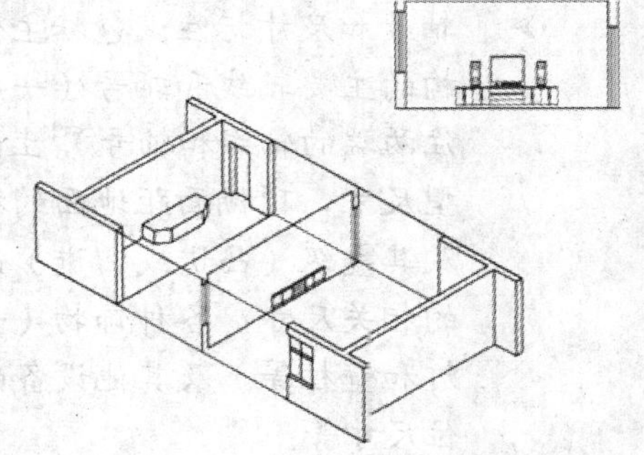

图 15-5 室内立面图的形成

装修立面图主要用于表达铅垂面的造型及用料做法，图上主要反映墙面的装饰造型、饰面处理以及剖切到顶棚的断面形状、投影到的灯具或风管等。除了墙柱面装修立面图外，通常还需要剖面详图。其中立面图的比例一般为 1:30～1:60，剖面详图为 1:10～1:30。

在建筑设计中室内的立面主要通过剖面来表示，建筑设计的剖面可以表明总楼层的剖面和室内部分立面图的状况，并侧重表现出剖切位置上的空间状态、结构形式、构造方法及施工工艺等。而装饰设计中的立面图则要表现室内某一房间或某一空间中各界面的装饰内容以及与各界面有关的物体。在装饰立面图中应表明：

- 立面的宽度和高度。
- 立面上的装饰物体或装饰造型的名称、内容、大小、做法等。
- 需要放大的局部和剖面的符号等。立面图的图名标注位置和方法同平面图、顶棚图一样。

另外，建筑设计图中的立面方向是指投影位置的方向，而装饰设计中的立面是指立面所在位置的方向，在识图和绘图时务必注意。

在装饰图样中，同一立面可有多种不同的表达方式，各个设计单位可根据自身作图习惯及图样的要求来选择，但在同一套图样中，通常只采用一种表达方式。在立面的表达方式上，目前常用的主要有以下三种：

- 在装饰平面图中标出立面索引符号，用 A、B、C、D 等指示符号来表示立面的指示方向。
- 在平面设计图中标出指北针，按东西南北方向指示各立面。
- 对于局部立面的表达，也可直接使用此物体或方位的名称，如屏风立面、客厅电视柜立面等。对于某空间中的两个相同立面，一般只要画出一个立面，但需要在图中用文字说明。室内设计中还有一种立面展开图，它是将室内一些连续立面展开成一个立面，室内展开立面图尤其适合表现正投影难以表明准确尺寸的一些平面呈弧形或异形的立面图形。

2. 立面图的图示内容

装饰装修立面图要表达的主要内容如下：

- 建筑主体结构以及门窗、墙裙、踢脚线、窗帘盒、窗帘、壁挂饰物、壁灯和装饰线等主要的轮廓及材料图例。
- 墙柱面造型的样式及饰面材料的名称、规格和做法等。
- 轴号和尺寸标注：包括主体结构的主要轴线和轴号（一般只注两端的轴线和轴号），立面造型尺寸，顶棚面距地面的标高及其叠级（凸进或凹进）造型的相关尺寸，各种饰物（如壁灯和壁柱等）及其他设备的定位尺寸等。
- 门窗的位置和形式。
- 墙面与顶棚面相交处的收边做法。
- 固定家具在墙面中的位置、立面形式和主要尺寸。
- 详图索引和剖切符号等标注。
- 文字说明。

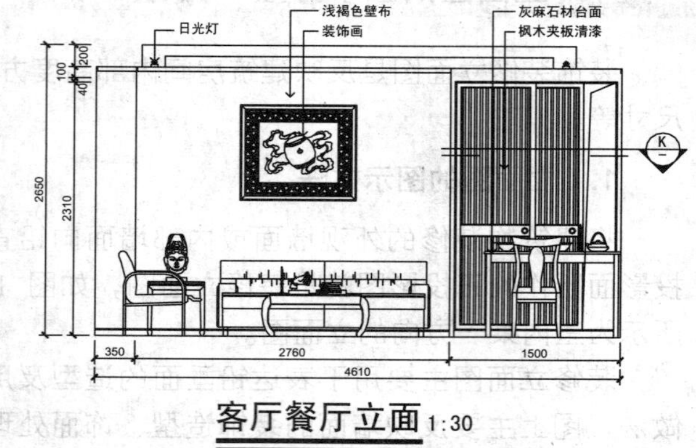

图 15-6　某二居室客厅餐厅立面图

如图 15-6 所示为某二居室客厅餐厅装修立面图。

15.1.5 装饰装修剖面图与节点详图

因为装饰施工的工艺要求较为精细，节点和装饰构件详图是不可缺少的图样。虽然在标准图集中也有较常用的装饰详图做法可以套用，但由于装饰材料及工艺做法等不断更新，尤其是构思的不断创新，更需要用详图来表现。其形式有剖面图、断面图和局部放大图等。

1. 剖面图与节点详图的图示方法

装饰剖面图是将装饰面（或装饰体）整体剖开（或局部剖开）后，得到的反映内部装饰结构与饰面材料之间关系的正投影图。一般采用 1:10～1:50 的比例绘制；节点详图是前面所述各种图样中不尽详细表达之处，用较大比例绘出的用于施工的图样。如图 15-7 所示为室内门页详图。

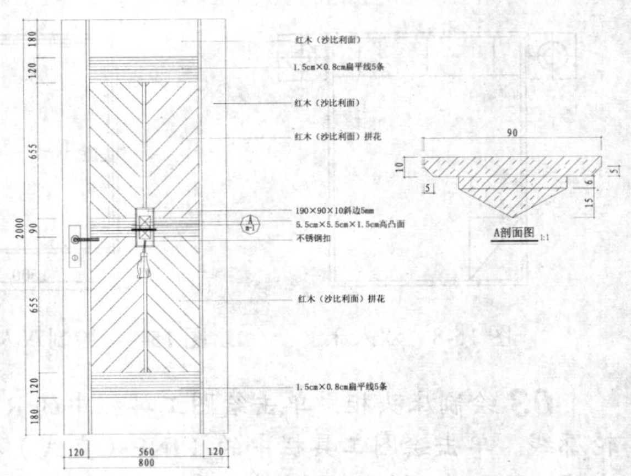

图 15-7 门页详图

2. 剖面图与节点详图的图示内容

装饰剖面图与节点详图要表达的主要内容如下：

- 顶棚、墙柱面、地面、门面和橱窗等造型较为复杂部位的形状尺寸、材料名称、材料规格和工艺做法等。
- 现场制作的家具和装饰构件等。
- 特殊的工艺处理方式（收口做法）。
- 详细的尺寸标注。
- 其他文字说明等。

15.2 室内主要家具的绘制

室内家具的布置是装饰工程设计的主要内容，家具设计的合理与美观直接影响到设计成果的好坏。本节主要介绍室内主要家具的绘制方法和技巧。

15.2.1 绘制双人床和床头柜

视频教学	
视频文件：	AVI\第 15 章\15.2.1.avi
播放时长：	3 分 13 秒

双人床是摆放在卧室的基本家具，它的摆放必须满足休息和睡眠的要求。另外，卧室还必须符合休闲、工作、梳妆和卫生保键等需求，因此双人床的摆放必须合理利用空间。本实例的最终效果如图 15-8 所示。

具体操作步骤如下：

01 绘制双人床基本形状。单击绘图工具栏中的 RECTANG（矩形）按钮□，绘制双

人床的外轮廓线；单击修改工具栏中的 OFFSET（偏移）按钮，设置偏移距离为 40mm，向矩形向内偏移，完成效果与具体尺寸如图 15-9 所示。

02 绘制床上用品。单击修改工具栏中的 EXPLODE（分解）按钮，将内矩形进行分解。单击修改工具栏中 OFFSET（偏移）按钮，生成床上用品的辅助线。单击绘图工具栏中的 LINE（直线）按钮，绘制一条斜线。单击修改工具栏中的 TRIM（修剪）按钮，将辅助线进行修剪，完成效果与具体尺寸如图 15-10 所示。

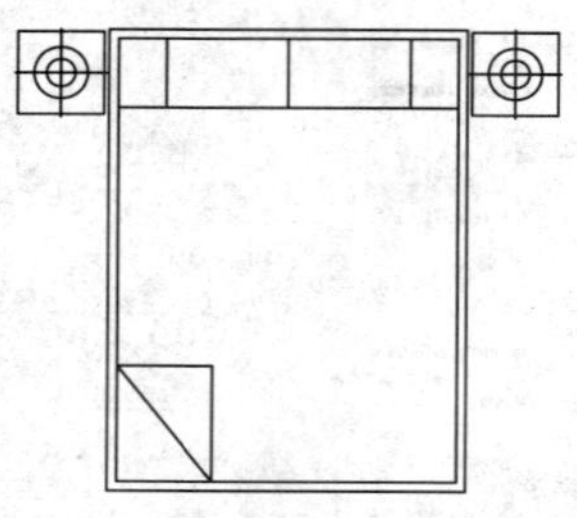

图 15-8 双人床

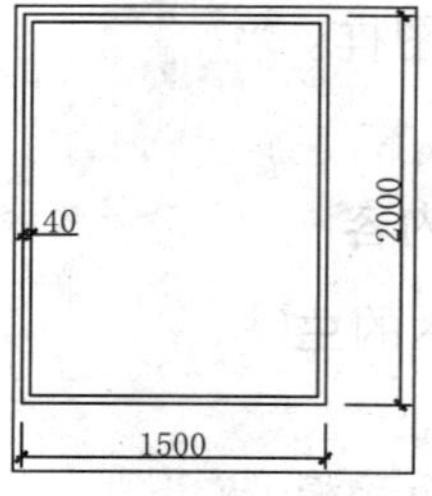

图 15-9 绘制双人床的基本形状

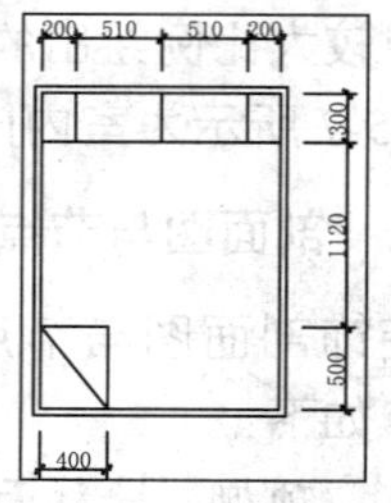

图 15-10 绘制床上用品

03 绘制床头柜。单击绘图工具栏中的 RECTANG（矩形）按钮，绘制出床头柜的轮廓线。单击绘图工具栏中的 LINE（直线）按钮，绘制矩形的水平和垂直分界线。单击【修改】|【拉长】菜单命令，设置拉长距离为 10mm，将直线向两侧拉长。单击绘图工具栏中的 CIRCLE（圆）按钮，绘制出两个同心圆，如图 15-11 所示。

04 单击修改工具栏中的 MOVE（移动）按钮，将床头柜移到双人床左侧位置。单击修改工具栏中的 MIRROR（镜像）按钮，将床头柜复制到另一侧，完成效果与具体尺寸如图 15-12 所示。

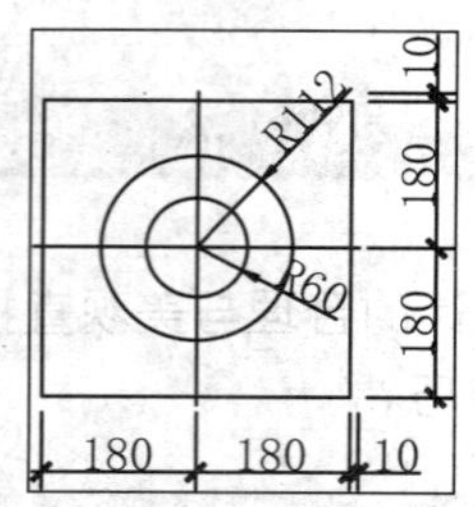

图 15-11 绘制床头柜

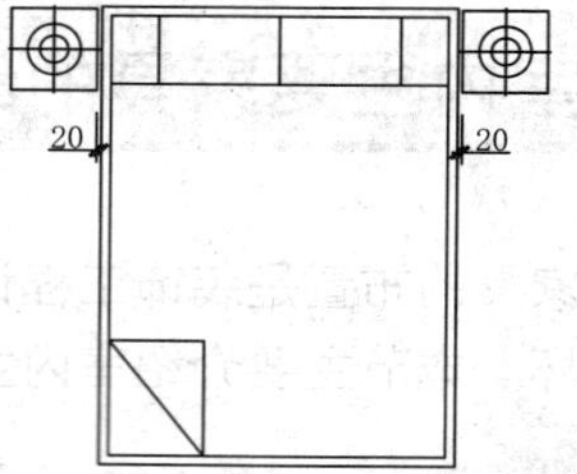

图 15-12 复制床头柜

15.2.2 绘制餐桌椅

视频教学	
视频文件：	AVI\第 15 章\15.2.2.avi
播放时长：	3 分 22 秒

餐桌椅是餐厅中的主要家具，而餐厅在家居生活中占有重要的地位。因此，营造一个温馨的用餐环境是十分重要的。本小节绘制餐桌椅平面的最终效果如图 15-13 所示。

具体操作步骤如下：

01 单击绘图工具栏中的 CIRCLE（圆）按钮，绘制出餐桌平面，如图 15-14 所示。

02 绘制椅子平板。单击绘图工具栏中的 RECTANG（矩形）按钮，绘制一个尺寸为 450×360mm 的矩形，单击修改工具栏中的 FILLET（圆角）按钮，将矩形作倒角处理，如图 15-15 所示。

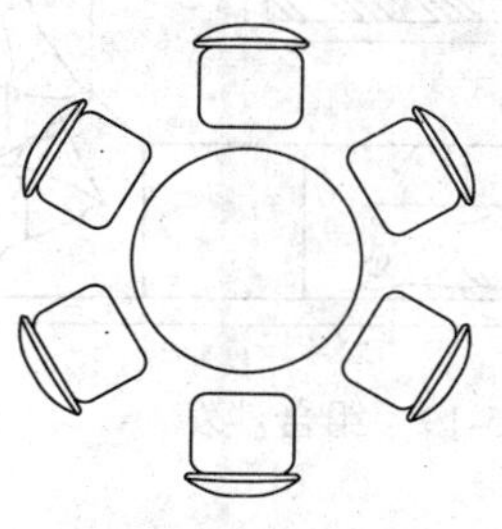

图 15-13 餐桌椅平面

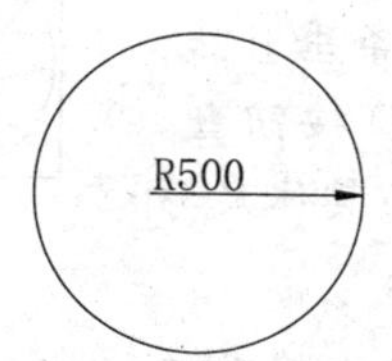

图 15-14 绘制餐桌平面

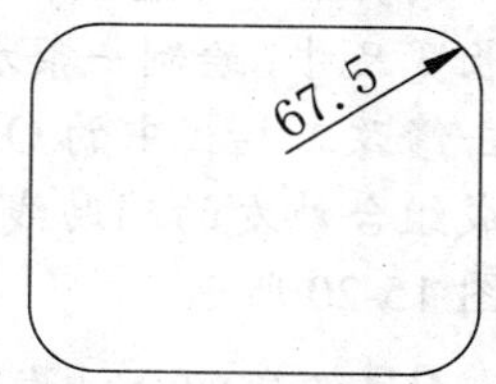

图 15-15 绘制椅子平板

03 绘制椅子靠背。单击绘图工具栏中的 LINE（直线）按钮，沿椅子左下侧绘制垂直辅助线和水平辅助线。单击修改工具栏中的 OFFSET（偏移）按钮，生成椅子靠背的辅助线。

04 单击绘图工具栏中的 ARC（圆弧）按钮，绘制椅子靠背圆弧角。单击修改工具栏中的 TRIM（修剪）按钮和 ERASE（删除）按钮，将辅助线进行修剪和删除，完成效果与具体尺寸如图 15-16 所示。

05 移动椅子。单击修改工具栏中的 MOVE（移动）按钮，将椅子移动到餐桌正下方适当位置，如图 15-17 所示。

06 复制椅子。单击修改工具栏中的 ARRAY（阵列）按钮，通过环形阵列复制，效果如图 15-18 所示。

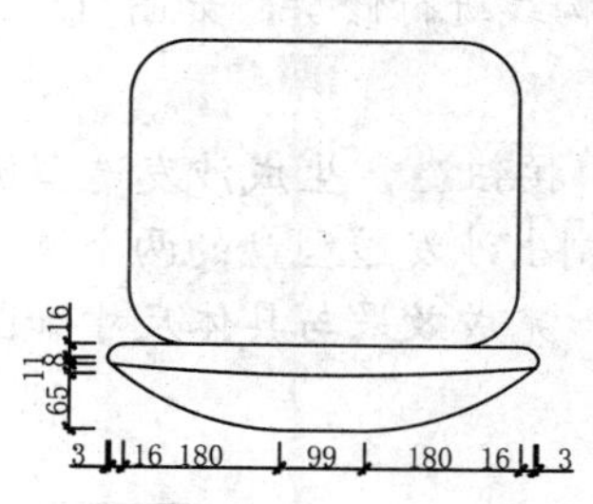

图 15-16 绘制椅子靠背

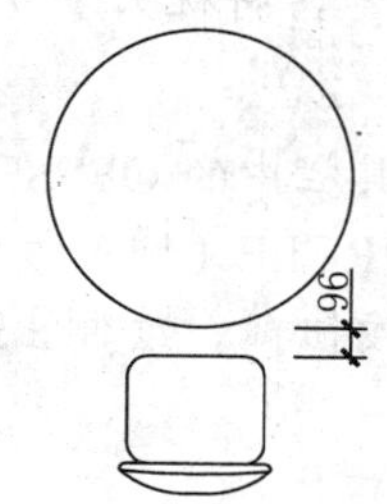

图 15-17 移动椅子

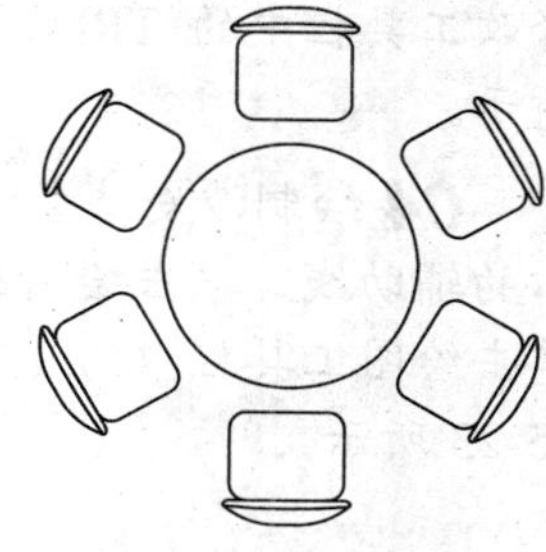

图 15-18 复制椅子

15.2.3 绘制组合沙发

视频教学	
视频文件：	AVI\第 15 章\15.2.3.avi
播放时长：	5 分 02 秒

组合沙发是客厅的主要设备，可供休息、会客、娱乐和视听等功能使用。客厅的基本布局通常是由一组沙发和配套茶几组成。本小节讲述客厅组合沙发和茶几的绘制方法，最终效果如图 15-19 所示。

具体操作步骤如下：

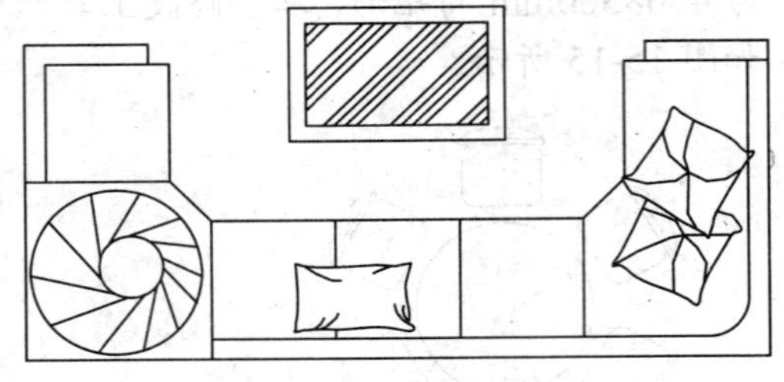

图 15-19 组合沙发

01 绘制组合沙发辅助线。单击绘图工具栏中的 LINE（直线）按钮，根据组合沙发的长宽尺寸，绘制一条水平直线和一条垂直线；单击修改工具栏中的 OFFSET（偏移）按钮，生成组合沙发的辅助线，完成效果与具体尺寸如图 15-20 所示。

02 绘制组合沙发基本结构。单击修改工具栏中的 FILLET（圆角）按钮，设置半径为 200，对沙发内角进行圆角处理。单击绘图工具栏中的 LINE（直线）按钮，绘制组合沙发结构中的斜线。单击修改工具栏中的 TRIM（修剪）按钮，将辅助线进行修剪，如图 15-21 所示。

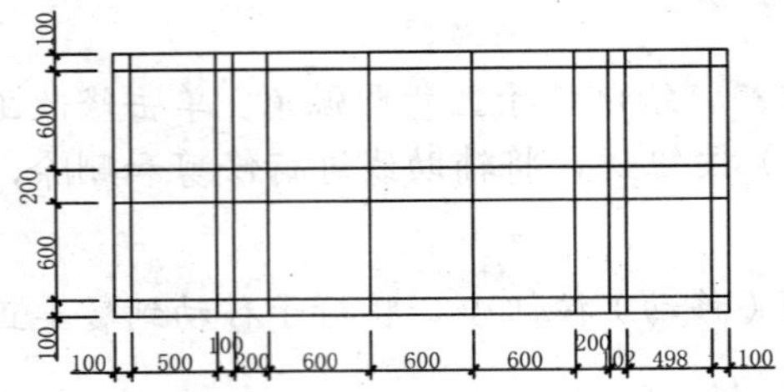

图 15-20 绘制组合沙发辅助线

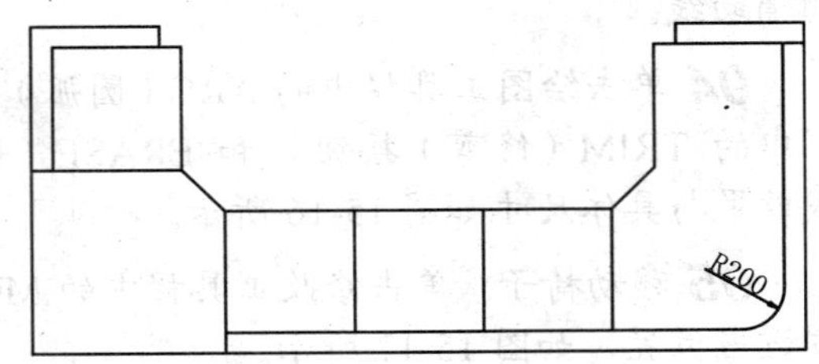

图 15-21 绘制组合沙发基本结构

03 绘制枕头。单击绘图工具栏中的 LINE（直线）按钮，绘制出枕头形状。单击修改工具栏中的 TRIM（修剪）按钮，将枕头下方的沙发结构线进行修剪，如图 15-22 所示。

04 绘制沙发造型。单击修改工具栏中的 OFFSET（偏移）按钮，生成沙发造型圆心的辅助线。单击绘图工具栏中的 CIRCLE（圆）按钮，绘制出沙发造型盘的两个圆。单击绘图工具栏中的 LINE（直线）按钮，绘制出造型细节，完成效果与具体尺寸如图 15-23 所示。

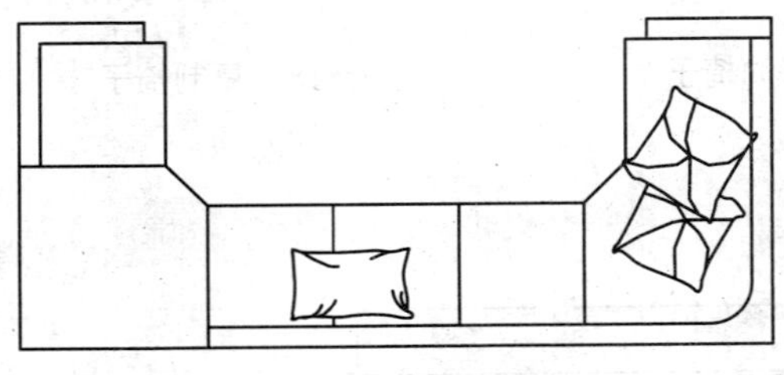

图 15-22 绘制枕头

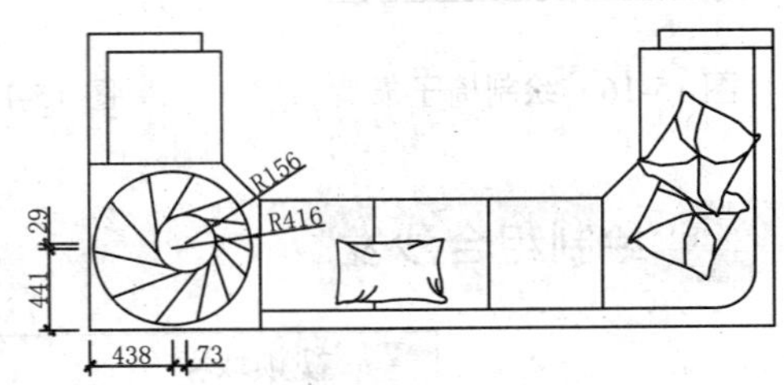

图 15-23 绘制沙发造型

05 绘制茶几。单击绘图工具栏中的 RECTANG（矩形）按钮，绘制出茶几的轮廓线；单击修改工具栏中的 OFFSET（偏移）按钮，生成茶几的结构线。单击绘图工具栏中的 HATCH（图案填充和渐变色）按钮，在茶几镜面进行图案填充，完成效果与具体尺寸如图 15-24 所示。

06 组合沙发和茶几。单击修改工具栏中的 MOVE（移动）按钮，配合"辅助线"功能，将茶几移到合适位置，完成整体效果如图 15-25 所示。

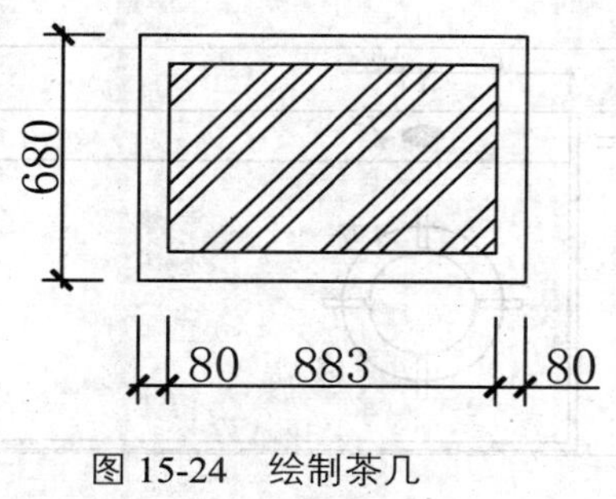

图 15-24　绘制茶几

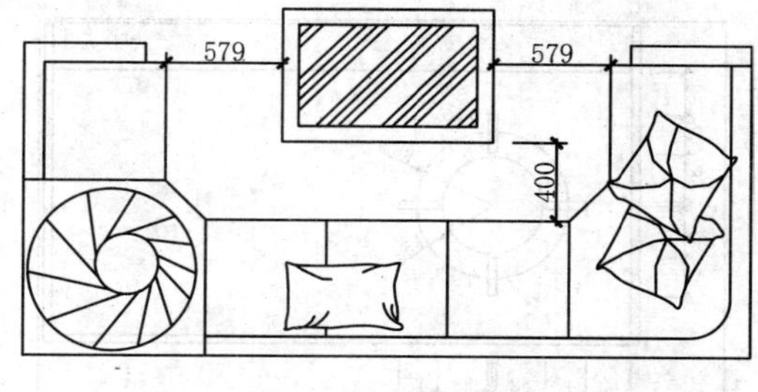

图 15-25　组合沙发和茶几

15.2.4 绘制煤气灶和洗涤池

视频教学	
视频文件：	AVI\第 15 章\15.2.4.avi
播放时长：	9 分 02 秒

煤气灶和洗涤池都是摆放在厨房的设备，可供烹饪和清洗使用。本小节讲述煤气灶和洗涤池的绘制方法和技巧。

1. 绘制煤气灶

本实例绘制煤气灶的最终效果如图 15-26 所示。

具体操作步骤如下：

01 绘制煤气灶平板。单击绘图工具栏中的 RECTANG（矩形）按钮，绘制一个 700×388 的矩形。单击修改工具栏中的 EXPLODE（分解）按钮，将矩形分解。

02 单击修改工具栏中的 OFFSET（偏移）按钮，生成煤气灶平板的辅助线。单击修改工具栏中的 TRIM（修剪）按钮，将辅助线进行修剪，如图 15-27 所示。

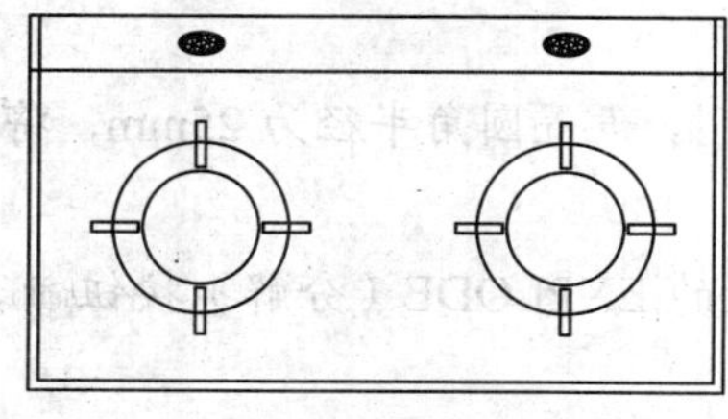

图 15-26　煤气灶

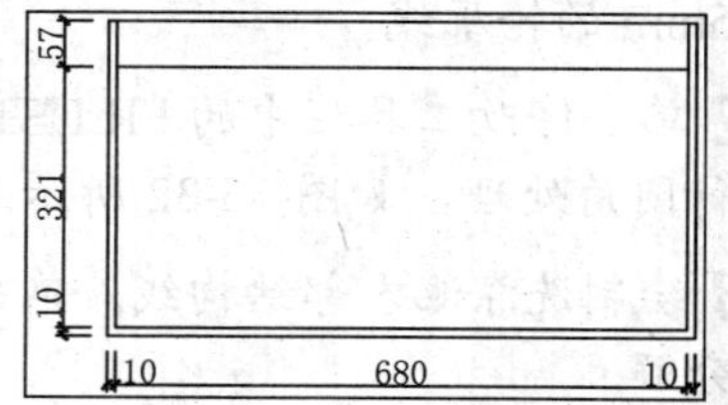

图 15-27　绘制煤气灶平板

03 绘制锅支架。单击修改工具栏中的 OFFSET（偏移）按钮，生成锅支架的辅助线；单击绘图工具栏中的 CIRCLE（圆）按钮，绘制锅支架的两个同心圆。

04 单击修改工具栏中的 TRIM（修剪）按钮，将辅助线进行修剪，完成效果与具体尺寸如图 15-28 所示。

05 绘制开关。单击修改工具栏中的 OFFSET（偏移）按钮，生成开关的辅助线；单击绘图工具栏中的 ELLIPSE（椭圆）按钮，绘制出开关的结构线；单击绘图工具栏中的 HATCH（图案填充和渐变色）按钮，对开关进行填充，如图 15-29 所示。

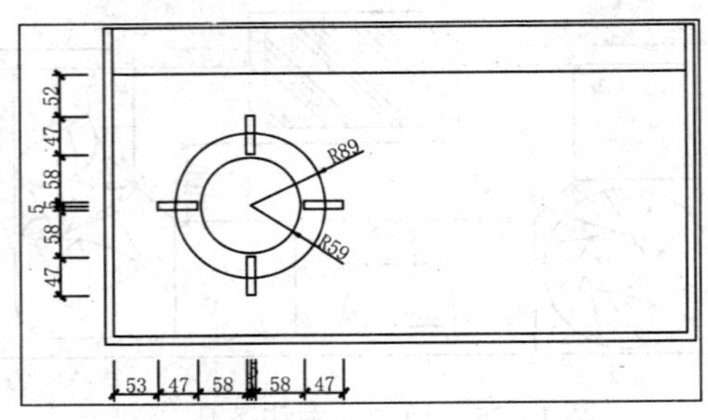

图 15-28　绘制锅支架

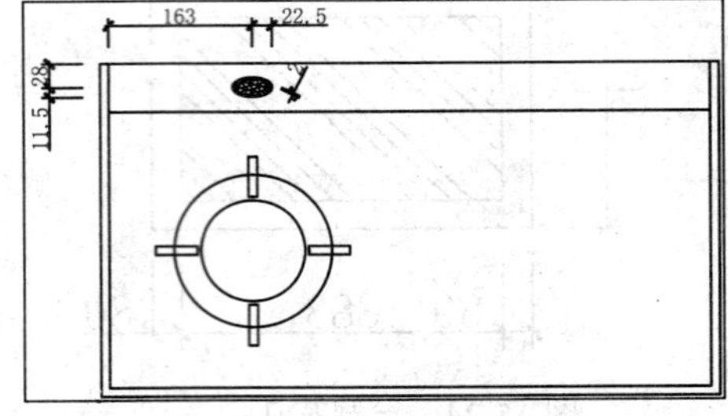

图 15-29　绘制开关

06 复制锅支架和开关。单击修改工具栏中的 MIRROR（镜像）按钮，以煤气灶外轮廓线的垂直中线为对称轴，复制出锅支架和开关，完成效果如图 15-30 所示

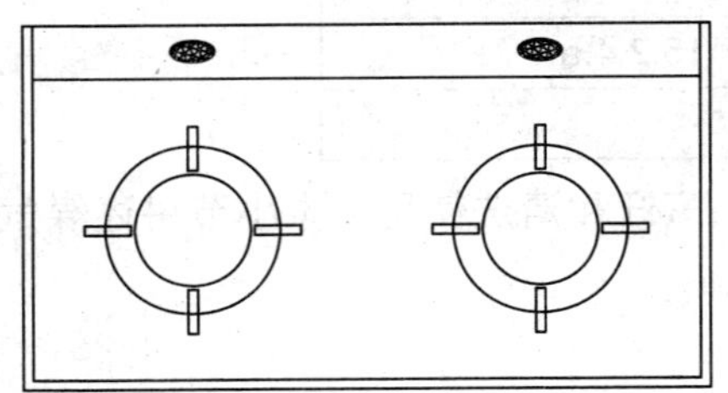

图 15-30　复制锅支架和开关

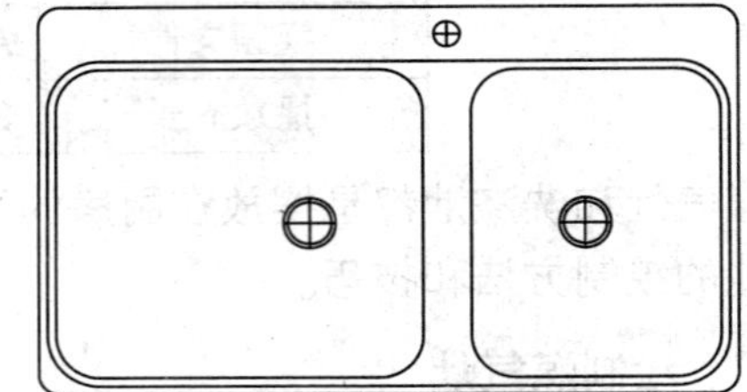

图 15-31　洗涤池

2. 绘制洗涤池

本实例绘制洗涤池的最终效果如图 15-31 所示。

具体操作步骤如下：

01 绘制洗涤池轮廓。单击绘图工具中的 RECTANG（矩形）按钮，绘制一个 800×465mm 的轮廓线。

02 单击修改工具栏中的 FILLET（圆角）按钮，设置圆角半径为 25mm，将矩形 4 个角进行圆角处理，如图 15-32 所示。

03 绘制洗涤池内部结构线。单击修改工具栏中的 EXPLODE（分解）按钮，将矩形进行分解。

04 单击修改工具栏中的 OFFSET（偏移）按钮，将矩形四边直线向内偏移，生成洗涤池内边框的辅助线；单击修改工具栏中的 FILLET（圆角）按钮，设置圆角半径为 60mm，对辅助线 4 个角进行圆角处理，完成效果与具体尺寸如图 15-33 所示。

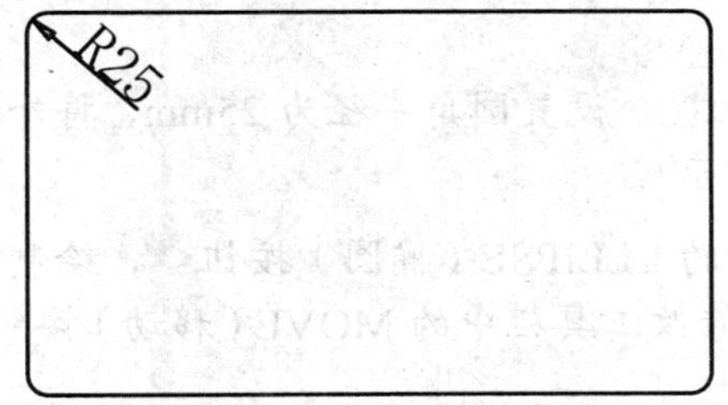

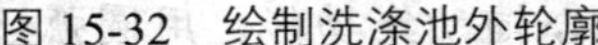
图 15-32 绘制洗涤池外轮廓

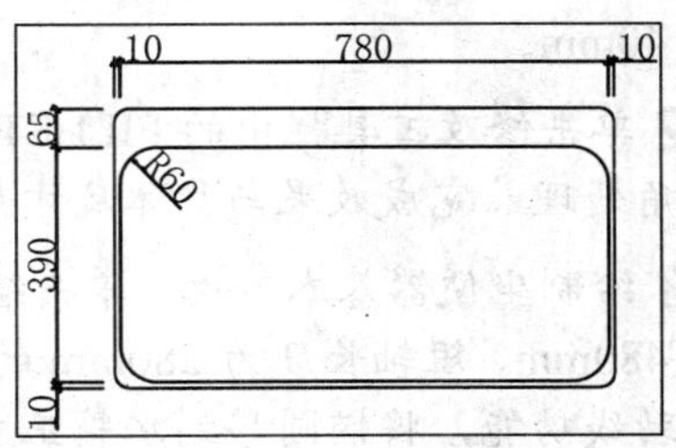

图 15-33 绘制内部结构线

05 绘制洗涤盆。单击修改工具栏中的 OFFSET（偏移）按钮，将内部结构线向内偏移，生成洗涤盆的辅助线；单击修改工具栏中的 FILLET（圆角）按钮，对洗涤盆进行圆角处理，如图 15-34 所示。

06 绘制下水孔和出水孔。单击修改工具栏中的 OFFSET（偏移）按钮，绘制出下水孔和出水孔圆心的辅助线。单击绘图工具栏中的 CIRCLE（圆）按钮，以辅助线交点为圆心，绘制出下水孔和出水孔。

07 单击修改工具栏中的 TRIM（修剪）按钮，将下水孔和出水孔外的辅助线进行修剪，完成最终效果如图 15-35 所示。

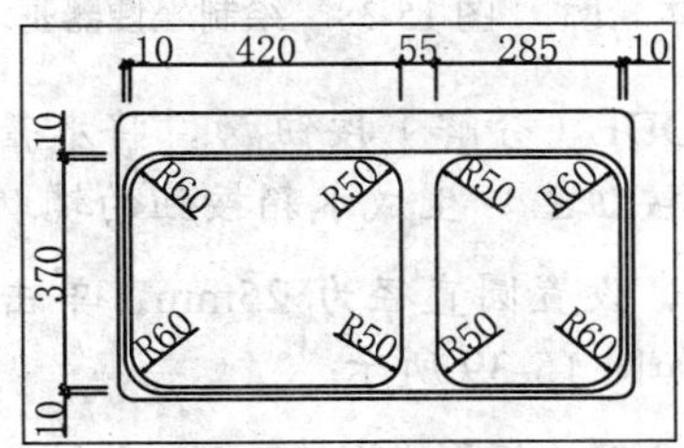

图 15-34 绘制洗涤盆

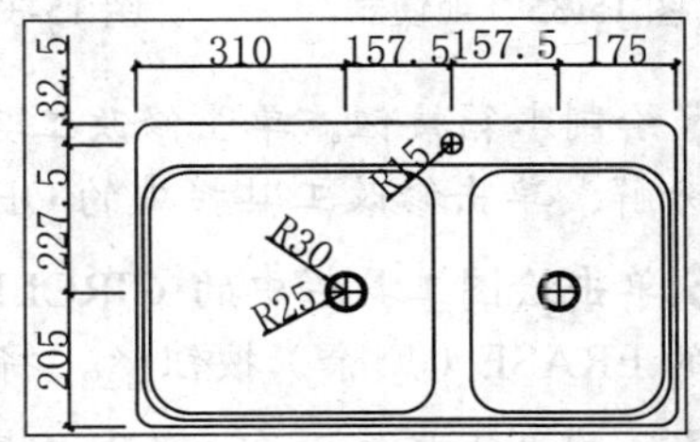

图 15-35 绘制下水孔和出水孔

15.2.5 绘制坐便器和浴缸

坐便器和浴缸都是卫生间的主要设备，其布置应满足个人如厕、洗漱和梳妆等需求。本小节讲述卫生坐便器和浴缸的绘制方法和技巧。

视频教学	
视频文件：	AVI\第 15 章\15.2.5.avi
播放时长：	5 分 10 秒

1. 绘制坐便器

本实例绘制坐便器的最终效果如图 15-36 所示。

具体操作步骤如下：

01 绘制坐便器水箱基本轮廓。单击绘图工具栏中的 RECTANG（矩形）按钮，绘制一个尺寸为 155×430 的矩形；单击修改工具栏中的 OFFSET（偏移）按钮，将矩形向

外偏移 40mm。

02 单击修改工具栏中的 FILLET（圆角）按钮，设置圆角半径为 25mm，将外矩形进行圆角处理，完成效果与具体尺寸如图 15-37 所示。

03 绘制坐便器基本轮廓。单击绘图工具栏中的 ELLIPSE（椭圆）按钮，绘制一个长轴为 480mm、短轴长度为 280mm 的椭圆。单击修改工具栏中的 MOVE（移动）按钮，配合辅助线功能，将椭圆移到水箱正左侧 15mm 处。

04 单击绘图工具栏中的 ARC（圆弧）按钮，配合辅助线功能，用圆弧连接低水箱和坐便器。单击修改工具栏中的 MIRROR（镜像）按钮，以椭圆长轴为镜像线，复制一个圆弧，完成效果与具体尺寸如图 15-38 所示

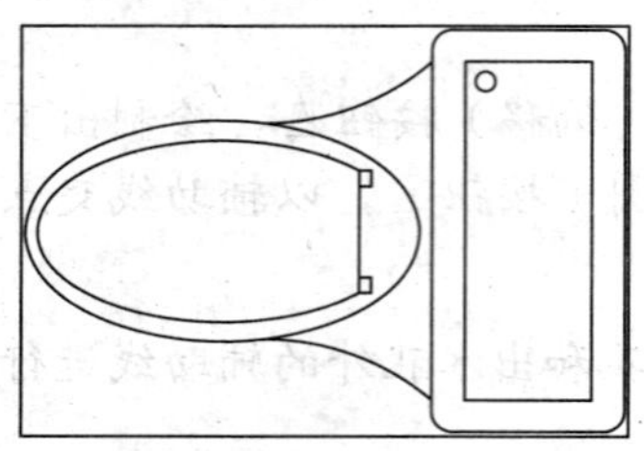

图 15-36　坐便器

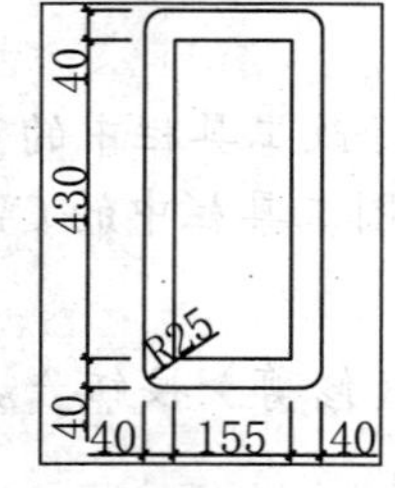

图 15-37　绘制低水箱基本轮廓

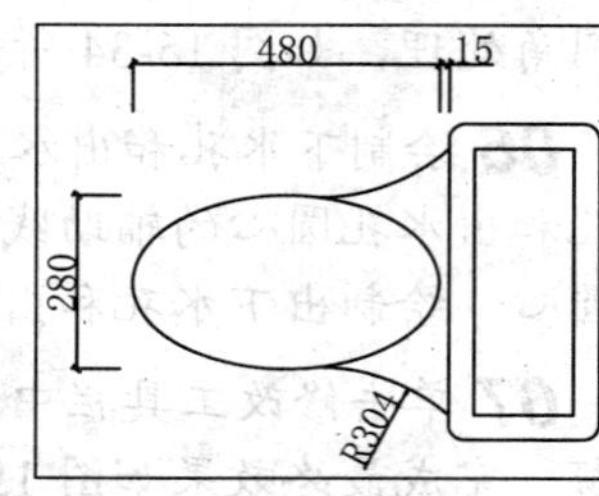

图 15-38　绘制坐便器基本轮廓

05 绘制水箱按钮。单击修改工具栏中的 EXPLODE（分解）按钮，将水箱内轮廓线进行分解；单击修改工具栏中的 OFFSET（偏移）按钮，生成水箱按钮的辅助线。

06 单击绘图工具栏中的 CIRCLE（圆）按钮，设置圆直径为 25mm。单击修改工具栏中的 ERASE（删除）按钮，将辅助线删除，如图 15-39 所示。

07 绘制坐便器盖。单击绘图工具栏中的 RECTANG（矩形）按钮，绘制一个尺寸为 480×280 的矩形。

08 单击绘图工具栏中的 ELLIPSE（椭圆弧）按钮，以矩形长边为长轴、短边为短轴，起点角度为 205°，端点角度为 155°，椭圆弧从起点到端点按逆时针方向进行绘制。

09 单击修改工具栏中的 MOVE（移动）按钮，以椭圆弧的中心点为基点将椭圆弧移到坐便器椭圆的中心点上。单击绘图工具栏中的 LINE（直线）按钮，将椭圆弧的两个端点进行连接，捕捉端点并配合“正交”功能，绘制两个大小为 15×20 的矩形，最终效果如图 15-40 所示。

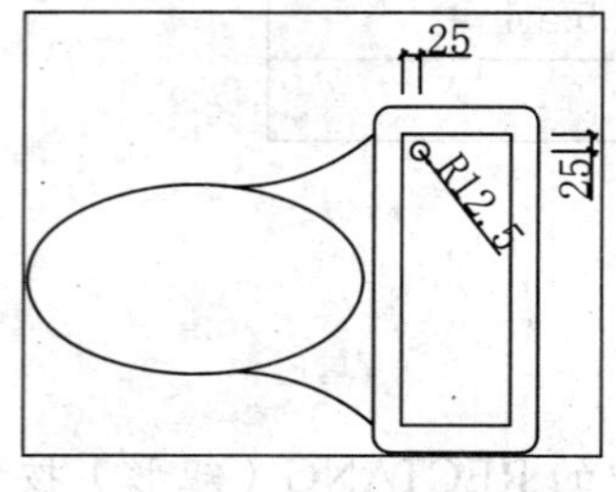

图 15-39　绘制水箱按钮

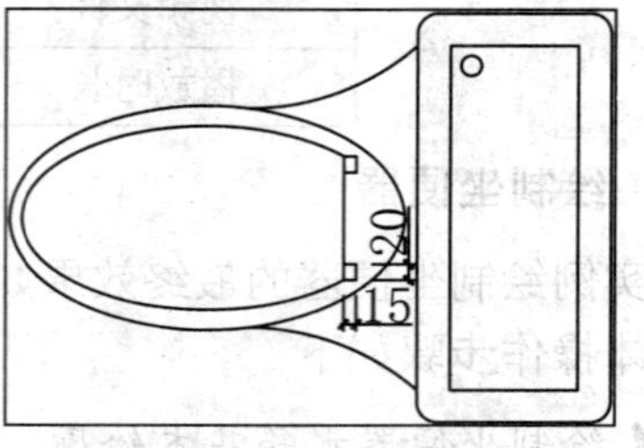

图 15-40　绘制坐便器盖

2. 绘制浴缸

本实例绘制浴缸的最终效果如图 15-41 所示。

绘制浴缸的具体操作步骤如下：

01 单击绘图工具栏中的 RECTANG（矩形）按钮，绘制一个大小为 1500 × 700 的矩形，作为浴缸的轮廓线，如图 15-42 所示，单击修改工具栏中的 EXPLODE（分解）按钮，将矩形进行分解。

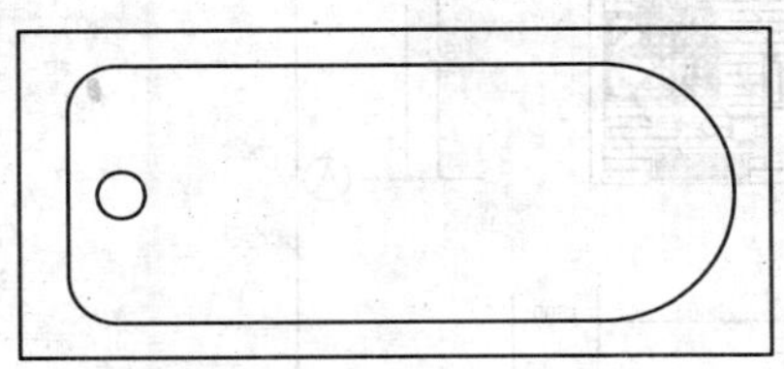

图 15-41 绘制浴缸

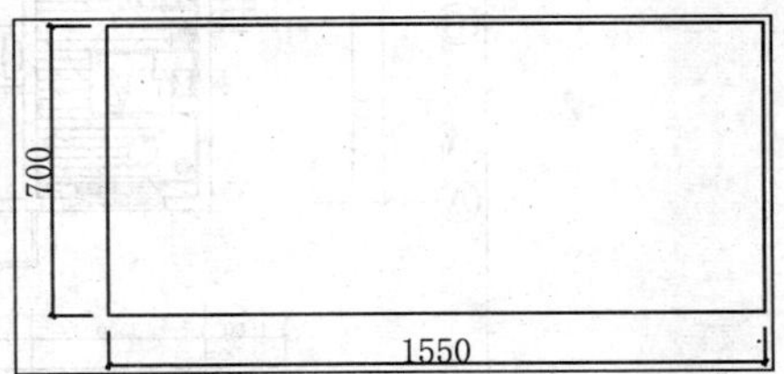

图 15-42 绘制浴缸轮廓线

02 单击修改工具栏中的 OFFSET（偏移）按钮，将矩形左边向内偏移 100mm，其他边向内偏移 75mm。单击修改工具栏中的 FILLET（圆角）按钮，将辅助线进行圆角处理，如图 15-43 所示。

03 单击修改工具栏中的 OFFSET（偏移）按钮，生成浴缸出水口圆心的辅助线。单击绘图工具栏中的 CIRCLE（圆）按钮，绘制一个半径为 50mm 的圆；单击修改工具栏中的 ERASE（删除）按钮，将辅助线删除，如图 15-44 所示。

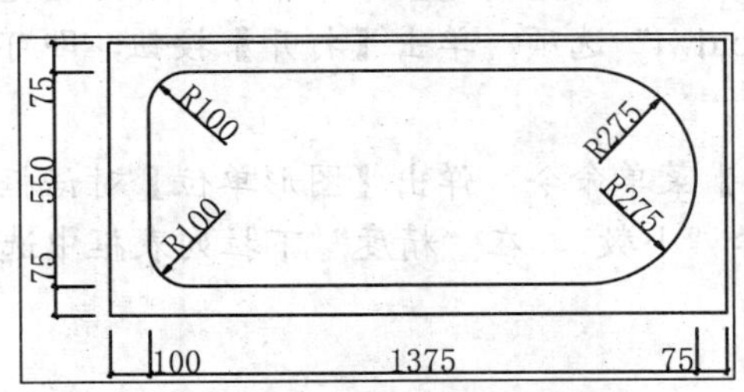

图 15-43 绘制缸内部构造线

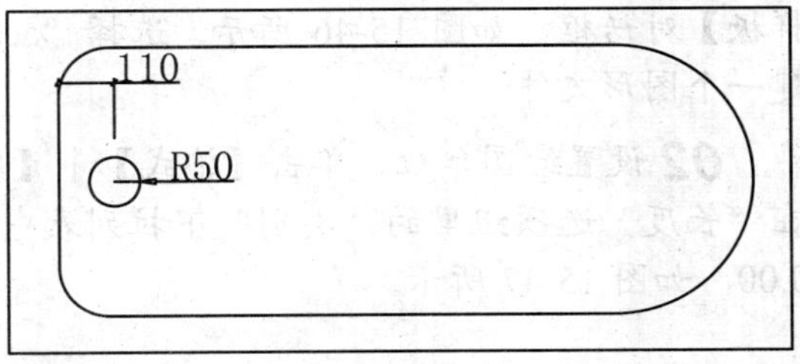

图 15-44 绘制出水口

15.3 绘制某家装平面图

家装设计是装饰工程设计的主要内容，本节通过绘制如图 15-45 所示住宅家装平面图的实例，讲述家装平面图的绘制方法和相关技巧。

视频教学	
视频文件：	AVI\第 15 章\15.3.avi
播放时长：	11 分 07 秒

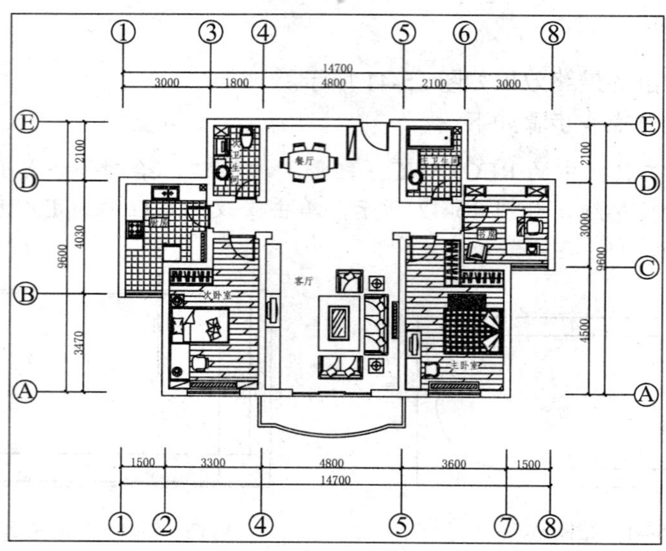

图 15-45　某住宅家装平面图

15.3.1 设置绘图环境

绘制家装平面图的第一步就是设置绘图环境。设置绘图环境的具体操作步骤如下：

01 启动 AutoCAD 2012 应用程序，单击【文件】|【新建】菜单命令，打开【选择样板】对话框，如图 15-46 所示。选择“acadiso.dwt”选项，单击【打开】按钮，即可新建一个图形文件。

02 设置绘图单位。单击【格式】|【单位】菜单命令，弹出【图形单位】对话框，在“长度”选项组里的“类别”下拉列表中选择“小数”，在“精度”下拉列表框中选择 0.00，如图 15-47 所示。

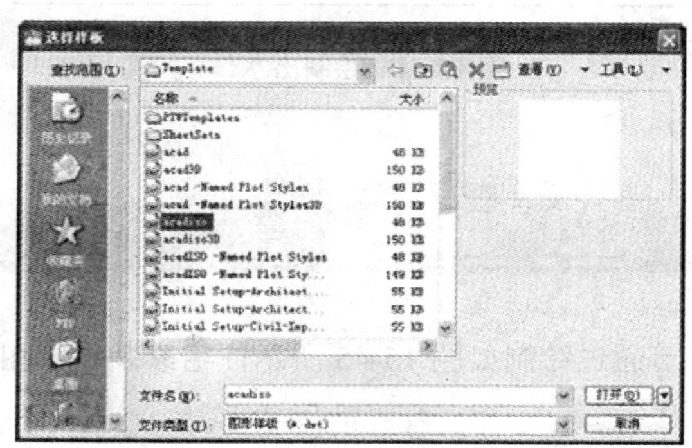

图 15-46　“选择样板”对话框

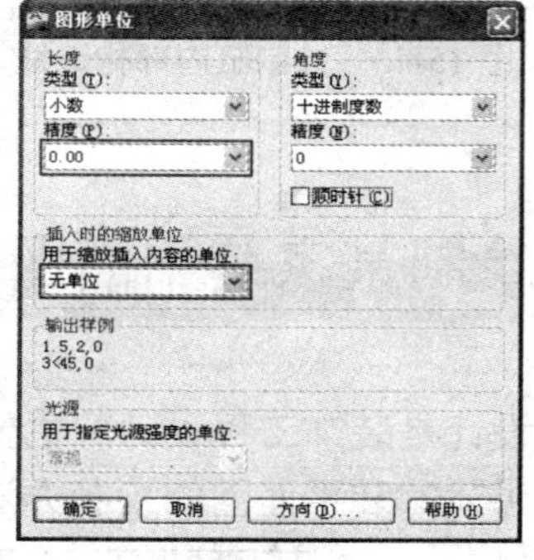

图 15-47　“图形单位”对话框

03 设置图形界限。单击【格式】|【图形界限】菜单命令，设置绘图区域。单击【视

图】|【缩放】|【全部】菜单命令，完成观察范围的设置。其命令行提示如下：

```
命令: limits↙
重新设置模型空间界限:
指定左下角点或 [开 (ON)/关 (OFF)] <0.0000, 0.0000>:↙ //直接按回车键接受默认值
指定右上角点 <420.0000, 297.0000>: 16000, 12000↙ //输入右上角坐标 "26000, 12000" 后按回车键完成绘图范围的设置
```

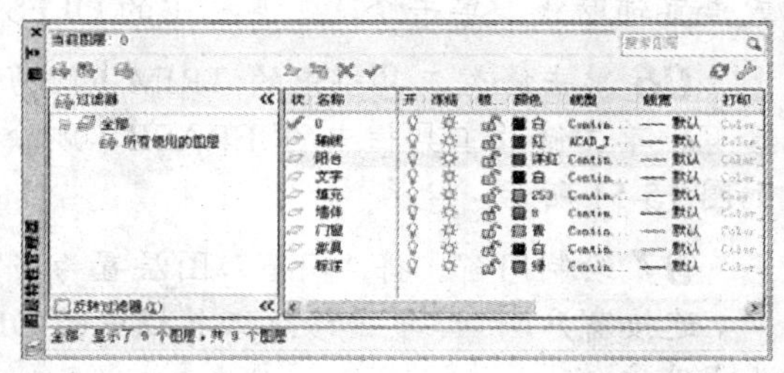

图 15-48 “图层特性管理器”对话框

04 设置图层。单击【格式】|【图层】菜单命令，弹出【图层特性管理器】对话框，单击工具栏中的【新建图层】按钮，创建结构平面图所需要的图层，并为每一个图层定义名称、颜色、线型、线宽，设置好的图层效果如图 15-48 所示。

15.3.2 绘制家装平面基本图形

对绘图环境进行相应设置后，接下来就开始绘制图形了，具体操作步骤如下：

01 绘制轴线网。将“轴线”图层置为当前层，单击绘图工具栏中的 LINE（直线）按钮，绘制一根水平轴线和一条垂直轴线。

02 单击修改工具栏中的 OFFSET（偏移）按钮，生成水平方向和垂直方向的轴线；单击修改工具栏中的 TRIM（修剪）按钮，将轴线进行修剪。然后修改轴线网线型比例，如图 15-49 所示。

03 绘制墙体。将“墙体”图层置为当前层，单击【绘图】|【多线】菜单命令，设置多段宽度为 240mm（其中隔墙宽度为 120mm，对齐方式为上），对齐方式为无，沿轴线交点绘制出墙体。

04 单击【修改】|【对象】|【多线】菜单命令，在弹出的【多线编辑工具】对话框中选用多线编辑工具，对墙线进行编辑。关闭“轴线”图层，完成效果如图 15-50 所示。

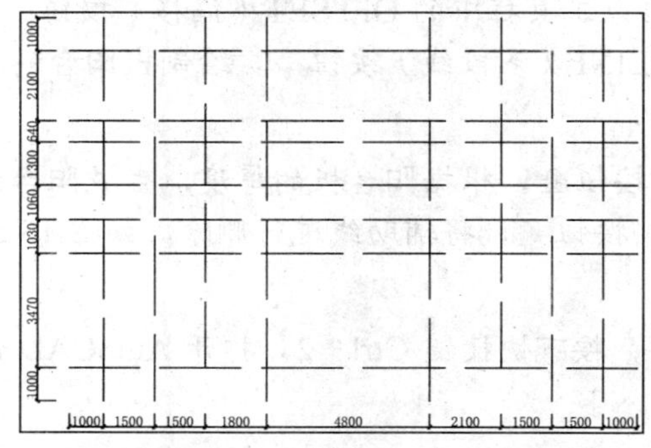

图 15-49 绘制轴线网

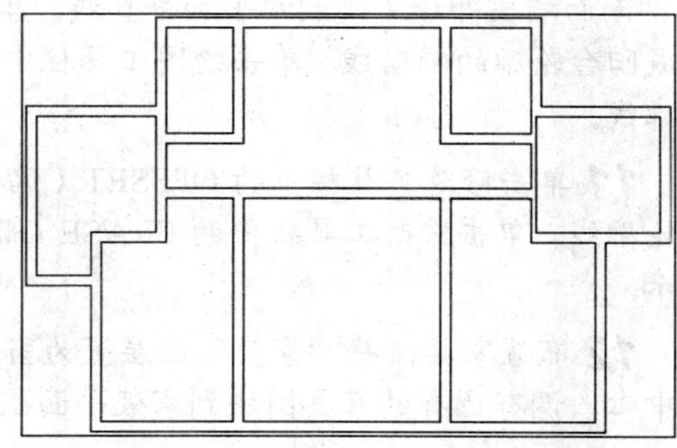

图 15-50 绘制墙体

05 绘制门窗洞口。单击绘图工具栏中的 LINE（直线）按钮，沿墙内角绘制水平或垂直辅助线，单击修改工具栏中的 OFFSET（偏移）按钮，生成门窗洞口的辅助线。

06 单击修改工具栏中的 TRIM（修剪）按钮，将门窗洞口处的墙线和辅助线进行修剪。单击修改工具栏中的 ERASE（删除）按钮，将绘制的水平和垂直辅助线删除，如图 15-51 所示。

07 绘制门窗。将“门窗”图层置为当前层，单击绘图工具栏中的 LINE（直线）按钮，连接窗户洞口，单击修改工具栏中的 OFFSET（偏移）按钮，设置偏移距离为 90mm，生成窗户线。

08 单击绘图工具栏中的 LINE（直线）按钮、ARC（圆弧）按钮以及修改工具栏中的 OFFSET（偏移）按钮、TRIM（修剪）按钮和 ERASE（删除）按钮等，绘制一个门宽尺寸为 1000mm 的平开门，单击修改工具栏中的 COPY（复制）按钮，配合“缩放和旋转”功能，复制平开门到门窗洞口处。

09 单击绘图工具栏中的 LINE（直线）按钮以及修改工具栏中的 OFFSET（偏移）按钮、TRIM（修剪）按钮和 ERASE（删除）按钮，绘制出推拉门和所有门口线，如图 15-52 所示。

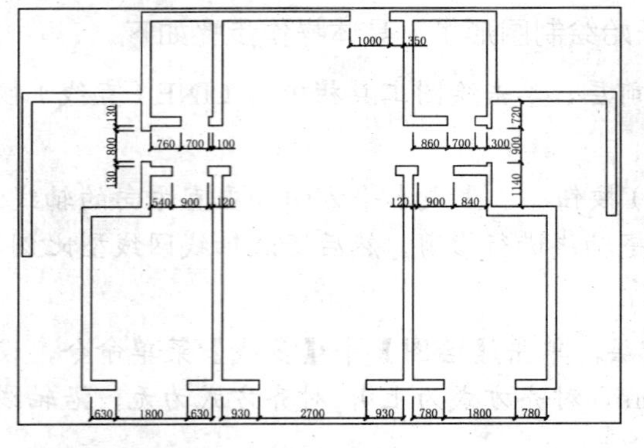

图 15-51　绘制门窗洞口

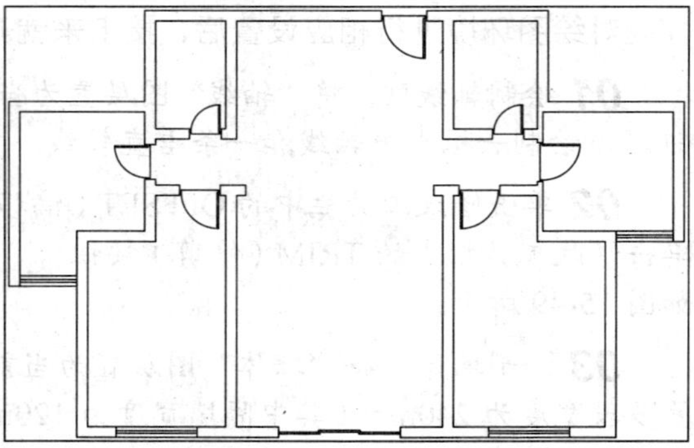

图 15-52　绘制门窗

10 绘制阳台。将“阳台”图层置为当前层，单击绘图工具栏中的 LINE（直线）按钮，南面墙段外墙角绘制水平和垂直线。单击修改工具栏中的 OFFSET（偏移）按钮，生成阳台轮廓的辅助线。单击绘图工具栏中的 PLINE（多段线）按钮，绘制出阳台的外轮廓线。

11 单击修改工具栏中的 OFFSET（偏移）按钮，根据阳台板的厚度，生成阳台的内轮廓线。单击修改工具栏中的 ERASE（删除）按钮，将辅助线进行删除，如图 15-53 所示。

12 布置家具。将“家具”图层置为当前层，按下快捷键 Ctrl + 2，打开 AutoCAD 设计中心，调有已有的家具图块到家装平面图中。

13 单击修改工具栏中的 MOVE（移动）按钮，将其移动到平面图中合适位置；然后单击绘图工具栏中的 LINE（直线）按钮以及修改工具栏中的 OFFSET（偏移）按钮和 TRIM（修剪）按钮，添加适当的家具轮廓线等，如图 15-54 所示。

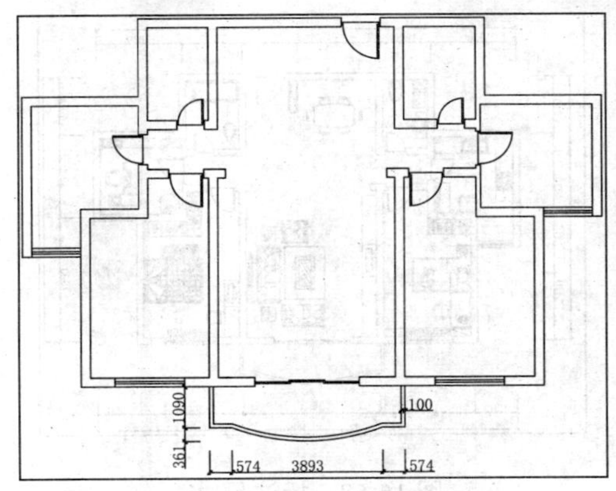

图 15-53　绘制阳台

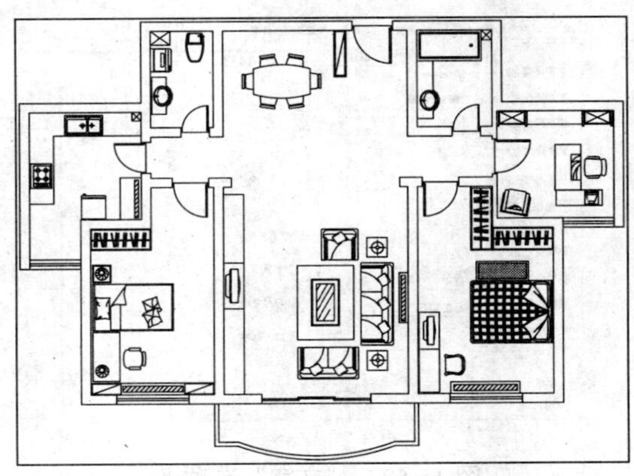

图 15-54　布置家具

15.3.3 添加尺寸标注、轴线编号、文本注释和填充面砖

家装平面基本图形绘制完成后，就要为平面图形添加尺寸标注、轴线编号、文本注释和填充面砖。其具体操作步骤如下：

01 设置标注样式。单击【格式】|【标注样式】菜单命令，在弹出的【标注样式管理器】对话框，单击【修改】按钮，弹出【修改标注样式：ISO-25】对话框，单击“线”选项卡，设置参数如图 15-55 所示；

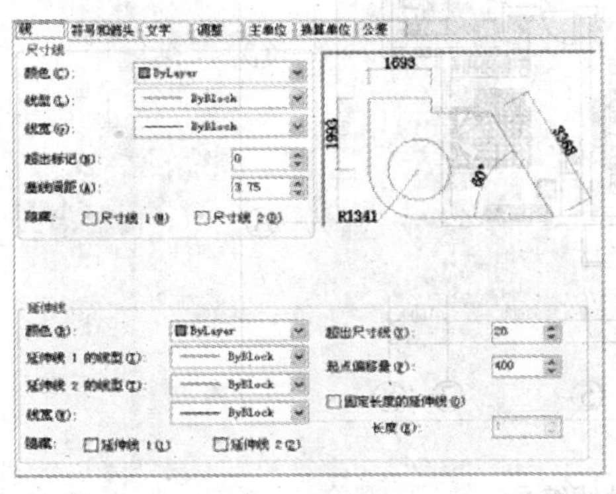

图 15-55　“线”选项卡

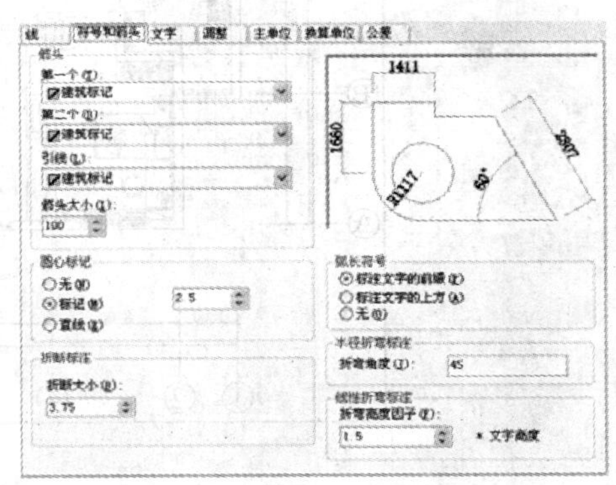

图 15-56　“符号和箭头”选项卡

02 单击“符号和箭头”选项卡，设置参数如图 15-56 所示；单击“文字”选项卡，设置参数如图 15-57 所示；单击“主单位”选项卡，在“精度”选项栏中选择“0”选项。然后单击【确定】按钮，返回到【标注样式管理器】对话框，单击【置为当前】按钮，单击【关闭】按钮，完成标注样式的设置。

03 标注尺寸。将“标注”图层置为当前层，并将“轴线”图层显示出来，单击【标注】|【线性】菜单命令和【连续】菜单命令，标注两道尺寸线。标注完成后，将“轴线”

隐藏起来，如图 15-58 所示。

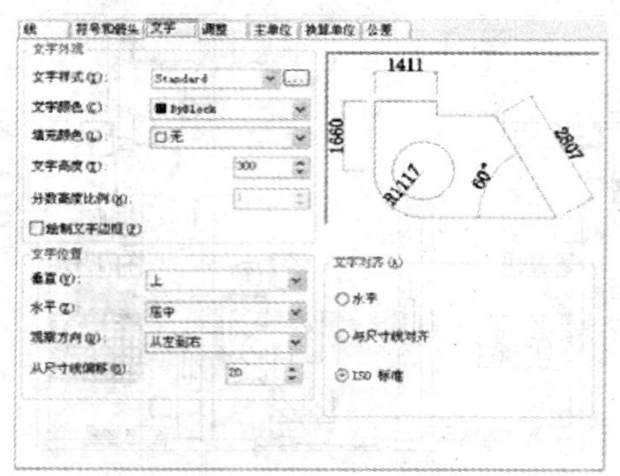

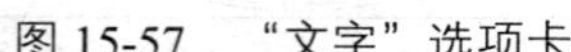
图 15-57 “文字”选项卡

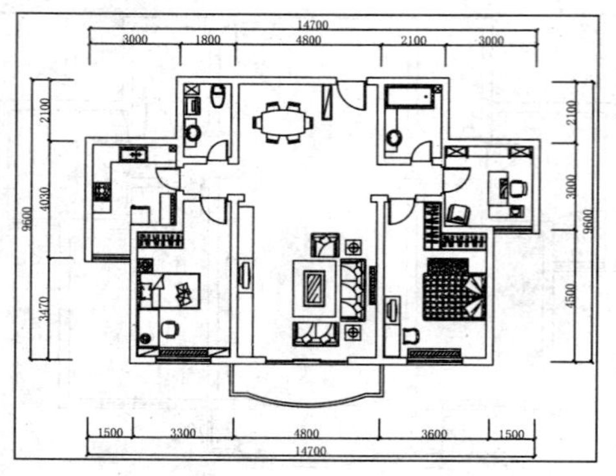

图 15-58 标注尺寸

04 添加轴线编号。参考之前内容的介绍绘制好轴线与轴号，然后单击修改工具栏中的 COPY（复制）按钮，配合“旋转”功能，复制出多个轴线编号到家装平面图中，双击编号文字，对文字进行修改，如图 15-59 所示。

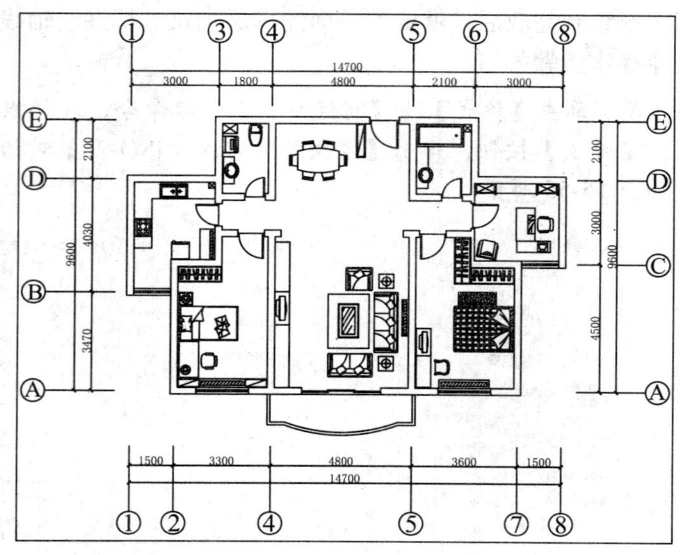

图 15-59 编制轴线编号

05 添加文本注释。将“文字”图层置为当前层，单击绘图工具栏中的 MTEXT（多行文字）按钮 A，绘制出房间名称文字，如图 15-60 所示。

06 填充面砖。将“填充”图层置为当前层，单击绘图工具栏中的 PLINE（多段线）按钮，配合“对象捕捉”功能，绘制出要填充面砖的每一个闭合区域。

07 单击绘图工具栏中的 HATCH（图案填充和渐变色）按钮，对闭合区域进行面砖的填充。单击修改工具栏中的 ERASE（删除）按钮，将多段线进行删除，最终效果如图 15-61 所示。

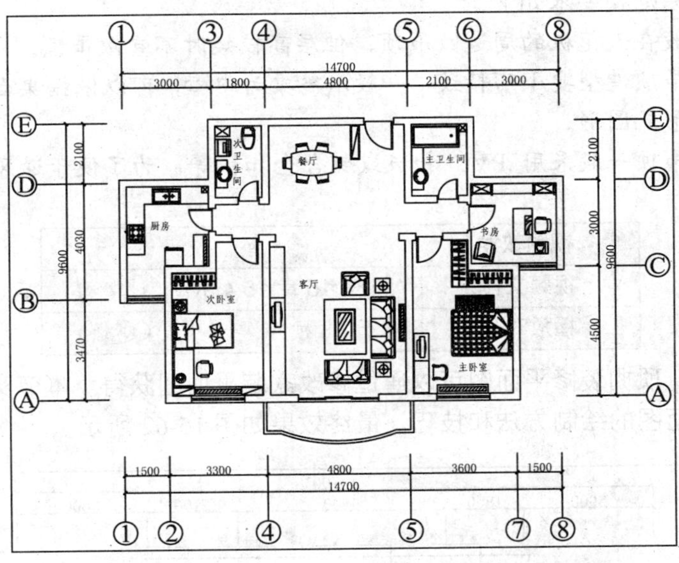

图 15-60 添加文本注释

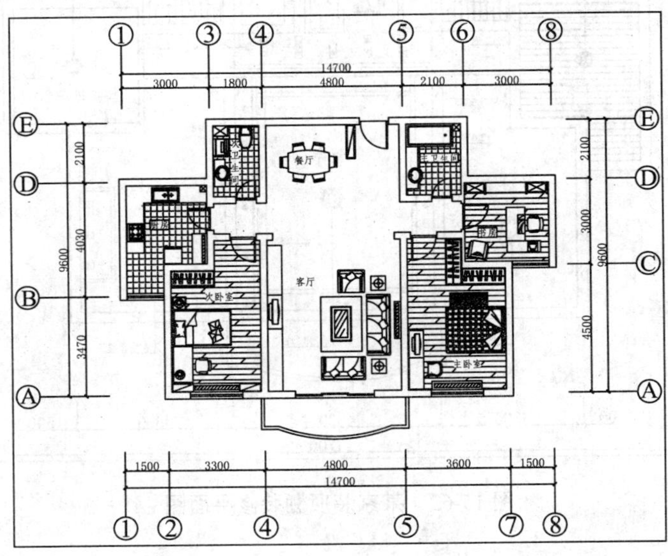

图 15-61 填充面砖

15.4 绘制顶棚装修平面图

顶棚装修平面图的制作主要包括绘制天花板的吊顶造型、各灯具和标高等。在绘制时，应考虑顶棚装饰的平面形式、尺寸、材料和灯具，以及其他室内设施的位置和大小等。

吊顶设计的原则和要求如下：

- 客厅一般在天花板的周边做吊顶，但层高较矮时不宜做吊顶。
- 餐厅的吊顶造型要小巧精致，一般以餐桌为中心，可以依据桌面造型并大于桌面做成方形或圆形。
- 厨卫的吊顶一般采用 PVC 扣板或铝合金扣板等，为了便于通风，应在顶部安装排气扇。

视频教学	
视频文件：	AVI\第 15 章\15.4.avi
播放时长：	11 分 13 秒

一般情况下，顶棚装修平面图可以通过修改家装平面图获得。本节实例接上节内容，讲述顶棚装修平面图的绘制方法和技巧，最终效果如图 15-62 所示。

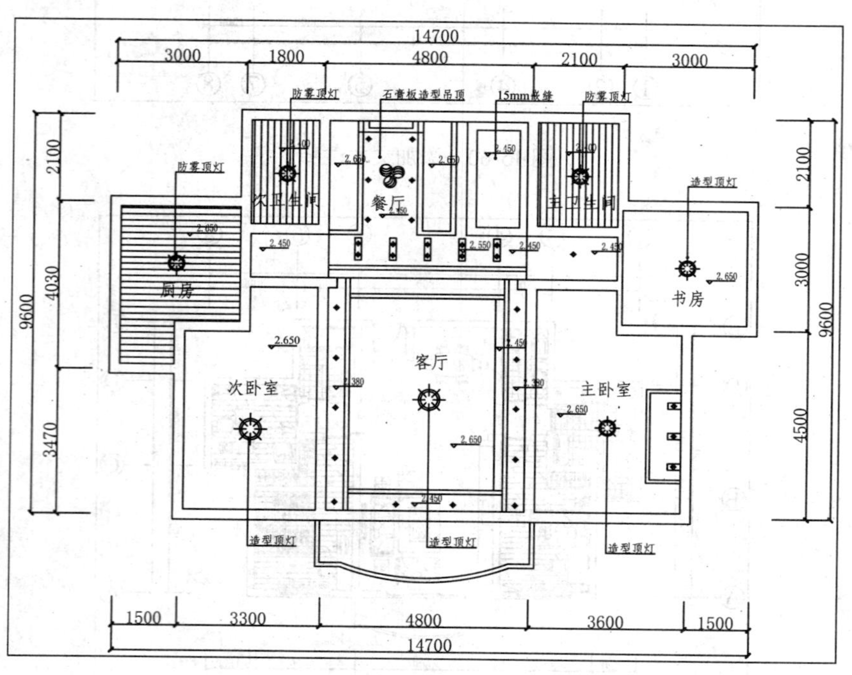

图 15-62　某家装顶棚装修平面图

15.4.1 绘制天花板

绘制顶装修平面图首先绘制出天花板效果，绘制天花板的具体操作步骤如下：

01 打开上一节完成的"家装平面图.dwg"文件，单击修改工具栏中的 ERASE（删除）按钮，将"墙体"和"阳台"图层以外的其他图层和内容全部删除，得到墙体和阳台效果如图 15-63 所示。

02 封闭墙体缺口。将"墙体"图层置为当前层，单击绘图工具栏中的 LINE（直线）

按钮，连接门窗洞口处的墙线。单击修改工具栏中的修改工具栏中的 ERASE（删除）按钮，将分隔门窗的墙体线进行删除，如图 15-64 所示。

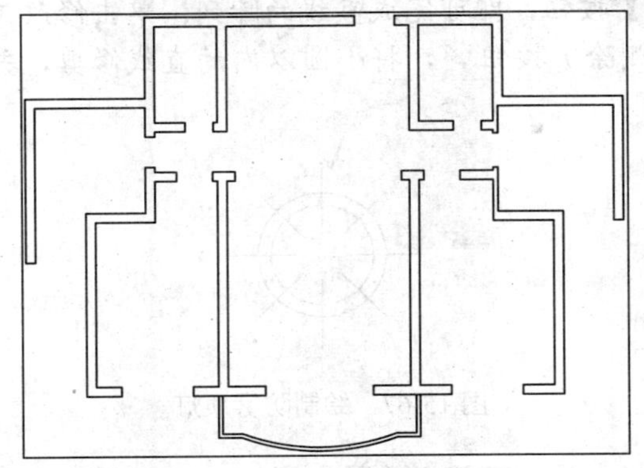

图 15-63　删除其他图层后的效果

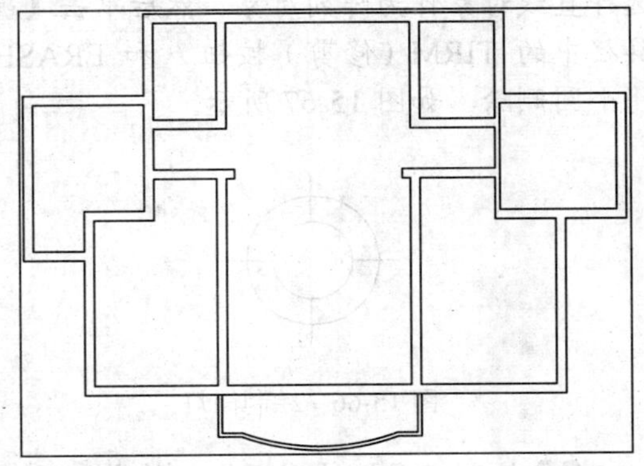

图 15-64　封闭墙体缺口

03 绘制天花。单击【格式】｜【图层】菜单命令，在【图层特性管理器】对话框中新建一个名为“天花”的图层，设置颜色，并将“天花”图层置为当前层。

04 单击绘图工具栏中的 LINE（直线）按钮，沿墙体绘制水平和垂直辅助线。单击修改工具栏中的 OFFSET（偏移）按钮，生成天花辅助线。单击修改工具栏中的 TRIM（修剪）按钮和 ERASE（删除）按钮，将多余的辅助线进行修剪和删除，效果如图 15-65 所示。

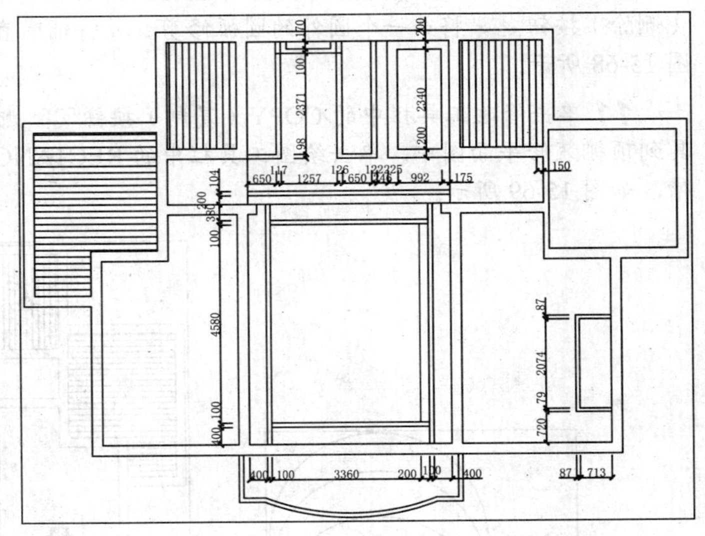

图 15-65　绘制天花

05 绘制筒灯。单击绘图工具栏中的 CIRCLE（圆）按钮，绘制一个半径为 40mm 和一个半径为 24mm 的同心圆。

06 单击绘图工具栏中的 LINE（直线）按钮，配合“象限点捕捉”功能，连接大圆和小圆的水平和垂直象限点。单击【修改】｜【拉长】菜单命令，将直线向外拉长 12.5mm，如图 15-66 所示。

07 绘制防雾顶灯。单击绘图工具栏中的 CIRCLE（圆）按钮，绘制一个半径为 187.5mm、一个半径为 150mm 和一个半径为 75mm 的同心圆。单击绘图工具栏中的 LINE（直线）按钮，连接小圆和大圆的象限点。单击【修改】｜【拉长】菜单命令，将直线向外拉长 90mm。

08 单击修改工具栏中的 ARRAY（阵列）按钮，在弹出的【阵列】对话框中，选择【环形阵列】单选框，在图形指定圆心为中心点，“项目总数”为 8，“填充角度”为 360，选择直线对象作为阵列对象，然后单击【确定】按钮，即可完成直线的阵列；单击修改工具栏中的 TIRM（修剪）按钮和 ERASE（删除）按钮，将小圆以内的直线修剪，并将小圆删除，如图 15-67 所示。

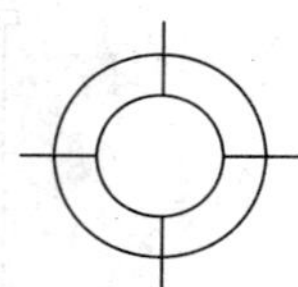

图 15-66　绘制筒灯

图 15-67　绘制防雾顶灯

09 绘制石膏板造型顶灯。单击绘图工具栏中的 CIRCLE（圆）按钮，绘制一个直径为 277.5mm 的圆。单击绘图工具栏中的 LINE（直线）按钮，绘制一条水平直径和一条垂直半径。单击修改工具栏中的 OFFSET（偏移）按钮，将水平直径向下偏移。

10 单击绘图工具栏中的 CIRCLE（圆）按钮，以垂直半径及其延长线上的点为圆心，绘制出 3 个半径为 139mm 的圆。单击修改工具栏中的 TIRM（修剪）按钮和 ERASE（删除）按钮，将第一个圆外的圆弧修剪，并将辅助直线删除，完成效果与具体尺寸如图 15-68 所示。

11 单击修改工具栏中的 COPY（复制）按钮，配合“旋转”功能，复制出多个灯具到顶棚装修平面图中。单击绘图工具栏中的 RECTANG（矩形）按钮，绘制出筒灯凹槽，如图 15-69 所示。

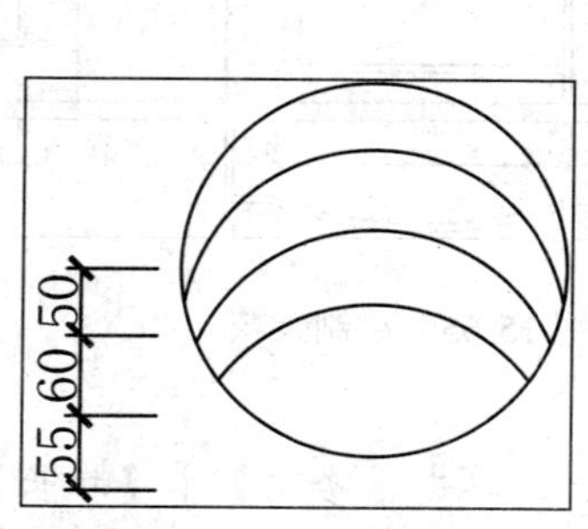

图 15-68　绘制石膏板造型顶灯

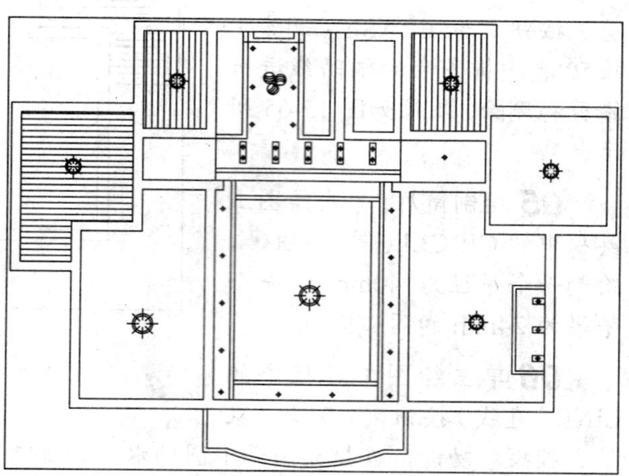

图 15-69　复制灯具

15.4.2 标注顶棚装修平面图

顶棚装修平面基本图形绘制完成后，就要对其进行标注，包括文字标注、尺寸标注和标高标注等。接下来分别介绍其操作方法。

1. 文字标注

标注文字的具体操作步骤如下：

01 设置多重引线样式。单击【格式】|【多重引线样式】菜单命令，在弹出的【多重引线样式管理器】对话框中，单击【修改】按钮，弹出【修改多重引线样式：Standard】对话框，单击“引线格式”选项卡，设置参数如图 15-70 所示。

02 单击“引线结构”选项卡，设置参数如图 15-71 所示。

03 单击“内容”选项卡，设置参数如图 15-72 所示。

图 15-70　“引线格式”选项卡

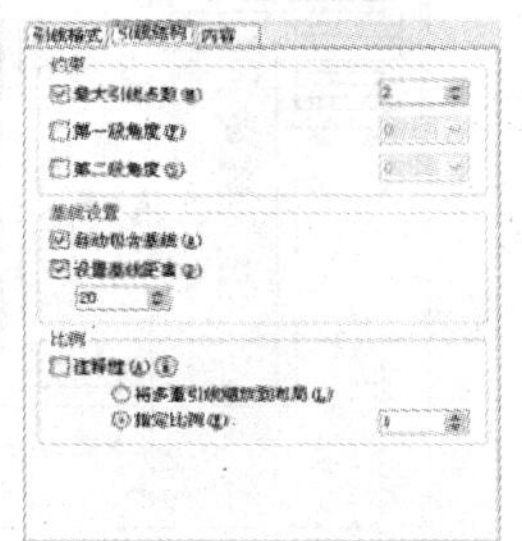

图 15-71　“引线结构”选项卡

图 15-72　“内容”选项卡

04 单击【确定】按钮，返回到【多重引线样式管理器】对话框中，如图 15-73 所示；单击【置为当前】按钮，然后单击【关闭】按钮，完成多重引线样式的设置。

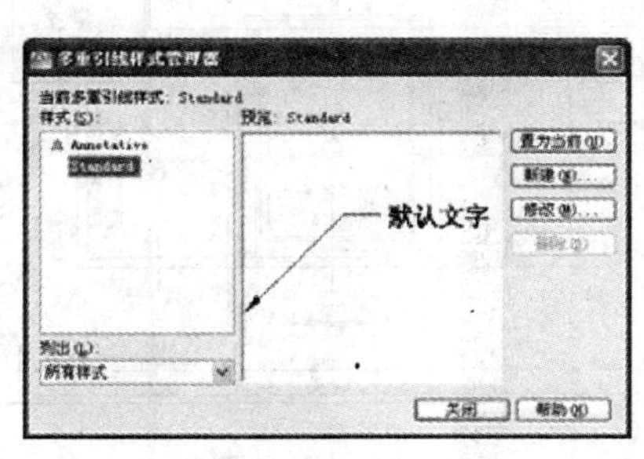

图 15-73　“多重引线样式管理器”对话框

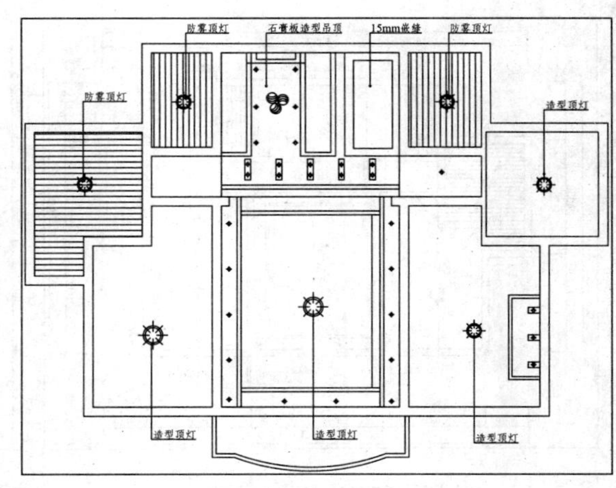

图 15-74　标注引出文字说明

05 标注引出文字。单击【标注】|【多重引线】菜单命令，标注引出文字说明，如图 15-74 所示。

06 标注房间名称文字。单击绘图工具栏中的 MTEXT（多行文字）按钮 A，绘制出房间名称文字，如图 15-75 所示。

2. 绘制尺寸标注和标高标注

绘制尺寸标注和标高标注的具体操作步骤如下：

01 单击【格式】|【标注样式】菜单命令，在弹出的【标注样式管理器】中设置标注样式；单击【标注】|【线性】菜单命令和【连续】菜单命令，根据定位轴线，标注两道尺寸线，如图 15-76 所示。

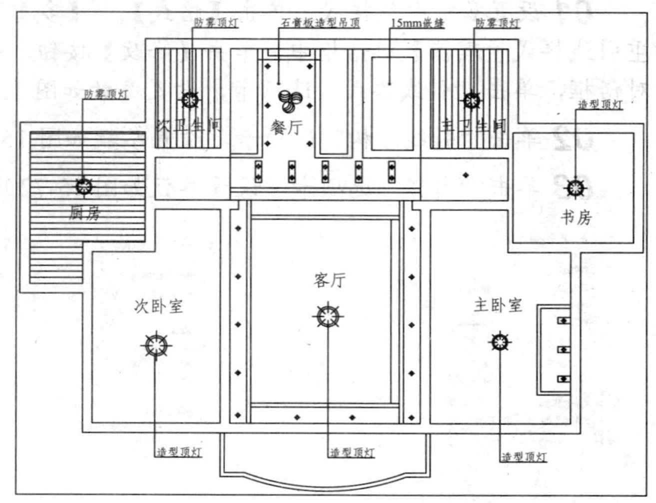

图 15-75　标注房间名称文字

02 标注标高。单击绘图工具栏中的 LINE（直线）按钮，绘制一个等腰三角形，根据出图比例，三角形的高度为 3mm，在标注时直角要指向标注部位。单击绘图工具栏中的 MTEXT（多行文字）按钮A，在标高符号上方绘制出标高数字，标高以“m”为单位，精确到小数点后 3 位。

03 单击修改工具栏中的 COPY（复制）按钮，将标高符号和数字复制到顶棚装修平面图中。双击标高数字，对标高数字进行修改，最终效果如图 15-77 所示。

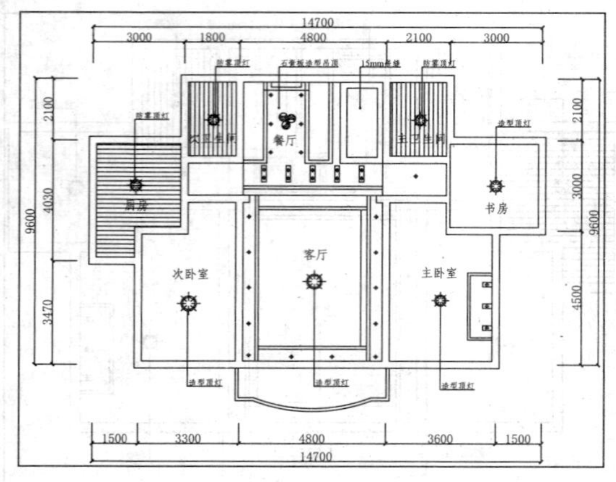

图 15-76　标注尺寸

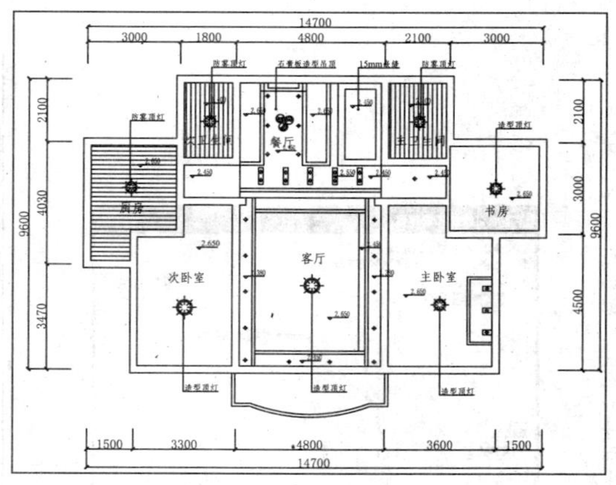

图 15-77　标注标高

15.5 绘制客厅立面及详图

本节主要介绍家装客厅墙面详图的绘制方法和相关技巧。绘制完成的家装客厅立面详图的最终效果如图 15-78 所示。

视频教学	
视频文件：	AVI\第 10 章\15.5.avi
播放时长：	11 分 44 秒

15.5.1 绘制客厅立面图

客厅是一个休闲娱乐和会客的空间，因而客厅一般会摆放一些装饰柜和视听等设备，客厅立面图的绘制主要是客厅墙面和设备立面的绘制。绘制客厅立面的具体操作步骤如下：

01 绘制客厅立面基本结构。单击绘图工具栏中的 RECTANG（矩形）按钮，根据客厅墙面宽高尺寸绘制一个 3000×2600 的矩形。单击修改工具栏中的 EXPLODE（分解）按钮，将矩形进行分解。

02 单击修改工具栏中的 OFFSET（偏移）按钮，生成客厅立面基本结构的辅助线。单击修改工具栏中的 TRIM（修剪）按钮，将辅助线进行修剪，如图 15-79 所示。

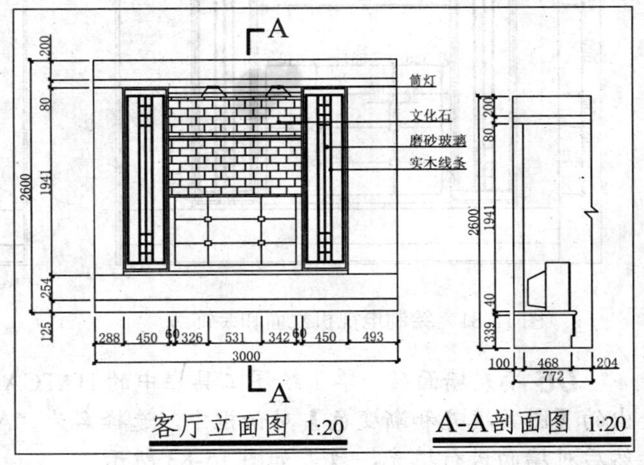

图 15-78 客厅立面详图

03 绘制玻璃分隔。单击修改工具栏中的 OFFSET（偏移）按钮，生成玻璃分隔的辅助线。单击修改工具栏中的 TRIM（修剪）按钮，将辅助线进行修剪。单击修改工具栏中的 COPY（复制）按钮，复制出另一侧的玻璃分隔线。绘制好的玻璃分隔效果如图 15-80 所示。

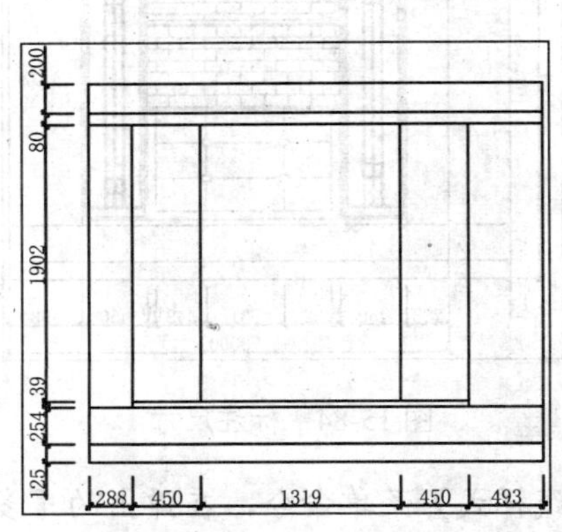

图 15-79 绘制客厅立面基本结构

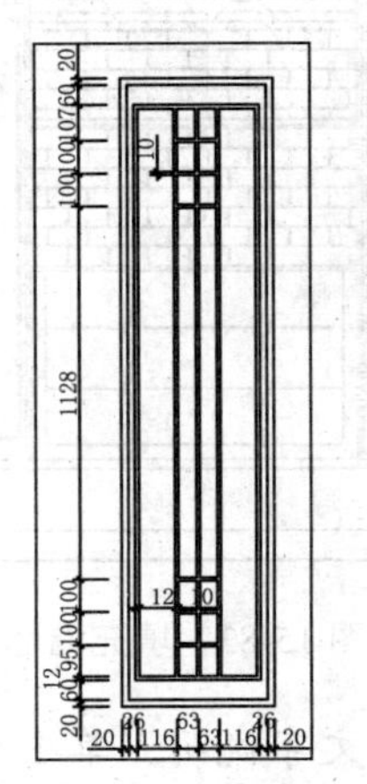

图 15-80 绘制玻璃分隔线

04 绘制电视机立面和装饰线。单击修改工具栏中的 OFFSET（偏移）按钮，生成电视机立面和装饰的辅助线。单击修改工具栏中的 TRIM（修剪）按钮，将辅助线进行修剪，如图 15-81 所示。

05 绘制顶灯。单击修改工具栏中的 OFFSET（偏移）按钮，生成顶灯和光线的辅助线；单击绘图工具栏中的 LINE（直线）按钮，绘制出灯光投射方向线。单击修改工具栏中的 TRIM（修剪）按钮，将辅助线进行修剪，如图 15-82 所示。

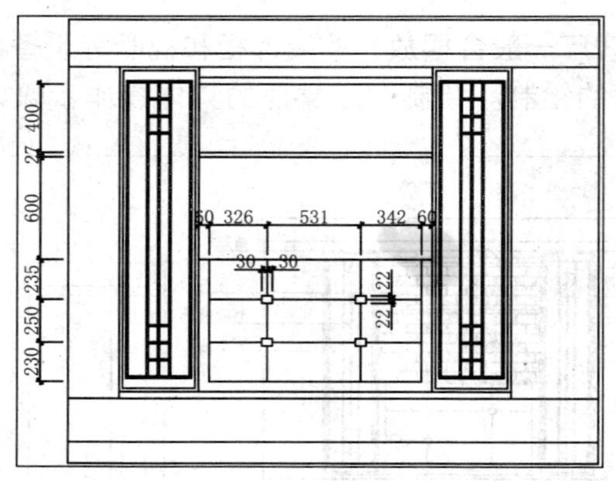

图 15-81　绘制电视机立面和装饰线

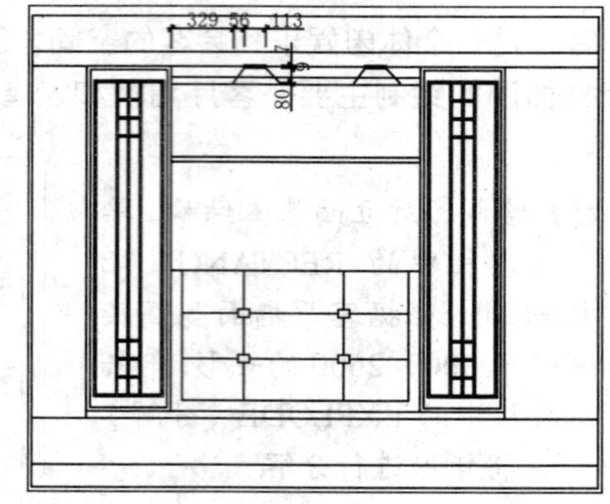

图 15-82　绘制顶灯

06 填充墙面砖。单击绘图工具栏中的 HATCAH（图案填充和渐变色）按钮，在弹出的【图案填充和渐变色】对话框中，选择名为“AR–B816”图案，修改“比例”为 0.4，然后对墙面进行填充，效果如图 15-83 所示。

07 标注尺寸。单击【格式】｜【标注样式】菜单命令，在弹出的【标注样式管理器】对话框中修改标注样式。单击【标注】｜【线性】菜单命令和【连续】菜单命令，标注客厅立面两道尺寸线，如图 15-84 所示。

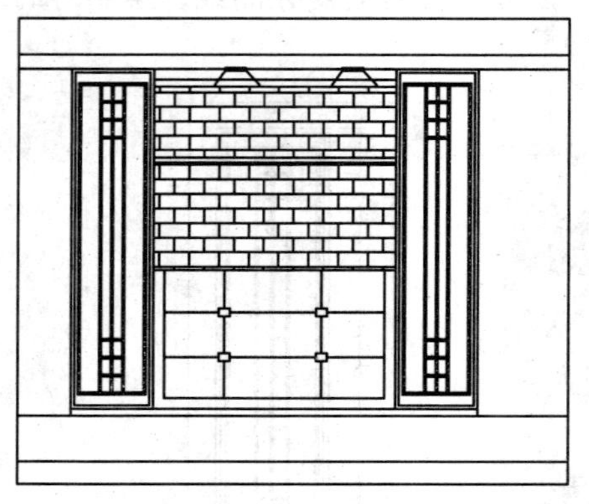
图 15-83　填充墙面砖

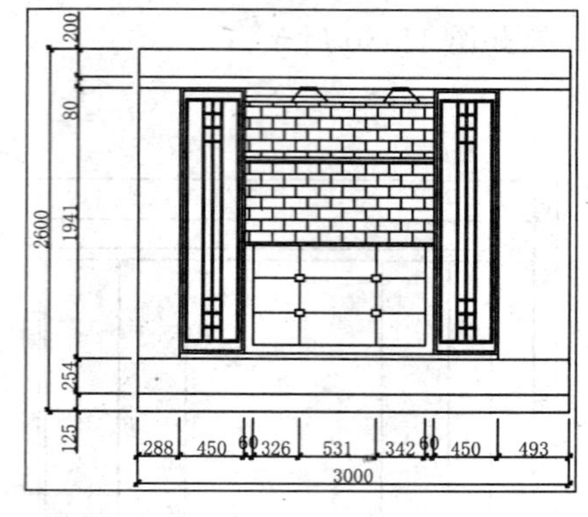

图 15-84　标注尺寸

08 标注文字说明。单击【格式】｜【多重引线样式】菜单命令，在弹出的【多重引线样式管理器】对话框中修改多重引线样式。单击【标注】｜【多重引线】菜单命令，标注引出文字说明，如图 15-85 所示。

09 绘制剖切符号。单击绘图工具栏中的 PLINE（多段线）按钮，设置多段线宽为 20mm，配合“正交”功能，绘制出剖切符号。单击绘图工具栏中的 MTEXT（多行文字）按钮A，注写剖切文字，如图 15-86 所示。

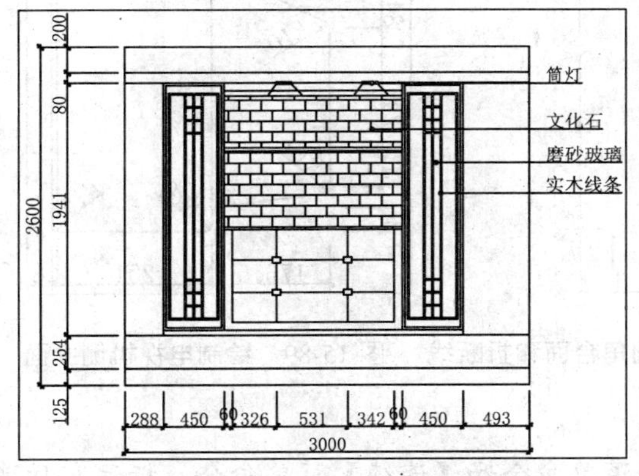

图 15-85 标注文字说明

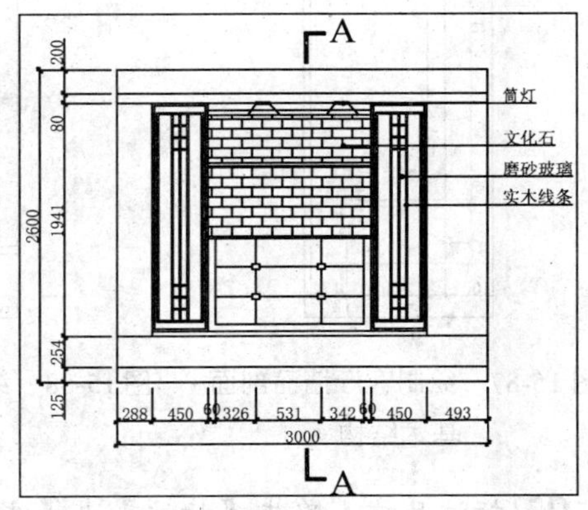

图 15-86 绘制剖切符号

15.5.2 绘制客厅墙面剖面图

客厅立面图有时候并不能详细表达客厅墙面的基本结构，此时就需要绘制出客厅墙面剖面图。绘制客厅墙面剖面图的具体操作步骤如下：

01 绘制客厅墙面剖面基本结构。单击绘图工具栏中的 RECTANG（矩形）按钮，绘制出客厅剖面的轮廓线。单击修改工具栏中的 EXPLODE（分解）按钮，将矩形进行分解。

02 单击修改工具栏中的 OFFSET（偏移）按钮，生成剖面基本结构的辅助线。单击修改工具栏中的 TRIM（修剪）按钮，将辅助线进行修剪，如图 15-87 所示。

03 绘制圆角台面和折断线。单击绘图工具栏中的 CIRCLE（圆）按钮，在台面右侧绘制一个半径为 20mm 的圆。单击修改工具栏中的 TRIM（修剪）按钮，将左半圆裁剪掉。单击绘图工具栏中的 LINE（直线）按钮，在客厅墙面剖面右侧绘制一个折断符号，并将折断符号所夹的直线进行修剪，如图 15-88 所示。

04 绘制电视机侧立面。单击绘图工具栏中的 LINE（直线）按钮，根据电视机侧面和高度方向上的尺寸，绘制一条水平直线和一条垂直线。单击修改工具栏中的 OFFSET（偏移）按钮，生成电视机侧立面的辅助线。

05 单击绘图工具栏中的 LINE（直线）按钮，绘制电视机侧立面结构线。单击修改工具栏中的 FILLET（圆角）按钮，对电视机结构线转角进行圆角处理。单击修改工具栏中的 TRIM（修剪）按钮，将辅助线进行修剪。

06 然后单击修改工具栏中的 MOVE（移动）按钮，将电视机侧立面移到剖面图中适当位置。绘制好的电视机侧立面效果如图 15-89 所示。

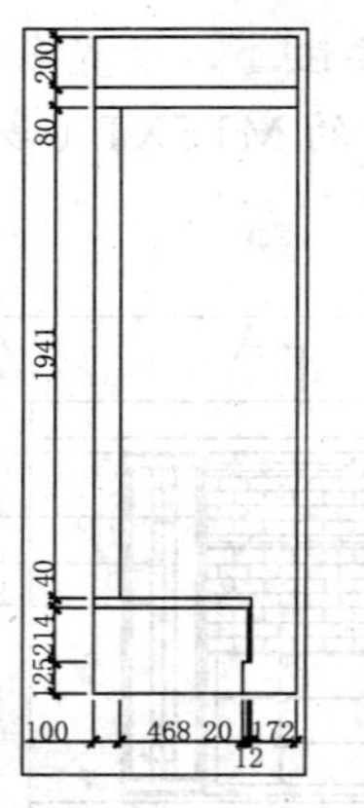

图 15-87 绘制客厅墙面剖面基本结构

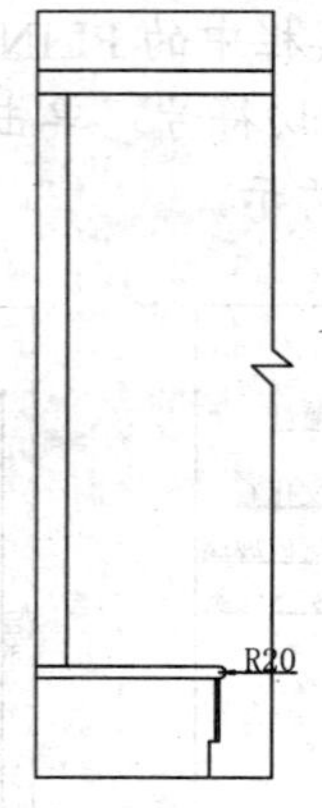

图 15-88 绘制圆角台面和折断线

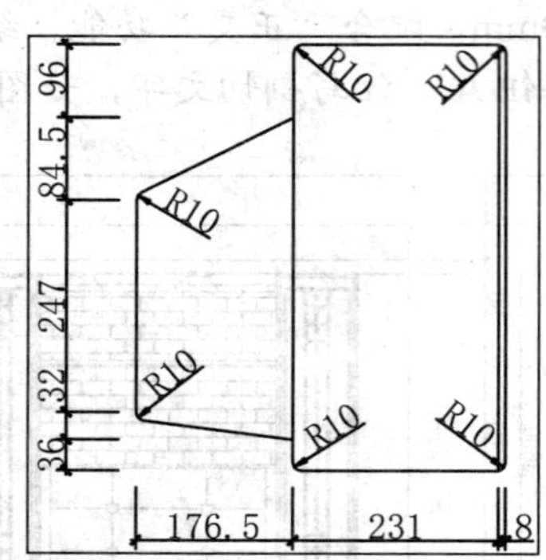

图 15-89 绘制电视机侧立面

07 标注尺寸。单击【标注】|【线性】菜单命令和【连续】菜单命令，标注客厅墙面剖面尺寸，效果如图 15-90 所示。

08 添加图名和比例。单击绘图工具栏中的 MTEXT（多行文字）按钮，绘制出客厅立面图和剖面图的“图名和比例”文字。单击绘图工具栏中的 PLINE（多段线）按钮，设置多段线宽为 40mm，在图名和比例下方绘制一条多段线。

09 单击修改工具栏中的 OFFSET（偏移）按钮，将多段线向下偏移 80mm。单击修改工具栏中的 EXPLODE（分解）按钮，将第二条多段线进行分解，最终效果如图 15-91 所示。

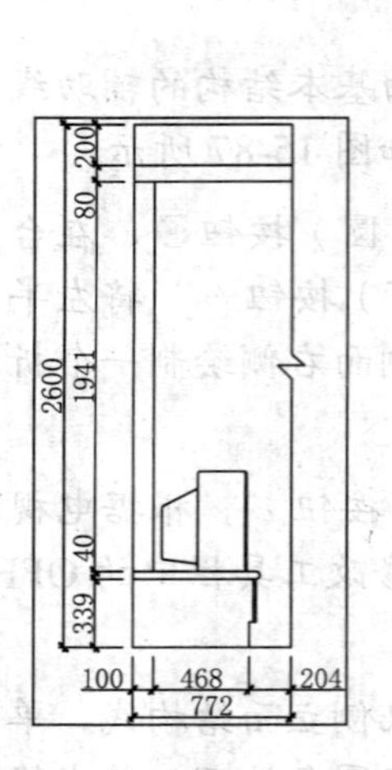

图 15-90 标注尺寸

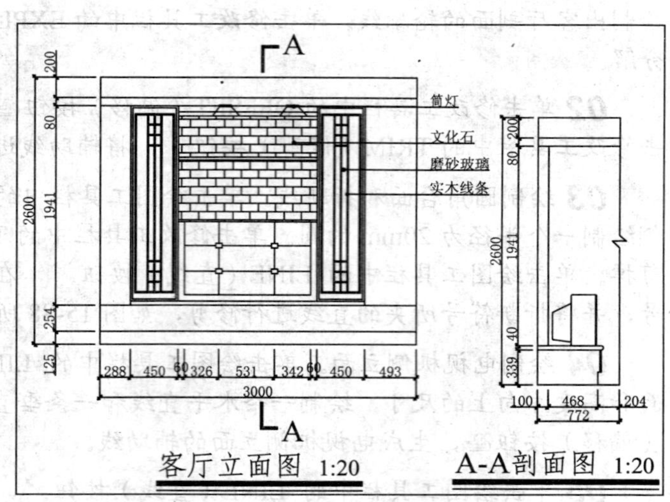

图 15-91 添加图名和比例

第 1 6 章

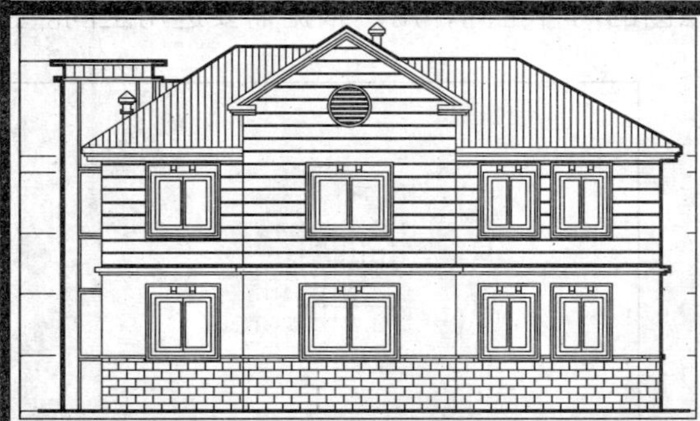

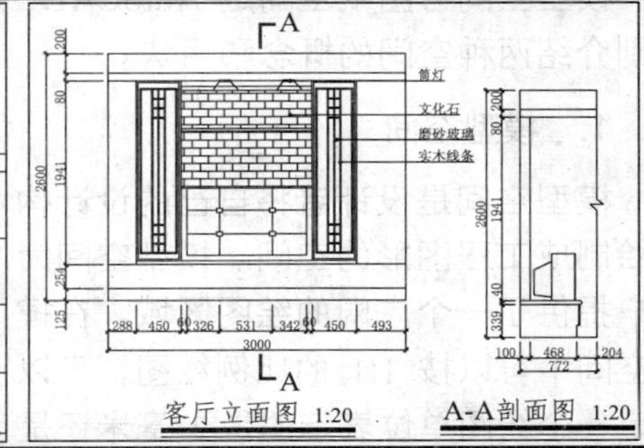

客厅立面图 1:20

A-A剖面图 1:20

文件布图与打印

对于建筑图样而言，其输出对象主要为打印机，打印输出的图样将成为施工人员施工的主要依据。建筑图样根据设计详略选定合适的输出比例，依据文件尺寸选定合适的纸张。

在进行打印之前，需要确定纸张大小、输出比例以及打印线宽、颜色等相关内容。对于图形的打印线宽、颜色等属性，均可通过打印样式进行控制。在最终打印输出之前，需要对图形进行认真检查、核对，在确定正确无误之后方可正式进行打印。

本章将详细讲解文件布图与打印的基本知识及操作方法。

16.1 模型空间与图纸空间

利用 AutoCAD 2012 绘制和编辑图形都是在某个空间中进行的，AutoCAD 包含两种绘图空间：模型空间（Model Space）和图纸空间（Paper Space）。模型空间和图纸空间的主要区别在于前者是针对图形实体的空间，后者是针对图纸布局的空间。本节主要介绍模型空间与图纸空间的基本知识。

16.1.1 模型空间与图纸空间的概念

模型空间与图纸空间是 AutoCAD 绘图的两种空间，用户根据需要选用空间。接下来分别介绍两种空间的概念和用法。

1. 模型空间

模型空间是设计者将自己的设计构思绘制成工程图形的空间。模型空间为用户提供了一个广阔的绘图区域，在模型空间中可以按 1:1 的比例绘图，可以确定一个绘图单位表示的是 1 毫米还是 1 英寸，或者是其他常用单位。在模型空间，用户不需要考虑绘图空间是否足够大，只需要考虑图形的正确绘制。如图 16-1 所示是在模型空间绘制的图纸。

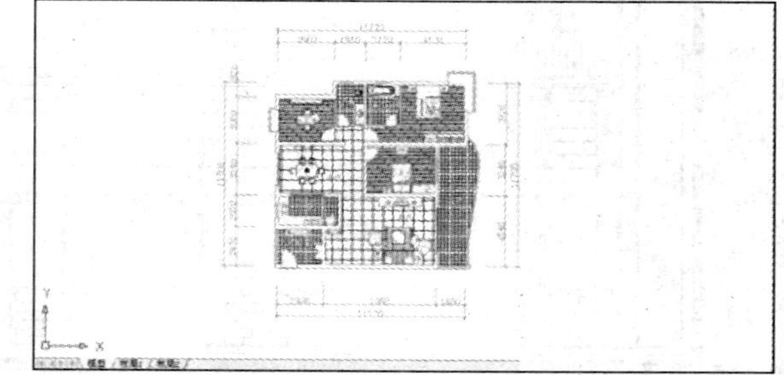

图 16-1　模型空间

2. 图纸空间

图纸空间是用来将图形表达到图纸上的，模拟图纸。在进行出图时提供打印设置。图纸空间侧重于图纸的布局，图纸空间又称为“布局”。如图 16-2 所示是在图纸空间布局的图纸。

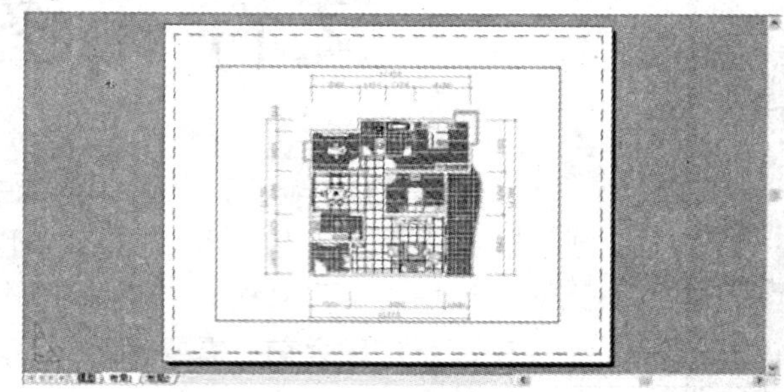

图 16-2　图纸空间

通常情况下，要考虑图纸如何布局。在图纸空间中将模型空间的图形以不同比例的视图进行搭配，再添加一些文字注释，从而形成完整的图形，直至最终输出。

16.1.2 模型空间和图纸空间的切换

在默认情况下启动 AutoCAD，首先进入模型空间。在绘图区底部有两个或多个选项卡，即“模型”选项和 1 个或多个“布局选项卡。

用户只需单击“模型空间”或“图纸空间”选项卡，就能轻松实现空间模式的切换。

16.2 配置绘图设备

AutoCAD 绘制的图形可以在多种绘图设备上输出。常用的绘图输出设备有：打印机和绘图仪（又称大幅面打印机）两种。

打印机通常用于 Windows 文本打印，作为 AutoCAD 的图形输出设备并不完善。绘图仪是传统输出设备，用户可根据需要进行配置，将图形以打印文件的方式输出。当要打印到指定的绘图仪时，每台计算机只需要设置一次，计算机就会保存绘图仪的设置。本节以配置“HP 7586B”型号绘图机（其他型号绘图机配置方法类似）为例，讲述配置绘图仪的步骤。具体操作步骤如下：

01 在 AutoCAD 2012 正常启动的情况下，单击【文件】|【绘图仪管理器】菜单命令，打开【绘图仪管理器】文件夹，如图 16-3 所示。

02 在该文件夹中，双击“添加绘图仪向导”文件，打开【添加绘图仪 - 简介】对话框，如图 16-4 所示。

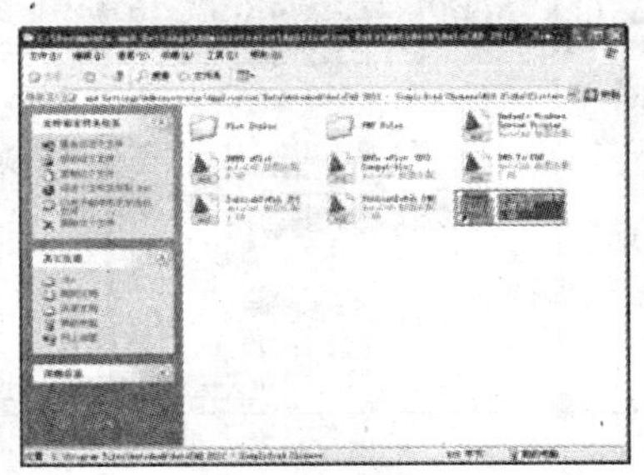

图 16-3 “绘图仪管理器”文件夹

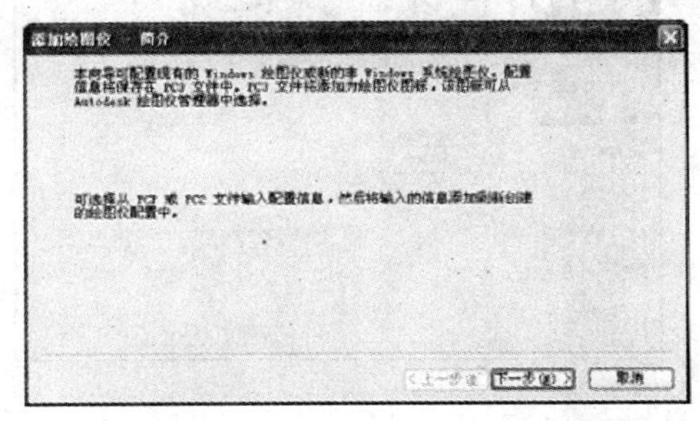

图 16-4 “添加绘图仪 - 简介”对话框

03 单击【下一步】按钮，打开【添加绘图仪 - 开始】对话框，如图 16-5 所示。

04 选中【我的电脑】单选按钮后，单击【下一步】按钮，打开【添加绘图仪 - 绘图仪型号】对话框，如图 16-6 所示。

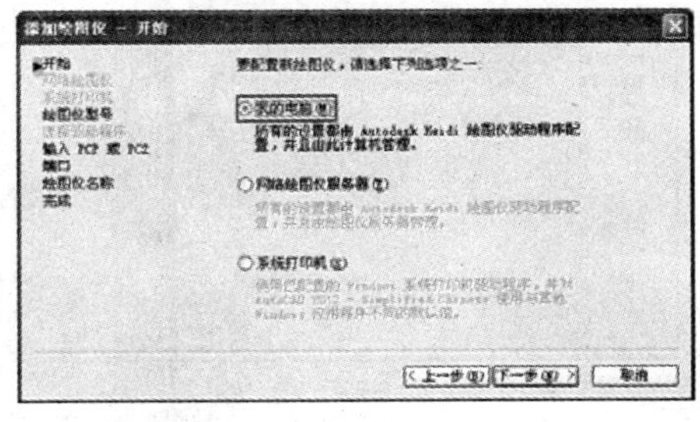

图 16-5 “添加绘图仪 - 开始”对话框

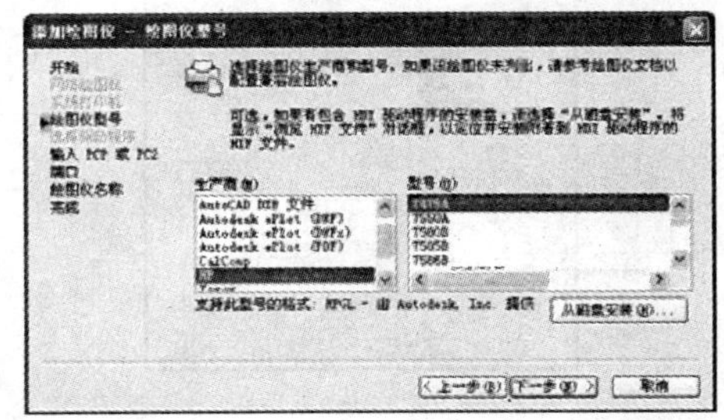

图 16-6 “添加绘图仪 - 绘图仪型号”对话框

05 在“生产商”选项栏中选择“HP”，在型号中选择“7586B”后，单击【下一步】

按钮，打开【添加绘图仪 - 输入 PCP 或 PC2】对话框，如图 16-7 所示。

06 单击【下一步】按钮，打开【添加绘图仪 - 端口】对话框，如图 16-8 所示。

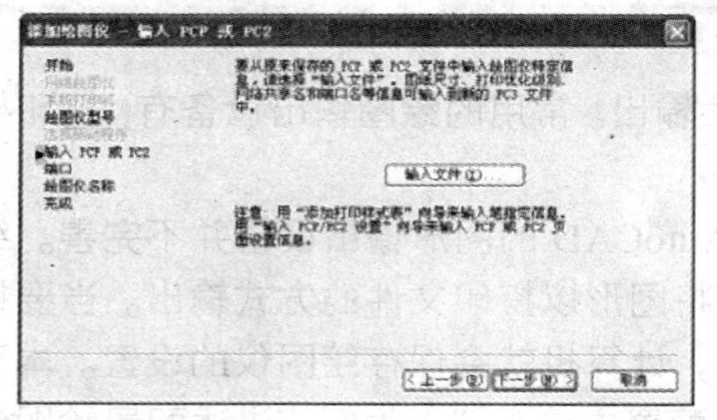

图 16-7 “添加绘图仪 - 输入 PCP 或 PC2”对话框

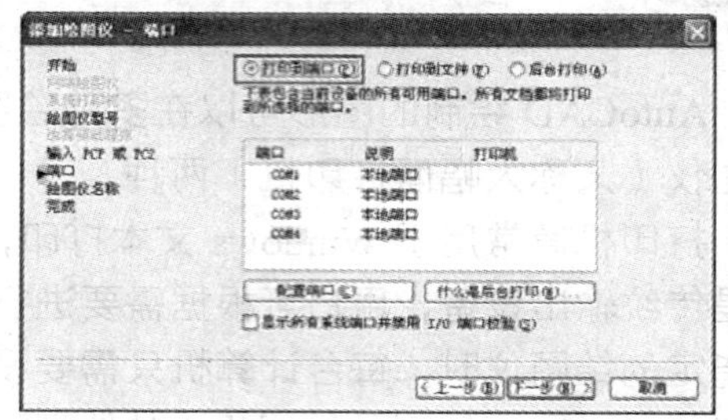

图 16-8 “添加绘图仪 - 端口”对话框

07 在【添加绘图仪 - 端口】对话框中，选择【打印到文件】单选按钮，单击【下一步】按钮，打开【添加绘图仪 - 绘图仪名称】对话框，如图 16-9 所示。

08 单击【下一步】按钮，打开【添加绘图仪 - 完成】对话框，如图 16-10 所示。

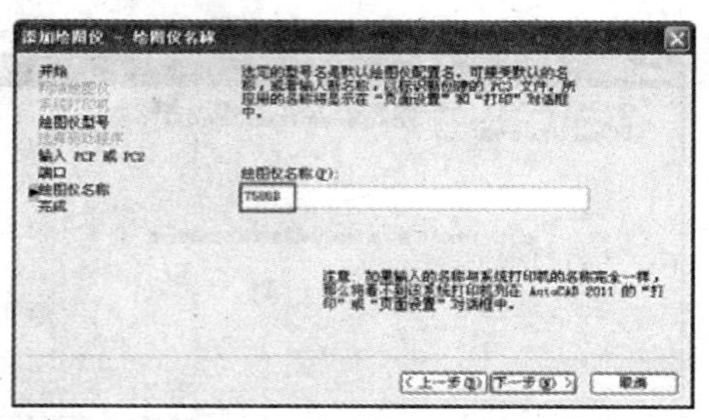

图 16-9 “添加绘图仪 - 绘图仪名称”对话框

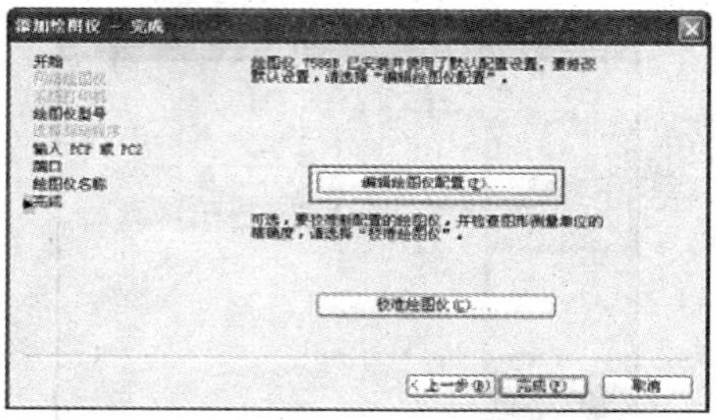

图 16-10 “添加绘图仪 - 完成”对话框

09 单击【编辑绘图仪配置】按钮，打开【绘图仪配置编辑器】对话框，如图 16-11 所示。

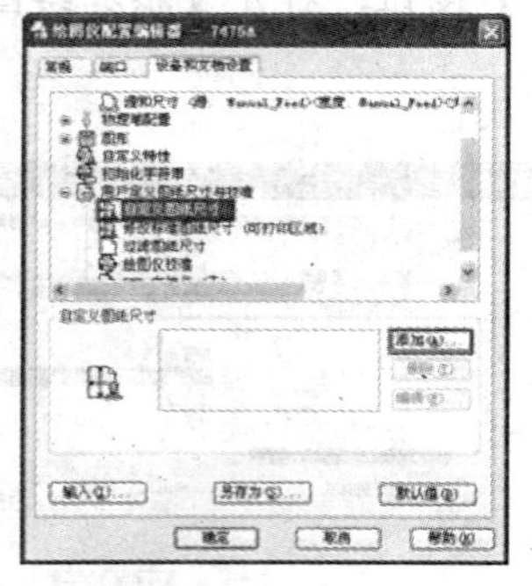

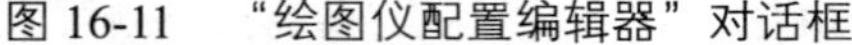

图 16-11 “绘图仪配置编辑器”对话框

图 16-12 “自定义图纸尺寸 - 开始”对话框

10 选择“自定义图纸尺寸”选项，然后单击【添加】按钮，打开【自定义图纸尺寸 - 开始】对话框，如图 16-12 所示。

11 选择【创建新图纸】单选按钮，单击【下一步】按钮，打开【自定义图纸尺寸 - 介质边界】对话框，如图 16-13 所示，在该对话框中可以设定图纸的尺寸，在“宽度”选项栏中输入 600，在“高度”选项栏中输入 900，在“单位”选项栏中选择“毫米”选项。

12 单击【下一步】按钮，打开【自定义图纸尺寸 - 可打印区域】对话框，如图 16-14 所示。

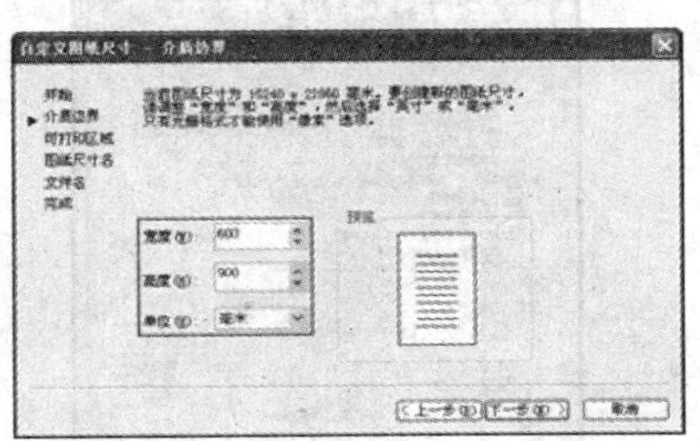

图 16-13 “自定义图纸尺寸 - 介质边界”对话框

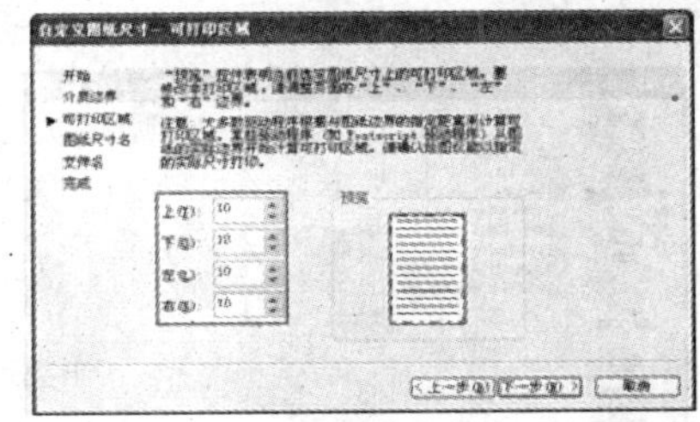

图 16-14 “自定义图纸尺寸 - 可打印区域”对话框

13 将“上”、“下”、“左”、“右”的边界距离设为 10，然后单击【下一步】按钮，打开【自定义图纸尺寸 - 图纸尺寸名】对话框，如图 16-5 所示。

14 单击【下一步】按钮，打开【自定义图纸尺寸 - 文件名】对话框，如图 16-16 所示。

图 16-15 “自定义图纸尺寸 - 图纸尺寸名”对话框

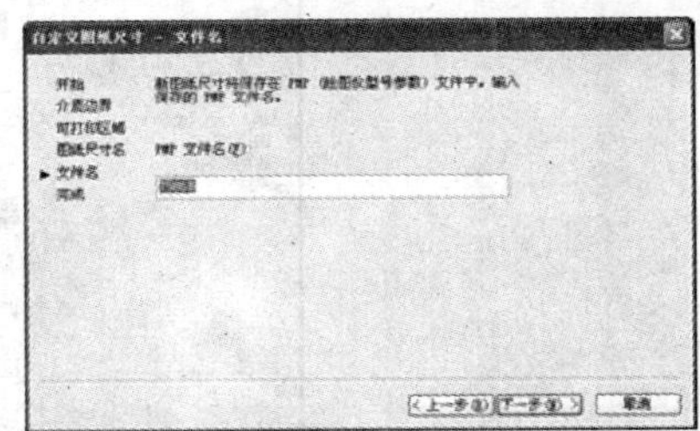

图 16-16 “自定义图纸尺寸 - 文件名”对话框

15 单击【下一步】按钮，打开【自定义图纸尺寸 - 完成】对话框，如图 16-17 所示。

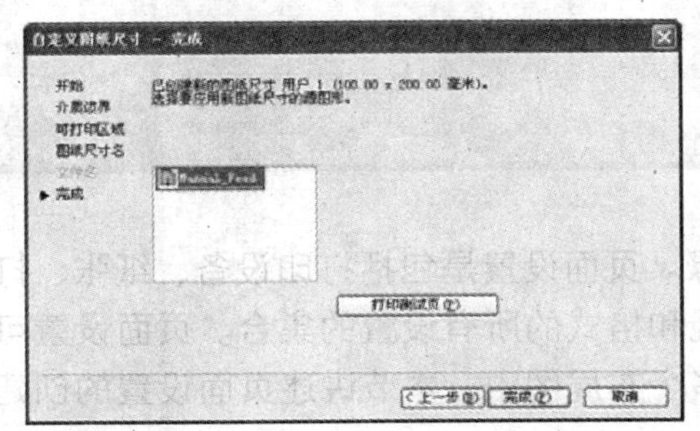

图 16-17 “自定义图纸尺寸 - 完成”对话框

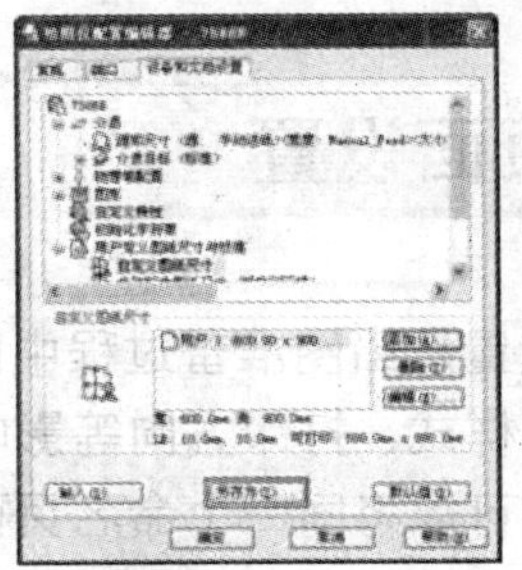

图 16-18 “绘图仪配置编辑器 - 7586B”对话框

16 选择【卷筒送纸】选项，然后单击【完成】按钮，返回到【绘图仪配置编辑器 - 7586B】对话框中，如图 16-18 所示。

17 单击【另存为】按钮，打开【另存为】对话框，其中文件名为 7586B，如图 16-9 所示。

18 单击【保存】按钮，打开【绘图仪配置编辑器 - 7586B.pc3】对话框，如图 16-20 所示。

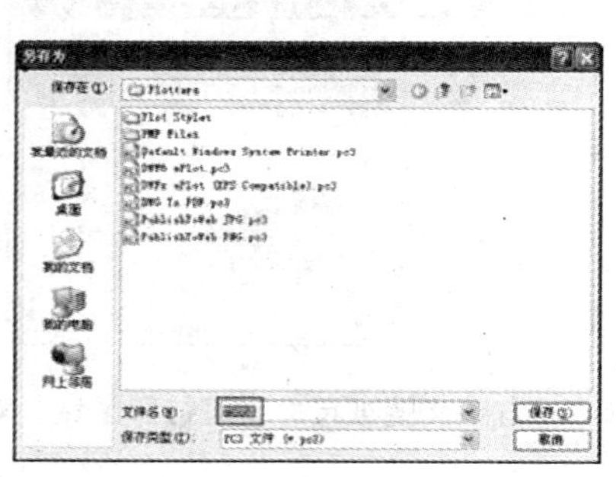

图 16-19 “另存为”对话框

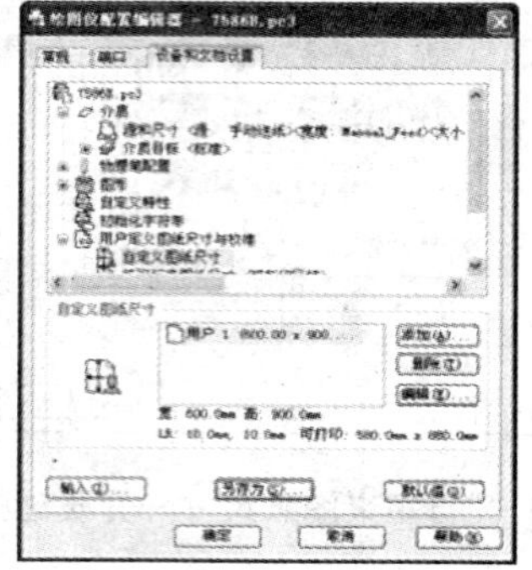

图 16-20 “绘图仪配置编辑器 - 7586B.pc3”对话框

19 单击【保存】按钮，打开【添加绘图仪 - 完成】对话框，如图 16-21 所示。

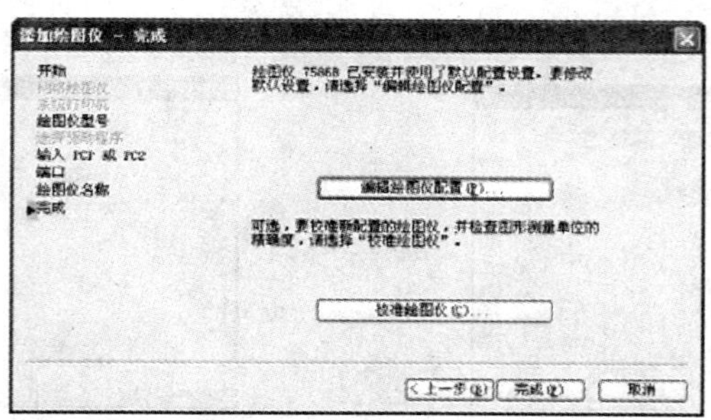

图 16-21 “添加绘图仪 - 完成”对话框

20 单击【完成】按钮，结束绘图仪的配置。

16.3 页面设置

页面设置是出图准备过程中的最后一个步骤。页面设置是包括打印设备、纸张、打印区域、打印样式、打印方向等影响最终打印外观和格式的所有设置的集合。页面设置可以命名保存，可以将同一个命名页面设置应用到多个布局图中。本节讲述页面设置的创建和设置方法，具体操作步骤如下：

01 单击【文件】|【页面设置管理器】菜单命令，打开【页面设置管理器】对话框，如图 16-22 所示。

02 单击【新建】按钮，打开【新建页面设置】对话框，在对话框中输入新页面设置名称“A3 图纸页面设置”，如图 16-23 所示。单击【确定】按钮，即创建了新的页面设置“A3 图纸页面设置”。

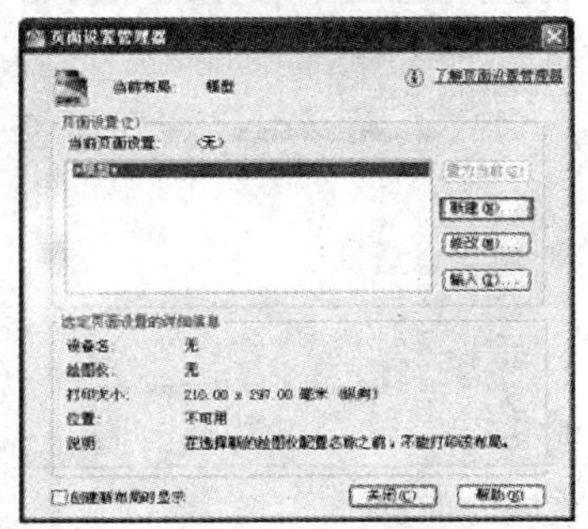

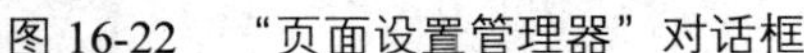

图 16-22　“页面设置管理器”对话框

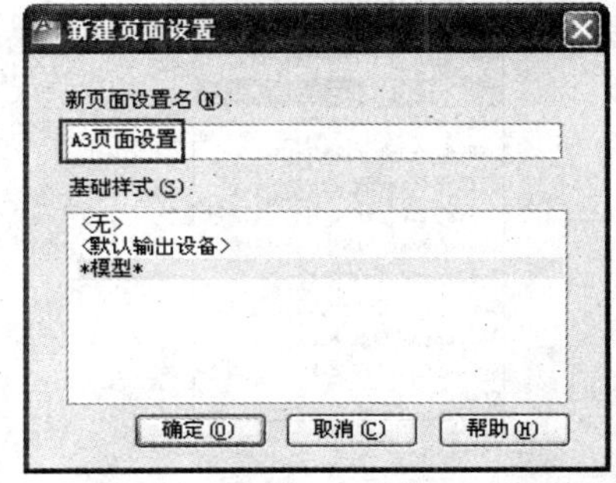

图 16-23　“新建页面设置”对话框

03 此时弹出“页面设置－模型”对话框，如图 16-24 所示。在“打印机/绘图仪”选项组中选择用于打印当前图纸的打印机。在“图纸尺寸”选项组中选择 A3 类图纸。

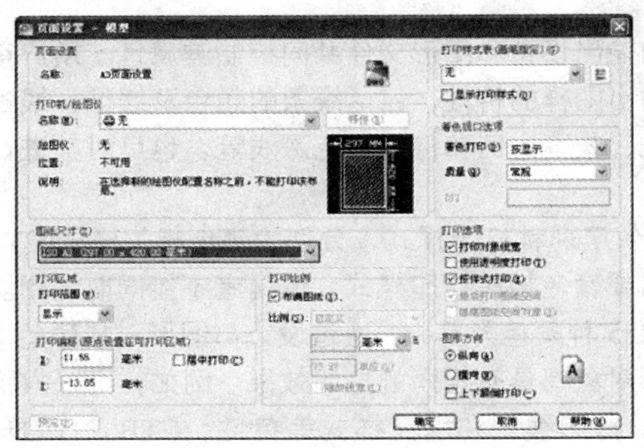

图 16-24　“页面设置－模型”对话框

04 在“打印样式表”列表中选择样板中已设置好的打印样式“A3 图纸打印样式”（请参照 16.4.4 的“A3 图纸打印样式设置”），如图 16-25 所示。在随后弹出的“问题”对话框中单击【是】按钮，将指定的打印样式指定给所有布局。

05 勾选“打印选项”选项组“按样式打印”复选框，使打印样式生效，否则图形将按其自身的特性进行打印。

06 勾选“打印比例”选项组“布满图纸”复选框，图形将根据图纸尺寸缩放打印图形，使打印图形布满图纸。

07 在“图形方向”栏设置图形打印方向为横向。

08 设置完成后单击【预览】按钮，检查打印效果。

09 单击【确定】按钮返回“页面设置管理器”对话框，在页面设置列表中可以看到刚才新建的页面设置“A3 图纸页面设置”，选择该页面设置，单击【置为当前】按钮，如

图 16-26 所示。单击【关闭】按钮关闭对话框，完成页面的设置。

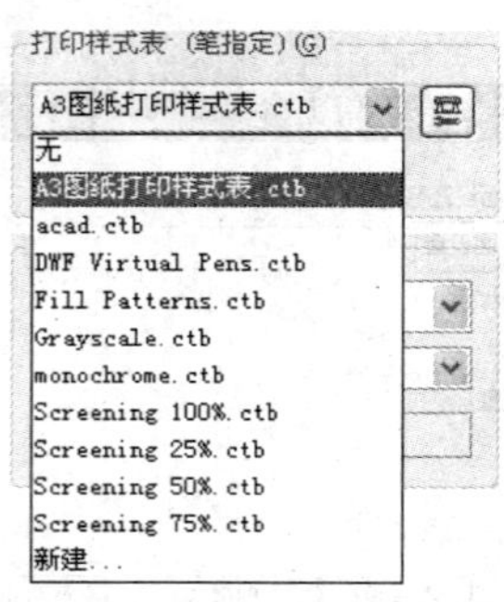

图 16-25 选择打印样式

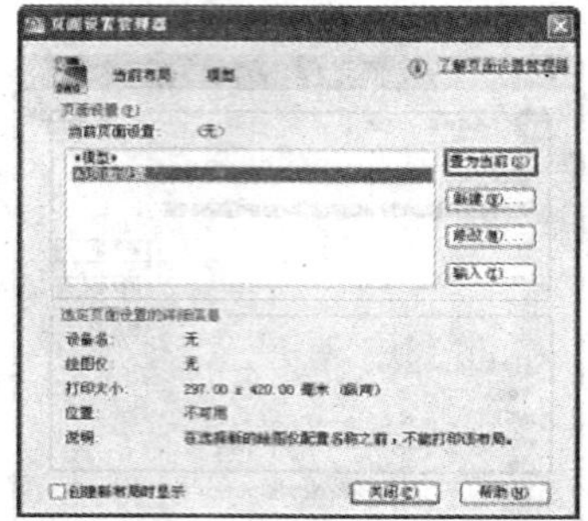

图 16-26 指定当前页面设置

16.4 设置打印样式

建筑图的打印，由输出设备和图形文件共同控制其属性。用户可以在【打印样式管理器】对话框中，设置输出图样的特性，包括线条的颜色及线型、线条宽度、线条终点及交点类型、图形填充模式、灰度比例和打印颜色深浅等，也可对其进行编辑修改，使之符合打印输出的要求。

AutoCAD 2012 提供了两种打印样式，分别为颜色相关样式(CTB)和命名样式(STB)。一个图形可以调用命名或颜色相关打印样式，但两者不能同时调用。

CTB 样式类型以 255 种颜色为基础，通过设置与图形对象颜色对应的打印样式，使得所有具有该颜色的图形对象都具有相同的打印效果。例如，可以为所有用红色绘制的图形设置相同的打印笔宽、打印线型和填充样式等特性。CTB 打印样式表文件的后缀名为“*.ctb”。

STB 样式和线型、颜色、线宽等一样，是图形对象的一个普通属性。可以在图层特性管理器中为某图层指定打印样式，也可以在“特性”选项板中为单独的图形对象设置打印样式属性。STB 打印样式表文件的后缀名是“*.stb”。

单击【文件】|【打印样式管理器】菜单命令，打开【打印样式管理器】文件夹，如图 16-27 所示。

在【打印样式管理器】文件夹中，列出了当前正在使用的所有打印样式文件。这些打印样式，有的是 AutoCAD 本身自带的打印样式文件。如果用户要设置新的打印样式，可以在 AutoCAD 已有的打印样式文件中进行修改，也可以新建打印样式。接下来分别介绍两种方法。

16.4.1 修改原有打印样式

在【打印样式管理器】文件夹中，双击文件名为“acad.ctb”的图标，打开【打印样式表编辑器】对话框，如图 16-28 所示。

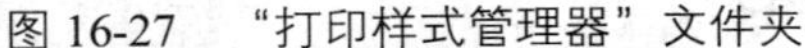

图 16-27 “打印样式管理器”文件夹

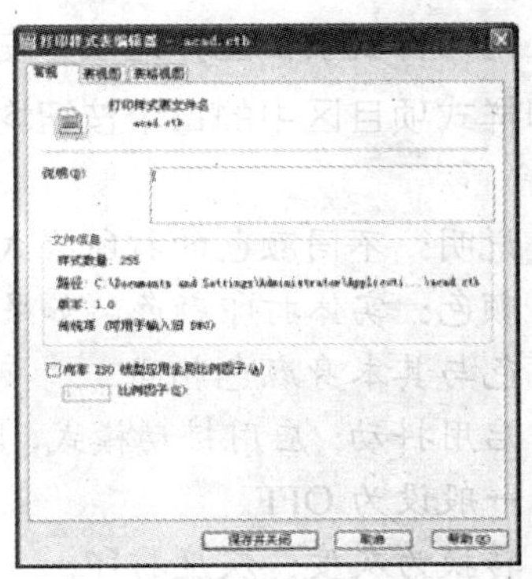

图 16-28 “打印样式表编辑器”对话框

在【打印样式表编辑器】对话框中，有 3 个选项卡，分别是“常规”选项卡、“表现图”选项卡和“表格视图”选项卡。各选项卡的内容介绍如下：

1. “常规”选项卡

“常规”选项卡列出了所选择的打印样式文件的基本信息。

2. “表现图”选项卡

“表现图”选项卡以表格的形式列出了样式文件下的所有打印样式，用户可以在其中对任一打印样式进行修改，如图 16-29 所示。该选项卡中各选项解释如下：

❑ 打印样式列表区：选项卡中白色部分。

基于颜色的打印样式而言，每一种颜色就是一种打印样式，该区域列出了 255 种打印样式，用户可以利有列表区下面的滚动条移动打印样式，调节显示。

在打印样式列表区下方有 4 个按钮，即“添加样式”、“删除样式”、“编辑线宽”和“另存为”。其中“添加样式”和“删除样式”按钮在编辑.ctb 文件时无效。单击【编辑线宽】按钮，打开【编辑线宽】对话框，如图 16-30 所示，用户可以在该对话框中修改选定颜色所示的线条宽度。

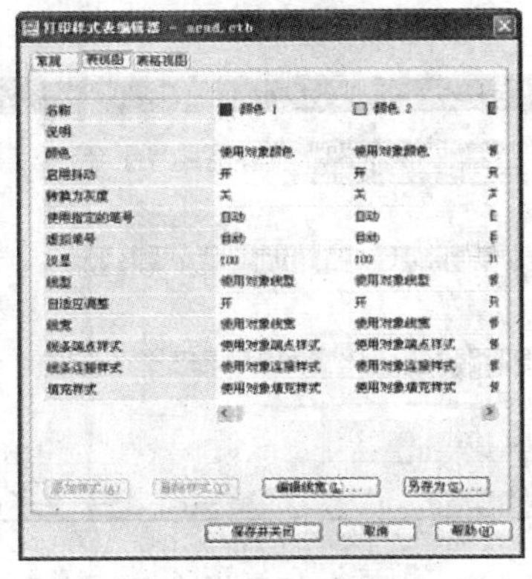

图 16-29 “表现图”选项卡

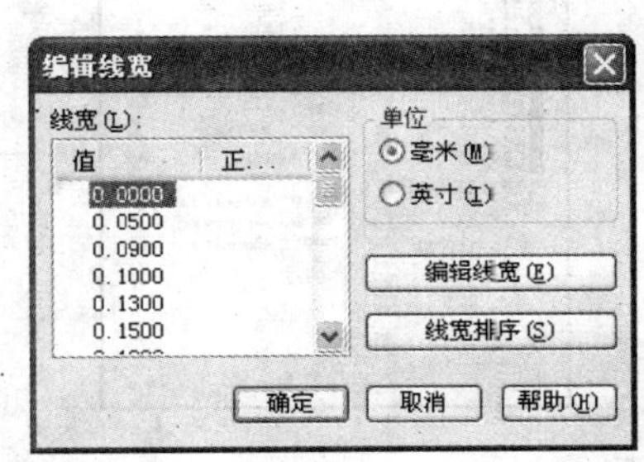

图 16-30 “编辑线宽”对话框

- 打印样式项目区：选项卡左边的 14 个灰色按钮

打印样式项目区中的每个按钮均对应着打印样式列表区内的相应项目，这些项目的含义如下：

- 说明：不同颜色的打印样式描述信息。
- 颜色：实体打印颜色。如果没有设置打印后的颜色，则图形输出后在图纸上的颜色与其本身颜色相同。
- 启用抖动：应用抖动模式，即画笔的模糊设定，该选项对于特殊的输出设备有效，一般设为 OFF。
- 转换为灰度：灰度打印。
- 使用指定的笔号：该项目只对笔式绘图机有效。
- 虚拟笔号：介于 1～255 之间，当非笔式绘图机模拟笔式绘图机时用此选项；当该项设为 0 或自动时，AutoCAD 将使用颜色号作为虚拟笔号。
- 淡显：该选项以百分比的形式控制打印的深浅度。
- 线型：打印后线条的属性。
- 自适当调整/线宽/线条端点样式/线条连接样式/填充样式：该选项用来选择图形实体绘制时的填充图样，主要针对笔画较宽的线条，默认方式是使用实体本身的填充样式。

3. “表格视图”选项卡

“表格视图”选项卡和“表现图”选项卡只是打印样式排列形式不同，操作实质和结果均相同，单击“表格视图”选项卡，如图 16-31 所示。

16.4.2 利用向导创建新的打印样式

AutoCAD 提供了创建新的打印样式文件向导，在其引导下，用户可轻松地创建新的打印样式。具体操作步骤如下：

01 在【打印样式管理器】文件夹中，双击“添加打印样式表向导”文件，即可打开【添加打印样式表】对话框，如图 16-32 所示。

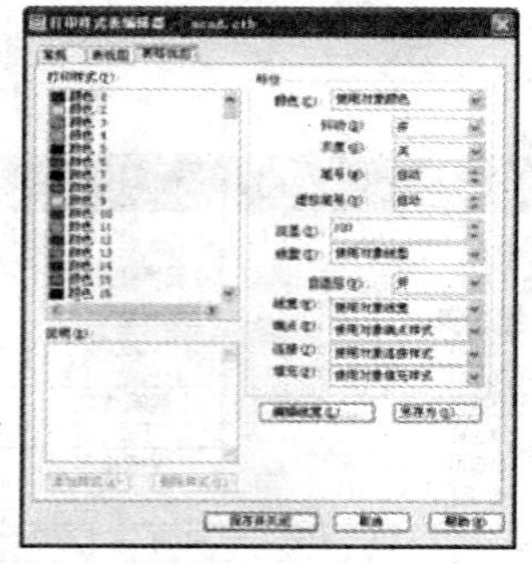

图 16-31 “表格视图”选项卡

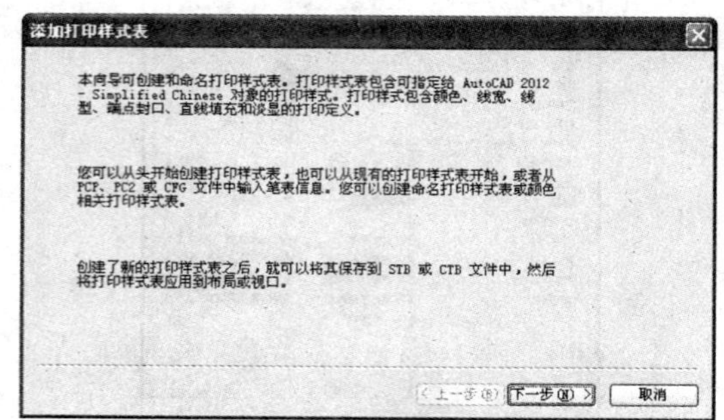

图 16-32 “添加打印样式表”对话框

02 单击【下一步】按钮，将弹出【添加打印样式表－开始】对话框，如图 16-33 所示。在该对话框中，可确定所要创建样式文件的类型。

03 选中【创建新打印样式】单选按钮，单击【下一步】按钮，打开【添加打印样式表－选择打印样式表】对话框，如图 16-34 所示。该对话框中有两个单选按钮，用来确定新打印样式的种类。

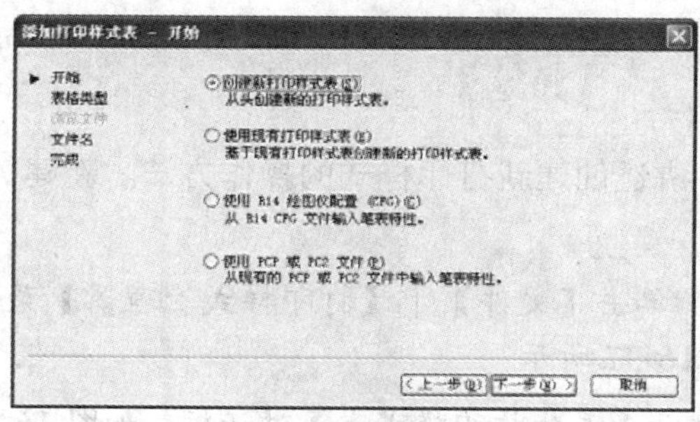

图 16-33　“添加打印样式表－开始”对话框

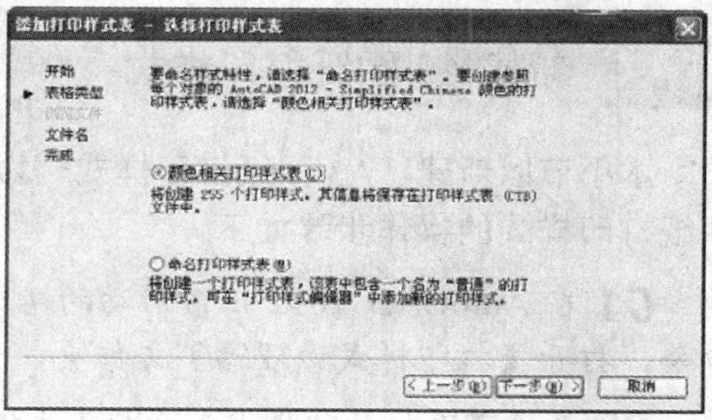

图 16-34　“选择打印样式表”对话框

04 在【添加打印样式表－选择打印样式表】对话框中，选中【命名打印样式表】单选按钮，单击【下一步】按钮，打开【添加打印样式表－文件名】对话框，要求用户输入文件的名称，如图 16-35 所示。

05 在【添加打印样式表－文件名】对话框中，单击【下一步】按钮，打开【添加打印样式表－完成】对话框，如图 16-36 所示。单击【完成】按钮，完成打印样式的命名。

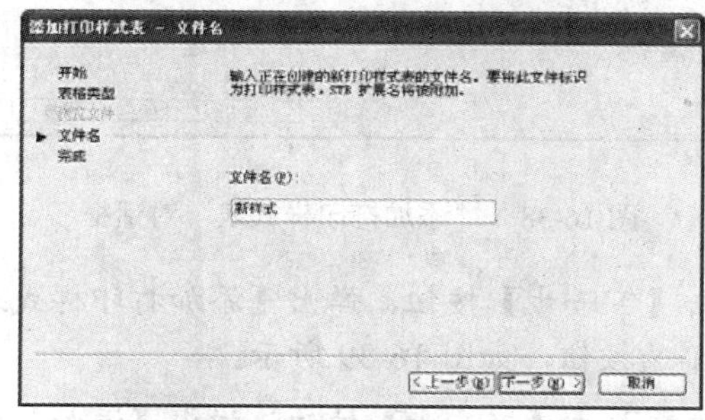

图 16-35　“添加打印样式表－文件名”对话框

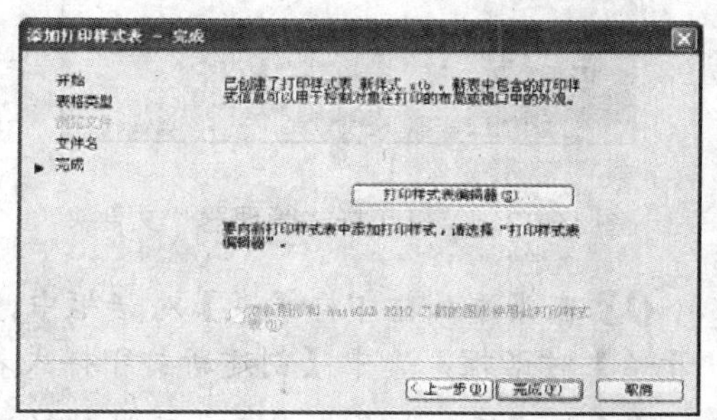

图 16-36　“添加打印样式表－完成”对话框

16.4.3 打印样式的应用

打印样式的应用就是对图形文件中各图形实体的打印样式进行设置，使之适应不同类型建筑图样的需要。用户需要将 AutoCAD 提供的或自定义的打印样式赋予图形文件中的各实体，从而控制其输出特性。

将打印样式赋予图形实体可以分两个步骤进行，具体操作步骤如下：

01 用户可以通过在【页面设置管理器】对话框中选择进行，将打印样式文件赋予当前图形文件。

02 将打印样式赋予图形实体。

打印样式是图形实体的一种属性，就如同颜色和线型等一样，用户可以通过图层来控制，也可以对每个图形实体单独设置。设置方法是：在【属性管理器】对话框中，单击“打印样式”的下拉列表框，下拉列表中有“打印样式随层”、“随块”、“默认”和“其他”4个选项，用户可以通过“其他”这个选项来选择合适的打印样式。

16.4.4 新建 A3 图纸打印样式

本小节以新建“A3 图纸打印样式”为例，讲述创建新打印样式的操作方法。新建 A3 图纸打印样式的操作步骤如下：

01 在 AutoCAD 2012 正常启动的情况下，单击【文件】|【打印样式管理器】菜单命令，打开【打印样式管理器】文件夹，如图 16-37 所示。

02 双击【添加打印样式表向导】文件，打开【添加打印样式表】对话框，如图 16-38 所示。

图 16-37 “打印样式管理器”文件夹

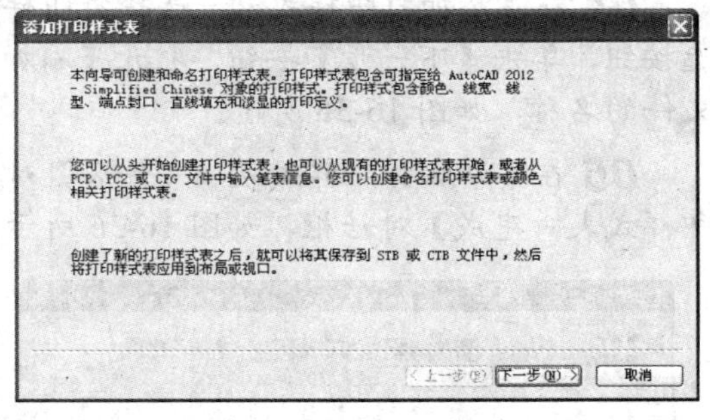

图 16-38 “添加打印样式表”对话框

03 在【添加打印样式表】对话框中，单击【下一步】按钮，弹出【添加打印样式表-开始】对话框，选中【创建新打印样式表】单选按钮，如图 16-39 所示。

04 在【添加打印样式表-开始】对话框中，单击【下一步】按钮，弹出【添加打印样式表-选择打印新式表】对话框，选择【命名打印样式表】单选按钮，如图 16-40 所示。

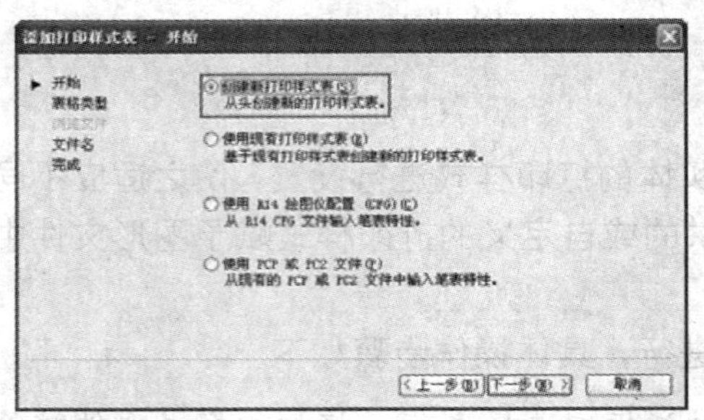

图 16-39 “添加打印样式表-开始”对话框

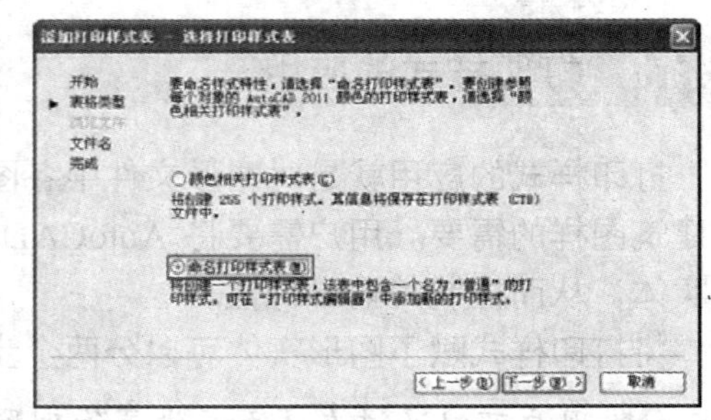

图 16-40 “添加打印样式表-选择打印新式表”对话框

05 在【添加打印样式表－选择打印新式表】对话框中，单击【下一步】按钮，弹出【添加打印样式表－文件名】对话框，在【文件名】文本框中输入“A3 打印样式”，如图 16-41 所示。

06 在【添加打印样式表－文件名】对话框中，单击【下一步】按钮，弹出【添加打印样式表－完成】对话框，如图 16-42 所示。用户可以单击【打印样式表编辑器】按钮，在弹出的【打印样式表编辑器－A3 打印样式.stb】对话框中设置参数即可，然后单击【完成】按钮，即可新建 A3 打印样式。

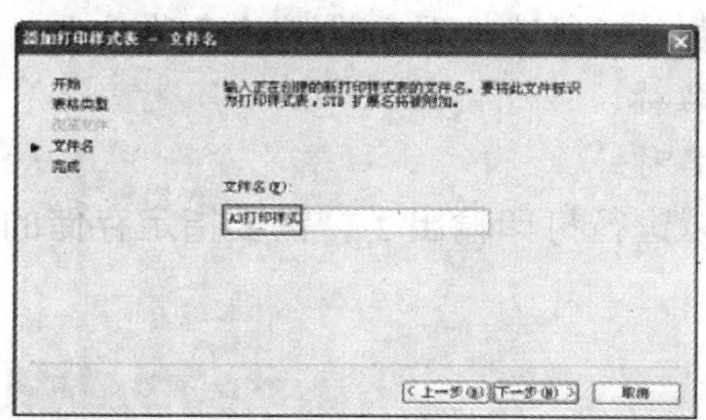

图 16-41 “添加打印样式表－文件名”对话框

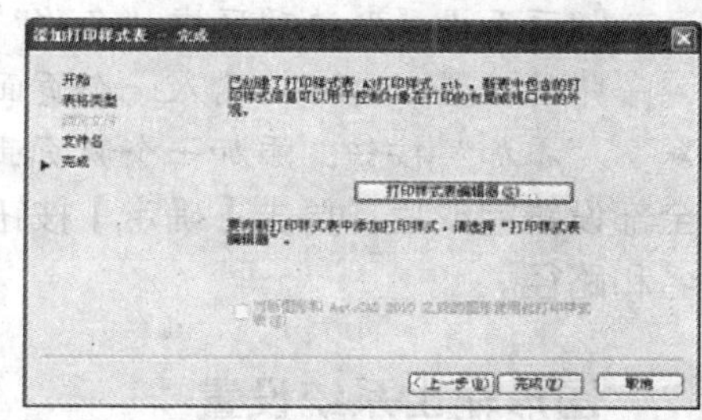

图 16-42 “添加打印样式表－完成”对话框

07 打开【打印样式管理器】文件夹，在该文件夹中就显示了新建的“A3 打印新式”，如图 16-43 所示。

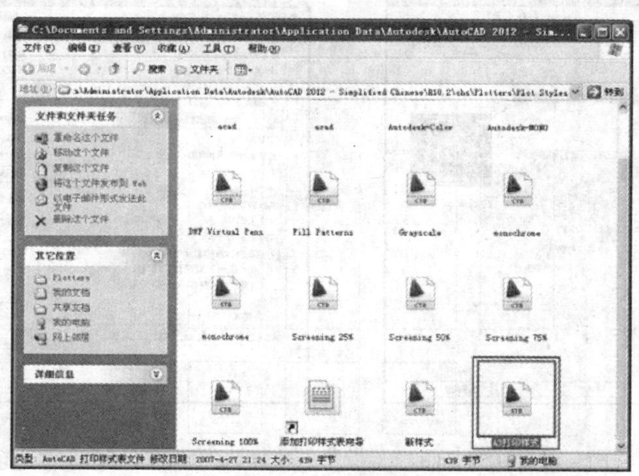

图 16-43 “打印样式管理器”文件夹

16.5 打印输出与图形输出系统设置

本节介绍打印输出的基本知识和图形输出系统设置的方法。

16.5.1 打印输出

启动打印输出的方法是，单击【文件】|【打印】菜单命令，或单击“标准”工具栏中的【打印】按钮，或快捷键 Ctrl + P，都可打开【打印 - 模型】对话框，如图 16-44 所示。

【打印 模型】对话框与【页面设置】对话框基本相同，只是在【页面设置】对话框的基础上增加了一些内容。【打印 模型】对话框增加的内容介绍如下：

- “页面设置”选项区中“名称”下拉列表：可以选择页面设置的名称或上一次打印的设置，也可以输入一个页面设置的名称。
- “添加”按钮：添加一个新页面设置的名称。

全部设置完成后，单击【确定】按钮，就可以进行打印输出了，需要指定存储的 PLT 文件名和路径。

16.5.2 图形输出系统设置

AutoCAD 打印输出的系统可以进行设置和修改。具体方法是，单击【工具】|【选项】菜单命令，在弹出的【选项】窗口中，单击“打印和发布”选项卡，如图 16-45 所示。

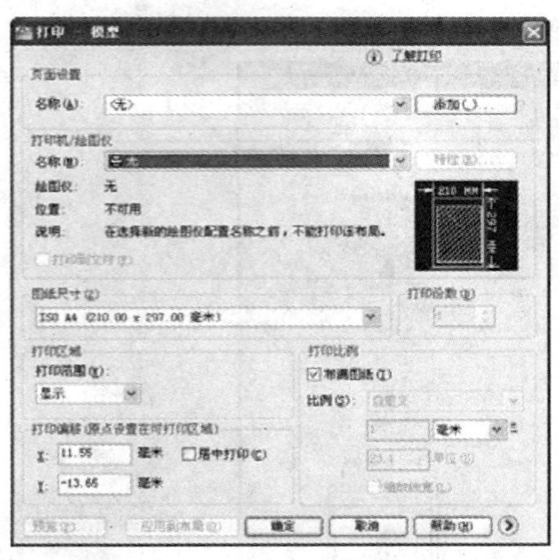

图 16-44 “打印 - 模型”对话框

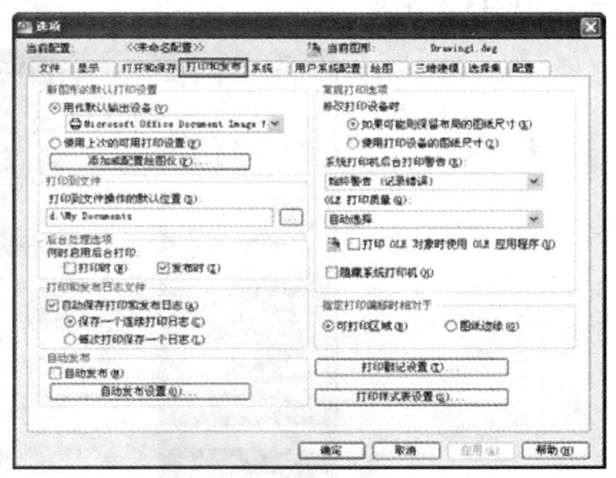

图 16-45 “选项”窗口

接下来对【选项】窗口中的“打印和发布”选项卡内容进行介绍。

1. 基本打印选项区

该选项区内各项功能解释如下：

- 如果可能则保留布局的图纸/使用打印设备的图纸尺寸：单选按钮组，如果勾选前者，在改变打印机设置时，系统将尽可能保留图形原布局。如果勾选后者，在改变打印机设置时，使用新的图纸尺寸。
- 系统打印机打印后台打印警告：在其下拉列表中，可选择系统打印机自动报警方式。

➢ OLE 打印质量：在其下拉列表框中，可选择 OLE 链接输入文件的打印质量。

➢ 打印 OLE 对象时使用 OLE 应用程序：勾选此复选框，在输出 OLE 对象时打开 OLE 应用程序以提高打印质量。

2. 后台处理选项区

该选项用来确定是在“打印时”还是“发布时”选择后台处理。

3. 打印并发布日志文件区

确定在每次打次打印后是否产生一个日志文件。在【自动保存打印并发布日志】复选框下有【保存一个连续打印日志】和【每次打印保存一个日志】两个单选按钮组，这两个单选按钮只有在勾选【自动保存打印并发布日志】复选框下才能生效。

4. 自动发布区

勾选【自动 DWF 发布设置】按钮，AutoCAD 将自动发布文件。在“自动 DWF 发布设置”选项下可以对自动发布的文件属性进行设置。

5. 打印戳记设置

单击【打印戳记设置】按钮，打开【打印戳记】对话框，如图 16-46 所示，在该对话框中可以对打印戳记进行设置和编辑。

6. 打印样式表设置

单击【打印样式表设置】按钮，打开【打印样式表设置】对话框，如图 16-47 所示。该对话框可以设置新建图形文件的打印样式文件类型。

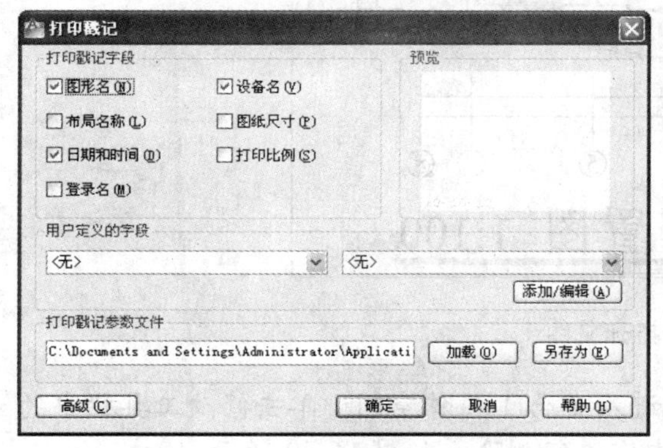

图 16-46　“打印戳记”对话框

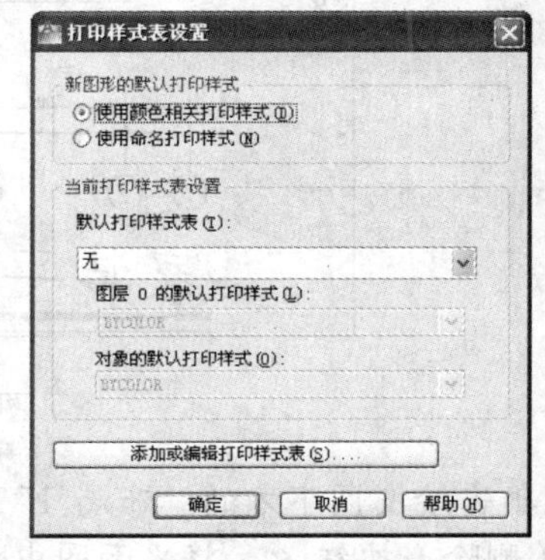

图 16-47　“打印样式表设置”对话框

【打印样式表设置】对话框中各选项解释如下：

➢ 使用颜色相关打印样式/使用命名打印样式：单选按钮组，勾选前者，将在新建的图形文件中使用基于颜色的打印样式。勾选后，将在新建的图形文件中使用用户自定义的打印样式。

➢ “默认打印样式表”下拉列表框：指定默认的打印样式文件。

- "图层 0 的默认打印样式"下拉列表框：为新建图形文件的图形实体指定默认打印样式。
- "对象的默认打印样式"下拉列表框：为新建图形文件的图形实体指定默认打印样式。
- "添加或编辑打印样式表"按钮：单击该按钮，可添加或编辑打印样式。

设置完毕后，单击【选项】对话框中底部的【应用】按钮后，设置生效。

16.5.3 单比例打印

单比例打印是指在一张打印纸上按照固定的比例显示出来，本小节以某家装平面布置图按 1:100 的精确比例出图为例，讲述单比例打印的操作方法和技巧。

具体操作步骤如下：

01 打开随书光盘自带的"第 16 章\单比例原图.dwg"文件，如图 16-48 所示。

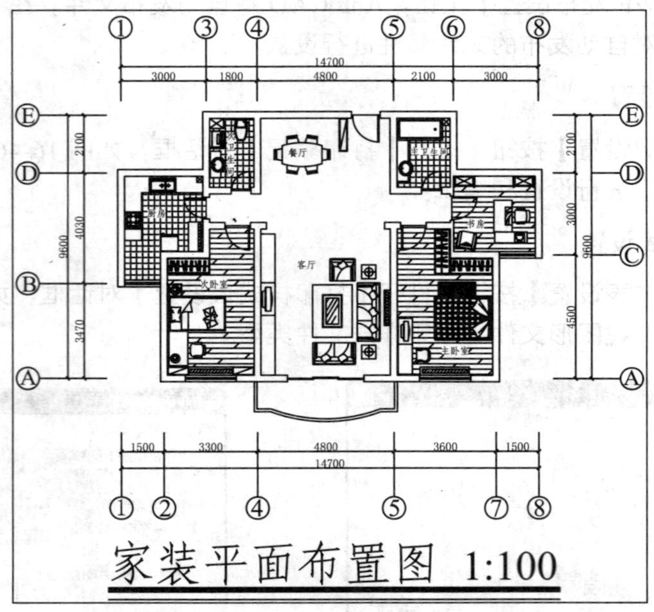

图 16-48 打开文件

02 单击绘图区下方的"布局 1"标签，进入布局 1 操作空间；单击修改工具栏中的 ERASE（删除）按钮，将平面图中的所有内容进行删除，如图 16-49 所示。

03 单击绘图工具栏中的 INSERT（插入块）按钮，插入已有的"A3 图签"图块，并调整图框位置，如图 16-50 所示。

04 单击【视图】|【视口】|【多边形视口】菜单命令，分别捕捉内框各角点，创建一个多边形视口，如图 16-51 所示。

05 双击视口区域内激活视口，单击【工具】|【工具栏】|【视口】菜单命令，打开【视口】工具栏，调整出图比例为 1:100；单击工具栏中的 PAN（实时平移）按钮，调整平

面图在视口中的位置，如图 16-52 所示。

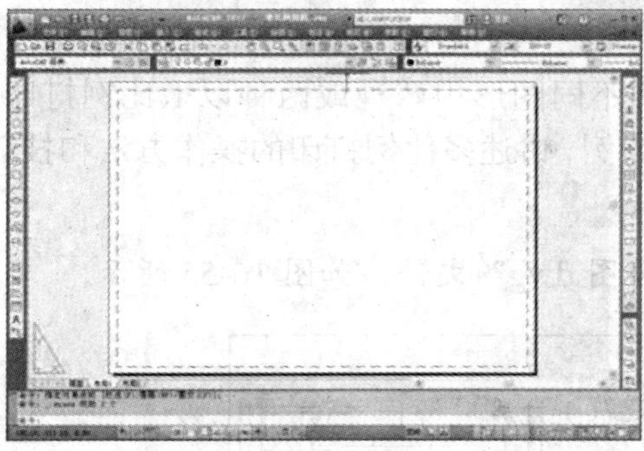

图 16-49　进入布局空间

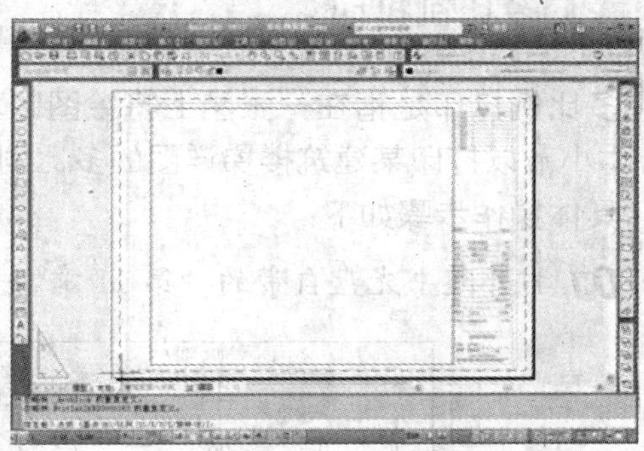

图 16-50　插入 A3 图框

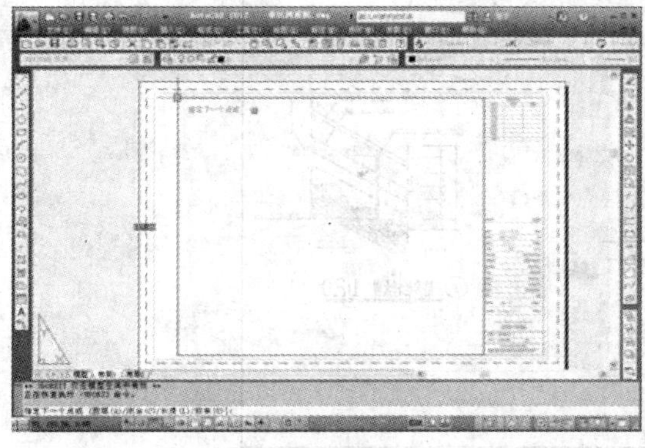

图 16-51　创建多边形视口

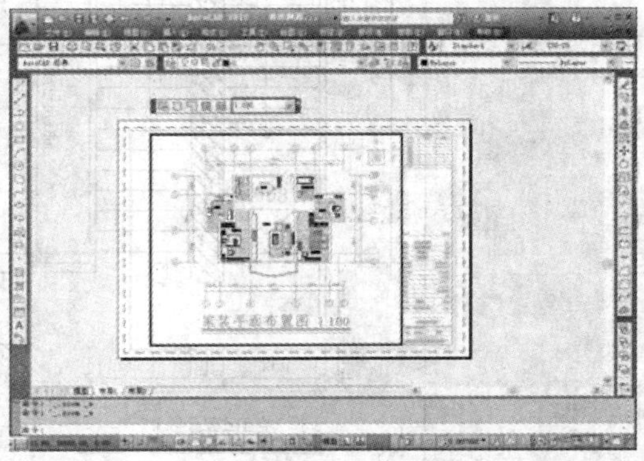

图 16-52　调整出图比例

06 单击工具栏中的【打印】按钮，弹出【打印 - 布局 1】对话框，在其中设置相应的参数，如图 16-53 所示；设置完成后，单击【预览】按钮，效果如图 16-54 所示，如果效果合适，就可以进行打印了。

图 16-53　"打印 - 布局 1" 对话框

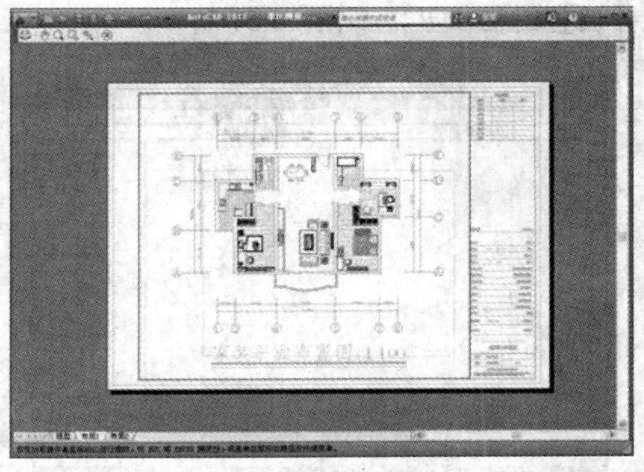

图 16-54　打印预览效果

16.5.4 多比例打印

多比例打印是指在一张图上将绘图区域中的不同图形用两种或两种以上比例打印出来。本小节以打印某建筑楼梯详图的多比例出图为例，讲述多比例打印的操作方法和技巧。

具体操作步骤如下：

01 打开随书光盘自带的“第 11 章\多比例原图.dwg”文件，如图 16-55 所示。

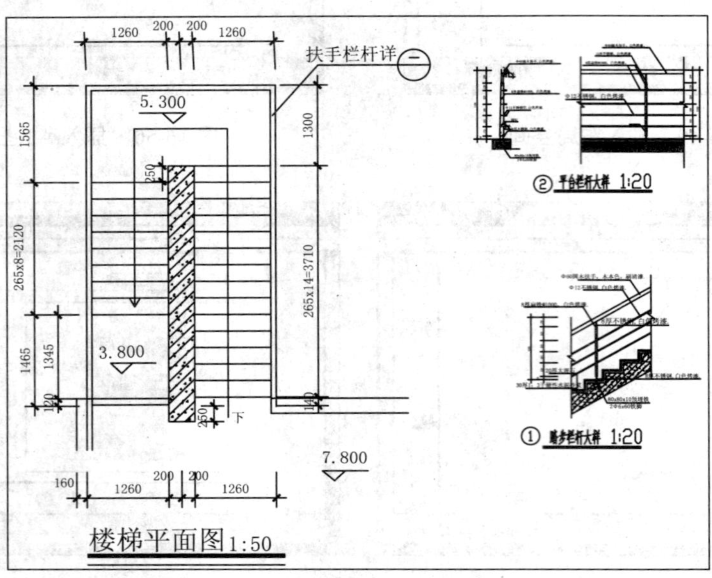

图 16-55　打开文件

02 单击绘图区下方的“布局 1”标签，进入布局 1 操作空间；单击修改工具栏中的 ERASE（删除）按钮，将平面图中的所有内容进行删除，如图 16-56 所示。

03 单击绘图工具栏中的 INSERT（插入块）按钮，插入已有的“A3 图签”图块，并调整图框位置，如图 16-57 所示。

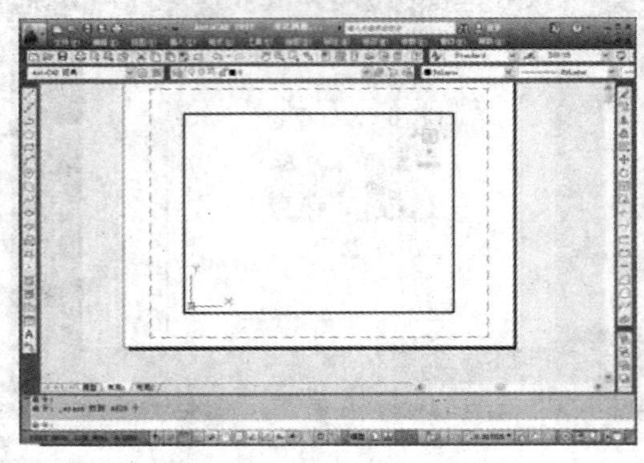

图 16-56　进入布局空间

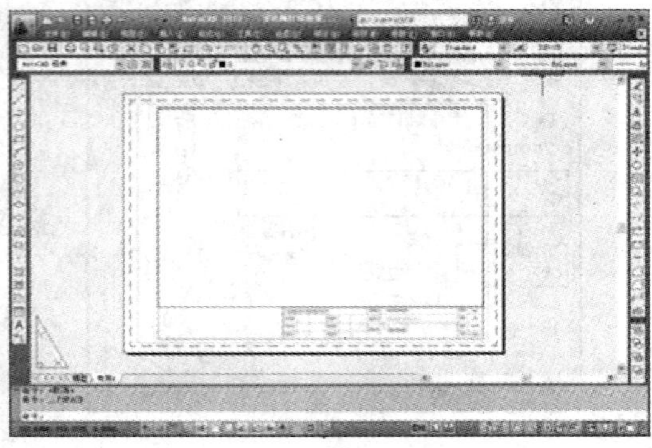

图 16-57　插入 A3 图框

04 单击绘图工具栏中的 RECTANG（矩形）按钮，配合“对象捕捉”功能，绘制出 3 个矩形；单击【视图】|【视口】|【对象】菜单命令，将 3 个矩形转化为 3 个视口，如图 16-58 所示。

05 打开【视口】工具栏，双击其中一个视口区域内，激活视口，调整相应的出图比例；单击工具栏中的 PAN（实时平移）按钮，调整图形的显示位置，如图 16-59 所示。

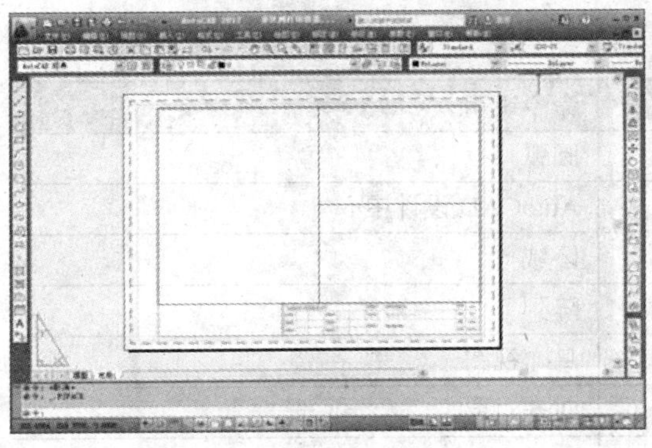

图 16-58 创建视口

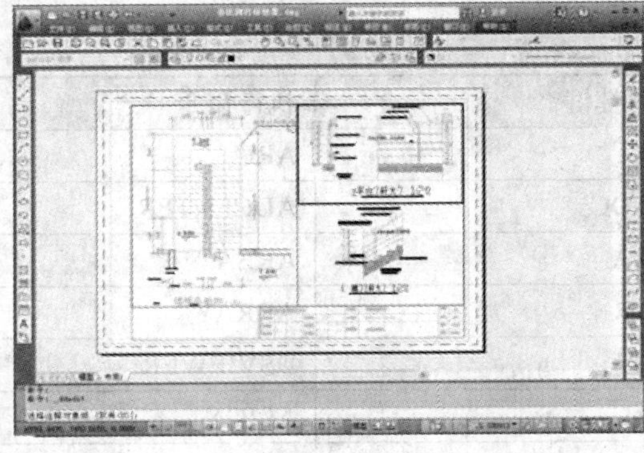

图 16-59 调整出图比例

06 单击【打印】按钮，在弹出的【打印-布局 1】对话框中设置打印机及其他参数后，单击【预览】按钮，效果如图 16-60 所示，如果不满意，可以返回继续调整参数，直到满意为止，单击【确定】按钮，即可进行打印输出。

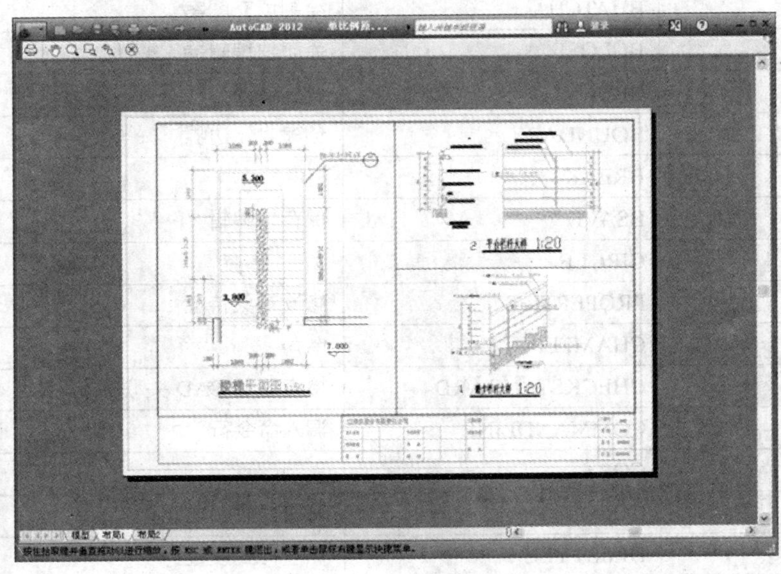

图 16-60 打印预览效果

附　录

附录 1　AutoCAD 2012 常用命令快捷键

快捷键	执行命令	命令说明
A	ARC	圆弧
ADC	ADCENTER	AutoCAD 设计中心
AA	AREA	区域
AR	ARRAY	阵列
AV	DSVIEWER	鸟瞰视图
AL	ALIGN	对齐对象
AP	APPLOAD	加载或卸载应用程序
ATE	ATTEDIT	改变块的属性信息
ATT	ATTDEF	创建属性定义
ATTE	ATTEDIT	编辑块的属性
B	BLOCK	创建块
BH	BHATCH	绘制填充图案
BC	BCLOSE	关闭块编辑器
BE	BEDIT	块编辑器
BO	BOUNDARY	创建封闭边界
BR	BREAK	打断
BS	BSAVE	保存块编辑
C	CIRCLE	圆
CH	PROPERTIES	修改对象特征
CHA	CHAMFER	倒角
CHK	CHECKSTANDARD	检查图形 CAD 关联标准
CLI	COMMANDLINE	调入命令行
CO 或 CP	COPY	复制
COL	COLOR	对话框式颜色设置
D	DIMSTYLE	标注样式设置
DAL	DIMALIGNED	对齐标注
DAN	DIMANGULAR	角度标注
DBA	DIMBASELINE	基线式标注
DBC	DBCONNECT	提供至外部数据库的接口

快捷键	执行命令	命令说明
DCE	DIMCENTER	圆心标记
DCO	DIMCONTINUE	连续式标注
DDA	DIMDISASSOCIATE	解除关联的标注
DDI	DIMDIAMETER	直径标注
DED	DIMEDIT	编辑标注
DI	DIST	求两点之间的距离
DIV	DIVIDE	定数等分
DLI	DIMLINEAR	线性标注
DO	DOUNT	圆环
DOR	DIMORDINATE	坐标式标注
DOV	DIMOVERRIDE	更新标注变量
DR	DRAWORDER	显示顺序
DV	DVIEW	使用相机和目标定义平行投影
DRA	DIMRADIUS	半径标注
DRE	DIMREASSOCIATE	更新关联的标注
DS、SE	DSETTINGS	草图设置
DT	TEXT	单行文字
E	ERASE	删除对象
ED	DDEDIT	编辑单行文字
EL	ELLIPSE	椭圆
EX	EXTEND	延伸
EXP	EXPORT	输出数据
EXIT	QUIT	退出程序
F	FILLET	圆角
FI	FILTER	过滤器
G	GROUP	对象编组
GD	GRADIENT	渐变色
GR	DDGRIPS	夹点控制设置
H	HATCH	图案填充
HE	HATCHEDIT	编修图案填充
HI	HIDE	生成三位模型时不显示隐藏线
I	INSERT	插入块
IMP	IMPORT	将不同格式的文件输入到当前图形中
IN	INTERSECT	采用两个或多个实体或面域的交集创建复合实体或面域并删除交集以外的部分
INF	INTERFERE	采用两个或三个实体的公共部分创建三维复合实体

快捷键	执行命令	命令说明
IO	INSERTOBJ	插入链接或嵌入对象
IAD	IMAGEADJUST	图像调整
IAT	IMAGEATTACH	光栅图像
ICL	IMAGECLIP	图像裁剪
IM	IMAGE	图像管理器
J	JOIN	合并
L	LINE	绘制直线
LA	LAYER	图层特性管理器
LE	LEADER	快速引线
LEN	LENGTHEN	调整长度
LI	LIST	查询对象数据
LO	LAYOUT	布局设置
LS、LI	LIST	查询对象数据
LT	LINETYPE	线型管理器
LTS	LTSCALE	线型比例设置
LW	LWEIGHT	线宽设置
M	MOVE	移动对象
MA	MATCHPROP	线型匹配
ME	MEASURE	定距等分
MI	MIRROR	镜像对象
ML	MLINE	绘制多线
MO	PROPERTIES	对象特性修改
MS	MSPACE	切换至模型空间
MT	MTEXT	多行文字
MV	MVIEW	浮动视口
O	OFFSET	偏移复制
OP	OPTIONS	选项
OS	OSNAP	对象捕捉设置
P	PAN	实时平移
PA	PASTESPEC	选择性粘贴
PE	PEDIT	编辑多段线
PL	PLINE	绘制多段线
PLOT	PRINT	将图形输入到打印设备或文件
PO	POINT	绘制点
POL	POLYGON	绘制正多边形
PR	OPTIONS	对象特征

快捷键	执行命令	命令说明
PRE	PREVIEW	输出预览
PRINT	PLOT	打印
PRCLOSE	PROPERTIESCLOSE	关闭“特性”选项板
PARAM	BPARAMETRT	编辑块的参数类型
PS	PSPACE	图纸空间
PU	PURGE	清理无用的空间
QC	QUICKCALC	快速计算器
R	REDRAW	重画
RA	REDRAWALL	所有视口重画
RE	REGEN	重生成
REA	REGENALL	所有视口重生成
REC	RECTANGLE	绘制矩形
REG	REGION	2D 面域
REN	RENAME	重命名
RO	ROTATE	旋转
S	STRETCH	拉伸
SC	SCALE	比例缩放
SE	DSETTINGS	草图设置
SET	SETVAR	设置变量值
SN	SNAP	捕捉控制
SO	SOLID	填充三角形或四边形
SP	SPELL	拼写
SPE	SPLINEDIT	编辑样条曲线
SPL	SPLINE	样条曲线
SSM	SHEETSET	打开图纸集管理器
ST	STYLE	文字样式
STA	STANDARDS	规划 CAD 标准
SU	SUBTRACT	差集运算
T	MTEXT	多行文字输入
TA	TABLET	数字化仪
TB	TABLE	插入表格
TH	THICKNESS	设置当前三维实体的厚度
TI、TM	TILEMODE	图纸空间和模型空间的设置切换
TO	TOOLBAR	工具栏设置
TOL	TOLERANCE	形位公差
TR	TRIM	修剪

快捷键	执行命令	命令说明
TP	TOOLPALETTES	打开工具选项板
TS	TABLESTYLE	表格样式
U	UNDO	撤销命令
UC	UCSMAN	UCS 管理器
UN	UNITS	单位设置
UNI	UNION	并集运算
V	VIEW	视图
VP	DDVPOINT	预设视点
W	WBLOCK	写块
WE	WEDGE	创建楔体
X	EXPLODE	分解
XA	XATTACH	附着外部参照
XB	XBIND	绑定外部参照
XC	XCLIP	剪裁外部参照
XL	XLINE	构造线
XP	XPLODE	将复合对象分解为其组件对象
XR	XREF	外部参照管理器
Z	ZOOM	缩放视口
3A	3DARRAY	创建三维阵列
3F	3DFACE	在三维空间中创建三侧面或四侧面的曲面
3DO	3DORBIT	在三维空间中动态查看对象
3P	3DPOLY	在三维空间中使用“连续”线型创建由直线段构成的多段线

附录 2 重要的键盘功能键速查

快捷键	命令说明	快捷键	命令说明
Esc	Cancel<取消命令执行>	Ctrl + G	栅格显示<开或关>，功能同 F7
F1	帮助 HELP	Ctrl + H	Pickstyle<开或关>
F2	图形/文本窗口切换	Ctrl + K	超链接
F3	对象捕捉<开或关>	Ctrl + L	正交模式，功能同 F8
F4	数字化仪作用开关	Ctrl + M	同 Enter 功能键
F5	等轴测平面切换<上/右/左>	Ctrl + N	新建
F6	坐标显示<开或关>	Ctrl + O	打开旧文件
F7	栅格显示<开或关>	Ctrl + P	打印输出
F8	正交模式<开或关>	Ctrl + Q	退出 AutoCAD
F9	捕捉模式<开或关>	Ctrl + S	快速保存
F10	极轴追踪<开或关>	Ctrl + T	数字化仪模式
F11	对象捕捉追踪<开或关>	Ctrl + U	极轴追踪<开或关>，功能同 F10
F12	动态输入<开或关>	Ctrl + V	从剪贴板粘贴
窗口键 + D	Windows 桌面显示	Ctrl + W	对象捕捉追踪<开或关>
窗口键 + E	Windows 文件管理	Ctrl + X	剪切到剪贴板
窗口键 + F	Windows 查找功能	Ctrl + Y	取消上一次的 Undo 操作
窗口键 + R	Windows 运行功能	Ctrl + Z	Undo 取消上一次的命令操作
Ctrl + 0	全屏显示<开或关>	Ctrl + Shift + C	带基点复制
Ctrl + 1	特性 Properties<开或关>	Ctrl + Shift + S	另存为
Ctrl + 2	AutoCAD 设计中心<开或关>	Ctrl + Shift + V	粘贴为块
Ctrl + 3	工具选项板窗口<开或关>	Alt + F8	VBA 宏管理器
Ctrl + 4	图纸管理器<开或关>	Alt + F11	AutoCAD 和 VAB 编辑器切换
Ctrl + 5	信息选项板<开或关>	Alt + F	【文件】POP1 下拉菜单
Ctrl + 6	数据库链接<开或关>	Alt + E	【编辑】POP2 下拉菜单
Ctrl + 7	标记集管理器<开或关>	Alt + V	【视图】POP3 下拉菜单
Ctrl + 8	快速计算机<开或关>	Alt + I	【插入】POP4 下拉菜单
Ctrl + 9	命令行<开或关>	Alt + O	【格式】POP5 下拉菜单
Ctrl + A	选择全部对象	Alt + T	【工具】POP6 下拉菜单
Ctrl + B	捕捉模式<开或关>，功能同 F9	Alt + D	【绘图】POP7 下拉菜单
Ctrl + C	复制内容到剪贴板	Alt + N	【标注】POP8 下拉菜单
Ctrl + D	坐标显示<开或关>，功能同 F6	Alt + M	【修改】POP9 下拉菜单
Ctrl + E	等轴测平面切换<上/左/右>	Alt + W	【窗口】POP10 下拉菜单
Ctrl + F	对象捕捉<开或关>，功能同 F3	Alt + H	【帮助】POP11 下拉菜单

目　录

PART 1　高级经济师备考 Q&A

PART 2 高级经济师各科目练兵场

PART 1　高级经济师备考Q&A

一、高级经济师考试介绍相关问题

Q1. 高级经济师含金量高不高?

高级经济师是我国职称之一。高级经济师资格实行考试与评审相结合的评价办法。凡申请参加高级经济师资格评审的人员，须通过统一组织的高级经济师资格考试。

经济师证书不仅是升职利器、加薪法宝，还有助于积分落户，如北京中级以上职称可申请北京工作居住证、上海中级以上职称可申请居转户等。此外，在很多事业单位，中级经济师可享受科级干部待遇，高级经济师可享受副处级干部待遇。在退休后国家也会给予特殊的政策倾斜。

Q2. 高级经济师考试报名有什么要求?

根据中国人事考试网发布的经济专业技术资格考试的介绍，具备下列条件之一者，可以报名参加高级经济专业技术资格考试：

(1) 具备大学专科学历，取得中级经济专业技术资格后，从事与经济师职责相关工作满10年。

(2) 具备硕士学位，或第二学士学位或研究生班毕业，或大学本科学历或学士学位，取得中级经济专业技术资格后，从事与经济师职责相关工作满5年。

(3) 具备博士学位，取得中级经济专业技术资格后，从事与经济师职责相关工作满2年。

取得会计、统计、审计中级专业技术资格，符合以上学历、年限条件的，可以报名参加高级经济专业技术资格考试。

【注意】取得导游资格、拍卖师、房地产经纪人协理、银行业专业人员初级职业资格，可对应初级经济专业技术资格；取得房地产估价师、咨询工程师（投资）、土地登记代理人、房地产经纪人、银行业专业人员中级职业资格，可对应中级经济专业技术资格；取得资产评估师、税务师职业资格等相关职业资格，可根据《经济专业人员职称评价基本标准条件》规定的学历、年限条件对应初级或中级经济专业技术资格，并可作为报名参加高级经济专业技术资格考试的条件。

Q3. 高级经济师考试怎么考?

高级经济师考试实行全国统一组织、统一大纲、统一命题。高级经济专业技术资格考试设《高级经济实务》一个科目，题型为主观题，分别按工商管理、农业经济、财政税收、金融、保险、运输经济、人力资源管理、旅游经济、建筑与房地产经济、知识产权10个专业类别命制试卷。

Q4. 高级经济师如何报名?

考试报名实行网上报名、网上交费。报考人员可在规定时间内在中国人事考试网报名参加考试。报名前，须完成注册、上传照片等操作。报名时，须认真阅读并知晓《报考须知》等有关内容，在规定时间内提交报名信息并完成交费。报名具体安排详见各省（区、市）有关通知。

Q5. 高级经济师取证流程是什么？

总体来说，高级经济师的取证过程要经过以下几大步骤：

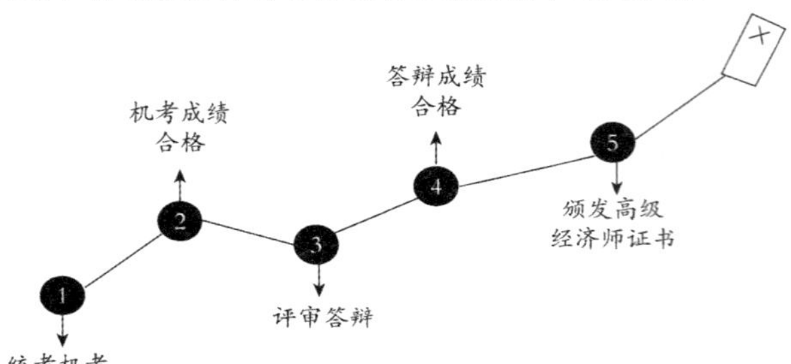

注意：高级经济师实行资格评价与职务聘任相分离的制度，因此取得高级经济师证书之后，还需要到单位完成聘任，方能享受对应的待遇。大部分单位的高级职称名额很少，因此大家一定要尽早取得高级经济师证书，当名额出现空缺时能够及时被聘任。

Q6. 高级经济师考试有效期是多久？

高级经济专业技术资格考试达到全国统一合格标准者，颁发人力资源社会保障部统一印制的经济专业技术资格考试成绩合格证明，合格证明自考试通过之日起，在全国范围5年内有效。参加高级经济专业技术资格考试合格并通过评审者，可获得高级经济师职称。

二、高级经济师统考相关问题

Q1. 高级经济师考试形式是什么？什么时候考？

高级经济专业技术资格考试采用电子化考试方式，应试人员作答试题需要通过计算机操作来完成。根据《人力资源社会保障部办公厅关于2021年度专业技术人员职业资格考试工作计划及有关事项的通知》，高级经济专业技术资格考试时间为6月19日。

Q2. 如何看高级经济师考试的大纲解读？

扫码观看2021年最新大纲解读：

“码”上看大纲解读

Q3. 高级经济师考试报名时间

各地2021年高级经济师报名时间正在陆续公布中，预计在4月份左右，具体时间以中国人事考试网通知为准。

Q4. 高级人力资源管理考什么？

测查应试人员是否具有从事高级人力资源管理实务的综合能力素质。要求应试人员理解组织行为学和劳动经济学等相关理论，掌握人力资源管理与开发的原理、方法、技术、规范（规定），科学开展人力资源管理工作的组织、督导和研究等。本科目考核点复合程度较高。作答试题需要综合、灵活地应用有关专业理论和政策法规，合理、深入进行判断、分析或评价。考试涉及的专业知识与实务范围包括组织行为学、人力资源管理、劳动经济学和人力资源与社会保险政策等。

Q5. 高级工商管理考什么？

测查应试人员是否具有从事高级工商管理实务的综合能力素质。要求应试人员全面掌握并应用现代工商管理理论和方法，系统分析企业竞争环境和竞争态势，辨析内部优势、劣势和外部的机会、威胁，确定企业发展战略，进行经营管理决策，建立企业制度与组织结构，提高市场营销管理、生产运营管理、质量与安全管理、供应链管理、人力资源管理和财务管理水平，做好企业技术创新、管理信息系统与电子商务、国际商务运营工作，领导企业参与竞争等。考核点复合程度较高。应试人员作答试题需要综合、灵活地应用有关专业理论和政策法规，合理、深入进行判断、分析或评价。考试涉及的专业知识与实务范围包括企业职能与战略决策、企业制度与组织架构、市场营销管理、生产运营管理、质量管理与安全管理、供应链管理、企业技术创新、人力资源管理、财务管理、管理信息系统与电子商务及国际商务运营等。

Q6. 高级金融考什么？

测查应试人员是否具有从事高级金融实务的综合能力素质。要求应试人员熟练掌握金融相关理论、方法和技巧，灵活运用金融政策与法规，深入、恰当地开展金融研究、服务和管理等。考核点复合程度较高。应试人员作答试题需要综合、灵活地应用有关专业理论和政策法规，合理、深入进行判断、分析或评价。考试涉及的专业知识与实务范围包括现代金融体系与金融制度、金融回归本源与服务实体经济、金融风险防控与金融安全构建、深化金融改革的探索实践与积极成效、金融业双向开放与国际金融治理、金融创新与金融发展、金融监管体制改革与现代金融监管框架构建、金融发展方式转变与金融业高质量发展、健全金融企业制度与提升金融治理能力和金融科技与监管科技等。

Q7. 高级财政税收考什么？

测查应试人员是否具有从事高级财政税收实务的综合能力素质。要求应试人员理解掌握财政税收的理论与制度，分析、处理和解决财政税收问题，理解掌握公共财政、财政收入、财政支出、税收理论、公债理论、预算理论、财政政策与宏观调控等理论，熟悉和运用各种税收制度、财政税收制度规定，以及利用所掌握的理论与方法分析、解决实际工作中的问题等。考核点复合程度较高。应试人员作答试题需要综合、灵活地应用有关专业理论和政策法规，合理、深入进行判断、分析或评价。考试涉及的专业知识与实务范围包括公共财政与财政职能、财政支出理论、财政支出内容、税收理论、货物和劳务税制度、所得税制度、其他税收制度、税务管理、纳税检查、政府非税收入、公债、政府预算理论与管理制度、政府间财政关系、国有资产管理、财政平衡与财政政策等。

Q8. 高级建筑与房地产经济考什么？

测查应试人员是否具有从事高级建筑与房地产经济实务的综合能力素质。要求应试人员秉持可持续发展理念及工程伦理，熟练掌握建筑与房地产经济专业理论和方法，灵活运用相关法规政策，合理开展建筑与房地产经济领域专业工作，科学进行投资项目经济分析评价、工程建设实施全过程管理及研究等。考核点复合程度较高。应试人员作答试题需要综合、灵活地应用有关专业理论和政策法规，进行合理、深入地判断、分析或评价。考试涉及的专业知识与实务范围包括建筑与房地产市场、可持续发展及诚信体系建设、投资项目经济分析评价及融资、工程建设实施管理、与工程有关的税收及工程担保保险、绿色建筑及建筑工业化和建筑信息模型（BIM）与新型智慧城市等。

Q9. 高级农业经济考什么？

测查应试人员是否具有从事高级农业经济实务的综合能力素质。要求应试人员全面了解“三农”事业发展基础，把握国家农业农村重大战略，熟练掌握农业经济重要理论、知识框架和业务方法，以及灵活运用相关政策法规开展农业农村相关的管理、督导、服务和研究等。考核点复合程度较高。应试人员作答试题需要综合、灵活地应用有关专业理论和政策法规，合理、深入进行判断、分析或评价。考试涉及的专业知识与实务范围包括中国“三农”事业的发展、农业经济重要理论与国家重大战略、农业生产的核心要素与服务保障、农产品市场与农业产业的理论与实务、农业农村工作的法律法规与实务和农业农村经济管理实务等。

Q10. 高级保险考什么？

测查应试人员是否具有从事高级保险实务的综合能力素质。要求应试人员秉持保险专业价值观与伦理规范，熟练掌握保险理论和实务，根据相关法律法规规章和政策创造性开展保险经营、管理、监管和研究等。考核点复合程度较高。应试人员作答试题需要综合、灵活地应用有关专业理论和政策法规，合理、深入进行判断、分析或评价。考试涉及的专业知识与实务范围包括风险管理与保险基本理论、保险合同、保险数理基础、保险经营、保险市场、保险监管、财产损失保险、责任保险、信用保证保险、人寿保险、人身意外伤害保险、健康保险、再保险和中华人民共和国保险法等。

Q11. 高级运输经济考什么？

测查应试人员是否具有从事高级运输经济实务的综合能力素质。要求应试人员理解运输经济专业理论原理，熟练掌握专业工作方法和专业技术，灵活运用相关运输经济学知识从事运输经济专业实务工作，合理解决有关运输经济问题，有效提升运输经济效益等。考核点复合程度较高。应试人员作答试题需要综合、灵活地应用有关专业理论和政策法规，合理、深入进行判断、分析或评价。考试涉及的专业知识与实务范围包括综合交通运输概述、交通运输结构与运输布局、可持续交通运输体系、运输产品与运输业增加值、综合物流体系与供应链管理、运输需求与运量预测、运输市场营销、运输市场购买行为、运输成本、运输业投融资和运输服务质量。

Q12. 高级知识产权考什么？

测查应试人员是否具有从事高级知识产权实务的综合能力素质。要求应试人员掌握并应用知识产权理论、方法和技巧，灵活运用相关政策法规，深入、恰当地开展知识产权创造、保护、运用工作以及管理、督导和研究等。考核点复合程度较高。应试人员作答试题需要综合、灵活地应用有关专业理论和政策法规，合理、深入进行判断、分析或评价。考试涉及的专业知识与实务范围包括知识产权基础、专利申请、专利保护、专利运用、商标基础、商标使用的管理、注册商标专用权的保护、著作权、地理标志、商业秘密和集成电路布图设计、植物新品种及遗传资源等。

Q13. 高级旅游经济考什么？

测查应试人员是否具有从事高级旅游经济实务的综合能力素质。要求应试人员熟练掌握旅游经济基本理论、战略思维，熟悉行业最新发展态势和相关政策法规，以推进旅游经济高质量发展为目标创造性地开展旅游经济活动等。考核点复合程度较高。应试人员作答试题需要综合、灵活地应用有关专业理论和政策法规，合理、深入进行判断、分析或评价。考试涉及的专业知识与实务范围包括旅游经济基础理论、旅游目的地发展、旅游产业结构与变化、旅游经济与国家战略、新时期的旅游发展、饭店战略管理、饭店竞争力管理、饭店业务管理、饭店人本管理、旅行社的性质和产业地位、旅行服务企业业务运营与经营战略、旅行服务业的监管与治理体系、旅游景区发展战略管理、旅游景区创新发展和旅游景区社会责任与文化建设等。

Q14. 高级经济师考试大多与时政热点相关，该如何积累？

（1）利用碎片化的时间听时事新闻、广播、资讯等。

（2）关注浏览具有公信力的网站、公众号，例如，中国政府网、学习强国等。

（3）在浏览的过程中进行积累，看一些专家点评，分析并开拓思路。

（4）考试热点相关的时政要重点关注，例如，“十四五”等。

扫码观看 2021 年备考指导：

“码”上看备考指导

三、高级经济师评审相关问题

（一）评审相关

Q1. 评审需要提交哪些材料？

评审由各个地区组织，因此各地区的评审材料要求有差异，以北京和上海为例：

（1）北京需提交的材料：

①学历证书、学位证书、职称（资格）证书、加盖印章的申报表、公示材料及其他附件材料，需要在您申报过程中拍照上传。

②答辩代表作。答辩代表作应来自申报专业技术范畴内本人亲自参与的技术工作取得的业绩成果，有技术含量和深度，在技术上有创造性，在行业内处于领先的地位。对实际工作有一定的指导意义，已得到应用并取得较好的效果。

代表作类型是专业论文，须近期本人独立撰写，是否公开发表不限，论文内容应结合本人专业技术工作实践，字数 5 000 字左右，此论文作为答辩内容之一。

（2）上海需提交的材料：

①《高级专业技术职务任职资格评定申报表》3 份。

必须按要求如实填写，申报表网上生成。

②《自荐综合材料》3 份。

《自荐综合材料》应能反映申报者的专业水平、能力和业绩以及综合方面的情况。申报者应按要求逐项如实认真地填写，以更好地体现自己的经济专业的水平、能力和业绩。

③主审论文一式 3 份，其他论文一式 3 份。

论文是提供审定的又一主要材料。递交的主审论文须打印 3 份，并装成 3 册。发表论文除提交正式刊物 1 份外，需提交以下内容的复印件 3 份：a. 刊登的论文内容；b. 期刊封面、目录、封底（含主办、主管单位，统一刊号）。

④各类评审附件的原件及复印件一式 2 份。

a. 学历、学位证书（其中对 2002 年以后取得国家教育部认可的学历/学位，可不上传证书信息）；b. 职务资格证书；c. 专业技术职务聘任证书（聘任中级专业技术职务以来）；d. 外语证书（自愿提供）；e. 计算机应用能力证书（自愿提供）；f. 获奖证书及其重要业绩方面证明材料；g. 聘任中级职务以来专业工作年度考核表；h. 身份证、《上海市居住证》。

⑤继续教育证明。

为大家提供几种各地区比较常见的材料以供参考：

a.《诚信承诺》。b.《现场审核告知书》。c.《高级专业技术资格评审申报表》，须有申报人亲笔签名，工作单位签署意见并加盖公章。d. 身份证、学历证书、学位证书、职称（资格）证书。一般情况下，原件为线下审核，结束后当场退还，复印件不退还。e. 代表作品。主要包括专业论文、专著、研究报告、项目报告、技术报告、工程方案、设计文件、发明专利，部分还须提供“代表作说明”。f. 业绩成果证明材料。g. 继续教育合格证明。

Q2. 参与评审有哪几种方式?

(1) 自主评审和统一评审。从国家层面讲，考试是国家组织的，但评审由各地区自行组织；从本地区层面看，评审并不完全由省工信厅或者人社厅组织。比如省直单位、省下辖单位一般由本省的高评委会组织评审，而地级市下辖单位却有可能由本地市自主组织，部分大型企事业单位、中央驻本地企事业单位、外地驻本地的大型企事业单位则有可能自主组织评审。

(2) 评聘结合和评聘分离。有些地区是评聘结合，比如山东、山西的事业单位，其员工通过评审并且获得职称之后，单位须给到该员工相关职称的岗位和待遇。如果实行评聘分离，则即便员工通过了评审并且获得了职称，单位也并不一定给到该员工相关职称的岗位和待遇。从单位的性质看，事业单位一般是评聘结合；企业单位，尤其是私营企业多数实行评聘分离。

(3) 有答辩和没有答辩。①地区评审政策有差别，有的地区如内蒙、山东等不需要答辩，有的地区如山西等需要答辩；②单位性质有区别，在部分地区的省直单位，所有破格参评人员需要答辩，市属及以下单位不需要答辩。

(4) 分专业和混专业。目前几乎所有地区高评委会的组织都是分专业进行评审的。但评审组织前期，如单位评议、各级人力部门、呈报部门审核材料期间，不必分专业审核，只有评审阶段的高评委会才分专业评审。

Q3. 评审是否能够跨职称报考?

可以跨职称报考，一般各地都会有独立的政策规范，涉及转职称评审和兼职称评审，例如，考生具备高级会计职称，但由于现任岗位或岗位工作内容与经济师相关，可在满足特定政策条件的基础上申请转到高级经济师职称，或者兼评一个高级经济师职称。

一般来说，同一年度考生只可以通过一个评委会申报一个系列的职称，如果出现多头申报的情况，其性质恶劣，轻则失去参评资格，重则记入诚信档案，或者若干年内不可再申报职称。

Q4. 评审是否要求参评人已在职称岗位上被聘用?

多数地区的政策中没有非常明确的要求，如条件标准文件中表述的“在职在岗的经济专业技术人员”，其并不一定要求被聘用，而是要求担任经济专业相关职务。一些地区（如山东）有强制要求，其主文件附件提到的材料要求中有“聘书”“能够证明确被聘用的劳动合同”等。部分地区（如福建）在政策中明确提到“评聘分离”，即意味着参加职称评审与参评人是否已在职称岗位上被聘用没有直接关系，同时如果参评人获得高级职称，也不一定意味着该参评人之后会被单位聘任到高级职称岗位上。

Q5. 年度考核的年限怎么计算?

几乎所有地区对于参评人的年度考核都有要求。

(1) 如果本地区政策中明确说明了需要若干年的考核合格证明或年度考

核表，则其作为参评人申报职称的必要项，不符合相关要求即意味着参评人不具备参评资格。

(2) 个别地区（如黑龙江）提到“年度考核综合合格”，没有给到具体年限要求，那么该参评人的年度考核年限要求由单位确定，单位可以根据自身实际情况来要求参评人须在若干年内年度考核合格。

由于评审权的下放，职称评审机构对单位推荐严格审查。目前年度考核已经作为单位推荐程序中比重较高的参考因素。

多数地区对年度考核年限的要求和学历所对应的在专业技术职务中工作的年限一致，例如，一般情况下，本科及以上学历对应专业技术职务的工作年限是 5 年，其考核合格年限也是 5 年。这里的“5 年”有的地区是要求连续的，如福建、云南，有的地区要求累积 5 年合格即可，如湖南、河北、云南等地。

Q6. 如果去年参评并且未通过评审，今年再参加评审时，是否可以提供和去年重复的材料（学术、业绩成果）?

理论上讲，除了福建、上海有明确要求外，别的地区可以将以往材料（学术、业绩成果）二次提供，否则隔年申报即可。但不建议提供旧材料，毕竟已被认定为不合格，证明材料质量、效力有限，建议更换质量更高的材料。

(二) 论文相关

Q1. 论文一定要发表吗?

几乎所有地区都要求论文是发表过的，即便本地区没有要求论文必须发表，但按照常理，论文发表与否也是判断论文价值的一个因素，因此发表论文为最佳选择。

Q2. 论文需要发表在什么刊物上，刊物的级别是否有要求?

一般刊物要求为本专业刊物，例如，评高级经济师职称需要的论文一般发表在高级经济师所设定的 10 个专业范围内或者与经济有密切联系的刊物中。

一般刊物的主要版面为正刊，增刊是在正刊以外增加发行的一期刊物，如一年 12 期，年终加一期就是增刊。有的是发行商为了增加收入和满足用户需求增加的，有的是发行商为了答谢订户而发行的。专刊的目的是针对目前某一个热点研究话题而设置的更加专业的版面。

一般来说，正刊效力＞专刊效力＞增刊效力。

部分地区对于刊物性质的要求非常明确。

如甘肃省要求：

国家级论文已由权威期刊调整为国内核心期刊，以论文发表当年该期刊是否为核心期刊为准。2018 年 7 月 1 日以前已经在我省权威期刊目录范围期刊发表的论文，可按核心期刊对待。核心期刊和省级期刊均不含增刊、副刊、特刊、专刊、专辑、内部期刊、论文集等。

一般地区对于刊物是否收录没有要求，少部分地区（如江西）有明确要求：

论文须在中国知网（www.cnki.net）、万方数据（www.wanfangdata.com.cn）或维普网（www.cqvip.com）上进行检索验证，并将检索到的网页地址复制到系统“检验验证地址”栏目。检索不到或未填检索验证地址的视为无效论文，不作为评审依据。

建议论文发表尽量选择能够被检索工具收录、检索到的刊物。

一般地区对高经评审论文有级别要求，多数地区为省级及以上级别，如甘肃要求在国内核心期刊公开发表本专业学术论文 1 篇，或在省级专业学术刊物上公开发表论文 2 篇以上。

有的地区会有刊物黑名单，这些上了黑名单的刊物并非因为级别不够或者无法检索等，而是为了赚取更多的发表费用而无节制增加增刊、副刊、特刊、专刊，对于论文本身的质量要求很低。对评委会而言，此类刊物发表的论文即便符合评审政策中的论文要求，也属于减分项，考生在选择刊物的时候一定要绕开这些“坑”。

论文发表需要注意的事项有很多，小编建议大家咨询专业机构更为稳妥！

Q3. 高级职称评审的论文要注意哪些要求？

（1）格式要求：摘要、正文、引用、参考文献等是论文的必备板块，如果不清楚论文的具体格式要求，可以参考相关的论文进行学习。

（2）字数要求：高级职称评审的论文一般为 2 000～5 000 字，如河北省要求 2 000 字以上，上海要求 3 000 字以上，北京要求 5 000 字左右。字数要求一般只指正文。正文字数尽量比政策要求字数多出 500 字左右，也可以根据个人情况在适当范围内增加更多字数。

（3）篇数要求：多数地区一般为 1～3 篇，如广东 2019 年度为具有刊号的论文一篇，2020 年度为具有刊号的论文两篇，部分评委会要求两篇以上。建议尽量比要求篇数多 1～2 篇，有备无患。

（4）主题要求：论文的主题要尽量与本人申报的专业类别、工作岗位的专业方向一致。谨慎选择学术理论，推荐撰写实践应用或理论实践相结合的论文。

（5）内容要求：紧密结合工作实际，阐述工作成果、发现、应用、创新等。

①原创。抄袭或者大面积抄袭会直接导致论文不合格。②实用性。泛泛而谈的论文如同纸上谈兵，对工作没有指导意义，也很难体现出作者的能力。③针对性。论文的立意要清晰，目标要具体，范围要适当，要直接指向工作中的问题、发现、创新等。④创新性。论文的主要观点并非老调重弹，对于高级职称的评委会而言，对方很容易抓住考生论文的创新性。⑤真实性。论文的主体内容要大量联系实际工作，尤其是涉及论文答辩环节，虚假的内容很容易被发现端倪。⑥及时性。一方面是指论文发表的及时性，不要将好

几年前甚至十几年前发表的论文作为参评论文，其中的很多论据早就过时了；另一方面是指不要将一些陈旧的论据、参考文献放在论文内容中，这会导致论文的创新性和针对性严重下降。

Q4. 职称论文为什么要提前发表？

（1）发刊流程多。

发论文都要经历投稿—审稿—录用/退稿—修改—审稿—定稿这个过程，此外，出刊之前还有校稿—排版—印刷这些过程。一篇论文从投稿到出刊需要至少3～6个月的时间，核心期刊的周期则要更长一些。为了保险起见，最好提前发表，以免出现评审时文章还没有出刊的情况。

（2）品质要求高。

自国家新闻出版总署与广电总局合并之后，对期刊品质的审核越来越严格。另外，从2020年国庆前后开始，知网也开始对收录的期刊进行整改。缩小版面、提高质量成为期刊未来的发展之路。基于上述原因，期刊的文章质量要求提高，审稿流程就需要耗费更多时间。

（3）发表竞争激烈。

不仅是对文章质量要求更高，而且版面大幅度缩减，但是发文章的人数有增无减。这样一来，版面更加紧张，发文难度增加，发表竞争更加激烈。与其到时候抢版面，不如提前发表，有备则无患。

（4）门槛要求高。

自2017版核心目录出来后，有大约200本期刊被踢出目录，其余的期刊为了蝉联核心，门槛要求显著提高，稿件质量精益求精，导致文章被退稿或返修的几率大幅增加。

（5）不确定因素多。

发文章的不确定因素特别多，杂志的刊期会有延期的情况，作者应该预留出足够的时间来应对这些变动。

（6）版面费上涨。

提前发表更省钱。大部分期刊的版面费每年都会有所上调。观望越久，版面费越高，所以，提前发表不仅更放心，而且更省钱！

所以，论文提前发表是必不可少的。

Q5. 职称论文一般需要提前多久发表？

省级、国家级期刊的职称论文发表需要提前6～12个月准备。省级、国家级别的刊物算是普刊，国家级就是普刊里面的“核心期刊”，从期刊的选择到发表成功收到刊物，有的刊物快则录用到当期版面2～3个月就能收到刊物，慢则需要半年到一年时间。

各类刊物在收录论文稿件时，首先投稿的人比较多，杂志社编辑需要在各类海量文章中甄选出适合该期刊发行的内容，选择确定后，需要对论文进行校稿、修改和润色，中间可能要重复几个来回，以达到期刊发表标准。这期间就会存在少则十天半月，多则1～3个月的反复沟通。确定论文稿件内容后，杂志社再给大家发论文录用函，确定你的论文能够在该期刊发表。之后就是论文排期，如果准备得比较早，那么就有足够的时间去等待。但如果等待的时间超过提交论文资料的时间，那么论文将不能用于评审。

所以准备职称评审的同学们，现在就要抓紧时间提前准备，不要因为一份材料准备得不充分，而影响评审资格和评审结果。

Q6. 评审论文是否要求知网收录？是否有指定收录网站（知网、万方、维普、龙源等）？是否要求双收录（哪几个）？

大多数地区对于论文的收录情况没有要求，但以下省份对收录情况有要求：

江西：独著或第一作者完成的本专业研究性学术文章在省级（须有ISSN和CN刊号）以上专业学术期刊（可以在国家新闻出版广电总局网站、万方或中国知网等主流数据库查询）发表论文2篇以上（专刊、增刊、内刊、特刊、论文集上收集的论文不在此列）。

福建：学历破格者，以论文为条件申报须提供4篇。应提供在中国知网（http：//www.cnki.net）上查询到的论文认证的复印件。查询结果必须包括题名、作者、来源出处、发表时间等内容。将查询结果输出打印后附在论文后面。

辽宁：实行论文检索制度，需要通过国家新闻出版总署网站进行论文期刊信息查询并打印查询页，申报人需要提交单位及有关部门盖章的检索证明。通过万方、知网、维普等主流数据库对本人论文进行检索，并由单位、有关部门盖章。

上海：为加强学术规范，高审委办公室将对申报人所提交的论文抽样进行重合度检测，经查实存在学术造假行为的，实行“一票否决”。若申报人自己已进行过论文查重，需将查重报告随论文一起提交。

甘肃：论文须在中国记者网（http：//press.nppa.gov.cn/）、中国知网（www.cnki.net）上进行检索验证，并将检索到的网页地址复制到系统“检验验证地址”栏目。检索不到或未填检索验证地址的视为无效论文，不作为评审依据。

Q7. 选题和专业不是特别匹配是否可以？（如人力专业的主审论文与财政税收专业相关度更高一些）

论文方向需要和所申报的专业一致，也需要和考生所选择的评委会专业一致。如果考生提交的论文不符合所选择的评委会的专业方向，评委会可能会以“提供无效论文”处理。此外，评委会成员并不能完全看懂与其专业无关的论文，更无法从论文中获取考生的工作能力、工作中的贡献等重要信息。因此建议考生提供的论文方向和本人的工作内容、所选专业一致。

PART 2　高级经济师各科目练兵场

一、高级人力资源管理题目展示

【例 1·案例】某企业自成立后发展迅速，实行内部成长战略。随着市场份额的不断扩大，企业内部有些部门存在着人手不足的问题，销售部门的人员需求尤其突出。近期销售部门急需一位销售部门负责人，人力资源部经理迫于各方压力只在报纸和杂志上刊登了一则招聘启事。结果发现收到的简历很少，效果特别不理想。公司的外聘专家建议多选择一些招聘渠道，并综合运用各种测试的方法有利于获得合适的员工。新员工进入该企业，人力资源部门也应该选择合适的方式开展新员工培训。该企业的管理者一直在思考，如何在行业不景气的大形势下，维持企业运营并保持一定增长，企业如何充分利用现有的人力资源，以满足战略发展的需要。

根据上述资料，回答下列问题：

1. 当前企业内部有些部门存在着人手不足的问题，该企业应如何采取有效办法加以解决？

2. 为了避免招聘中再次遇到类似不理想的情况，人力资源部应该如何做？

【例 2·论述】论述如何进行新员工培训与开发。

参考答案

【例 1·案例】

1. 根据案例，该企业自成立后发展迅速，实行内部成长战略。随着市场份额的不断扩大，企业内部有些部门存在着人手不足的问题。针对企业内部有些部门存在着人手不足的问题，应该选择人力资源需求大于供给时的组织对策：

(1) 延长现有员工的工作时间。当人员需求是短期性或阶段性的时候，应先考虑采用加班的方式来满足组织的人力资源需求。

(2) 人员招募。如果组织的人力资源需求增长是长期性的，就必须扩大招募范围，加大招募投入，树立组织在劳动力市场上的形象和品牌，增强对求职者的吸引力。采取聘用已退休人员以及雇佣非全日制员工的方式来满足组织的人力资源需求。

(3) 降低现有员工的流失率，提高员工的工作效率。方式包括改进生产技术、优化工作流程、加强员工培训外包。

2. (1) 根据案例，近期销售部门急需一位部门负责人，人力资源部经理迫于各方压力只在报纸和杂志上刊登了一则招聘启事。结果发现收到的简历很少，效果特别不理想。所以，招募工作需要整体合理安排。

(2) 招募的基本程序。①确定招募要求。招募需求是在人力资源规划的基础上，根据本部门实际用人需求确定的。具体取决于需要招募人员的职位本身要求。招募需求必须由具体的用人部门和组织的人力资源部门共同确定。②制定招募计划。通常包括招募时间、招募范围、招募渠道、招募规模以及招募预算等。最终招募计划必须获得上级主管领导的审批，方可进入实施阶段。a. 招募时间是指对整个招募活动所需要的总时间长度以及招募活动各个阶段的时间进度所作的安排。招募时间通常是根据组织填补空缺职位的时间紧急程度确定的。根据案例“急需一位销售部门负责人”看出招募的紧急性。b. 招募范围主要取决于职位本身的要求、填补职位的候选人的地区可得性及组织的战略定位。通常情况下，职位对任职者的要求越高，招募的范围就会越大。根据案例情况，可以适当扩大招募范围。c. 招募渠道：除招募广告之外，还可以根据职位要求和特点选择校园招募、内部员工推荐、公共和私营就业服务机构、临时性就业服务机构或劳务派遣机构、人才交流会等方式。案例中招募的“销售部门负责人”岗位就可以考虑内部员工推荐或者猎头招募的方法。内部员工推荐的优点：第一，成本低；第二，得到内部员工推荐最终被录用并达到组织绩效要求的可能性较大，同时流动率也相对较低；第三，内部员工推荐的求职者进入组织之后的适应速度也较快，工作态度往往也较好。猎头公司是高级人才代理招募机构，是私营就业服务机构中高端就业服务机构，这种特殊的就业服务机构通常受雇于客户企业，专门帮助这些客户企业寻找组织所需要的高层次管理人才和高级专业技术人才。d. 招募规模是指组织根据需要雇用的人数所确定的需要获得的求职人数。可根据招募产出金字塔，在一开始需要招募的人数和最终需要雇用的人数之间保持一个适当的比例来提高招募的工作效率。e. 招募预算是指整个招募活动所需要的总费用。一方面，招募预算会对招募的质量构成一定的影响；另一方面，招募预算不仅取决于组织的财务能力，同时也取决于选择恰当的招募渠道，因此选择效果较好而费用较低的招募渠道有助于组织节约招募费用。③实施招募活动。组织所发布的招募信息必须简洁、明确，而且注明接收简历的截止时间以及组织中的联系人和联系方式，以备求职者查询。④评估招募效果。

（3）企业也可以采用内部晋升和选拔的方式。

【例 2·论述】（1）新员工培训与开发的目的：向新员工传递组织文化和价值观、组织规范、工作流程以及组织期望的行为模式甚至着装要求等方面的信息。需要做到：①使新员工感觉到自己是受组织欢迎的，以减少他们的焦虑与不安；②帮助新员工认同和理解组织，尤其是接受组织的文化和价值观；③确保新员工获得有效开展工作必需的基本信息；④降低新员工的离职率。

（2）新员工培训与开发的具体方式：①组织可根据不同的规模和情况选择适合的具体方式。②在小型组织中，新员工培训工作是由员工的直接上级完成的。在一个规模较大的组织中，人力资源管理部门制定专门的新员工培训方案。近年来，很多企业还制订了专门的新员工导师计划。③组织可以采用仅做一次非正式口头讲话的方式，也可以采用有正式的日程安排，设计上课、演讲、游戏等多种活动，同时配备内容丰富的书面讲义等正式的方式。在比较正式的新员工引导计划中，往往还包括现场参观工作场所，或者使用幻灯片、图表或图片向员工介绍组织的工作场所等内容。

（3）新员工培训与开发的后续跟踪：

由新员工的直接上级继续完成新员工的上岗引导工作，可以建立一个反馈机制或者采用目标管理的方式来控制这一计划。

二、高级工商管理题目展示

【例1·案例】某企业生产新型护眼灯。该企业的新型护眼灯与市场中领导品牌的价格相当。新型护眼灯上市后与最强的竞争对手展开直接竞争，市场反响热烈，市场份额逐步提高。为了进一步提高销量，该企业一方面调整营销渠道，从众多批发商中挑选出5家销售新型护眼灯，再由批发商销售给零售商，最后由零售商销售给消费者。另一方面，该企业开展促销活动，在电视、报纸、网络等渠道大量投放广告，向消费者大力宣传其产品，吸引消费者购买。

根据上述资料，回答下列问题：

1. 该企业对新型护眼灯采取的市场定位策略是什么策略？请简要说明。

2. 该企业对新型护眼灯采用的分销渠道是哪个类型？

3. 该企业为新型护眼灯建立品牌，若企业坚持品牌持有策略，简述有哪些品牌战略可以选择，并说明企业要考虑的问题。

【例2·论述】无论什么行业的企业都可以采用竞争性的战略，试简述美国战略管理学家迈克尔·波特提出的基本竞争战略的类型。

参考答案

【例1·案例】

1. 对峙定位策略是指与现有竞争者“对着干”的市场定位策略，企业选择靠近现有竞争者或与现有竞争者重合的市场位置，争夺同一个消费者群体，彼此在产品、价格等方面差别不大。结合案例资料信息“该企业的新型护眼灯与市场中领导品牌的价格相当。新型护眼灯上市后与最强的竞争对手展开直接竞争”分析，可知符合对峙定位策略的概念，所以该企业对新型护眼灯采取的市场定位策略是对峙定位策略。

2. 根据案例资料信息“为了进一步提高销量，该企业一方面调整营销渠道，从众多批发商中挑选出5家销售新型护眼灯，再由批发商销售给零售商，最后由零售商销售给消费者”分析，该分销渠道的中间商包含“批发商、零售商”两个层级，因此属于二层渠道。

3. 可供企业选择的策略有三种：

（1）使用本企业自己的品牌，即制造商品牌或全国性品牌。

（2）使用中间商品牌，也称私人品牌或商店品牌，即生产者把大批产品卖给中间商，中间商使用自己的品牌上市。

（3）两种品牌并用，即有些产品使用制造商品牌，有些产品使用中间商品牌。

使用制造商品牌必须考虑如下问题：①企业是否愿意并有能力为推广自己的品牌、商标支付昂贵的促销费用；②在某些大型零售商拒绝使用制造商品牌时，有无其他渠道出售产品；③当中间商拥有自己的品牌时，能否认真地推销制造商品牌，制造企业有无相应的应对措施；④产品在市场上是否有很高的声誉，当制造商的声誉不如中间商时，企业应放弃使用自己的品牌。

【例2·论述】美国战略管理学家迈克尔·波特提出的基本竞争战略包括三种类型：

（1）成本领先战略，是指企业以低于竞争对手的成本，为顾客提供可接受的、具有某种特性的产品或服务，其核心是企业加强内部成本控制，在研究开发、生产、销售、服务和广告等领域把成本降到最低，成为行业中的成本领先者，从而获得竞争优势。

（2）差异化战略，是指通过提供与众不同的产品或服务，满足顾客的特殊需求，从而形成独特的竞争优势，其核心是取得某种对顾客有价值的独特性。

（3）集中战略，即聚焦战略，是指通过一系列行动来生产产品或提供服务，以满足特定的竞争性细分市场的需求，包括集中成本领先战略和集中差异化战略。

三、高级金融题目展示

【例1·案例】“十三五”规划纲要明确提出要“建立绿色金融体系”。《关于构建绿色金融体系的指导意见》中也提到从政府层面推动并发布详细政策明确支持“绿色金融体系”建设，动员和激励更多社会资本投入绿色产业，尽快构建绿色金融体系。

根据上述资料，回答下列问题：

1. 试论述绿色金融的内涵。

2. 我国是如何推动绿色金融事业发展的？

【例2·论述】市场导向型金融体系往往是经济发达国家常见的结构类型，试论述我国采取了哪些措施，进行金融体制改革，完善资本市场体系建设。

参考答案

【例1·案例】

1. 绿色金融是指为支持环境改善、应对气候变化和资源节约高效利用的经济活动，即对环保、节能、清洁能源、绿色交通、绿色建筑等领域的项目投融资、项目运营、风险管理等所提供的金融服务。

2. 推动绿色金融事业的举措包括：①推动金融服务向环保、节能、清洁能源、绿色交通、绿色建筑等领域倾斜；②促进环保、新能源、节能等领域的技术进步；③培育新的经济增长点；④通过设立国家绿色发展基金、再贷款、专业化担保机制、绿色信贷支持项目财政贴息等措施，支持绿色金融发展。

另外，我国还发行了绿色债券。通过债券筹集的资金支持了一大批清洁能源、环保、节能、绿色交通和绿色建筑项目，极为有力地推动了我国实体经济的发展。

【例 2·论述】

(1) 总述：我国通过完善资本市场体系、拓宽保险资金支持实体经济渠道，大力发展普惠金融和绿色金融等方面，深入进行金融体制改革。

(2) 在资本市场体系建设的过程中，采取系列措施，弥补股权市场、债券市场和资本市场的短板。

展开如下：①健全多层次股权市场。严格规范区域性股权市场的发展，维护市场秩序，保护投资者合法权益，打击各种违规违法行为。②促进债券市场健康发展。设立中央国债登记结算有限责任公司，立足金融市场基础设施服务职能，稳步推进“多元化、集团化、国际化”发展战略，全面深度参与债券市场发展，积极推动债券市场产品创新。③优化交易机制，健全安全信用风险处置机制。④扩大资本市场有序开放，如“深港通”“沪港通”。⑤进一步扩大对外开放，放宽银行类金融机构、非银行金融机构的外资准入限制，支持外商投资企业拓宽融资渠道。

(3) 总结：综上所述，资本市场体系的建设尝试一直在进行，后续会继续深化下去。

四、高级财政税收题目展示

【例 1·案例】2020 年 4 月 10 日，甲县税务局制作对环球物资销售有限公司补缴税款和滞纳金的税务处理决定书和处以少缴税款 1 倍的行政处罚决定书。上述文书于 4 月 13 日送达环球物资销售有限公司并由环球物资销售有限公司签收。环球物资销售有限公司对甲县税务局的处理决定和处罚决定有异议，拟提起税务行政复议。

根据上述资料，回答下列问题：

1. 拟提供纳税担保后对应补缴的税款和滞纳金提请复议，纳税担保人资格应由谁确认？提请复议的 60 天时限应该从哪一天开始计算？

2. 对于处罚决定提请复议是否需要提供纳税担保？可否不经过复议直接提起行政诉讼？

3. 如果复议申请被税务机关受理，复议机关应在多少日内作出复议决定？什么情况下可以延期？最长可以延期多少天？

4. 如果环球物资销售有限公司对复议决定不服但未在规定时限内起诉，同时又拒绝履行复议决定，可能的后果是什么？

【例 2·论述】

【资料一】20 世纪 30 年代大萧条时期，经济倒退几年甚至几十年，为世界带来莫大的灾难。危机使社会财富遭到了巨大的破坏。在 30 年代的大危机中，被毁坏的炼铁炉，美国达 92 座，英国为 72 座，德国为 28 座，法国为 10 座。

【资料二】为应对美国的经济危机，罗斯福从1933年开始推行新政。

罗斯福新政的主要措施包括：

(1) 整顿银行与金融系，下令银行休业整顿，逐步恢复银行的信用，并放弃金本位制，使美元贬值以刺激出口。

(2) 复兴工业或称对工业的调整（中心措施）：通过《全国工业复兴法》与蓝鹰运动，来防止盲目竞争引起的生产过剩；根据《全国工业复兴法》，各工业企业制定本行业的公平经营规章，确定各企业的生产规模、价格水平、市场分配、工资标准和工作日时数等，以防止出现盲目竞争引起的生产过剩，从而加强了政府对资本主义工业生产的控制与调节（缓和阶级矛盾）。

(3) 调整农业政策：给减耕减产的农户发放经济补贴（农民缩减大片耕地，屠宰大批牲畜，由政府付款补贴），提高并稳定农产品价格。

(4) 推行最重要的一条措施："以工代赈"。

(5) 大力兴建公共工程，缓和社会危机和阶级矛盾，增加就业刺激消费和生产。

(6) 政府建立社会保障体系，通过了《社会保障法》，使退休工人可以得到养老金和保险，失业者可以得到保险金，子女年幼的母亲、残疾人可以得到补助。

(7) 建立急救救济署，为人民发放救济金。

根据上述资料，论述公共财政理论基础及财政职能。

参考答案

【例1·案例】

1. ①作出具体行政行为的税务机关应当对保证人的资格、资信进行审查，对不具有法律规定资格或者没有能力保证的，有权拒绝。②申请人可以在知道税务机关作出具体行政行为之日起60日内提出行政复议申请。因不可抗力或者被申请人设置障碍等原因耽误法定申请期限的，申请期限的计算应当扣除被耽误时间，自障碍消除之日起继续计算。载明具体行政行为的法律文书直接送达的，自受送达人签收之日起计算，本案中应该从4月13日开始计算。

2. ①不需要。对处罚决定不服时提起行政复议不需要提供纳税担保。②可以。"处罚决定"并不是征税行为，当事人对税务机关的处罚决定不服的，可以依法申请行政复议，也可以依法向人民法院起诉。

3. ①行政复议机关应当自受理申请之日起60日内作出行政复议决定。②情况复杂，不能在规定期限内作出行政复议决定的，经行政复议机关负责人批准，可以适当延期，并告知申请人和被申请人；但是延期不得超过30日。

4. 税务机关依法作出行政处罚决定后，当事人应当在行政处罚决定规定的期限内，予以履行。当事人在法定期限内不申请复议又不起诉，并且在规定期限内又不履行的，税务机关可以依法强制执行或申请法院强制执行。

【例2·论述】

(1) 公共财政理论基础。公共财政有两大理论基础，分别是公共物品和市场失灵。1) 公共物品。由于公共物品具有受益的非排他性、取得方式的非竞争性、效用的不可分割性、提供目的的非营利性，导致市场不能有效供给公共物品，需要政府采取非市场方式配置资源。2) 市场失灵。①市场失灵是指市场本身无法有效配置资源，从而引起收入分配不公平及经济社会不稳定的状态。另外，市场失灵也通常用来描述市场无法满足公共利益的状态。②在现代市场经济社会中，“市场失灵”是财政存在的前提，从而也决定了财政的职能范围。市场失灵主要表现为公共物品缺失、外部效应、不充分竞争、收入分配不公、经济波动与失衡。

(2) 财政职能。在社会主义市场经济条件下，财政职能可以概括为资源配置职能、收入分配职能、经济稳定职能。1) 资源配置职能。①资源配置职能是指财政通过对现有的人力、物力、财力等社会经济资源的合理调配，实现资源结构的合理化，使其得到最有效的使用，获得最大的经济和社会效益。②政府配置资源的主要内容有：调节全社会的资源在政府部门和非政府部门之间的配置；调节资源在不同地区之间的配置；调节资源在国民经济各部门之间的配置。2) 收入分配职能。①收入分配的目标是实现公平分配，在市场经济条件下，公平包括经济公平和社会公平两个层次，经济公平是要素投入与要素收入相对称，是市场经济的内在要求；社会公平是收入差距维持在现阶段各阶层居民所能接受的范围内。②收入分配职能的主要内容：调节企业利润水平，利用税收手段，通过征收消费税剔除或减少价格对企业利润水平的影响；通过征收资源税、房产税、土地使用税等剔除或减少由于资源、房产、土地状况的不同而形成的级差收入的影响；征收土地增值税调节土地增值收益对企业利润水平的影响。调节居民的个人收入水平，通过征收个人所得税、社会保障税而缩小个人收入之间的差距；通过征收财产税、遗产税、赠与税而调节个人财产分布等；通过转移支付、社会保障支出、财政补贴支出，调节居民个人收入水平。3) 经济稳定职能。经济稳定职能的目标是充分就业、物价稳定、国际收支平衡。要实现经济的稳定增长，关键是要做到社会总供给与社会总需求的平衡，包括总量平衡和结构平衡。①通过财政预算收支进行调节。当社会总需求大于社会总供给时，通过实行国家预算收入大于支出的结余政策进行调节，采取紧缩性财政政策，压缩需求。当社会总供给大于社会总需求时，通过实行国家预算支出大于收入的赤字政策进行调节，采取扩张性财政政策，刺激需求；当社会总供求平衡时，国家预算应该实行收支平衡的中性政策。②通过制度性安排，发挥财政“内在稳定器”作用。内在稳定器调节的最大特点在于无须借助于外力就可以直接产生调控的效果。在收入方面，主要是实行累进所得税制。

五、高级建筑与房地产经济题目展示

【例 1 · 案例】 某公司经济分析人员提出六个可供选择的方案，每个方案的使用期都是 10 年，且期末均无残值。各方案的数据见下表。请根据下列假设进行决策。已知：(P/A，12%，10) =5.650 2，(P/A，10%，10) = 6.144 6。

方案（元）	A	B	C	D	E	F
投资资本（元）	80 000	40 000	10 000	30 000	15 000	90 000
年净现金流量	11 000	8 000	2 000	7 150	2 500	14 000

根据上述资料，回答下列问题：

1. 假设这六个方案是互斥方案，该公司可用于比选方案的方法有哪些？

2. 假设这六个方案是互斥方案，基准收益率为 12%，则该公司应选择的最优方案为那个？

【例 2 · 论述】 某建筑工程公司正在研究购买甲、乙两种吊装设备何种有利的问题。甲设备价格为 700 万元，寿命期为 4 年；乙设备价格为 1 400 万元，寿命期为 8 年。两种设备的动力费、人工费、故障率、修理费、速度和效率等都是相同的。假设资本的利率为 10%。

1. 该建筑工程公司正在研究的吊装设备购买问题属于何种方案选择问题？

2. 论述此种方案选择情况的选择方法有哪些并分析方法如何进行方案比选。

参考答案

【例 1 · 案例】

1. 六个方案的使用期都是 10 年，假设六个方案是互斥方案，则这六个方案比选属于寿命期相等的互斥方案比选。当互斥方案寿命期相等时，可采用净现值法、增量内部收益率法、增量净现值法、净年值法。

2. 此题考查寿命期相等的互斥方案比选。寿命期相等的互斥方案，可选用净现值法进行比选。选用净现值法进行寿命期相等的互斥方案比选时，应首先使用基准收益率计算各方案的净现值（NPV），剔除 NPV<0 的方案，然后从 NPV≥0 的方案中选取 NPV 最大者即为最优方案。计算各个方案的净现值分别为：

NPV_A＝－80 000＋11 000×（P/A，12%，10）＝－80 000＋11 000×5.650 2＝－17 847.8（元）<0；

NPV_B＝－40 000＋8 000×（P/A，12%，10）＝－40 000＋ 8 000×5.650 2＝5 201.6（元）>0；

NPV_C＝－10 000＋2 000×（P/A，12%，10）＝－10 000＋2 000×5.650 2＝1 300.4（元）>0；

$NPV_D = -30\ 000 + 7\ 150 \times (P/A, 12\%, 10) = -30\ 000 + 7\ 150 \times 5.650\ 2 = 10\ 398.93$（元）$>0$；

$NPV_E = -15\ 000 + 2\ 500 \times (P/A, 12\%, 10) = -15\ 000 + 2\ 500 \times 5.650\ 2 = -874.5$（元）$<0$；

$NPV_F = -90\ 000 + 14\ 000 \times (P/A, 12\%, 10) = -90\ 000 + 14\ 000 \times 5.650\ 2 = -10\ 897.2$（元）$<0$。

剔除 NPV<0 的 A、E、F 方案，$NPV_D > NPV_B > NPV_C > 0$，则 D 方案为最优方案。

【例 2 · 案例】

1. 互斥方案是指在若干方案中，选择其中任一方案，其他方案必然会被排斥的一组方案。根据题意要从甲、乙两种吊装设备中选择一种有利的方案，因此甲、乙方案是互斥方案；又因为两种方案的寿命期不同，因此属于寿命期不同的互斥方案。

2. 此种方案选择情况的选择方法有：最小公倍数法、净年值法、研究期法。

（1）最小公倍数法。最小公倍数法是在假设方案可以重复若干次的前提下，将备选方案寿命期的最小公倍数作为计算期，每个备选方案重复算至最小公倍数年数，然后再用净现值、增量内部收益率或增量净现值等方法进行方案比选。

（2）净年值法。当互斥方案寿命期不等时，可计算各个方案的净年值 NAV，选取 NAV 最大者为最优方案。

（3）研究期法。①如果备选方案的计算期不能随意向后延续，在对寿命期不等的互斥方案进行比选时，可以人为选取一个相同的时段作为研究期，计算研究期内各投资方案的净现值，选取 NPV 较大者为最优方案，这种方法被称为研究期法。②一般可将互斥备选方案中的最短寿命期作为研究期，但在必要时也要考虑研究期后各方案净现金流量的影响。

六、高级农业经济题目展示

【例 1 · 案例】 网上一篇名为《中国农业令人担忧，一亩地 43.8 斤化肥！我们其实是吃化肥长大的！》的文章曾引发热议。文章不仅质疑中国农业使用化肥农药等投入品的正确性，甚至干脆提出，应该回到过去，过一种“零化肥零农药”的生活。刻意吸人眼球的表达，再一次将化肥农药推上了舆论的风口浪尖。有人可能要问，那到底该如何看待化肥农药？首先还是应该读点历史，而这历史也并不久远，毕竟中国人端牢自己的饭碗也就是近几十年的事。建国之初，我国粮食平均亩产只有 68.6 千克，让几亿人填饱肚子就是当时中国农业最紧迫的课题。而化肥农药等化学投入品的使用，带来了粮食产量的迅速增长。相关测算数据表明，施用化肥对我国粮食产量的贡献率在 50%左右，平均每年我国使用农药可挽回粮食损失 2 000 多亿斤，减少粮棉油、果菜茶直接经济损失 550 亿元以上，相当于增加了 12%～18%的种植面积。为解决养活中国人这一世纪难题，化肥农药可以说立下了“汗马功劳”。但是化肥的滥用和农药的不科学施用带来的土壤酸化、农残超标等问题也是层出不穷、屡见不鲜。

根据上述资料，回答下列问题：

1. 结合上面材料，你怎么看待农业生产的化肥使用问题？

2. 结合材料与实际生活，谈谈如何实现农业的绿色发展？

【例 2 · 论述】“三权分置”是在新的历史条件下，继家庭联产承包责任制后农村改革又一重大制度创新，也是中央关于农村土地问题出台的又一重大政策。我们相信，随着《三权分置意见》的贯彻实施，我国农村基本经营制度将更加巩固完善，现代农业将健康发展、农民收入将稳步增加、乡村振兴将加快推进。

试论述“三权分置”的重要意义。

参考答案

【例 1 · 案例】

1. ①化肥农药和种子一样，都是现代农业不可或缺的投入品。科学施用化肥农药本身就是人类科学进步的表现之一，这也已经是农业全球共识。肥料是粮食的“粮食”，连年种植农作物，必须要给土地补充养分，不用化肥，就用农家肥，但农家肥数量有限且转化效率较慢。②一代有一代的使命。对化肥农药的使用和认识也是一个不可割裂的历史进程，既不能因为个别案例否定其全部贡献，更不能因为曾经的问题而看不到如今的成绩。从资料中可以得知，在解决粮食产量和挽回粮食损失这一问题上，化肥农药立下了“汗马功劳”。③一方面再次说明在粮食连年丰收的情况下，人们对“舌尖上的安全”有了更高的要求。另一方面也说明，在提升化肥农药利用率和做好农业科普方面，努力空间还很大。除要研发推广新产品新技术，改进化肥农药的施用方式、提高利用率之外，媒体也应积极引导公众辩证理性地看待这些问题。④“零化肥零农药”不等于“健康”，使用化肥农药更不等于“有害”。这应是关于化肥农药的常识，更应成为社会公众的共识。

2. ①更加注重资源节约。这是农业绿色发展的基本特征。长期以来，我国农业高投入、高消耗，资源透支、过度开发。推进农业绿色发展，就是要依靠科技创新和劳动者素质提升，提高土地产出率、资源利用率、劳动生产率，实现农业节本增效、节约增收。②更加注重环境友好。这是农业绿色发展的内在属性。农业和环境最相融，稻田是人工湿地，菜园是人工绿地，果园是人工园地，都是“生态之肺”。③更加注重生态保育。这是农业绿色发展的根本要求。长期以来，我国农业生产方式粗放，农业生态系统结构失衡、功能退化。推进农业绿色发展，就是要加快推进生态农业建设，培育可持续、可循环的发展模式，将农业建设成为美丽中国的生态支撑。④更加注重产品质量。这是农业绿色发展的重要目标。习近平总书记强调，推进农业供给侧结构性改革，要把增加绿色优质农产品供给放在突出位置。推进农业绿色发展，就是要增加优质、安全、特色农产品供给，促进农产品供给由主要满足“量”的需求向更加注重“质”的需求转变。

【例 2 · 论述】①“三权分置”丰富了双层经营体制的内涵。双层经营体制是农村改革开放之后确立的基本制度。从“两权分离”到“三权分置”，从集体所有、农户承包经营到集体所有、农户承包、多元经营，应该说“三权分置”展现了我国农村基本经营制度的持久活力，它是不断发展的，因为它涉及亿万名农民的切身利益，是农村的重大改革、重大政策。小规模的一家一户的经营有它的基础性意义，同时也面临着规模小、竞争力不足、现代因素引入不畅等问题，通过这个制度设计，既保持了集体所有权、承包关系的稳定，同时又使土地要素能够流动起来，所以说它使农村基本经营制度保持了新的持久的活力。②开辟了中国特色新型农业现代化的新路径。实行“三权分置”，在保护农户承包权益的基础上，赋予新型经营主体更多的土地经营权能，有利于促进土地经营权在更大范围内优化配置，从而提高土地产出率、劳动生产率、资源利用率。这为加快转变农业发展方式，发挥适度规模经营在农业现代化中的引领作用，走出一条“产出高效、产品安全、资源节约、环境友好”的中国特色新型农业现代化道路开辟了新路径。③它还有重要理论意义，丰富了党的“三农”理论。“三权分置”实现集体、承包农户、新型经营主体对土地权利的共享，有利于促进分工分业，让流出土地经营权的农户增加财产收入，土地承包权是一种用益物权，让新型农业经营主体实现规模收益，所以它是充满智慧的制度安排、内涵丰富的理论创新，具有鲜明的中国特色。

七、高级保险题目展示

【例 1 · 案例】投保人甲以其成年子女乙为被保险人，向 X 保险公司投保意外伤害保险，死亡保险金额为 11 万元，乙同意并认可了全部保险金额，合同约定高残按照死亡保险金额的 80%给付。乙指定丙为受益人，受益份额为 4 万元，同时甲经乙同意指定丁为同一顺序受益人，受益份额为 5 万元。在保险期间内，被保险人乙因意外事故身亡。

根据上述资料，回答下列问题：

1. 根据上述案例，判断该保险合同的有效性，以及关于受益人丁、乙的有效性。

2. 根据题意，计算乙的继承人（非受益人）可以向 X 保险公司申请给付的保险金数额的最大数额。

3. 若丙在被保险人乙死亡前已经身故，计算乙的继承人（非受益人）可以向 X 保险公司申请给付保险金的最大数额。

【例 2 · 论述】保险监管是指一个国家或地区对本国或本地区保险业的监督管理。狭义的保险监管专指政府对保险业的监管，即在既定约束条件下，为达到政府监管的预期目标，而做出的监管法规、监管组织机构、监管内容、监管方式等方面的制度安排。广义的保险监管还包括行业自律和保险企业内控。政府监管、行业自律和企业内控共同构成了保险监管的三个层次。

根据材料，回答下列问题：

1. 在保险监管方面，中国银行保险监督管理委员会的主要职责包括哪些？

2. 行业自律是各国保险业监管的重要力量，论述保险行业自律组织的基本职责。

参考答案

【例1·案例】

1. 本题考查为自己利益保险合同和为他人利益保险合同。《保险法》第三十四条规定，以死亡为给付保险金条件的合同，未经被保险人同意并认可保险金额的，合同无效。案例中，乙同意并认可了全部保险金额，故合同有效；乙指定丙为受益人，受益份额为4万元，同时甲经乙同意指定丁为同一顺序受益人受益份额为5万元，故丁、乙的受益人身份均有效。

2. 本题考查受益人条款。当保单所有人或被保险人未指定受益人时，如果被保险人没有遗嘱指定受益人，那么被保险人的法定继承人就成为受益人，这时保险金就变成被保险人的遗产。案例中，乙死亡后，保险金额为11万元，除去受益人丙和丁共9万元外，还剩2万元。故乙的继承人（非受益人）可以向X保险公司申请给付的保险金数额的最大数额为2万元。

3. 本题考查受益人条款。当保单所有人或被保险人未指定受益人时，如果被保险人没有遗嘱指定受益人，那么被保险人的法定继承人就成为受益人，这时保险金就变成被保险人的遗产。案例中，乙死亡后，保险金额为11万元，受益人丙在被保险人乙死亡前已经身故，除去受益人丁的5万元外，还剩6万元。故乙的继承人（非受益人）可以向X保险公司申请给付保险金的最大数额为6万元。

【例2·论述】

1. 中国银行保险监督管理委员会是我国专业的银行保险业监管机构，是国务院直属的正部级事业单位，参照公务员管理办法进行管理，在编制上属于事业编制。在保险监管方面，中国银行保险监督管理委员会的主要职责包括：①依法依规对全国保险业实行统一监督管理，维护保险业合法、稳健运行，对派出机构实行垂直领导；②对保险业的改革开放和监管的有效性开展系统性研究。③参与拟订保险业改革发展战略规划，参与起草保险业重要法律法规草案以及审慎监管和保险消费者保护基本制度。④起草保险业其他法律法规草案，提出制定和修改建议。⑤依据审慎监管和保险消费者保护基本制度，制定保险业审慎监管与行为监管规则。⑥依法依规对保险业机构及其业务范围实行准入管理，审查高级管理人员任职资格。⑦制定保险业从业人员行为管理规范。⑧对保险业机构的公司治理、风险管理、内部控制、资本充足状况、偿付能力、经营行为和信息披露等实施监管。⑨对保险业机构实行现场检查与非现场监管，开展风险与合规评估，保护保险消费者的合法权益，依法查处违法违规行为。⑩负责统一编制全国保险业监管数据报表，按照国家有关规定予以发布，履行保险业综合统计相关工作职责。⑪建立保险业风险监控、评价和预警体系，跟踪分析、监测、预测保险业运行状况。会同有关部门提出保险业机构紧急风险处置的意见和建议并组织实施。⑫依法依规打击非法保险活动，负责指导和监督地方保险监管部门相关业务工作。⑬参加保险业国际组织与国际监管规则制定，开展保险业的对外交流与国际合作事务。⑭围绕国家金融工作的指导方针和任务，进一步明确职能定位，强化监管职责，加强微观审慎监管、行为监管与保险消费者保护，守住不发生系统性风险的底线。⑮按照简政放权要求，逐步减少并依法规范事前审批，加强事中事后监管，优化保险服务，向派出机构适当转移监管和服务职能，推动保险业机构业务和服务下沉，更好地发挥保险服务实体经济功能。

2. 保险行业自律组织的基本职责是自律、维权、服务、交流和宣传。

（1）自律是指保险自律组织督促保险机构依法合规经营。①组织会员签订自律公约，制定自律规则，约束不正当竞争行为，维护公平有序的市场环境。②经政府有关部门授权，组织制定行业标准。依据有关法律法规和保险业发展情况，组织制定行业标准、技术和服务规范、行规行约。③推进信用体系建设。建立健全保险业诚信制度、保险机构及从业人员信用信息体系，探索建立行业信用评价体系。④开展会员自律管理。对于违反协会章程、自律公约、自律规则和管理制度，损害投保人和被保险人合法权益，参与不正当竞争等致使行业利益和行业形象受损的会员，可按章程、自律公约和自律规则的有关规定进行处理，涉嫌违法的可提请监管部门或其他执法部门予以处理。

（2）维权方面的职责包括：①代表行业参与同行业改革发展、行业利益相关的决策论证，提出相关建议。②维护行业合法权益。加强与监管部门、政府有关部门及其他行业的联络沟通，争取有利于行业发展的外部环境。③维护会员合法权益。当会员合法权益受损时，受会员委托与有关方面协调沟通。④指导建立行业纠纷调解机制，加强保险消费者权益协调沟通机制的构建与维护。⑤接受和办理监管部门、政府有关部门委托办理的符合本协会宗旨的事项。⑥其他与行业维权有关的事项。

（3）服务方面的职责包括：①主动开展调查研究，及时向监管部门和政府有关部门反映保险市场存在的风险与问题，并提出意见和建议。②协调会员之间、会员与从业人员之间的关系，调处矛盾，营造健康和谐的行业氛围。③协调会员与保险消费者、社会公众之间的关系，维护保险活动当事人的合法权益。④健全行业培训体系，依法依规开展从业人员培训工作。⑤组织会员间的业务、数据、技术和经验交流，促进资源共享、共同发展。⑥其他与行业服务有关的事项。

（4）交流方面的职责包括：①建立会员间信息通联工作机制，促进业内交流。②经批准，依照相关规定创办信息刊物、开办网站。③经政府有关部门授权，汇总保险市场信息，提供行业数据服务，实现信息共享。④加强与其他相关社会组织的沟通与协调，促进行业对外交流。⑤搭建国际交流平台，积极参加国际保险组织，引导行业拓宽国际视野，拓展对外合作领域和空间。⑥组织参加国际会议和业务活动，组织服务行业走出去，学习、借鉴国外先进技术和经验。⑦其他与行业交流有关的事项。

（5）宣传方面的职责包括：①经政府有关部门批准，整合宣传资源，制定宣传规划，组织开展行业性的宣传和咨询活动。②组织落实“守信用、担风险、重服务、合规范”的保险行业核心价值理念，推动行业文化建设。③关注保险业热点、焦点问题，正面引导舆论宣传。④普及保险知识，利用多种载体开展保险公众宣传。⑤其他与行业宣传有关的事项。

八、高级运输题目展示

【例 1 · 案例】水运业一直被视为是最环保的运输方式，但随着航运市场的繁荣，其对环境的负面影响日益突显。联合国研究报告表明，全球航运每年排放约 11.2 亿吨二氧化碳，约占全球二氧化碳排放量的 4.5%，二氧化碳排放量几乎是以前估计的近 3 倍。另有资料显示，船舶所排出的污染物质约占所有海洋污染物质的一半左右。据统计，全世界每年由于航运排入海洋的石油污染物达 160 万吨，其中 110 万吨是油轮排放压舱水和洗舱水时进入海洋的，其余 50 万吨是油轮在海上发生事故时排入海洋的。生活垃圾、污水排放入海中，可以使海域富营养化，藻类大量繁殖，导致水体缺氧，使水生动物死亡率上升，严重的赤潮甚至会带来毁灭性的后果。如不进行有效治理，水运对海洋环境的不利影响，将影响到整个海洋乃至全球环境。

根据以上材料，回答下列问题：

1. 材料体现的是水运带来的负外部性，请阐述什么是交通运输的外部性及其层次。

2. 材料中是交通运输负外部性的体现，与其对应的还存在交通运输的正外部性，交通运输的正外部性包括哪些？

3. 请阐述交通运输外部性的评估方法包括哪些？

【例 2 · 论述】租船经纪人是以中间人的身份代办洽谈业务，促使航运业务交易成交的人。在国际租船市场上，租船交易通常都不是由船舶所有人和承租人亲自到场直接洽谈，而是通过租船经纪人代为办理并签约的。

据此材料，回答下列问题：

1. 请简要谈谈你对租船经纪人的理解。

2. 在国际上，通过租船经纪人洽谈航运业务的方式主要有哪些？

参考答案

【例 1 · 案例】

1. 交通运输的外部性是外部性问题在运输活动中的具体化，其核心是运输经营活动对经济社会发展的影响。

交通运输外部性的层次：

（1）交通运输供给外部性，即基础设施供给产生的正负影响。

（2）交通运输使用外部性，包括正效果（如可通达性提高和时间节约，产生新的消费和新的物流组织）和负效果（如交通拥堵、运输系统未涵盖的费用、环境影响、交通事故）。

（3）由不应该付费的群体支付了基础设施费用而产生的财务配置。

（4）运输系统的行为影响到运输业以外的第三群体。

2. 交通运输供给的正外部性包括：

（1）运输设施通常用于公共服务，如基本的社会沟通、军事目的以及其他社会目的。

（2）运输设施有利于促进边远和不发达地区的发展，有利于缩小地区间的收入差距。

（3）可以通过系统的运输网络规划实现国家开发利用能源的目的。

3. 交通运输外部性的评估方法包括以下几种：

（1）实际发生法。

（2）替代市场法，即不是用直接的市场价格来衡量环境物品或交通服务的价值，而是用替代物来间接衡量。替代市场法主要有以下三种。①旅行成本法，即用旅行费（时间、金钱）来替代衡量人们对环境物品的价值评价。②内涵定价法，即通过可购买物品（如房产）的内涵价值来评估空气污染或噪声对物品价格的影响。③防护支出法，即用人们为保护自身不受环境损害的影响所支付的费用来衡量环境物品的价值，它是外部成本货币化评估中采用最广泛的方法。

（3）间接方法，即不直接揭示人们对环境产品的偏好，而是通过计算污染及其影响之间的剂量反应关系，然后再测定人们对所产生影响的偏好程度，又称剂量反应法。

（4）支付意愿法，即通过向经济行为人询问为消除环境不适而愿意支付的成本（或者忍受某种不适所需的补偿数额），从而获取对环境不适的经济评价。

【例 2 · 论述】

1. 租船经纪人作为租船交易双方的桥梁与纽带，拥有丰富的航运专业知识和经验，精通租船业务，与航运市场保持着良好的联系，能及时了解航运市场行情，掌握船舶和货源的情况。在为委托人提供市场信息、咨询调查及其他信息咨询服务，并促成合同的顺利签订、减少委托人事务上的烦琐手续以及为当事双方调解纠纷等方面起着不可替代的作用。因而，租船经纪业与海运代理业一样已成为国际海运市场中不可缺少的重要组成部分。

船舶所有人或承租人一旦为了进行某一项租船业务而指定了经纪人，则处于“本人”地位的船舶所有人或承租人就有权对其指定的经纪人发出与租船业务有关的任何指示。对此，租船经纪人必须如实照办，不得有损害“本人”利益的越权行为。然而，在实际业务中，“本人”与“租船经纪人”之间很少订有约束双方的书面协议，确定双方之间关系的依据和划分责任的证据通常只是日常往来的电传、电报或传真等书面资料。

2. 国际上，通过租船经纪人洽谈航运业务的方式主要有以下两种：

（1）由船舶所有人和承租人各自指定租船经纪人：船舶所有人的经纪人接受船舶所有人的委托，代表船舶所有人的利益进行业务的洽谈；承租人的经纪人则接受承租人的委托，代表承租人的利益洽谈业务。在双方经纪人就租船业务所涉及的基本条件达成一致意向的基础上，且双方的委托人也认可这些成交条件的情形下，通常由船舶所有人的经纪人根据双方同意选用的某项租船合同范本及达成的各项条款，尽快确定完善的租船合同并代表委托人签署合同，如另一方经纪人对此租船合同无异议，也应代表其委托人在合同上签字。

（2）由船舶所有人和承租人共同指定同一租船经纪人：在该情况下，双方当事人往往需要面谈，并决定谈判是否成功。租船经纪人只起引导作用，利用自己的专业知识和技能尽可能促使双方当事人共同议定各项租船合同条件和条款，顺利成交并签约。

九、高级知识产权题目展示

【例 1 · 案例】北京甲酒厂是“华灯”注册商标的商标权人，该商标使用在白酒商品上。河北乙酒厂亦在白酒商品上使用未注册商标“华表”牌，且其酒瓶包装使用与“华灯”注册商标图样相似的装潢，北京丙仓储运输公司帮助河北乙酒厂运输、存储“华表”牌白酒并在北京丁商场销售。北京甲酒厂曾发函给河北乙酒厂、北京丙仓储运输公司及北京丁商场，要求停止侵权，但这三家单位均未理睬。现北京甲酒厂诉河北乙酒厂、北京丙仓储运输公司及北京丁商场侵犯其“华灯”商标权。

根据上述资料，回答下列问题：

1. “华表”与“华灯”是否构成商标近似？为什么？

2. 河北乙酒厂的商品装潢是否侵犯了“华灯”商标权？

3. 北京丙仓储运输公司是否应承担商标侵权责任？

4. 北京丁商场是否应承担商标侵权责任？

【例 2 · 论述】结合当前国际环境和我国知识产权法律制度，论述知识产权保护。

参考答案

【例 1 · 案例】

1. 商标相同或近似的判定原则。在判断商标是否相同或近似时，应以相关公众的一般注意力为标准进行判断，准确运用整体、要部和隔离比较方法，还要考虑已注册商标的显著性和知名度等要素。

近似商标是指文字、数字、图形、颜色或声音等商标的构成要素，在发音、视觉、意义或排列顺序以及整体上虽有一定区别，但易产生混淆的商标。相同商标指两个标识完全相同，或者在视觉或听觉上基本无差别、足以使相关公众产生误认的商标。

根据我国《商标案件适用法律的解释》第九条关于判断商标相同、商标近似的规定，文字商标近似的判断要从音、形、义等方面综合考察。对本案而言，“华表”与“华灯”均为两字商标，虽有一字相同，但“表”与“灯”在发音、字形、字义上均有较大的差别，不构成近似商标。

2. 河北乙酒厂的商品装潢侵犯了“华灯”商标权。

根据《商标法实施条例》第七十六条规定，在同一种商品或者类似商品上将与他人注册商标相同或者近似的标志作为商品名称或者商品装潢使用，误导公众的，属于《商标法》第五十七条第二项规定的侵犯注册商标专用权的行为。

本题中，河北乙酒厂的产品与北京甲酒厂的产品相同，均为白酒，且河北乙酒厂在其酒瓶包装上使用与“华灯”注册商标图样相似的装潢，属于在同种商品上将与他人注册商标近似的标志作为商品装潢使用，属于侵犯注册商标专用权的行为。

3. 北京丙仓储运输公司应承担商标侵权责任。

《商标法》第五十七条第一款第六项规定，故意为侵犯他人商标专用权行为提供便利条件，帮助他人实施侵犯商标专用权行为，属于商标侵权。此外，根据《商标法实施条例》第七十五条规定，为侵犯他人商标专用权提供仓储、运输、邮寄、印制、隐匿、经营场所、网络商品交易平台等，属于《商标法》第五十七条第六项规定的提供便利条件。

根据上述规定可知，商标侵权行为不限于使用商标行为，还包括帮助实施商标侵权的行为。本题中，河北乙酒厂的商品装潢是侵犯了“华灯”商标权，北京丙仓储运输公司帮助河北乙酒厂运输、存储“华表”牌白酒，符合《商标法》第五十七条规定，构成侵权。而且北京丙仓储运输公司在收到警告函后不予理睬，更是属于故意的商标侵权。

4.《商标法》第五十七条规定：“有下列行为之一的，均属侵犯注册商标专用权……（三）销售侵犯注册商标专用权的商品的。”本案中，河北乙酒厂的商品装潢是侵犯了“华灯”商标权，北京丁商场仍销售河北乙酒厂的产品，属于销售侵犯他人注册商标专用权的商品，属于商标侵权，北京丁商场应承担商标侵权责任。销售侵犯注册商标专用权的商品即构成侵犯商标专用权，不论主观上是否有过错。

【例 2 · 论述】

1. 知识产权保护的意义

（1）保护知识产权，有利于调动人们从事科技研究和文艺创作的积极性。知识产权保护制度致力于保护权利人在科技和文化领域的智力成果。只有对权利人的智力成果及其合法权利给予及时全面的保护，才能调动人们的创造主动性，促进社会资源的优化配置。

（2）保护知识产权，能够为企业带来巨大经济效益，增强经济实力。

（3）保护知识产权，有利于促进对外贸易，引进外商和外资投资。

（4）知识产权已经成为大国竞争的核心，加强知识产权保护对增强我国国际竞争力有重要意义。

2. 当前国际环境

（1）知识产权规则竞争已成为大国竞争的重要内容。知识产权强国不断通过国际规则制定权与话语权谋求国家利益和竞争优势，如通过《TRIPs 协议》明确了世界范围内对于知识产权保护的最低限度。一些发达国家（如美国、英国等）则以与发展中国家签订国际条约的方式，来达到使发展中国家实施超出《TRIPs 协议》要求标准的行为，从而进一步提高知识产权标准和范围。

（2）知识产权成为掀起贸易摩擦与冲突的借口。随着世界经济局势的变化，特别是各国经济形势的差异化，知识产权成为掀起贸易摩擦与冲突的借口。

（3）知识产权保护呈现范围扩大、保护期限延长的趋势。世界知识产权规则调整的方向从贸易自由化转向生物多样性、动植物基因资源、公共健康和人权等立法体制等议题。更多的客体纳入专利保护的范围，部分发达国家将软件、遗传基因等都划入知识产权的保护范围。除此之外，还有更多的客体，如实验数据、卫星广播等都提出了知识产权保护的需求。同时，关于传统知识、民间文艺等客体加入知识产权保护客体的规则也在制定和讨论当中。

（4）强化数字化环境下知识产权的保护策略。随着数字经济的兴起，世界各国强化新的知识产权保护战略，集中指向数字化时代的知识产权保护，此外，在生物技术领域、新能源等领域，加大了投入和对相应新技术的保护。

3. 加强知识产权保护的举措

（1）完善知识产权法律制度体系。经过法治建设，目前我国的知识产权法律制度包括著作权制度、商标权制度、专利制度、工业版权制度、商号权制度、地理标志制度、商业秘密制度、反不正当竞争制度。尽管如此，我国立法水平不够，特别是对一些新兴领域，如数字经济、生物领域、植物新品种等，是否能够赋予权利、如何保护等，相关立法还未明确，因此应提高立法水平，明晰权利边界，强化保护措施。

（2）强化保护力度。目前，我国对知识产权保护形成了行政救济和司法救济的双轨制，给予知识产权保护提供了有效途径。然而，市场上执法力度不严，侵权成本较低，致使侵权行为频发。应加强知识产权保护的力度，如强化执法力度，提高执法效率，强化知识产权执法、司法人才培养，加大惩罚性赔偿的力度，为知识产权保护提供强有力的保障。

（3）强化知识产权意识，加大知识产权管理。我国企业核心技术缺乏，知识产权意识普遍不高，原创性动力不足，在对外贸易中往往成为诉讼的对象。有必要普及知识产权法律法规，强化企业知识产权意识，鼓励、引导企业进行技术研发，掌握核心科技，引导企业进行知识产权管理的认证，建立有效的知识产权管理制度，保护知识产权。

（4）加大知识产权公共服务建设，优化知识产权环境。①利用多边合作机制，加强知识产权保护交流合作与磋商谈判。目前知识产权保护主要国际规则对协调各缔约国知识产权政策发挥了重要作用，但因不少国家未参与，缔约国也基于自身立场不同而在实施规则时选择不同实施标准，知识产权执法与司法裁判尺度、标准也不尽相同。因此，我国应更大力度加强知识产权国际合作，协调知识产权保护立场与标准，保障执法与司法平等。②提供海外知识产权保护信息及预警服务。利用国家力量，建立海外知识产权信息及预警平台，收集整理我国重点贸易国家（地区）知识产权法律及政策修改信息、重大知识产权纠纷案件裁判要旨信息，建立海外知识产权纠纷典型案例数据库，并对他国重大知识产权保护政策变化发出提示。③发布重点国家（地区）知识产权保护国别指南。我国需要研究重点贸易国家（地区）、主要投资国家及“一带一路”沿线重点国家知识产权保护政策及行政执法、司法裁判体系与规则，形成知识产权保护国别指南，内容包括知识产权法律体系、知识产权主要法律制度、行政执法体系、司法体系与程序制度、知识产权保护制度特点与问题、该国投资及贸易注意事项等。④建立海外知识产权援助机制。利用国家的力量，在条件成熟的国家或者地区建立知识产权帮助援助机构，加快建设海外知识产权纠纷应对指导分中心，开展海外知识产权纠纷应对指导，构建海外纠纷协调解决机制，为中国企业提供指导及援助。强化境外重点展会知识产权维权援助，为中国参展企业提供知识产权培训和法律咨询服务。此外，支持行业协会等组织建立海外维权机制，为中国企业海外知识产权维权提供专业化服务。⑤普及知识产权保险。鼓励保险公司开发、设计满足企业需求的知识产权保险产品，提升知识产权保险服务能力，并普及知识产权保险，促使保险在知识产权保护领域发挥作用。